中国门类美学史丛书

朱志荣　主编

ZHONGGUO YUANLIN MEIXUESHI

中国园林美学史

「十二五」国家重点图书出版规划项目

曹林娣 沈岚 著

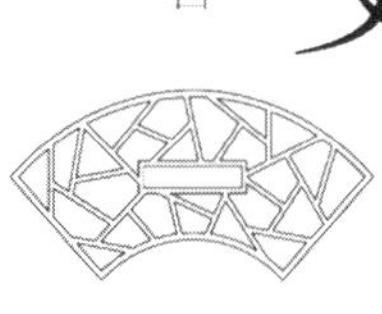

山西出版传媒集团 山西教育出版社

图书在版编目（CIP）数据

中国园林美学史 / 曹林娣，沈岚著. — 太原：山西教育出版社，2023.8

（中国门类美学史丛书 / 朱志荣主编）

ISBN 978-7-5703-2981-6

Ⅰ. ①中… Ⅱ. ①曹… ②沈… Ⅲ. ①园林艺术-艺术美学-美学史-中国 Ⅳ. ①TU986.1②B83-092

中国国家版本馆 CIP 数据核字（2023）第 020653 号

中国园林美学史

ZHONGGUO YUANLIN MEIXUESHI

出版策划　薛海斌　连　军
责任编辑　崔　璨
复　　审　刘晓露
终　　审　郭志强
装帧设计　陶雅娜
印装监制　蔡　洁

出版发行　山西出版传媒集团·山西教育出版社
（太原市水西门街馒头巷 7 号　电话：0351-4729801　邮编：030002）
印　　装　山西新华印业有限公司
开　　本　720mm×1020mm　1/16
印　　张　30.75
字　　数　520 千字
版　　次　2023 年 8 月第 1 版　2023 年 8 月山西第 1 次印刷
书　　号　ISBN 978-7-5703-2981-6
定　　价　98.00 元

《中国门类美学史》总序

⊙朱志荣

中国古代有着丰富的美学思想资源，自从百余年前美学作为现代学科引进中国以来，美学工作者们在研究、评介西方美学的基础上，逐步深入地整理和研究中国古代美学思想，从朱光潜先生的“移花接木”到宗白华、邓以蛰先生等人的援西入中等，开拓了中国美学史的现代研究。而后继的研究，又继承和发展了前贤的相关探索。其中包括北京大学哲学系美学教研室编的《中国美学史资料选编》和叶朗总主编的《中国历代美学文库》以及一些书论、画论、文论等方面的文献资料整理，也包括李泽厚、刘纲纪的《中国美学史》和叶朗的《中国美学史大纲》等一系列美学史著作，都做出了积极的贡献，而近些年来中国美学史的研究也在不断深化。

中国美学思想研究主要集中在两个领域：一是儒、道、释等哲学论著中的美学思想，二是文学、书法、绘画、音乐、园林等门类艺术中的美学思想。其中，中国各门类美学有着丰富的思想资源，相关论著堪称彬彬之盛，尤以文学、书法、绘画、音乐理论最称繁兴，以诗文、书、画、乐等方面的论、评、品、话等形式存在的专门性的理论著作尤其丰富。而在正史、方志、诗文、笔记、序跋甚或小说、戏曲等史料中，同样能够爬梳出大量关于舞蹈、建筑、园林、工艺等门类艺术的理论思考。

中国门类美学史方面的研究和专题探索，在过去的几十年中也有了较为丰富的成果，有了一定的基础。在此基础上全面系统地研究中国门类美学史，目前已经水到渠成，而且显得非常重要。这既是中国美学史研究进一步深化的需要，也是中国当代美学理论建设的需要。

中国门类美学史是根据艺术对象的不同而进行的专题美学研究，其涵盖面广泛，涉及多方面的专业知识，难以做到以一人之力完成诸多门类的美学史研究，需要国内相关专家齐心协力，共同完成。目前门类美学研究主要还是各攻其专，没有统一的规划，未能形成一个整体系统。因此，我们在前贤研究的基础上，针对不同门类艺术的特点，集中各相关领域的同仁，采取多人合作的方式，进一步深入研究，撰写一套《中国门类美学史》丛书，包括文学、戏曲、音乐、书法、舞蹈、建筑、园林、工艺、绘画等，从艺术的角度对中国美学史进行系统的研究和阐述。

本丛书力图以统贯全书的中国美学基本思想、基本范畴和基本命题为基础，将文献记载与艺术作品分析有机地结合起来，将艺术美学的发展历程与整个文化发展有机结合起来，揭示出中国艺术审美规律的发展历程，对我国各种类型的艺术美学的历史、流变、成就等作系统概括和总结，对各门类美学思想的总体框架、基本思路、研究方法和主要论题作深入探讨，并将这些美学思想与具体艺术研究相结合，使美学理论有具体的实践基础，从而有利于指导艺术实践。

本丛书还深入探讨各门类美学的历史脉络，对中国从古到今的美学现象、范畴、命题、特性等进行系统研究，使美学学科更为成熟，理论更为严密，以促进中国门类美学史的进一步发展，使中国美学史研究更为具体和深入，并有助于建设中国特色的美学体系，为和而不同的全球化美学做出独特的贡献。这也是中国美学史研究中的现实需要。

本丛书突出时代最具代表性的门类美学思想，有理有据地阐发出具有独创性的美学见解，为今后的进一步研究积累经验和教训。丛书对各门类美学进行系统研究，从艺术美学的各个门类入手，广泛而又典型地包罗了最具代表性的中国美学史研究，进一步开拓了中国美学史的研究视野，更细致地分析中国传统审美意识与美学思想中的理论与实证资源。

在对各门类美学的系统归类上，本丛书以单册专著的形式观照门类美学的历史流变和本质特征，又以合辑丛书的形式统摄超越门类畛域的美学总体演化，在共性与特性的对照映衬中阐述了不同形式的艺术和各门类美学所共同遵循的审美规律，深入探讨各门类美学的历史脉络、结构组成、思想渊源，使中国美学的研究落到实处。本丛书的撰写还反映了“纵横交错”的特点。从纵的方面看，本丛书以时间顺序为纲，撰写了各个艺术门类在不同时期的美学特质和风貌，以及该门类美学的发展轨迹，展现了在此艺术门类中体现的当时人们的审美理想和审美趣味。从横的方面看，本丛书的各门类艺术美学史交相辉映，同一时代的各门类艺术美学思想相得益彰，共同构成了较为完整的中国艺术美学史。读者可以根据自身的需要、兴趣选择本丛书中某一或几个艺术门类美学史阅读，从中看出某艺术门类美学史的嬗变轨迹。

现在，在山西教育出版社的支持下，这九本门类美学史著作即将陆续面世，接受读者的检验和批评。我们相信，中国门类美学史的研究将会推动美学史研究在结合中国实际、借鉴西方当代美学成果以及继承中国传统思想的基础上取得新的进展，从而对推动中国美学理论的建设和发展起到积极的作用。当然，限于水平，我们的上述努力目标未必都能达到，书中一定还存在这样或那样的不足，我们恳切地期待同仁和广大读者的批评指教，使我们能在今后的研究中不断改进。

目　录

绪　论

中国园林美学史，是将“中国园林”物质建构诸如建筑、山水和动植物作为审美客体，将承载着各时代审美情感的帝王、贵族和文人作为园林审美主体予以美学审视和价值评判的历史，作为审美客体的“园林”，也可称之为古典园林。“古典”，指代表过去文化特色的一种正统和典范。

本书首先要廓清“园林”“中国园林”及“园林美学”的概念，再去审视中国园林美学的独特性，在此基础上，纵向考察中国园林美学历史发展进程的几个阶段。

一、“园林”和“中国园林”诠释

“园林”是一种环境艺术，最初都源于人类对生活环境的美丽憧憬，如古犹太人的“伊甸园”、古印度人的“西方极乐世界”、伊斯兰教信徒的“天国”、中华先人心中的“乐土”以及瑶池和蓬莱仙境等，都是“替精神创造的一种环境，一种第二自然”①，属于“各民族的精神产品”、上层建筑，蕴含着世界各民族基于不同的自然、政治、文化生态形成的美的思维、美的形象、美的情操。

审视1954年在维也纳召开的世界造园联合会上英国造园学家杰利科所说的古希腊、西亚和中国这世界三大造园体系，由于世界各地区各民族母体文化土壤不同，“园林”概念也属于丹纳所说的“自然界的结构留在民族精神上的印记”，界定也就很难划一。

英、美等国将园林称为garden（小花园，绿色植物多的园子）、park（城市公园，可泛指各种公园）和landscape（自然景观、自然保护区）等。

周维权先生从字源上分析说：“西方的拼音文字如拉丁语系的Garden、

① ［德］黑格尔：《美学》第三卷上册，商务印书馆1984年版，第103页。

Gärten、Jardon 等，源于古希伯来文中 Gen 和 Eden 的结合，前者意为界墙、藩篱，后者即乐园，也就是《旧约·创世纪》中所提到的充满花草树木的理想环境的‘伊甸园’。”①

从“园林”字源中看出，古希腊固然是“西方文化摇篮”，但古希腊文明却来自古埃及和西亚的幼发拉底、底格里斯两河流域，园林共同的几何形貌、草坪、以水为中心、喷泉、人体雕塑等，镌刻着无法磨灭的遗传痕迹。

中国园林是一门独特的艺术。“中国航天之父”、世界著名科学家钱学森如是说：

> 国外没有中国的园林艺术，仅仅是建筑物附加上一些花、草、喷泉就称为“园林”了。外国的 Landscape、Gardening、Horticulture 三个词，都不是“园林”的相对字眼，我们不能把外国的东西与中国的“园林”混在一起。②

诚然，钱学森先生虽不是园林专家，但他学贯东西，以科学家的严谨严格区分了三个名词：

景观（Landscape）：指土地及土地上的空间和物体所构成的综合体。它是复杂的自然过程和人类活动在大地上的烙印。

园艺（Horticulture），包括“园”和“艺”二字，《辞源》中称“植蔬果花木之地，而有藩者”为“园”，《论语》中称“学问技术皆谓之艺”，因此栽植蔬果花木之技艺，谓之园艺。钱学森先生这样说：

> 当然种花种草也得有知识，英文的 Gardening 也即种花，顶多称“园技”，Horticulture 可称“园艺”，这两门课要上，但不能称“园林艺术”。正如书法家要懂研墨，但不能把研墨的技术当作书法艺术。③

16 世纪英国著名思想家、哲学家弗兰西斯·培根（1561—1626）说：“如果

① 周维权：《中国古典园林史》，清华大学出版社 1999 年版，第 3 页。

② 钱学森：《园林艺术是我国创立的独特艺术部门》，见《城市规划》1983 年 12 月。

③ 同上。

没有园林，即便有高墙深院，雕梁画栋，也只见人工的雕琢，而不见天然的情趣。”① 弗兰西斯·培根所说的“园林”就是“园艺”。

为此，钱先生要求，明确界定中国所说的“园林”和“园林艺术”概念，因为“Landscape、Gardening 都不等于中国的园林，中国的‘园林’是这三个方面的综合，而且是经过扬弃，达到更高一级的艺术产物”②。

> 世界上其他国家的园林，大多以建筑物为主，树木为辅；或是限于平面布置，没有立体的安排。而我国的园林是以利用地形，改造地形，因而突破平面；并且我们的园林是以建筑物、山岩、树木等综合起来达到它的效果的。如果说，别国的园林是建筑物的延伸，他们的园林设计是建筑设计的附属品，他们的园林学是建筑学的一个分支；那么，我们的园林设计比建筑设计要更带有综合性，我们的园林学也就不是建筑学的一个分支，而是与它占有同等地位的一门美术学科。③

基于此，钱先生主张：园林专业“应学习园林史、园林美学、园林艺术设计……要把‘园林’看成是一种艺术，而不应看成是工程技术，所以这个专业不能放在建筑系，学生应在美术学院培养”④，“园林学也有和建筑学十分类似的一点：这就是两门学问都是介乎美的艺术和工程技术之间的，是以工程技术为基础的美术学科……总之，园林设计需要有关自然科学以及工程技术的知识。我们也许可以称园林专家为美术工程师吧”⑤。

钱先生堪称中国园林艺术的“知音”！

中国园林从所属关系看，主要有私家园林、皇家园林和寺观园林。还有一些“称呼上虽有祠园、墓园、寺园、私园之别，或属于会馆，或傍于衙署，或附于

① ［英］培根著，何新译：《人生论》，华龄出版社 1996 年版，第 199 页。

② 钱学森：《园林艺术是我国创立的独特艺术部门》，见《城市规划》1983 年 12 月。

③ 钱学森：《不到园林，怎知春色如许——谈园林学》，见《人民日报》，1958 年 3 月 1 日。

④ 同上。

⑤ 同上。

书院，但其布局构造，并不因之而异。仅有大小之差，初无体式之殊”①。

中国古代园林是由诗画艺术家因地制宜、先行构思，并和匠师合作，将山水、植物、建筑等物质元素进行艺术组合创作出来的艺术品，区别于公园和城市绿化，除了具有培根所说的“天然的情趣”之外，还是文人写在地上的文章，是画家以山水植物建筑为皴擦，画在地上的立体的画，称之为“文人园”“山水画意式园林”。

二、“美学”“园林美学”“中国园林美学”

“美学”一词源于希腊语 aesthesis，最初的意思是“对感观的感受”。德国哲学家鲍姆加登（1714—1762）第一次赋予审美这一概念以范畴的地位，他的《美学》（*Aesthetica*）一书的出版标志着美学作为一门独立学科的诞生，他认为美学即研究感觉与情感规律的学科。

中国国内经王国维到李泽厚等几代学者努力，已渐渐建立起中国美学自己的体系。

“园林美学”是美学的分支，但由于园林乃综合艺术，与各历史时期的美学理论密不可分，当然体现在各历史时期的园林实体上，也就是将抽象的理论形态与具体的感性形态的园林作为研究对象。

园林作为视觉审美的客体，是人与自然有序的融合，山水、建筑、植物，与自然界鸟啼虫鸣、天光行云，构成具体形态、肌理、质地、色彩、尺度等特征的有机整体。审美主体之心境即“精神”，承载着中国人最具代表性的文化传统和审美情感，即儒、道、禅学传统及其融聚生成的新学。园林体现的是古代文士的人生理想、审美诉求、心灵境界，特别是人格追求。其美的形式是形神相兼相融、彼此渗透和相互交错的，成为中国园林“美学思想”的主要内涵。

基于东西方哲学基础上的本源性差异，渊源于黄河、长江流域的中华民族，以“天人合一”为哲学基础，而渊源于北非古埃及和幼发拉底、底格里斯两河流域的西方文明则以“天人相分”为哲学基础，从而形成对自然美认识的根本性区别，由此构成东西园林体系中美学特征的本源性差异。用雨果的话说，即东方艺术原则的“梦幻”和西方艺术原则的“理念”。

① 童寯：《江南园林志》，中国建筑工业出版社 1984 年版，第 12 页。

古埃及和两河流域的巴比伦、波斯等国，由于90%的地区是干旱的沙漠，造就了人们对绿洲即草坪的天然爱好，尊水为神圣，西亚奉以处在田字中心交叉处的水为“天堂”。

地处东北亚地区的中华民族，是久经磨难、唯一幸存至今的伟大民族。“孔子以来，埃及、巴比伦、波斯、马其顿，包括罗马帝国，都消亡了，但是中国以持续的进化生存下来了。它受到了外国的影响——最先是佛教，现在是西方的科学，但是佛教没有把中国人变成印度人，西方科学也不会将中国人变成欧洲人。”① 中国园林美学具有鲜明的民族特质。

（一）天人合一的生境美

植根于中国农耕文化土壤中的园林，遵循的主要是道家代表的老庄天人合一、万物一体的自然哲学，从宇宙的高度来认识和把握人的意愿，所以美学家叶朗认为道家审美理论代表了中国艺术的真精神。

中国古代园林经过漫长的生态积累和审美实践，选择了亲和力很强的土木相结合的“茅茨土阶”的建筑材料，木构建筑具有独特风格的建筑空间和装饰艺术，独特的斗栱、飞檐，是力学和美学的最佳结合。从实用功能发展为审美和实用兼备的“可居可游可赏可观”的生活空间，使人获得生理和心理的双重享受，成为人类环境创作的杰构，反映了“外适内和”的人本主义精神。

美学家宗白华先生在《看了罗丹雕刻以后》中说：“一切有机生命皆凭借物质扶摇而入于精神的美。大自然中有一种不可思议的活力，推动无生界以入于有机界，从有机界以至于最高的生命、理性、情绪、感觉。这个活力是一切生命的源泉，也是一切‘美’的源泉。”

构园艺术家从大自然撷取山水、植物等自然元素，“外师造化，中得心源”，通过概括、精练、典型的艺术手段，使这些自然元素“虽由人作，宛自天开”，并遵循天地人关系的自然法则，有法无式，精心组合，建筑随势高低，假山得深山丛林之趣，水体呈天然之姿，“危楼跨水”，“水周堂下”，植物生态化，处处体现人对自然的皈依，人与自然的和谐。“其布局以不对称为根本原则，故厅堂亭榭能与山池树石融为一体，成为世界上自然风景式园林之巨擘”②，“艺术的宇

① ［英］罗素：《中国问题》，转引自《文史知识》2001年6月，第1页。

② 刘敦桢：《江南园林志·序》，中国建筑工业出版社1984年版，第1页。

宙图案”，反映了先哲早熟的生态智慧。

这一自然审美观迥异于以石构建筑为主、以“几何审美观”为基础，“强迫自然去接受匀称的法则”为指导思想，追求纯净的、人工雕琢的盛装美的西方园林审美观。

（二）文心画境之美

18 世纪来华考察的英国宫廷建筑师钱伯斯介绍中国园林时说：

> 建造中国园林，它的实践要求天才、鉴赏力和经验，要求很强的想象力和对人类心灵的全面知识；这些方法不遵循任何一种固定的法则，而是随着创造性的作品中每一种不同的布局而有不同的变化。不像在意大利和法国那样，每一个不学无术的建筑师都是一个造园家；在中国，造园是一种专门的职业，只有很少的人才能达到化境。因此，中国的造园家不是花匠，而是画家和哲学家。①

明代计成在《园冶》中也强调营构园林“主九匠一”，“主”即“能主之人”，设计布划者。在世界上，“惟我国园林，大都出乎文人、画家与匠工之合作”②，故非一般“建筑师”所能望其项背。

士大夫高雅文化成为中国古代园林的文化核心。自魏晋开始到唐宋，尤其是明清，园林、文学、绘画等艺术门类，不仅同步发展，而且互相影响、互相渗透，它们之间的关系是你中有我，我中有你，难分彼此。诗文、绘画把中国古典园林推向更高的艺术境界，赋予中国古典园林以鲜明的民族特色——诗画境界，具体为画境、诗境、仙境、禅境，总概括为“文心”，明陈继儒称“筑圃见文心”。

联合国教科文组织的哈利姆博士看了苏州园林后惊叹道：“我一生中到过许多地方，却从来没有见过这样美好的、诗一般的境界。苏州园林是我在世界上所见到的最美丽的园林，我好像在梦中一样。”他的称赞生动地诠释了“梦幻艺术”的魅力。

① 清华大学建筑系编：《建筑史论文集》第五辑，清华大学出版社 1981 年版，第 131 页。
② 刘敦桢：《江南园林志·序》，中国建筑工业出版社 1984 年版，第 1 页。

(三)“生活最高典型”的诗意美

中国古典园林旨在满足生理和心理的需要，亭台楼阁廊轩等单体建筑，供人们读书、会友、吟眺、赏月等各种需求，是中华先哲创造的“生活艺术化”“艺术生活化”的最佳生活境域。这是作为文化载体的中华文化天才们集体智慧的结晶，集中体现了东方最高最优雅的生存智慧。他们是林语堂先生所说的：

> 第八世纪的白居易，第十一世纪的苏东坡，以及十六、十七两世纪那许多独出心裁的人物——浪漫潇洒、富于口才的屠赤水；嬉笑诙谐、独具心得的袁中郎；多口好奇、独特伟大的李卓吾；感觉敏锐、通晓世故的张潮；耽于逸乐的李笠翁；乐观风趣的老快乐主义者袁子才；谈笑风生、热情充溢的金圣叹——这些都是脱略形骸不拘小节的人。①

新儒学家牟宗三说：“中国文化之开端，哲学观念之呈现，着眼点在生命……儒家讲性理，是道德的；道家讲玄理，是使人自在的；佛教讲空理，是使人解脱的……性理、玄理、空理这一方面的学问，是属于道德、宗教方面的，是属于生命的学问，故中国文化一开始就重视生命。”②

园林正是这些中华文化精英们向世人提供了人类“生活最高典型”的诗意美模式。

(四)潜移默化的浸润美

中国古典园林荟萃了文学、哲学、美学、绘画、戏剧、书法、雕刻、建筑以及园艺工事等各门艺术，组成浓郁而又精致的艺术空间，审美意象密集，草木虫鱼、天文地理、神话传说、小说戏曲，集中了士大夫文人精雅的文化艺术体系，是历史的物化、物化的历史。

园林作为一门艺术，固然可欣赏水木之明瑟、径畛之盘纡，但绝“非仅资游览燕嬉之适”，它凝聚着中华民族心灵的呐喊，而精神的升华必定又被融入美的形式中：环境气氛给人以意境感受，造型风格给人以形象感知，象征含义给人以

① 林语堂英文原著，越裔汉译：《〈生活的艺术〉自序》，《林语堂全集》第二十一卷，东北师范大学出版社1994年版，第3、4页。

② 牟宗三：《中西哲学之会通十四讲》，上海古籍出版社1997年版，第11页。

联想认识。①

中国古典园林是将中华儒道释文化的内涵、道德信仰等抽象变成可视具象，寓于日常的起居歌吟之中，使我们在举目仰首之间、周规折矩之中，成为对文化的一种“视觉传承”②。朱光潜先生说过，心里印着美的意象，常受美的意象浸润，自然也可以少存些浊念，一切美的事物都有不令人俗的功效。③ 园林美能轻松地把人们日常生活引入一种合乎至善的人生理想和境界。

三、中国园林美学史的历史分期

一部中国园林美学史，凸显了中华民族的自然观、人生观和价值观的演变历史，与历史审美活动是一致的，大体也经历了美学家所说的实用—比德—畅神说等几个审美发展阶段，而实用、比德、畅神互为渗融、难分彼此，贯穿于整个园林审美史，只是具体到某一历史发展阶段，总有一种占主导地位的园林美学思潮。

中国园林的名称和内涵是渐次发展的：

先秦出现了“囿”“园囿”“苑囿”“园池”“园”等名称。

汉时多称“苑”“苑囿”“园庭”；东汉班彪《游居赋》中首次出现了“园林”④ 一词；随着魏晋南北朝士人园的大量出现，“园林”之名遂多被提及。

唐宋以后“园林”之词广为运用，也有称“园亭”“庭园”“园池”“山池”“池馆”“别业”“山庄”等，已经成为传统古代园林的常用名称。

中国园林美学的产生、发展到成熟，固然与社会的政治、经济、文化的发展密切相关，但也与中华民族对自然美认识的发展升华密切相关。因此，其历史分期，以园林美学自身的发展过程为基准，没有机械地套用一般历史学的分期。本书分为九章：

第一、二两章，从原初审美意识与中国园林美的萌芽到园林美学精神主轴奠

---

① 王世仁：《圆明园和避暑山庄的审美意义》，见牛枝慧编《东方艺术美学》，国际文化出版公司 1990 年版，第 146 页。

② 王惕：《中华美术民俗》，中国人民大学出版社 1996 年版，第 31 页。

③ 朱光潜：《谈美书简二种》，上海文艺出版社 1999 年版，第 115 页。

④ 〔东汉〕班彪《游居赋》：“瞻淇澳之园林，善绿竹之猗猗。望常山之峨峨，登北岳而高游。”见《艺文类聚》卷二十八，上海古籍出版社 1982 年版，第 507 页。

基期的夏商周三代；

第三、四两章，从秦汉园林美学经典形态诞生期到魏晋南北朝园林美学的转型期；

第五、六两章，从隋盛唐到中晚唐五代园林美学的发展和拓展期；从两宋园林美学体系完备期到辽金元园林美学一体多元期；

第七、八两章，从明代园林美学的鼎盛期、清前期园林美学的巅峰期到晚清园林美学的滞化与异化期；

第九章，现当代园林美学的传承及多元发展期。

全书力求史论结合，既有各历史时期园林美学发展的规律探索，又有对典型园林的个案剖析，并穿插许多相关园林内容的图片。

俄国著名哲学家赫尔岑曾说过："充分地理解过去，我们可以弄清楚现状；深刻地认识过去的意义，我们可以揭示未来的意义；向后看，就是向前进。"从古人的辉煌中找出摆脱当前生态困境的一线生机、一丝灵感和解决办法，享受久违的那一份应有的安宁与祥和，是写作本书的现实意义。

第一章

原初审美意识与中国园林美胚芽

美感是人类高级社会性情感之一，审美是人类高级的精神需要，园林是高级文明的象征，因此，摆脱物质功利需要的园林审美活动不可能出现在茹毛饮血的上古时代。基于此，园林史家都将园林溯源于有史可征的殷商为敬鬼娱神而筑的囿台，只有囿台异化为人的生活娱乐的境域，才产生了真正意义上的审美活动，囿台被称为中国园林之根。

然而，我们在审视后世的园林客体时发现，那些频繁出现的园林“美”符号，早在人类童年时代已经出现，尽管这些符号的运用，都出于功利目的，但它们正是“美”的细胞，虽然这些细胞体形极微，在历史显微镜下始能窥见。然低级的实用物质需要向高级的审美需要发展，而这正是人类认知的普遍趋势和规律。因此，考察园林美学史，不能抛开这些园林美的细胞。列·斯托洛维奇在《审美价值的本质》一书中指出：

> 我们把对象的功利价值理解为该对象满足人的物质需要的意义。功利价值是人类社会中产生的第一种价值形式……审美价值在功利价值的基础上产生，然后成为它的辩证对立面……审美价值以摆脱直接物质需要的某种自由为前提。①

格罗塞在《艺术的起源》中说：“艺术史是在艺术和艺术家发展中考察历史

① ［俄］列·斯托洛维奇著，凌继尧译：《审美价值的本质》，中国社会科学出版社1984年版，第88页。

事实的。它把传说中的一切可疑的错误的部分清除干净，而把那可靠的要素取来，尽可能地编成一幅正确而且清楚的图画。”①

美国人类学家摩尔根说：

> 人类起源只有一个，所以经历基本相同，他们在各个大陆上的发展，情况虽有所不同，但途径是一样的，凡是达到同等进步状态的部落和民族，其发展均极为相似。
>
> ……由于所有人类种族的脑髓的机能是相同的，所以人类精神的活动原则也都是相同的。②

所以，人类的审美存在共同性。

从人类心智发育的历史看，人类原初审美意识的萌芽很早。③ 美国人类学家莱斯利·A. 怀特说：“全部人类行为由符号的使用所组成，或依赖于符号的使用。”④ 符号表现活动是人类智力活动的开端。从人类学、考古学的观点来看，距今 40 万年到 5 万年之间的漫长过程中形成了象征思维能力，是比喻和模拟思考，懂得运用符号，成为现代心灵的最大特征，比喻和模拟思考是发展成语言的条件。

考古学家张光直先生认为：旧石器时代的大部分时间，人类还没有达到智人（Homo sapiens）阶段；到了智人阶段，旧石器文化达到高峰，然后很快农业就产生了。⑤ 智人，即“智慧的人”，最早出现在地球上的时期通常认为是在大约 20 万年前，相当于考古学上的旧石器时代中期。

“智人”已经具备了符号运用的能力。2004 年 4 月《科学》杂志上报告：欧洲、美国和南非科学家发现距今约 7.5 万年，生活在南非一处洞穴中的早期人类

① ［德］格罗塞著，蔡慕晖译：《艺术的起源》，商务印书馆 1984 年版，第 1 页。

② ［美］摩尔根著，杨东莼、马雍、马巨译：《古代社会》，商务印书馆 1977 年版，第 1—3 页。

③ 美学界将先人对于“美”的朦胧的、感性的和飘忽不定的心理感受，称之为“原初审美意识”，但关于“原初审美意识”渊源却众说纷纭。美感起源中包含着生物的因素，而“色”和“目观之美”比较理性，出现得晚。

④ ［美］怀特著，曹锦清等译：《文化科学》，浙江人民出版社 1988 年版，第 21 页。

⑤ 《通识、契合、敞开、放松——张光直先生访谈录》，见《读书》1994 年 12 月。

已开始佩戴由贝壳制成的珠链饰物，这些珠链由穿孔的海洋蜗牛贝壳制成，孔是人钻出来的，不是天然生成的。这些世界上已知的最古老的珠宝，证明人类拥有了抽象思维和制作装饰品的能力。

建筑史家发现，先民穴居野处之时，已经创作“雕塑”，故“艺术之始，雕塑为先……雕塑之术，实始于石器时代，艺术之最古者也”①。

在我国，古史所称的炎黄时代，相当于约5000年以前的新石器时代中晚期，我国考古发现的仰韶文化的早期和中晚期。② 河姆渡文化、大汶口文化、红山文化、良渚文化等都属于炎黄时代文化。这时期的人们，已经懂得了“按照美的规律来塑造物体”③ 了。

从炎黄时代出土的水具、茶具、炊具、食器、酒器、盛贮器上，有朴稚而极其绚烂的象形纹饰、几何画以及几何纹饰，往往在生产之前就进行了“美”的设计。

原初审美意识发端于“万物有灵”的原始宗教，存在于对膜拜对象的祭祀之中，英国学者泰勒说：“事实上，万物有灵论是宗教哲学的基础，从野蛮人到文明人来说都是如此。虽然最初看来它提供的仅是一个最低限度的、赤裸裸的、贫乏的宗教的定义，但随即我们就能发现它那种非凡的充实性。因为后来发展起来的枝叶无不植根于它。”

“物质资料生产和人类自身生产构成的人类直接生活的生产和再生产，是人类审美活动的基础和对象，是美的真正源泉。”④

基于延续和发展种族生命的人类本能，凡能保佑人生存、繁衍者都为初民崇拜和“美”的对象，于是自然崇拜、生命礼赞、英雄神灵等一一跃上了初民祭坛。其间，初民已经娴熟地运用各类形式和符号来承载这些炽热的情感，于是，这些形式和符号也即成为克乃夫·贝尔所说的“有意味的形式”。

---

① 梁思成：《中国雕塑史》，百花文艺出版社1998年版，第1页。

② 许顺湛：《黄河文明的曙光》，中州古籍出版社1993年版。许顺湛进一步提出炎帝时代相当于仰韶文化早期，黄帝时代相当于仰韶文化中晚期的观点。

③ ［德］马克思：《1844年经济学哲学手稿》，人民出版社2002年版，第61页。

④ 满牧：《美的本质疑析》，《学术月刊》1982年第7期。

“中国人史前时代的‘象思维’特点首先在汉字中得以保留”①，所谓“象思维”之“象”指的是“物象”“象”与“意象”。汉字虽然在夏商之际方形成体系，但于原始社会晚期出现的象形符号，在甲骨文和金文中，与中国岩画构图形式和彩陶刻画符号构形相近的字形已经有很多。

本章将追溯后世园林美的基本元素诸如天地、生命、动植物、建筑及与此相关的图腾等“美”的符号之源。

第一节　自然宗教与园林美符号

远古时代的人类，面对大自然中雷电的轰鸣、野兽的肆虐、沧海的横流等，产生了恐惧、敬畏心理，人类最早的宗教——自然宗教由此而生。自然宗教是人类对自然界的一种纯粹动物式的意识，即将自然力人格化，同时神化，进入宗教思想的最初阶段，即“万物有灵论”的阶段②。《礼记·祭法》曰：“山林川谷丘陵，能出云，为风雨，见怪物，皆曰神。”人们祈祷这些自然神灵的佑助，崇功尚用为其特色，最早跃上祭坛的是与人们生存休戚相关的神灵：

> 社稷山川之神，皆有功烈于民者也；……及天之三辰，民所以瞻仰也；……及地之五行，所以生殖也；及九州名山川泽，所以出财用也。非是不在祀典。③

社稷山川诸神、天之三辰，成了理所当然的报祭对象。考古发现，祭祀礼器和祭台的形式正是先民对报祭对象的象形。

玉琮、玉璧、玉圭、玉璋、玉璜和玉琥是先民礼天地的六种礼器，古谓之六瑞：《周礼》有“璧圆象天，琮方象地”“以苍璧礼天，以黄琮礼地”的记载。圆的玉璧，方圆结合、天地合一的玉琮，三角玉圭，都是先民用来祭祀天、地、

---

① 梁一儒、户晓辉、宫承波：《中国人审美心理研究》，山东人民出版社 2002 年版，第 75 页。

② ［俄］普列汉诺夫：《普列汉诺夫哲学著作选集》第二卷，生活·读书·新知三联书店 1961 年版，第 720、721 页。

③ 《国语·鲁语》。

山的礼器，礼器式样正是先民对祭祀对象的象形，即天圆、地方及山峰。仰韶文化和良渚文化遗址都有出土的“六瑞”，对《周礼》提供了实物佐证。

象天的圆璧

方圆结合、天地合一的玉琮

一个刻有良渚神徽的三角形玉圭形器，或是山的象征。

考古发现的新石器时代祭坛遗址，都有圆形和方形祭坛的设置。1981 年，在辽宁省建平县牛河梁红山文化遗址中，发现了高台封土积石冢。有方坛石桩筑成的三层同心圆圆坛。① 专家认为“三环石坛以象天，方形石坛以象地”，“是最早的天坛”和“最早的地坛”。②《山海经 · 海内北经》称：“帝尧台、帝喾台、帝丹朱台、帝舜台，各二台，台四方，在昆仑东北。”

象山的玉圭

如今始建于明、重修改建于清的北京天坛和地坛，遵循的依然是祀天于圜丘，祀地于方丘的古制。丘圜而高，以象征苍天的圆形为母题不断重复；丘方而下，以象征大地的方形为母题不断重复。

说明早在炎黄时代，先民对天地的基本认识是：天圆、地方、山高耸。由

① 辽宁省文物考古研究所：《辽宁牛河梁红山文化“女神庙”与积石冢群发掘简报》，《文物》1986 年第 8 期。

② 冯时：《星汉流年——中国天文考古录》，四川教育出版社 1996 年版，第 221—223 页。

圆、方、三角形符号相互组合，成为园林布局、建筑、装饰图案等基本造型。这些也证明了早在炎黄时代，先民已经有了“将人的观念和幻想外化和凝练”的本领，初露“包括宗教、艺术、哲学等胚胎在内的上层建筑”① 的端倪。

北京天坛圜丘

一、天象标识符号

《周易·大有·上九》：“自天祐之，吉无不利。”掌握着整个神灵世界的“天”，是保护人类的至上神，是人们膜拜和认为“最美”的对象。

《周礼·神士》：“凡以神仕者，掌三辰之法，以犹鬼神示之居。”郑玄注：“天者，群神之精，日、月、星、辰其著位也。”贾公彦疏：“天体无形，人所不睹，惟睹三辰。”《周礼·画缋》：“土以黄，其象方，天时变。”郑玄注：“古人之象无天地也。为此记者，见时有之耳。”贾公彦疏：“天逐四时而化育，四时有四色。今画天之时，天无形体，当画四时之色以象天也。”

可以证明，古人画像以象天，画的是日月星辰和四季变化，未有画一圆丘的。日月、星辰及由雷神派生的雨神、云神等组成最常见的天象符号。

《易经·系辞》中有“悬象著明，莫大乎日月”，距离远的现象能显现光明，没有什么能超过日月的；《管子·白心》中有“化物多者，莫多于日月”，孕育物品之众多，没有多过日月的；《礼记·祭义》中有“日出于东，月生于西，阴阳长短，终始相巡，以致天下之和”，日月的正常运行才是宇宙和谐的保证。

世界各民族都有太阳崇拜。古埃及最高神是太阳神“拉”（或称瑞、赖），他的形象象征符号是一轮金色的圆盘，或中间带有一个点的圆圈。拉神还有多种其他象征符号，常见的有鹰首人身、头顶有一日盘及盘曲在日盘上的蛇等。古埃及法老被看作是拉神在大地上的具体代表，称为“拉神之子”，法老的墓穴“金

① 李泽厚：《美的历程》，文物出版社 1982 年版，第 3、4 页。

字塔”，就是让其登天回到父神拉的身边之所。

玛雅人崇信的太阳神符号，是带羽毛的蛇，它是太阳神的化身。

在我国，太阳符号常用圆形拟日纹、十字纹和卍字来表示。

1999 年甘肃临洮出土彩陶太阳纹罐，泥质红陶，马家窑文化辛店类型。此件彩陶正面口沿饰二道垂弧纹，似人的头发；颈部饰对称双耳，恰似人的双耳；颈肩部饰两个太阳，似人的眼睛；双眼之间有一条竖线似鼻子，极似人头形状。背面口沿部同样饰二道垂弧纹，垂弧纹正中有一条竖线直通罐底，竖线左边为一蹲着的犬形纹，右边是一个太阳纹。这些纹饰生动直观地诠释着先民心目中人化了的日神形象。

郑州大河村出土的彩陶质地细腻、造型优美，彩陶花纹图案多样，构思巧妙、布局严谨、色彩艳丽，具有很高的艺术价值。彩陶双连壶、白衣彩陶、∽x彩纹陶罐，是难得的艺术瑰宝。其中的天象符号有太阳纹、日晕纹、彗星纹、星座纹等。

仅太阳纹就有三种构图：一种由圆圈和圆圈外边的射线构成，如一个光芒四射的太阳；一种用红色大圆点与棕色射线构成一个旭日东升的图案；还有一种是前两种太阳纹的融合，即由一个圆点纹、圆圈纹和斜线构成一个太阳图案。

新石器陶饰上的日纹符号如下图：

新石器陶饰上的日纹符号

前两例屈家岭型是圆心十字外加旋转纹。其他外形都为旋涡状圆形，或中有十字。这在今天园林中也有类似图案，如园林日纹花窗和拟日纹石雕铺地图案。

内蒙古自治区乌拉特前旗、乌拉特后旗、乌拉特中旗、磴口县境内的阴山岩

旭日东升的太阳纹（苏州耦园）

画的上限不晚于新石器时代早期，有巫师祈祷娱神的形象，也有拜日的形象。

见于金文的拜日文，有两人对空跪拜太阳，或一人直立双手伸开、头顶着太阳，或两人对十字架跪拜。如下图：

金文拜日文

十字纹在甲骨文和青铜器铭文中也有呈亚形和其他各式的。新石器时期卐字和十字图案也很多。

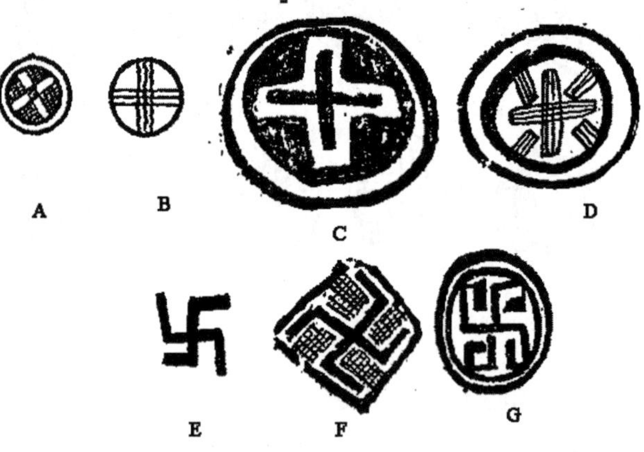

新石器时期卐字和十字形图案

图中的A、C、D，发现于甘肃、青海马厂型陶器装饰图案。B多见于仰韶型图案。E、F亦属马厂型。G发现于内蒙古翁牛特旗新石器遗址。

古代波斯、希腊、印度等国都有卍这个符号，印度的婆罗门教、佛教都采用了这个符号，表征佛的智能与慈悲无限。武则天长寿二年（693），权制此文为万，谓吉祥万德之所集也。

十字形象征静止的太阳，卍则象征旋转的太阳，广泛地出现在园林的栏杆、挂落、落地罩、花窗和铺地中。《营造法式》称："曲水万字，如水网河道，四通八达，寓吉祥富贵、绵长不断，民间称它'路路通'。"

原始先民将天空看成是天神的住所，他们都在天国里给予了确定的位置。①中国古代因观测天象，似乎人人皆知天文，已经有了对"天"的朦胧意识，这个"天"不同于西方基督教崇拜的God，是自然意义上的实有的"天"，也是人格化的天神们居住的住所。② 神话传说中，众神上下天地的"天梯"是神树建木，《淮南子·坠形训》："建木在都广，众帝所自上下。日中无景，呼而无响，盖天地之中也。"建木样子是"青叶紫茎，玄华黄实……百仞无枝，上有九欘，下有九枸，其实如麻，其叶如芒。大皞爰过，黄帝所为"③。"大皞"即伏羲，他曾沿着建木上下于天，而建木这个天梯，是黄帝亲手所作。

太阳的另外一种符号是"鸟"，最初是"三足乌"。张衡《灵宪》中有："日者，阳精之宗。积而成鸟，象乌而有三趾。"

据《山海经·大荒南经》载："羲和者，帝俊之妻，生十日。"这十个太阳住在树上，轮流出现，"一日方至，一日方出"。传说在辽阔的东海边，矗立着一棵神树扶桑，树枝上栖息着十只三足乌。它们都是东方神帝俊的儿子，每日轮流上天遨游，三足乌放射的光芒，就是人们看见的太阳。

《楚辞·天问》王逸注引《淮南子·本经训》云"尧时，十日并出，草木焦

---

① ［美］海斯、穆恩、韦兰著，中央民族学院研究室译：《世界史》，生活·读书·新知三联书店1975年版，第106页。

② 周秦以前，或曰前五千年，古人将天空划分为三垣四象二十八宿。三垣即紫微垣、太微垣、天市垣。紫微垣包括北天极附近的天区，大体相当于拱极星区；太微垣包括室女、后发、狮子等星座的一部分；天市垣包括蛇夫、武仙、巨蛇、天鹰等星座的一部分。二十八宿为二十八个星座，作为观测时的标志。主要位于黄道区域，之间跨度大小不均匀，分为四大星区，称为四象。

③ 《山海经·海内经》。

枯。”于是尧命羿“仰射十日，中其九日，日中九乌皆死，堕其羽翼”，故留其一日，万民皆喜，置尧以为天子。

三星堆遗址青铜神树是世界上最早、最高的青铜神树，树干高 384 厘米。铜树干挺直，分九枝杈，集成上中下三丛，每一枝杈上各有三个桃状果，其中两果枝下垂，一果枝上挑，上面立有一钩喙神鸟，昂首挺立，作展翅欲飞状。自树干顶端一条龙逶迤而下，龙首昂然，一足踏在树座之上。

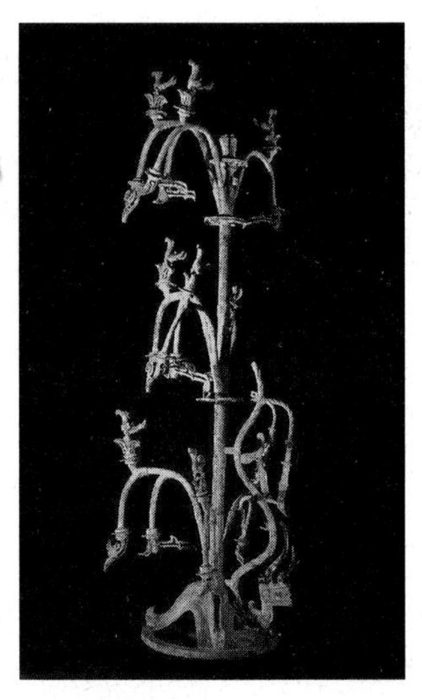

三星堆遗址青铜神树

《山海经·海外东经》曰：“汤谷上有扶桑，十日所浴……九日居下枝，一日居上枝。”据推断此青铜神树可能为古神话传说中的扶桑树。

太阳鸟图像也见之于仰韶文化半坡、庙底沟类型彩陶和马家窑文化彩陶。鸟的形态各异：有翱翔于天空的、有奔跑于地面的、有姿态优美的侧面鸟纹、有背负着太阳而飞者，也有多种以几何形变体组合的形式或符号。如飞鸟围着彩陶瓶的器壁组成二方连续的图案，鸟纹以圆点、弧边三角形、弧条和斜线为基本造型元素，形成旋转的图式，简化抽象的纹饰图案和陶器的器形得到了完美的结合。

中原地区大河村文化彩陶有多足的变体鸟纹，常与画有光芒的太阳纹组合在一起，有的多足变体鸟纹的头部画成红色，更加渲染出太阳鸟给人们带来光明和希望。

古称，“凰为火精，生丹穴”，凤凰是由火、太阳和各种鸟复合而成，其形象经玄鸟—朱雀—凤凰演化而来。

燕子，亦名玄鸟、社燕。《礼记·月令》云：“仲春之月，玄鸟至……仲秋之月，玄鸟归。”燕子春来秋归，捕虫啄秽，作为庄稼虫害的天敌，人类除虫的帮手，受到农家的喜爱，成为太阳鸟的化身。于是把太阳黑子的色态与燕子的白腹黑背相等同，将燕子视为太阳神的使者，称为“日中鸟”。

燕子崇拜至今凝固在岭南园林的燕尾脊上。所谓燕尾脊，就是在屋顶正脊（也称中脊）两端线脚向外延伸并分叉，似燕子尾巴，也称燕仔尾。

泉州地区民居使用燕尾脊的现象十分普遍，所谓的“皇宫起”大厝，大多使用燕尾脊，称“双燕归脊”。

台北市及新北市偏多燕尾型的古屋，脊皆用红砖砌成。在结构上，常见的正脊有两种，一种称“鼎盖脊”，断面呈“工”字形，束腰（脊堵）处常作花砖、粘贴陶瓷等各种复杂的装饰；还有一种称“花窗脊”或“车窗脊”“梳窗脊”，在束腰处以空透的红色或绿色花砖砌成。

位于台北市的林本源园邸的燕尾脊

后来燕子几乎被凤凰形象所替代，成为失落的太阳鸟。黄帝的臣子天老描绘凤凰的样子是“前半段像鸿雁，后半段像麒麟，蛇的颈子，鱼的尾巴，龙的文彩，乌龟的背脊，燕子的下巴，鸡的嘴”①，是飞禽、走兽、爬虫、游鱼等各种动物特征的荟萃。晋郭璞说它“鸡头、蛇颈、燕颔、龟背、鱼尾，五彩色，高六尺许”。

神话传说中的植物种子很多是天神带到人间的，如南方的稻谷种子，神话里为鸟从天上盗来的，所以南方普遍有鸟崇拜。1973 年浙江余姚河姆渡发现了稻作农业文化遗存，距今约 6700 年，在象牙骨器上就有双鸟纹的雕刻形象，这双鸟纹应是古代凤凰的最早雏形。

下图图像正面用阴线雕刻出一组图案，中间为一组由五个大小不等的同心圆

① 袁珂：《中国古代神话》，华夏出版社 2013 年版，第 143 页。

构成的太阳纹，外围周边刻着炽烈蓬勃的火焰纹，象征太阳光芒。两侧对称刻出一钩喙双鸟，两个鸟头形象在散发着光芒的日轮图像两侧，像簇拥着太阳的样子，是后世园林中丹凤朝阳、双鸟朝阳的滥觞。

双鸟纹的雕刻形象（浙江余姚河姆渡）

河姆渡遗址出土的蝶（鸟）形器共19件，器物图像构思奇特、布局严谨，雕刻技术娴熟。

“月”为天空另一大天体符号，在中国古人的观念中，是世界两极的代表，是阴阳两极的代表，也是构建历法体系的基础，二者相互配合、相互依存。

长沙子弹库出土的楚帛书上的十二月神形象，“或三首，或珥蛇，或鸟身，不一而足，有的骤视不可名状”①。

旧说蟾蜍与玉兔为月中之精，亦成月的符号。《淮南子·精神训》：“日中有踆乌，而月中有蟾蜍。”蟾蜍，俗称癞蛤蟆。《后汉书·天文志上》：“言其时星辰之变。”南朝梁刘昭注：“羿请无死之药于西王母，姮娥窃之以奔月……姮娥遂托身于月，是为蟾蜍。”“蟾”后用为月亮的代称。称月宫为蟾户、蟾宫、蟾窟、蟾阙，月色为蟾光、蟾彩、蟾辉、蟾影，喻圆月为蟾轮、蟾盘、蟾镜等。“嫦娥奔月”为追求光明的象征。

唐段成式《酉阳杂俎·天咫》：“或言月中蟾桂，地影也；空处，水影也。”传说月中有棵桂树，树下有一人名叫吴刚，为汉时西河人，因他学仙有过错，被谪伐月中桂树。桂树高五百丈，神奇的是，用刀斧砍它，边砍竟边愈合了。

唐以来称科举及第为蟾宫折桂。后世园林中常在子孙书房外栽植桂树，以寄

① 袁行霈主编：《中国文学史·第一卷》，高等教育出版社2005年版，第33页。

托对其科举及第的希望。

《南部烟花记》记载，陈后主为张贵妃造桂宫于光昭殿后，作圆门如月，障以水晶。后庭设素粉罘罳（网），庭中空无他物，惟植一桂树，树下置药、杵臼。使贵妃驯一白兔。皇帝每入宴乐，呼贵妃为“张嫦娥”。陈后主为宠妃设计的月宫圆月门，开了园林门洞设计的法门。如今园林中的圆门都习惯呼为月洞门。园林中的月洞门很多，有象征十五月亮的圆月，也有片月和地穴门。

雷的巨大响声带来的恐惧感引起了先民的敬畏，雷成为最早最直接被崇拜的天象，人们把雷看作“动万物”之神，认为雷“出则万物亦出”。同时，先民还把雷和天结合起来，认为雷声是上天发怒的标志。《山海经·海内东经》中雷神形象是“龙身而人头，鼓其腹”。“雷”的甲骨文像闪电之形，金文中雷字如联鼓，形如“回”字，且循环反复连缀，亦称回纹、回回锦。云雷纹最初应含有震慑邪恶、保平安的意思，后来因其形式都是盘曲连接、无首、无尾、无休止，显示出绵延不断的连续性，所以人们以它来表达诸事深远、世代绵长、富贵不断、长寿永康等生活理想。

先民祭雷神祈丰收的同时还祭雷的化身或雷的子女青蛙，把青蛙与雷雨直接联系起来，并且由雷崇拜发展而来对闪电的崇拜。从字源学上看，甲骨文“申”字是“电”的本字，字像闪电时云层间出现的曲折的电光：古人认为闪电是神的显现，所以常以“申”来称呼“神”。后加“示”旁为今“神”，加“雨”旁为“電”。至今园林中大量出现的云雷纹即源于此。

二、地景标识符号

地景符号主要指大地、高山、石头、河流等。

大地的基本符号是四方形。在古埃及和古希腊都将“四”奉为创造之源、永恒不倦息的万物锁钥。

在中国园林中，四方图案和间方纹、套方纹、斗方纹等专用于铺设御道，其寓意沾染上皇极观念带来的文化含义，象征着“溥天之下，莫非王土”，皇帝居有四方。

原始先民将巍峨的高山和缥缈的大海看成天帝和群神在人间居住的“下都”。

古希腊神话中众神所居的天堂是奥林匹斯山，奥林匹斯本为大丛山，故其他诸神，散居他峰，或居山谷，与众神之王宙斯不共一处。希腊人想象天空之上，乃是神域，此山之高，既直通于天，则可为登天之阶梯。

昆仑神话是中华文化之根母。《山海经·西山经》谓："西南四百里，曰昆仑之丘，是实惟帝之下都。"《山海经·海内西经》谓："海内昆仑之墟，在西北，帝之下都。"昆仑之墟，位于西海之南、流沙河的水滨，它的南面是赤水，北面是黑河，为天帝在人间的住所，"下有弱水渊环之，其外有炎火之山，投物辄然"①。

烟波浩渺的大海因海面上暖空气与高空中冷空气之间的密度不同，对光线折射而产生了海市蜃楼这一种光学现象，"时有云气，如宫室、台观、城堞、人物、车马、冠盖，历历可见"②，由此催生出蓬莱神话体系。《列子·汤问》记载了五座神山，"其（渤海）中有五山焉：一曰岱舆，二曰员峤，三曰方壶，四曰瀛洲，五曰蓬莱"。方壶即方丈。此后，岱舆与员峤逐渐衰微，秦汉典籍多记载后三山。③

昆仑石（北海）

> 其山高下周旋三万里，其顶平处九千里。山之中间相去七万里，以为邻居焉。其上台观皆金玉，其上禽兽皆纯缟，珠玕之树皆丛生，华实皆有滋味，食之皆不老不死。④

《海内十洲记》记载，蓬莱周围环绕着黑色的圆海，"无风而洪波百丈"；方

① 《山海经·大荒西经》。

② 〔宋〕沈括：《梦溪笔谈·异事异疾附》，文物出版社1975年版。

③ 原因一曰：除了布局的平衡美观以外，"三"在中国文化中具有特有的含义，如《国语·周语下》："纪之以三，平之以六。"韦昭注："三，天、地、人也。"又《国语·晋语一》："民生于三，事之如一。"韦昭注："三，君、父、师也。"《后汉书·袁绍传》注云："三者，数之小终，言深也。"（见《中国历代园林图文精选·第一辑》前言）

④ 《列子·汤问》。

丈，“专是群龙所聚，有金玉琉璃之宫”；瀛洲，“上生神芝仙草。又有玉石，高且千丈。出泉如酒，名之为玉醴泉，饮之数升辄醉，令人长生”。

昆仑山和蓬莱海岛的模式同样都是山围水绕的理想景境。众神生活的地方，囊括了中国园林的物质构成要素，为中国园林描绘了一张魅力无穷的蓝图，成为中国园林中理想的景境模式。发展到秦汉，遂诞生了池岛结合的“秦汉典范”。

在人类早期，石是人类谋生的天然工具，石器的使用成为人类社会发展的一个标志。石的功能及万古不变的特性，使它具有各种文化象征或符号意义。

古人认为石为云之根，山之骨，石积为山，为大地之骨柱，是人间神幻通天之灵物。西晋杨泉《物理论》曰：“土精为石。石，气之核也。气之生石，犹人筋络之生爪牙也。”

世界各民族都产生过石崇拜，也都有原始的巨石建筑等史前文化符号，诸如石棚、石神、神石等，还有大量用来表示大地神、社神、祖先神和生殖崇拜的符号。

在中华文化中，泰山为“万物始终之地，阴阳交泰之所”，称为“五岳之宗”，为祭天之台的所在地。《后汉书·祭祀志》注云：“岱者，胎也；宗者，长也。万物之始，阴阳之交，云触石而出，肤寸而合。不崇朝而遍雨天下，惟泰山乎！故为五岳之长耳。”

泰山被认为有保佑国家的神力，泰山之石具有独特的灵性，是保佑家庭的神灵。后来泰山石被人格化，姓石名敢当，又称泰山石敢当、石将军，盛于唐代。宋代出土的唐大历五年（770）的石敢当上刻有“石敢当，镇百鬼，压灾殃，官吏福，百姓康，风教盛，礼乐昌”字样。

许慎《说文解字》曰：“玉，石之美，有五德者。”旧石器时代晚期的山顶洞人已会打制小石珠当装饰品，半坡出土了淡绿色宝石坠饰，还有先人佩戴玉琮、玉珮以辟邪，给死者穿玉衣以求永恒等，都是灵石崇拜的原始遗存。

三、通天地的英雄和神灵

原始先民认为通过祭祀的方式才能和神沟通，承担沟通人神关系任务的是卜、史、巫、觋、祝一类的所谓文化官。

巫，甲骨文=（工，巧具）+（又，抓、持），表示祭祀时手持巧

具，祝祷降神。有的甲骨文写作[甲骨文字形]=[甲骨文字形]（工，巧具）+[甲骨文字形]（巧具），表示多重巧具组合使用，强调极为智巧。金文[金文字形]承续甲骨文字形。篆文[篆文字形]写成一“工”[字形]两“人”[字形]，表示两人或多人配合祝祷降神。

远古巫师是部落中最为智巧者，《山海经·海内西经》：“开明东有巫彭、巫抵、巫阳、巫履、巫凡、巫相，夹窫窳之尸，皆操不死之药以距之。”巫师通常是直觉超常的女性，男巫出现的时代在男权社会形成之后。

《史记·封禅书》记载，自三皇五帝到泰山顶上祭天，他们这些上古时代传说中的英雄，都兼有巫师和部落首领的双重身份，他们可以通天地，与神灵对话，因而，他们也成为非凡之人而受到氏族的祭拜。①

1987 年，考古工作者在河南省濮阳市西水坡发现了公元前 4000 年左右的仰韶文化古墓群，在第 45 号墓主尸骨的两侧，用蚌壳精心摆砌有龙、虎、熊、蜘蛛等图案，墓穴的南部边缘呈圆形，北部边缘呈方形，说明他们是能够乘龙遨游天地的英雄兼神。②

能通天地的神灵还有大龟，又叫大鼈，也称鳌，在中国文化中被列为“四灵”之首。更神秘的是龟相集天、地、人像于一体，是大自然的缩影：玄采五色，上隆象天，下平象地，左睛象日，右睛象月，知存亡吉凶之忧。传说伏羲在龟甲的裂纹中发现了八卦，③ 龟成为沟通天人关系的使者，它能将人间吉凶预告给人们。

龟参与宇宙大神女娲的创世，《淮南子·览冥训》记载，宇宙大神女娲“炼五色石以补苍天，断鳌足以立四极……苍天补，四极正，淫水涸，冀州平，狡虫死，颛民生”，龟背上驮着宇宙的柱石。

龟背上还驮着海中的神山。《列子·汤问》载，渤海之东有大壑，其下无底，中有五座仙山，常随潮波上下漂流。天帝恐五山流于西极，失群仙之居，乃

---

① 参见曹林娣《中国园林美学思想史·上古三代秦汉两晋南北朝卷》，同济大学出版社 2015 年版，第 16、17 页。

② 濮阳市文物管理委员会等：《河南濮阳西水坡遗址发掘简报》，《文物》1988 年第 3 期。

③ 八卦源于中国古代对基本的宇宙生成、相应日月的地球自转（阴阳）关系、农业社会和人生哲学互相结合的观念。最早的文字记载是西周的《易经》，内容有六十四卦；但 1979 年属于新石器时代晚期的江苏海安县青墩遗址出土了八个六爻的数字卦。

使十五巨鳌轮番举首戴之，五山才峙立不动。

《史记》称“蓬莱、方丈、瀛洲、壶梁，象海中神山龟鱼之属”，以为仙山均由神龟背负着。李白《怀仙歌》曰：“巨鳌莫载三山去，我欲蓬莱顶上行。”

龟有巨大的生命力：它能忍受饥渴，耐缺氧，抗感染，不生病，传说它“生三百岁，游于蕖叶之上，三千岁尚在蓍丛之下”，所以古人以“龟龄”比喻长寿。

中国新石器时代的仰韶文化中就出现了龟形装饰图案，而陶器、陶塑上的彩画往往是自然图腾的直接模拟。龟背十三甲，或有左旋卐字火纹，为离火龟，所以，二十八宿中土星（填星）居十三重天之上，为中央黄帝土。

2005年发现绘有乌龟图案的半山文化彩陶壶，壶身上画有四只造型各异的乌龟。经考证，该彩陶壶距今约4500年，属于马家窑文化半山类型。

由于古人以为龟只有雌性，只能通过意念解决传宗接代问题，至元代时龟的文化意义被“异化”，从此破坏了龟的高贵、神圣的形象。又由于东南亚一些国家将龟视为男性“命根”的象征，也讳言龟，只能在寺观园林见到龟驮（赑屃）和龟，如台北关渡宫的龟，苏州网师园水池呈龟形等。中国园林中大量出现的是正六边形的龟形符号，如龟形铺地、龟锦纹窗等。

古代传说中海里的大龟（北京故宫）

第二节　生命崇拜与园林美符号

原始人在严酷的自然环境下，平均寿命很短，据人类学家对38个“北京人”个体的年龄研究，死于14岁以下的有15人，30岁以下的有3人，40至50岁的有3人，50至60岁的只有1人，其余16人死亡年龄无法确定。[①] 对新石器时代人骨的研究表明，活到中年的较前有所增加，但进入老年的很少。

① 宋兆麟等：《中国原始社会史》，文物出版社1983年版，第32页。

因此，延续和发展种族生命是原始人类最现实的功利需要。探索人类生命之源、创造生命和呵护生命之神，都是园林美符号最早呈现出来可以推知和理解的“被指”（所指）。

一、宇宙和生命之源

神话作为人类童年时期的文化晶体和原始文明的艺术积淀，永远闪烁着人类思想和智慧的光芒。虽然神话成书年代较晚，但神话描写的内容有些在已出土的远古资料中得到印证，如远古时期大量的神形刻绘等。

无性创世神话便是原始人类对宇宙和生命起源的回答。盘古开天辟地的创世神话，就是中华先民对宇宙生成的阐释：

> 天地混沌如鸡子，盘古生其中，万八千岁。天地开辟，阳清为天，阴浊为地。盘古在其中，一日九变，神于天，圣于地。天日高一丈，地日厚一丈，盘古日长一丈，如此万八千岁。天数极高，地数极深，盘古极长。后乃有三皇。①
>
> 首生盘古，垂死化身：气成风云，声为雷霆。左眼为日，右眼为月。四肢五体为四极五岳，血液为江河，筋脉为地理，肌肉为田土，发髭为星辰，皮毛为草木，齿骨为金石，精髓为珠玉，汗流为雨泽。身之诸虫，因风所感，化为黎甿。②

天地未开之前混沌一团像个大鸡蛋，盘古生于其中，经过一万八千年，盘古开天辟地，轻而清的东西慢慢上升变成了天；重而混沌的东西慢慢下沉变成了地。盘古头顶着蓝天，脚踩着大地，天每日升高一丈，地也每日加厚一丈。盘古随着天的增高而日长一丈。天极高，地极厚，盘古也极长。后来才有了“三皇”。

盘古垂死之一瞬，口里呼出的气变成了风和云，呻吟之声变成了隆隆作响的雷霆。左眼变成了太阳，右眼变成了月亮。手足和身躯变成了大地和高山，血液变成江河，筋脉变成道路，肌肉变为田土，头发变成了天上的星星，皮肤变成了

---

① 《艺文类聚》卷一引《三五历纪》。

② 《绎史》卷一引《五运历年纪》。

草地林木，牙齿和骨骼变成了闪光的金属和坚石，精髓成为珠宝，汗水化成了雨露和甘霖。盘古身上的寄生虫，被风吹过以后，就变为黎民百姓。盘古化身为日月星辰、四极五岳、江河湖泊及万物生灵，这是人类用卵生的生命现象去设想宇宙的生成。

世界上任何民族都有自己的原始宇宙观，也都有与之相伴生的创世神话。创世神话大多通过无性化生、孤雌（雄）生育和天父地母繁殖三大类型来想象宇宙自然万物和人类文化。

二、生殖繁衍之神

在只知其母、不知其父的上古母系社会，被奉为始祖神的首推女娲。她是从盘古右眼生出的，在伏羲被奉为日神的同时，女娲即被奉为月神。

今藏新疆维吾尔自治区博物馆内的伏羲女娲图，出于唐无名氏之手，表现了中国古代神话传说中的人类始祖的形象，如西亚伊甸园中的亚当、夏娃一样，他们结为夫妻，共同创造了人类。图中男女二人，均微侧身，面容相向，各一手搂抱对方，另一手扬起，伏羲左手执矩（即尺子，有墨斗），用来丈量，象征地；女娲右手执规，象征天。男女下半身均为蛇形，交合七段，男女头之间上部绘日形，日中有三足乌，蛇尾之下绘月形，月中有玉兔、桂树、蟾蜍。男女日月形象四周，有大小不一的圆点，当系星宿，情态生动，线条粗犷，色泽单纯，幅面缀以日月星宿之像，不仅有空间辽阔之感，也显示了伏羲和女娲作为人类始祖的崇高意味。

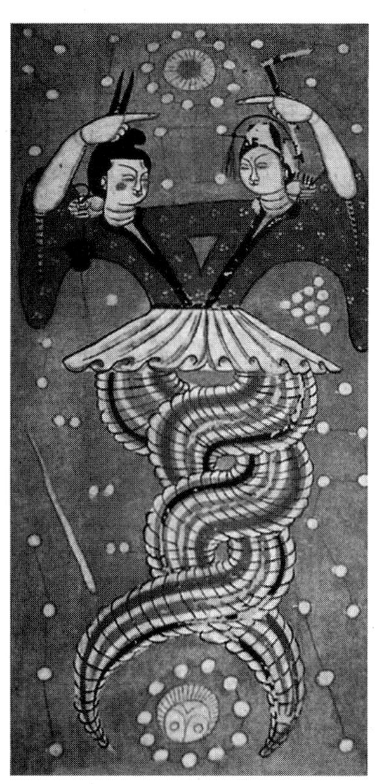

伏羲女娲图

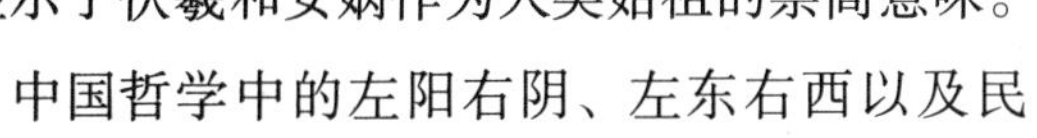

中国哲学中的左阳右阴、左东右西以及民俗中的男左女右习俗，都渊源于盘古左眼变成了太阳、右眼变成了月亮的神话。园林住宅大门前的狮子或麒麟等，都严格遵循左雄右雌的习俗。

左雄右雌铜狮（豫园）

始祖神女娲具有超人之行和神圣之德，《淮南子·览冥训》载“女娲补天”重整宇宙，为人类的生存创造了必要的自然条件：

> 往古之时，四极废，九州裂，天不兼覆，地不周载，火爁炎而不灭，水浩洋而不息，猛兽食颛民，鸷鸟攫老弱。于是，女娲炼五色石以补苍天，断鳌足以立四极，杀黑龙以济冀州，积芦灰以止淫水。苍天补，四极正，淫水涸，冀州平，狡虫死，颛民生，背方州，抱圆天。

古时候，四根天柱倾折，大地陷裂；天（有所损毁）不能全部覆盖（万物），地（有所陷坏）不能完全承载（万物）；烈火燃烧并且不灭，洪水泛滥并且不消退；猛兽吞食善良的人民，凶猛的禽鸟抓走年老弱小的人。于是女娲炼出五色石来补青天，斩断大龟的四脚立在天的四极作为梁柱，杀死黑龙来拯救冀州，累积芦苇的灰烬来制止（抵御）洪水。苍天（得以）修补，四个天柱（得以）扶正；过多的洪水干涸（了），冀州太平（了）；狡诈的恶虫（恶禽猛兽）死去，善良的百姓（得以）生存。背负大地，抱着圆天。

女娲补天的后遗症是“背方州，抱圆天”，天向西北倾斜，太阳、月亮和众星辰都很自然地归向西方，又因为地向东南倾斜，所以一切江河都往那里汇流。

这是古人对中华大地地形地貌的解释。①

女娲最重要的贡献是母系时代的生育女神。从字源学上看，女娲，也名女包娲②。《说文解字》中没有“女包”字，但从“包”字中可以透出一些信息。《说文解字》云：“包，象人裹妊，巳在中，象子未成形也。”清朱骏声的《说文通训定声·颐部》：“巳，孺子为儿，襁褓为子，方生顺出为㐬，未生在腹为巳。”《说文解字》曰：“胞，儿生裹也。”象形，象儿在母腹被裹之形。胞，即女子胞，又名胞宫、胞脏。张介宾的《类经·藏象类》曰：“女子之胞，子宫是也，亦以出纳精气而成胎孕者为奇（即奇恒之腑）。”

《太平御览》卷七八引《风俗通》：“俗说天地开辟，未有人民，女娲抟黄土作人，剧务，力不暇供，乃引绳于泥中，举以为人。”

月神又是主司婚姻和生殖之神，是初民心目中混沌的天人合一的高媒神。《绎史》卷三引《风俗通》：“女娲祷神祠祈而为女媒，因置婚姻。”而这个月神女娲就是《山海经》里“帝俊妻常羲生月十有二”的月母“常羲”，“常羲”就是嫦娥，她为了能使月亮不断地“死而复生”，于是“奔月”后变为“不死之药”“蟾蜍”。③ 原始先民崇拜蛙（实为蟾蜍），视之为繁衍之神，是雷神之子。因为蛙似乎能冬死（冬眠）夏生，具有死而复生的神秘力量；蛙产仔多，具有超人的生殖力；蛙腹瘪了又圆，圆了又瘪，永无已时，具有非凡的自我修复能力。

马厂彩陶上的蛙纹也被称为“神人纹”或“人娃纹”，蹲踞式的蛙形人纹即女娲。④

① 《山海经·海外西经》以为，中国“天倾西北”“地不满东南”的地形，是因为共工与颛顼争做部落首领遭惨败，愤怒地撞击不周山的结果：“昔共工与颛顼争为帝，怒而触不周之山，天柱折，地维绝。天倾西北，故日月星辰移焉；地不满东南，故水潦尘埃归焉。”

② 《路史·后纪二》。

③ 蔡运章、戴霖：《秦简〈归妹〉卦辞与“嫦娥奔月”神话》，《史学月刊》2005年第9期。

④ 柳春城：《青海古代“月亮”崇拜》，《青海日报》2004年10月29日。

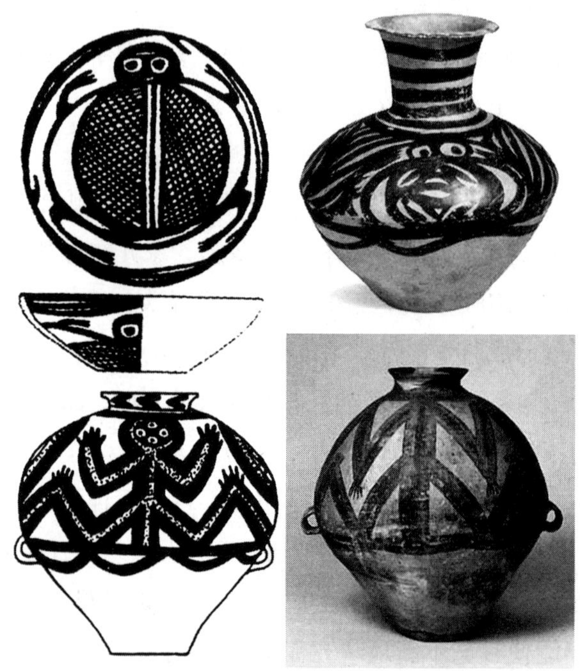

“神人纹”或“人娃纹”（青海）

由一神向多神的分化，乃中国神话演变的一个重要规律。据神话学者研究，女娲、西王母、嫦娥乃至九天玄女等本来都只是同一神即女娲的异名分化。

昆仑山传说有一至九重天，能上至九重天者，是大佛、大神、大圣。西王母、九天玄女均是九重天的大神，是东方民族的伟大母亲，亦是东方美神。典籍记载，西王母在昆仑山的宫阙十分富丽壮观，如“阆风巅”“天墉城”“碧玉堂”“琼华宫”“紫翠丹房”“悬圃宫”“昆仑宫”等。

为了驱赶邪恶，降伏一些人心中的邪恶，净化人之灵魂，拯救和保护人类，九天玄女再次下凡人间，与西王母一道，扶正抑邪，普度众生，加持善缘者，成为天上人间最伟大的女神和乾坤的真主。

女娲和盘古一样，还能化生万物，她是“古之神圣女，化万物者也”。《山海经·大荒西经》郭璞注：“女娲，古神女而帝者，人面蛇身，一日中七十变。”“帝”者，由花蒂之“蒂”演化而来，“如花之有蒂，果之所自出也”①；“知帝

① 吴大澂：《说文古籀补·附录》。

为蒂之初字，则帝之用为天帝义者，亦生殖崇拜之一例也”①。

在漫长的原始公社时代，经过母系社会到父系社会的演变，在不同时期对性的认识都有不同的变化，但归根结底，性是原始氏族先民生活中不可缺少的主要部分。考古学家发现，“在考古发掘中，有这样一个耐人寻味的事实，即所有出土的母系氏族阶段的文化遗物，凡是人面雕像，乃至器物塑像，几乎全部为女性”，“女子，特别是怀有身孕的女子，就是当时人们心目中最美的偶像”②。

辽宁牛河梁地区的红山文化遗址中出土了母系氏族社会的象征物——陶质妇女裸体像。牛河梁南侧红山文化有一座女神庙，数处积石大冢群，以及面积约为4万平方米的类似城堡或方形广场的石砌围墙遗址，女神庙主神彩塑女神像，有大于真人三倍的女性乳房。“女神”是由5500年前的“红山人”模拟真人塑造的神像（或女祖像），“她”是红山人的女祖，也就是中华民族的“共祖”。女神头像是典型的蒙古人种，与现代华北人的脸型近似。

喀左县东山嘴红山文化祭坛遗址中，也出土了裸体女神立像，突出挺立的大肚子，腹下有表示性器官的记号，臀部肥硕，向后凸起，上身微向前倾。仰韶文化后期，男性生殖崇拜渐趋主导地位，进而才产生对男性和男性器官的膜拜。

在我国的仰韶文化、龙山文化、齐家文化、屈家岭文化和红山文化等原始社会遗址，均发现过陶塑、石祖等“生殖崇拜”的遗物，生殖崇拜也成为原始绘画和造型艺术最古老的重要的源头。

青海柳湾新石器遗址中出土了一件人像彩陶壶，其上塑有一裸体浮雕像，乳房突出，生殖器都具有两性特征，为“两性同体”像。

把石笋、蝉、鸟、蜥蜴、龟等比喻为男性生殖器，把洞穴、石环、双鱼、蚌、瓜、花等比喻为女性生殖器，把蛙、蟾蜍、葫芦、石榴等看作生殖和多子的象征，把双蛇缠绕、鸟叼鱼等认为是性交的象征。

马家窑文化中众多的女阴纹，各式图案繁花似锦。甘肃秦安出土的“男根尖底瓶”，男根的塑造很写实，既形象又生动，体现了原始先民的聪明才智。

岩画中更是存在大量大胆、清晰表明男女性器官的图案和交媾、欢庆的场

① 郭沫若：《甲骨文字研究·释祖妣》，《中国现代学术经典·郭沫若卷》，河北教育出版社1996年版，第288页。

② 古风：《中国古代原初审美观念新探》，《学术月刊》2008年第5期。

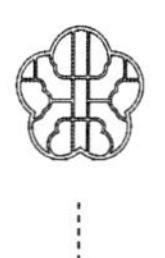

面，说明性与生殖崇拜的历史是悠久的，它们在原始人的生活中占据重要地位。

除了蛙纹（实为蟾蜍），还有鱼纹、鹿纹、鸟纹以及葫芦、禽卵甚至石头被视为母体崇拜、生殖崇拜的对象。

燕子也被视为主宰生命繁衍的俗信，古人认为，燕是天女的替身，预示繁衍生育。连《本草纲目》中都有“人见白燕，主生贵女”之说。历史上，凡有白燕出现的地方，都要逐级上报，以为祥瑞之兆。

三、护佑生命之神物

保佑生命、使生命得以延续的动物、植物和器物，如上古的神龙崇拜、不死药崇拜和方胜等辟邪物等，都是上古人类生命的崇拜物。神龙崇拜源自伏羲女娲，而伏羲女娲为龙的图腾原型。

古吴地域的蛇就盛行于多水湖泊的荆林之地。许慎《说文解字》有解：“荆，楚木也。”“蛮，南蛮蛇种，从虫。”可见，荆蛮之地有丛林和蛇虫，以蛇龙为图腾。

鱼、龙之属本为一类，鳞甲貌似，都属水族，吴人的龙，是鱼的神化，或说是神化的鱼，或者源于崇拜扬子鳄演化而来。①

他们在陶器上刻画鱼纹，还用鱼形文身，以像龙子，认为这样就能避开蛟龙（扬子鳄或蟒蛇）的伤害了。越族人认为鱼乃河神，鱼乃龙子龙女。

古代荆楚、南越一带的习俗，身刺花纹，截短头发，以为可避水中蛟龙的伤害。《淮南子·原道训》：“民人被发文身，以象鳞虫。”高诱注：被剪也。文身刻画其体内。默其中为蛟龙之状，以入水蛟龙不害也。《左传·哀公七年》曰：“断发文身，臝以为饰。”

20 世纪 80 年代，南京浦口营盘山遗址出土了良渚最早的龙形玉饰件。

上海青浦福泉山的良渚文化刻花弦纹高足黑陶豆，在口沿外部刻画有呈螺旋形盘曲着的蛇纹，蛇纹身上细致地填刻有云纹和短直线，还凸出多个圆点，蛇之间则以鸟纹相隔。刻工精致，图案繁简得体。

1974 年，澄湖遗址出土泥制黑皮陶壶，其形如鳖，中间和四沿都做成锯纹，

① 张正明、刘玉堂：《大冶铜绿山古铜矿的国属》，《楚史论丛》，湖北人民出版社 1984 年版，第 65 页。

微微做出四脚和尾。同时出土的磨光彩陶罐身上，绘有两道水波纹，中间两条横线，简洁大方，粗犷明净，统一中又稍有变化。

郭大顺介绍："这里要特别提到动物形玉中的龙和凤题材，红山文化玉器中的龙凤造型都已定型化，玉雕龙与商代玉龙在造型上的一脉相承，曾引起海外学者重提商文化起源于东北说。玉凤的翅与尾的表现方式也与商代青铜器上的凤鸟纹如出一辙。尤其是龙凤合体的题材，其设计之精妙，神态之成熟，作为后世玉器基本造型的龙凤玉佩的祖型，是红山文化作为中华古文化直根系的一个显著标识。"①

东山嘴和牛河梁遗址发现后，苏秉琦将这一南北关系提高到新的层次，"源于关中盆地的仰韶文化的一个支系，即以玫瑰花图案彩陶盆为主要特征的庙底沟类型，与源于辽西走廊遍及燕山以北西辽河和大凌河流域的红山文化的一个支系，即以龙形（包括鳞纹）图案彩陶和刻画纹陶的瓮罐为主要特征的红山后类型，这两个出自母体文化而比其他支系有更强生命力的优生支系，一南一北各自向外延伸到更广、更远的扩散面。它们终于在河北省的西北部相遇，然后在辽西大凌河上游重合，产生了以龙纹与花结合的图案彩陶为主要特征的新的文化群体"②。苏秉琦认为，这一交会是牛河梁坛庙冢出现的原因，从而实现了华（花）与龙的结合，是中国人自称为华人和龙的传人的历史渊源。

《山海经》中出现的灵木仙卉，多为常绿的不死草，如灵芝，"食之皆不老不死"③。松柏之类四季常青、寿命极长的树木也被称为"神木"。

若木，又作扶桑，若木是由于桑树被认为具有"再生"的生命力而得名的。"若"字原始字形是一位披着长发跪着的女人形象。《山海经·海外北经》："欧丝之野，在大踵东，一女子跪据树欧丝。三桑无枝，在欧丝东，其木长百仞，无枝。"

据《山海经·大荒西经》所载，主宰昆仑山的西王母掌握着长生不老之药，她的早期形象是人面虎身，戴胜，虎齿，豹尾，穴处。于是，她所戴之"胜"，也成为辟邪之物，如园林中有方胜亭、方胜图案等。

---

① 郭大顺：《红山文化是中华古文化的"直根系"》，《光明日报》2015 年 11 月 10 日。

② 苏秉琦：《中国文明起源新探》，生活·读书·新知三联书店 2019 年版，第 109、110 页。

③ 《列子·汤问》。

英国人类学家赫胥黎谈人类的由来时认为，传说往往是个半睡半醒的梦，预示着历史的真实。袁珂先生也说神话虽然不是历史，但可能是历史的影子。翦伯赞在《中国史纲》中称神话是历史上突出的片段的记录……昆仑山和西王母的故事，当暗示“诸夏”之族和“诸羌”之族的文化交流。所以我们研究神话，也能从神话的暗示中寻出历史的真相。①

第三节　巫术礼仪与艺术美之胚芽

远古时期审美与艺术处于混沌状态，审美意识潜藏在种种原始巫术礼仪等图腾活动中。巫术是企图借助超自然的神秘力量对某些人、事物施加影响或给予控制的方术。原始自然巫术十分古朴，“人为巫术”是由原始自然巫术逐渐发展演变而成的。

英国人类学家爱德华·泰勒在《原始文化》一书中，最早提出艺术起源于“巫术”的理论主张。苏联乌格里诺维奇在《宗教与艺术》中也说：“把艺术胚芽萌发的时间同宗教胚芽萌发的时间分开，这无论在理论上还是在事实上都毫无根据。恰恰相反，有一切理由认为，二者是同时形成的。”②

出现在岩画、陶纹上的早期原始宗教文化符号，都可以溯源于原始巫术，如动物的装饰雕刻，源于狩猎巫术的特殊实践，发现于内蒙古乌拉特中旗的“猎鹿”岩画，“是人类历史上最早的巫术与美术的联袂演出”③。

一、巫术歌舞

考古遗址中出土了骨笛、陶鼓、陶铃、舞蹈纹饰彩陶等，说明原始宗教祭祀活动是载歌载舞的。

远古部落主持祭祀活动的“巫”，由智慧灵巧的通神者担当。母系社会女巫为主，“《说文》：‘巫：祝也。女能事无形，以舞降神者也。’而《墨子·非乐》上论‘为乐非也’，乃引汤之《官刑》有曰：‘其恒舞于宫，是谓巫风。’盖乐必

① 参见袁珂《中国古代神话·导言》，中华书局1981年版。

② ［苏联］乌格里诺维奇著，王先睿等译：《宗教与艺术》，生活·读书·新知三联书店1987年版，第29页。

③ 左汉中：《中国民间美术造型》，湖南美术出版社1992年版，第70页。

有舞为之容，舞必有乐为之节，二事相辅，所以降神”①。巫者，舞也，象人两褎舞形。“巫”以神秘法器祝祷降神，也就是说，祭祀活动是通过歌舞礼仪来完成的，歌舞礼仪就是巫术礼仪。巫术仪式中的这类图腾歌舞，就是人类最早的精神文明和符号生产。原始初民在祭拜自然神灵时的歌舞中，已经“能普遍地感受到最强烈的审美享乐”②。所以，列维·斯特劳斯说过，艺术存在于科学知识和神话思想或巫术思想的半途之中。

甲骨卜辞中，与舞蹈活动直接相关的记录，不下百条。象形的甲骨文里的“舞”字尽管有多种写法，但均作一个正面的人体双手持对称的相同舞具而舞的形状，如[甲骨文]、[甲骨文]、[甲骨文]等，舞具似花枝[甲骨文]，③ 有的甲骨文在手挥花枝的人的头上加“口”[甲骨文]（歌唱），像祭祀者双手挥着花枝吟唱祝祷[甲骨文]。金文“舞”字[金文]与甲骨文略同，虽是商代的舞蹈形式，但因去古未远，其形亦能反映出巫术祭祀初形。

玉三叉形冠饰（良渚文化）

这些装饰在良渚文化时期更多用于宗教礼仪的法器，如三叉形器、玉手柄、钺端饰物、钺冠饰等。三叉形饰物和附件与汉字中“皇”字义形符合，皇的本义是“冕”的象形。良渚文化的玉三叉形冠饰很可能就是中国最初的皇冠。古代文献记载，远古时期有虞氏部落首领就是戴着彩羽的冠冕举行隆重祭典的。

江苏南京昝庙文化遗址出土神人兽面玉饰，正反两面用阴线刻出纹案，或认为起贯通天地和保护人世的功用。戴兽面具的巫师，也由酋长担当。④

1973 年出土的马家窑文化（新石器时代）的舞蹈纹彩陶盆，内壁饰三组舞

① 钱锺书：《管锥编》，中华书局 1979 年版，第 152 页。

② ［德］格罗塞：《艺术的起源》，商务印书馆 1984 年版，第 165 页。

③ 天津近代著名古文字学家华学涑（石斧）先生依据《吕氏春秋·古乐》来解读古舞字，云象人执牛尾以舞之形，为舞之初字。

④ 南京博物馆藏，参见张正明、邵学海《长江流域古代美术玉石器》（史前至东汉），湖北教育出版社 2002 年版，第 36、37 页。

蹈图，三组舞人绕盆一周形成圆圈，脚下的平行弦纹像是荡漾的水波，小小陶盆宛如平静的池塘，图案上下均饰弦纹，组与组之间以平行竖线和叶纹作间隔。舞蹈图每组均为五人，舞者手拉着手，面均朝向右前方，步调一致，似踩着节拍在翩翩起舞。

人物的头上都有发辫状饰物，身下也有飘动的斜向饰物，头饰与下部饰物分别向左右两边飘起，这些饰物是人们为象征某种动物而戴的头饰和尾饰，增添了舞蹈的动感。每一组中最外侧两人的外侧手臂均画出两根线条，好像是为了表现臂膀在不断频繁地摆动的样子。

关于舞蹈内容说法较多，有人认为是远古时期氏族成员在举行狩猎归来的庆功会，跳着狩猎舞；也有人认为是氏族成员装扮成氏族的图腾兽在进行图腾舞蹈；还有人认为是在进行祈求人口繁盛和作物丰收的仪礼舞等。

一般认为，舞蹈图欢乐的人群簇拥在池边载歌载舞，情绪欢快热烈，场面也很壮阔，真实生动地再现了先民们在重大活动时群舞的热闹场面。

诚如李泽厚先生称，这类巫术礼仪是为了群体的人间事务而进行的，如降雨、消灾、祈福，包括治病，显示了重“生”的特征，而不是为了个体精神需求或灵魂安慰之类。

陶器上的群舞场面（中国国家博物馆藏）

巫术礼仪有一整套非常复杂、规范的语言、动作、程序，整个氏族群体都要参加，不能违背，不然会有灾难降临，因而形成了后来中国文化中对行为、举止、言语、姿态有一套非常严密、详尽的规范。“乐”先于“礼”，“礼”出于“乐”，是由巫到礼，由巫术到礼制和礼教。

人通过这种巫术礼仪活动，是要呼唤、影响、强迫甚至控制、主宰天地鬼神，人是主动的，而“神”没有独立自主的超验和统宰性质。

在巫术礼仪中，情感因素极为重要，但由于操作上的严格规范，迷狂情绪又受到理智的强力控制，因此，既不专重理性也不放纵情欲。

江南吴越地区，禽鸟、鱼龙崇拜及水乡特有的牛龙图腾，产生出“鱼龙曼延”之舞、防风古乐舞、白鹤舞、弹弓舞等乐舞形态。

据南朝梁任昉《述异记》中载：“今吴越间防风庙土木作其形，龙首牛耳，连眉一目……越俗祭防风神，奏防风古乐，截竹长三尺，吹之如嗥，三人披发而舞。”

与舞伴奏的是“竹制乐器”，其“声如龙鸣”①，清柔婉折，取材于江南茂盛的竹林，吴越之地是最早出笙箫、管笛之地。

《吴越春秋》卷五载有古老葬仪中的弹弓舞：“范蠡复进善射者陈音。音，楚人也……音曰：‘臣闻弩生于弓，弓生于弹，弹起古之孝子。’越王曰：‘孝子弹者奈何？’音曰：‘古者人民朴质，饥食鸟兽，渴饮雾露，死则裹以白茅，投于中野。孝子不忍见父母为禽兽所食，故作弹以守之，绝鸟兽之害。故歌曰‘断竹、续竹，飞土，逐害’之谓也。于是神农黄帝弦木为弧，剡木为矢，弧矢之利，以威四方。’”

《周易·系辞》：“古之葬者，厚衣之以薪，葬之中野，不封不树。”吊唁者和孝子一起手持弹弓驱击前来猎食死者的飞鸟和野兽。

甲骨文金文字都保持了“吊”字“持弓会殴禽”的姿态，属于一种集体歌舞形式。

“白鹤舞”本身是祭祀和丧葬仪式中艺术表演的一部分，与雷电、风雨、丰收和投胎的巫术有关。②

二、礼与等级的萌芽

上古祭祀歌舞中，出现了“礼”与等级的萌芽。

古代“礼”字写作“豊”“豐”。《说文解字》讲，“豊，行礼之器也。从豆象形，读与礼同”；“豐，豆之丰满者也，从豆象形”。“豆，食肉器也。从口象形”。

王国维《观堂集林·释礼》提到“（礼）象二玉在器之形。古者行礼以玉”，“古［丰丰］［王王］同字”，“盛玉以奉神人之器谓之豐，推之而奉神人之酒醴亦谓之醴，又推之而奉神人之事通谓之礼”。③

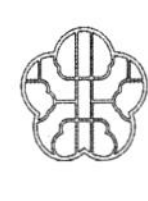

---

① ［汉］马融：《长笛赋》。

② ［英］李约瑟：《中国科学技术史》，科学出版社1975年版，第352页。

③ ［清］王国维：《观堂集林·释礼》，中华书局1959年版，第291页。

“豐”代表一器物盛有玉形，玉是下界苍生和上天神灵上下沟通之媒介。在甲骨文的“豐”字中，豆中盛有一对并列的“丰”。《周易·丰》说：“丰，享，王假之。”是说王用丰来祭祀。甲骨文的“丰”就是“玉”字。“丰”代表什么呢？代表一串玉。《说文解字》说：“玉，石之美者……象三玉之连，其贯也。”用一根绳索或细木棍儿穿上三块玉，就是玉字。

可见，“礼”与祭祀活动相关，祭祀又与玉相关。

距今6000年至5000年的新石器时代晚期，红山文化“唯玉为葬”的习俗和祭祀遗存的规范化以及崇拜礼仪的制度化，是礼起源于史前时期最为典型的证据。

大量的考古材料证明，红山文化已进入高度发达的祖先崇拜阶段，而作为红山文化中心的牛河梁女神庙已是宗庙或其雏形。①

红山文化坛庙冢类似于明清时期北京的天坛、太庙与明十三陵，考古学家苏秉琦称：“红山文化都已体现出后世中国建筑传统的特点，为其渊源之所在。”

牛河梁遗址还发现了祭坛和积石冢。积石冢是用经过打制的大石块砌成的，有方形和圆形两种。每座积石冢内，一般都有数十人列“棺”而葬。冢内往往以一两座地位尊贵的大型墓为主墓，周围或上部附葬多座小墓。墓内随葬品多玉器，有猪龙形玉雕、勾云形玉佩、玉璧和玉龟等，种类和数量随墓的大小而异。从墓的大小和随葬玉器的多少看，氏族成员的等级分化已很严格。

良渚文化的祭坛墓地位于反山土冢东北五公里的瑶山上。祭坛为近方形的漫坡状，以不同的土色分为内外三重。中心为红色土方台，外围为灰色土填充的围沟，灰土围沟外是用黄褐色斑土筑成的围台，围台面铺砾石，边缘以砾石叠砌。这座祭坛由多色土构成，衬托了祭祀场所的神秘色彩，开创了后世多色土祭坛建筑的风格。

祭坛上分两排埋葬着12座墓，各墓都出有成批玉器，其中以埋在中心红色土台上的墓葬出土玉器最多，有的多达148件（组）。这批玉器制作精良，种类丰富，如富有神秘色彩的玉琮、透雕玉冠、冠状饰、三叉形器等，其上也大都雕刻有神徽，使人望而生畏；还有象征权力的玉钺、龙首牌饰；也有鸟、璜、带钩等装饰品和嵌玉漆器等高级用品。这些墓主生前很可能是祭祀苍天、大地、神灵的祭师或巫觋。葬礼也见等级区别。辽宁沈阳新乐遗址与河姆渡遗址都出土了权

① 参见毕玉才、刘勇《文明曙光的闪烁》，《中国文化报》2015年2月2日。

杖，逐渐显示出英雄崇拜和权力崇拜。

三、最早的装饰品

旧石器时代晚期，我国出现了装饰品，北京周口店龙骨山的“山顶洞人”距今约3万年，他们“所居住的山洞中出土有白色小石珠、黄绿色的钻孔石砾石和穿孔兽牙等装饰品，原来大约用麻葛藤或动物皮条之类穿成串链，作为头饰、项饰、腕饰或服饰”①，这反映了原始人在衣食住行方面的审美要求。

普列汉诺夫《论艺术》提出：“这些东西最初只是作为勇敢、灵巧和有力的标记而佩戴的，只是到了后来，也正是由于它们是勇敢、灵巧和有力的标记，所以开始引起审美的感觉，归入装饰品的范围。”②

“最早的装饰品的功能与物质生产没有直接关联，也与解决他们的温饱问题无关。他们佩戴这些装饰品，或为驱祟避邪，或为炫示威猛，或为取悦异性，或为托佑神灵，都是为了满足精神上的需求，求得精神上的充实。”③

到了人类真正摆脱动物的“蒙昧时代”的中级阶段，发现用野火烧烤的兽肉更可口，于是学会了保护火种和人工取火的本领，可怕的火变得可亲，人们在火堆旁跳舞，火成了原始的审美对象。

在河南渑池县仰韶村红色陶片上画着简单的红色花纹，火的红色随之有了美的价值。

原始人用赤铁矿粉等天然红色颜料对死去的人及陪葬品进行装饰，红色或许象征血液、生命，能让死人重生，或为生者带来某些庇护，辽宁海城小孤山仙人洞的穿孔蚌壳项链就有“红色浸染”④。

河姆渡遗址中出土过一只朱漆的木碗，其造型精美，朱漆髹饰技艺高超，埋在地下7000余年，重见天日时仍然鲜艳夺目，这件迄今被发现的最早的漆器制品，使目睹者都惊叹不已。

20世纪50年代至70年代在苏州唯亭镇东北两公里处的草鞋山，发现了距今在6000年以上的三块炭化的先缫后织的织物残片，花纹为山形斜纹和菱形斜纹，

① 刘叙杰主编：《中国古代建筑史》第一卷，中国建筑工业出版社2009年版，第5、6页。

② ［俄］普列汉诺夫：《论艺术》，生活·读书·新知三联书店1973年版，第11页。

③ 张朋川：《黄土上下》，山东画报出版社2006年版，第77页。

④ 黄慰文等：《海城小孤山的骨制品和装饰品》，《人类学学报》5卷3期，1986年。

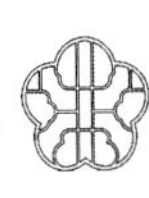

属于提花和印花两类织物。说明当时的人们已经对织物进行了有意识的美化，已具有美化意向。

古人“结绳而为网罟，以畋以渔”，陶器器形和装饰图案缤纷夺目，出土的许多新石器时代陶屋模型，外观有方锥体、桃形、卵形等，尺度比例已经十分完美。

陶器是用泥涂抹在一定形状的编织物上，放在火中烧制而成，编织物被烧毁后泥土烧成陶器，编织物的纹样留在陶器上，这就是席纹和绳纹的最初形式。泥坯上手指印、草绳和木板等工具留下的印记成为陶器印纹、雷纹、绳纹产生的经过。这说明，陶器上的装饰纹是人类在劳动过程中自然产生的。①

第四节 “营窟”“橧巢”居住基型之美

《礼记·礼运》：“昔者先王未有宫室，冬则居营窟，夏则居橧巢。未有火化，食草木之实，鸟兽之肉，饮其血，茹其毛。未有麻丝，衣其羽皮。”

“营窟”和“橧巢”居住基型亦含蕴着园林美元素。

“营窟”，即穴居，逐渐为半穴居。“橧巢”，又写作“巢居”，即“构木为巢”，为水网沼泽即热湿丘陵地带的主要居住形式，逐步进化为干阑建筑，为中国干阑式木结构和穿斗式木结构的主要渊源。

这两大原始建筑审美基型均出现在原始社会，是南北先民不同的木构架营造形式，产生不同的因素之一是因地制宜、就地取材。

一、土木材料

《周易·系辞下》曰：“上古穴居而野处，后世圣人，易之以宫室，上栋下宇，以待风雨，盖取诸大壮。”

无论距今大约 70 万年的“北京直立人”，还是距今约 3 万年的“新人”山顶洞人，都选择了天然岩洞作为定居之所。南方很早就改穴居为巢居。北方寒冷，旧石器时代晚期黄土高原就出现了人工的穴居、半穴居。形式日渐多样，距今七八千年的新石器时代早期，发现了多处人类用以居住和藏物的圆形、椭圆形窑穴和筒形半穴居。采用了土的穴身和木的顶盖，在浅竖穴上使用起支撑作用的

① 参见楼庆西《中国传统建筑装饰》，中国建筑工业出版社 1999 年版，第 5 页。

木柱，并在树木枝干扎结的骨架上涂泥构成屋顶结构。

西安半坡仰韶文化晚期，屋顶覆以树枝及茅草（有的表面再涂泥），其结合用绑扎法。屋顶覆以树枝及茅草（有的表面再涂泥），下部直达地面。

祖先已掌握了伐木、绑扎和夯土等技术，方形或长方形的地面式土木建筑已经成为当时建筑的典型。原始社会晚期，墙体使用了用湿土夯筑的土坯砖，以深褐色黏土为主，内夹少许小块红烧土，墙外壁抹上一层细黄泥，一层草拌泥，最后抹“白灰面”，结实、牢固、美观。

半坡遗址上有很多柱洞，其建筑应是用树木枝和其他植物的茎叶再加泥土混合架构而成的，为土木混合结构的滥觞。此后，华夏重大建筑因袭原始建筑土木结合的“茅茨土阶”的构筑方式，成为与古埃及、西亚、印度、爱琴海和美洲并列为世界古老建筑的六大组成之一，是世界原生型建筑文化之一。①

二、巢居与榫卯结构

南方地区湿热多雨，加上“古者禽兽多而人少，于是民皆巢居以避之，昼拾橡栗，暮栖木上，故命之曰有巢氏之民”②。

河姆渡文化和良渚文化属母系氏族公社繁荣时期，其遗址发现的建筑形式由早期的巢居发展为干阑式，又称高栏、葛栏或麻栏。干阑式建筑的立柱、梁架、盖顶均是木构，之间的衔接方式已经大量运用了榫卯的结构。

1973 年，在浙江余姚河姆渡村遗址的第四文化层中，发现了数千件榫卯结构构件及大量带榫卯的木梁架构件。

构件上发现种类多样的榫卯，有梁头榫、柱头榫、柱脚榫等，有方有圆，还有双层榫，卯眼也有方有圆，平身柱上的卯、转角柱上的卯、带销钉孔榫、燕尾榫等多种形式，榫卯技术已经得到应用。此外还发现有企口地板、雕花栏杆等。③ 燕尾榫、带销钉孔榫以及企口板的发明，标志着当时木作技术的突出成就。

中国传统木构架“有抬梁、穿斗、井干三种不同的结构方式”④。干阑建筑

---

① 参见侯幼彬《中国建筑美学》，黑龙江科学技术出版社 1997 年版，第 1 页。

② 《庄子·盗跖》。

③ 参见浙江省文物考古研究所：《河姆渡新石器时代遗址考古发掘报告》，文物出版社 2003 年版。

④ 刘敦桢主编：《〈中国古代建筑史〉绪论》，中国建筑工业出版社 1984 年版。

促进了穿斗结构的诞生和发展。“穿斗”称谓来自南方民间，《说文解字》曰：“穿，通也，从牙在穴中。”“斗之属皆从斗。”南方将穿斗式又称为“串逗式”，“逗”即凑起来的意思，指南方建筑中的串枋是由数根小木枋用硬木销子穿过拼凑而成，可见穿斗式有着榫和卯的运用技巧。

河姆渡遗址第二层发现一眼木构浅水井遗迹，井内紧靠四壁栽立几十根排桩，内侧用一个榫卯套接而成的水平方框支顶，以防倾倒。

浙江上山遗址（距今约 11400—8600 年）发现的由三排柱洞构成的建筑遗迹表明，上山先人已经学会营建木构房子。遗址还发现建筑遗存，建筑形式以木柱腐烂后遗留的柱洞遗迹作为判断的依据。上山人可能已经拥有木结构的地面建筑，告别了穴居生活。

同属河姆渡文化类型的江苏苏州唯亭草鞋山遗址，为距今 6000 多年的新石器时代古文化遗址，在第十层发现了一处由一圈 10 个柱洞围成的圆形居住遗迹，居住面土质坚实，房内面积约 6 平方米。

同河姆渡遗址上还保留着打进地下的成排木桩一样，草鞋山遗址第十层中也有大量零散的柱洞，许多柱洞还保存着相当完好的木柱和柱下垫板，有的木板上有清晰可见的砍劈、锯截的加工痕迹，说明当时已直接在地面上建造木架结构房屋，在柱洞底衬垫一两块木板，以芦苇为筋涂泥成墙，再用芦苇、竹席或草束盖顶，这种建筑形式既适合多水的自然条件又符合因材制宜的地域特点。

三、明晰的环境生态意识

龙庆忠先生说：“中国建筑常择爽垲之地以建之，且恒为南向。又其建筑中之门栊窗棂玲珑透彻，台基高起，飞檐翘举，廊庑漫回，院宇深沉，冬有炕，夏有楼，涂沟通，涸秽除。其他如井灶必洁，沐浴必勤，无不表示我民族居之善于摄生也。”①

河姆渡人虽已发明了木构浅水井，但他们并没有加以推广，选择居址时与半坡人不约而同地都在河流（或湖、沼）的附近。居住空间的选择，已经具有明晰的环境生态意识。

“北京人”选择作为栖身之所的自然洞穴同样接近水源，都选择湖滨、河谷

---

① 龙庆忠：《中国建筑与中华民族》，华南理工大学出版社 1989 年版，第 5 页。

或海岸的河汊附近，便于生活用水及渔猎。选择的洞口都比较高，高出附近水面 10 米至 100 米不等，多数在 20 米至 60 米处，以防止涨水时受淹。

西安半坡聚落大体分居住、陶窟和墓葬三区。半地下和初级的地面房屋环立于部落中心的广场周围，面向广场有半穴居的大房子，是氏族首领及老人、孩子的居住场所，同时也是氏族聚会之处。房屋有方、圆两种形式。方形的多半穴居形式，内部有了区隔独立空间的格局，为后世“前堂后室”的雏形。圆形的房屋一般建造在地面，四壁用编织的方法以较密的细枝条加以若干木桩间隔排列，上面是两坡式的屋顶，已经显现“间”的雏形。①

环绕村落的大壕沟是保护居住区和全体公社成员安全的防御工程，作用如古代的城墙或城壕。壕沟规模相当大，平面呈南北长不规则的圆形，全长 300 余米，宽 6 至 8 米，深 5 至 6 米，上宽下窄，像现在的水渠一样。靠居住区一边的沟沿高出对面沟沿约 1 米，这是挖沟时将掘出的土堆积在内口沿形成的，起加强防卫的作用。

穿过村落中心的一条沟道，把居住区分成南北两半，沟道中间偏东处有一缺口，缺口中间是一个家畜圈栏。沟的长度除去已破坏的，现长 53 米，深、宽平均各 1.8 米，其用途可能是区分两个不同氏族的界线。半圆形的壕沟和其下的流水在居民区的东南组成一个两水交汇的“合口”。这正是风水形局。② 可见，半坡遗址为依山傍水、两水交汇环抱的典型上吉风水格局，且出现了较为明确的功能分区。如半坡遗址中，墓地被安排在居民区之外，居民区与墓葬区的有意识分离，成为后来区分阴宅、阳宅的前兆。

相传黄帝所作的《黄帝宅经》，讲述了人与住宅的和谐，人与天地的和谐，人与自然的和谐，人与宇宙的和谐：“宅以形势为身体，以泉水为血脉，以土地为皮肉，以草木为毛发，以舍屋为衣服，以门户为冠带，若得如斯，是事俨雅，乃为上吉。”这里明显地把宅舍作为大地有机体的一部分，强调建筑与周围环境的和谐，这是风水关于建筑思想的主旨。

---

① 参见王其钧《华夏营造》，中国建筑工业出版社 2010 年版，第 22、23 页。

② 参见一丁、雨露、洪涌：《中国古代风水与建筑选址》，河北科学技术出版社 1999 年版，第 7 页。

第二章

园林美学精神主轴奠基期——三代

“昔夏之兴也，融降于崇山。”① 夏的居息之范围由今山西西南及河南西北为中心，逐渐扩展至河北、山东境内，夏是中国历史上第一个世袭制王朝，为大禹之子夏启所开创，标志着奴隶制国家的诞生。夏历十四世、十七王，前后经过了四百余年。

以河南中部和北部为中心的商族，其首领成汤灭夏，建立了以商为国号的新王朝，商王盘庚迁殷，亦称殷商。商自成汤至帝辛（纣王）凡十六世三十王，历时六百年，为中国历史上第二个文化相当发达的奴隶制国家。

商代农业、畜牧业有了更大发展，手工业技艺精湛、分工细微，釉陶、纺织、漆器之手工艺，都达到很高水平。特别是出现了铜铁合铸的器物，制定天文历法，以及甲骨文字线条之美都令世界叹为观止！

此后，“自窜于戎狄之间”的商王朝的属国姬周，“乃贬戎狄之俗，而营筑城郭室屋，而邑别居之。作五官有司”②，经济文化得到迅速提高。古公亶父之孙姬昌被商王封为西伯（周建国后追尊为文王），其子姬发伐纣，建立周朝，为周武王。于是，在“溥天之下，莫非王土；率土之滨，莫非王臣”的原则下，“裂土分茅”，以封建方式制定了一种合乎当时农业扩张的统治形态，又以宗法制度使封建统治更加稳固。

周历时约八百年，分西周（前 1046—前 771）、东周（前 770—前 256）③，

① 《国语·周语》。

② 《史记·周本纪》。

③ 东周，又可析为春秋（前 770—前 476）和战国（前 475—前 221）两个时期。

为我国奴隶社会走向帝制社会的过渡时期，以铁器的广泛使用为标志。东周时期，由于铁制工具的广泛使用，促进生产力发展，特别是商品货币关系的发达，终于冲破了公社组织及其所有制即井田制度，西周建立起来的礼乐文化遭受到新兴力量的巨大冲击，形成了“礼崩乐坏”的局面。

但同时，“学在官府”的局面也逐渐瓦解，涌现出大批“文学游说之士”，“士的崛起，意味着一个以‘劳心’为务从事精神性创造的专业文化阶层形成”①。战国中期的齐都近郊的“稷下学宫”就集聚了多达“数千百人”的学士，其中地位高的有十多人，“皆赐列第，为上大夫，不治而议论”②。

在“百家殊方，指意不同”的百家争鸣的情势激荡下，《战国策》有一则“颜斶说齐王”：

齐宣王见颜斶，曰：“斶前!”斶亦曰：“王前!”宣王不悦。左右曰：“王，人君也。斶，人臣也。王曰‘斶前’，亦曰‘王前’，可乎?”斶对曰：“夫斶前为慕势，王前为趋士。与使斶为慕势，不如使王为趋士。”王忿然作色曰：“王者贵乎？士贵乎?”对曰：“士贵耳，王者不贵。”王曰：“有说乎?”斶曰：“有。昔者秦攻齐，令曰：‘有敢去柳下季垄五十步而樵采者，死不赦。’令曰：‘有能得齐王头者，封万户侯，赐金千镒。’由是观之，生王之头，曾不若死士之垄也。”宣王默然不悦。③

士人颜斶与齐宣王的对话，要求齐宣王向自己靠拢，并声称“士贵耳，王者不贵”，士人这种不慕权势、洁身自爱的傲气与骨气，反映了春秋战国时期士人刚健清新之气，他们将信奉之“道”置于权势之上。合则留，不合则傲然离去，与君的关系比较平等，具有较为独立的人格以及优越的社会地位。

该时期先后出现了老子、孔子、墨子、孟子、庄子、荀子等哲人，“给我们中国人构建了精神领域的价值体系，社会生活的道德基石。道、德、仁、义、礼、智、信、勇、法、术、势、王道、仁政、兼爱……每一个概念背后，都蕴含

① 张岱年：《中国文化概论》，北京师范大学出版社 1994 年版，第 8 页。

② 《史记·田敬仲完世家》。

③ 《战国策·齐策四》。

着深刻的思想，是对整个人类文明和人类道德使命的思考。这些思考积淀下来，最后成为人类生存的价值观和价值基础”①。

而在这一时空，世界上其他地区也出现了一批先知圣哲：古希腊有苏格拉底、柏拉图、亚里士多德，以色列有犹太教先知，古印度有释迦牟尼等。所以，德国哲学家雅斯贝斯在《历史的起源与目标》中称该时期为“轴心时代”。

如果按美学家李泽厚所说，儒、道、屈骚和中国佛学禅宗组成中国美学的四大主干，那么其中，儒、道、屈骚三大美学主干都奠定于这个“轴心时代”。

以文化巨人孔子为代表的儒家提出了一系列美学范畴和美学命题，强调“美”和“善”的统一，认为善的道德观念为美，在形式与实质美之间，强调“文”和“质”的统一，强调“乐而不淫，哀而不伤”即“和”的审美标准。反对“利”，乐于“义”。孟子继承和发扬了孔子的美学思想。

以老庄为代表的道家所认同的美，则与儒家所赞颂的道德之美有联系但更抽象。老子提倡“纯美”以符合道德规定为准绳，反之则外表再美也是丑陋的。庄子在否定了世俗美之后，提出了以道为美的本质观和审美特点，即自然美，以自然无为的道德本性为依据。

墨子正视对“利”的正当要求，大声疾呼“义”“利”统一，他之所以“非乐”，是要先解决“温饱”，再解决审美需要。

李泽厚曾这样总结：“‘天行健，君子以自强不息’的儒家学说之‘美’是人道的东西；以庄子为代表的‘美’是自然；屈原的‘美’就是道德的象征。”②

夏商、西周、春秋、战国时期，天子和公侯们的囿台美学思想随着政治经济形势的变化而变化。

从园林本身来说，春秋战国时期的周王及诸侯园囿中，台榭、池沼、山林、花木和飞禽走兽组成物质建构要素。在世界文明史上，人类原始宗教中祭拜的神灵，雏形往往都是怪禽异兽，是自然力量的象征。

周文王“与民同乐”的灵台，春秋时已被盛游猎、喜园囿的各级诸侯改变

① 鲍鹏山：《文化经典与基础教育》，《光明日报》2016年9月13日。

② 李泽厚：《关于中国美学史的几个问题》，《〈美学散步〉序言》，上海人民出版社1981年版。

成独自享乐的场域；迨及战国，诸侯均已“高台榭，美宫室”。苏秦说齐滑王“厚葬以明孝，高宫室大苑囿以明得意”①，殿基高巨、“台榭甚高，园囿甚广”（《荀子·王霸》）成为炫耀国力、威慑敌国的手段。

第一节　夏商周王侯囿台美的变迁

“夏商二代文化略同”②，不仅是某些相同的制度，最主要的是贯穿于这些制度背后的意识形态，都以原始宗教为主。《礼记·表记》云：“殷人尊神，率民以事神，先鬼而后礼。”文化的主要承担者是巫觋。

一、侈宫室　广苑囿

夏代农业、手工业较原始社会有了很大的发展。据《东方今报》2009年7月29日报道，河南偃师“二里头”一二期（甚至三期）遗址乃“中国最古老的夏王朝遗址”，王宫后院发现了水池遗迹，证明了三千多年以前就出现了皇宫后花园——皇家园林。

二里头宫殿区内已发掘的大型建筑基址达9座，其中至少存在两组具有明确中轴线的建筑基址群。宫室都建在高约80厘米的矩形夯土台上，北部正中又有单独的夯土台，台上有八开间的殿堂一座，或为主体宫殿，周围有回廊环绕，南面有门，坐北朝南。宫室多以主轴线作对称布置，“建筑的主要轴线都大约为北偏东八度，这种朝向可令建筑在冬天获得更充分的阳光”③。反映了我国早期封闭庭院的面貌，具有“居中为尊”和“面南为尊”的审美意向的萌芽。

夏先祖大禹之名，见载于《诗经》《尚书》《论语》和青铜器“遂公盨”铭文，应该是实有的历史人物。《尚书·禹贡》记载他治水时还“奠高山大川”，奠为象形字，甲骨文、金文字形都很清楚，上部“酋”（即“酒”），下面像放东西的器物。本义是设酒食以祭，可见大禹对高山大河十分敬畏。夏先民认为体量高大的山岳和缥缈的水面是至上神“天帝”所居、众神所在之处。祭天

① 《史记·苏秦列传》。

② 〔清〕王国维：《观堂集林·殷周制度论》。

③ 王其钧：《华夏营造》，中国建筑工业出版社2010年版，第27页。

之台，象征着高山巨岳，是人王与“天”通话、受命于天的特殊场所。①

《左传》称“夏启有钧台之享”②，“享”字为象形字，甲骨文、金文，都似高台，有的甲骨文像多层楼房的庙宇。金文承续甲骨文字形，应该是在高台上享用祭品，是祭天的。商末时性质发生了异化，祭坛豪华，娱人王色彩浓了：“夏桀作倾宫、瑶台，殚百姓之财。”③ 据说还有“夏台”。《晏子春秋》卷二云：“夏之衰也，其王桀，背弃德行，为璇室玉门。”

殷商文明“综合了东夷、西夏和原商三种文化传统”④。

商代乐舞在淫祀的袅袅烟雾中进一步发达起来，并有十分繁荣的商业，“商邑翼翼，四方之极”，后世将经商的人称为“商人”，即渊源于此。

商代的青铜器手工业技艺达到非常纯熟的地步，主要制造礼器和用具。有的青铜器模仿各类动物造型，如豕卣、象尊、犀牛尊等，生动逼真，精美神秘，积淀着一股深沉的历史美感，并展现出一种不可复制和不可企及的中华文化的童年气派。也正是这种崇高的美感和纯朴的童年气派，说明“殷商时期，巫师与王室的结合已趋完备”⑤，也就是陈梦家所说的“由巫而史，而为王者的行政官吏”⑥。

商代是个残酷的奴隶制王朝，充满无尽的战争，那是个充满血腥的时代，殷商人崇拜力量，对自然神充满着敬畏心理，殷商在自然神和祖先神的压迫下跋涉，在野蛮和崇力中徘徊，统治者企图靠着天神和祖神的神秘威严，同时靠着联盟的力量和斧钺的凶猛，扩疆辟土，维系天下。

基于对神灵的敬畏和尊崇，对异族征服的骄傲和自豪，对凶猛之力的夸耀和张扬，对拥有者权势的证明和显示，神秘化的狰狞可怖的变形动物，作为物化形态，就集中凝结或沉淀在时人最感珍贵的青铜铸造和纹饰中。

现在可见的殷商后期、周初时期的各种青铜器彝器上的动物图形多假想的动

---

① 祭祀天地诸神灵的活动世代相沿袭，北京至今还有明清两代帝王祭祀天地、日月和祈年之地，如天坛、地坛、月坛、社稷坛和先农坛等。

② 《左传·昭公四年》。

③ 《文选》卷三《东京赋》，李善注引《汲冢古文》。

④ 李济：《安阳》，商务印书馆 2017 年版，第 481 页。

⑤ 张光直：《中国青铜时代》，生活·读书·新知三联书店 2013 年版，第 260、261 页。

⑥ 陈梦家：《商代的神话与巫术》，《燕京学报》第二十期，第 535 页。

物图形，“花纹多富丽繁缛，有饕餮纹、夔纹、蝉纹、云雷纹、蟠龙纹等形式；还有各种表示器物用途的特异纹饰，如烹牛的方鼎花纹以牛面为主题，煮鹿的方鼎花纹以鹿头为主题”①，还有人面纹。其中，饕餮纹是其核心形象，是他们天神、祖神综合各联盟成分而形成的神圣图徽，因而，是时人倾其所有、庄严郑重地敬奉神灵的一种象征。

庞大、浑厚的“司母戊大方鼎”腹部那个有首无身的兽面纹，两眼突出的饕餮纹，威胁、吞噬、践踏着人的身心，成为王者无上威权的象征。而这在殷商人的眼里，无疑是一种美，是殷商独特文化积淀出的一种包含着诸多信仰、心理、感觉成分的美，尽管这种美在今人看来不免狰狞可怖，时人却是以无比虔诚、赞美、夸耀的心情在精心铸造着它。这种“狞厉之美”的出现，乃是人类在进入文明时代前必经的野蛮年代所积聚的巨大历史力量的象征符号。“积淀有一股深沉的历史力量。它的神秘恐怖也正是与这种无可阻挡的巨大历史力量相结合，才成为美——崇高的。”②

殷商天真拙朴与神秘的美感，以及对女性的尊重，对殷商后裔老庄创建以道家思想为核心的尚柔、抱朴哲学也有启发。

传说仓颉是“天下文字祖，古今翰墨师”，考古发现，早在甲骨文出土前1500年的陶罐上面，就刻画着20个图像文字，如旦、钺、斤、皇、封、酒、拍、炅等字，已经有了文字的性质和功能。商代后期一片片灿烂的甲骨文字，契刻占卜、祭礼等内容，笔画以直冲的横直斜线为主，间有曲弧线，笔画瘦直，刀锋毕露，由此，中华历史进入灿烂辉煌的文字时代。

从中国人审美心理发展的角度看，“中国人史前时代的‘象思维’特点首先在汉字中得以保留”③，所谓“象思维”之“象”指的是“物象”“象”与“意象”。它奠定了“中华文明最有特色和最值得骄傲的书法艺术”④，并积淀为中华艺术创造中的优势基因。

商代的文明集中于那时的都邑，殷为商代都邑的代表，建筑使用了木构架结

① 郭沫若主编：《中国史稿》第一册，人民出版社1976年版，第194页。

② 李泽厚：《美的历程·青铜饕餮》，文物出版社1981年版，第38页。

③ 梁一儒、户晓辉、宫承波：《中国人审美心理研究》，山东人民出版社2002年版，第75页。

④ 参见朱仁夫《中国古代书法史》，北京大学出版社1992年版，第35页。

构，宗庙宫寝建造在夯土台基上，在台基上面安放柱础，竖立木柱，安置梁架，覆盖草顶，装上门户。这奠定了我国传统建筑的基本格式。

殷商先民祭天之台，是人王与“天”通话，受命于天的圣坛，但到了晚商，随着奴隶制的发展和奴隶制国家的成长，商王自称是神的后裔，出现了至上神——帝，而他们自己则是“帝”在人间的代表，武乙和辛都冠以“帝”名，甚至“天神”也可以用“偶人”代替了：“帝武乙无道，为偶人，谓之天神。与之博，令人为行。天神不胜，乃僇辱之。为革囊，盛血，卬而射之，命曰‘射天’。”① 帝辛纣王有“慢于鬼神”的记载。殷民也有“攘窃”供神祭品的记载。② 这些都说明了娱神的祭祀行为，逐渐异化，增添着娱人色彩。

殷商甲骨文中就出现了“囿”字，囿是在一定自然范围内放养动物、种植植物、挖池筑台，然后供皇家打猎、游观、通神明之用。“囿人”为专职官吏，“掌囿游之兽禁，牧百兽”③，囿中有三台，各有其不同功能：“灵台”用以观天象，“时台”以观四时。

刘向《新序·刺奢》说：“纣为鹿台，七年而成，其大三里，高千尺，临望云雨。”据《水经注》，“鹿台”一名“南单之台”，“单”在古文字中为“竿”，是古代测量日影的工具，方法即“立竿见影”。日出与日入的竿影与圆周相交的两点相连线，便可得出正东西方向，即“以正朝夕”。商代都城殷的外围有东单、西单、北单和南单等“四单”。可见，“鹿台”之筑也是源于实用功能。

但到商末，《晏子春秋》卷二云：“殷之衰也，其王纣，作为倾宫灵台。”《春秋繁露·王道第六》：“桀纣皆圣王之后，骄溢妄行，侈宫室，广苑囿，穷五采之变，极饬材之工，困野兽之足，竭山泽之利，食类恶之兽，夺民财食，高雕文刻镂之观，尽金玉骨象之工，盛羽旄之饰，穷白黑之变，深刑妄杀以陵下，听郑卫之音，充倾宫之志，灵虎兕文采之兽，以希见之意，赏佞赐谗，以糟为邱，以酒为池……”

《史记》也记载，殷纣王好酒淫乐，“厚赋税以实鹿台之钱，而盈钜桥之粟”④。还坏宫室以为池，弃田以为园圃。“益收狗马奇物，充仞宫室。益广沙丘

① 《史记·殷本纪》。
② 《尚书·商书·微子》。
③ 《周礼·地官》。
④ 《史记·殷本纪》。

苑台，多取野兽蜚鸟置其中。”① 这样，“鹿台”不仅增加了观赏走兽鱼鳖的审美内容，而且囿中还建有供人欢娱的倾宫、琼室等大规模的宫苑建筑群。据说其大三里，高千尺，是淇园八景之一，称之为“鹿台朝云”。《正义》引《括地志》：“沙丘台在邢州平乡东北二十里。《竹书纪年》：自盘庚徙殷至纣之灭二百五十三年，更不徙都，纣时稍大其邑，南距朝歌，北据邯郸及沙丘，皆为离宫别馆。”

古时候，鹿台四周群峰耸立，白云萦环，奇石嶙峋，婀娜多婆，藤蔓菇郁，绿竹猗猗，松柏参天，杨柳同垂，野花芬芳，桃李争艳，蝶舞鸟鸣，鱼戏蛙唱。台前卧立着几排形似各种走兽的巨石，恬静安然，犹如守候鹿台的卫士。台下一潭泉水，相传深不可测。池水清澈见底，面平如镜。微风吹拂，碧波粼粼。风和日丽的早晨，彩霞满天，紫气霏霏，云雾缭绕，整个鹿台的楼台亭榭时隐时现，宛如海市蜃楼，恰似蓬莱仙境。

音乐舞蹈本是服务于祭祀巫术礼仪的，《礼记·郊特牲》：“殷人尚声。臭味未成，涤荡其声，乐三阕，然后出迎牲。声音之号，所以诏告于天地之间也。”

史载商纣终日与宠妃嬖臣饮酒歌舞，通宵达旦，清晨即可听到其靡靡之音，故人们把鹿台所在的商都称为“朝歌”（今河南淇县）。

视点高远的鹿台固然有瞭望、防守等军事实用功能，但也可观美景、听音乐，手格猛兽的商纣爱好狩猎，大其园囿，蓄养动物、放置飞鸟，用来游猎和赏玩。这些都说明了囿台已超越了其在人类社会中产生的第一种价值形式——功利价值，逐渐演变为具有审美价值的建筑了。这样，供人登高眺望的台，成为最原始的园林主要形式。

根据《尚书·洪范》，我们可以知道商代已形成了“五行”思想体系，编定于周初的《易》卦爻辞，已经具备了“阴阳”观念。

殷商人通过原始巫术活动，“人们不自觉地创造和培育了比较纯粹的美的形式和审美的形式感。劳动、生活和自然对象与广大世界中的节奏、韵律、对称、均衡、连续、间隔、重叠、单独、粗细、疏密、反复、错综、交叉、一致、统一等种种形式规律，逐渐被人们自然地掌握”②。

王国维说：“殷周间之大变革，自其表言之，不过一姓一家之兴亡，都邑之

① 《史记·殷本纪》。

② 李泽厚：《美的历程》，天津社会科学院出版社 2001 年版，第 40 页。

移转。自其里言之，则旧制度废而新制度兴，旧文化废而新文化兴。”① 商周之际是中国社会从神本向人本的转型期，也是中华尊礼文化的草创期。基于原始宗教祭仪的囿台逐渐退却了神秘色彩，娱乐现世人生的世俗色彩逐步浓化。

二、以德配天　与民同利

萌芽于商代的“德”的观念，到了周代被空前强化。周人为中国初期各种制度的创始者，最具创造性的人物为西周初年文化改革家周公旦（？—前1053），周公旦姓姬名旦，是文王之子、武王之弟，一位襟怀坦荡、富有仁爱思想的政治家，曾与太公望（即姜太公）、召公奭等政治家一起，辅翼武王推翻商纣暴政，建立周朝，并以封建方式制定了一种合乎当时农业扩张的统治形态，又以宗法制度使封建统治更加稳固，绵亘八百年。

周公“制礼作乐”②，而这些“礼乐”概念或制度又是从前代原始巫祭文化尤其是巫祭仪式中发展出来的，比如丧祭之礼、乡饮酒之礼等，周代正是通过“神道设教”的方法，将政治伦理化、神秘化，自然宗教转变为伦理宗教，巧妙地完成了理性文化对原始文化的突破，中国文化从神本走向人本，进入了以礼乐为标志的理性文明阶段。“礼乐”的精神实质是对社会秩序的自觉认同，目的在于维护等级制度，它的核心是“德”“仁”等一些政治伦理观念。彼时文化扬弃了殷商以来流行的占卜文化，发展了华夏民族最初的理论思维形式。

“天乃大命文王，殪戎殷，诞受厥命，越厥邦厥民”③，“天命王祚”，商王朝失德丧王祚，周王朝要以德配天，用德祈天，敬德保民，“皇天无亲，惟德是辅”④。

周公的谈话、训词与文告类文献中频繁出现的一个字就是“民”。在《康诰》中，周公要求卫康叔要像照料小孩一样保护百姓，使百姓康乐安定，“若保赤子，惟民其康”。

“人乃万物之灵”的命题最早出自武王伐商的《泰誓》，“惟天地万物父母，

① 〔清〕王国维：《观堂集林·殷周制度论》。

② 郭沫若认为周公制礼作乐纯是一片子虚。参见《郭沫若全集·历史卷》第二卷，人民出版社 1982 年版，第 10、11 页。

③ 《尚书·康诰》。

④ 《左传·僖公五年》所引《周书》。

惟人万物之灵”。这意味着3000年前，西周政治家已经对人自身、对人的价值以及人在大自然中的地位有了清醒的认识。

“敬德保民”，或者说“崇德贵民”以及重视民意的天命观是以周公为代表的西周思想的核心，出现了孔子称道的“郁郁乎文哉”的局面，可以说它们就是儒家作为学派产生之前的儒家思想，基本奠定了而后3000年的文明模式，并诞生了最早的专门论述建筑及其制式的文献《考工记》①。

西周周武王在讨伐殷商的檄文《尚书·武成》中就有了“底商之罪，告于皇天后土、所过名山大川”的概念；《左传》、屈原的《天问》和《史记》都记载过西周第五代君王周穆王欲肆其心、巡游天下，特别是驾八骏西行巡狩见西王母的故事，《穆天子传》② 中已有对园圃的生动描绘：“春山之泽，水清出泉，温和无风，飞鸟百兽之所饮，先王之所谓‘县圃’。”依多数学者的看法，这一游记当是穆王巡幸时的实录。唐时发现的十只先秦石鼓③各镌有四言诗一首，第一石以“称道汧源之美、游鱼之乐”“叙其风物之美以起兴”④，说明周代已经有了明晰的山水审美意识。

《诗经·大雅·灵台》毛苌注云：“囿，所以域养禽兽也。天子百里，诸侯四十里。灵者，言文王之有灵德也。灵囿，言道行苑囿也。”康殷的《文字源流浅说》提出：“囿，是一所草木繁荣、四周有围墙的苑囿的俯视图。”

① 今本《考工记》为《周礼》的一部分。《周礼》为儒家经典之一，乃记述西周政治制度之书，传说为周公所作，实则出于战国。原名《周官》，由“天官”“地官”“春官”“夏官”“秋官”“冬官”六篇组成，合天地四时之数。《天官冢宰》掌邦治、《地官司徒》掌邦教、《春官宗伯》掌邦礼、《夏官司马》掌邦政、《秋官司寇》掌邦禁、《冬官司空》掌邦务。西汉时，“冬官”篇佚缺，河间献王刘德便取《考工记》补入。刘歆校书编排时改《周官》为《周礼》，故《考工记》又称《周礼·考工记》（或《周礼·冬官考工记》）。书中记载了车舆、宫室、兵器以及礼乐之器等六门工艺的三十个工种（缺二种）的技术规则，涉及数学、力学、声学、冶金学、建筑学等方面的知识和经验总结。清代学者戴震著有《考工记图》、程瑶田著有《考工创物小记》等有关研究著作。钱临照《〈考工记〉导读》称之为“先秦之百科全书”。

② 《晋书》：“《周王游行》五卷，说周穆王游行天下事，今谓之《穆天子传》。”今存残本仍名《穆天子传》。

③ 石鼓是刻有籀文的十只鼓形石，每只上面均镌有四言诗一首，因其唐时才在岐山之南的陈仓被发现，故又称为岐阳石碣或陈仓石碣。原认为是周宣王畋猎的作品，近人大都认为是春秋战国时秦刻石。

④ 郭沫若：《石鼓文研究　诅楚文考释》，文物出版社1982年版，第71—79页。

《孟子·梁惠王下》曰："文王之囿，方七十里，刍荛者往焉，雉兔者往焉，与民同之。民以为小，不亦宜乎？"准许百姓割草打猎，作为中国园林发端期标志的文王之囿涂抹了等级和仁德色彩。

"文王之选址在长安西四十二里处，跨长安、户县之境，方七十里，基本保持了原有的自然生态环境。"① 灵囿应在沣河和新河及其支流苍龙河之间，是一所依原有地势取法自然的以游猎为主的苑囿，是最早的一所依山为界、临水为畔的动物园和植物园，后之上林苑就是仿其扩大而来。汉代许慎的《说文解字》说："囿，苑有垣也。"甲骨文写作，一个方框中添四株草或木，是种植花草蔬菜的园子，有围墙。金文写作，围墙中捕获猎物，表示为可供游猎的大林园。它的功能以游猎为主，兼练兵之需。灵囿还包括灵台和灵沼。

刘向的《新序》云："周文王作灵台及为池沼。"说明灵台堆高取土而成池沼，灵沼应该在灵台之下。

灵囿、灵台及灵沼，以沣河之西的森林、草丛和有利地形为基础，稍加雕凿，具有粗犷、豪放、野趣之特色。其中山水交融，高台雄起，鱼跃鸟飞，鹿鸣兔走，草茂林密，追求自然美，达到自然与人文相和谐，在我国园林发展史上具有奠基和开创的意义。

三、目观则美　高台丽宫

春秋末年，"礼崩乐坏"，周天子失掉了"天下共主"的控制力，群雄并起，逐鹿中原，诸侯竞相筑台。

好色误国的鲁庄公，好宫室，《左传·庄公三十一年》记载"春，筑台于郎。夏四月，薛伯卒。筑台于薛。……秋，筑台于秦"，居然一年于城郊三起台。《春秋》记载鲁国前后三次建立苑囿：鲁成公十八年"筑鹿囿"，鲁昭公九年"筑郎囿"，鲁定公十三年"筑蛇渊囿"。

其他还有齐侯行宫柏寝台（原称路寝），齐威王时的瑶台、琅琊台、梧宫，齐宣王的雪宫、渐台，楚灵王时的荆台、章华台，楚襄王时的阳云台，秦穆公的凤台，晋平公的虒祁宫，燕昭王的神仙台，吴国姑苏台、海灵馆、馆娃宫、会景

① 周云庵：《陕西园林史》，三秦出版社1997年版，第17页。

园、长洲苑，赵武灵王建赵丛台，赵襄子建鹿苑，魏王的梁囿、温囿，秦昭王的射熊馆，越王的乐野苑。此外，郑有原囿、秦有具囿、燕有沮园、宋有桑林、楚有云梦、韩有乐林，等等。

功能多样，如海灵馆，主要观赏水生动物；鹿苑，豢养鹿类；射熊馆，养熊以供游猎；原囿、具囿、沮园、桑林、云梦、乐林、长洲苑等，皆是自然景色优美之处，圈起来放养禽兽，供国君游猎。园圃，兼有自然、经济功能。

带有离宫别苑性质的宫、台、馆已经大量出现，皆华丽壮美，既为诸侯“独乐”的场所，又借以夸示军事经济实力，兼有诸多娱乐功能。台，视点高远，兼有瞭望台、烽火台、天文台等实用功能。

齐桓公的柏寝台十分高峻，可以远眺近观，非常壮观：柏寝台南距齐国都城临淄40公里，紧临古称四渎之一的济水，北边是齐国与燕、赵二国的分界——黄河天险，东北方45公里即是渤海。周围一带，平野广阔，弥漫无际。登上柏寝台远眺，齐国南屏的稷山、鼎足山、凤凰山等山峦隐约可见，中部淄水、渑水、时水、女水、北阳水等诸河川流不息，东北部濒临渤海，泱泱齐国，面山负海，疆域辽阔，土地膏腴，宜于农桑，饶有鱼盐。

台本是用土石筑成的方形平顶的高耸建筑。《说文解字》云：“台，观四方而高者也。”《吕氏春秋·仲夏纪》有云：“积土四方而高曰台。”刘熙的《释名·释宫室》亦云：“台，持也，言筑土坚高，能自胜持也。”柏寝台系以人工土筑而成，此台平面近似方形，台基东西长180米，南北宽150米，总面积2.7万平方米。此台自下而上均为夯筑，夯层均匀，夯面平整，夯窝呈馒头形。从台周围的断面观察，台南面、西面有较大面积的修筑痕迹，夯层中有较多龙山、商周和汉代的陶片，据此可以判断，此台周围可能有龙山文化遗址或商周文化遗址。另外，还在台顶上采集到了不少战国至汉代的筒瓦、板瓦及花纹砖等建筑构件。

相传，柏寝台最初高10米，方圆2.6万平方米，台上殿宇壮观，松柏苍翠，是文人墨客的游览胜地。2600多年来，柏寝台历经风侵雨蚀，烽火狼烟，然遗迹犹存。

《左传·昭公二十六年》记载：“齐侯与晏子坐于路寝，公叹曰：‘美哉，室！其谁有此乎？’”

《韩非子》记载：“齐景公与晏子游于少海（春秋时期，从今广饶大营乡以

东主要在大码头乡范围内为距淀湖，湖水面积非常大，称为“少海”），登柏寝之台而还望其国，曰：‘美哉，泱泱乎！’”

《史记·齐太公世家》中亦有类似记述：“（齐景公）三十二年，彗星见。景公坐柏寝，叹曰：‘堂堂！谁有此乎？’群臣皆泣，晏子笑。”《晏子春秋》中记载“景公宿于路寝之宫”，由之可见，柏寝为齐侯行寝之宫室当不容置疑。

齐桓公仰赖得天独厚的优势，任人唯贤，推行新政，在巍巍高耸的柏寝之台，九合诸侯，一匡天下，成为五霸之首，柏寝台无疑是齐国强盛的象征。

吴王所筑姑苏台与楚国章华台则为春秋高台中的佼佼者：姑苏台始建于阖闾十一年（前504），“胥门外有九曲路，阖庐造以游姑胥之台，以望太湖，中窥百姓，去县三十里”。“姑苏台，在吴县西南三十五里。阖闾造，经营九年始成。其台高三百丈，望见三百里外，作九曲路以登之。”① “阖闾起姑苏台，三年聚材，五年乃成。”② 因山为台，联台为宫，主台“广八十四丈”。

> 当吴之盛时，高自矜侈，笼西山以为囿，度五湖以为池，不足充其欲也。故传阖闾秋冬治城中，春夏治城外，旦食䱗山，昼游苏台，射于鸥陂，驰于游台，兴乐石城，走犬长洲，其耽乐之所多矣。③

夫差大败越国、痛报宿仇后，虽后世因夫差亡国，有“居下流”、众恶所归、将之妖魔化之嫌，但与阖闾相比，夫差享乐之心陡增，应该是不争的事实。《左传》载楚子西之言曰：“夫差次有台榭陂池焉，宿有妃嫱嫔御焉。一日之行，所欲必成。”夫差将姑苏台“复高而饰之”④，娱乐元素大增：

> 吴王夫差筑姑苏台，三年乃成。周环诘屈，横亘五里，崇饰土木，殚耗人力，宫妓千人。又别立春宵宫，为长夜饮，造千石酒钟。又作大池，池中

---

① 〔唐〕陆广微：《吴地记》，〔宋〕范成大《吴郡志》引，江苏古籍出版社1986年版，第99页。

② 《史记·吴太伯世家》裴骃集解引《越绝书》。

③ 〔宋〕朱长文：《吴郡图经续记》，江苏古籍出版社1986年版，第6页。

④ 《艺文类聚》引《吴地记》，见《吴地记》“姑苏台”注释1，江苏古籍出版社1986年版，第38页。

造青龙舟，陈妓乐。日与西施为水戏。又于宫中作灵馆、馆娃阁，铜铺玉槛，宫之栏楯，皆珠玉饰之。①

姑苏高台，“临四远而特建，带朝夕之浚池，佩长洲之茂苑”。

“美人计”为越王勾践灭吴九术之一：夫差选择苏州蓊郁幽邃的灵岩山上建馆娃宫，来安置这批技艺精湛、姿容芬芳的女子歌舞乐队。吴人呼美女为娃，今此地仍称丽娃乡。今灵岩山寺大殿为馆娃殿遗址，山顶花园传为吴馆娃宫遗址。

山顶有三池，曰月池、曰砚池、曰玩花池，虽旱不竭，其中有水葵（莼菜）甚美，盖吴时所凿也。山上旧传有琴台，又有响屧廊，或曰鸣屧廊，以楩梓藉其地，西子行则有声，故以名云。②

方形的玩花池，又名浣花池，据说当年池中有四种莲花，传为西施赏荷并和夫差荡舟采莲处；圆形的玩月池，传为西施临流照影、水中捞月处；日池井为西施对井梳妆处，所谓“曾开鉴影照宫娃，玉手牵丝带露华”。

山巅凿平的台基，刻“琴台”二字，传为西施操琴处。灵岩塔西侧70多米长的曲径，传为响屧廊遗址。响屧廊，或曰鸣屧廊，先凿空廊下岩石，放下一排大小不一的缸甏，然后在地面铺盖一层有弹性的楩梓木板，让训练有素的舞女们穿着木屐在廊上跳舞，唐代皮日休有诗云：“响屧廊中金玉步，采蘋山上绮罗身。”

统治者追求视觉美感，“目观则美”，由于楚地崇火崇凤拜日，所以建筑色彩绚丽，以红色为主。室内装饰也是“网户朱缀，刻方连些”“红壁沙版，玄玉梁些”③，朱红色的大门，上面雕镂着精致的方形网格，进门以后有红红绿绿的帷帐装饰着厅堂，最后见四壁涂着赤红的颜色，顶上是漆黑如玉的房梁。

① 《太平广记》卷二三六引《述异记》，见《吴地记》“姑苏台”注释1，江苏古籍出版社1986年版。

② 〔宋〕朱长文：《吴郡图经续记》，江苏古籍出版社1986年版，第43页。

③ 《楚辞·招魂》。

方形的玩花池（馆娃宫）

楚地崇尚飞动之美，楚人以凤为灵物，建筑屋顶立凤为饰，也有“龙蛇”，“仰观刻桷，画龙蛇些”，抬头看那雕刻的方椽，画的是龙与蛇的形象。多含动势，蕴含着一种生命的活力。

曲线有动态感，楚国建筑多曲线，《楚辞·大招》“曲屋步壛”，曲折的屋室和步廊。王逸注：“曲屋，周阁也。”“坐堂伏槛，临曲池些”，俯伏在厅堂的栏杆上，可以凝神观望脚下那纡曲的水池。

楚人好壁画装饰，屈原在“先王之庙及公卿祠堂”所见的壁画，题材有“天地山川神灵，琦玮僪佹及古贤圣怪物行事”，因此，诗人对天地万物、阴阳四时、神话故事、历史传说、人生道德等各种事物提出172个疑问。

楚别都庙（此庙系楚昭王十二年即公元前504年徙时所建，距屈原出生164年）中的壁画，据今人孙作云对壁画中的主要题材、内容场景和人物图像的探究，壁画中有不同的人、神像至少70躯，怪物等至少15种，不同的宏壮自然景物至少18个，大型群像场景至少15幅，犹如大型的历史连环组画，可视为我国连环画之祖。这些都可以为“目观则美”作注解。

层台累榭也是荆楚建筑特色，《楚辞·招魂》：“高堂邃宇，槛层轩些；层台累榭，临高山些。”《释名》云：“榭者，藉也。”楚宫建筑与自然山水密切结合。楚国的城邑和建筑大多建在岗地或丘陵的一侧，有“依山”的特点。有“高勿近旱而水用足，下毋近水而沟防省”① 的实用性和“因天材，就地利”的生态性。《寿州志·古迹》描述“寿郢”为“依紫金山以为固”“引流入城，交络城中”，体现了“倚山包水”的特点。

楚灵王即位后攻打吴国，无功而返，开始大兴土木，修建极为华丽壮观的章华宫，以此向国人及诸侯国夸耀其威力。

楚灵王之章华宫，又称章华台，高大精美，是楚灵王六年（前535）修建的离宫，史载章华台“台高十丈，基广十五丈”，曲栏拾级而上，“三休而乃至其上”②，故又称“三休台”；又因楚灵王特别喜欢细腰女子在宫内轻歌曼舞，不少宫女为求媚于王，少食忍饿，以求细腰，故亦称“细腰宫”。

东汉边让的《章华台赋并序》：

> 楚灵王既游云梦之泽，息于荆台之上。前方淮之水，左洞庭之波，右顾彭蠡之隩，南眺巫山之阿。延目广望，骋观终日。顾谓左史倚相曰：“盛哉此乐，可以遗老而忘死也。”于是遂作章华之台，筑乾溪之室，穷木土之技，单珍府之实，举国营之，数年乃成。设长夜之淫宴，作北里之新声。

由层台累榭组成，已呈大型的园林建筑群之势。③

齐桓公柏寝台，据《汉书》颜师古注，是“以柏木为寝室于台之上”，故而得名。从《春秋左传》庄公二十三、二十四年的春秋《经》和传疏中看出，鲁国的建筑规格及装饰皆崇饰越礼：

> （庄二十三年）秋，丹桓宫楹。桓公庙也。楹，柱也。
>
> ［经］二十有四年，春，王三月，刻桓宫桷。
>
> 正义曰：《释器》云：“金谓之镂，木谓之刻。”刻木镂金，其事相类，故以刻为镂也。桷谓之榱，榱即椽也。《穀梁传》曰：“刻桷，非正也。夫人所以崇宗庙也。取非礼与非正而加之于宗庙，以饰夫人，非正也。刻桓宫

① 《管子·乘马》。

② 《新书·退让》。

③ 章华台故址在今湖北潜江县境，1984年发现，附近有沟通汉水和长江的扬水。章华台要收罗逃亡的奴仆住在里面，可见其大。

桷，丹桓宫楹，斥言桓宫，以恶庄也。”是言丹楹刻桷皆为将逆夫人，故为盛饰。

［传］二十四年，春，刻其桷，皆非礼也。

［疏］注“并非丹楹，故言皆”。

正义曰：《穀梁传》曰：“礼，楹，天子诸侯黝垩，大夫苍，士黈。丹楹，非礼也。”注云：“黝垩，黑色。黈，黄色。”又曰：“礼，天子之桷，斫之砻之，加密石焉。诸侯之桷，斫之砻之。大夫斫之。士斫本。刻桷，非正也。”“加密石”，注云：“以细石磨之。”《晋语》云：“天子之室，斫其椽而砻之，加密石焉。诸侯砻之，大夫斫之，士首之，备其物，义也。”言虽小异，要知正礼楹不丹，桷不刻，故云“皆非礼也”。

御孙谏曰：“臣闻之‘俭，德之共也；侈，恶之大也’……先君有共德，而君纳诸大恶，无乃不可乎?”以不丹楹刻桷为共。

建筑构件（椽或柱）的砍削打磨精度同样也是反映建筑等级的重要标志：天子宫殿的椽子，可以用砻，磨也。密石，即以坚实细密之石打磨。诸侯的可以砍削磨光；大夫的只能砍削；士，则只能对椽头进行加工。

鲁庄公将其父桓公的宗庙柱子漆成红色、椽子上雕刻镂等，皆不合礼制，《春秋》鞭挞之。礼制规定，天子的宫殿柱子油漆用红色，诸侯用黑色，大夫青苍色，其他官员只能用土黄色，而庶人则不许用色彩，谓之白屋。

西周时期，周宣王所营宫室仅“避风雨，除鸟鼠”，但作为王权象征的天子之庙饰，在“山节”形式的单层斗拱上，可以用“山节藻棁”①，郑玄注：“山节，刻欂卢为山也；藻棁，画侏儒柱为藻文也。”成为周王宫室特殊身份等级的重要象征。

吴王夫差姑苏台“铜钩玉槛，宫之楹槛，皆珠玉饰之”，姑苏台木材，都“巧工施校，制以规绳。雕治圆转，刻削磨砻。分以丹青，错画文章。婴以白璧，镂以黄金。状类龙蛇，文彩生光”，“神材异木，饰巧穷奇，黄金之楹，白璧之

① 《礼记·明堂位》。

楣。龙蛇刻画，灿灿生辉”①，虽有小说家夸饰之嫌，但亦在一定程度上反映出历史的真实。

章华台也有“彤镂”② 之美。

四、远近无害 台榭德义

少数君王、诸侯能克制享乐欲望、抵制高台美宫诱惑，春秋时期楚庄王（？—前591）便是其中的一位。《淮南子·道应训》载：

> 令尹子佩请饮庄王，庄王许诺。子佩期之于京台，庄王不往。明日，子佩跣揖，北面立于殿下，曰：“昔者君王许之，今不果往，意者臣有罪乎?”庄王曰：“吾闻子具于强台。强台者，南望料山以临方皇，左江而右淮：其乐忘死。若吾薄德之人，不可以当此乐也，恐留而不能反。”

子佩邀请楚庄王赴宴，楚庄王爽快地答应了，而后又没有去赴宴，他向子佩解释不去的原因：“我听说你在京台摆下盛宴，京台这地方，向南可以看见料山，脚下正对着方皇之水，左面是长江，右边是淮河，到了那里，人会快活得忘记了死的痛苦。像我这样德性浅薄的人，难以承受如此的快乐，我怕自己会沉迷于此，流连忘返。”

楚庄王是怕自己耽误治理国家的大事，所以改变初衷，决定不去赴宴。这样善于自律的楚庄王不仅能使楚国强大，还能称霸中原，更为华夏的统一、民族精神的形成发挥了一定的作用。

战国时期的齐宣王（前350—前301）也算一位从善如流的国君。《孟子》一书记载了很多齐宣王和孟子谈话的故事，他在雪宫见孟子时，坦承自己好勇、好货、好色，并听从了孟子与民同乐的一番劝说。更有甚者，这位“好色”的国君，居然娶了中国古代四大丑女之一的钟无艳（又名钟离春），以示“好德”胜于“好色”。刘向的《列女传》记载：

---

① 〔宋〕崔鶠：《馆娃宫赋》，〔宋〕范成大《吴郡志》注引，江苏古籍出版社1986年版，第101页。

② 《国语·楚语上》。

钟离春者，齐无盐邑之女，齐宣王之正后也。其为人也，极丑无双，臼头深目，长壮大节，卬鼻结喉，肥项少发，折腰出匈（通“胸”），皮肤若漆。年四十，行嫁不售，自谒宣王，举手拊膝曰：“殆哉！殆哉！”曰：“今王之国，西有衡秦之患，南有强楚之仇，外有二国之难，一旦山陵崩弛，社稷不安，此一殆也。渐台五重，万人罢极，此二殆也。贤者伏匿于山林，谄谀者强于左右，此三殆也。饮酒沉湎，以夜继昼，外不修诸侯之礼，内不秉国家之政，此四殆也。”

后钟无艳又劝谏齐宣王“拆渐台，罢女乐，退谄谀，进直言，选兵马，实府库”，被齐宣王立为王后，还让她做太子的嫡母。

《左传·昭公七年》记载：“楚子成章华之台，愿与诸侯落之。”章华宫落成后，楚国遍邀各诸侯国参加其落成典礼，然而，只有鲁国前来庆贺。

《国语·楚语上》载，楚大夫伍举（伍子胥之祖父）批评灵王筑章华台：“土木之崇高、彤镂为美，而以金石匏竹之昌大，嚣庶为乐。”伍举在回答楚灵王章华台“美夫”时，明确提出了“美”的标准：

夫美也者，上下、内外、小大、远近皆无害焉，故曰美。若于目观则美，缩于财用则匮，是聚民利以自封而瘠民也，胡美之为？夫君国者，将民之与处；民实瘠矣，君安得肥？且夫私欲弘侈，则德义鲜少；德义不行，则迩者骚离而远者距违。天子之贵也，唯其以公侯为官正，而以伯子男为师旅。其有美名也，唯其施令德于远近，而小大安之也。若敛民利以成其私欲，使民蒿焉忘其安乐，而有远心，其为恶也甚矣，安用目观？

伍举说，所谓美，是指对上下、内外、大小、远近都没有妨害，所以才叫美。而非“目观则美”，用眼睛看起来是美的，财用却匮乏，这是搜刮民财使自己富有却让百姓贫困，有什么美呢？当国君的人，要与百姓共处，百姓贫困瘦弱了，国君又怎么能丰腴呢？况且私欲太大太多，就会使德义鲜少；德义不能实行，就会使近处的人忧愁叛离而远方的人抗拒违命。天子的尊贵，正是因为他把公、侯当作官长，让伯、子、男统率军队。他享有美名，正是因为他把美德布施给远近的人，使大小国家都得到安定。如果聚敛民财来满足自己的私欲，使百姓贫耗失去安乐从而产生叛离之心，那作恶就大了，眼睛看上去好看又有什么用呢？

伍举批评楚国建章华台“国民罢焉，财用尽焉，年谷败焉，百官烦焉”，反对“土木之崇高、彤镂为美，而以金石匏竹之昌大、嚣庶为乐”，反对“以观大、视侈、淫色以为明”。

伍举认为的先王台榭之美是：“榭不过讲军实，台不过望氛祥。故榭度于大卒之居，台度于临观之高。其所不夺穑地，其为不匮财用，其事不烦官业，其日不废时务。瘠硗之地，于是乎为之；城守之木，于是乎用之；官僚之暇，于是乎临之；四时之隙，于是乎成之。”

榭是用来讲习军事实务的，台是用来观望气象吉凶的，因此榭只要能在上面检阅士卒，台只要能达到观望气象吉凶的高度就行了。它既不侵占农田，也不使国家的财用匮乏，不烦扰正常的政务，不妨碍农时。选择在贫瘠的土地上，用建造城防剩余的木料建造它；并让官吏在闲暇的时候前去指挥；在四季农闲的时候建成。

伍举毫不客气地告诫楚灵王：“若君谓此台美而为之正，楚其殆矣！”意思是如果您认为这高台很美，那楚国就危险了！

伍举否定了楚灵王为代表的“目观则美”审美观，即以视觉形式的一定属性为美，或以能引起视觉感官愉悦的文饰为美的说法，标志着古代美善同义的审美结构的瓦解，且预示着美善独立的审美认识的到来。

伍举强调以“德义”为美的观点，与孟子、荀子十分一致：孟子鞭挞失德暴君“坏宫室以为污池，民无所安息；弃田以为园囿，使民不得衣食。邪说暴行又作，园囿、污池、沛泽多而禽兽至”①。荀子提倡：“治之经，礼与刑，君子以修百姓宁。明德慎罚，国家既治四海平”，认为“世之灾，妒贤能，飞廉知政任恶来。卑其志意，大其园囿高其台。”②

伍举和孟子等都对周文王的“灵台”赞美有加。伍举说：“故《周诗》曰：‘经始灵台，经之营之。庶民攻之，不日成之。经始勿亟，庶民子来。王在灵囿，

① 《孟子·滕文公下》。

② 《荀子·成相》。

麀鹿攸伏。'夫为台榭，将以教民利也，不知其以匮之也。"① 强调了建造台榭，是为了让百姓得到利益。

孟子曰："文王之囿，方七十里，刍荛者往焉，雉兔者往焉，与民同之。"周文王允许老百姓在囿里面打柴和捕猎野鸡、野兔，与民同利。而如果为一己所私，劳民伤财，那么台榭再美也是败亡之兆。《左传·哀公元年》记载：

吴师在陈，楚大夫皆惧，曰："阖庐惟能用其民，以败我于柏举。今闻其嗣又甚焉，将若之何？"子西曰："二三子恤不相睦，无患吴矣。昔阖庐食不二味，居不重席，室不崇坛，器不彤镂，宫室不观，舟车不饰，衣服财用，择不取费。在国，天有灾疠，亲巡孤寡，而共其乏困；在军，熟食者分，而后敢食，其所尝者，卒乘与焉。勤恤其民而与之劳逸，是以民不罢劳，死知不旷。吾先大夫子常易之，所以败我也。今闻夫差次有台榭陂池焉，宿有妃嫱嫔御焉。一日之行，所欲必成，玩好必从，珍异是聚，观乐是务。视民如仇，而用之日新。夫先自败也已，安能败我？"

楚将子西将"室不崇坛，器不彤镂，宫室不观"之属的崇饰与否，作为国家盛衰的标志，而夫差将姑苏台"复高而饰之"②，乃"先自败"之征兆。

第二节　仁德为美

两周时期，"民族意识日益觉醒，道德精神不断独立，形成了'道德之意'为主导的学术思潮"③。礼乐文化成为两周主导性文化，儒家所遵从的周文化，更强调"敬德""明德"，认识到人是有道德使命的，即：人不仅作为道德的存在，从而区别于一般动物，而且，人还负有建设道德世界的责任。

以"仁德"为美，主要记载在《周易》《尚书》《诗经》《论语》《孟子》《荀子》《左传》《国语》等儒家文化典籍中。如《周易·坤》："地势坤，君子

① 《国语·楚语上》。

② 《艺文类聚》引《吴地记》，见《吴地记》"姑苏台"注释 1，江苏古籍出版社 1986 年版，第 38 页。

③ 张立文：《中国学术通史·先秦卷》，人民出版社 2004 年版，第 6 页。

以厚德载物。”《国语·晋语六》：“吾闻之，唯厚德者能受多福，无德而服者众，必自伤也。”

《逸周书·大聚解》中，辅国重臣周公备有德教、和德、仁德、正德、归德五德。“天命靡常，惟德是辅”，三皇五帝都发迹于“天命”的眷顾，但天命之所以降福于他们是由于他们本身的“德”，有德者才配享天命，建功立业，施惠百姓，得以拥戴，流芳后世，而且德者福寿。

《左传》维护周礼，尊礼尚德，以礼之规范评判人物。《国语》主要反映了儒家崇礼重民等观念。

一、克己复礼为仁

《论语·颜渊》：“颜渊问仁。子曰：‘克己复礼为仁。一日克己复礼，天下归仁焉！为仁由己，而由人乎哉？’”孔子在早年的政治追求中，一直以恢复周礼为己任，并把克己复礼称为仁。颜渊向孔子询问什么是仁以及如何才能做到仁，孔子做出了这种解释。因此，可以把克己复礼视为孔子早年对仁的定义。

克己复礼就是约束自己，使言行符合于礼；克己复礼是达到仁的境界的修养方法。儒家认为，“礼”依据“天道”而设。

《考工记》造物思想遵循严明的“以礼定制、尊礼用器”之礼器制度。城市及住宅是可居住的“礼器”。如《考工记》中记载，“天子城方九里，公盖七里，侯伯盖五里”；“匠人营国，方九里，旁三门。国中九经、九纬，经涂九轨。左祖右社，面朝后市，市朝一夫”。

王城规划中“九五”为尊的意识萌芽，“九”为阳数之最，这里大量用“九”为王城标准，如国有“九里”“九经九纬”“经涂九轨”，“（宫）内有九室，九嫔居之”，“外有九室，九卿朝焉”“王城……城隅九雉”，等等，表明此时的“九”已经为周王专用，呈现出王城“九五”为尊，宏伟、规整、庄严之美。

二、中庸之谓德

《礼记·中庸》记载，孔子说：“中庸之为德也，其至矣乎！”即“中庸大概是最高的德行了吧！”朱熹注：“中庸者，不偏不倚，无过不及。”能“随时以处中”①，将“时”与“中”联系起来。孔子还说：“君子中庸，小人反中庸。君子之中庸也，君子而时中；小人之中庸也，小人而无忌惮。”朱熹注：“君子之所以为中庸者，以其有君子之德，而又能随时以处中也。小人之所以为反中庸者，以其有小人之心，而又无所忌惮也。”

《礼记·中庸》写道：“喜怒哀乐之未发谓之中，发而皆中节谓之和。”杨遇夫的《论语疏证》写道：“事之中节者皆谓之和，不独喜怒哀乐之发一事也。和今言适合，言恰当，言恰到好处。”这就是孔子提倡的“乐而不淫，哀而不伤，怨而不怒”。这也是孔子对儒家经典《诗经》抒情原则的评述，意思是快乐而不致毫无节制，悲哀而不致伤害身体，心有怨言的时候也不会发怒，正是适度、平和的中和之美。季札观乐②，依据的“乐而不淫”“哀而不愁”，与孔子“乐而不淫，哀而不伤”的主张完全同一，是对周乐“中和之美”的评论。《论语·学而》：

> 有子曰：“礼之用，和为贵。先王之道，斯为美，小大由之。有所不行，知和而和，不以礼节之，亦不可行也。”

有子说：“礼的作用，在于使人的关系以和谐为贵。先王治国，就以这样为‘美’，大小事情都如此。有行不通的时候，单纯地为和谐而去和谐，不用礼来节制，也是不可行的。”

“和”是儒家所特别倡导的伦理、政治和社会原则。主张人与自然和谐相处，认为天人是相通的，《周易·说卦》：“是以立天之道，曰阴与阳；立地之道，曰柔与刚；立人之道，曰仁与义；兼三才而两之，故《易》六画而成卦。”大意是构成天、地、人的都是两种相互对立的因素，而卦是《周易》中象征自

① “圆明园”，就是根据“中庸”立意，雍正自皇子时期一直使用的法号“圆明居士”，康熙赐第尚为皇子的雍正“圆明园”。雍正解释曰：“圆而入神，君子之时中也。明而普照，达人之睿智也。”“圆”的最高境界是无论何时处理问题都能不偏不倚，个人品德圆满无缺，超越常人；“时中”即“随时以处中”；“明”是思想敏锐，能洞察一切，政治业绩光明完美。因而“圆明”有恪守圆通中庸、聪明睿智的含义。

② 见《左传·襄公二十九年》。

然现象和人事变化的一系列符号，以阳爻、阴爻相配合而成，三个爻组成一个卦。

《周易》最早明确、系统地提出了“天、地、人”为三才之道，培育了中华民族乐于与天地合一、与自然和谐的精神，对天地与自然持有极其虔诚的敬爱之心。

孔子说，“君子和而不同，小人同而不和”，君子坦荡荡，心胸宽广，可以与他周围的人保持和谐融洽的关系，但他善于独立思考，不愿人云亦云、盲目附和；小人则没有原则地表面随声附和，心里却各怀鬼胎，所以，“小人”表面上的“同”并不能代表“和”，“和”应该是更高意义上的、更本质的一种美德。而周人的礼乐制度是“取和去同”，让相互差异、矛盾、对立的事物相结合，达到一种相对的平衡和谐；“同”只求同质事物的绝对同一。

“文质彬彬，然后君子”，儒家将道德认知上升到审美爱好，将内心道德观照与外在行为统一起来，使外在的行动合乎内心的道德规范，使人敬之乐之，就是儒家的做人理想。儒家大多将属于美学范畴或审美对象的“美”与作为实用功利范畴的“善”合而为一，但在对具体事物进行美学评价时所持的原则和方法是先“善”后“美”。

孔子在齐闻《韶》，“三月不知肉味”，因为《韶》乐“尽美矣，又尽善也”“《韶》，舜乐也，美舜自以德禅于尧；又尽善，谓太平也”（郑玄注），既有美的形式，又有美的道德。但是“谓《武》尽美矣，未尽善也”，因为他崇尚“武功”而轻视“文德”，《武》乐是演绎武王伐纣之乐，体制形式虽美而缺少文德，故“未尽善”。

对人的美学评价也是“绘事后素”。郑玄注云：“绘，画文也。凡绘画，先布众色，然后以素分布其间，以其成文，喻美女虽有倩盼美质，亦须礼以成之。”

孔子“美善合一”和先“善”后“美”的美学观，表现在文质关系上就是“文质彬彬”和先“质”后“文”。《论语·学而》：“弟子入则孝，出则悌，谨而信，泛爱众，而亲仁。行有余力，则以学文。”

孟子认为，美的人必须具有仁义道德的内在品质，并表现充盈于外在形式，称为“充实之谓美”①。“充实”指的是把其固有的善良之本性“扩而充之”，使

① 《孟子·尽心下》。

之贯注满盈于人体之中。孟子宣称："我善养吾浩然之气!"并解释道："（浩然之气）至大至刚，以直养而无害，则塞于天地之间。""其为气也，配义与道；无是，馁也。""是集义所生者，非义袭而取之也。行有不慊于心，则馁矣。"

孟子的人格美中包含着善，又超越了善，从而深刻地发展了孔子关于美与善内在一致性的思想。

"儒家美学的中心是反复论述美与善的一致性，要求美善统一，高度重视审美与艺术陶冶、协和、提高人们伦理道德感情的心理功能，强调艺术对促进社会和谐发展的积极作用。"①

三、"弦歌宰"与"曾点气象"

以孔子为代表的儒家一向主张在用礼规范人们行动的时候，需要凭借"乐"，礼乐教化，如春风化雨，滋润人心，所以是"成于乐"，"乐"就是各类艺术活动。所以，《论语·述而》说："子曰：志于道，据于德，依于仁，游于艺。"

志在于道，根据在于德，从道德的行为开始，依傍于仁，活动在艺。"艺"的内容就是周礼所说的"六艺"，《周礼·保氏》："养国子以道，乃教之六艺：一曰五礼，二曰六乐，三曰五射，四曰五御，五曰六书，六曰九数。"通过"游于艺"来净化心灵，潜移默化使风清俗美。

孔子十分得意的是弟子言偃治武城，以礼乐为教，邑人皆弦歌，成为"弦歌宰"。他与弟子子路、曾皙、冉有、公西华侍坐，子路、冉有、公西华各言其志后，孔子十分赞赏曾皙之志，即："莫春者，春服既成，冠者五六人，童子六七人，浴乎沂，风乎舞雩，咏而归。夫子喟然叹曰：'吾与点也。'"

懂礼爱乐、卓尔不群的曾点（字皙，又称曾皙）描绘的是一幅在大自然里沐浴临风，一路酣歌的动人景象，抒写了一种投身于自然怀抱、恬然自适的潇洒和乐趣，流露出一种高雅的性情，一种对大自然的无比热爱之情。曾皙表示了礼乐治理的理想境界，正是孔子仁学的最高境界，后世称为"曾点气象"，成为宋代理学中的重要话题。

---

① 李泽厚、刘纲纪主编：《中国美学史》第一卷，中国社会科学出版社1987年版，第35页。

四、比德之美

儒家在对自然美的欣赏上，经常把自然的美和人的精神道德情操相联系，着重于把握自然美所具有的人的、精神的意义，从而充满着社会色彩，极富于人情味，具有实践理性精神，既很少有自然崇拜的神秘色彩，也很少把自然贬低到仅供感官享乐的地步。[①] 这种注重自然景物所体现某种属于人的精神与品质，亦即人的人格品质，称为“比德”。

产生于西周至春秋中期的《诗经》中大量出现以自然物比德的内容。

如四季常青的松柏，“遇霜雪而不凋，历千年而不殒”，被用来象征家族子孙兴旺、永葆祖业。《小雅·斯干》：“秩秩斯干，幽幽南山。如竹苞矣，如松茂矣。兄及弟矣，式相好矣，无相犹矣。”“竹松承茂”“竹苞松茂”后成为盖新房的颂祷之词，也成为园林门楼或墙门上的砖额。

竹苞松茂（南浔张石铭故居）

《小雅·天保》中有“如月之恒，如日之升，如南山之寿，不骞不崩，如松柏之茂，无不尔或承”。这首祝福君主的诗歌，极其颂祷、反复譬喻之能事，演变为后世“九如”“寿比南山不老松”等祝福吉祥语。

① 李泽厚、刘纲纪主编：《中国美学史》第一卷，中国社会科学出版社 1987 年版，第 147 页。

梧桐，本无节而直生，理细而性紧，高耸雄伟，干皮青翠，叶缺如花，妍雅华净，雄秀皆备。在《诗经》中，梧桐就与凤凰相联系。《大雅·卷阿》："凤凰鸣矣，于彼高冈。梧桐生矣，于彼朝阳。"园林建筑中"凤鸣朝阳"的吉祥图案中，凤凰往往站在梧桐树下对着朝阳引吭长鸣。家有梧桐落凤凰，梧桐成为圣雅之植物。

《诗经·采薇》中，征战归来的士兵在雨雪霏霏之时，想起离开家乡时正值春光明媚，"杨柳依依"，柳枝的"依依"撩人，恰如征人离家时的难舍难分。柳积淀着的"家"的情愫，化成折柳送别和寄远之俗。

有以动物比兴：如用雌雄情意专一的雎鸠起兴，"关关雎鸠，在河之洲"，由关雎的成双成对鸣叫联想到爱情的成双成对，引发出对淑女的追求。也有邶风《新台》用癞蛤蟆比喻好色夺媳的卫宣公；《硕鼠》将剥削者比作贪婪而胆小畏人的大老鼠。可谓爱憎分明。

特别是《诗经》关于文王灵台灵囿灵沼的歌咏，对后世中国园林审美具有重要影响。

《论语·子罕》中孔子曰："岁寒，然后知松柏之后凋也。"松柏的韧性精神，成为"比德"美学思想中的重要母题。

《论语·雍也》中有："知者乐水，仁者乐山。知者动，仁者静。知者乐，仁者寿。"这是孔子关于山水自然美的重要美学命题。

孔子认为水之美，在于它具有与君子或知者的德、仁、智、勇等品质相类似的特征。当子贡问孔子为什么每次见到大水都要停下观看时，孔子曰："主量必平，似法；盈不求概，似正；淖约微达，似察；以出以入，以就鲜洁，似善化；其万折也必东，似志。是故君子见大水必观焉。"① "水至平，端不倾，心术如此象圣人"②，端正自己的品行，才能矫正他人的过失，成为天下的表率，而品行端正是人格魅力的重要表现之一。

"知者"之所以"乐水"，还因为水有着川流不息的特点，而"知者不惑"③，捷于应对，敏于事功，同样具有"动"的特点。儒家在人生观上强调

---

① 《荀子·宥坐》。

② 《荀子·成相》。

③ 《论语·宪问》。

“入世”，这种积极主动的处世方式使得他们对水“动”的特性极为推崇，将其人格化，进而归纳出“其似力者”“其似勇者”“其似有礼者”“其似知命者”“其似善化者”等基于水“动”的自然属性之上的哲学美学内涵。

水也用以衡量道德修养之优劣。《孟子·离娄上》引用一首《沧浪歌》后说：“孔子曰：‘小子听之！清斯濯缨，浊斯濯足矣。自取之也。’夫人必自侮，然后人侮之；家必自毁，而后人毁之；国必自伐，而后人伐之。太甲曰：‘天作孽，犹可违；自作孽，不可活。’此之谓也。”这里，用水本身的清浊，比喻各人的道德修养之优劣。“天作孽，犹可违；自作孽，不可活”，强调了自我修养的重要意义。

水又作为时间“意象”，对人起警示激励的作用。如孔子看到“逝者如斯夫，不舍昼夜”，发出感叹。

仁者愿比德于山，故乐山，高山具有与“仁者”无私品德相媲美的特征。自然景物这种激发人独特审美感受的感性形式中蕴含着美的规律。孔子认为一个高尚的人所喜欢的自然事物，可以使自己的性情从中得到陶冶。这里有“化”的意思，但是并无“教”的意味。这应该是山水审美超功利说的先声。

“知者乐水，仁者乐山”的命题，在中国美学史上开创了一种关于自然美欣赏的“比德”理论。

中国儒学集大成者的荀子以玉为例，从理论上强化了“比德”说。《荀子·德行》：

> 夫玉者，君子比德焉。温润而泽，仁也；缜栗而理，知也；坚刚而不屈，义也；廉而不刿，行也；折而不挠，勇也；瑕适并见，情也；扣之，其声清扬而远闻，其止辍然，辞也。故虽有珉之雕雕，不若玉之章章。

荀子列举了玉的种种形态特征，如“温润而泽”“缜栗而理”“坚刚而不屈”等，一一落实为“仁”“知”“义”等道德种类，以此说明君子之贵玉是用以“比德”。玉之所以受到士大夫的贵重，在于能从中获得很高的审美价值。朱熹说：“且如冰与水精，非不光，比之玉，自是有温润含蓄气象，无许多光耀也。”虽有光泽，但又有“温润含蓄气象，无许多光耀”，正符合仁的品德，故为君子所重。

以屈原《离骚》为代表的楚辞，美学风格因巫文化的影响奇异浪漫，与儒家美学风格有所不同，但思想内涵基本属于儒家系统，如宋玉的《登徒子好色赋》赞美修短合宜之美："东家之子，增之一分则太长，减之一分则太短。著粉则太白，施朱则太赤。"身材，若增加一分则太高，减掉一分则太短；论其肤色，若涂上脂粉则嫌太白，施加朱红又显得太红，可谓恰到好处，这与儒家"中和"美学思想吻合。但楚辞又吸收了道家思想，如《楚辞·渔父》中那位规劝屈原随世沉浮的"渔夫"及他所唱的《沧浪歌》："沧浪之水清兮，可以濯吾缨。沧浪之水浊兮，可以濯吾足。"反映出的人生哲理又与道家思想十分接近，而"沧浪"、江海都成为隐逸的象征符号。

楚辞继承和发展了《诗经》比兴手法，形成内涵丰富的带有象征性质的香草美人比德系列："善鸟香草，以配忠贞；恶禽臭物，以比谗佞；灵修美人，以媲于君；宓妃佚女，以譬贤臣；虬龙鸾凤，以托君子；飘风云霓，以为小人。"①香草美人的"意象"之美、人居环境之美与建筑装饰之美等，构成飘逸、艳丽、深邃等美学特色。

如《橘颂》通过"橘"的形象，"受命不迁，生南国兮。深固难徙，更壹志兮""独立不迁，岂不可喜兮。深固难徙，廓其无求兮。苏世独立，横而不流兮""秉德无私，参天地兮"，实际都在描绘抒情主人公的精神品格之美：橘树精神与志士形象叠映，"句句是颂橘，句句不是颂橘，但见（屈）原与橘分不得是一是二，彼此互映，有镜花水月之妙"②，橘树形象便积淀为君子人格形象。

在《离骚》《九歌》等作品中都以佩戴、服食芳草象征品质的高洁，以腐烂变质象征贤才的变节，恶草比喻丑恶的小人等。

楚辞引类譬喻充满着瑰丽奇特之美，山川焕绮，动植皆文："龙凤以藻绘呈瑞，虎豹以炳蔚凝姿；云霞雕色，有逾画工之妙；草木贲华，无待锦匠之奇。夫岂外饰，盖自然耳。至于林籁结响，调如竽瑟；泉石激韵，和若球锽：故形立则章成矣，声发则文生矣。"③ 构筑了一个花团锦簇的意境世界："视之则锦绘，听之则丝簧，味之则甘腴，佩之则芬芳"④，获得视觉、听觉、味觉、嗅觉和心觉

① 〔东汉〕王逸：《楚辞章句·离骚经序》。

② 〔清〕林云铭：《楚辞灯》。

③ 〔南朝梁〕刘勰：《文心雕龙·原道》。

④ 〔南朝梁〕刘勰：《文心雕龙·总术》。

全美的美感享受。这些自然意象特别是香草美人经过历史积淀，成为负载中国人审美情感的载体和符号。

楚辞奠定的“发愤以抒情”的审美基调，以及超越时空的悲剧精神和屈原自我形象的人格魅力，成为士大夫园林的精神主轴之一。

诗人将内在之“情”借“香草美人”外化为审美对象，正如朱彝尊《天愚山人诗集序》中所说的：“顾有幽忧隐痛，不能自明，漫托之风云月露、美人花草，以遣其无聊。”“盖神居胸臆之中，苟无外物以资之，则喜怒哀乐之情，无由见焉。”① 需“用感性材料去表现心灵性的东西”②。

《楚辞》中用大量香草香木来装点住所，自然本色，纯朴而浪漫。如将陆地的花草香木纷纷植入水下幻境，构成了光怪陆离的浪漫境界，以湘夫人的住所为例：“筑室兮水中，葺之兮荷盖。荪壁兮紫坛，播芳椒兮成堂。桂栋兮兰橑，辛夷楣兮药房。罔薜荔兮为帷，擗蕙櫋兮既张。白玉兮为镇，疏石兰兮为芳。芷葺兮荷屋，缭之兮杜衡。合百草兮实庭，建芳馨兮庑门。”③

把房屋建在水中央，还要把荷叶盖在屋顶上。荷叶编织成屋脊，荪草装点墙壁、紫贝铺砌庭坛。四壁撒满香椒用来装饰厅堂。桂木做栋梁、木兰为桁椽，辛夷装门楣、白芷饰卧房。编织薜荔做成帷幕，蕙草做的幔帐也已支张。用白玉做成镇席，各处陈设石兰带来一片芳香。在荷屋上覆盖芷草，用杜衡缠绕四方。汇集各种花草布满庭院，建造芬芳馥郁的门廊。一派五彩缤纷的景象。

少司命所住庭院“秋兰兮麋芜，罗生兮堂下。绿叶兮素华，芳菲菲兮袭予”，秋天来了，堂下的兰草开着淡紫色的小花，中间夹生着一种很香的麋芜草，也正盛开着小小的白花。凉风拂面，它们散发出的香气也一阵阵袭来，沁人心脾，令人赏心悦目。

《九歌·湘君》：“鸟次兮屋上，水周兮堂下。”

《九歌·东君》：“暾将出兮东方！照吾槛兮扶桑。”

《九歌·河伯》：“鱼鳞兮龙堂，紫贝阙兮朱宫。”

---

① 刘永济：《词论》，上海古籍出版社 1981 年版，第 71 页。

② ［德］黑格尔：《美学》第一卷，商务印书馆 1979 年版，第 361 页。

③ ［战国楚］屈原：《九歌·湘夫人》。

房舍周围，有“川谷径复，流潺湲些。光风转蕙，汜崇兰些”。川谷的流水曲折萦回于庭舍，能听到潺潺的流水声。阳光中微风摇动蕙草，丛丛香兰播散芳馨。

拙政园的“香洲”旱船深得个中神韵，如清王庚在文徵明旧书“香洲”额下跋云：“昔唐徐元固诗云：‘香飘杜若洲。’盖香草所以况君子也。乃为之铭曰：‘撷彼芳草，生洲之汀；采而为佩，爱人骚经；偕芝与兰，移植中庭；取以名室，惟德之馨。’”

香飘杜若洲（拙政园香洲）

第三节　老庄“道法自然”之美

春秋战国时代道家典籍主要是《老子》和《庄子》。《老子》又称《道德经》，“道论”是其全部思想的根据。

战国时期宋人庄子名周，创立庄周派，《庄子》是其思想的集成，提出了以道为美的本质观和审美特点，即自然美、人物美皆以自然无为的道德本性为依据，“道”作为宇宙论的终极依据，是道家哲学文化的最高范畴。道家认为世间万物都是对“道”的模拟和反映，其本性就是自然。“天地之始”“万物之母”，“神鬼神帝，生天生地”“自本自根，未有天地，自古以固存”①，是独一无二的世界本源。庄周派在论述美的形态时，强调朴素、自然、平淡的美，这使他与老子的美学思想有着明显的一致性，后世往往以“老庄”合称。

一、见素抱朴　无为之美

老子“道”的中心含义就是“无为”，是任其自然的意思，即“治人事天莫如啬”，“人法地，地法天，天法道，道法自然”。王弼的《〈老子〉注》曰：“道不违自然，乃得其性。法自然者，在方而法方，在圆而法圆，于自然无所违也。”一切都任着自然的本性运行，于自然无所违，乃是道的最高境界。

① 陈鼓应：《庄子今注今译》，中华书局1999年版，第181页。

当然，要进入这一境界，既要尊重“物性”，让万物各顺其天然本性展露自己，又要尊重人的“性命之情”，不能让外在的规范成为生命自由发展的障碍：“彼至正者，不失性命之情。故合者不为骈，而枝者不为歧。长者不为有余，短者不为不足。是故凫胫虽短，续之则忧。鹤胫虽长，断之则悲。……天下有常然。”① 万物都因体现了“道”而为“常然”；万物也只有在体现出“道”的自然无为特征时，才具有了美的品性。

在此前提下，《老子》提出了“见素抱朴”② 美的形态。见：呈现；素：染色的生丝；朴：没雕琢加工的原木，即外表单纯，内心朴素。如果徒有外表之美，而内在丑陋，则无美可言，反而是“五色令人目盲；五音令人耳聋”③“信言不美，美言不信”④，真实可信的言辞不美丽，而美丽的言辞却不可信。这就是对老子的“无为”政治理想和“大巧若拙”的社会理想的形象表述，也正是朴素为美的美学观念的源头。

《庄子·骈拇》云：“天下有常然。常然者，曲者不以钩，直者不以绳，圆者不以规，方者不以矩，附离不以胶漆，约束不以绳索。”并认为，“天地有大美而不言，四时有明法而不议，万物有成理而不说。圣人者，原天地之美而达万物之理”。⑤ 无为而无不为，进入没有任何人为痕迹的道的无为境界，一种回归天真本性的境界，这是我国美学史上最早、最概括的以自然为美的审美理念。

《庄子》进一步拓展了自然审美的范畴，诸如天空、山川、河流、草木虫鱼乃至神人都成为审美对象：“山林与，皋壤与，使我欣欣然而乐与！”⑥“就薮泽，处闲旷，钓鱼闲处。”⑦ 写出与自然的交流、通畅的生存环境和心理状态对人产生的审美快感，那便是“闲旷”和“欣欣然”。

在庄子看来，自然不仅是审美的对象，更是可以参与其间的审美场所。“以天地为棺椁，以日月为连璧，星辰为珠玑，万物为赍送，吾葬具岂不备邪？何以

① 《庄子·骈拇》。

② 《道德经·第十九章》。

③ 《道德经·第十二章》。

④ 《道德经·第八十一章》。

⑤ 《庄子·知北游》。

⑥ 《庄子·知北游》。

⑦ 《庄子·刻意》。

如此”，《庄子》对“全生”“保身”的追求最终却不知不觉地归向自然，“相呴以湿，相濡以沫，不若相忘于江湖”①。“江湖”即是人在现实中安身立命的归宿。

徐复观认为，“《庄子》精神对人自身之美的启发，实不如对自然之美的启发来得更为深切，自然尤其是自然的山水，才是《庄子》精神不期然而然的归结之地”。②

《庄子》中的自然精神，体现了自然性与社会性的统一，合规律性与合目的性的统一，并且具有了审美的自觉，开魏晋畅神说之先河。

《庄子》在“道法自然”的基础上进一步提出“法天贵真”的思想，认为“牛马四足，是谓天。落马首，牵牛鼻，是谓人”，“法天”就是顺应物性，不事人为，“贵真”就是崇尚朴素自然真实之美，而这种美，是一种不可比拟之美，一种理想之美：“朴素而天下莫能与之争美！”③

战国河上公注《老子》“见素抱朴”曰：“见素者，当抱素守真，不尚文饰也。”“真者，精诚之至也。不精不诚，不能动人。故强哭者虽悲不哀，强怒者虽严不威，强亲者虽笑不和。真悲无声而哀，真怒未发而威，真亲未笑而和。真在内者，神动于外，所以贵真也。”④

庄子认为最好的音乐是“天籁”“天乐”。《庄子·齐物论》中把声音之美分为三类：人籁、地籁、天籁。“人籁则比竹是已”，人籁是人们借助丝竹管弦等乐器演奏出来的音乐，仅为等而下之的美；“地籁则众窍是已”，地籁是风吹自然界大大小小的孔窍而发出的声音，也非最美；“夫天籁者，吹万不同，而使其自己也，咸其自取，怒者其谁邪！”⑤ 天籁乃众窍自鸣而成、不依赖任何外力作用、自然天成之音，是最优美的音乐。由天籁构成，与“道”相和的乐，则称“天乐”，“听之不闻其声，视之不见其行，充满天地，苞裹六极”，郭象注道：“此乃无乐之乐，乐之至也。”这种无乐之乐，即是庄子心中最美的音乐。

庄子反对人工雕琢，主张自然的本色。他认为最高最美的艺术，是毫无人工

① 《庄子·天运》。

② 徐复观：《中国艺术精神》，春风文艺出版社1987年版，第193—195页。

③ 《庄子·天道》。

④ 《庄子·渔父》。

⑤ 《庄子·齐物论》。

斧凿痕迹“应之自然”的天然的艺术。他继承发展了《老子》的“五色令人目盲，五音令人耳聋，五味令人口爽”的美学思想，提出了“擢乱六律，铄绝竽笙，塞瞽旷之耳，而天下始人含其聪矣。灭文章，散五采，胶离朱之目，而天下始人含其明矣。毁绝钩绳，而弃规矩，攦工倕之指，而天下始人有其巧矣”① 的美学观点，认为只有毁掉一切人为造作的艺术，才能使人懂得什么是真正的艺术之美。“五色不乱，孰为文采；五声不乱，孰应六律。夫残朴以为器，工匠之罪也。”

庄子继承发展了老子“无为而无不为”的思想，不带任何实用目的的自由活动即“无为”，认为“天道自然无为”，不是人为的力量可以改变的。《庄子·天道》曰：“无为也，则用天下而有馀。有为也，则为天下用而不足。故古之人贵夫无为也。”无为，并不是无所作为，而是无刻意作为，听任自然。“虚静恬淡，寂寞无为”是“万物之本”，同时也是美之本。“西施病心而矉其里，其里之丑人见之而美之，归亦捧心而矉其里。其里之富人见之，坚闭门而不出；贫人见之，挈妻子而去走。彼知矉美而不知矉之所以美”②，西施“之所以美”，是因为她“貌极妍丽”，既病心痛，矉眉苦之，出自自然，出自真情，益增其美；而邻里丑人，见而学之，不病强矉，故作媚态，倍增其丑。故“无以人灭天，无以故灭命”③，主张“顺物之性”，尊重个性的发展，反对人为的束缚。

《庄子·马蹄》说：“马，蹄可以践霜雪，毛可以御风寒，龁草饮水，翘足而陆，此马之真性也。虽有义台路寝，无所用之。”马，处于真性情，放旷不羁，俯仰天地之间，逍遥乎自得职场，不求“义台路寝”，真有怡然自得之乐。尊重客观事物本身的规律，而不应该以人的主观意愿去改变它。庄子强调了美真统一论，表现了对未被语言、概念所污染、所遮蔽的本来如此的对象世界的追索。

庄子赞美抱璞守真。《庄子·天地》记载了一则“抱瓮灌园”的故事：孔子的弟子子贡游楚返晋过汉阴时，见一位老人一次又一次地抱瓮浇菜，“搰搰然用力甚多而见功寡”，就建议他用机械汲水。老人不愿意，“忿然作色而笑曰：‘吾闻之吾师，有机械者必有机事，有机事者必有机心。机心存于胸中，则纯白不

① 《庄子·胠箧》。

② 《庄子·天运》。

③ 《庄子·秋水》。

备；纯白不备，则神生不定；神生不定者，道之所不载也。吾非不知，羞而不为也。’”抱瓮老人认为，用了机械必定会出现机变之类的心思，纯洁空明的心境就不完备；纯洁空明的心境不完备，精神就不会专一安定；精神不能专一安定的人，大道也就不会充实他的内心。庄子赞美拙朴的生活，抨击机巧。

抱瓮灌园（拥翠山庄抱瓮轩）

庄子“顺物自然”并非完全否定事物外形的雕饰之美，只是反对违反事物自然本性的人为摧残。他指出：“纯朴不残，孰为牺尊！白玉不毁，孰为珪璋！”① 天然的木料不被剖开，谁能做成牺尊之类酒器！白玉不被毁坏，谁能做成珪璋之类玉器！主张“既雕既琢，复归于朴”②，“雕”与“琢”，精雕细刻，它是对外在的一种修饰，是一种日积月累的追求和磨合；复归于素朴，强调一种内在美，一种本质的东西，朴实无华。成玄英解释说：“雕琢华饰之务，悉皆弃除，直置任真，复于朴素之道者也。”这是一种超越技巧炫示的更高境界，平中见奇，常中见鲜，于简洁中见率真，于质朴中尽现完美。这与明代造园家计成所称园林美最高境界的“虽由人作，宛自天开”如出一辙。

① 《庄子·马蹄》。

② 《庄子·山木》。

二、“文为质饰者也”

属于法家的韩非子吸取了老子尚朴、尚真和墨子尚质、尚用的观点，反对文饰。韩非子认为，文饰的目的就是掩盖丑的本质，《韩非子·解老》中说：“礼为情貌者也，文为质饰者也。夫君子取情而去貌，好质而恶饰。夫恃貌而论情者，其情恶也；须饰而论质者，其质衰也。何以论之？和氏之璧，不饰以五采；隋侯之珠，不饰以银黄。其质至美，物不足以饰之。夫物之待饰而后行者，其质不美也。”

韩非子认为，礼是情感的描绘，文采是本质的修饰。君子采纳情感而舍弃描绘，喜欢本质而厌恶修饰。依靠描绘来阐明情感的，这种情感就是恶的；依靠修饰来阐明本质的，这种本质就是糟的。和氏璧，不用五彩修饰；隋侯珠，不用金银修饰。它们的本质极美，别的东西不足以修饰它们，事物等待修饰然后流行的，它的本质就不美。

无论是墨子的“节用”为美的思想，还是韩非子的“文为质饰”的美学观点，对园林美学思想都有很重要的影响。尚用戒奢是明至清前期构园理论的重要内容。那时的“暴富儿自夸其富，非所宜设而设之，置槭窬于大门，设尊罍于卧寝”① 者有之；明窗净几，焚香其中餐云饮露，一扫人间诟病者亦有之。

持“性恶论”的大儒荀子，强调变化先天的本性，兴起后天的人为。《荀子·性恶》：“故圣人化性而起伪，伪起而生礼义，礼义生而制法度。”杨倞注：“言圣人能变化本性，而兴起矫伪也。”改造先天的人性之“恶”，通过后天文明的熏陶、感化，于是产生了礼仪、法度和艺术等。诗、书、礼、乐等化性，对人进行塑造，使人具有崇高的精神境界，这就是“伪”，故荀子说“化性起伪”，“无伪则性不能自美”。

《荀子·解蔽》提出“虚壹而静”的审美心理虚静说。“虚”，指不以已有的认识妨碍再去接受新的认识；“壹”，指思想专一；“静”，指思想宁静。荀子认为“心”要知“道”，就必须做到虚心、专心、静心。他说：

人生而有知，知而有志，志也者，藏也，然而有所谓虚，不以所已藏害

① 〔清〕袁枚：《随园诗话》卷六。

所将受谓之虚。

所谓“藏”，指已获得的认识。荀子认为，不能因为已有的认识而妨碍接受新的认识，所以“虚”是针对“藏”而言的。他又说：“心生而有知，知而有异。异也者，同时兼知之；同时兼知之，两也；然而有所谓一，不以夫一害此一谓之壹。”

荀子认为，正确处理好“藏”与“虚”、“两”与“壹”、“动”与“静”三对矛盾的关系，做到“虚查而静”，就能达到“大清明”的境界，做到“坐于室而见四海，处于今而论久远。疏观万物而知其情，参稽治乱而通其度，经纬天地而材官万物，制割大理而宇宙理矣”。

墨子以俭约足用为美。首先要明确的是墨子并不完全排斥美，《墨子》多次提到“美”，如：“美章而恶不生”，“誉，明美也；诽，明恶也”。这里的“美”显然是作为“善”的概念与“恶”对举的，属于道德、实用、功利的范畴；“西施之沉，其美也”“君子服美则益敬，小人服美则益骄”“面目美好者，此非可学（而）能者也”“衣服不美，身体从容丑羸，不足观也”等，这个“美”显然指的是事物外在形貌的美观，与“饰”相关联的“美”，属于美学范畴的概念。

西汉刘向《说苑·文质》中记载了墨子之语：“故食必常饱，然后求美；衣必常暖，然后求丽；居必常安，然后求乐。为可长，行可久，先质而后文，此圣人之务。”唯其如此，这种形式美的追求才可以“为可长，行可久”。可见，墨子只是认为铺张浪费的审美是丑陋的，他也并不否定音乐的审美价值和意义，他之所以“非乐”，是因为要“先质而后文”，要先解决“温饱”，再解决审美需要。日本学者三浦藤作在他所写的《中国伦理学史》一书中指出：“墨子倡极端之非乐论，在促醒当时之社会，其真意并非排斥音乐，盖憎音乐之滥用耳。”

墨子作为出身手工业者的思想家，主张“俭约为美”“足用为美”的思想。《墨子·辞过》曰：“室高足以辟润湿，边足以圉风寒，上足以待雪霜雨露，宫墙之高，足以别男女之礼，谨此则止。凡费财劳力，不加利者，不为也。……是故圣王作为宫室，便于生，不以为观乐也。”《墨子·非乐》开篇中提出，“仁人之事者，必务求兴天下之利，除天下之害。将以为法乎天下，利人乎即为，不利人乎即止”。他以劳动者的利为标准，“足用”就是墨子对美的最好诠释，因而他反对“宫室台榭曲直之望，青黄刻镂之饰”。

墨子和墨家弟子也一直在践行着节制的主张，“多以裘褐为衣”“面目黧黑”“以自苦为极”。后世的“师俭园”就是在主张师法简朴。

三、“有无相生”之美

老子《道德经》载：“三十辐共一毂，当其无，有车之用也。埏埴以为器，当其无，有器之用也。凿户牖以为室，当其无，有室之用也。故有之以为利，无之以为用。”

三十根辐条凑到一个车毂上，正因为中间是空的，所以才有车的作用。糅合黏土做成器具，正因为中间是空的，所以才有器具的作用。凿了门窗盖成一个房子，正因为中间是空的，才有房子的作用。因此“有”带给人们便利，“无”才是最大的作用。

这就是“有生于无”的道理，也是包括园林美学在内的书画中虚白之美的理论来源：“天下之妙，莫妙于无；无之妙，莫妙于有。有于无中，用无而妙。”①“画在有笔墨处，画之妙在无笔墨处。”②

虚实之美，揭示了一些十分重要的审美规律。园林所追求的审美境界就是“无言之美”。郑绩《梦幻居画学简明》所说的艺术“生变之诀，虚虚实实，实实虚虚，八字尽之矣”；朱光潜论“无言之美”说：“无穷之意达之以有穷之言，所以有许多意尽在不言中。文学之所以美，不仅在有尽之言，而尤在无穷之意。推广地说，美术作品之所以美，不是只美在已表现的一部分，尤其是美在未表现而含蓄无穷的一大部分，这就是本文所谓无言之美。”③

赖特说：“据我所知，正是老子，在耶稣之前五百年，首先声称房屋的实在不是四片墙和屋顶，而是在于内部空间。”④

“有无相生”所追求的审美境界就是“无言之美”，这种审美境界是要使人通过“言意之表”进入一种“无言无意之域”⑤。

① 〔清〕王夫之：《庄子通·缮性》。

② 〔清〕戴熙：《习苦斋画絮》。

③ 参见《朱光潜美学文学论文选集》，湖南人民出版社1980年版，第354、355页。

④ 项秉仁：《国外著名建筑师丛书·赖特》，中国建筑工业出版社1992年版，第40页。

⑤ 〔西晋〕郭象：《庄子天道》注。

第四节　诸子理想的人格美

《尚书·尧典》最早提出了“诗言志”的命题。《论语·阳货》引述孔子的话：“诗可以兴，可以观，可以群，可以怨。”“怨”虽然只是四个作用里的一个，但“诗可以怨”成了一个艺术命题，或以为诗可以发泄心中郁闷，或以为诗可以委婉地批评时政，或以为怨刺上政，含讥讽之意。

但“赋诗言志”流行于周礼遗风尚存的春秋时期，是外交仪式上的一种特殊表达方式。《左传》中记载70余次，用来规劝君主，讽刺对手，小国的大夫更通过赋诗来讨救兵、解纠纷，向敌国示威。

职业性外交专家行人，一般由史官充任，《诗经》为行人的职业性修养，行人兼有采集诗歌的职责，目的是用于朝廷或其他正式场合的礼仪中。所以，孔子说过“不学诗，无以言”（《论语·季氏》）。如晋国的孙林父出访鲁国时，表现得非常无礼，鲁国的大臣叔孙豹就用“相鼠有皮，人而无仪”来讽刺他；楚国的申包胥到秦国搬救兵，在秦庭哭到吐血，秦孝公很受感动，为他吟诵《无衣》，表示愿意答应发兵救楚。

一、内圣人格　重义轻利

儒道都尊重个体人格，孔子认为：“三军可夺帅也，匹夫不可夺志也。”① 军队的首领可以被改变，但是男子汉（有志气的人）的志气是不能被改变的。

孔子为实现自己的仁政理想，“发愤忘食，乐以忘忧，不知老之将至云尔”②，他奔波于诸侯间，被“斥乎齐，逐乎宋卫，困于陈蔡之间”③，却“知其不可而为之”④，吃了不少苦头，但即使身处逆境依然心忧天下，是儒家精神的精髓。

儒家的理想人格，在于能够超越物质的、功利的需求，而突出一种高尚的精神需求，即“仁”的需求。

---

① 《论语·子罕》。

② 《论语·述而》。

③ 《史记·孔子世家》。

④ 《论语·宪问》。

中国人重精神轻物质、想象大于感觉的心理特征，也培养了士大夫们知足的文化心理。于是，标举寡欲、容膝自安，就成为士人园林立意构景的重要思想，士大夫们升乎高以观气象，俯乎渊以窥泳游，熙熙攘攘，中有自得，培养云水风度、松柏精神，“往日繁华，烟云忽过，趁兹美景良辰，且安排剪竹寻泉，看花索句”（怡园联）。

“孔颜之乐”是仁者向往的“内圣”境界：典出《论语》两则。《论语·述而》：“子曰：‘饭疏食，饮水，曲肱而枕之，乐亦在其中矣。不义而富且贵，于我如浮云。’”

孔子说：“吃粗粮，喝白水，弯着胳膊当枕头，乐趣也就在这中间了。用不正当的手段得来的富贵，对于我来讲就像是天上的浮云一样。”

《论语·雍也》：“子曰：‘贤哉，回也！一箪食，一瓢饮，在陋巷，人不堪其忧，回也不改其乐。贤哉，回也！’”

孔子说：“颜回的品质是多么高尚啊！一箪饭，一瓢水，住在简陋的小屋里，别人都忍受不了这种穷困清苦，颜回却没有改变他好学的乐趣。颜回的品质是多么高尚啊！”

孔子这里讲颜回“不改其乐”，这也就是贫贱不能移的精神，里面包含了一个具有普遍意义的道理，即人总是要有一点精神的，为了自己的理想，就要不断追求，即使生活清苦困顿也能自得其乐。孔子和颜回安贫乐道的精神多么契合！

明代创建“心学”、倡“知行合一”的哲人王守仁认为，“孔颜之乐”是每个人心中自然、自有之乐，是“心”原本具有的状态，是情与“性”即“良知”合一的境界。

“知足心常乐，无求品自高。”《老子》第四十四章：“名与身孰亲？身与货孰多？得与亡孰病？甚爱必大费，多藏必厚亡。故知足不辱，知止不殆，可以长久。”

名望与生命相比哪一样比较重要？财物与生命相比哪一样比较重要？得到名利与失去生命相比哪一样的结果比较坏呢？愈是让人喜爱的东西，想获得它就必须付出很多；珍贵的东西收藏得越多，在失去的时候也会感到越难过。所以，知足的人不容易受到屈辱，凡事适可而止的人不容易招致危险，生活得更长久。

《老子》第四十六章：“天下有道，却走马以粪。天下无道，戎马生于郊。罪莫大于可欲，咎莫大于欲得，祸莫大于不知足。故知足之足，常足矣。”

《申鉴·杂言下》说：“德比于上，故知耻；欲比于下，故知足。”道德向上看齐，所以知耻；利欲向下看齐，所以知足。

“知足常乐”是老庄的人生智慧，“知足”是“常乐”的前提，“常乐”是“知足”的结果。知足，就能使人安神理气、降火明目。总之，知足常乐使无穷的欲望和有限的资源之间达到平衡，知足是一种智慧，常乐是一种境界。这与《周易·系辞上》“乐天知命，故不忧”的思想相通。孔颖达疏：“顺天道之常数，知性命之始终，任自然之理，故不忧也。”

宋代学者倪思亦指出：“贵而谄佞求人，非贵也；富而贪求吝啬，非富也；寿而无德无识，非寿也。然则孰为贵？不求为贵；孰为富？知足为富；孰为寿？有德有识则寿。”① 又说：“寡求则有廉耻，是谓善人。”“君子所以贵乎俭者，为其寡求耳。”②

《庄子·逍遥游》：“鹪鹩巢于深林，不过一枝。鼹鼠饮河，不过满腹。”鹪鹩鸟在深林中筑巢，不过占用一枝之地足矣，何必要拥有整个森林？鼹鼠在河边饮水，不过以喝饱肚子为限，何必要占有整个河流？

又曰：“覆杯水于坳堂之上，则芥为之舟。”芥即小草，后之文人常比喻为栖身之地，不必求大，也不求奢华，所以“一枝园”“半枝园”“芥舟园”等频频出现。

知足戒贪、安贫乐道，向来为儒家倡导和赞美。《论语·子路》载：“子谓卫公子荆：‘善居室。始有，曰苟合矣。少有，曰苟完矣。富有，曰苟美矣。’”

儒家有自己践行的人格美准则：“巧言令色，鲜矣仁”（《论语·学而》），花言巧语讨好别人的人是没有什么仁德的。而“讷于言而敏于行”（《论语·里仁》），说话谨慎，做事情行动敏捷的人才是真正有仁德的人。褒“拙”贬“巧”，这是儒家理想的人格美，后世陶渊明要“守拙归园田”，苏州名园“拙政园”命名的思想源头也在于此。

知其不可而为之的孔子，他的“穷”“达”“富”“贵”都以推行“仁政”为终极目标。

---

① 〔宋〕倪思：《经鉏堂杂志》卷四。

② 〔宋〕倪思：《经鉏堂杂志》卷五。

孟子讲："养心莫善于寡欲。"① 欲望少了，人就不会为外物所纠缠，身体就会轻松愉快，心灵才能得到滋养。《孟子》则明确提出"大丈夫"的人格理想是："富贵不能淫，贫贱不能移，威武不能屈，此之谓大丈夫。"②

气势浩然是《孟子》散文的重要风格特征。这种风格，源于孟子人格修养的力量。孟子曾说："我善养吾浩然之气。"（《公孙丑上》）"养气"是指按照人的天赋本心，对仁义道德坚持不懈地自我修养，久而久之，这种修养升华出一种至大至刚、充塞于天地之间的"浩然之气"。具有这种"浩然之气"的人，"说大人，则藐之"（《尽心下》），在精神上首先压倒对方，能够做到藐视政治权势，鄙夷物质贪欲，气概非凡，刚正不阿，无私无畏。写起文章来，自然就情感激越，词锋犀利，气势磅礴。正如苏辙所说："今观其文章，宽厚宏博，充乎天地之间，称其气之小大。"（《上枢密韩太尉书》）

尽管孔子汲汲于事功，但"邦有道，穀；邦无道，穀，耻也"（《论语·宪问》），国家有道，做官拿俸禄；国家无道，还做官拿俸禄，这就是可耻。"天下有道则见，无道则隐。邦有道，贫且贱焉，耻也；邦无道，富且贵焉，耻也。"③一切以仁道能否推行于天下为原则。《孟子·尽心上》："穷则独善其身，达则兼善天下。"为后世文人"穷达"时守拙保真的两种人生选择开了法门。

儒家十分尊重三代出现的"隐士""逸士"。《易经》称誉隐士"不事王侯，高尚其事"，《荀子》则称赞隐士是"德盛者也"。

孔子要求"举逸民""天下之民归心焉"，即推举逸民天下的老百姓就会诚心归服了。"逸民"是指隐退不仕的民间贤人或失去了政治、经济地位的贵族，著名的有：伯夷，叔齐，虞仲，夷逸，朱张，柳下惠，少连。

孔子认为柳下惠、少连，贬抑自己的意志，辱没自己的身份，但说话合乎伦理，行为深思熟虑，是因为他们只能这样。虞仲、夷逸，过隐居生活，说话放纵无忌，能保持自身清白，废弃官位而合乎权宜变通。

武王平定殷乱以后，天下都归顺于周朝，而伯夷、叔齐坚持大义不吃周朝的粮食，并隐居于首阳山，采集薇蕨来充饥。孔子的《论语·季氏》中也赞美道：

---

① 《孟子·尽心下》。
② 《孟子·滕文公下》。
③ 《论语·泰伯》。

“伯夷、叔齐饿于首阳之下，民到于今称之。”

“巢由”结志养性、优游山林、甘守清贫、不慕荣利等高风亮节，成为中国传统知识分子精神品格的一部分。

《诗经》对退处深藏山水间的贤人歌之颂之：“考槃在涧，硕人之宽。”① 毛传曰：“考，成；槃，乐也。山夹水曰涧。”赞美隐居之得其所，“读之觉山月窥人，涧芳袭袂”。宋朱熹的《诗集传》曰：“诗人美贤者隐处涧谷之间，而硕大宽广，无戚戚之意。”清钮琇的《觚賸·杜曲精舍》盛赞“‘缁衣’之好，‘槃涧’之安，两得之也”。“槃涧”也就成为山林隐居之地的文化符号。

槃涧（网师园）

陈仲子，本名陈定，字子终，是战国时期齐国著名的思想家、隐士。其先祖为陈国公族，先祖陈公子为避战乱逃到齐国，改为田氏，所以陈仲子又叫田仲。《高士传》卷中《陈仲子》载：

> 陈仲子者，齐人也。其兄戴为齐卿，食禄万钟，仲子以为不义，将妻子适楚，居于陵，自谓于陵仲子。穷不苟求，不义之食不食。遭岁饥，乏粮三日，乃匍匐而食井上李实之虫者，三咽而能视。身自织履，妻擘纑以易衣

① 《诗经·卫风·考槃》。

食。楚王闻其贤，欲以为相，遣使持金百镒，至于陵聘仲子。仲子入谓妻曰："楚王欲以我为相，今日为相，明日结驷连骑，食方丈于前，意可乎?"妻曰："夫子左琴右书，乐在其中矣。结驷连骑，所安不过容膝；食方丈于前，所甘不过一肉。今以容膝之安，一肉之味，而怀楚国之忧，乱世多害，恐生不保命也。"于是出谢使者，遂相与逃去，为人灌园。

《史记·鲁仲连邹阳列传》：

於陵子仲辞三公，为人灌园。裴骃集解："《列士传》曰：楚于陵子仲，楚王欲以为相，而不许，为人灌园。"司马贞索隐："《孟子》云陈仲子，齐陈氏之族，兄为齐卿，仲子以为不义，乃适楚，居于于陵，自谓于陵子仲。楚王聘以为相，子仲遂夫妻相与逃，为人灌园。"

庄子提倡乘物以游心，精神逍遥游。赞美"藐姑射之山，有神人居焉；肌肤若冰雪，绰约若处子，不食五谷，吸风饮露；乘云气，御飞龙，而游乎四海之外"①，描写了藐姑射神人的丰姿。

《庄子》认为，"心无天游，则六凿相攘。大林丘山之善于人也，亦神者不胜"。② 就是说，"心灵不与自然共游，则六孔就要相扰攘。大林丘山之所以适于人，也是心神畅快无比的缘故"。③ 人的自然性与自然景物的自然性在这里形成了统一，人在对自然景物的欣赏中获得一种生理的愉悦与心理的解放。

《庄子》讲"乘物以游心""庄子与惠子游于濠梁之上"④，这个"游"字意味着对自然的欣赏是以超越功利为前提的，是一种审美之游，而"乘物"在某种意义上则是"游心"的前提。庄周派力图在乱世保持独立人格，追求逍遥无待的精神自由。

《逍遥游》是《庄子》的第一篇文章。文中阐述庄子追求超越一切的绝对自由的人生哲学，这种绝对自由，庄子称之为"逍遥游"。庄子认为，要达到逍遥

① 《庄子·逍遥游》。
② 《庄子·外物》。
③ 陈鼓应：《庄子今注今释》(下)，中华书局1983年版，第721页。
④ 《庄子·秋水》。

游的境界，就要完全摆脱来自各方面的限制，没有目的，不谈实用价值，做到“无所待”，达到无已、无功、无名的境界，才是绝对自由，就能在无穷的宇宙中任意遨游，充分享受美的经验。而美的极致，是物我情感的交融，正如庄周梦蝶一样：“栩栩然蝴蝶也……不知周之梦为蝴蝶欤？蝴蝶之梦为周欤?”理想徜徉自得的逍遥境界，力求消除人的异化，达到个体的自由与无限，而这样一种物我合一、身与物化的自由境界，更是一种超出有限的狭隘现实范围的、广阔的、更高层次的美。就是“丧我”，即“心斋”和“坐忘”，这是庄子通达自由豁达的人生至境的不二法门，同时也是通达美感经验的重要步骤。

“心斋”和“坐忘”摆脱了欲望与物象的迷惑，超越实用功利的目的，从而能实现对“道”的观照，达到至美至乐的境界，亦即高度自由的境界。而这样逍遥自适，无求无待的至境，正是美学的极致，艺术精神的最高表现。

二、丑中见美

老子曾经提出，“美”是相对于“丑”而存在的。而庄子发展了老子的这个思想，认为“道”是绝对的美，庄子学派强调“德有所长而形有所忘”，通过黜肢体、忘形骸，突出“德充之美”，即精神美。

《庄子》一书中出现了许多四体不全、形貌丑陋的人物，如《人间世》和《德充符》中的支离疏、兀者王骀、兀者申徒嘉、叔山无趾、哀骀它、闉跂支离无脤、甕盎大瘿等人，他们或驼背，或断腿，或脖子长瘤，或嘴唇畸形……但他们的“美”是心中的“道”，而不是残缺丑陋的外在形体。

“闉跂支离无脤说卫灵公，灵公说之，而视全人，其脰肩肩。甕盎大瘿说齐桓公，桓公说之，而视全人，其脰肩肩。”郭象注解：“偏情一往，则丑者更好，而好者更丑也。”人只要感情有了偏见，就会形成主观，虽然那个人很丑，也会觉得越看越漂亮；而如果是讨厌的人，即使长得很漂亮，也会越看越觉得丑。

《庄子·知北游》称“德将为汝美，道将为汝居”“非爱其形也，爱使其形者也”。只要有超人的德性，其形体上的缺陷、丑陋就会被忘掉，精神美克服了形体丑。

《庄子·山木》中，也提到以形貌和德行来论美丑。逆旅小子有两个妾，其一人美，其一人恶（丑），可是恶者贵幸，美者贱视，因为“其美者自美，吾不知其美也；其恶者自恶，吾不知其恶也”。这说明了美丑在于形貌，而贵贱在于

其德行。即使外在形体确实丑陋，仍能透过内心精神层次的修养，使丑变美，甚至越丑越美。

丑中见美以表现人物精神之美、人格之美，开了我国文学、绘画中塑造形体奇怪而内心完美的艺术形象的先例，如达摩、钟馗、八仙中的铁拐李等。

清代美学家刘熙载在《艺概·书概》中也说："怪石以丑为美，丑到极处，便是美到极处。一'丑'字中丘壑未易尽言。"怪石所以"以丑为美"，就在于它表现了宇宙元气运化的生命力。

《庄子·德充符》篇提到："道与之貌，天与之形，无以好恶内伤其身。"

三、自由之美

庄周派更强调人格的自由之美，对园林美学影响最突出的是《庄子·秋水》中"庄子与惠子游于濠梁"和"庄子钓于濮水"两则：

> 庄子与惠子游于濠梁之上。庄子曰："鲦鱼出游从容，是鱼之乐也。"惠子曰："子非鱼，安知鱼之乐？"庄子曰："子非我，安知我不知鱼之乐？"惠子曰："我非子，固不知子矣；子固非鱼也，子之不知鱼之乐，全矣！"庄子曰："请循其本。子曰'汝安知鱼乐'云者，既已知吾知之而问我，我知之濠上也。"

庄子和惠子一起在濠水的桥上游玩。庄子说："鲦鱼在河水中游得多么悠闲自得，这是鱼的快乐啊。"惠子说："你又不是鱼，你哪里知道鱼的快乐呢？"庄子说："你又不是我，你哪里知道我不知道鱼的快乐呢？"惠子说："我不是你，固然不知道你；你本来就不是鱼，你不知道鱼的快乐，这是完全确定的！"庄子说："请从我们最初的话题说起。你说'你哪里知道鱼快乐'的话，你已经知道我知道鱼快乐而问我，我是在濠水的桥上知道的。"

这个"游"是心灵"无所系缚"，自适、自得、自娱、自乐之"游"，审美之游，而"乘物"在某种意义上则是"游心"的前提。

> 庄子钓于濮水。楚王使大夫二人往先焉，曰："愿以境内累矣！"庄子持竿不顾，曰："吾闻楚有神龟，死已三千岁矣，王巾笥而藏之庙堂之上。

此龟者，宁其死为留骨而贵乎？宁其生而曳尾于涂中乎？”

二大夫曰：“宁生而曳尾涂中。”

庄子曰：“往矣！吾将曳尾于涂中。”

庄子在濮河钓鱼，楚国国王派两位大夫前去请他（做官），（他们对庄子）说：“想将国内的事务劳累您啊！”庄子拿着鱼竿没有回头看（他们），说：“我听说楚国有（一只）神龟，死了已有三千年了，国王用锦缎包好放在竹匣中珍藏在宗庙的堂上。这只（神）龟，（它是）宁愿死去留下骨头让人们珍藏呢，还是情愿活着在烂泥里摇尾巴呢？”

两个大夫说：“情愿活着在烂泥里摇尾巴。”

庄子说：“请回吧！我要在烂泥里摇尾巴。”

庄子认为，“道之真以治身”，道真正有价值的地方是用来养身的。所以，庄子拒绝到楚国做高官，宁可像一只乌龟拖着尾巴在烂泥中活着，也不愿让高官厚禄来束缚自己，让凡俗政务使自己身心疲惫，这种处世行为与庄子顺乎自然修身养性的思想是格格不入的。

安时处顺穷通自乐可以窥见文人对庄子远避尘嚣、追求身心自由、悠然自怡的人生理想的渴慕，成为后世园林中钓鱼台、观鱼处、濠梁观、濠濮间想等永恒的景境依据。

濠濮亭（留园）

郭沫若在《十批判书·庄子的批判》中说：“自有庄子的出现，道家与儒墨虽成为鼎立的形势，但在思想本质上，道与儒是比较接近的。道家特别尊重个性，强调个人的自由到了狂放的地步，这和儒家个性发展的主张没有什么大的冲突。”“从大体上说来，在尊重个人的自由，否认神鬼的权威，主张君主的无为，服从性命的拴束，这些基本的思想立场上接近于儒家而把儒家超过了。在蔑视文化的价值，强调生活的质朴，反对民智的开发，采取复古的步骤，这些基本的行动立场上接近于墨家而也把墨家超过了。”

第三章

园林美学经典形态诞生期——秦汉

历史的车轮驶入了秦汉时期，此时世界上最大的秦汉帝国与欧洲的罗马帝国隔空遥望。

源于我国东部的游牧部族秦族，不断迁徙抵达西陲，周孝王时（约前 890）因为周室养马之功而升为附庸，建邑于秦地，开始定居。周平王东迁，秦襄公因护驾之功始封为诸侯，据岐丰之地。秦人吸取了中亚、西北游牧民族的文明成果，也积极学习中原发达的青铜礼乐文明的精华，孕育出质朴、坚韧、勇敢、尚武的精神传统，“自缪公以来，至于秦王二十余君，常为诸侯雄”①。

秦王嬴政“吞二周而亡诸侯”，完成统一，自以为“德兼三皇，功高五帝”，自称“皇帝”，并怀抱着成为千古一帝的终极梦想，称始皇帝。定都在九嵕山之南、渭水之北，山水皆阳，故名咸阳。

虽然，秦始皇至秦王子婴，仅传三帝、享国十五年便如纸炮轰然而灭。但秦始皇“悉内六国礼仪，采择其善，虽不合圣制，其尊君抑臣，朝廷济济，依古以来”② 建立了中央集权；在全国范围内统一文字、货币、度量衡，“车同轨，书同文，行同伦”，以咸阳为中心修驰道、直道，并留下了震撼世界的阿房宫、灵渠、都江堰、郑国渠、万里长城和秦始皇陵等旷世工程；北御匈奴，南征南越，拓土开疆，奠定了大一统国家形态和大一统国家观念的基础；秦朝推行的郡县制的行政模式亦遥遥领先于世界中古之世。“自秦以后，朝野上下，所行者，皆秦

① 《史记·秦始皇本纪》。

② 《史记·礼书》。

之制也。”①

经秦末五年刀光剑影、血雨腥风的楚汉之争，刘邦建立了西汉王朝。“至于高祖，光有四海，叔孙通颇有所增益减损，大抵皆袭秦故。自天子称号，下至佐僚及宫室官名，少所变改”②。

汉代在思想领域特别活跃，西汉前期继秦升仙梦想宗教般狂热；汉武帝独尊儒术，士大夫“内圣外王”人格理想也在此时确立。

两汉美学绵延四百余年，是秦及先秦美学的延续和发展。汉文化在全方位吸纳、扬弃秦楚文化的基础上进行了再创造，更具开拓精神和恢宏气魄：究天人之际，通古今之变，古往今来、天上人间的万事万物都要置于自己的观照之下，追求广大的容量、恢宏的气势，欣赏那种使人产生崇高感的巨丽之美。

东汉末“逮桓、灵之间，主荒政缪，国命委于阉寺，士子羞于为伍。故匹夫抗愤，处士横议，遂乃激扬名声，互相题拂，品核公卿，裁量执政，婞直之风，于斯行矣”③。依然那样好高尚义、轻死重气。道教的兴起和佛教的传入，并没有使文人走向虚幻，由功名未立而嗟叹生命的短促却唤起了生命的觉悟，由西汉昌盛期的重视外在情势、机遇，转到对自身命运的关注。文人从汉初出处从容、高视阔步于诸侯王之间到汉末近乎狂士的文人，经历了一段由屈从、依附又向个性独立回归的心路历程，他们或隐于金马门，或隐于田园、江湖。

大汉帝国奠定了今日中国政治版图之基，向世界宣告自己的存在，书写着属于自己民族的史诗，纵横寰宇。

正如美学家李泽厚先生所说，同秦汉在事功、疆域和物质文明上为统一国家和中华民族奠定了稳定基础一样，秦汉思想在构成中国的文化心理结构方面起了几乎同样的作用。董仲舒明确地把儒家的基本理论与战国以来风行不衰的阴阳家的五行宇宙论，具体地配置安排起来，从而使儒家的伦常政治纲领有了一个系统论的宇宙图式作为基石，使《易传》《中庸》以来儒家所向往的“人与天地参”的世界观得到了具体的落实。④

① 〔清〕恽敬：《三代因革论》，《大云山房文稿》卷一。

② 《史记·礼书》。

③ 《后汉书·党锢列传》。

④ 李泽厚：《中国古代思想史论》，生活·读书·新知三联书店2008年版；并见李泽厚《秦汉思想简议》，《中国社会科学》1984年第2期。

秦汉时代在中国园林美学史上，书写了浓墨重彩的一页，诞生了中国园林美学的经典形态：首次出现了“园林”之名①和包括宫馆、山水、动物、植物等物质要素，实用与审美兼具的宫苑；“体象乎天地，经纬乎阴阳”“六合”宫苑营构理念；一池三山的仙境和崇楼伟阁的仙居模式；模山范水的造园法式；城宅路堤植树的制度②；一系列保护自然生态的法规③；乃至“内圣外王”的士夫人格理想和隐于金马门、渔樵归田的士人生活理想，开始将丘园、山林、田园、渔钓作为精神审美主体。汉代木结构建筑奠定了中国至今梁架结构的法式，屋顶式样齐全。

以上，都可以用“秦汉典范”来概括。典范，就是学习、仿效的标准，在中国园林美学史上都具有经典性和权威性，因而经久不衰。

第一节　苞括宇宙，总览人物

汉初的《淮南子》吸收了诸子百家天人合一的美学思想，提出了：“大丈夫恬然无思，澹然无虑，以天为盖，以地为舆，四时为马，阴阳为御，乘云陵霄，与造化者俱。纵志舒节，以驰大区。可以步而步，可以骤而骤。令雨师洒道，使风伯扫尘；电以为鞭策，雷以为车轮。上游于霄霓之野，下出于无垠之门，浏览遍照，复守以全。经营四隅，还反于枢。”④《淮南子·原道训》高诱注曰：“四方上下曰宇，往古来今曰宙。”他们目视苍穹，视野开阔，把对美的追求，从儒道两家所强调的内在人格精神的完善引向了广大的外部世界，追求天地之大美，对征服支配外部世界充满了强大的信心、气势和力量，何等豪迈。显示了秦汉时代美学的新特色。构筑了一个有活力、有生命、有道德、有秩序的美学世界。

① 〔东汉〕班彪：《游居赋》残篇有“瞻淇澳之园林，美绿竹之猗猗”。

② 《前汉书》载：“道广五十步（约 83 米），三丈而树（沿中道三丈两边种树）树以青松，驰道之丽至于此。”《三辅黄图》曰：“为会市，但列槐树数百行，诸生朔望会此市……论议槐下，侃侃訚訚如也。”《资治通鉴》载：“城郭中宅不树艺者为不毛，出三夫之布（赋税）。”

③ 秦颁布了《田律》《厩苑律》《仓律》《工律》《金布律》等 29 种律令，《汉书·宣帝纪》诏令保护鸟类：“令三辅毋得以春夏擿（拨）巢探卵，弹射飞鸟。”

④ 《淮南子·原道训》。

一、笼盖宇宙的审美情怀

有着浩瀚博大审美情怀的秦汉帝王，不仅“象天设都”，而且，以天地同构的设计理念将天界的秩序施之于山水宫苑，成为后代宫苑布局的范式。

古人认为，天上有以“三垣①、四象②、二十八宿③”为主干的空中社会。北极星恒定不动，故名“帝星”，“帝星”所居住的区域是三垣中的紫微垣，又称紫宫、紫垣或紫微宫、紫微塬，是环绕被称为“帝星”的北极星周围十五颗星的总称。宫殿的中心为天帝——太一所居④。在太一的“下榻处”，有“四辅星”佐政，“太子”“三公”在近身。“后钩”诸星是后妃的宫室。左右两班文武组成一条坚固的防卫屏障，同时又是天界三垣中的紫微垣城垣的象征（后改称紫禁）。外围由二十八宿组成的“四象”镇守四方，即东方苍龙、西方白虎、南方朱雀、北方玄武。

早在周代，为了“受天永命”⑤，周武王嘱咐周公旦，“定天保，依天室”。“天保”就是天的中心北极，最后在伊洛平原发现了“无远天室”⑥，遂营建了洛邑。自此，“象天设都”成为设计王城的基本指导思想。

《三辅黄图》载：“始皇穷极奢侈，筑咸阳宫（即信宫），因北陵营殿，端门四达，以则紫宫，象帝居。引渭水贯都，以象天汉；横桥南渡，以法牵牛。”

“以则紫宫”，取法“紫宫”，秦始皇首以“紫宫”称其宫殿。《史记·秦始皇本纪》曰：“更命信宫为极庙，象天极，自极庙道通骊山，作甘泉前殿……（阿房宫）表南山之颠以为阙。为复道，自阿房渡渭，属之咸阳，以象天极阁道绝汉抵营室也。”秦以十月为岁首，那时候在紫塬之前横着银河，即“天汉”。从帝星向南渡过银河是营室星，称为“离宫”。以渭水象征银河，河上架桥和复道，直抵人间离宫阿房，正与天象相合。

---

① 即太微垣、天市垣和紫微垣。

② 古人把每一方的七宿联系起来想象成四种动物形象。

③ 古人想象中的太阳周年运行的轨道黄道附近的二十八个星宿。

④ 《史记·天官书》中称“中宫天极星，其一明者，太一常居也”“环之匡卫十二星，藩臣，皆曰紫宫”。

⑤ 《尚书·召诰》。

⑥ 《逸周书·度邑》。

汉人继承了秦代以星象的位置来认定宇宙模式、宇宙秩序。与此相应，城市和园林建筑包括墓葬都“象天法地”。

汉都城长安据《长安志》以为像天空南北斗之状，人们称之“斗城”，在象征“紫微帝宫”的中心筑在秦朝兴乐宫的基础上建长乐宫，都城从栎阳迁往长安。次年，又在长乐宫西侧兴建未央宫，据《西京杂记》卷一载：“汉高帝七年，萧相国营未央宫。因龙首山制前殿。建北阙未央宫。周回二十二里九十五步五尺。街道周回七十里，台殿四十三，其三十二在外，其十一在后宫。池十三，山六。池一，山一，亦在后宫。门闼凡九十五。”《长安志》引《关中记》称：未央宫“街道十七里。有台三十二，池十二，土山四，宫殿门八十一，掖门十四”。未央宫是一个巨大的宫殿建筑组群，一座座宫观、台榭、楼阁，围绕着静穆宏伟的前殿，犹如众星环绕北极星。未央宫又称紫宫或紫微宫，位于西城南隅，高踞龙首山，瞰临长安城。据勘测，未央宫东西长 2150 米，南北长 2250 米，略为方形。周长合汉里 21 里，面积约 5 平方公里，占汉长安城总面积的七分之一。另有北宫、桂宫，“其宫室也，体象乎天地，经纬乎阴阳。据坤灵之正位，仿太紫之圆方”① “循以离宫别寝，承以崇台闲馆，焕若列宿，紫宫是环”②，呈现出以南北二斗拱卫着北极星的平面构图。

长安面积 36 平方公里，相当于同时期欧洲最大的罗马帝国都城的四倍，“飞甍夹驰道，垂杨荫御沟”，利用龙首原的地势充分显现出大汉帝王的威仪。

西汉的王侯宫室和贵族平民墓葬也出现想象中的宇宙模式。

汉景帝之子鲁恭王刘余所建的灵光殿，绵延二百多年未见隳坏，“然其规矩制度，上应星宿，亦所以永安也”③，是“配紫微而为辅”，灵光殿嵯峨崔嵬，“迢峣倜傥，丰丽博敞，洞轇輵乎其无垠也，邈希世而特出，羌瑰谲而鸿纷，屹山峙以纡郁，隆崛岉乎青云”“崇墉冈连以岭属，朱阙岩岩而双立。高门拟于阊阖，方二轨而并入”④。西汉末董贤的棺木上，有朱砂画的四时之色，左苍龙、右白虎，上著金银日月。⑤ 普通平民墓中，狭小的墓室顶部也有象征深远天空的

① 〔汉〕班固：《西都赋》，《文选》卷一。

② 同上。

③ 〔汉〕王延寿：《〈鲁灵光殿赋〉序》，见《文选》卷十一。

④ 〔汉〕王延寿：《鲁灵光殿赋》，见《文选》卷十一。

⑤ 《汉书》卷九三，《佞幸传》。

覆斗形，象征黄道的 12 块顶砖，并用彩绘画上了天象图。

东汉宫苑也是“复庙重屋，八达九房，规天矩地，授时顺乡”①。

这些均反映了汉人的宇宙意识和生命不朽的观念。

二、侈大雄壮的充盈之美

秦汉宫苑充盈之美表现在数量之多、体量之宏、气势之大。

秦始皇按照六国宫苑式样在咸阳北阪营造各具特色的“六国宫殿”，以及“冀阙”“甘泉宫”“咸阳宫”“上林苑”等宫室 145 处、宫殿 270 座。其规模和气势都远远超过春秋战国时代，可以说是集当时中国建筑之大成，使园林建筑技术和艺术有了进一步发展。

唐代李商隐的《咸阳》一诗有“咸阳宫阙郁嵯峨”。秦宫苑“关中计宫三百，关外四百余。于是立石东海上朐界中，以为秦东门”②。

《汉书·贾山传》云：“秦起咸阳而西至雍，离宫三百，钟鼓帷帐，不移而具。”“咸阳之旁二百里内，宫观二百七十，复道甬道相连。”③

信宫规模空前宏伟，《三辅黄图》载：“咸阳北至九嵕、甘泉（山名），南至户、杜（地名，户县和杜顺），东至河，西至汧（水名）、渭之交，东西八百里，南北四百里，离宫别馆，相望联属，木衣绨绣，土被朱紫。宫人不移，乐不改悬，穷年忘归，犹不能遍。”

“（始皇）乃营作朝宫渭南上林苑中。先作前殿阿房，东西五百步，南北五十丈，上可以坐万人，下可以建五丈旗。周驰为阁道，自殿下直抵南山。”④ 司马贞“索隐”：“此以其形名宫也，言其宫四阿旁广也。”

目前考古探明，阿房宫前殿遗址东西长 1270 米，南北宽 426 米，高 7 至 9 米，面积约 54. 4 万平方米。1992 年经联合国教科文组织实地勘察，确认阿房宫遗址在宫殿类建筑中名列世界第一，属世界奇迹。

阿房宫建筑构件也十分巨大。1974 年在凤翔姚家岗先后发现了三批春秋时期大型的青铜建筑构件，共计 64 件，总重量达 224 公斤。这批建筑构件叫作金

① 〔汉〕张衡：《东京赋》，见《文选》卷三。

② 《史记·秦始皇本纪》。

③ 同上。

④ 同上。

（铜），施于宫殿壁柱或壁带的木构上，是解决大型宫殿建筑荷载的关键部件。其气势之宏大、制作之精美、设计之别致新颖，充分反映出其宏大的豪华气派。

瓦当是秦汉时期重要的建筑材料，用于椽头顶端下垂的部位，以防屋面雨水渗漏，增加建筑物的牢固性。2000 年，眉县第五村成山宫遗址上采集到一件秦人的巨大形夔风纹瓦当，这件瓦当面径 78.3 厘米、高 53 厘米，俗称瓦当王，由此不难想象整座建筑的巨大尺度。有方形圆孔、方形浅圆窝和圆筒形三种，还有铜铺首、铜环以及带铁片的铜提环，具有连接加固和美化木质构件的双重作用。

市井出身的刘邦登上皇位，虽艳羡秦始皇“大丈夫当如此也”，但开始并不知道皇帝之尊。那时，经济萧条、百废待兴、天下未定，皇帝连用来驾车的四匹纯一色的马都配备不起，将相大臣只能坐牛车。所以，刘邦下令将“故秦苑囿园池，令民得田之”①。

“萧何治未央宫，立东阙、北阙、前殿、武库、大仓。上见其壮丽，甚怒，谓何曰：‘天下匈匈，劳苦数岁，成败未可知，是何治宫室过度也！’何曰：‘天下方未定，故可因以就宫室。且夫天子以四海为家，非令壮丽亡以重威，且无令后世有以加也。’上说。自栎阳徙都长安，置宗正官以序九族。”②

汉文帝尚节俭，“宫室苑囿车骑服御无所增益”③，汉景帝也曾下过“雕文刻镂，伤农事者也；锦绣纂组，害女红者也”的诏书。经过“文景之治”的休养生息，“至武帝之初七十年间，国家亡事，非遇水旱，则民人给家足，都鄙廪庾尽满，而府库余财。京师之钱累百巨万，贯朽而不可校。太仓之粟陈陈相因，充溢露积于外，腐败不可食”④。

于是，性好奢侈的汉武帝大规模建造宫苑和离宫别馆，出现了“离宫别馆，弥山跨谷。高廊四注，重坐曲阁”⑤ 之景！

“汉家二百所之都郭，宫殿平看；秦树四十郡之封畿，山河坐见。班孟坚骋两京雄笔，以为天地之奥区，张平子奋一代宏才，以为帝王之神丽。”⑥

① 《史记·高帝纪》。

② 《汉书·高帝纪》。

③ 《汉书·文帝纪》。

④ 《汉书·食货志》。

⑤ 〔汉〕司马相如：《上林赋》，见《文选》卷八。

⑥ 〔唐〕王勃：《山亭兴序》。

"武帝广开上林……穿昆明池象滇河，营建章、凤阙、神明……"① 上林苑本是秦朝设在渭河南岸的苑囿，汉武帝扩大之，"南至宜春、鼎湖、御宿、昆吾，旁南山而西，至长杨、五柞，北绕黄山，濒渭水而东，周袤数百里"②。苑址跨占长安、咸宁、周至、户县、蓝田等五县耕地，霸、产、泾、渭、丰、镐、牢、橘八水出入其中。司马相如《上林赋》云："左苍梧，右西极，丹水更其南，紫渊径其北。终始灞浐，出入泾渭；酆镐潦潏，纡馀委蛇，经营乎其内。荡荡乎八川分流，相背而异态。"

《关中记》载，上林苑中有三十六苑、十二宫、三十五观。《汉旧仪》说上林苑中有离宫七十所；苑中套宫，宫中套苑，苑中有苑。三十六苑中有供游憩的宜春苑，御宿苑为武帝狩猎游玩时居住的行宫，思贤苑和博望苑是皇太子的迎宾馆，宣曲宫相当于音乐演奏厅，等等。

登高观景的台有眺蟾台、望鹄台、桂台、避风台等。

体量高大的游览建筑群"观"，有昆池观、茧观、平乐观、远望观、燕升观、观象观、便门观、白鹿观、三爵观、阳禄观、鼎郊观、椒唐观、鱼鸟观、元华观、走马观、柘观、上兰观、郎池观、当路观等。

上林中陂池，如武帝玩月的影娥池。据《三辅黄图》："武帝凿池以玩月，其旁起望鹄台以眺月。影入池中，使宫人乘舟弄月影，名影娥池，亦曰眺蟾宫。"

上林苑植物有千年长生树、万年长生树，《西京杂记》卷一记载群臣远方进贡的名果异树有三千余种之多，并具体记载了其中近百个品种的名称。

《长安志》引《汉旧仪》云："上林苑中……养百兽，天子遇秋冬射猎，取禽兽无数实其中，离宫观七十所，皆容千乘万骑。"苑中还有鹿馆、虎圈、象观、走狗观、走马观等，以及不少珍禽奇兽，如白鹦鹉、紫鸳鸯、牦牛之类，以及数万里之外异国他邦的动物，如九真之麟、大宛之马、黄支之犀、条支之鸟等。

上林苑亦如公共娱乐场所，苑中举行角抵戏等娱乐活动，三百里内的百姓皆来观看。

上林苑内的建章宫，"度为千门万户。前殿度高未央。其东则凤阙，高二十

---

① 《汉书·扬雄传》。

② 同上。

余丈。其西则唐中，数十里虎圈”。① 据《汉书》记载，共有单体殿宇及宫殿组群26处。有玉堂宫，其内殿12门，阶陛皆玉为之。骀荡宫，春时景物骀荡，充满宫内。天梁宫，言其宫极高，梁木已达天际。肸诣宫，言其美木茂盛。奇华宫，内陈四海、夷狄器服珍宝，并饲巨象、天雀、狮子、宫马于其中。还有鼓簧宫、奇宝宫、疏圃殿、鸣銮殿、铜柱殿、涵德殿等。建章宫的主殿为建章前殿，甚为高大，可俯视未央宫。殿西为广中殿，内可容纳万人。

阿房宫图（清顾见龙）

上林以外，又大建离宫别馆，以梁山宫、兰池宫、长杨宫和甘泉宫较为知名。

位于长安城西北咸阳境内甘泉山南麓的甘泉宫，是武帝围猎消夏、祭天奠神的行宫。分宫殿祀祠区和苑区两部分。甘泉山上还有迎风观、露寒观、储青观等赏景建筑。

东汉都城洛阳的皇宫分南宫和北宫，分别位于洛阳城南北，中间距离为七里，用复道将两宫连接起来。南宫的正殿是德阳殿，殿高三丈，陛高一丈。

洛阳城外，散布着广成苑、鸿池苑、显阳苑、灵昆苑等。影响最大的广成苑是东汉一处较大规模的皇家园林，左有嵩岳，右临三涂，面对衡山，背靠王屋。苑中容纳了波、溠、荥、洛四条河流，内有金山、石林二山。苑中有昭明之台、

① 《史记·封禅书》。

高光之榭、宏池、瑶台、金堤等。宫室周围还“树以蒲柳、被以绿莎”，沿袭了秦皇汉武宏大壮丽的遗风。

汉代的皇家园林已经发展为集狩猎、通神、求仙、生产、游憩、起居、饮宴、扬威及军事训练等多方面功能的综合园林。

宗白华先生在《中国园林建筑艺术的美学思想》中说：“在汉代，不但舞蹈、杂技等艺术十分发达，就是绘画、雕刻也无一不呈现一种飞舞的状态。图案画常常用云彩、雷纹和翻腾的龙构成，雕刻也常常是雄壮的动物，还要加上两个能飞的翅膀，充分反映了汉民族在当时的前进的活力。这种飞动之美，也成为中国古代建筑艺术的一个重要特点。”

李泽厚先生在《美的历程》中也说：“在汉代艺术中，运动、力量、气势，就是它的本质。”汉代雕塑中的《马踏飞燕》，就是这种飞动之美的极端体现。

汉代的宫殿建筑采用“反宇”的式样。所谓“反宇”，是相对直坡屋面来说的，其早期形式即抬高檐椽前端，使檐部上反，因而其屋面各坡皆呈折面。班固的《西都赋》描写西汉都城长安宫殿时说：“上反宇以盖戴，激日景而纳光。”张衡的《西京赋》形容为“反宇业业，飞檐”。与西方建筑的高耸入云、直刺穹窿不同，中国建筑是平面横向展开的，特别是“反宇”的屋面，像鸟翼一样，呈现出一副张举飞扬的姿态，使得建筑在静穆均衡中获得了轻松美妙的节奏和韵律。

总之，建筑景观的特点是“离宫别馆，弥山跨谷”；山水景观为“视之无端，察之无涯”；植物景观的特点为“视之无端，究之亡穷”①。充盈之美是汉代艺术最突出的风格。

三、木衣绨绣的雕丽之美

秦汉园林不仅壮伟且装饰靡丽。“秦并天下，多自骄大，宫备七国，爵列八品。”② 秦宫苑首先致力集美：

“秦每破诸侯，写放其宫室，作之咸阳北阪上，南临渭，自雍门以东至泾、

① 〔汉〕司马相如：《上林赋》。

② 《后汉书·皇后纪》。

渭，殿屋复道周阁相属。所得诸侯美人钟鼓，以充入之。”①

“燕赵之收藏，韩魏之经营，齐楚之精英，几世几年，剽掠其人，倚叠如山。”②

“致昆山之玉、有随和之宝，垂明月之珠，服太阿之剑，乘纤离之马，建翠凤之旗，树灵鼍之鼓。”③ 广集天下奇珍异宝。阿房宫之美画工已经难以状写：“夫秦以再世事此宫，极天下之力成之，其制作恢崇嚣庶，宜后世之侈靡未有及之者，此图虽极工力，终不能备写其制。”④

地面以砖墁铺，卧室、卫生室、淋浴室地面用花砖铺砌，回廊也以砖墁铺。纹饰有太阳纹、菱形方格和回纹等，用于宫殿建筑的台阶踏步的空心砖，纹饰有几何纹、龙纹、凤纹等。屋顶装饰瓦，有筒瓦、板瓦等。据《石索》所载，秦瓦有 16 种之多，咸阳宫殿建筑遗址出土的瓦当，以圆当为主，种类丰富多彩，有云纹、变形云纹、植物纹、鹿马虫蛙蝴蝶等兽虫纹饰，云纹成为瓦当的主要图案。云纹在一号宫殿出土的瓦当中就占 90%以上，宫殿屋顶装饰这些瓦当，远远望去，似有祥云环绕，美如天宫。

墙壁装饰，多采用涂饰和彩绘的方法，绚丽精美的壁画，一号宫殿出土许多壁画残块。由龟甲板、玉璧、菱花、云纹等组成。题材丰富，有人物、动物、植物、车马、游猎、建筑、神像等，色彩有红、黑、白、朱礞、紫红、石黄、石青、石绿等，可谓绚丽多彩；室内外的屋身的装饰手段主要是涂饰、彩饰、雕刻和壁画，另外也采用珍贵材料如金玉珠翠和软材料如锦绣等为饰。雕梁画栋，金碧辉煌，处处充溢着富丽堂皇之气。

于是形成全社会靡丽的审美风尚：“夫王者之都，南面之君，乃百姓之所取法则者也……秦始皇骄奢靡丽，好作高台榭广宫室，则天下豪富制屋宅者，莫不仿之，设房闼，备厩库，缮雕琢刻画之好，博玄黄琦玮之色，以乱制度。”⑤

西汉开国宰相萧何提出“非壮丽无以重威”的思想，“丽”成为艺术臻于极致的美。《三辅黄图》称：“未央宫……至孝武（汉武帝），以木兰为棼橑，文杏

① 《史记·秦始皇本纪》。

② 〔唐〕杜牧：《阿房宫赋》。

③ 〔秦〕李斯：《谏逐客书》。

④ 〔北宋〕董逌：《广川画跋》卷四。

⑤ 〔汉〕陆贾：《新语·无为》。

为梁柱，金铺玉户，华榱璧珰，雕楹玉碣，重轩镂槛，青琐丹墀，左墄，右平。黄金为壁带，间以和氏珍玉，风至其声玲珑也！”

昭阳殿的富丽堂皇达到空前绝后：“屋不呈材，墙不露形。裛以藻绣，络以纶连。隋侯明月，错落其间。金缸衔璧，是为列钱。翡翠火齐，流耀含英。悬黎垂棘，夜光在焉。于是玄墀扣砌，玉阶彤庭。碝磩彩致，琳珉青荧。珊瑚碧树，周阿而生。红罗飒纚，绮组缤纷。精曜华烛，俯仰如神。”① 镶金嵌璧，奇珍异宝，到处流光溢彩、“木衣绨绣，土被朱紫”②，馥郁芬芳。虽有夸饰之嫌，也反映了当时的客观现实。

东汉宫殿也是玉阶朱梁，坛用纹石做成，墙壁饰以彩画，金柱镂以美女图形。东汉灵光殿装饰着飞禽走兽，神仙玉女的木雕造型及壁画等，包罗万象，浓重的神话色彩与自觉的政教精神之兼容，洞房窈窕幽邃，飞梁偃蹇。海有圆渊方井，荷蕖吐荣，飞禽走兽，朱鸟白鹿。“岩突洞出，逶迤诘曲，周行数里，仰不见日”，作者慨叹曰：“何宏丽之靡靡！”③

吴王刘濞“有诸侯之位，而实富于天子；有隐匿之名，而居过于中国……修治上林，杂以离宫，积聚玩好，圈守禽兽，不如长洲之苑”④，他在郊野继续修葺吴长洲苑，其豪华富丽，甚至超过汉景帝时的上林苑。

汉哀帝为长相俊美的宠臣董贤在皇宫旁边大造宫室园林：“重五殿，洞六门。柱壁皆画云气华**蘤**、山灵水怪，或衣以绨锦，或饰以金玉。南门三重，署曰南中门、南上门、南便门。东西各三门。随方面题署，亦如之。楼阁台榭，转相连注；山池玩好，穷尽雕丽。”⑤

富丽堂皇之美、藻饰雕琢之仪正是汉代园林艺术美学风貌的主要特征。

① 〔汉〕班固：《西都赋》。

② 〔汉〕张衡：《西京赋》。

③ 〔汉〕王延寿：《鲁灵光殿赋》。

④ 《汉书·贾邹枚路传》。

⑤ 《西京杂记》卷四。

第二节　仙境和仙居

先秦至秦汉人们都崇信生死如一，死亡只是从地上到天国的场面转换，所以要“事死如事生”，因而陵墓的地上、地下建筑和随葬生活用品均应仿照世间。1973 年出土于长沙子弹库战国时期楚国贵族墓穴的一幅招魂幡画——“人物御龙帛画”描绘的正是墓主灵魂驭龙冉冉升腾在天国的白云之中的画面：正中描绘墓主为宽袍高冠的蓄须男子，侧身直立，头顶正中有华盖，三条飘带随风拂动，他腰佩长剑，衣衫飘动，神情潇洒地手执缰绳驾驭巨龙，龙首轩昂，龙尾翘卷，龙身为舟，龙尾之上立有长颈仙鹤，龙体之下有鲤鱼。

秦汉时期，长生不老与乘龙飞仙最为帝王艳羡。《史记·封禅书》记载了方士公孙卿对汉武帝描绘黄帝乘龙飞仙的故事：

> 公孙卿曰：“……黄帝采首山铜铸鼎于荆山。鼎既成，有龙垂胡髯，下迎黄帝。黄帝上骑，群臣后宫从上者七十余人。龙乃上去，余小臣不得上，乃悉持龙髯，龙髯拔堕，堕黄帝之弓。百姓仰望黄帝既上天，乃抱其弓与胡髯号，故后世因名其处曰鼎湖，其弓曰乌号。”
>
> 于是天子曰：“嗟乎！吾诚得如黄帝，吾视去妻子如脱躧耳。”乃拜卿为郎，东使候神于太室。①

汉武帝觉得，要是自己真能像黄帝那样成仙飞升而去，可以放弃在人间的一切，离开妻子儿女就如脱掉鞋子那样毫不留恋。

中国神话流传到春秋战国之际，便与道教前身之一的“方仙道”所传仙话相结合，这是道教赖以产生的文化背景。神话为仙话提供了母体，仙话从神话母体中诞生。

“仙境”是中国先民集体意识中和谐富裕、平和安乐生活的象征，是中国人理想生活的一个缩影以及隐蔽在他们心灵深处的一个美好梦想。所以，它体现更多的是一种超越宗教意识的世俗愿望和理想。

① 《史记·封禅书》。

根据现有的古典文献资料记载来看，在道教产生之前，影响最大的“仙境”描述源自西部的昆仑神话系统和东部的蓬莱仙话系统。①

昆仑“仙境”在秦始皇陵中，宫苑中主要是“蓬瀛仙境”和“仙居楼阁”。

一、昆仑仙境

昆仑神话中号称“中国第一大神”的西王母为主神，汉代是信仰西王母的鼎盛期，她的形象在《汉武故事》及《汉武帝内传》中已经变成了雍容华贵的群仙领袖：“著黄金褡襡，文采鲜明，光仪淑穆，带灵飞大绶，腰佩分景之剑，头上太华髻，戴太真晨婴之冠，履玄璚凤文之舄。视之可年三十许，修短得中，天姿掩蔼，容颜绝世，真灵人也。”并赐予汉武帝三千年结一次果的蟠桃。

昆仑“仙境”中有“阆风巅”“天墉城”“碧玉堂”“琼华宫”“紫翠丹房”“悬圃宫”“昆仑宫”等，十分富丽壮美。但昆仑山是座高至九重天的“孤山”，周围有弱水环绕，非“飙车羽轮”不可及。毛乌素沙漠南端古墓出土的汉代壁画中的昆仑山，是由五座山峰组成的高入云天的山脉，通过蘑菇状的云柱与西王母相通，两个羽人侍奉左右，三足神鸟立于右边，太一神在侧，御鱼驾兔驰龙的神仙们向西王母方向飞奔，众多仙禽异兽对着西王母方向表演乐舞，给人以西王母高高在上的至上印象。

秦始皇将昆仑仙境建到他的幽宫之中。《史记·秦始皇本纪》：“始皇初继位，穿治骊山，及并天下，天下徒送诣七十万人，穿三泉，下铜而致椁，宫观百官奇器珍怪徙臧满之。”他选址的骊山本称丽山，因鹿得名。古语丽（麗）字与鹿相通，鹿在神话中充当西王母的使者、坐骑和牵车的神兽，甚至直接就是西王母的化身。《抱朴子·登涉篇》：“称东王父者，麋也。称西王母者，鹿也。”秦始皇希望求得掌管不死药的西王母的佑护。

人工夯筑而成的秦始皇陵封土内九级台阶式四方锥形，自下而上逐渐收分，自地表起至墙顶，三层台梯形建筑，状呈覆斗，底部近似方型。历史学家刘九生在《秦始皇帝陵总体营造与中国古代文明——天人合一整体观》一文中提出，九级台阶式细夯土方城——古代神话里的“地天通”，旨在死后升天成仙。刘九

① 如果按照地域系统划分，我国神话大体可分为四大系统，即由西王母、盘古、女娲以及他们所代表的西方昆仑神话、东方蓬莱神话、南方楚神话及中原神话。

生认为，秦始皇陵封土“树草木以象山”，即刻意仿效古代神话传说里的昆仑山，自墓底直筑到封土顶部的九级台阶式“方城”，仿效昆仑的“增城九重”；秦陵封土内有“两个缓坡状台阶，形成三层阶梯”，整座坟像是三座小山重叠在一起，正合《尔雅·释丘》所说的“三成为昆仑丘”之说。封土的一级台阶，仿效“昆仑之山”，二级台阶仿效凉风之山，三级台阶仿效悬圃之山，三级台阶顶部的“平面”及其上，就是天帝之居樊桐之山了。

另外，环绕秦陵的温泉水则象征发源“西海之山”的昆仑弱水，反映了秦始皇渴望不死升仙、沟通天人的意愿。

二、蓬瀛仙境

蓬瀛神山出自战国中期燕齐一带的方士的渲染。《庄子·天下篇》说：“天下之治方术者多矣。”唐成玄英说：“方，道也。”方士群体成分复杂，既有学识渊博的知识分子，也有不学无术的江湖骗子。燕齐方士最多，燕昭王时，礼贤下士，各国人才争相为用，“乐毅自魏往，邹衍自齐往，剧辛自赵往，士争趋燕”①，“齐稷下学士且数百千人”②。活跃于该时期的有宋无忌、正伯侨、充尚等方士，鼓吹养气、蓄精、炼丹等方式，以迎合统治者长生不老的愿望，同时渲染海中有蓬莱、方丈、瀛洲三神山之说：“云涛烟浪最深处，人传中有三神山。山上多生不死药，服之羽化为天仙。”③

受此诱惑，战国时齐威王、齐宣王、燕昭王曾使人入海寻访“仙境”，都无果而返：

> 自威、宣、燕昭使人入海求蓬莱、方丈、瀛洲。此三神山者，其传在勃海中，去人不远。患且至，则船风引而去。盖尝有至者，诸仙人及不死之药皆在焉。其物禽兽尽白，而黄金白银为宫阙。未至，望之如云；及到，三神山反居水下。临之，风辄引去，终莫能至云。世上莫不甘心焉。④

① 《史记·武帝纪》。

② 《史记·田敬仲完世家》。

③ 〔唐〕白居易：《海漫漫——戒求仙也》，见朱金城笺校《白居易集笺校》，上海古籍出版社1988年版，第149页。

④ 《史记·封禅书》。

《列子·汤问篇》将“三神山说”发展为“五神山说”：

> 渤海之东不知几亿万里，有大壑焉，实为无底之谷，其下无底，名曰归墟，八纮九野之水，天汉之流，莫不注之，而无增无减焉，其中有五山焉：一曰岱舆，二曰员峤，三曰方壶，四曰瀛洲，五曰蓬莱。其山高下周旋三万里，其顶平处九千里。山之中间，相去七万里，以为邻居焉。其上台观皆金玉，其上禽兽皆纯缟，珠玕之树皆丛生，华食皆有滋味，食之皆不老不死，所居之人，皆仙圣之种，一日一夕飞相往来者，不可数焉。而五山之根无所连着，常随潮波上下往还，不得蹔峙焉。

秦始皇笃信方士，据《史记·秦始皇本纪》：“吾悉召文学、方术士甚众。”以不死的自由之神“仙真人”自居，行动诡秘，他常秘密来往于咸阳四周二百里范围内的二百七十处宫、观之间的“甬道”上。同时发兵五十万去远征南海，亲去会稽等地望祭海神，并移民三万户于琅邪，留恋于之罘者三月。

公元前215年东巡碣石拜海求仙。

《史记·秦始皇本纪》记载：“齐人徐市等上书，言海中有三神山，名曰蓬莱、方丈、瀛洲，仙人居之。”《史记正义》引《汉书·郊祀志》进一步说明：“此三神山者，其传在渤海中，去人不远，盖曾有至者，诸仙人及不死之药皆在焉。”

秦始皇便先后派卢生、侯公、韩终等两批方士携带童男女入海求仙，寻求长生不老之药，碣石因名“秦皇岛”。

《史记·秦始皇本纪》引《括地志》云：“亶洲在东海中，秦始皇使徐福（市）将童男妇女入海求仙人，止在此洲，共数万家，至今洲上人有至会稽市易者。吴人《外国图》云亶洲去琅邪万里。”

秦始皇求仙处（秦皇岛）

园林具有“拟幻为真”的现实品格，秦始皇建都长安后，“络樊川以为池”，那就是秦咸阳县东三十五里的兰池宫。《三秦记》云：“秦始皇作长池，引渭水，东西二百里，筑土为蓬莱山，刻石为鲸鱼，长二百丈，亦曰兰池陂。”“筑”，说明这些“蓬、瀛仙岛”，都是夯土而成的假山。中国园林以人工堆山的造园手法即肇始于此时。兰池水面宽阔且长，宋人程大昌引《元和志》：“始皇引水为池，东西二百里，南北二十里，筑为蓬莱山。”①

汉武帝更笃信海中有长生不死药的神山仙苑，虽然方士屡因骗术败露而获罪伏诛，但是，“天子益怠厌方士之怪迂语矣，然终羁縻弗绝，冀遇其真”②，还是将信将疑，希望求得真仙灵药。

《史记·孝武本纪》载：齐人之上疏言神怪奇方者以万数，然无验者，乃益发船，令言海中神山数千人求蓬莱神人。公孙卿持节常先行候名山，至东莱，言夜见大人，长数长，就之则不见，见其迹甚大，类禽兽云。群臣有言见一老父牵狗，言：“吾欲见巨公！”已忽不见。上即见大迹，未信，及群臣有言老父，则大以为仙人也。宿留海上，予方士传车及间使求仙人以千数。后来，汉武帝还“东至海上，考入海及方士求神者，莫验，然益遣，冀遇之”。《史记·封禅书》中有：

① 〔宋〕陈大昌：《雍录·兰池宫》卷六，中华书局2002年版，第127页。

② 《史记·孝武本纪》。

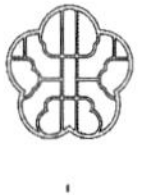

天子既已封泰山，无风雨灾，而方士更言蓬莱诸神，若将可得，于是上欣然庶几遇之，乃复东至海上望，冀遇蓬莱焉……上乃遂去，并海上，北至碣石，巡自辽西，历北边至九原……临勃海，将以望祀蓬莱之属，冀至殊廷焉。

之后又派专人守候在海边以望蓬莱之气，汉武帝也沿袭秦始皇在宫苑掘池筑山。《史记·封禅书》曰：

建章宫……其北治大池……命曰太液池，中有蓬莱、方丈、瀛洲、壶梁，象海中神山龟鱼之属。

《关中胜迹图志》中载建章宫图中，三神山清晰可见。

计成《园冶》“池上理山，园中第一胜也”，一池三山的叠山理水模式，实属一种开天辟地的创举。

自此，方士们池岛结合的理想境界，由秦始皇开其端、汉武帝集其成，虽然在对山水的处理上，力求其体量的庞大，还没有运用以少胜多的写意形式，但不失为园林布局的创造性构思，而且具有生态和文化意义。因此，“一池三岛”布局纳入了园林的整体布局，从而成为中国人造景境的滥觞，也成为皇家园囿中创作宫苑池山的一种传统模式，称为“秦汉典范”。

三、仙居楼阁

神仙思想催生出楼、飞阁、观等样式和风格。

班固的《汉武故事》曰：“公孙卿言神人见于东莱山，欲见天子。上于是幸缑氏，登东莱。留数日，无所见，惟见大人迹。上怒公孙卿之无应。卿惧诛，乃因卫青白上云：‘仙人可见，而上往遽，以故不相值。今陛下可为观于缑氏，则神人可致。且仙人好楼居，不极高显，神终不降也。’于是上于长安作飞廉观，高四十丈；于甘泉作延寿观，亦如之。”① 慕仙好道的汉武帝取方士少君栾大妄

① 《三辅黄图》卷五。

诞之语，多起楼观，“令长安则作飞廉、桂馆、甘泉，则作益寿、延寿馆，使卿持节设具而候神人，乃作通天台（又名候神台、望仙台），高二十丈，以香柏殿梁，香闻十里，故又名柏梁台，置祠具其下，将招来神仙之属”①。高耸的台室内外雕镂绘制着云气、珍禽异兽以及仙灵的图像，陈列着祭器祭物。《三辅黄图》卷五：

通天台，武帝元封二年作甘泉通天台。《汉旧仪》云：“通天者，言此台高通于天也。”《汉武故事》：“筑通天台于甘泉，去地百余丈，望云雨悉在其下，望见长安城。武帝时祭泰乙，上通天台，舞八岁童女三百人，祠祀招仙人。祭泰乙，云令人升通天台，以候天神。天神既下祭所，若大流星，乃举烽火而就竹宫望拜。上有承露盘，仙人掌擎玉杯，以承云表之露。元凤间，自毁，椽桷皆化为龙凤，从风雨飞去。”《西京赋》云：“通天眇而竦峙，径百常而茎擢，上瓣华以交纷，下刻峭其若削。”亦曰候神台，又曰望仙台，以候神明，望神仙也。

《三辅黄图》卷三：

《汉书》曰：“建章有神明台。”《庙记》曰：“神明台，武帝造，祭仙人处。上有承露盘，有铜仙人，舒掌捧铜盘玉杯，以承云表之露。以露和玉屑服之，以求仙道。”《长安记》：“仙人掌大七围，以铜为之。魏文帝徙铜盘折，声闻数十里。”

即《西都赋》所谓“抗仙掌以承露，擢双立之金茎”。汉武帝以为喝了玉杯中的露水就是喝了天赐的“琼浆玉液”，久服益寿成仙。神明台上除“承露盘”外，还设有九室，象征九天。常住道士、巫师百余人。巫师们说，在高入九天的神明台上可和神仙为邻通话。

《史记·平准书》上记载：“是时越欲与汉用船战逐，乃大修昆明池，列观环之。治楼船，高十余丈，旗帜加其上，甚壮。于是天子感之，乃作柏梁台，高

① 《汉书·天文志下》。

数十丈。宫室之修，由此日丽。”

仙人承露台（北海）

昆明池是一个大型人工湖泊，周长二十千米左右，占地约二十平方千米。开凿昆明池本是为训练水军，后为游娱需要，池周围建起了桂木做的灵波殿、豫章观、白杨观等。池中有可载万人的豫章大船、龙首船，皇帝常令宫女泛舟池中，“张凤盖，建华旗，作棹歌，杂以鼓吹”。池周以石为岸，作金堤，并列植栀柳等树。张衡的《西京赋》云：“昆明灵沼，黑水玄址。牵牛立其右，织女居其左。日月于是乎出入，象扶桑于蒙汜。”将昆明池视作天河的象征。柏梁台“高数十丈”，最适合登高望远，可以俯瞰上林苑的草长莺飞、兔走狗逐，以及昆明池的战船楼馆、牛女石鲸，“中有渐台，高二十余丈，为后世钓鱼台之渐”。

建章与未央之间，则“跨玑池，作飞阁，构辇道以上下”① 相属。这类天宫楼阁、飞阁浮道之属，建筑构架已经相当复杂，开辟了神仙思想的一种建筑形式，对后世园林产生了深远的影响。

汉武帝太初元年（前104），长安城内柏梁台遭火焚毁，台上的殿宇随着一场突如其来的大火灰飞烟灭，唯余高台独耸。汉武帝决定重建此台，便召来方士，问如何能避免火灾，据《三辅黄图》记载，这时有粤巫勇之进言道：“粤俗，有火灾，即复起大屋以压之。”方士称以水克火，在建筑上安装兴水的象征物螭吻、鸱尾。螭是传说中兴云雨、出入水中的灵物，或说是没有角的龙。鸱是一种鸟，海中有一种鱼的尾部似鸱，可以喷浪降雨。从此历代宫廷建筑顶部都设有这两种装饰，以镇火患。

---

① 《三辅黄图》卷一。

建筑上的鸱尾装饰

樊川在终南山下，东西走向，地势较低，离渭水不远，秦代园林巧用自然，将渭水水系引入，在低洼处进行一定的改造加工，蓄水成湖，使之成为风景秀丽的兰池。

两汉是形成中华民族独特的木构建筑风格的时期，是世界原生型建筑文化之一。模仿的是先秦“积土四方而高”“广基似于山岳”的仙居高台，即逐层叠堆横木的井干式楼，司马相如在《上林赋》中说的“重坐曲阁”，“重坐”犹言“重室”，就是指两层的楼房。枚乘在《七发》中也写了“台城层构”。“积木而高，为楼若井干之形也”①，虽然改积土为积木，但依然显得板滞臃肿。

东汉时开始以“梁架式”楼代替，大量使用成组的斗拱木构，砖石建筑也发展起来了，砖券结构有了较大发展，表现梁、柱、枋、斗拱等木框架构件间结构关系的梁架式楼逐渐取代了井干楼，成为后代楼房建造的基本样式，代表中国木构建筑的风格。

汉代的木构框架已经完善，如屋顶式样有四阿（清式称庑殿）、九脊（歇山）、不厦两头（悬山）、硬山、四角攒尖、卷棚等形式，用斗拱组成的构架也出现了，还有形式多变的柱形、柱础、门窗、拱券、栏杆、台基等。门窗、门上已经都刻着铺首，作饕餮衔环图案，门扉双合，扇各有铺首门环。明清时常见的

① 《汉书·郊祀志》“井干楼高五十丈，辇道相属焉”，颜师古注。

门制，汉代已经形成。①

汉代的冥器中有二三层的楼阁模型，多有斗拱以支持承担各层平坐或檐者。“观其斗拱栏楯门窗瓦式等部分，已可确考当时之建筑，已备具后世所有之各部，二层或三层之望楼，殆即望候神人之‘台’，其平面均正方形，各层有檐有平坐。魏晋以后木塔，乃由此式多层建筑蜕变而成，殆无疑义。”②

第三节　私家园林　异彩纷呈

两汉经济繁荣，“富者积土成山，列树成林，台榭连阁，集观增楼。中者祠堂屏阁，垣阙罘罳”③，王侯、贵戚、富贾及士大夫文人也都纷纷筑园，王侯私园，仿效皇家宫苑；贵戚、富贾亦模山范水。

著名的有吴王刘濞的吴长洲苑、梁孝王的兔园、东汉大将军梁冀的梁冀园、大官僚习郁的习园、茂陵富商的袁广汉园、大商人樊重的樊氏园，都是当时著名的私家园林。西汉的大学者董仲舒家也有园林，曾“下帷读书，三年不窥园”。

一、长洲东苑　比肩上林

高祖六年（前201），吴地封与荆王刘贾，刘贾被黥布所杀后，“上患吴、会稽轻悍”④，遂封骁勇善战的亲侄子刘濞为吴王，吴越为其封地，到景帝前元三年（前154）刘濞反汉被杀。

“吴有豫章郡铜山，濞则招致天下亡命者(益)[盗]铸钱，煮海水为盐，以故无赋，国用富饶。”⑤《昭明文选·上书重谏吴王》：

夫吴有诸侯之位，而实富于天子；有隐匿之名，而居过于中国。夫汉并二十四郡，十七诸侯，方输错出，军行数千里不绝于郊，其珍怪不如山东之府。转粟西乡，陆行不绝，水行满河，不如海陵之仓。修治上林，杂以离

① 梁思成：《中国建筑史》，百花文艺出版社1998年版，第61、62页。

② 梁思成：《中国建筑史》，百花文艺出版社1998年版，第57页。

③〔汉〕桓宽：《盐铁论》。

④《汉书·吴王濞传》。

⑤《史记·吴王濞列传》。

宫，积聚玩好，圈守禽兽，不如长洲之苑。游曲台，临上路，不如朝夕之池。深壁高垒，副以关城，不如江淮之险。此臣之所为大王乐也。

由此可见，吴王刘濞不是“富埒天子”①，而是“富于天子”：“珍怪不如山东之府”，粮食“不如海陵之仓”，修治的皇家园林上林，“不如长洲之苑”。长洲苑在宫殿建筑、所藏玩好、蓄养的“禽兽”方面都要超过汉景帝时的上林，足见奢华之极。②

《史记·平准书》第八：“孝景时，上郡以西旱，亦复修卖爵令，而贱其价以招民；及徒复作，得输粟县官以除罪。益造苑马以广用，而宫室列观舆马益增修矣。”其子恭王刘余好治宫室，所修鲁灵光殿，“崇墉冈连以岭属，朱阙岩岩而双立”。③

汉梁孝王刘武，是汉文帝的次子，与景帝为同母兄弟，很受窦太后的宠爱，《史记·梁孝王世家》记载：孝王，窦太后少子也，爱之，赏赐不可胜道。于是孝王筑东苑，方三百余里。广睢阳城七十里。大治宫室，为复道，自宫连属于平台三十余里。得赐天子旌旗，出从千乘万骑。东西驰猎，拟于天子……梁多作兵器弩弓矛数十万，而府库金钱且百巨万，珠玉宝器多于京师……

……梁孝王入朝……以太后亲故，王入则侍景帝同辇，出则同车游猎……

居天下膏腴地。地北界泰山，西至高阳，四十余城，皆为大县。都城在睢阳（今河南省商丘市睢阳区古城南），为天下要冲。景帝初年，吴楚七国作乱，“梁孝王城守睢阳，而使韩安国、张羽等为大将军，以拒吴楚。吴楚以梁为限，不敢过而西”。由于梁孝王在平定吴楚七国之乱时有大功，又加之为窦太后所溺爱，所以蒙受朝廷“赏赐不可胜道”，一时梁国“府库金钱且百巨万，珠玉宝器多于京师”。

刘武自负有功，在梁地大兴土木、增广府邸。《西京杂记》卷二：“梁孝王好营宫室苑囿之乐，作曜华之宫，筑兔园。园中有百灵山，山有肤寸石、落猿

① 《史记·平准书》。

② 汉初的诸侯王，处于半割据状态，特殊地区有如独立王国，极其奢靡。到周亚夫平定“七国之乱”后，诸侯王只能在封国征收租税，不管政事。到武帝时期，朝廷将铸钱、冶铁和煮盐三大利收归官营。

③ 〔汉〕王延寿：《鲁灵光殿赋》。

岩、栖龙岫；又有雁池，池间有鹤洲、凫渚。其诸宫观相连，延亘数十里。奇果异树，瑰禽怪兽毕备。王日与宫人宾客弋钓其中。”兔园，一名梁园，又名东园、修竹园、睢园，原址在京城洛阳城东二十里。

二、构石为山　有若自然

东汉末权倾朝野的外戚“跋扈将军”梁冀与妻孙寿“多拓林苑，禁同王家”。梁冀园位于洛阳，范围绵延数十里，据称是调动属县卒徒予以营建，经数年乃成。

> 冀乃大起第舍，而寿亦对街为宅，殚极土木，互相夸竞。堂寝皆有阴阳奥室，连房洞户，柱壁雕镂，加以铜漆。窗牖皆有绮疏青琐，图以云气仙灵。台阁周通，更相临望；飞梁石蹬，陵跨水道。
>
> ……（园林）西至弘农，东界荥阳，南极鲁阳，北达河淇，包含山薮，远带丘荒，周旋封域，殆将千里。①

孙寿在洛阳城门内所造私园，是“采土筑山，十里九坂，以象二崤；深林绝涧，有若自然；奇禽驯兽，飞走其间……又多拓林苑……包含山薮，远带丘荒，周旋封域，殆将千里”②。园林则直接取法自然界的真山二崤，将人工假山和深林绝涧造得“有若自然”，完全突破了幻想中的神山仙海模式，将目光从天上移向现实世界，首开“模山范水”的先河，成为魏晋自然山水园的先声。

西汉末年出现了自给自足的庄园经济，西汉茂陵富户袁广汉，家藏银巨万，家僮八九百人。据《西京杂记》记载，袁广汉筑园于北邙山（咸阳城北至兴平一带之高原）下，“东西四里，南北五里，激流水注其中。构石为山，高十余丈，连延数里。养白鹦鹉、紫鸳鸯、牦牛、青兕，奇兽珍禽，委积其间。积沙为洲屿，激水为波涛，致江鸥海鹤，孕雏产鷇，延漫林池；奇树异草，靡不培植。屋皆徘徊连属，重阁修廊，行之移晷不能遍也”③。

① 《后汉书·梁冀传》。
② 同上。
③ 《三辅黄图》卷四。

袁广汉私园“构石为山”，“积沙为洲屿，激水为波涛”，竭力模仿自然界的山形、洲屿、波涛，奇树异草和奇兽珍禽，已经不是神话中的灵兽仙草了。这些造园手法，开启了私人园林前所未有之先例。

东汉末，由于社会动荡不安，人们普遍流露出消极悲观的情绪，“浩浩阴阳移，年命如朝露，人生忽如寄，寿无金石固”，因而滋长了及时行乐的思想，据《后汉书·仲长统传》记载：“豪人之室，连栋数百，膏田满野。”

为避免跋涉之苦、保证物质生活享受而又能长期占有大自然的山水风景，汉末庄园式私家园林勃然兴起。当时的私家园林规模一般都小而精，如南阳樊氏园（在今河南新野县）、襄阳习家池（在今湖北襄樊宜城）、呈坎村水口园林（在今安徽黄山市）等。

《水经注·比水》：“仲山甫封于樊，因氏国焉。爰自宅阳，徙居湖阳，能治田殖，至三百顷，广起庐舍，高楼连阁，波陂灌注，竹木成林，六畜放牧，鱼赢梨果，檀棘桑麻……闭门成市，兵弩器械，赀至百万，其兴工造作，为无穷之功，巧不可言，富拟封君。”

庄园经济以宗族为纽带，《后汉书·樊宏传》曰：

> 父重，字君云，世善农稼，好货殖。重性温厚，有法度，三世共财，子孙朝夕礼敬，常若公家。其营理产业，物无所弃，课役童隶，各得其宜，故能上下戮力，财利岁倍，至乃开广田土三百余顷。其所起庐舍，皆有重堂高阁，陂渠灌注。又池鱼牧畜，有求必给……赀至巨万，而赈赡宗族，恩加乡闾。

第四节　梁园风流与士夫理想

园林咏唱最早见于《诗经·灵台》，两汉时期大量出现，被誉为“赋圣”的司马相如的《子虚》《上林》赋为其中之最。西汉初年诸侯王都继承战国养士的遗风，以招致文士闻名的诸侯王有吴王刘濞、淮南王刘安、梁孝王刘武。

“汉兴，高祖王兄子濞于吴，招致天下之娱游子弟，枚乘、邹阳、严夫子之徒兴于文、景之际。”① 投奔吴王刘濞门下的文士有枚乘、邹阳、严忌，他们都擅长辞赋。“而淮南王安亦都寿春，招宾客著书”②，流传下来的《淮南子》就是出自刘安的宾客之手。《汉书·艺文志》著录淮南王赋 82 篇，《汉书·艺文志》著录“淮南王群臣赋四十四篇”，今仅存辞赋《招隐士》一篇。其中在园林中赋诗最多的莫过于梁孝王刘武的梁园门客。

汉末政治黑暗，士大夫普遍接受了“内圣外王”修身为政的最高政治理想，一方面具有圣人的才德，一方面又能施行王道。于是，或隐于金马门，或归隐田园，或乐居清旷。

一、梁园风流　文人雅集

梁孝王刘武是个风流浪漫、极富才情的人，他“招延四方豪杰，自山东游说之士，莫不毕至”。原来在吴王刘濞门下的枚乘、邹阳等，见吴王谋反，不听劝谏，一意孤行，就离开吴地而投奔梁孝王。司马相如也弃官前往梁国，梁孝王待他们为上宾，过着文酒高会的生活。士人大多博学善辩，工于辞赋，既有战国游士驰骋天下的胸襟，又有盛世汉人囊括宇宙的气度。齐人邹阳、公孙诡，吴人枚乘、严忌，蜀人司马相如，还有羊胜、路乔如、韩安国等名士才俊都成了他的座上客。邹阳，是西汉时期很有名望的文学家，劝谏吴王未果，与枚乘、严忌等人离吴就梁，成了梁孝王的门客。邹阳“为人有智略，慷慨不苟合”，说明邹阳这个人很有谋略，既慷慨仗义，又不无原则地附和，多少有些与众不同，超凡脱俗。

“秀莫秀于梁园，奇莫奇于吹台”，梁园中还修建有许多假山岩洞，开辟有湖泊池塘，春夏之交，梁孝王常与宫人、宾客弋钓园中。园中除俯仰钓射、烹熬炮炙之外，还有斗鸡走马等活动，梁孝王有时兴趣所至，便饮酒作赋，对写得好的人给予奖励。《西京杂记》卷四记载：“梁孝王游于忘忧之馆，集诸游士，各使为赋。枚乘为《柳赋》……路乔如为《鹤赋》……公孙诡为《文鹿赋》……邹阳为《酒赋》……公孙乘为《月赋》……羊胜为《屏风赋》……韩安国作《几赋》不成，邹阳代作……邹阳、安国罚酒三升，赐枚乘、路乔如绢，人

---

① 《汉书·地理志》。

② 同上。

五四。”

枚乘的《梁王兔园赋》是今存汉代以“赋”命名的赋作中时代最早的一篇骋辞大赋，今存残篇。邹阳的《酒赋》、羊胜的《屏风赋》等都是当时文品很高的佳作，司马相如的《子虚赋》也诞生在梁园，形成了蔚为壮观的梁园作家群。梁园辞赋开启了汉代大赋之先声，说明园林不仅是作家的写作对象，更是作家重要的活动场所。所以梁园又有“文人雅集”之誉。

鲁迅先生曾在《汉文学史纲要》中称：“天下文学之盛，当时盖未有如梁者也。”

二、内圣外王　循吏理想

汉代采用推荐和考试相结合的办法录用人才，《史记·孝文本纪》：汉文帝下诏云：“二三执政……举贤良方正能直言极谏者，以匡朕之不逮。”汉武帝推行明经取士制度，复诏举“贤良”或“贤良文学”。《史记·平准书》：“当是之时，招尊方正贤良文学之士，或至公卿大夫。”州郡举孝廉、秀才。东汉又增加敦朴、有道、贤能、直言、独行、高节、质直、清白等科目，广泛搜罗人才。给予士人有了求得功名显达的机会。如汉“群儒宗”的董仲舒、“布衣儒相”公孙弘等得以脱颖而出。形成了一个知识阶层，汉代被称为“循吏”的士大夫阶层，他们通过为官行政的条件，一方面希望创造事功，另一方面，他们渴望将圣王之教推广开来，教化众生，这就是“内圣外王”的人格理想。“汉代循吏在中国文化史上的长远影响还是不容低估的。宋明的新儒家在义理的造诣方面自然远越汉儒，但是一旦为治民之官，他们仍不得不奉汉代的循吏为最高准则。”①

“事实上，循吏不过是汉代士阶层中的一个极小的部分而已。但是，由于他们能利用‘吏’的职权来推行‘师’的‘教化’，所以其影响所及较不在其位的儒生为大。”②

“廉直”的董仲舒虽然“正身”，坚守着“内圣”之道，但“以言灾异，下狱几死”；又因“公孙用事，同学怀妒。出相胶西，谢病自免”，“外王”理想尚未充分舒展，写《悲士不遇》赋，董仲舒的“不遇”，实乃“内圣外王”之道未

① 余英时：《士与中国文化》，上海人民出版社 2003 年版，第 183 页。

② 余英时：《士与中国文化》，上海人民出版社 2003 年版，第 181 页。

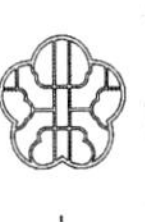

得充分实现之悲，“从谀”的公孙弘之辈却飞黄腾达，只能从卞随、务光、伯夷、叔齐身上得到点安慰，最终求得归于一善，恭行他的“内圣”之道。“仲舒在家，朝廷如有大议，使使者及廷尉张汤就其家而问之，其对皆有明法”①，他依然在尽“循吏”之道，履行他的社会责任，董仲舒是一代“士”之楷模。

东方朔是武帝时代的儒生，《史记·滑稽列传》记载他“好古传书，爱经术”，曾上书用“三千奏牍”，武帝“读之二月乃尽”“诏拜以为郎，常在侧侍中”。但他被召至帝前，非谈国家政事，而仅仅为逗武帝谈笑取乐，形同俳优。东方朔自言：“如朔等，所谓避世于朝廷间者也。古之人，乃避世于深山中。”他乘着酒酣，据地歌曰：“陆沉于俗，避世金马门。宫殿中可以避世全身，何必深山之中、蒿庐之下。”金马门者，宦者署门也，门旁有铜马，故谓之曰“金马门”。② 东方朔也曾上书自荐，陈说自己文武之才，但始终未得大用。他对“吏隐”选择，是很自觉的。本传中还记载了一段“博士诸先生”议论之言，将他与苏秦、张仪相比，认为苏、张获得了“卿相之位，泽及后世”，而东方朔“修先王之术，慕圣人之义，讽诵《诗》《书》百家之言，不可胜数。著于竹帛，自以为海内无双，即可谓博闻辩智矣。然悉力尽忠以事圣帝，旷日持久，积数十年，官不过侍郎，位不过执戟”，反差很大，东方朔以时代不同，机遇有所不同为由作答。认为“天下无害灾，虽有圣人，无所施其才；上下和同，虽有贤者，无所立功”，实在是无奈之说。他盛赞“今世之处士，时虽不用，崛然独立，块然独处，上观许由，下察接舆，策同范蠡，忠合子胥，天下和平，与义相扶，寡偶少徒，固其常也”。③ 东方朔认为，天下无道，君子“遂居深山之间，积土为室，编蓬为户”④，他并不在乎在朝在野，而是强调了精神的独立和人格的尊严。老子为周柱下守藏室吏，柳下惠为士师，“三黜”而不去，孔子还是称他们为“逸民”。东方朔的“隐于金马门”，为晋王康琚的“大隐隐朝市”开了法门。

两汉时代，士大夫经历过从积极入世到消极隐退心路历程。西汉士大夫以“悲士不遇”为抒情主题，感叹自己未能遭遇历史的机遇；东汉则以知命求解脱。

① 《汉书·董仲舒传》。

② 参见《史记·滑稽列传》。

③ 《史记·滑稽列传》。

④ 〔汉〕东方朔：《非有先生论》，见《汉书·东方朔传》。

三、渔樵归田　卜居清旷

严光（前39—41），东汉会稽余姚人，字子陵，一名遵，少有高名，与光武帝刘秀同学。及刘秀即帝位，他变姓名隐居，刘秀聘他至京师，与刘秀相处如昔。光武帝欲其出仕，严光回答道："士故有志，何至相迫乎！"拜谏议大夫，不就。归，耕钓于富春江畔。后人称他所居游之地为严陵山，称钓鱼之地为严陵濑、严濑或严陵钓台，都是以他的姓名名之。《后汉书·逸民列传》有传。严子陵为保持"士"之"志"，视爵禄为粪土，始终不肯出仕，隐逸耕钓，表现了高尚的节操，特别是他富春江钓鱼的"渔隐"方式，垂范于后世。他的"不事王侯，高尚其事"的行为，被宋儒家名臣范仲淹赞誉为"盖先生之心，出乎日月之上"，可以使"贪夫廉，懦夫立，是大有功于名教也"，因歌颂道："云山苍苍，江水泱泱，先生之风，山高水长！"①

东汉初年的冯衍怀才不遇，坎坷终身，写《显志赋》以抒其愤，推崇老庄高蹈隐逸思想：

> 陂山谷而闲处兮，守寂寞而存神。夫庄周之钓鱼兮，辞卿相之显位。於陵子之灌园兮，似至人之仿佛。盖隐约而得道兮，羌穷悟而入术。离尘垢之窈冥兮，配乔松之妙节。惟吾志之所庶兮，固与俗其不同。既倜傥而高引兮，愿观其从容。

处在东汉和、顺时期的文学家、天文学家张衡（78—139），虽然做过皇帝的高级顾问，"掌侍左右，赞导众事，顾问应对"，顺帝经常将他"引在帷幄，讽议左右"，但顺帝懦弱，大权旁落，张衡颇有危机感，仕途之污浊常使他郁郁不快，但想游离于纷乱的尘世之外又办不到。"天道之微昧，追渔父以同嬉"，憧憬那与官场形成鲜明对比的田园生活，构想出一个充满自然情趣的田园景象：

> 仲春令月，时和气清，原隰郁茂，百草滋荣。王雎鼓翼，鸧鹒哀鸣，交

① 〔宋〕范仲淹：《严先生祠堂记》，见《古文观止》卷九。

颈颉颃，关关嘤嘤。①

春日的田园，风和日丽，百草丰茂，禽鸟飞鸣，充满勃勃生机。可以“弹五弦之妙指，咏周、孔之图书”，还可以挥毫奋藻，述说人生：“挥翰墨以奋藻，陈三皇之轨模。”竭力追求精神世界的宁恬，最后以老庄思想作为医治心灵的妙药：“苟纵心于物外，安知荣辱之所如!”这是对摆脱宦海浮沉、仕途坎坷的深沉悲哀的深刻反省!

汉末政治更加黑暗，生灵涂炭，汉末前后，中国历史上出现了“士道”与“王权”的大规模的激烈碰撞。

“举世浑浊，清士乃现”，清士包括名士、清流。“名士，不仕者”，德行高洁、负有时望，不与权贵同流合污者。太学士为清议之中坚，大名士陈蕃、李膺、范滂为领袖。这些儒教熏陶下的中国“士”人，依仁蹈义，舍命不渝，他们指点江山，激扬文字，抨击皇亲国戚、宦官太监乃至皇帝，企图移风易俗、整饬朝纲，尽管最终被宦官镇压，被处死、流放，或监禁，史称“党锢”。但是，具有“党人”精神的知识分子，依然肩负时代道义，用自己的方式伸张社会正义。他们面对着“舐痔结驷，正色徒行”“邪夫显进，直士幽藏”的时代痼疾，耿直倨傲如赵壹者，还是大胆抗议：“宁饥寒于尧舜之荒岁兮，不饱暖于当今之丰年!”②

倜傥敢直言有“狂生”之称的仲长统，认为凡游说帝王的人，想立身扬名罢了，可是名不常存，人生易灭，优游偃仰，可以自娱，想建房子住在清旷之地，以悦其志：

> 使居有良田广宅，背山临流，沟池环匝，竹木周布，场圃筑前，果园树后。舟车足以代步涉之艰，使令足以息四体之役。养亲有兼珍之膳，妻孥无苦身之劳。良朋萃止，则陈酒肴以娱之；嘉时吉日，则亨羔豚以奉之。蹰躇畦苑，游戏平林，濯清水，追凉风，钓游鲤，弋高鸿。讽于舞雩之下，咏归高堂之上。安神闺房，思老氏之玄虚；呼吸精和，求至人之仿佛。与达者数

① 〔汉〕张衡：《归田赋》，见《文选》卷十五。

② 〔汉〕赵壹：《刺世疾邪赋》，见《后汉书·赵壹传》。

子，论道讲书，俯仰二仪，错综人物。弹《南风》之雅操，发清商之妙曲。消摇一世之上，睥睨天地之间。不受当时之责，永保性命之期。如是，则可以陵霄汉，出宇宙之外矣。岂羡夫入帝王之门哉！

居住有良田广宅，背山面水，沟池环绕，竹木四布，场圃在前，果园在后。这是最为优越的园林生态环境。以舟车代步，养亲有珍馐美食，妻子没有苦身之劳累。有朋聚会，有酒肴招待，节日盛会，杀猪宰羊以奉之。在畦苑散步，在平林游玩，在清水之滨濯足，乘凉风习习，钓钓鱼，射射鸟。在舞雩之下讽咏，在高堂之上吟哦。有曾点气象！

在闺房养神，想老子之玄虚，呼吸新鲜空气，求至人之仿佛。与少数知己，论道讲书，俯仰天地之间，评点人物之是非。弹《南风》之琴，发清商之妙曲。逍遥一世，睥睨天地之间。不受当时之责难，永保性命之期。这样，就可以身在霄汉之上，出乎宇宙之外了。难道还羡慕入帝王之门么！

仲长统这篇述志之论，已经囊括了后世园林所要求的环境、物质构成要素和精神生活要素，且更侧重于精神享受的层面。又作诗二篇，以见其志，辞中有“六合之内，恣心所欲”“寄愁天上，埋忧地下。叛散《五经》，灭弃《风》《雅》。百家杂碎，请用从火。抗志山栖，游心海左”① 等语。与六朝宗炳在《画山水序》中提出的艺术“畅神”说已经十分相似，对大自然的山水审美，应该摆脱人世间一切利害欲求，用自由而愉快的审美心境去观照和体味审美对象的审美特征和审美意蕴。

士人已经将自我从社会、群体中独立出来，抛弃传统的价值观念，注重个体生命和现实人生。为此，他们开始疏远朝廷，淡泊名利，追求享乐、自由与安宁。于是，他们将庄园经济与老庄思想结合起来，建构出一种理想的生存状态。

① 《后汉书·仲长统列传》卷四九。

第四章
园林美的自觉——魏晋南北朝

汉末魏晋南北朝三百六十余年间，是一个政治上大动乱的时代，犹如又一个“战国时期”，中国大地上经历了大小三十多个王朝的兴灭交替。

汉末在帝国的废墟上出现了魏（220—265）、蜀（221—263）、吴（222—280）三个鼎立对峙的政权。

西晋统一不久发生的“八王之乱”，使西晋在各种矛盾的影响下土崩瓦解。南渡的司马氏在江南建立了东晋（317—420），东晋的半壁江山维持了103年，此后南方出现了宋、齐、梁、陈四个前后相承的政权，史称南朝。

北方则经历了五胡十六国（304—439）。公元386年鲜卑拓跋部建立北魏（386—534），不久分裂为东魏和西魏两部分，随后又分别被北齐（550—577）和北周（557—581）所取代。北方这五个王朝史称北朝，它们与江南的宋、齐、梁、陈四个王朝形成南北对峙的局面，史称南北朝时期。

战乱和分裂，“生民百遗一”，成为这个时期的特征。但在文化与精神史上却有着当时意义上的自由与解放、智慧与热情。诚如宗白华先生所言：“汉末魏晋六朝是中国政治上最混乱、社会上最苦痛的时代，然而却是精神史上极自由、极解放，最富于智慧、最浓于热情的一个时代，因此，也就是最富有艺术精神的一个时代。”①

特别是如闻一多先生所说的：

> 一到魏、晋之间，庄子的声势忽然浩大起来……像魔术似的，庄子忽然

① 宗白华：《美学散步》，人民出版社1999年版，第208页。

占据了那全时代的身心，他们的生活，思想，文艺——整个文明的核心是庄子。他们说“三日不读老庄，则舌本间强”，尤其是《庄子》，竟是清谈家的灵感的泉源。从此以后，中国人的文化上永远留着庄子的烙印。①

随着老庄思想的勃兴，中国人的内心世界所潜伏着与生俱来的人文精神，有了文化上的自觉，随着“人”的觉醒和“文”的自觉，结束了儒家经学独霸天下的局面，迎来了一个审美的全新时代。

曹魏遵循名法之治而重道德名节，体现道法结合的刑名之学曾一度占据主导地位。魏晋之际，以道家思想为骨架的玄学思潮开始扬弃魏晋早期的名法思想；东晋时期，佛教的流行，特别是般若学的发展，在很大程度上是借助于道家、玄学的思想、语言及方法，出现玄佛合流的趋向。

南北朝时期，玄学思潮归于沉寂，佛道二教继续发展，孔子的地位及其学说经过玄、佛、道的猛烈冲击，脱去了由于两汉造神运动所添加的神秘成分和神学外衣，变重善轻美的传统为重美轻善。

乱世的悲情唤起人们对生命的觉醒、自然美意识的自觉，“以玄对山水”，从自然山水中领悟“道”，唤起了人的自觉，统治阶级和士大夫讲究艺术的人生和人生的艺术，诗、书、画、乐、饮食、服饰、居室和园林，融入人们的生活领域。对自然及其自然美的鉴赏取代了过去所持的神秘和功利的态度，获得了相对独立的审美地位和价值，并且扩大到艺术的各个门类和领域，成为此后中国园林的核心美学思想。

于是，正始的药、竹林的酒、爱美癖和狷狂、佛郁和愤懑、殉道东市、索琴弹奏的悲慨，以及山水诗、山水画等的相继出现，都是这一历史时期特有的精神现象。

中国园林的形态全面飞跃：大规模地修建皇家园林；士族文人、达官显贵亦大建庄园别墅，以寄情赏；命如草芥的人们普遍皈依佛、道，以求精神安慰，于是寺观园林盛行，三者鼎足而立。中国园林从以皇家造园为主流，变成皇家宫苑、私家园林、寺观园林、公共园林并行发展的时期，奠定了中国园林的基本类型。

① 闻一多：《闻一多全集》卷二，三联书店 1982 年版，第 279、280 页。

园林色彩斑驳，高雅与低俗者兼有。其中，士人挖池堆山，乐于丘亩之间，诗歌绘画与园林风景的融合，“意境”说与园林比德、比道的人格美审美意识并存，成为士人园林核心审美精神，并向皇家宫苑、寺观及公共园林渗透。无论皇家园林、贵族私园还是寺观园林，虽然建筑豪侈，但由于文人艺术精神的全方位辐射，园林逐步扬弃了宫室楼阁、禽兽充塞的建筑宫苑形式，都以山水为主体，普遍推崇“道法自然”的道家思想。这一时期，人们“不专流荡，又不偏华上；卜居动静之间，不以山水为忘”①，山水庭园满足了人们时时享受山林野趣的愿望。在这种艺术氛围里，中国园林从“单纯地模仿自然山水进而至于适当地加以概括、提炼，但始终保持着‘有若自然’的基调”，初步形成了自然山水式园林的艺术格局，对山水的欣赏提高到审美的高度。园林主体的精神主轴开始走向高雅和审美。园林在艺术构建上已经趋于成熟，山水、花木、建筑等园林要素已经齐备。

这些文明的辉煌之果，如“楩柟郁蹙以成缛锦之瘤，蚌蛤结疴而衔明月之珠”②，成为六朝病态社会郁结而成的文明之珍。

第一节　魏晋南北朝皇家宫苑美学

魏晋南北朝统治者都在各自的都城营造苑囿宫殿，但雅俗奢简，色彩斑驳，美学风格迥然不同：大抵开国帝王相对比较节俭，继承者特别是末代皇帝往往骄奢淫逸，甚至以丑为美。

审美水平高者，如“高谈娱心，哀筝顺耳”的魏文帝曹丕，感悟到“会心处不必在远，翳然林水，便自有濠濮间想也”的简文帝，“身处朱门而情游江海，形入紫闼而意在青云”的齐衡阳王萧统等，宫苑自然有不俗之处。帝王中也有在百姓饿死时，还问“何不食肉糜”的晋惠帝，有纵恣不悛、倒行逆施的东昏侯之流，宫苑必然会奢侈无度。

---

① 〔北朝〕杨衒之：《洛阳伽蓝记》卷二。

② 〔北齐〕刘昼：《刘子·激通》。

一、三国宫苑美学

1. 壮丽以重威——曹魏

由曹操奠定基业的曹魏，公元220年，其子曹丕称帝，建立曹魏，定都洛阳，占据长江以北的广大中原地区，人口稠密，经济发达，实力远胜蜀汉和东吴。

帝王宫苑在“莫不以为不壮不丽，不足以一民而重威灵；不饬不美，不足以训后而永厥成。故当时享其功利，后世赖其英声”① 的思想指导下，建邺城。邺城前临河洛，背倚漳水，虎视中原，凝聚着一股王霸之气。邺城由南北内外二城构成，外城东西七里，南北五里，有中阳门、建春门、广德门、金明门等七门，坐北朝南，布局规整，形制呈长方形，皇城、宫城、郭城相套呈“回”字形，主要建筑围绕中轴线左右对称布局，城内街路呈棋盘状，反映“天象意识”，以达“天地人”完美和谐。邺城开创了一种崭新的城市布局，成为“中国古代都城建设之典范”，中世纪东亚都城城制系统之源。

邺城的西北隅筑铜雀台、金虎台、冰井台，以墙为基，从南向北一字排开。三台在文昌殿西，因此称为西园。铜雀台位于三台中间，有屋101间；南则金虎台，有屋109间；北则冰井台，有屋145间，上有冰室。相去各六十步，中间阁道式浮桥相连接，浮桥可以升降，“施，则三台相通；废，则中央悬绝”。铜雀台上楼宇连阙，飞阁重檐，雕梁画栋，气势恢宏。窗户都用铜笼罩装饰，在楼顶又置铜雀高一丈五，舒翼若飞，神态逼真。日初出时，流光照耀。有“铜雀飞云”之美称。铜雀台不但是文宴场所，而且也是战略要地。在台下引漳河水经暗道穿铜雀台流入玄武池，用以操练水军。

铜雀台东侧还建有铜雀园，园内水景“疏圃曲池，下畹高堂”“兰渚莓莓，石濑汤汤”。

铜雀台及铜雀园是邺下文人创作活动的乐园。曹丕将游园视为养生手段，曹丕“乘辇夜行游，逍遥步西园”，游铜雀台东面的芙蓉池，“双渠相溉灌，嘉木绕通川。卑枝拂羽盖，修条摩苍天”，流水潺潺，环渠而生的嘉木葱茏，遮天蔽日，“惊风扶轮毂，飞鸟翔我前”，飞鸟与人亲，惊风吹拂，似乎在为诗人扶辇，

① 〔晋〕何晏：《景福殿赋》，见《文选》卷十一。

以动衬静，花香鸟语、静谧幽美、生机勃发。加上“丹霞夹明月，华星出云间。上天垂光采，五色一何鲜”！万紫千红的晚霞之中，镶嵌着一轮皎洁的明月，满天晶莹的繁星在云层间时隐时现，闪烁发光，组成了一幅色彩绚丽的画面！

建安十三年（208）左右，曹操还在邺城之西北修玄武苑。曹丕记游玄武池的《于玄武陂作诗》写他们“兄弟共行游”，一路上“野田广开辟，川渠互相经。黍稷何郁郁，流波激悲声”，苑内池中有“菱芡覆绿水，芙蓉发丹荣”，池边“柳垂重荫绿”，登上水中洲渚，“群鸟讙哗鸣，萍藻泛滥浮，澹澹随风倾”，这时候，诗人“忘忧共容与，畅此千秋情”，游园给他们带来无穷的精神愉悦。

洛阳皇城千秋门内有西游园，南为御道，东邻宫城。黄初二年（221）魏文帝筑凌云台，制度极为精巧，台虽高峻，常随风摇动，终无崩坏。台前作明光殿，殿西累砖作道，可通台上。

“台下有碧海、曲池；台东有宣慈观，去地十丈。观东有灵芝钓台，累木为之，出于海中，去地二十丈，风生户牖，云起梁栋，丹楹刻桷，图写列仙。刻石为鲸鱼，背负钓台，既如从地踊出，又似空中飞下。钓台南有宣光殿，北有嘉福殿，西有九龙殿，殿前九龙吐水，成一海。凡四殿，皆有飞阁向灵芝往来。三伏之月，皇帝在灵芝台以避暑。”① 四殿是帝王居园中起居及处理政务的地方。

曹丕在汉旧苑的基础上扩建修筑了华林园，他和三公以下的大臣亲力亲为，据孙盛的《魏春秋》记载：“景初元年，明帝愈崇宫殿雕饰观阁，取白石英及紫石英及五色大石于太行谷城之山。起景阳山于芳林园，树松竹草木，捕禽兽以充其中。于时百役繁兴，帝躬自掘土，率群臣三公以下，莫不展力。”

魏明帝曹睿崇尚奢华，大治宫苑！在都城北宫内的东北隅，修建了芳林园，同时又在芳林园的西北隅，修筑了景阳山。

另据记载：“建始、崇华二殿，皆在洛阳北宫。”王朗曰：“今当建始之前，足用列朝会；崇华之后，足用序内宫；华林、天渊，足用展游宴。”② 在北宫里的建始殿、崇华殿与华林园连成一片，同时也与华林园东南的天渊池相连。在北宫的郑山前，建始殿、崇华殿、华林园、天渊池，就成了君臣们朝会与游宴兼备的地方。

① 〔北朝〕杨衒之：《洛阳伽蓝记》卷一。

② 《三国志·魏书·王朗传》。

有一次，崇华殿失火，高堂隆进谏说：“人君苟饰宫室，不知百姓空竭，故天应之以旱，火从高殿起也……灾火之发，皆以台榭宫室为诫。”① 魏明帝不听大臣切谏，仍于青龙三年（235）“大治洛阳宫，起昭阳、太极殿，筑总章观”。《三国志·魏书·明帝纪》注引《魏略》曰：

> 是年起太极诸殿，筑总章观，高十余丈，建翔凤于其上。又于芳林园中起陂池，楫棹越歌。又于列殿之北，立八坊，诸才人以次序处其中，贵人夫人以上，转南附焉，其秩石拟百官之数。
>
> 帝常游宴在内，乃选女子知书可付信者六人，以为女尚书，使典省外奏事，处当画可，自贵人以下至尚保，及给掖庭洒扫，习伎歌者，各有千数。通引谷水过九龙殿前，为玉井绮栏，蟾蜍含受，神龙吐出。使博士马均作司南车，水转百戏。岁首建巨兽，鱼龙曼延，弄马倒骑，备如汉西京之制……
>
> （景初元年）起土山于芳林苑西北陬，使公卿群僚皆负土成山，树松竹杂木善草于其上，捕山禽杂兽置其中。

魏明帝想要去东巡，害怕夏天天气热，于是在许昌建了一座宫殿，命名为“景福”。何晏的《景福殿赋》：“远而望之，若摛朱霞而耀天文；迫而察之，若仰崇山而载垂云。嵯瑰玮以壮丽……规矩既应乎天地，举措又顺乎四时。”瑰玮壮丽，高耸入云，装饰精美，色彩绚丽。

2. 既丽且崇——蜀汉

蜀汉以四川盆地为中心，号为“天府之国”，公元 214 年，刘备入主成都，以左将军兼益州牧，其衙署曰左将军府，地址在原州牧刘璋故衙。公元 221 年，刘备在武担以南设坛称帝，国号“汉”，史称蜀汉，年号章武，定都成都。诸葛亮为丞相。

但刘禅即位后，喜好声乐，颇出游观，于宫中多有修建，“既丽且崇”。谯周曾上疏劝谏后主：“愿省减乐官、后宫所增造。”② 刘禅新建之皇宫“新宫”，晋左思的《三都赋·蜀都赋》描写：“营新宫于爽垲，拟承明而起庐。结阳城之

① 《晋书·五行上》。

② 《三国志·蜀书·谯周传》。

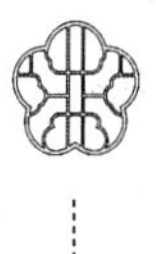

延阁，飞观榭乎云中。开高轩以临山，列绮窗而瞰江。内则议殿爵堂，武义虎威。宣化之闼，崇礼之闱。华阙双邈，重门洞开，金铺交映，玉题相辉。外则轨躅八达，里闬对出，比屋连甍，千庑万室。”

今以蜀汉宫城北垣外百二十步即武担山为坐标，即可追寻到当年蜀汉宫城的大致位置。

3. 从尚用到壮丽过甚——孙吴

孙权以神武雄才，兼仗父兄之烈，容贤蓄众，割据江东，地方数千里，带甲百万，谷帛如山。稻田沃野，民无饥岁。并开疆拓土，开拓海上事业，开拓江南，剿抚山越，号“命世之英”“四十帝中功第一”！曹操曾经夸奖：“生子当如孙仲谋！”

孙权在建业和沿江地区大规模屯田，鼓励开荒，大力兴修水利；北方南渡的农民带来了先进的生产技术，使长江中下游沿岸的太湖、钱塘江流域得到开发。

孙权时期，无论是建高台楼阁，还是筑京城，都以尚用为原则，所以，所建台阁主要用于军事防御功能。

如始建于东吴黄武二年（223）的黄鹤楼，原址在湖北省武昌蛇山黄鹤矶头，前身就是阅军楼，用以训练和指挥水师。阅军楼临岸而立，登临可观望洞庭全景，湖中一帆一波皆可尽收眼底，气势非同凡响。

岳阳楼（许英摄）

黄龙元年（229）秋，孙权将都城由武昌（今湖北鄂州）迁至建业（即建康，今南京）。建康濒临长江天险，与上游的荆楚地区交通往来方便，与下游的吴越地区也有便捷的联系；钟山龙盘、石头虎踞，地形十分险要。建康作为都城之所在，确实具备优越的经济和军事地位。孙权还学习阖闾为了“设守备、实仓廪”，造吴城郭宫室，因此，都城的规模、形制，宫殿、官署和民居的布局井然有序。

212 年，三国时期的吴主孙权在金陵邑故址，利用西麓的天然石壁做基础修筑了周长 3 千米左右的石头城。石头城临江控淮，恃要凭险，可以贮藏兵械和粮饷，成为东吴水军江防要塞和城防据点。

“孙权都建业，节俭不尚土木之功”①，《建康实录》卷四载陆凯谏语曰：“先帝笃尚朴素，服不纯丽，宫无高台，物无雕饰，故国富民充，奸盗不作。”

赤乌十年（247），孙权征发武昌的宫室材瓦等建筑材料，把城内太子宫南宫即长沙桓王孙策故府改为皇宫太初宫，位于今玄武湖畔一带。《晋太康三年地记》曰：“吴有太初宫，方三百丈，权所起也。”② 太初宫苑城东部宫廷花园就是华林园，苑城占地宽广，可容三千骑演习操练。园内殿堂间叠石造山，点缀名花异卉奇石。顾野王《舆地志》记载：“太祖凿城北沟，北接玄武湖。”

可见，苑城占地虽宽广，园林内容尚比较简单，主要为了可容三千骑演习操练。

吴后主孙皓和乃祖迥然不同，267 年，孙皓在太初宫之东营建显明宫，太初宫之西建西苑，又称西池，即太子的园林。

《三国志・吴书・孙皓传》曰：“皓初立，发优诏，恤士民，开仓廪，振贫乏，科出宫女以配无妻，禽兽扰于苑者皆放之。当时翕然称为明主。”孙皓得志便猖狂，露出凶顽残暴、穷淫极侈的本相。孙皓曾“昼夜与夫人房宴，不听朝政，使尚方以金作华燧、步摇、假髻以千数。令宫人著以相扑，朝成夕败，辄出更作，工匠因缘偷盗，府藏为空”。他“又激水入宫，宫人有不合意者，辄杀流之”，可见其随意残害宫女，是一个十足的暴君。

《建康实录》记载孙皓：“起新宫于太初之东，制度尤广，二千石以下皆自入山督摄伐木。又攘诸营地，大开苑囿，起土山、作楼观，加饰珠玉，制以奇石，左弯崎，右临硎。又开城北渠，引后湖水激流入宫内，巡绕堂殿，穷极伎巧，功费万倍。”③

---

① 梁思成：《中国建筑史》，百花文艺出版社 1998 年版。

② 《三国志・吴书・三嗣主传》：“夏六月，起显明宫。”裴松之注引。

③ 〔唐〕许嵩：《建康实录》卷三。

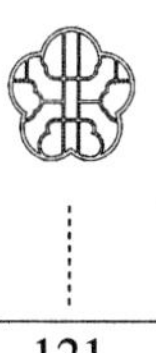

"新宫成，周五百丈，署曰昭明宫。开临硎、弯碕之门，正殿曰赤乌殿，后主移居之。"① 昭明宫"缀饰珠玉，壮丽过甚，破坏诸营，增广苑囿，犯暑妨农，官私疲怠"②。

孙皓在华林园所作新宫名昭明宫，宫苑有殿堂几十座，山上建楼阁，饰以珠宝，规模超过太初宫。

又大建西苑（池），即太子的园林，"太初宫西门外池，吴宣明太子所创，为西苑"。③《晋书·五行》中云："孙皓建衡三年，西苑言凤皇集，以之改元，义同于亮。"④

另建桂林苑。"《寰宇记》云：桂林苑，在县北落星山之阳。左太冲《吴都赋》云'数军实乎桂林之苑'，即此地也。"⑤

晋左思的《吴都赋》曰：

> 东西胶葛，南北峥嵘。房栊对棍，连阁相经。阍闼谲诡，异出奇名。左称弯崎，右号临硎。雕栾镂楶，青琐丹楹。图以云气，画以仙灵。

又曰：

> 高闱有闶，洞门方轨。朱阙双立，驰道如砥。树以青槐，亘以绿水。玄阴眈眈，清流亹亹。列寺七里，夹栋阳路。屯营栉比，解署棋布。横塘查下，邑屋隆夸。长干延属，飞甍舛互。

尽管宫苑豪侈，"缀饰珠玉，壮丽过甚"，但引水入园，终年碧波荡漾，楼台亭阁依山水而构筑，草木丰茂，体现了崇尚自然的山水园林特点。

① 〔唐〕许嵩：《建康实录》卷四，吴下后主。

② 《晋书·五行》上。

③ 〔唐〕许嵩：《建康实录》卷二。

④ 《晋书·五行》上。

⑤ 〔宋〕张敦颐：《六朝事迹编类·楼台门第四（亭馆附）》。

二、两晋宫苑美学

1.“孔方兄”拜物教——西晋

三国归（西）晋后获得短暂的统一。

西晋的开国皇帝司马炎，司隶校尉刘毅开玩笑称他不如汉末的桓、灵二帝，因为“桓帝、灵帝卖官，将钱纳入国库；陛下卖官，将钱装进私人的腰包”。

晋惠帝司马衷，是司马炎的嫡次子，在全国发生大饥荒、百姓饿死无数时，居然劝人吃肉糜，成为千古笑话。“钱神”使西晋统治者手中的权力发生畸变，完全成了敛财的工具。

西晋时，人们觉得：“淮海变微禽，吾生独不化。虽欲腾丹溪，云螭非我驾。愧无鲁阳德，回日向三舍。临川哀年迈，抚心独悲咤。”①“升天成仙”既然遥渺难及，现世享乐才触手可及。于是西晋“纲纪大坏，货赂公行，势位之家，以贵陵物，忠贤路绝，谗邪得志，更相荐举，天下谓之互市焉”。卖官买官，成为“市场”。

从皇帝到士族，贪婪成性，封锢山泽，占有大片土地和劳动力；生活奢靡，挥金如土，尽情自我享受；清谈之风甚炽，士人们手持玉如意，整天谈玄论道，洒脱旷达，追求率性与自由。

2. 尚简黜奢、尚自然而恶人工——东晋

偏安江左的东晋，在淝水战胜前秦，南方得以保持相对稳定的社会秩序，同时形成了“王与马，共天下”的门阀政治，并采纳了王导“抚绥新旧”即兼用南北士人的方针，相对协调的政治、经济格局，成为江南文化与中原文化、外来文化融合的基础，最终呈现出新的统一的文化格局，诞生了以“士族精神，书生气质”为审美核心的江南文化。江逌的《谏北池表》曰：

> 王者处万乘之极，享富有之大，必显明制度以表崇高，盛其文物以殊贵贱。建灵台，浚辟雍，立宫馆，设苑囿，所以弘于皇之尊，彰临下之义。前圣创其礼，后代遵其矩，当代之君咸营斯事……宜养以玄虚，守以无为，登览不以台观，游豫不以苑沼，偃息毕于仁义，驰骋极于六艺，观巍巍之隆，

① 〔晋〕郭璞：《游仙诗十九首》之四。

鉴二代之文，仰味羲农，俯寻周孔。①

东晋帝王园林奢华记载不多，受时代风雅的浸染、士人园林的影响，走向了高雅。

司马昱（320—372），字道万。檀道鸾的《续晋阳秋》：“帝弱而惠异，中宗深器焉。及长，美风姿，好清言，举心端详，器服简素，与刘惔、王蒙等为布衣之游。”② 令德雅望，有国之周公之誉。《晋书》卷九称他“履尚清虚，志道无倦，优游上列，讽议朝肆”。在桓温废司马奕后，立为帝。司马光等《资治通鉴·晋纪》载，“帝美风仪，善容止，留心典籍，凝尘满席，湛如也。虽神识恬畅，然无济世大略，谢安以为惠帝之流，但清谈差胜耳”。

简文帝司马昱善于清谈，史称“清虚寡欲，尤善玄言”，可谓名副其实的清谈皇帝，在他提倡下，东晋中期前玄学呈现丰饶的发展。

刘义庆《世说新语·言语》载，简文帝司马昱进华林园游玩，回头对随从说：“会心处不必在远，翳然林水，便自有濠濮间想也。觉鸟兽禽鱼，自来亲人。”司马昱看到幽林深水，环境清幽，鸟兽亲人，所以，让人心神舒畅，不一定非在远方，如隐士闲居之地，所以令简文帝想到了“濠濮”之乐。“濠濮间想”，源自《庄子·秋水》庄子与惠子（惠施）在濠水的桥上游玩观鱼时的对话，和庄子垂钓濮水之滨、楚大夫以高官厚禄请他出山，庄子持竿不顾两则故事。濠梁、濮水成为高人隐逸、闲居的代名词。“濠濮间想”进入了极高的审美境界，成为中国园林构景的不倦主题。

司马昱崇尚自然之美，尚简黜奢、尚自然而恶人工。

史载会稽王道子：“东第，筑山穿池，列树竹木，功用钜万……帝尝幸其宅，谓道子曰：‘府内有山，因得游瞩，甚善也。然修饰太过，非示天下以俭。’道子无以对，唯唯而已，左右侍臣莫敢有言。帝还宫，道子谓牙曰：‘上若知山是板筑所作，尔必死矣。’”③

“帝”即简文帝司马昱，他一向反对“华饰烦费之用”，所以批评其子“修

---

① 《晋书·江逌传》。

② 《艺文类聚》卷十三。

③ 《晋书·会稽文孝王道子传》。

饰太过”，假山以有若自然为宗，尤其反对“板筑”，板筑，板，夹板；筑，杵。筑墙时，以两板相夹，填土于其中，用杵捣实。就是人工筑山，耗费大而不自然。

三、南朝宫苑美学

南朝虽有宋、齐、梁、陈四朝更迭，但由于各朝多少采取过一些除旧布新的措施，社会进入相对稳定的时期。

六朝皇家宫苑奠基于东吴，发展于刘宋，鼎盛于萧梁时代。南朝的帝王宫苑，在布局和使用内容上既继承了汉代苑囿的某些特点，又增加了较多的自然色彩和写意成分，烟花春雨进一步柔化了江南文化，“诗性”遂成为“江南文化”最本质和与众不同的特征；自此确立了“外柔而内刚，以柔的面貌展示自己，以刚的精神自律自强”① 的江南文化品格。

皇家园林虽然依然追求“壮丽”“重威”的艺术境界，但因帝王个人品格的高下、艺术修养的差别，美学风格追求也不同，南朝宫苑呈现出雅俗不一的艺术格调。

“江南佳丽地，金陵帝王州。逶迤带绿水，迢递起朱楼。飞甍夹驰道，垂杨荫御沟。凝笳翼高盖，叠鼓送华辀。”②

包括孙吴和东晋、南朝，都建都于南京，成就了“六朝金粉”。

1. 清简寡欲，雕栾绮节——刘宋

如果说，东吴、东晋为南朝宫苑的奠基期，刘宋时代就是南朝皇家宫苑发展期。开国君主刘裕，为宫苑繁盛打下坚实的文化、经济基础。

刘裕本人虽然识字不多，但十分重视文化典籍的保护，据《建康实录·卷十一》载：“帝入长安，收其彝器、浑天仪、玉圭、指南车、记里鼓、秦汉大钟、魏铜蟠螭等，献于天子。”元嘉年间于建康立儒、玄、文、史四学馆；以后建康文论、史学等发展到高峰，无不凭借这些文献图籍。

刘裕也非常重视教育。永初三年（422）正月，下诏：“古之建国，教学为先，弘风训世，莫尚于此；发蒙启滞，咸必由之。”为巩固刘宋的统治，改善社

① 徐茂明：《论吴文化的特征及其成因》，载《学术月刊》1997 年第 8 期。

② 〔南朝〕谢朓：《入朝曲》。

会风气，奠定了良好的基础。

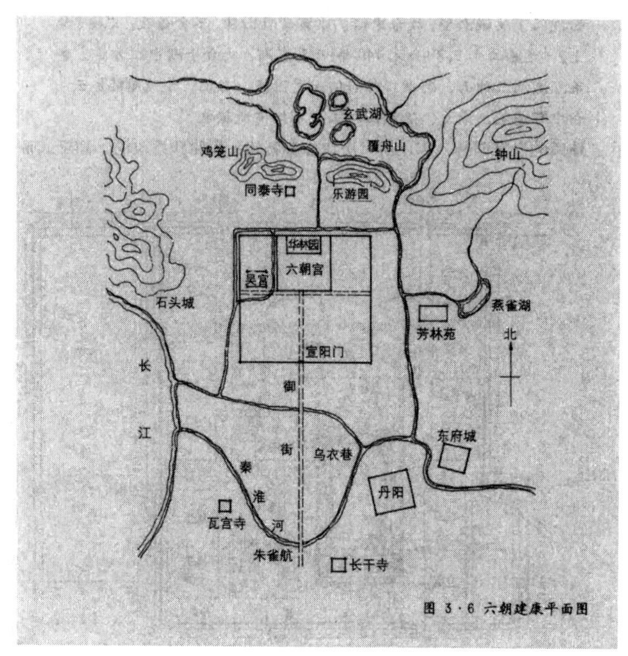

六朝建康平面图①

刘裕的个人生活“清简寡欲，严整有法度，未尝视珠玉舆马之饰，后庭无纨绮丝竹之音”“财帛皆在外府，内无私藏”。②

他本人穿着十分随便，连齿木屐，普通裙帽；住处用的是土屏风、布灯笼、麻绳拂。为了告诫后人知道稼穑艰辛，他在宫中摆放了年轻时耕田用过的耨耙之类的农具、补缀多层的破棉袄。在位期间没有修园林的记载，史书记载刘裕“车驾于华林园听讼”③，只办公事。

少帝刘义符，曾“兴造千计，费用万端，帑藏空虚，人力殚尽”“穿池筑观，朝成暮毁；征发工匠，疲极兆民”。“于华林园为列肆，亲自酤卖。又开渎聚土，以象破冈埭，与左右引船唱呼，以为欢乐。夕游天渊池，即龙舟而寝”④。

① 转引自周维权《中国古典园林史》2008 年版，清华大学出版社，第 145 页。

② 《宋书·武帝本纪》。

③ 《宋书·武帝本纪》。

④ 《宋书·少帝本纪》。

但刘义符很快被废，宋文帝刘义隆接位，开创了“内清外晏，四海谧如”的极盛局面，也是刘宋皇家园林量、质齐高的时代。

刘义隆幼年特秀，博涉经史，善隶书，史载其“聪明仁厚，雅重文儒，躬勤政事，孜孜无怠，加以在位日久，惟简靖为心。于时政平讼理，朝野悦睦，自江左之政，所未有也”。《南史·宋本纪》：“上好儒雅，又命丹阳尹何尚之立玄素学，着作佐郎何承天立史学，司徒参军谢元立文学，各聚门徒，多就业者。江左风俗，于斯为美，后言政化，称元嘉焉。”“三十年间，氓庶蕃息，奉上供徭，止于岁赋。晨出暮归，自事而已。”“民有所系，吏无苟得。家给人足，即事虽难，转死沟渠，于时可免。凡百户之乡，有市之邑，歌谣舞蹈，触处成群，盖宋世之极盛也。”

宋文帝巡行四方，观省风俗，尊老爱民，巡慰赈恤灾民，不见在园林中享乐的记载，而多勤政爱民、整饬吏治的记载。

元嘉二十三年（446），“是岁，大有年，筑北堤，立玄武湖，筑景阳山于华林园”①。大丰收之年，请张永为总设计师。

张永，吴郡吴人，张良后人。文武双全的能吏，所居皆有称绩。永既有才能，所在每尽心力。大明四年，立明堂，永以本官兼将作大匠。七年，为宣贵妃殷氏立庙，复兼将作大匠。史载：“永涉猎书史，能为文章，善隶书，晓音律，骑射杂艺，触类兼善，又有巧思，益为太祖所知。纸及墨皆自营造，上每得永表启，辄执玩咨嗟，自叹供御者了不及也。二十三年，造华林园、玄武湖，并使永监统。凡诸制置，皆受则于永……永既有才能，所在每尽心力，太祖谓堪为将……为宣贵妃殷氏立庙，复兼将作大匠。”② 宋元嘉中，玄武湖有黑龙见，因改玄武湖，立方丈、蓬莱、瀛洲三座神山（大致为今天的梁洲、菱洲和翠洲）于湖中，春秋祠之。同年“凿天渊池，造景阳楼”。

“宋元嘉中，以其地（晋药园）为北苑，更造楼观。后改为乐游苑。”苑内建有“正阳”和“林光”二殿，《寰宇记》云：其地在覆舟山南，去县六里。位于南京东北隅，其范围包括今九华山公园。石迈的《古迹编》曰：元嘉二十三年筑北堤，立玄武湖于乐游苑之北，湖中亭台四所。

---

① 《宋书·文帝本纪》。

② 《宋书·张茂度传》附录《张永传》。

宋孝武帝刘骏，“少机颖，神明爽发，读书七行俱下，才藻甚美，雄决爱武，长于骑射”。于玄武湖侧作大窦，通水入华林园天渊池，引殿内诸沟经太极殿，由东西掖门下注城南堑，故台中诸沟水常萦回不息。并巡江右，讲武校猎。还立皇后蚕宫于西郊，置大殿七间，又立蚕观。皇后亲桑；本人亲耕籍田，大赦天下等，也不失为有为君主。

在凤台山修“南苑”；“制度奢广，追陋前规，更造正光，玉烛、紫极诸殿。雕栾绮节，珠窗网户”；“立驰道，自阊阖门至于朱雀门，又自承明门至于玄武湖”。

刘宋的前废帝刘子业将外围府第城堡改作离宫别馆，以供皇家游宴。真是宋废帝“兼斯众恶，不亡其可得乎”！

2. 妙极山水，穷奇极丽——齐

齐虽然建国仅 23 年，却在六朝园林史上也不可不书上一笔。

齐高帝萧道成（427—482）出身“布衣素族”，以宽厚为本，提倡节俭。其子武帝继续其方针，使南朝出现了一段相对稳定发展的阶段。

齐武帝萧赜永明元年（483），因“望气者云，新林、娄湖、东府西有天子气。甲子，筑青溪旧宫，作新娄湖苑以厌之”，极为崇丽。

《寰宇记》云：芳林苑一名桃花园。原为齐高帝萧道成旧居，改旧居为青溪宫，筑山凿池，设芳林苑，饮宴游乐其中。在府城之东，秦淮大路北。位于古湘宫寺前，近青溪中桥（青溪即今日竺桥）。

齐永明五年（487）“冬十月，初起新林苑”①，以临新林浦，得名新林苑。位于今南京雨花台区板桥街道境内。新林河，即今板桥河。旧志称，有小水源出牛首山，西流入长江，古名新林浦，亦名新林港。

建于齐建武三年（496）的芳乐苑，苑内出现了跨池水而建的紫阁等新的建筑形式。

文惠太子萧长懋是齐武帝萧赜的长子，先于武帝去世，未能实际继承皇位。死后被谥为文惠。其子萧昭业继位后，追尊为文帝，庙号世宗。

萧长懋解声律，工射，善立名尚，礼接文士，聚集文学之士于东宫，如范云、沈约等，《梁书·沈约传》称“时东宫多士，约特被亲遇，每直入见，影斜

① 《南史·齐本纪》。

方出”。萧长懋性颇奢丽，宫内殿堂，皆雕饰精绮。性爱山水，开拓玄圃园与台城北堑，玄圃园地势较高，因与台城北堑等（高度相等）。其中起土山、池、阁、楼、观、塔宇，穷奇极丽，费以千万，多聚异石，妙极山水。有明月观、宛转廊、徘徊桥等，又聚叠奇石，后池可泛舟。“虑上宫望见，乃傍门列修竹，内施高鄣。造游墙数百间，施诸机巧：宜须障蔽，须臾成立，若应毁撤，应手迁徙”①。园中还建“茅斋”一所，并请工于卫恒散隶书法的名士周颙书其壁。周颙其人“清贫寡欲，终日长蔬食。虽有妻子，独处山舍”，然“音辞辩丽，出言不穷，宫商朱紫，发口成句”②。

萧长懋同母弟竟陵王萧子良，玄、儒、佛兼容。与萧长懋俱好释氏，立六疾馆以养穷人。萧子良的《行宅诗序》云：“余禀性端疏，属爱闲外。往岁羁役浙东，备历江山之美，名都胜境，极尽登临；山原石道，步步新情；回池绝涧，往往旧识。以吟以咏，聊用述心。”颇有玄风遗韵。《游后园》诗中有“丘壑每淹留，风云多赏会”为传世之名句。自然山水意识铸合成审美心理结构，体现了自然山水意识的觉醒。

齐明帝萧鸾在任期间长期深居简出，要求节俭，停止边地向中央的进献，并且停止不少工程。“罢武帝所起新林苑，以地还百姓。废文惠太子所起东田，斥卖之。”③ 建武二年（495）冬十月“诏罢东田，毁兴光楼”。

明帝萧鸾驾崩，第二子萧宝卷于499年继位，时年16岁，最后降为东昏侯。他以昏庸荒淫“留名”于史。宫苑之侈，以其为最。后宫遭火之后，“于是大起诸殿，芳乐、芳德、仙华、大兴、含德、清曜、安寿等殿，又别为潘妃起神仙、永寿、玉寿三殿，皆匝饰以金壁……涂壁皆以麝香，锦幔珠帘，穷极绮丽。絷役工匠，自夜达晓，犹不副速，乃剔取诸寺佛刹殿藻井、仙人、骑兽以充足之。武帝兴光楼上施青漆，世人谓之‘青楼’。帝曰：‘武帝不巧，何不纯用琉璃’”。④ 装点黄金白玉之类，极尽奢华之能事。

苑内多种好树美竹，天时盛暑，未及经日，便就萎枯。“死而复种，率无一

① 《南齐书·文惠太子传》。

② 《南齐书·周颙传》。

③ 《南史·齐本纪》卷五。

④ 同上。

生。于是征求人家，望树便取，毁撤墙屋，以移置之。”① 倒行逆施，违反树木生长规律，且于城里城外大肆搜刮民间良树嘉卉。

东昏侯“又于苑中立市，太官每旦进酒肉杂肴，使宫人屠酤。潘氏为市令，帝为市魁，执罚，争者就潘氏决判”②。百姓为此编了个民间小调：“阅武堂，种杨柳，至尊屠肉，潘妃酤酒。”

“（东昏侯）又凿金为莲华（花）以帖地，令潘妃行其上，曰：‘此步步生莲华（花）也。’”③ 亵渎了佛教步步生莲的神圣意义。

3. 天籁清音，肆意酣歌——萧梁

萧梁是六朝宫苑的鼎盛期。

梁武帝为萧道成的族弟萧衍（464—549），为取得士族地主的支持，容许士族参政，保证他们的特权，同时选拔庶族地主掌权以控制实权。萧衍一再诏令招募流民垦荒，减轻租赋，发展农业生产。在他统治的40多年间，社会比较安定，为南方经济文化的发展创立了良好的环境。

萧衍在位时继承扩建了华林园、乐游苑、玄圃园、芳乐苑等园林，在齐东宫的基础上，凿九曲池、立亭馆，还建了“江潭苑”“兴苑”“方山苑”等。

萧梁时政治家、史学家、文学家裴子野作《游华林园赋》：

> 正殿则华光弘敞，峨重台则景阳秀出。赫奕翚焕，阴临郁律。绝尘雾而上征，寻云霞而蔽日。经增城而斜趣，有空峨之石室。在盛夏之方中，曾匪风而自慄。溪谷则沱潜派别，峭峡则险难壁立。积峻寠，溜（疑脱二字）阑干。草石苔藓，较荦丛攒。既而登望徙倚，临远凭空，广观遨听，靡有不通。④

江潭苑，亦名王游苑。《建康实录》卷十七，萧梁大同九年（543）“置江潭苑，去县二十里”。《舆地志》：“武帝自新亭凿渠，通新林浦，又为池，开大道，立殿宇，亦名王游苑，未成而侯景乱。”

① 《南史·齐本纪下·废帝东昏侯》。
② 《南齐书·本纪·东昏侯》。
③ 《南史·齐本纪下·废帝东昏侯》。
④ 《艺文类聚》卷六十五。

建兴苑。天监四年（505）二月，“立建兴苑于秣陵建兴里”①。

湘东苑，是梁元帝萧绎未即帝位为湘东王之时，在他的封地首邑江陵的子城中建所筑，或倚山，或临水，借景园外，置景有精心布划。苑内穿池构山，长数百丈。山有石洞，入内可宛转潜行200多步，叠山技艺水平已经不一般。

> 穿池构山，长数百丈，植莲蒲，缘岸杂以奇木。其上有通波阁，跨水为之。南有芙蓉堂，东有禊饮堂，堂后有隐士亭，亭北有正武堂，堂前有射堋、马埒。其西有乡射堂，堂前行堋，可得移动。东南有连理堂，堂𣗳生连理……北有映月亭、修竹堂、临水斋。斋前有高山，山有石洞，潜行委宛二百余步。山上有阳云楼，楼极高峻，远近皆见。北有临风亭、明月楼。②

湘东苑池沿岸种植莲荷，岸边杂以奇木。建筑物有跨水而过的通波阁，高踞山巅的阳云楼。园林中还出现了可以移动的建筑，如湘东苑中有芙蓉堂、隐士亭、映月亭、修竹堂、临水斋等，并备有移动式“行堋”的乡射堂（堂前有射堋和马埒，以供骑射）。

梁武帝萧衍长子昭明太子萧统（501—531），史载他“生而聪叡，三岁受《孝经》《论语》，五岁遍读五经，悉能讽诵”，著有文集20卷，又撰古今典诰文言为正序10卷，五言诗之善者为《英华集》20卷，又引纳才学之士，选编了当时最优秀的文学选本《文选》30卷，以“事出于沉思，义归乎翰藻”为标准，主张文质并重，鉴赏力也与士人一致，史载他“性爱山水，于玄圃穿筑，更立亭馆，与朝士名素者游其中。尝泛舟后池，番禺侯轨盛称‘此中宜奏女乐’。太子不答，咏左思《招隐诗》曰：‘何必丝与竹，山水有清音。’侯惭而止”。

他将建于齐的玄圃进行改建，于园中建亭馆、凿善泉池，位于今玄武湖边的最西南角，古城墙的拐角处。

萧统追求的是山水清音，而不是低级的感官之欲，与名士审美无二。至今常熟虞山东南麓还存有萧明太子读书台，布局顺山势高下，有焦尾泉、摩崖石刻诸胜。

① 《南史·梁武帝本纪》。

② 《渚宫旧事·补遗》。

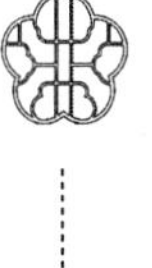

《南史·梁宗室》记载南平元襄王伟，字文达，“性端雅，持轨度。少好学，笃诚通恕。趋贤重士，常如弗及，由是四方游士、当时知名者莫不毕至”。

齐世，青溪宫改为芳林苑。天监初，赐伟为第。增植又加穿筑，果木珍奇，穷极雕靡，有侔造化。立游客省，寒暑得宜，冬有笼炉，夏设饮扇，每与宾客游其中，命从事中郎萧子范为之记。梁蕃邸之盛无过焉。

“游客省”是特设的园林管理机构，每次活动，有从事中郎萧子范作记。游览方式也很浪漫惬意，萧悫有《奉和初秋西园应教》诗：“池亭三伏后，林馆九秋前。清泠间泉石，散漫杂风烟。蕖开千叶影，榴艳百枝然。约岭停飞旆，凌波动画船。”①

南平元襄王伟之子恭，字敬范，“而性尚华侈，广营第宅，重斋步阁，模写宫殿。尤好宾友，酣宴终辰，坐客满筵，言谈不倦。时元帝居蕃，颇事声誉，勤心著述，卮酒未尝妄进。恭每从容谓曰：‘下官历观时人，多有不好欢兴，乃仰眠床上，看屋梁而著书，千秋万岁，谁传此者。劳神苦思，竟不成名。岂如临清风，对朗月，登山泛水，肆意酣歌也’”②。

《南史·梁宗室上》上记载：临川靖惠王宏“纵恣不悛，奢侈过度，修第拟于帝宫，后庭数百千人，皆极天下之选”，“性好内乐酒，沉湎声色，侍女千人，皆极绮丽”。史载，萧梁皇家园林还有兰亭苑、玄洲苑等。

4. 盛修宫室，服玩瑰奇——陈

陈武帝陈霸先及文帝陈茜、宣帝陈顼，都重视奖励流民垦荒，减轻农民租役负担，发展农业生产。经过20多年的治理，遭受梁宋战争破坏的南方经济又得到了恢复和发展。

陈武帝以“侯景之平也，太极殿被焚……构太极殿”③。“（天嘉中）盛修宫室，起显德等五殿，称为壮丽”④。

陈后主陈叔宝，才情过人，但穷奢极欲，荒淫堪与东昏侯相类，玩得稍微文雅一点。“此风雅帝王燕居之建筑，殆重在质而不在量者也。”⑤《陈书·后妃传》卷七：

① 见《初学记》三、《文苑英华》百七十九、《锦绣万花谷后集》萧悫诗。

② 《南史·梁宗室下》。

③ 《南史·陈本纪》。

④ 《隋书·五行志》。

⑤ 梁思成：《中国建筑史》第四章，百花文艺出版社1998年版。

（陈后主）至德二年，乃于光照殿前起临春、结绮、望仙三阁。阁高数丈，并数十间，其窗牖、壁带、悬楣、栏槛之类，并以沉檀香木为之，又饰以金玉，间以珠翠，外施珠帘，内有宝床、宝帐、其服玩之属，瑰奇珍丽，近古所未有。每微风暂至，香闻数里，朝日初照，光映后庭。其下积石为山，引水为池，植以奇树，杂以花药。

据《南部烟花记》记载：

陈后主为张丽华造桂宫于光昭殿后，作圆门如月，障以水晶。后庭设素粉罘罳（网），庭中空洞无他物，惟植一桂树。树下置药杵臼，使丽华恒驯一玉兔。丽华被素袿裳，梳凌云髻，插白通草苏朵子，靸玉华飞头履。时独步于中，谓之月宫。帝每入宴乐，呼丽华为“张嫦娥”。

荒淫的陈后主为宠妃设计的月宫圆月门，开了园林门洞设计的法门。

圆门如满月（网师园）

四、北朝宫苑美学

西晋末年，北方先后出现五胡十六国。北朝十六国之一的后赵和鲜卑慕容氏所建立的后燕，所建宫观也很奢华。

1. 金装银饰——后赵

后赵（319—352）羯族石勒所建，都襄国（今河北邢台），后迁邺（今河北临漳县西）。盛时疆域有今河北、山西、陕西、河南、山东及江苏、安徽、甘肃、辽宁的一部分。

后赵武帝石虎为明帝石勒堂侄，性奢侈，骄淫残暴。咸康二年（336）石虎在襄国建造太武殿，台基用有纹理的石块砌成。用漆涂饰屋瓦，用金子装饰瓦当，用银装饰楹柱，珠帘玉壁，巧夺天工。宫殿内安放白玉床，挂着流苏帐，造金莲花覆盖在帐顶。

据陆翙《邺中记》记载，石虎在邺城（今河北临漳县）所建华林苑，连亘数十里，苑中三观四门，其中三门通漳水。

2. 崇简尚朴——北魏

《洛阳伽蓝记》记载的仅有西游园和华林园，大多系旧园改建，崇简尚朴，较当时的私家园林规模小、建筑多而不奢华。

孝文帝节俭，北魏的都城是在晋末“八王之乱”后魏晋旧城址上重建，园林亦仅改造前朝遗园，更重实用。

华林园是在魏晋华林园的基础上重建，园内设施大多因循旧园。据《洛阳伽蓝记》载，北魏高祖时，拟华林园中的“天渊池”为大海，就池中文帝所筑九华台上，造了清凉殿。世宗又在海内造蓬莱山，山上有“仙人馆，上有钓鱼殿……海西南有景山殿。山东有羲和岭，岭上有温风室。山西有姮娥峰，峰上有露寒馆。并飞阁相通，凌山跨谷。山北有玄武池，山南有清暑殿，殿东有临涧亭，殿西有临危台”。这种“临危台”，一般设置在峰巅危崖之上，是个观景台，可以登高四顾，遍览美景。

华林园景阳山南有大片果园，称为百果园，百果园内“果列作林，林各有堂”，其中枣和桃负有盛名。西游园，即东汉、曹魏留下的“西苑”，仅仅改一名称而已。基于实用，将西游园与寝宫相连，方便了皇室人员的日常生活，使之来到园中，犹在宫中，工作、用餐、夜宿都不耽误。这影响到唐宋园林的寝宫布局。

3. 备山水台观之丽——北齐、后燕

北齐武成帝时，又增饰，“若神仙居所”，改称仙都苑。又于仙都苑内“别起玄洲苑，备山水台观之丽”。《历代宅京记·邺下》载：

玄洲苑、仙都苑，苑中封土为五岳，五岳之间，分流四渎为四海，汇为大池，又曰大海。海池之中为水殿。其中岳嵩山北，有平头山，东西有轻云楼，架云廊十六间。南有峨嵋山，山之东头有鹦鹉楼，其西有鸳鸯楼。北岳南有玄武楼，楼北有九曲山，山下有金花池，池西有三松岭。次南有凌云城，西有陛道名通天坛。大海之北，有飞鸾殿。其南有御宿堂。其中有紫微殿，宣风观、千秋楼，在七盘山上。又有游龙观、大海观、万福堂、流霞殿、修竹浦、连壁洲、杜若洲、蘼芜岛、三休山。西海有望秋观、临春观，隔水相望。海池中又有万岁楼。北海中有密作堂，贫儿村，高阳王思宗城，已上并在仙都苑中。

后燕（384—407）光始三年（403）五月，于龙城（今辽宁朝阳）城外“大筑龙腾苑，广袤十余里，役徒二万人。起景云山于苑内，基广五百步，峰高十七丈。又起逍遥宫、甘露殿，连房数百，观阁相交。凿天河渠，引水入宫。又为其昭仪苻氏凿曲光海、清凉池。季夏盛暑，士卒不得休息，暍死者太半”①。

第二节　三国魏晋南北朝私家园林美学

私家园林在魏晋南北朝时期遍地开花，出现了以贵族官僚为代表的争逐豪奢、崇尚华丽的贵族私园和以士族文人、名士为代表的怡悦情性、傲啸泉石的私家园林。

私园有岩栖、山居、丘园、城傍等四种形式：“古巢居穴处曰岩栖：栋宇居山曰山居；在林野曰丘园；在郊郭曰城傍。”② 大多是建在郊外、与庄园相结合的别墅园，但也有“聚石蓄水，仿佛丘中”“有若自然”的城市山林。

东晋王康琚写《反招隐》诗，提出了“小隐隐陵薮，大隐隐朝市”两大隐居方式。

私家园林文化精神，后世惯用“魏晋风度”一言以蔽之，实际上，魏晋风

① 《晋书·慕容熙载记》。

② 〔南朝〕谢灵运：《山居赋序》，见《宋书·谢灵运传》。

度作为一种人格风范，随着精神气候的变化，正始的药、竹林的酒，爱美癖和狷狂，至六朝，继承中又悄然衍化为风流尚雅、审美潇洒，共同点是对山水的钟爱。

一、“点缀”奢靡　“雅化”恶俗——西晋

三国时期士大夫宅第中有无园林，史载皆语焉不详。

同治《苏州府志》云：“笮家园在保吉利桥南，古名笮里，吴大夫笮融所居。”笮融是汉献帝时的大夫，笮融宅第规模如何，能否称园，史无记载，清代府志称其为“园”不可遽信。

苏州城今桃花坞地区，曾有张长史植桑之地，并葬有张平子的衣冠墓、建有张平子庙。但“长史”仅为官名，秦始置，汉相国、丞相，后汉太尉、司徒、司空、将军府各有长史，职责不详，张长史究属何人，史载不明。仅见宋熙宁间（1068—1077）梅宣义所撰碑志记载：“汉长史治桑于此，园以是名。”张长史时并不称园，主要具备生产功能而不是审美功能。

陆绩宅，位于临顿里，门有郁林石，即后人称为廉石者。史书记载，三国时期，郁林太守陆绩为官刚直不阿，肃贪拒贿，两袖清风。任满罢归，空舟而返苏州故里，船轻不胜浪，无奈只得载巨石压船，以助航行。陆绩宅内不可能有花园，美在宅前的“郁林石”，石本身美丑不论，这里是为官清廉的象征，成为人民寄寓情感的载体，开以石“比德”的先声。

汉时还将古吴国圈养禽畜带有自然经济功能的“囿”，改成了以游赏为主的园。《越绝书》载：“桑里东，今舍西者，故吴所畜牛、羊、豕、鸡也，名为牛宫，今以为园。”这个“园”应该属于东汉官府。在有一定的园林基础的旧址上构园，也成为后世苏州园林的惯例。

山水之乐在西晋风靡，但并非真正去欣赏山水“真趣”，相反是对奢靡生活的“点缀”，对炫富恶俗生活的“雅化”。

皇亲国戚和士族在“占田制”的庇护下，占有欲空前膨胀。政治上有势力的高门纷纷占有国有的稻田，史称“官稻田”。如王济（王武子）买地做跑马场，地价是用绳子穿着钱围着跑马场排一圈。

大司马石苞的儿子石崇，家世显赫，本人又做过荆州刺史，让部下扮成蒙面大盗“江贼”，在长江中专抢富商大贾，累积了无法估计的财富。石崇曾说：

“作为一个士人，就应该让自己富贵。”皇亲西阳王司马羕，他叫手下冒充大别山区的“蛮人”，在长江中当“江贼”，被武昌太守陶侃（陶渊明的曾祖父）逮个正着。

社会上盛行炫富、斗富之恶习，皇帝及皇亲国戚都参与其中。《世说新语·汰侈》记载数则炫富、斗富之例。

如石崇与王恺争豪；王君夫用麦芽糖和饭来擦锅，石季伦用蜡烛当柴火做饭。王君夫用紫丝布做步障，衬上绿缕里子，长达20公里；石季伦则用锦缎做成长达25公里的步障来和他抗衡。石季伦用花椒来刷墙，王君夫则用赤石脂来刷墙等。有一次：

> 武帝尝降王武子家，武子供馔，并用琉璃器。婢子百余人，皆绫罗绔褶，以手擎饮食。烝豚肥美，异于常味。帝怪而问之，答曰：“以人乳饮豚。”帝甚不平，食未毕，便去。

晋武帝曾经到王武子家里去，武子设宴侍奉，不仅用的全是琉璃器皿，而且蒸的又肥嫩又鲜美的小猪，竟是用人乳喂养的，连武帝都没有想到，心里非常不满意，没有吃完，就走了。

西晋的学术界也为权、名、利而蝇营狗苟，还讲究门第、自命清高，将“谈玄”变成“清谈”“信口雌黄”，完全不把国家命运、民生安危放在心上，虚骄浮夸成为西晋官场的风气。

庄园已经由汉代宗族的聚栖之地演变成为人生的享乐之所。张彧的《答何劭诗》中曰：“自昔同寮寀，于今比园庐。”士大夫偏重追求物欲，在自己的“园庐”要求得到全方位的享受，“恣耳之所欲听，恣目之所欲视，恣鼻之所欲向，恣口之所欲言，恣体之所欲安，恣意之所欲行”①。

首屈一指的是石崇，他有两大别墅，一在河阳，一在河南县内的金谷涧中。

金谷园，一称河阳别业，是建于郊外的别墅园，位于洛阳城西十三里金谷涧中，有金水自太白原流经此谷，称为金谷水。石崇因川谷西北角，筑园与金墉城，随地势高低筑台凿池，楼榭亭阁，高下错落，金谷水萦绕穿流其间。

---

① 〔晋〕张湛注、杨伯峻集释：《列子集释》，中华书局1979年版，第222页。

郦道元的《水经注》谓其“清泉茂树，众果、竹、柏、药草备具”，金谷园是当时全国最美丽的花园。每当阳春三月，风和日暖，梨花泛白，桃花灼灼，柳绿袅袅，百花争艳，鸟啼鹤鸣，池沼碧波，楼台亭榭，交相辉映，犹如仙山琼阁。

石崇的《思归引》也说“清渠激，鱼彷徨，雁惊溯波群相将”。

石崇肥遁于金谷园，“终日周览乐无方”，他自述曰：

> 余少有大志，夸迈流俗，弱冠登朝，历位二十五年。年五十，以事去官。晚节更乐放逸，笃好林薮，遂肥遁于河阳别业。其制宅也，却阻长堤，前临清渠。柏木几于万株，流水周于舍下，有观阁池沼，多养鱼鸟。家素习技，颇有秦赵之声。出则以游目弋钓为事，入则有琴书之娱。又好服食咽气，志在不朽，傲然有凌云之操……困于人间烦黩，常思归而永叹。①

《思归引》：“思归引，归河阳，假余翼，鸿鹤高飞翔。经邙阜，济河梁，望我旧馆心悦康。”

元康六年（296），“穷奢极欲”的石崇在金谷园举行盛宴，邀集苏绍、潘岳等30位“望尘之友”②，石崇作《金谷诗序》叙其事：

> 余以元康六年，从太仆卿出为使，持节监青、徐诸军事、征虏将军。有别庐在河南县界金谷涧中，去城十里，或高或下，有清泉茂林，众果、竹、柏、药草之属，金田十顷，羊二百口，鸡猪鹅鸭之类，莫不毕备。又有水碓、鱼池、土窟，其为娱目欢心之物备矣。时征西大将军、祭酒王诩当还长安，余与众贤共送往涧中，昼夜游宴，屡迁其坐。或登高临下，或列坐水滨。时琴、瑟、笙、筑，合载车中，道路并作。及住，令与鼓吹递奏。遂各

① 〔晋〕石崇：《思归引并序》，见《全晋文》卷三三、《文选》卷四五。

② 惠帝时，贾谧专权，当时文人多投其门下，石崇结诗社，潘岳、左思、陆机、陆云、刘琨诸人皆在其中，史称“金谷二十四友”，朝夕游于园中。《晋书·潘岳传》说他“与石崇等谄事贾谧，每候其出，与崇望尘而拜”；另据《晋书·石崇传》他们望尘而拜的对象还有“广成君”即贾充夫人郭槐——她本是贾谧的外祖母，因为贾谧后来入嗣贾充为孙，所以她也可以说是贾谧的祖母。

赋诗，以叙中怀。或不能者，罚酒三斗。感性命之不永，惧凋落之无期，故具列时人官号、姓名、年纪，又写诗著后。后之好事者，其览之哉！凡三十人……①

潘岳的《金谷集作诗》写园中勃勃生机：

回溪萦曲阻，峻阪路威夷。绿池泛淡淡，青柳何依依。滥泉龙鳞澜，激波连珠挥。前庭树沙棠，后园植乌椑。灵囿繁若榴，茂林列芳梨。

既有果木繁花，又有"咬咬春鸟鸣"，真的是花香鸟语，景色宜人。游园时，还有人工乐队："扬桴抚灵鼓，箫管清且悲！"

他们"登云阁，列姬姜，拊丝竹，叩宫商，宴华池，酌玉觞"，此文酒之会除了肉食者的禊饮、欢宴外，还有系列文化活动，如歌舞、登高、游赏、文会等属于雅玩的文化活动方式。

可见，金谷园寓人工山水于天然山水之中，是集生活、游赏和生产于一体的庄园式园林，主体内容多士大夫们享乐人生的各种活动。

潘岳在"洛之涘"的庄园，背向京城靠近伊水，面对郊外，背后是市区。他写有《闲居赋》，赋的序中写其仕途的不得意：

于是退而闲居，于洛之涘。身齐逸民，名缀下士。陪京溯伊，面郊后市。浮梁黝以径度，灵台杰其高峙。窥天文之秘奥，究人事之终始……

庶浮云之志，筑室种树，逍遥自得，池沼足以渔钓，舂税足以代耕；灌园鬻蔬，以供朝夕之膳；牧羊酤酪，以俟伏腊之费。"孝乎惟孝，友于兄弟"，此亦拙者之为政也。

庄园东边有环形水沟的明堂，十分清静，周围有树林回环映带，回流的泉水在其中流淌。

各种果树靡不毕植，连绵的杨柳与池沼交相辉映，四周绿树成荫，鱼儿在池

① 《金谷诗序》，《全晋文》卷三三。

中畅游，水声潺潺，含苞待放的荷花四处铺展开来，草木茂郁，珍奇美好的果实参差不齐。

在气候宜人的春秋时节，“太夫人乃御版舆，升轻轩，远览王畿，近周家园。席长筵，列孙子，柳垂阴，车结轨，陆擿紫房，水挂赪鲤。或宴于林，或禊于汜。昆弟斑白，儿童稚齿。称万寿以献觞，咸一惧而一喜。寿觞举，慈颜和，浮杯乐饮，丝竹骈罗，顿足起舞，抗音高歌。人生安乐，孰知其他”。

虽亦有敬贤尊长的活动，但主要是享受家庭中的天伦之乐，作为人生享受的一个部分。

西晋士人祸福难料，士大夫们已经没有儒家“朝闻道，夕死可矣”的使命感和社会价值感，基于社会的残酷、险恶，生命的脆弱、短促，人生的难得、珍贵，心情苦闷，焦虑不安，出于对个体生命的重视，故而摆不脱功名利禄的诱惑，排不开对社会的依赖情感，故纵情人生享乐，使庄园成了“千乘嬉宴之所”，当然，他们在山水园林中享受“逸兴野趣”时，依然夹杂着浓重的生命悲情，豪华园林金谷园主石崇，“感性命之不永，惧凋落之无期”①。

正如罗宗强所言：山水游乐不过是西晋士人生活的“点缀”，“音乐与诗与山水的美，只是这种生活的点缀，使这种本来过于世俗（甚至是庸俗）的生活得到雅化，带些诗意。或者可以说，这是世族豪门对于他们身份的一种体认。他们似乎觉察到他们的优越感里，除了荣华富贵之外，还应该增加一点什么，还应该在文化上有一种优于寒素的地方。因之，他们除了斗富之外，便有了诗、乐和山水审美”②。

在西晋士人恶俗的山水审美中，也有左思这类寒族士人发出的“山水有清音，非必丝与竹”微弱呼声。

“九品中正制”到了西晋已出现“上品无寒门，下品无势族”的门阀政治，“郁郁涧底松，离离山上苗。以彼径寸茎，荫此百尺条”，出身寒微的左思，虽然为文“辞藻壮丽”，却无进身之阶。怀才不遇的左思歌颂着“山水有清音，非必丝与竹”，要“振衣千仞冈，濯足万里流”，去山里隐居。

---

① 〔晋〕石崇：《金谷诗序》，《全晋文》卷三三。

② 罗宗强：《玄学与魏晋士人心态——山水怡情与山水审美意识的发展》，天津教育出版社2005年版，第243、244页。

西晋时确实有很多文人逃入深山，住土穴，进树洞，或依树搭起窝棚作居室。如：

夏统，字仲御，会稽永兴人也。幼孤贫，养亲以孝闻，睦于兄弟，每采梠求食，星行夜归，或至海边，拘螊蛾以资养。雅善谈论。宗族劝之仕，谓之曰："卿清亮质直，可作郡纲纪，与府朝接，自当显至，如何甘辛苦于山林，毕性命于海滨也！"统悖然作色曰："诸君待我乃至此乎！使统属太平之时，当与元凯评议出处；遇浊代，念与屈生同污共泥。若污隆之间，自当耦耕沮溺，岂有辱身曲意于郡府之间乎！闻君之谈，不觉寒毛尽戴，白汗四匝，颜如渥丹，心热如炭，舌缩口张，两耳壁塞也。"言者大惭。统自此遂不与宗族相见。①

后统归会稽，竟不知所终。

二、寄情山水　东山丝竹——东晋

"王与马，共天下"的东晋士族豪门，在政治、经济和文化上领袖群伦。

"有晋中兴，玄风独振"。② 玄学带来了求真、求美、重情性、重自然的社会风气及人生价值观念，诱导士人以一种真正超功利的、个体生存的审美态度，形成诗意化的审美人生，直接将审美的态度引进现实生活，"美向生活播撒"，他们不再像西晋士人那样单纯追求感官享受、物欲需求，而是追求精神逍遥遨游，细腻地品味着生活：谈玄说佛、品评人物、啸傲山林……将自然审美化、生活情趣高雅化、日常生活艺术化和审美化，追求那种具有魅力和影响力的人格美。

看惯了铁马秋风的东晋士族，"一旦踏进山明水秀的江南，风流儒雅的江南，你可以想象他是怎样的惊喜"③：

"顾长康从会稽还，人问山川之美，顾云：'千岩竞秀，万壑争流，草木蒙笼其上，若云兴霞蔚。'"

---

① 《晋书·隐逸传》。

② 《宋书·谢灵运传》。

③ 闻一多著，方建勋编：《回望故园》，北京大学出版社 2010 年版，第 178 页。

“王司州至吴兴印渚中看，叹曰：‘非唯使人情开涤，亦觉日月清朗。’”①

王羲之在去官后，“与东土人士尽山水之游，弋钓为娱……穷诸名山，泛沧海，叹曰‘我卒当以乐死。’”②

“王子敬云：‘从山阴道上行，山川自相映发，使人应接不暇。若秋冬之际，尤难为怀。’”③

……

美学家宗白华先生也这样说：“晋人向外发现了自然，向内发现了自己的深情。山水虚灵化了，也情致化了。”④

自然山水之美的发现，为士人的生活开辟了新的境界。东晋的名士可以非常堂皇地在大自然山水中“游目骋怀”，体悟生命，享受人生。

他们在江南佳山秀水之处求田问舍、经营庄园的活动：

> 羲之雅好服食养性，不乐在京师，初渡浙江，便有终焉之志。会稽有佳山水，名士多居之。谢安未仕时亦居焉。孙绰、李充、许询、支遁等皆以文义冠世。并筑室东土，与羲之同好。⑤

庄园别墅既能充分地自给自足，凡生活之需应有尽有，并刻意于对山水的选择，而且讲究庄园建筑与山川的“兼茂”，得“周圆之美”，使之成为“幽人息止之乡”。

谢安在会稽东山有一个令他不忍离去的庄园，“安先居会稽，与支道林、王羲之、许询共游处。出则渔弋山水，入则谈说属文，未尝有处世意也。”⑥

“安纵心事外，疏略常节，每畜女妓，携持游肆也。”⑦ 谢安爱散发岩阿，性

① 〔南朝〕刘义庆：《世说新语·言语》。

② 《晋书·王羲之传》卷八十。

③ 〔南朝〕刘义庆：《世说新语·言语》。

④ 宗白华：《论〈世说新语〉和晋人的美》，见《美学散步》，上海人民出版社 1981 年版，第 215 页。

⑤ 《晋书·王羲之传》。

⑥ 〔南朝〕刘义庆：《世说新语·雅量》引《中兴书》。

⑦ 〔南朝〕刘义庆：《世说新语·识鉴》引《宋明帝文章志》。

好音乐，陶情丝竹，欣然自乐，甚至“期功之惨，不废妓乐”①。难怪谢安直到四十多岁才不得已入朝为官，即使位极人臣依然解不开他的庄园情结，又在建康“土山营墅，楼馆林竹甚盛，每携中外子侄往来游集，肴馔亦屡费百金”。

纪瞻（253—324），字思远，丹阳秣陵（今江苏南京）人。东晋初年名士、重臣。出身世宦家族，为江南士族代表之一。与顾荣、贺循、闵鸿、薛兼并称“五俊”。西晋时历任大司马东阁祭酒、鄢陵相等职，后弃官返乡。立宅于乌衣巷，馆宇崇丽，园池竹木，有足赏玩。

南方吴姓士族受侨居大姓的控制，在政权中不占主导地位，但其代表家族如吴郡的顾、陆、朱、张，也在东晋政权中分得了一杯羹。据《抱朴子》记载，苏州顾陆朱张四大姓的庄园，都是“僮仆成军，闭门为市，牛羊掩原隰，田池布千里”，“金玉满堂，伎妾溢房，商贩千艘，腐谷万庾”。顾氏为四大家之一，顾辟疆官郡功曹、平北参军，性高洁。“顾辟疆园”，当时号称“吴中第一私园”，以美竹闻名，文徵明的《顾荣夫园池》用“水竹人推顾辟疆”称美，也有“怪石纷相向”。辟疆园已经属于家宅中的园林了。②

旷达真率的审美行为，也为名士“风流”的表现：

出身于天师道世家的王献之，酷爱竹子，《世说新语·任诞》：“王子猷尝暂寄人空宅住，便令种竹。或问：‘暂住何烦尔？’王啸咏良久，直指竹曰：‘何可一日无此君？’”《世说新语·简傲》又载：

> 王子猷尝行过吴中，见一士大夫家极有好竹。主已知子猷当往，乃洒埽施设，在听事坐相待。王肩舆径造竹下，讽啸良久。主已失望，犹冀还当

① 《晋书·王坦之传》。

② 〔宋〕龚明之：《中吴纪闻》卷一引唐陆羽诗，上海古籍出版社1986年版。据《世说新语》称，时为中书令的王献之，高迈不拘，风流为一时之冠，他“自会稽经吴，闻顾辟疆有名园，先不识主人，径往其家，值顾方集宾友酣燕。而王游历既毕，指麾好恶，旁若无人。顾勃然不堪曰：‘傲主人，非礼也！以贵骄人，非道也！失此二者，不足齿（人）之伧耳！’便驱其左右出门。王独在舆上，回转顾望，左右移时不至，然后令送著门外，怡然不屑”。顾氏对富且贵的东晋豪族王氏，如此蔑视，既有南方士族对北方士人的敌视，又表现了士人不攀附权门、甚至傲视权贵的共同心理特征。《晋书·王徽之传》则载有类似的内容：“吴中一士大夫家，有好竹，欲观之，便出坐舆造竹下，讽啸良久。主人洒扫请坐，徽之不顾。将出，主人乃闭门。徽之便以此赏之，尽欢而去。”

通，遂直欲出门。主人大不堪，便令左右闭门不听出。王更以此赏主人，乃留坐，尽欢而去。

《世说新语·任诞》：

王子猷居山阴，夜大雪，眠觉，开室，命酌酒。四望皎然，因起彷徨，咏左思招隐诗。忽忆戴安道，时戴在剡，即便夜乘小船就之。经宿方至，造门不前而返。人问其故，王曰："吾本乘兴而行，兴尽而返，何必见戴？"

这就是园林景境"剡溪道"的出典。

士族阶层在人物的品藻上，不仅重视人的精神风貌，也重视感官上的美感。东晋第一美男卫玠，居然被众多粉丝"看杀"！"以玄对山水"，士大夫大都以爱好山水自负，《世说新语·品藻》："明帝问谢鲲：'君自谓何如庾亮？'答曰：'端委庙堂，使百僚准则，则臣不如亮。一丘一壑，自谓过之。'"谢鲲放荡不羁，很有名望，寄情山水，隐处岩壑，寄情于山水的志趣，自以为超过他。

东晋士人对"人"和"自然"都采取了"纯审美"的态度。他们在思维习惯上，常常把生活环境中的自然物特别是植物伦理化，如以"桑梓"代表故乡，以"乔梓"代表父子，以"椿萱"代表父母，以"棠棣"代表兄弟，以"兰草""桂树"代表子孙。① 如用"芝兰玉树"，赞赏德才兼备的子弟等。谢玄在挽救东晋的淝水之战中被谢安任命为先锋，打败了苻坚，扬名朝野，被称为"谢家宝树"。

而用作比喻的又不乏自然物象，如：王戎赞太尉王衍"神姿高彻，如瑶林琼树，自然是风尘外物"；有人叹王恭形貌云"濯濯如春月柳"；称嵇康"肃肃如松下风，高而徐引"，"为人也岩岩若孤松之独立，其醉也傀俄若玉山之将崩"；说王羲之"飘若浮云，矫若惊龙"，像天空飘浮的流云，像被惊动的蛟龙，俊挺活泼……

这种审美习惯自然能催生出山水诗和山水画。

---

① 王鼎钧：《人境》，载《我们现代人》，北京：生活·读书·新知三联书店2014年版，第132页。

三、始宁山居　尽幽居之美

谢灵运（385—433），小名“客”，人称谢客。曾祖父谢奕，曾为剡令，祖父谢玄为东晋名将。身处晋宋易代之际，袭封康乐公。然而，宋初刘裕采取压抑士族的政策，谢灵运也由公爵降为侯爵，“自谓才能宜参权要，既不见知，常怀愤愤”①，于是纵情山水，从山水中寻找人生的哲理与趣味，将山水作为独立的审美对象。他描写山姿水态，“极貌以写物”② 和“尚巧似”③，境界清新自然，犹如一幅幅鲜明的图画，从不同的角度向人们展示着大自然的美，成为中国诗歌史上第一位真正大力创作山水诗并产生巨大影响的山水诗人。

谢灵运自永嘉太守离任后，带着失败的伤痕，“移籍会稽，修营别业，傍山带江，尽幽居之美”，有“北山二园，南山三苑”。始宁墅庄园南北绵延长约 20 千米，东西距离宽狭不一，约 15 千米，总面积约 600 平方千米。为魏晋六朝陈郡阳夏谢氏家族几代人的经营所形成的。

谢灵运的《山居赋》以汉大赋的规模铺写山居园林的选址、建筑、山水格局和动植物及个人的审美体验，并以散体笔调作自注，描摹山水风景，灵动亲切，自然有味，从中可见其山居园林美学思想：选址，傍山带江，尽幽居之美。居所是“左湖右江，往渚还汀。面山背阜，东阻西倾。抱含吸吐，款跨纡萦。绵联邪亘，侧直齐平”。左湖右江，小陆洲，斜滩。面山峦负高地，山水相拥抱又相互吸纳。然后铺叙了居所的东、南、西、北山水形胜。湖光山色，气候宜人，“昏旦变气候，山水含清晖。清晖能娱人，游子憺忘归……林壑敛暝色，云霞收夕霏。芰荷迭映蔚，蒲稗相因依。披拂趋南径，愉悦偃东扉”。又远观四周，境殊不凡，如同世外桃源。面对名山大川，让人心旷神怡；面临大海深洋，令人心胸开阔。

谢灵运将庄园建筑与山川风光精心搭配，水卫石阶，幽峰招提，将庄园切入了一种审美的境界。

南山有夹着水渠的广阔田野，且围绕山岭建有三座园林。群峰参差，出没其

---

① 《宋书·谢灵运传》。

② 〔南朝〕刘勰：《文心雕龙·明诗》。

③ 〔南朝〕锺嵘：《诗品》上。

间，连绵山峦，重重叠叠。面对北面山顶修建楼台馆所，凭靠南面山峰扩建回廊曲轩。罗列层峦叠嶂在门户之中，排列碧水明镜于窗户之前。因为彩霞的映照而让门楣涂上一抹朱红，由于附着碧云而使屋椽刷上一片翠绿。可仰望流星向下俯冲而飞驰，环顾飞扬的尘埃毫无约束地弥漫。生态环境实在太好了，夏季凉爽而冬天暖和，随着时令的变化而把气候调节得很合适。台阶和墙基互相衔接而环绕回转，屋椽和窗格相互交叉而错落有致。选择了这样好的寝室，既可游玩于山林又可观赏于水泽。

南山南面全是重峦叠嶂，且青翠相连，几疑是云壑雾衢通向九霄之路，始终无边无际。东北方向头枕沟壑，清潭如镜，倾覆的树枝以及盘踞的巨石，覆盖在弯曲的河岸而映照着隆隆的小绿洲。西边是岩崖缭绕树林，离清潭大约 70 米，在平整的土地上建了房屋，在岩石树林之中，河边是护卫的石砌台阶，一开窗户就正对山峦，抬头可仰望重叠的山峰，俯首可镜照已疏通的山涧。离开岩石的半山腰处，又建筑了一座楼台。回首仰望，周身四顾，概得远景情趣，返身回顾西边楼馆，可以对窗相望。石崖边缘的下面，茂密的修竹覆盖了路径，这里从北到南全是竹园。东西方向相距约 300 米，南北方向的距离长达约 500 米。北边靠近山峰，南边可远眺山岭。四面群山环抱，溪流山涧，交互通过。流水、奇石、苍树、修竹之美，危岩、幽洞、河湾、曲径之妙，备尽其极。恍如人间仙境。

好佛的谢灵运认为，只有徜徉于山水之间，才能体道适性，舍却世俗之物累，故立下大慈大悲的宏伟誓愿，要“拯群物之沦倾”，在自己的领地上建清静的佛教圣地，如同论说四真谛的鹿野华苑，论说般若经、法华经的灵鹫名山，论说涅槃的坚固贞林，论说不思议的庵罗芳园，让四方僧侣修行悟道。

面向南面山岭，建造一方读经台；在背靠北面坡地上，筑建一座讲学堂。依傍那危山孤峰，建筑一座参禅室；临时决定疏通好河流，在河畔建设一排僧人宿舍。面对那些百年乔木大树，可呼吸其万年的芳香。拥有那终身不竭的泉源，可品赏那清淳隽永的琼浆甘霖。告别了郊区壮丽的浮屠宝塔，断绝了都城热闹的繁华世界，只欣赏这里所呈现的那种未经染色的生丝与未经加工过的原木的朴素，饮用这里只供佛祭祀与修行学道之处的甘露。

洁净、光明、幽邃和清妙的名山胜水环境，成为现世的净土。因此，谢灵运在建造招提精舍时，选址在人迹罕至的山峰，山峰高敞、空旷，环境幽美，“四山周回，双流逶迤”，山水美妙，由此营造与世隔绝的出世环境。谢灵运选择有石崖的山峰，以求与灵鹫山形似，托想释迦牟尼佛讲法圣地。

依崖构建禅室，借助山崖之势创造佛教庄严气氛，招提精舍的创建，实现了谢灵运创造世间净土的设想。对于士人而言，在山中营造一种净土的山水环境作为佛教解脱的理想，使净土信仰和山水审美合而为一，山居的“净土化”，谢灵运或许是第一人。

经台、讲堂、禅室、僧房，置于山川之中，与士人优雅恬静、逍遥自在的生活融为一体，显得十分和谐。

山居能看到“阡陌纵横，塍埒交经。导渠引流，脉散沟并”优美宁静的田园风光，看到丰收景象：“蔚蔚丰秫，苾苾香秔。送夏蚤秀，迎秋晚成。兼有陵陆，麻麦粟菽。”

从园林到田野，从田野到湖泊，浩渺泽国，浚潭涧水，曲尽其美，真乃人间仙乡，美不胜收！

比邻于山弯水曲的各个角落小湖，别有一番风景，“众流所凑，万泉所回。氿滥异形，首毖终肥。别有山水，路邈缅归”！各路清泉，涓涓细流，百川汩汩，各呈其美，却周而复始，殊途同归。

庄园的山上、水中，百草丰茂，茂林修竹，郁郁葱葱，装点着山居园林。树木、植物、药草、竹子等，众木荣芬，品种繁多，茂盛葳蕤，千姿百态。百果备列，禽鸟鱼类，服从物竞天择、适者生存的道理。

山庄园林的生态之美、建筑之美、植物之美、人与自然结合之美，与山川相融共荣，实在是美不胜收！

四、仙化理想　诗化田园

陶渊明的曾祖父陶侃曾任晋朝的大司马、祖父做过太守，在门阀的社会里，他的社会地位介于士族与寒门之间。

“他的清高耿介、洒脱恬淡、质朴真率、淳厚善良，他对人生所作的哲学思考，连同他的作品一起，为后世的士大夫筑了一个‘巢’，一个精神的家园。一方面可以掩护他们与虚伪、丑恶划清界限，另一方面也可使他们得以休息和逃避。他们对陶渊明的强烈认同感，使陶渊明成为一个永不令人生厌的话题。”①

① 袁行霈：《中国文学史》第二卷，高等教育出版社1999年版，第70页。

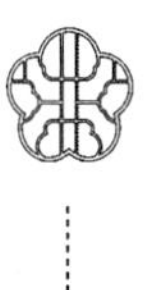

中国士人园林有着深深的陶渊明情结，成为中国文化史上的一个奇特现象。①

陶渊明成功地将“自然”提升为一种美的至境：仙化了的社会理想、艺术化的人生风范及诗化了的田园，典型地代表了建立在农耕文化基础上的民族文化心理、审美的基本原则以及文人士大夫的行为法则和文化模式，也为中国文人园的艺术创作洞开了无数法门。

陶渊明生活在东晋与刘宋之交，干戈不绝，到处是腥风血雨，民不聊生，“逝将去汝，适彼乐土。乐土乐土，爰得我所”② 成为那个时代人们的心灵呐喊。人们心目中的美好世界“乐土”在哪里？当时道教已经嵌入上层社会，世家大族亦纷纷聚宗族乡党、部曲、门客及流民等，择形势险要之地建筑坞堡以自卫。于是出现了刘义庆的《幽明录·刘晨阮肇》和传为陶渊明的《搜神后记》，都描写了内容基本相似的桃源仙境。影响最大的是陶渊明的《桃花源记》及诗：

> 晋太元中，武陵人捕鱼为业。缘溪行，忘路之远近。忽逢桃花林，夹岸数百步，中无杂树，芳草鲜美，落英缤纷。渔人甚异之，复前行，欲穷其林。
>
> 林尽水源，便得一山，山有小口，仿佛若有光。便舍船，从口入。初极狭，才通人。复行数十步，豁然开朗。土地平旷，屋舍俨然，有良田、美池、桑竹之属。阡陌交通，鸡犬相闻。其中往来种作，男女衣着，悉如外人。黄发垂髫，并怡然自乐。
>
> 见渔人，乃大惊，问所从来。具答之。便要还家，设酒杀鸡作食。村中闻有此人，咸来问讯。自云先世避秦时乱，率妻子邑人来此绝境，不复出焉，遂与外人间隔。问今是何世，乃不知有汉，无论魏晋。此人一一为具言所闻，皆叹惋。余人各复延至其家，皆出酒食。停数日，辞去。此中人语云：“不足为外人道也。”
>
> 既出，得其船，便扶向路，处处志之。及郡下，诣太守，说如此。太守即遣人随其往，寻向所志，遂迷，不复得路。
>
> 南阳刘子骥，高尚士也，闻之，欣然规往。未果，寻病终。后遂无问

① 参见拙著：《中国园林文化》，中国建筑工业出版社2005年版，第272—282页。

② 《诗经·魏风·硕鼠》。

津者。

武陵人因“捕鱼”遂“缘溪行”，因专心于“鱼”遂“忘路之远近”，意外地“忽逢桃花林”，而且，“芳草鲜美，落英缤纷”，使渔人产生强烈的审美惊喜，激发了“欲穷其林”的愿望，当“林尽水源”、似乎是“山穷水尽疑无路”时，突然柳暗花明：“便得一山，山有小口，仿佛若有光”，引人入胜，于是，渔人舍船“从口入。初极狭，才通人。复行数十步，豁然开朗”，又一先抑后扬、峰回路转，悬念迭起，逐层递进。

情节生动，时间、地点、人物、对话，皆记之凿凿，出来之路，都“处处志之”，但当太守即遣人随其往时，却又“雾失楼台，月迷津渡，桃源望断无寻处”：“寻向所志，遂迷，不复得路”，暗示着它的“非人间”。

陶渊明“直于污浊世界中另辟一天地，使人神游于黄、农之代。公盖厌尘网而慕淳风，故尝自命为无怀、葛天之民，而此记即其寄托之意”①。怀古、思古，呼唤上古时代的那种淳厚真朴的民风的回归，这就是士大夫修筑那么多“遂初园”的缘由。

山有小口的设计理念（拙政园）

桃花是道教教花，中国神话中说桃树是追日的夸父的手杖化成的。所以，

① 〔清〕邱嘉穗：《东山草堂陶诗笺》卷五。

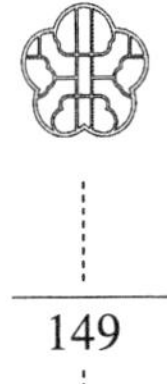

“忽逢桃花林，夹岸数百步，中无杂树，芳草鲜美，落英缤纷”的“桃花源”，是带有鲜明道教色彩的神仙境地。

桃花源的发现，都出于偶然，步步见异，都令人产生审美惊喜，为“别有天”“又一村”的园林设计，洞开了无穷法门。桃花源从山洞进入呈水绕山围的格局，是曲径通幽、山环水抱的最佳居住环境模式，亦是一种“壶天”仙境模式。桃花源理想是几千年中华民族辉煌灿烂的文化凝练荟萃而成。

陶渊明第一个成功地将“田园情结”诗化为一种美的至境：

“少无适俗韵，性本爱丘山……开荒南野际，守拙归园田。方宅十余亩，草屋八九间。榆柳荫后檐，桃李罗堂前……久在樊笼里，复得返自然。”（陶渊明《归园田居》其一）

那远人村、墟里烟、狗吠、鸡鸣、草屋、榆柳、桃李、南野、草屋，眼之所见耳之所闻无不惬意，无不恬美静穆、诗意盎然。

“平畴交远风，良苗亦怀新。”（陶渊明《癸卯岁始春怀古田舍之二》）

农耕生活也美，他“种豆南山下”“晨兴理荒秽，带月荷锄归”。（陶渊明《归园田居》其三）

与农民的友情更美，更纯朴：“日入相与归，壶浆劳近邻”“过门更相呼，有酒斟酌之。农务各自归，闲暇辄相思”“时复墟曲中，披草共来往。相见无杂言，但道桑麻长”（陶渊明《归园田居》其二），纯朴真诚，绝无官场的尔虞我诈。这种“美”与尔虞我诈的官场之“丑”形成强烈的对比，这种“美”是与“善”相结合的，具有纯洁高尚的道德感：“人生归有道，衣食固其端。”（陶渊明《庚戌岁九月中于西田获早稻》）因而，“诗书敦宿好，林园无世情……商歌非吾事，依依在耦耕”。（陶渊明《辛丑岁七月赴假还江陵夜行涂口》）

陶渊明躬耕读书生活也颇令人神往，“孟夏草木长，绕屋树扶疏。众鸟欣有托，吾亦爱吾庐。既耕亦已种，时还读我书”。（陶渊明《读山海经》其一）因此，中国古典园林中多吾爱庐、耕读斋、耕学斋、还我读书处、还读书斋等景境。

陶渊明艺术化了的人生风范，在帝制时代对文人士大夫具有范式意义。

“以世俗的眼光看来，陶渊明的一生是很‘枯槁’的，但以超俗的眼光看来，他的一生却是很艺术的。他的《五柳先生传》《归去来兮辞》《归园田居》《时运》等作品，都是其艺术化人生的写照。他求为彭泽县令和辞去彭泽县令的

过程，对江州刺史王弘的态度，抚弄无弦琴的故事，取头上葛巾漉酒的趣闻，也是其艺术化人生的表现。”①

陶渊明是为了生计、为了酒，“求”为彭泽令，不久因产生“归欤之情”，又不愿为五斗米折腰，“自免去职”，赋辞归来，高蹈独善。虽然“汉唐以来，实际上是入仕并不算鄙，隐居也不算高”②，虽然陶渊明的选择也有诸多无奈，但在后人眼里，陶渊明想做官就做官，想不做就不做，何等自由，归隐生活何等洒脱！

《归去来兮辞》字字珠玑，“归来”遂成为古典诗文和属于同一载体的中国古典园林的重要主题，屡见于后世园林的“归来园”“寄啸山庄”“觉园”“日涉园”“成趣园”“遐观园”“东皋草堂”以及“舒啸亭”“载欣堂”“寄傲阁”等，足见其魅力。

陶渊明不去遁迹深山，而是“结庐在人境”，与明计成《园冶》“足征市隐，犹胜巢居，能为闹处寻幽，胡舍近方图远”的城市造园理论如出一辙。陶渊明醉心于“园日涉以成趣”，计成则以为“得闲即诣，随兴携游”。陶渊明认为“心远地自偏”，用“心远”隔绝“人境”的车马喧嚣，“心远”成了他维护独立人格的一道精神屏障；计成以为“邻虽近俗，门掩无哗”，用“门掩”隔开凡尘。陶渊明与计成可谓心有灵犀一点通，人们在“城市山林”中诗意地做起“隐士”，“不下厅堂，尽享山林之乐”。陶渊明恰好提供了一个两全的模式，心灵与生理可获得双重满足。

陶渊明遣愁消忧的方式高雅，他引壶觞自酌、乐琴书以消忧，在艰难的生活处境中仍然可以找到美，得到审美的快乐和慰藉。

虽然“弊襟不掩肘，藜羹常乏斟”，但“清歌畅商音”（陶渊明《咏贫士》其三）。元嘉三年（426），贫病交加，“江州刺史檀道济往候之，偃卧瘠馁有日矣。道济谓曰：‘夫贤者处世，天下无道则隐，有道则至。今子生文明之世，奈何自苦如此？’对曰：‘潜也何敢望贤，志不及也。’道济馈以粱肉，麾而去之”③。保持了“忧道不忧贫”的传统文人的完整人格。

---

① 袁行霈：《中国文学史》第二卷，高等教育出版社 1999 年版，第 70 页。
② 鲁迅：《且介亭杂文二集·隐士》。
③ 〔南朝〕萧统：《陶渊明传》。

陶渊明爱菊，“秋菊有佳色，裛露掇其英。泛此忘忧物，远我遗世情”（《饮酒》其七），“芳菊开林耀，青松冠岩列。怀此贞秀姿，卓为霜下杰”（《和郭主簿》其二）。借歌咏松、菊精神表达了自己芳洁贞秀的品格与节操，赋予了菊花“君子”的人格内涵。菊花的品性，已经和陶渊明的人格交融为一，菊花由于陶渊明的吟咏，成为他的人格象征。因此，菊花有“陶菊”之雅称。东篱，成为菊花圃的代称。“昔陶渊明种菊于东流县治，后因而县亦名菊。”①

陶渊明爱菊图（陈御史花园）

陶渊明“采菊东篱下，悠然见南山”，诗人悠然无意中与南山遇合，全部身心与大自然的韵律契合，“境心相遇”，泯除物我，达到庄子所谓“天地与我并生，万物与我为一”的审美化境。

陶渊明超然于是非荣辱之外：“千秋万岁后，谁知荣与辱？”（陶渊明《拟挽歌辞》之一）委运乘化，既不任真忤时，也不徇名自苦，“纵浪大化中，不喜亦不惧。应尽便须尽，无复独多虑”。（陶渊明《神释》）达到了超功利的人生境界。萧统称陶文观后，“驰竞之情遣，鄙吝之意祛，贪夫可以廉，懦夫可以立”②，宋代仕途屡遭困踬的苏轼，就将陶渊明诗文作为消忧特效药，“每体中不佳，辄取读，不过一篇，惟恐读尽后，无以自遣耳”！③

陶渊明的这种生命史，已经如一幅中国名画一样不朽，人们也把其当作一幅图画去惊赞，因为它就是一种艺术的杰作。④

① 〔清〕陈淏子：《秘传花镜·菊花》。

② 〔南朝〕萧统：《陶渊明集序》。

③ 〔宋〕苏轼：《书渊明〈羲农去我久〉诗》。

④ 朱光潜：《谈美书简二种》，上海文艺出版社1999年版，第8页。

五、多构山泉　少寄情赏

南朝文人艺术家也营构宅旁人工山水园，著名的是刘宋时名士戴颙的宅园。戴颙的父亲戴逵，安徽宿州人，出身士族，然终身不仕，而且傲视权势之人，《晋书》将其列为“隐逸”。戴逵是当时著名的画家、雕塑家，善铸佛像及雕刻，曾积思三年，刻高六丈的无量寿木像。他的儿子戴勃和戴颙都在当时有高名，他们继承了乃父的道德和艺术，山水画虚灵、疏淡，更是著名的雕塑家。戴颙（377—441），字仲若，“巧思通神”，早年随父亲客居浙江剡县，年十六，遭父忧，几于毁灭，因此长抱羸患。兄死后，卜居苏州齐门内，据《吴郡图经续记》载：“士人共为筑室，聚石引水，植林开涧，少时繁密，有若自然。三吴将守及郡内衣冠，要其同游野泽，堪行便去，不为矫介，众论以此多之。”居住环境有山石和清泉及繁茂的植物，“有若自然”。

吴姓士族孔灵符在永兴（今浙江萧山）的庄园，周长 16.5 千米，水陆地约 18 平方千米，含带二山，有果园 9 处。①

刘宋会稽公主的丈夫徐湛之在广陵的私园，有“风亭、月观、吹台、琴室”，“果竹繁茂，花药成行”②，可尽游观之乐。也属于带生产经营性质的庄园别墅。

刘宋末年，刘勔在钟岭之南，“以为栖息，聚石蓄水，仿佛丘中，朝士爱素者，多往游之”③。刘勔雅素质朴的士人园，雅致而小巧，融合了幽远清悠的山水诗文和潇洒玄远的山水画的意境，园林从写实向写意过渡，代表园林的文人化走向。

南朝齐时，会稽山阴人孔珪，官至太子詹事，加散骑常侍，卒赠金紫光禄大夫。史载其“少学涉有美誉……风韵清疏，好文咏，饮酒七八斗……不乐世务。居宅盛营山水，凭几独酌，傍无杂事。门庭之内，草莱不翦。中有蛙鸣，或问之曰：‘欲为陈蕃乎？’珪笑答曰：‘我以此当两部鼓吹，何必效蕃。’王晏尝鸣鼓吹候之，闻群蛙鸣，曰：‘此殊聒人耳。’珪曰：‘我听鼓吹，殆不及此。’晏甚

① 《宋书·孔灵符传》。

② 《宋书·徐湛之传》。

③ 《宋书·刘勔传》。

有惭色"①。他的居宅，多列植桐柳，多构山泉，殆穷真趣。

梁徐勉的《诫子崧书》自述所以"穿池种树"，筑"培塿之山，聚石移果，杂以花卉"，为的是"少寄情赏""用托性灵"。又讲："近修东边儿孙二宅"，也是他经营二十而成，已经是"桃李茂密，桐竹成阴，塍陌交通，渠畎相属。华楼迥榭，颇有临眺之美；孤峰丛薄，不无纠纷之兴。渎中并饶荷蕿，湖里殊富芰莲"，自己亦颇享受："或复冬日之阳，夏日之阴，良辰美景，文案间隙，负杖蹑履，逍遥陋馆，临池观鱼，披林听鸟，浊酒一杯，弹琴一曲，求数刻之暂乐，庶居常以待终，不宜复劳家间细务。"② 但后来，"货与韦黯，乃获百金……虽云人外，城阙密迩，韦生欲之，亦雅有情趣"，本为天地之物，亦不足惜。徐勉将园林视为天地间物，有之借以寄情赏，货之他人，亦雅有情趣，并不视之为个人恒有私产，更不为"子孙"。

南朝多儒、佛、道兼修的名士和佛道人物。

南齐吴郡吴县（今江苏苏州）人，文学家、书法家张融，其父张畅先为丞相长史，本人曾任太祖太傅掾，历骠骑、豫章王司空、谘议参军、中书郎、中散大夫等职，为官清廉，史书记述："融假东出，世祖问融住在何处？融答曰：'臣陆处无屋，舟居非水。'后日上以问融从兄绪，绪曰：'融近东出，未有居止，权牵小船于岸上住。'上大笑。"

这正是清李斗在《扬州画舫录·工段营造录》："启关竟穿蒋诩径，入室还住张融舟。""张融舟"即喻清心寡欲，不求富贵。

张融这样一位品性高洁的士族，实际也是一位三教兼修的人物，他的临终遗令是："左手执《孝经》《老子》，右手执小品《法华经》。"③

陶弘景（456—536），出身于江东名门。博涉子史，自幼聪明异常，工草隶，行书尤妙，对历算、地理、医药等都有一定研究。他三十六岁时梁代齐而立，隐居句曲山（茅山）。成为道教茅山派代表人物之一。

《南史·陶弘景传》载："遗令：既没不须沐浴，不须施床，止两重席于地，因所著旧衣，上加生裓裙及臂衣靺，冠巾法服，左肘录铃，右肘药铃，佩符络左

① 《南史·孔珪传》。

② 《南史·徐勉传》，又略见《艺文类聚》卷二三。

③ 《南齐书·张融传》。

腋下，绕腰穿环，结于前，钗符于髻上，通以大袈裟覆衾蒙首足。明器有车马。”

梁武帝礼聘不出，但朝廷大事辄就咨询，时人称为“山中宰相”。

陆舟水屋（沧浪亭）

齐高帝萧道成诏书劝其出山，陶弘景写《诏问山中何所有赋诗以答》：“山中何所有，岭上多白云。只可自怡悦，不堪持赠君。”山中没有华轩高马，没有钟鸣鼎食，没有荣华富贵，只有那轻轻淡淡、缥缥缈缈的白云。正是这山中白云，自由飘逸。

六、修园夸竞　自然野致

北朝的私家园林，王公贵族，依然争修园宅，互相夸竞；但士人园宅，大多追求自然野致。

北魏后期，四海晏清，承平日久，王公贵族争尚山水之好，洛阳有永和里、寿丘里、四夷里等园林区，私家园林大量兴起，其设计手法受到山水审美思想的影响，对后世园林的发展产生了重要影响。

宫城东南永和里园林区，里内有太傅录尚书［事］长孙稚等六宅，“皆高门华屋，斋馆敞丽”。

《洛阳伽蓝记》卷四《开善寺》记载：

> 寿丘里，皇宗所居也，民间号为王子坊……于是帝族王侯、外戚公主，擅山海之富，居川林之饶。争修园宅，互相夸竞。崇门丰室，洞户连房。飞馆生风，重楼起雾。高台芳榭，家家而筑；花林曲池，园园而有。莫不桃李

夏绿，竹柏冬青。

而河间王琛最为豪首，常与高阳争衡。造文柏堂，形如徽音殿。置玉井金罐，以五色丝绩为绳。妓女三百人，尽皆国色……遣使向西域求名马，远至波斯国，得千里马，号曰“追风赤骥”。次有七百里者十余匹，皆有名字。以银为槽，金为环锁，诸王服其豪富。

奢侈的河间王元琛，十几匹骏马全来自西域，居然都用银槽来喂养，金为锁环。元琛请客用的器皿如水晶钵、玛瑙碗等，都是由外国买来的稀罕之物。不仅如此，还以富豪自骄骄人，向章武王元融炫耀：“不恨我不见石崇，恨石崇不见我!”

其他王侯、达官，也豪侈如皇帝。如高阳王宅“匹于帝宫。白壁丹楹，窈窕连亘，飞檐反宇，轇轕周通”；郭文远宅，“堂宇园林，匹于邦君”。

在真山真水中所构私家园林，所具自然野致，自不待言。《魏书·逸士冯亮传》云：

冯亮，字灵通，南阳人。萧衍平北将军蔡道恭之甥也……隐居嵩高……亮既雅爱山水，又兼巧思，结架岩林，甚得栖游之适。颇以此闻。世宗给其工力，令与沙门统僧暹、河南尹甄琛等，周视嵩高形胜之处，遂造闲居佛寺。林泉既奇，营制又美，曲尽山居之妙。

《魏书·恩倖茹皓传》云：

茹皓，字禽奇，旧吴人也……皓性微工巧，多所兴立，为山于天渊池西，采掘北邙及南山佳石，徙竹汝颍，罗莳其间，经构楼馆，列于上下，树草栽木，颇有野致。世宗心悦之，以时临幸。

吴世昌先生说：“由此条可知宋人米芾爱石，徽宗兴‘花石纲’之役，乃是由茹皓的先例所引起的。”① 北朝时期，已经有观赏石罗列在园林中了。

① 吴世昌：《魏晋风流与私家园林》，载1934年《学文》月刊第二期。

北魏司农张伦在宅园中模仿自然造景阳山。

敬义里南有昭德里。里内有……司农张伦等五宅……惟伦最为豪侈：斋宇光丽，服玩精奇；车马出入，逾于邦君。园林山池之美，诸王莫及！伦造景阳山，有若自然。其中重岩复岭，嵚崟相属。深溪洞壑，逦迤连接。高林巨树，足使日月蔽亏；悬葛垂萝，能令风烟出入。崎岖石路，似壅而通；峥嵘涧道，盘纡复直。①

“志性疏诞，麻衣葛巾，有逸民之操”的天水人姜质为张伦宅作《庭山赋》，进行了详尽描写：

庭起半丘半壑，听以目达心想……尔乃决石通泉，拔岭岩前。斜与危云等并，旁与曲栋相连。下天津之高雾，纳沧海之远烟；纤列之状一如古，崩剥之势似千年。

若乃绝岭悬坡，蹭蹬蹉跎；泉水纡徐如浪峭，山石高下复危多。五寻百拔，十步千过：则知巫山弗及，未审蓬莱如何？其中烟花露草，或倾或倒；霜干风枝，半耸半垂，玉叶金茎，散满阶坪。然目之绮，烈鼻之馨，既共阳春等茂，复与白雪齐清……

羽徒纷泊，色杂苍黄，绿头紫颊，好翠连芳。白鹤生于异县，丹足出自他乡：皆远来以臻此，藉水木以翱翔……②

地势起伏跌宕，泉水长流，花草树木繁荣，鸟类荟萃，是以山情野兴之士，游以忘归。

北周车骑大将军萧大圜对奢侈惬意、优游逍遥的庄园生活也心向往之，他说：果园在后，蔬圃居前，仰观翔鸟，俯玩游鱼，田二顷种粮食，园十亩供丝麻，侍儿三五充织，家僮数四代耕，畜鸡种黍，沽酒牧羊，烹羔豚，迎伏腊，手

① 《洛阳伽蓝记》卷二。

② 《洛阳伽蓝记·城东·正始寺》引姜质《庭山赋》。

持书卷，口谈故典，“歌纂纂，唱乌乌”，无人间之烦，有神仙之乐。①

庾信的《小园赋》将文人畅想中的“小园”风貌，用文学手段表现出来了：这是一个仅足容身的安静的小园林：

> 若夫一枝之上，巢父得安巢之所；一壶之中，壶公有容身之地。况乎管宁藜床，虽穿而可坐；嵇康锻灶，既暖而堪眠。岂必连闼洞房，南阳樊重之第；绿墀青琐，西汉王根之宅。余有数亩弊庐，寂寞人外，聊以拟伏腊，聊以避风霜……

小园宁静、简朴，栖迟偃仰其中，过着知足常乐、与世无争、任性自然、怡然自乐的生活：欣赏桐叶轻轻落下、柳风徐徐吹来，可以抚琴、读书。园中有棠梨酸枣之树，而无馆台之丽。小园虽小，但有二三行榆柳、百余株梨桃。

一寸二寸之鱼，三竿二竿之竹。有门而长闭，无水而恒沉。小园简朴、宁静、恬淡，与纷乱喧嚣的尘世和华丽的宅第恰成鲜明的对比。不管这个小园实际上是否存在，但这是文人第一次详细描绘出来的具体可感的文人园，“情”与“景”之间有着内在的紧密联系。文人园林迈出了模仿自然、写意山水的重要一步。

第三节　魏晋南北朝寺观园林美学

佛教起源于印度，佛教传入中国的年代，学术界尚无定论。公元 67 年，汉使及印度二高僧迦叶摩腾、竺法兰以白马驮载佛经、佛像抵洛，汉明帝躬亲迎奉。公元 68 年，汉明帝敕令在洛阳雍门外建僧院，为铭记白马驮经之功，故名该僧院为白马寺。洛阳白马寺为中国第一古刹，被中外佛教界誉为“释源”“祖庭”。

佛寺起初是作为礼佛的场所，后来由于僧人、施主居住游乐的需要，逐步在寺旁、寺后开辟了园林。由于舍宅为寺、舍宫为寺之风的影响，不少皇家园林、住宅园林被改作寺庙，寺院园林的修造因此达到了很高的水平。

---

① 〔唐〕令狐德棻：《周书》卷四二。

道教是我国土生土长的宗教，正式创立于东汉末年，创始人之一叫张陵，假托道家黄老学，尊老子为教主，称老子为“太上老君”。融合民间流传的各种方技、术数、神仙、鬼怪、神话、谶纬等内容，杂取儒家、墨家、阴阳家、养生家、神仙家等多种学说，通过清修养性、积精练气、金丹服食、符箓科教等方法，追求长生成仙。东晋和南朝时期，我国道教经过葛洪、寇谦之、陆修静、陶弘景等人的努力，将道家的学说同围绕着早期萨满教这个核心而形成的大量方术性科学知识结合起来，使之演进成具有哲理、神谱、传戒仪式、经典文献、修炼方术等完整体系的宗教，完成了从民间宗教向官方正统宗教的演变，迈入正规官方道教的殿堂。出自吴郡士族的葛洪、杨羲、许谧、许翙、陆修静、陶弘景等，成为变革的中坚。

东汉时期，宗教界和士大夫界相互之间思想、意识交流、沟通，呈现互动型机制，是影响中国文化、美学精神的重要因素。

一、南朝寺观园林美学

唐代诗人杜牧的《江南春》说：“南朝四百八十寺，多少楼台烟雨中！”其实，江南佛寺何止四百八十！

1. 蠲财施僧，穷极宏丽

早期寺院经济收入主要依靠布施。两晋时开始垦殖土地，兼射商利，逐渐形成经济实体，财产被称为三宝物，即僧物、法物、佛物。作为僧物的田地、宅舍、园林和金银货币是构成寺院经济的基础。南朝佛寺拥有丰厚的资产。

“吴赤乌中，已立寺于吴”，曾有“东南寺观之冠，莫盛于吴郡”之说。栋宇森严，绘画藻丽，是以壮观城邑之说。《三国志·吴书·笮融传》载，吴大夫笮融是第一个以私人之力建寺庙而留名后世的人：

> 乃大起浮图祠，以铜为人，黄金涂身，衣以锦采，垂铜盘九重，下为重楼阁道，可容三千余人。悉课读佛经，令界内及旁郡人有好佛者听受道，复其他役以招致之，由此远近前后至者五千余人户。每浴佛，多设酒饭，布席于路，经数十里，民人来观及就食且万人，费以巨亿计。

尊儒又崇佛的梁武帝一朝，大弘释典，广建佛寺，仅建康“都下佛寺五百余所，穷极宏丽。僧尼十余万，资产丰沃。所在郡县，不可胜言”①。

梁武帝初创同泰寺，开大通门以对寺之南门，又“于故宅立光宅寺，于钟山立大爱敬寺，兼营长干二寺”。该寺楼阁台殿，九级浮图耸入云表。以“菩萨”自居的梁武帝，亲临礼忏，曾三次舍身同泰寺，让公卿大臣以钱亿万奉赎。其中一次“皇帝舍财，遍施钱绢银锡杖等物二百一种，直一千九十六万。皇太子……施僧钱绢直三百四十三万，六宫所舍二百七十万……朝臣至于民庶并各随喜，又钱一千一百一十四万”。梁武帝在此设无遮大会等法会，又亲升法座，开讲涅槃、般若等经，后更于本寺铸造十方佛之金铜像。

建于东晋兴宁二年（364）的瓦官寺，是南京最古老的寺庙，因诏令布施河内陶官旧地以建寺，故称瓦官寺。竺僧敷、竺道一、支遁林等人亦来驻锡，盛开讲席，晋简文帝亲临听讲，王侯公卿云集。孝武帝太元二十一年（396）七月遭火灾，堂塔尽付灰烬。帝敕令兴复，并安置戴安道所造的佛像五尊、顾长康所画的维摩像及师子国所献玉像。恭帝元熙元年（419），又于寺内铸造丈六释迦像。刘宋以后，慧果、慧璩、慧重、僧导、求那跋摩、宝意等相次来住。或敷扬经论，或宣译梵夹。至梁代，建瓦官阁。僧供、道祖、道宗等人曾驻锡本寺。陈光大元年（567），天台智顗（智者大师）住此，讲《大智度论》及《次第禅门》，深获朝野崇敬。僧俗负笈来学者不可胜数。寺运隆盛。

据《宋书·王僧达传》载：“吴郭西台寺多富沙门，僧达求须不称意，乃遣主簿顾旷率门义劫寺内沙门竺法瑶，得数百万。”吴郡西台寺法瑶就拥资数百万。

佛教号召世人施财舍宅来佞佛，《上品大戒经》说“施佛塔庙，得千倍报”，是积德行善之举。

“梁武帝事佛，吴中名山胜境，多立精舍，因于陈隋，浸盛于唐……民莫不喜蠲财以施僧，华屋邃庑，斋馔丰洁，四方莫能及也。寺院凡百三十九……”

润州招隐寺，初建于兽窟山上，由南朝艺术家戴颙故宅改建。戴颙隐居于此，拒不出仕而得名，改兽窟山为招隐山。颙只生一女，颙死后，女矢志不嫁，舍宅为寺。招隐寺最初创于南朝宋景平元年（423），殿宇宏丽，甚负盛名。

会稽剡山地区一度成为浙东传播佛教的中心。这里古刹云集，宗派祖庭争相宏宗立说，其中很多是舍宅为寺，如祇洹寺、崇化寺，为许询宅所舍。《建康实

① 《南史·郭祖深传》。

录》卷八有《许询传》载，许询几乎罄其所有建此：

询字玄度，高阳人。父归，以琅琊太守随中宗过江，迁会稽内史，因家于山阴。询幼冲灵，好泉石，清风朗月，举酒咏怀。中宗闻而征为议郎，辞不受职，遂托迹居永兴。肃宗连征司徒掾，不就。乃策杖披裘，隐于永兴西山，凭树构堂，萧然自致，至今此地名为萧山。遂舍永兴、山阴二宅为寺，家财珍异，悉皆是给。既成，启奏孝宗，诏曰："山阴旧宅为祇洹寺，永兴新居为崇化寺。"询乃于崇化寺造四层塔，物产既罄，犹欠露盘相轮。一朝风雨，相轮等自备，时所访问，乃是剡县飞来，既而移皋屯之岩。常与沙门支遁及谢安石、王羲之等同游往来，至今皋屯呼为许玄度岩也。

2. 深山藏古寺，林泉秀美

始建于东晋义熙三年（407）的云门寺，本为中书令王献之（王羲之的第七个儿子）的旧宅。某夜，王献之在秦望山麓之宅处其屋顶，忽然出现五彩祥云。王献之将此事上表奏帝，晋安帝得知，下诏赐号，将王献之的旧宅改建为"云门寺"，门前石桥改名"五云桥"。

云门寺青山环抱、宁静优雅、气候宜人、依山傍水、林泉秀美。前临若耶溪，背依云门山、嘉祥寺、秦望山。云门寺副寺为雍熙寺、明觉寺、广孝寺、看经院、广福院等。环境清幽的云门寺尤为文人雅士钟爱。

王羲之的第七代孙南朝智永禅师驻寺临书30年，留有铁门槛、退笔冢，其侄子惠欣也曾在这里出家为僧，云门寺曾一度敕改为"永欣寺"。

刘宋谢灵运与从弟谢惠连人称大小谢，曾泛舟耶溪、对诗于王子敬山亭，"谢灵运与惠连联句，刻于（孤潭）树侧"。诗人王籍泛舟耶溪，留下"蝉噪林愈静，鸟鸣山更幽"的千古绝句。

陆游的《云门寿圣院记》载："云门寺自晋唐以来名天下。父老言昔盛时，缭山并溪，楼塔重覆、依岩跨壑，金碧飞踊，居之者忘老，寓之者忘归，游观者累日乃遍，往往迷不得出。虽寺中人或旬月不相觌也。"

杭州的灵隐寺位于西湖以西灵隐山麓，背靠北高峰，面朝飞来峰，两峰挟峙，林木耸秀，深山古寺，云烟万状。开山祖师为西印度僧人慧理和尚，他在东晋咸和初，由中原云游入浙，至武林（即今杭州），见有一峰而叹曰："此乃中

天竺国灵鹫山一小岭，不知何代飞来？佛在世日，多为仙灵所隐。”遂于峰前建寺，名曰灵隐。至南朝梁武帝赐田并扩建，其规模稍有可观。

《吴趋访古录》记载，报恩寺（俗称北寺），号为“吴中第一古刹”，据传是赤乌年间（238—251）孙权为报答母亲吴太夫人的恩情舍宅而建，时称通玄寺。寺中有园。至唐代时，韦应物往游，咏曰：“果园新雨后，香台照日初。绿阴生昼寂，孤花表春馀。”苏州东大街上的通元寺（唐改为开元寺），赤乌十年（247），孙权为报母恩于寺中建舍利塔十三级，宋元年间改名瑞光寺。

吴地洞庭东、西两山，穹窿山，灵岩山，花山，天池山，阳山，虎丘山都为“深山藏古寺”的佳处：东山有佛寺50余所（座），西山三庵十八寺，其中灵岩山寺、角直保圣寺尤为著名。

常熟的兴福寺位于江苏省常熟市虞山北麓破龙涧畔，南齐延兴至中兴年间，倪德光（曾任郴州刺史）舍宅为寺，初名“大慈寺”。南朝梁大同五年（539）大修并扩建，改名“福寿寺”，因寺在破龙涧旁，故又称“破山寺”。此寺依山而筑，占地甚广，寺有东、西二园，东园有白莲池、空心潭、空心亭、米碑亭、饮绿轩等。西园则有放生池、团瓢、对月谭经亭、君子泉、印心石屋等景。沿后山麓处，置以长廊，使各景点疏密相间，曲径通幽。破龙涧自寺前迂曲而过，寺内青嶂叠起，古木参天，竹径通幽，所谓“山光悦鸟性，潭影空人心”。

“规模宏丽，栖僧半千”的西山（今金庭）“孤园寺”，又名“祇园寺”，是南朝梁大同四年（538）散骑常侍吴猛舍宅为寺。西山罗汉山有“包山寺”，又称“包山精舍”；角直保圣寺原名保圣教寺，创建于梁天监二年（503）。

光福寺的前身是私家住宅，系黄门侍郎（侍从皇帝、传达诏命要职）顾野王舍宅为寺，取“佛光普照，广种福田”的意思为名。光福寺塔，建于梁朝大同年间（535—546），本名舍利佛塔，据传塔内原收藏有大方广佛华严经和光福寺开山祖师悟彻和尚的舍利。相传，现在光福的古镇区原来都是寺院佛刹，规模十分宏大，因此当地老百姓至今仍称之“大寺”。

“秀绝冠江南”的苏州灵岩山，巨岩嵯峨，怪石嶙峋，物象宛然，有石蛇、石鼓、石髻、石龟、石兔、鸳鸯石、牛背石以及石马、石城、石室、石猫、石鼠，飞鸽石、蛤蟆石、袈裟石、飞来石、醉僧石等，惟妙惟肖，意趣横生。旧有“十二奇石”或“十八奇石”，有“灵岩奇绝胜天台”的美誉。晋代司徒陆玩筑墅于此，后“舍宅为寺”，即今之“灵岩禅寺”。

苏州虎丘山虽仅三百余亩，山高仅三十多米，却有“江左丘壑之表”的风范，绝岩耸壑，气象万千，并有三绝九宜十八景之胜。东晋司徒王珣及其弟司空王珉各自在山中营建别墅，咸和二年（327）双双舍宅为虎丘山寺，仍分两处，称东寺、西寺。

东晋著名高僧竺道生（355—434），出身仕宦之家，幼聪颖，卓荦不群，15岁便能与众讲佛经，吐纳问辩，辞清珠玉，人称“生公”。《高僧传》称生公“隽思奇拔”“神气清穆”“潜思日久，彻悟言外”，受庄、玄得意妄言思想的启发，最早倡导“顿悟成佛”说，否定流行的“轮回报应”说，为蔚为大观的中国化佛教禅宗先驱。《高僧传》卷七载：“旧学以为邪说，讥愤滋甚，遂显大众，摈而遣之……拂衣而游，初投吴之虎丘山，旬日之中，学徒数百。”竺道生曾在此讲经说法，下有千人列坐听讲，故名“千人坐”。

竺道生提出了涅槃佛性学说和顿悟成佛说。这是玄佛交融时的一种新的佛教哲学，不仅开启了后来禅宗“明心见性”“顿悟成佛”的灵智，而且在中国唯心主义认识论上是一次大胆的突破。

千人坐石（虎丘）

始建于梁代天监十年（511）的昆山慧聚寺，在昆山市马鞍山南，唐张祜诗称“宝殿依山险，凌虚势欲吞”。

另有承天寺、瑞光禅院、永定寺、云岩寺、天峰院、秀峰寺等。

3. 玄佛合流，名士高僧

玄学的兴起与流行，正是文人接受佛教的契机。号为孙权“智囊”的支谦，《高僧传》云孙权使其与韦昭共辅东宫，汤用彤先生谓共辅之说“实或非实，然名僧名士相结合，当滥觞于斯日”。

高僧康僧会世居天竺，为人弘雅，有识量，笃至好学，明解三藏，看到吴地虽然初染佛法，但风化未全，“僧会欲使道振江左，兴立图寺，乃杖锡东游，以吴赤乌十年初，达建邺营，立茅茨，设像行道”。

在这时期，“非汤武而薄周孔”的道家“名士”、心存“济俗”的佛教“高僧”，反而更能体现“士”的精神，既能以玄解佛、又能以佛补玄，如名士兼高僧创“即色宗”的支遁（约 314—366）是东晋第二代僧人的杰出代表，成为时代的“宠儿”。

支遁，世称支公、林公，是支谦之后又一“支郎”，他是晋代著名玄化般若学者、长于理论思维的吴中名士。《高僧传·晋剡沃州山支遁传》说他“幼有神理，聪明秀彻”。因游京邑久，心在故山，乃拂衣王都，还就岩穴。

支公虽为“宅心世外”的高僧，但其感应万物而达到心的虚寂的般若思想，却未能超出玄学的大枢。所以，支遁“以清谈著名于时，莫不崇敬，以为造微之功，足参诸正始”，名士郗超激赏道：“林（支遁林）法师神（佛）理所通，玄拔独悟，数百年来，绍明大法（佛），令真理不绝者，一人而已。”东晋第一美男卫玠，《晋书》以“明珠”“玉润”喻其风采，殷融“谓其神情俊彻，后进莫有继之者”，时人以为王家澄、济、玄三子加起来都比不上“卫家一儿”，可谓风华绝代，但是，及至见到支遁，就惊讶叹息，“以为重见若人”。

支遁手执麈尾，常与名士们剧谈终日，著名的名士多乐与往还，社会名流如谢安、王洽、刘恢、王羲之、殷浩、郗超、孙绰、桓彦表、王敬仁、和充、王坦之、袁伯彦等俱与他结成方外之交，“出则渔弋山水，入则言咏属文”。风流而有高名的谢安时任吴兴太守，曾写信给支遁言：“思君日甚，一日犹如千载，风流快事几乎被此磨灭殆尽，终日戚戚。希君一来晤会，以消忧戚。”他是当时士林中最活跃的僧人，是名僧和名士相结合的代表人物。“由汉至前魏，名士罕有推重佛教者”“尊敬僧人，更未之闻”。支遁对老庄玄学自标新义的阐释，赢得了名士们的共识，雅尚所及，崇佛之风，亦由此滥觞，他是佛教中国化过程中的重要人物。

东晋时，大贵族出身的大乘般若学解义大师竺道潜（286—374）归东峁山，一代名僧竺法友、竺法济（著《高逸沙门传》）、竺法蕴（般若学心无义代表之一）、释道宝（俗姓王，东晋开国丞相，大政治家王导之弟），相继入山，形成峁山僧人集团，最多时近百人。东晋朝廷赏赐附近大片山地供其建寺。《世说新语·排调》记载：支遁钦慕竺道潜的道德学问，意欲亲近他，更托人向竺道潜“买山而隐”，竺道潜回答说：“欲来便给，未闻巢、由（唐尧、虞舜时有名的高人隐士）买山而隐”，使支遁有些惭愧。

《高僧传》卷四记载：支遁得到竺道潜允许之后，就在剡山沃洲小岭建立了一座寺院，叫“沃洲精舍”，也叫“沃洲小岭寺”。《支遁传》所谓“立寺行道，僧众百余”“宴坐山门，游心禅苑”。支遁“买山而隐”，成为当时名士雅尚。“支公好鹤，住剡东峁山。有人遗其双鹤，少时翅长欲飞。支意惜之，乃铩其翮。鹤轩翥不复能飞，乃反顾翅，垂头视之，如有懊丧意。林曰：‘既有凌霄之姿，何肯为人作耳目近玩？’养令翮成置，使飞去。”

“沃洲小岭寺”在今天沃洲山范围内，研究者以为沃洲小岭寺和今天傍山寺位置点十分相近。“沃洲山”也成为诗禅双修人物的隐居意象。支公俨然成为领导名士新潮流的精神领袖。

晋成帝咸康年间，支遁来到苏州立寺行道，据苏州最早地志《吴地记》载：“支硎山，在吴县西十五里。晋支遁，字道林，尝隐于此山……山中有寺号曰报恩，梁武帝置。”支遁于此因石室林泉以居，山石薄平如硎，故支遁以支硎为号，而山又因支遁为名，建寺庙亦称支遁庵。

宋范成大的《吴郡志》卷九载：“支遁庵在南峰，古号支硎山。晋高僧支遁尝居此，剜山为龛，甚宽敞。”明高启的《南峰寺》诗：“悬灯照静室，一礼支公影。”支遁归隐于此，“石室可蔽身，寒泉濯温手”“解带长陵陂，婆娑清川右”，养马放鹤，潜心注释《安般》《四禅》诸经，撰写了《即色游玄论》《圣不辩知论》《道行旨归》《学道诫》等著作，又曾就大小品《般若》之异同，加以研讨，作《大小品对比要抄序》，还讲过《维摩诘经》和《首楞严经》。

古寺石门夹道，危壁耸立，清净虚寂，净石堪敷坐，清泉可濯巾，环境优雅。支硎山上有待月岭、碧琳泉，还留有支公洞、支公井、马迹石、放鹤亭、八偶泉池和石室等多处古迹。

宋刘义庆的《世说新语·言语》载：“支道林常养数匹马。或言道人畜马不韵，支曰：‘贫道重其神骏！’”余嘉锡笺疏：“《建康实录》八引《许玄度集》曰：‘遁字道林，常隐剡东山，不游人事，好养鹰马，而不乘放，人或讥之，遁曰：‘贫道爱其神骏。’”

据传，支遁爱马，尤爱白马，号“白马道人”，《吴地记》甚至将支公仙化，说他得道后，“乘白马升云而去”。传说支公的坐骑是一匹白马，很有灵性。一天，白马沿着山涧一路吃草，不知不觉来到一个大湖边上，情不自禁跃入湖中，痛痛快快洗了个澡。第二年，这个大湖中开满了白色的菱花，结出的果实又大又鲜美。后来，人们把白马放养的地方叫作“白马涧”，今称马涧。白马洗澡的地方称为“白荡”。白荡里长的菱叫“白菱”。宋范成大的《吴郡志》云：“道林喜养骏马，今有白马涧，云饮马处也。庵旁石上有马足四，云是道林飞步马迹也。”刘禹锡有“石文留马迹，峰势耸牛头”，正是咏此。

白马涧是支公放马处，苏州城里也有支公爱马饮水处。他有匹叫频伽的马，曾在苏州城卧龙街桥边饮水，马溲处忽生千叶莲花，人们大为惊异，就把此桥称为饮马桥，巷称莲花巷，今桥仍名饮马桥。

一说苏州花山亦支遁开山，花山是天池山的东半爿，“其山蓊郁幽邃，晋太康二年（281），生千叶石莲花，因名”。那里长松夹道，鸟道蜿蜒，“于群山独秀，望之如屏”，山顶北有池。今天池山中有寂鉴寺，据《天池寂鉴寺图》载，支公禅师结庐焚修于此，垂二十余年。德行闻于朝，晋帝嘉其志，拨内帑十万缗，为之开辟道场以行教化，遂有兹寺。至今尚存三座元代石屋。清康熙、乾隆都曾来此游览。

据文献记载，约343年，支遁曾在花山附近的土山墓下举行了“八关斋”。“八关斋”为佛教规仪，即“八关斋戒”，简称“八戒”，是佛教为在家教徒（居士等）制定的八项戒约：不杀生、不偷盗、不淫欲、不妄语、不饮酒、不眠坐高广华丽之床、不装饰打扮及听歌观舞、不食非时之食（即过午后不食），前七项为戒，后一项为斋，故称“八关斋戒”“八斋戒”。斋戒期间，信徒的生活应如出家的僧人。花山“八关斋”，据其《土山会集诗序》曰：“间与何骠骑期（按：何充此时领扬州刺史，镇京口）当为合八关斋，以十月二十二日集同意者在吴县土山墓下。三日清晨为斋。始道士（僧人）白衣（信众）凡二十四人，清和肃穆，莫不静畅。”至四日期，众贤各去。

八关斋会，实际上是一种高僧与名士自由争鸣的讨论会，它预示着佛教中国

化新阶段的到来。

4. 洞天福地，奇峰栖道友

道教正式创立于东汉末年。东晋时，在出身于吴姓士族的葛洪、杨羲、许谧、许翙、陆修静、陶弘景等道教徒的努力下，逐渐演进成具有哲理、神谱、科戒仪式、经典文献、修炼方术等完整体系的宗教，完成了从民间宗教向官方正统宗教的演变，迈入正规官方道教的殿堂。

道教以为神仙的栖息处是与天最接近的崇山峻岭，“仙”字从山从人，《玉篇》曰：“仙，轻举貌，人在山上也。”名山胜景成为道教的“仙境”，即三十六洞天、七十二福地。道教徒在那里建立宫观，于是道观园林大量出现。

道教名山茅山被称作“第一福地”“第八洞天”，是道教上清派、灵宝派、茅山派的孕育之地。茅山成为上清派道教园林最集中的地方。

东晋时，道教徒杨羲、许谧、王灵期在此创立道教上清派。茅山宗的实际开创者是陶弘景。他首先在大茅山与中茅山间的积金岭上建立了华阳上、中、下三馆。后陆续建道靖、朱阳馆、郁岗玄洲斋室、嗣真馆、清远馆、燕洞宫、林屋馆、崇元馆等。此外，他还修塘垦田，作为道观公馆的经济来源。陶弘景既著《孝经》《论语集注》，又诣鄮县阿育王塔自誓，受五大戒，集儒、释、道三教思想于一身。隐居茅山 40 余年，既是著名的“山中宰相”，又是钟情山川的道教徒。陶弘景的《诏问山中何所有赋诗以答》：“山中何所有，岭上多白云。只可自怡悦，不堪持赠君。”以答齐高帝萧道成诏书所问，“白云”奇韵真趣唯有品格高洁、风神飘逸的高士方可领略。他的《答谢中书书》更是脍炙人口的千古山水美文：

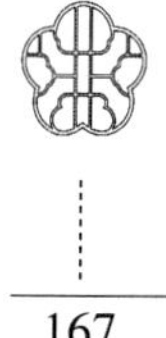

> 山川之美，古来共谈。高峰入云，清流见底。两岸石壁，五色交辉。青林翠竹，四时俱备。晓雾将歇，猿鸟乱鸣；夕日欲颓，沉鳞竞跃。实是欲界之仙都。自康乐以来，未复有能与其奇者。

杭州西湖之北宝石山与栖霞岭之间，横跨着一座山岭，绵延数里，从此处俯瞰西湖，风光秀美，有“瑶台仙境”之称。据说东晋著名道士葛洪在此山常为百姓采药治病，并在井中投放丹药，饮者不染时疫，他还开通山路，以利行人往来，为当地人民做了许多好事。因此，人们将他住过的山岭称为葛岭，亦称葛坞，并建葛仙祠奉祀之。岭上有抱朴道院，现在抱朴道院正殿名葛仙殿，东侧为半闲草堂，南侧为红梅阁、抱朴庐，还有炼丹古井、炼丹台、初阳台、葛仙庵碑等道教名胜及古迹，这些都是风景绝佳的地方。

其他如西山（今金庭）的上真观，是南朝梁隐士叶道昌舍宅而建：“径盘在山肋，缭绕穷云端……两廊洁寂历，中殿高巑岏；静架九色节，闲悬十绝幡”；西山号“天下第九洞天”的林屋洞旁有“宫殿百间环绕三殿”的“神景宫”，又称“灵佑观”；常熟虞山下的乾元观等。

东晋很多大名士实际都为道教人物，如王羲之、顾恺之等都是世奉天师道的世家大族。陈寅恪考证指出：天师道中人对“之”“道”等字不避家讳，王羲之儿孙名字中皆带“之”字。

佛道两家都竞相在名山胜水之地建寺观。城市道观出现在西晋，如创建于西晋咸宁二年（276）的“真庆道院”（今称玄妙观），位于苏州市主要商业街观前街。现有山门、主殿（三清殿）、副殿（弥罗宝阁）及21座配殿，为苏州香火最盛之地。当时，真庆道院遍植桃林，桃花盛开，飘落一地，像零碎的云锦一样美丽，因而道院前街称“碎锦街”（俗称观前街）。

碎锦街（原真庆道院前街）

二、北朝寺观园林美学

北朝虽然在北魏世祖太武帝和北周武帝时发生过禁佛事件，但总的说来，历代帝王都扶植佛教。

北魏时，随着佛教的传播，佛像、壁画、石窟寺院等也得到了空前的发展。此后佛教中又加入了密宗、禅宗等新的教派。直至今日与道教、儒教一样，佛教在中国已扎入了深深的根基。

北齐是鲜卑化汉人高氏所建的政权，北周是宇文鲜卑人统治的王朝。鲜卑族举国上下都信奉佛教，由西域到中原的广大地域内，“民多奉佛，皆营造寺庙，相竞出家”。

伴随着佛寺的兴盛，寺庙园林应时而生，从此中国三大园林体系皇家园林、私家园林、寺庙园林形式齐备，并肩发展。

1. 山堂水殿，烟寺相望

佛寺建筑可用宫殿形式，宏伟壮丽并附有庭园。北朝时广建佛寺，不少贵族官僚舍宅为寺，原有宅园成为寺庙的园林部分。很多寺庙建于郊外，或选山水胜地营建。郦道元的《水经注》中记载：“山堂水殿，烟寺相望。”

据《高僧传·佛图澄传》载，后赵政权仅十数年间，各州郡建立佛寺竟达893所，僧尼万余人。

北魏经略北方，对佛教“笃信弥繁”，建寺造像，颇重功德。据唐代僧人法琳的《辩正论》所记，北魏太延四年（438）仅有僧尼数千人，到北魏末年（528），佛寺已达3万处，僧尼200多万人；北周建德三年（574），佛寺有4万处，僧尼300万人。《魏书·释老志》载：

> 京城内寺，新旧且百所，僧尼二千余人。四方诸寺，六千四百七十八，僧尼七万七千二百五十八人。

上自皇帝，下至世族，构成了寺院地主经济急剧膨胀的输血队伍。据统计，皇室造寺47所，王公贵族舍宅立寺839所，百姓僧众建寺3万余所，境内僧尼多至百万人众。到北魏末年，仅洛阳一地就有佛寺1367所。《魏书·释老志》载：

> 世宗笃好佛理，每年常于禁中，亲讲经论，广集名僧，标明义旨，沙门条录，为内起居焉。上既崇之，下弥企尚。至延昌中（512—515），天下州郡僧尼寺，积有一万三千七百二十七所，徒侣逾众。

当时，寺院到处“侵夺细民，广占田宅”，每一所寺院实际就是一所地主庄园，高级僧侣就是地主，一般“僧尼”“白徒”“养女”或贫苦农民便是佃客。东晋释道恒曰：“僧尼或垦植田圃，与农夫齐流，或商旅博易，与众人竞利……或聚蓄委积，颐养有余，或指空谈，坐食百姓。”

北魏初期，官吏没有俸禄，他们全靠贪污和残酷的经济掠夺来维持自己的奢侈生活，北魏建国初规定："天下户以九品混通。户调帛二匹、絮二斤、丝一斤、粟二十石；又入帛一匹二丈委之州库，以供调外之费。"① 宗主督护在评定户等时，"纵富督贫，避强侵弱"，从而把大部分租赋负担摊到一般百姓身上。

《魏书·释老志》总结北魏时佛法的流行，说：

> 魏有天下，至于禅让，佛经流通，大集中国，凡有四百一十五部，合一千九百一十九卷。正光（520）已后，天下多虞，王役尤甚。于是所在编民相与入道，假慕沙门，实避调役，猥滥之极，自中国之有佛法，未之有也！

北齐武平年间（570—576），"凡厥良沃，悉为僧有"。《北史·苏琼传》："道人道研，为济州沙门统，资产巨富。"

西魏京师大中兴寺释道臻，既为中兴寺主，又被"尊为魏国大僧统"。这说明，寺主既是寺院的把持人，又是封建政府控制寺院的工具和代理人。

寺主之下则是都维那、典录、典坐、香火、门师等神职人员，他们都属于寺院的上层，与寺主一起构成了寺院地主阶层。寺院地主依靠他们手中的神权和雄厚的经济势力，身无执作之劳，却口餐美味佳肴，"贪钱财，积聚不散，不作功德，贩卖奴婢，耕田垦殖，焚烧山林，伤害众生，无有慈愍"。

北朝修建寺庙，开窟造像的数量和规模都为南朝所不及。魏文帝诏中所说："内外之人，兴建福业，造立图寺，高敞显博，亦足以辉隆至教。"是对北朝信佛风尚的最好注解。

2. 金刹广殿，绣柱金铺

《洛阳伽蓝记》序曰：

> 王侯贵臣，弃象马如脱屣；庶士豪家，舍资财若遗迹，于是招提栉比，宝塔骈罗；争写天上之姿，竞模山中之影，金刹与灵台比高，宫殿共阿房等壮，岂直木衣绨绣，土被朱紫而已哉！

① 《魏书·食货六》。

《洛阳伽蓝记》又曰：

> 王侯第宅，多题为寺。寿丘里间，列刹相望，祇洹郁起，宝塔高凌。四月初八日，京师士女，多至河间寺。观其廊庑绮丽，无不叹息，以为蓬莱仙室……咸皆唧唧（啧啧），虽梁王兔苑想之不如也。

龙门石窟等石窟寺园林，是标准的京畿之地使之形成名胜，接着开创了京畿风景园林。在龙门建的第一个洞窟古阳洞，内容最为丰富：两壁镌刻着佛龛，拱额精巧富丽，图案文饰多彩，雕像姿态持重。这是洞内的景致，而洞外则是龙门西山之松柏，龙门东山之香草，与洞窟中的雕像相呼应，形成绝美的风景带。

《洛阳伽蓝记·城内篇》记北魏都城第一大寺永宁寺，寺内僧房楼观一千余间，都用珠玉锦绣装饰。

> 中有九层浮图一所，架木为之，举高九十丈。有金刹复高十丈；合去地一千尺。去京师百里，已遥见之……刹上有金宝瓶，容二十五斛。宝瓶下有承露金盘一十一重，周匝皆垂金铎。复有金锁四道，引刹向浮图四角，锁上亦有金铎。铎大小如一石瓮子。浮图有九级，角角皆悬金铎，合上下有一百三十铎。浮土有四面，面有三户六窗，户皆朱漆。扉上有五行金铃，合有五千四百枚。复有金环铺首，殚土木之功，穷造形之巧，佛事精妙，不可思议。绣柱金铺，骇人心目。至于高风永夜，宝铎和鸣，铿锵之声，闻及十余里。浮图北有佛殿一所，形如太极殿。中有丈八金像一躯，中长金像十躯，绣珠像三躯，织成五躯。作工奇巧，冠于当世。僧房楼观，一千余间，雕梁粉壁，青璅绮疏，难得而言……
>
> 时有西域沙门菩提达摩者，波斯国胡人也。起自荒裔，来游中土。见金盘炫目，光照云表，宝铎含风，响出天外；歌咏赞叹，实是神功。自云：年一百五十岁，历涉诸国，靡不周遍，而此寺精丽，阎浮所无也，极佛境界，亦未有此。口唱南无，合掌连日。

《魏书·释老志》载：

> 起永宁寺，构七级佛图，高三百余尺，基架博敞，为天下第一。又于天宫寺造释迦立像，高四十三尺，用赤金十万斤，黄金六百斤。皇兴中，又构三级石佛图，榱栋楣楹，上下重结，大小皆石，高十丈，镇固巧密，为京华壮观。

秦太上君寺，为胡太后为母所建，规格颇高，“五层浮图一所，修刹入云，高门向街，佛事装饰，等于永宁。诵室禅堂，周流重叠”。瑶光寺为世宗宣武帝所立，五级佛图可与永宁寺比美。冲觉寺，原为清河王元怿宅，“第宅丰大，逾于高阳。西北有楼，出凌云台，俯临朝市，目极京师……楼下有儒林馆、延宾堂，形制并如清暑殿。土山钓池，冠于当世”。

宫城西南建中寺，本为宦官刘腾宅，占地一个里坊，“屋宇奢侈，梁栋逾制，一里之间，廊庑充溢，堂比宣光殿，门匹乾明门。博敞弘丽，诸王莫及也”。

同书又记载了洛阳的报恩寺、龙华寺、追圣寺，“此三寺园林茂盛，莫之与争”。

吴世昌先生把北朝洛阳的寺宇，归于金谷园系统之下，他说：“北魏洛阳的寺宇有许多是当时的权贵舍宅所立，而那些所舍的住宅里面的楼亭布置，当然要受洛阳附近的金谷园的影响。”

三、巴蜀祠庙　江上风清

巴蜀早在鱼凫为王时期（相当于中原商王朝时代，约公元前17—前11世纪），用于祭祀的祠庙就出现了。《华阳国志》记载：“鱼凫王田于湔山，忽得仙道，蜀人思之，为立祠。”

成都武侯祠，位于四川省成都市南门武侯祠大街，肇始于蜀汉昭烈帝章武元年（221）刘备惠陵修建时同时修建的汉昭烈庙。

张飞庙，又名张桓侯庙，始建于蜀汉末期，位于长江南岸飞凤山麓，庙前临江石壁上书有“江上风清”四个大字，充分利用地形地貌，依山座岩临江，山水园林与庙祠建筑浑然一体，相互衬托。庙外黄桷梯道、石桥涧流、瀑潭藤萝、临溪茅亭、峻岩古木等景，秀美清幽。庙内结义楼、书画廊、正殿、助风阁、望云轩、杜鸦亭、听涛亭等古建筑，布局严谨、层叠错落、独具一格，既有北方建筑雄奇的气度，又有南方建筑俊秀的质韵，更有园林点染、竹木掩映、曲径通幽的情趣。

四、绿柳垂庭　嘉树夹牖

无论是豪侈的王公贵族园林，还是寺庙园林，堂宇建筑群都掩映在绿树丛翠之中，环境既肃穆静谧又无比优美。

皇家宫苑中的建筑、山水、布局追求与自然山水的巧妙结合，构山合乎真山的自然体势，林木掩映，楼观高下随势，妙极自然，成为后世皇家山水园林的先驱。

据陆翙的《邺中记》记载，石虎在邺城（今河北临漳县）筑连亘数十里的华林苑（园），苑中三观四门，其中三门通漳水。华林苑景阳山南有大片果园，称为百果园，园内“果别作林，林各有堂”，其中枣和桃负有盛名：“有仙人枣，长五寸，把之两头俱出，核细如针，霜降乃熟，食之甚美”“又有仙人桃，其色赤，表里照彻，得霜乃熟”，成熟时间在十月。

“匹于帝宫”的高阳王（宅），其竹林鱼池，侔于禁苑，芳草如积，珍木连阴；河间王元琛屋后园林，“见沟渎蹇产，石磴礁峣，朱荷出池，绿萍浮水，飞梁跨阁，高树出云”。

永和里园林区“秋槐荫途，桐杨夹植”。四夷馆、四夷里园林区，“门巷修整，闾阖填列。青槐荫陌，绿柳垂庭”。

寺庙所占多名胜。下面引《洛阳伽蓝记》所载洛阳各寺：原为刘腾避暑的建中寺内，有凉风堂，“凄凉常冷，经夏无蝇，有万年千岁之树也”；瑶光寺，“珍木香草，不可胜言。牛筋狗骨之木，鸡头鸭脚之草，亦悉备焉”；灵应寺园中“果菜丰蔚，林木扶疏”；正始寺园林，“檐宇清净，美于丛林，众僧房前，高林对牖，青松绿柽，连枝交映。多有枳树”；平等寺，“堂宇宏美，林木萧森，平台复道，独显当世”。

宣武帝所立景明寺，“前望嵩山、少室，却负帝城，青林垂影，绿水为文”。寺内殿堂一千余间，“复殿重房，交疏对霤，青台紫阁，浮道相通。虽外有四时，而内无寒暑。房檐之外，皆是山池。松竹兰芷，垂列阶墀，含风团露，流香吐馥”。寺有三个人工湖，萑蒲菱藕，水物生焉。或黄甲紫鳞，出没于繁藻，或青凫白雁，沉浮于绿水。竹林松树林也在其中，含风带露，青翠欲滴。

宫城以南景乐寺，多种枣树、槐树，掩映曲廊精舍，十分精致。“堂庑周环，曲房连接”，堂屋、曲房之间有“轻条拂户，花蕊被庭”。

宫城东南景林寺，寺西部有果园，“多饶奇果。春鸟秋蝉，鸣声相续”。所谓“禅阁虚静，隐室凝邃，嘉树夹牖，芳杜匝阶，虽云朝市，想同岩谷”。

城西冲觉寺，原为清河王元怿宅，土山钓池，冠于当世。斜风入牖，曲沼环堂，树响飞嘤，堦丛花药。

大觉寺，“北瞻芒岭，南眺洛汭，东望宫阙，西顾旗亭，禅皋显敞，实为胜地……林池飞阁，比之景明。至于春风动树，则兰开紫叶，秋霜降草，则菊吐黄花”。

凝玄寺，原为宦官济州刺史贾璨宅，“地形高显，下临城阙，房庑精丽，竹柏成林”。

永宁寺，“栝柏椿松，扶疏檐霤，翠竹香草，布护阶墀……四门外，树以青槐，亘以绿水，京邑行人，多庇其下。路断飞尘，不由奔云之润；清风送凉，岂藉合欢之发”。

白马寺，寺内苹果、葡萄异于别处，籽实甚大，葡萄大于枣，味道很鲜美。每到葡萄成熟季节，孝文帝命人摘取，自己品尝之后，多赠予宫人。宫人得之，又舍不得吃尽，遂转送亲戚。亲戚们感到新奇，让街坊邻居品尝，于是京师流传一句话：“白马甜榴，一实直牛。”夸赞葡萄香甜，堪比石榴，一颗就抵得上一头牛的价值。

宝光寺园林，园中有水系，有“咸池”，池边有芦苇。

宫城东南昭仪尼寺，寺内堂前有“酒树面木”；又有水池一处，京师学徒初谓之翟泉，隐士赵逸称之“石崇家池”；宫城东南愿会寺佛堂前有奇异桑树，“直上五尺，枝条横绕，柯叶傍布，形如羽盖。复高五尺，又然。凡为五重”。

山野寺观园林更有得天独厚的山水环境，下为《水经注》所引几则：

“水导北山泉源下注，漱石颓隍。水上长林插天，高柯负日。出于山林精舍右，山渊寺左……溪水沿注西南，迳陆道士解南精庐，临侧川溪。”

“沮水南迳临沮县西……稠木傍生，凌空交合。危楼倾崖，恒有落势。风泉传响于青林之下，岩猿流声于白云之上，游者常若目不周玩，情不给赏。是以林徒栖托，云客宅心。泉侧多结道士精庐焉。”

"阳水东迳故七级寺禅房南。水北则长庑遍驾，迴阁承阿，林之际则绳坐疏班，锡钵间设；所谓修修释子，渺渺禅栖者也。"

"溱水又西南迳中宿县会一里水，其处隘，名之为观岐。连山交枕，绝崖壁竦。下有神庙；背阿面流，坛宇虚肃。庙渚攒石，巉岩乱峙。"

秦太上公二寺，"并门邻洛水，林木扶疏，布叶垂阴"。秦太上君寺，"花林芳草，遍满阶墀"。

第四节 公共游赏园林

寺观园林固然具有公共园林性质，但本节所说的公共游赏园林，是指士人在私园内聚会以外的如正始竹林、山阴兰亭、斜川等，也包括地方官吏在城郊立楼阁以供登眺之处，昭示了公共游览景点的萌芽。

一、山阳竹林 清远脱俗

魏正始年间（240—249），司马氏专权，政治险恶，废曹芳、弑曹髦，大肆诛杀异己。士人怀才不遇，政治理想落潮，而且，《晋书》记载："属魏晋之际，天下多故，名士少有全者。"① 士人普遍出现危机感和幻灭感。他们从噩梦中惊醒，在绝望和恓惶之余，一头扎进老庄的精神世界，作精神的冥想和遨游，寻找熨帖和疗救的药方，即"玄学"。从虚无缥缈的神仙境界中去寻找精神寄托，用清谈、饮酒、佯狂等形式来排遣苦闷的心情。南朝宋刘义庆的《世说新语·任诞》载：陈留阮籍、谯国嵇康、河内山涛，三人年皆相比，康年少亚之。预此契者，沛国刘伶、陈留阮咸、河内向秀、琅琊王戎。七人皆为"玄学"家，常集于竹林之下，肆意酣畅，故世谓竹林七贤，成为这个时期文人的代表。

不过，七人思想倾向不同。嵇康、阮籍、刘伶、阮咸始终主张老庄之学，"越名教而任自然"，山涛、王戎则好老庄而杂以儒术，向秀则主张名教与自然合一。他们在生活上不拘礼法，清静无为，"集于竹林之下"，喝酒，纵歌，以其独树一帜的风格展现"竹林玄学"的狷狂及名士风流自得的精神世界，对后世产生深远影响。后来，"竹林宴、竹林欢、竹林游、竹林会、竹林兴、竹林狂、

① 《晋书·阮籍传》。

竹林笑傲”等成为文人放任不羁的饮宴游乐的典故。玄学家们都把自然美当作人物美和艺术美的范本，成为园林审美的基础性缘由。

1961 年在南京西善桥南朝墓出土的砖刻画《竹林七贤与荣启期》中，嵇康、王戎、刘伶头上梳的是未成年童子的两角髻而不是传统礼仪要求的束发加冠，那位荣启期更是一头披发。《晋书》载：“魏末，阮籍嗜酒荒放，露头散发，裸袒箕踞。”七贤图中，山涛、阮籍、向秀、阮咸都头戴巾子，简朴、随意，显得洒脱、飘逸。时以幅巾即方巾为雅。除荣启期跪坐外，其余七人都是箕踞而坐，且多袒露身体。

竹林七贤广袖长裾、飘飘似仙的衣冠及“清远脱俗”的审美思想，对士大夫园林美学有深远影响。

竹林七贤与荣启期

嵇康在《声无哀乐论》中说“忘言得意之义”①，提出：“盖心不系于所言，言或不足以证心”“言为工具，只为心意之标识”。主张“和声无象”，即“不以哀乐异其度，犹之乎得意当无言，不因方言而异其所指也”。这是玄意很浓的审美观，溯源于老庄，《庄子·天道》云：

> 世之所贵道者，书也，书不过语，语有贵也。语之所贵者，意也，意有所随。意之所随者，不可以言传也，而世因贵言传书。世虽贵之，我犹不足贵也，为其贵非其贵也。

---

① 汤用彤：《汤用彤学术论文集》，中华书局 1983 年版，第 129 页。

大意是说：大道是记载在书中的，书的内容不能超过语言，语言有其重要的地方。语言中最重要的是意义，意即道，而道是不能够用语言传达的。这里不可言传的东西仍是“道”，相当于后来“言不尽意”理论所讲的“意”。言不尽意的理论，滥觞于《周易·系辞上》所引孔子之语：“子曰：‘书不尽言，言不尽意。然则圣人之意其不可见乎？’子曰：‘圣人立象以尽意，设卦以尽情伪，系辞焉以尽其言。’”启发了包括园林艺术在内的艺术创作理论。

二、山阴兰亭　游目骋怀

兰亭，在兰渚山麓，距绍兴城约 13 千米之南面小山，东临古鉴湖，西背会稽山。《宝庆续会稽志》记载：“兰，《越绝书》曰：勾践种兰渚山。”明万历年间的《绍兴府志》记：“兰渚山，有草焉，长叶白花，花有国馨，其名曰兰，勾践所树……”明人南逢吉注王十朋《会稽风俗赋》也说：“兰亭，即兰渚也。《越绝书》曰：勾践种兰渚山。”明代徐渭也在《兰谷歌》中提到：“勾践种兰必择地，只今兰渚乃其处……”《绍兴地志·述略》记载：“兰渚山，在城南二十七里，勾践树兰于此。”

由于“勾践种兰渚山”，后人把渚山命名为兰渚山，把兰渚山下的集市命为花街，东汉时建有驿亭命名为兰亭。这一带有“崇山峻岭，茂林修竹，又有清流激湍，映带左右”，还盛开幽兰，馨香扑鼻。同去的名士们因此而留下了“俯挥素波，仰掇芳兰”“微音选泳，馥为若兰”“仰泳挹遗芳，怡神味重渊”等咏兰名句。兰亭由此得名，成为山阴路上的风景佳丽之处。

晋穆帝永和九年（353）暮春三月三日，王羲之、谢安、许询、支遁和尚等 41 人于会稽山阴之兰亭，在曲水之畔，以觞盛酒，顺流而下，觞流到谁的面前，随即赋诗一首，如作不出，便罚酒三觞。结果，王羲之等 11 人，各赋诗 2 首，另 15 人各赋诗 1 首，作不出者便被罚酒。王羲之乘着酒兴，汇集诸人雅作，并写下了千古传诵的《兰亭集序》。序文中描绘了文人大规模集会、饮酒赋诗的盛况，在“崇山峻岭，茂林修竹”的优美环境中，“引以为流觞曲水”，作文字饮。

在玄学的支配下，名士们对山水的欣赏，由“目寓”到“神游”，体会庄子“道通为一”的观点，“宇宙之大”和“品类之盛”同为一体，都体现了自然之道。对自然的观察思考，怡情养性之外，还可明理与悟道。

“清流激湍”“惠风和畅”，鱼鸟相亲，达到道的最高境界，即王羲之的《兰

亭诗》中说的："三春启群品，寄畅在所因。仰望碧天际，俯瞰绿水滨。寥朗无厓观，寓目理自陈。大矣造化功，万殊莫不均。群籁虽参差，适我无非新。"他们在游目骋怀、极视听之娱的同时，悟出了道融山水、玄学为一炉，"信可乐也"。

《晋书》载："或以潘岳《金谷诗序》方其文，羲之比于石崇，闻而甚喜。"确实，王羲之等41位名士是踵金谷的遗踪在兰亭觞咏的，但从金谷之会到兰亭之会，是游园方式的重大嬗变，"金谷之会"的参与者皆"望尘之友"，而兰亭之会的参与者皆时代俊杰；金谷游园时，有"扬桴抚灵鼓，箫管清且悲"之乐，兰亭则"无丝竹管弦之盛"……真正将曲水修禊的传统习俗雅化为魏晋风流之举的是兰亭之会。

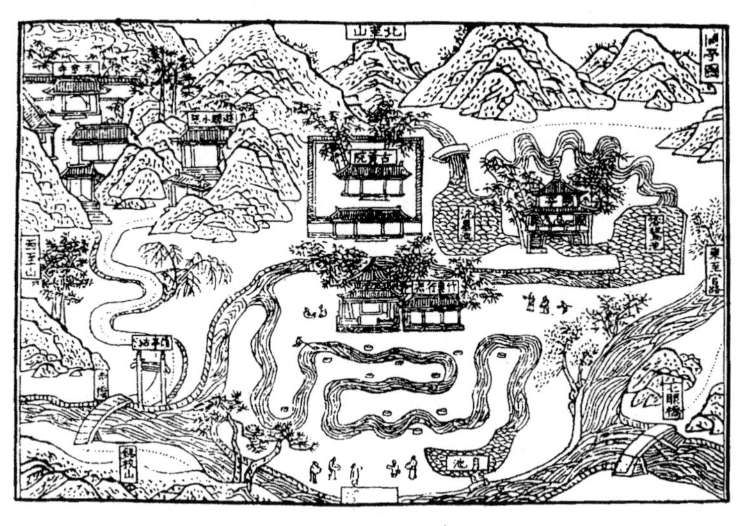

兰亭图（明万历《绍兴府志》）

王羲之等人的兰亭诗和王羲之的《兰亭集序》，证明玄理和山水的融合已是必然趋势。曲水风流成为园林景境的不倦主题，曲水园、曲水亭、流觞亭、禊赏亭、坐石临流等景点所在皆有。

兰亭原址几经兴废变迁，现兰亭是康熙年间郡守沈启根据明嘉靖时兰亭的旧址重建，基本保持了明清园林建筑的风格。

新亭，亦为东晋过江文人聚会之所。《世说新语·言语》载：

过江诸人，每至美日，辄相邀新亭，藉卉饮宴。周侯中坐而叹曰："风景不殊，正自有山河之异。”皆相视流泪。唯王丞相愀然变色曰：“当共戮力王室，克复神州，何至作楚囚相对！”

南下的士大夫们，每到风和日丽的日子，总会想要来到新亭，在草地上宴饮。面对优美的风景，有人留恋过去，悲伤流泪，只有丞相王导面对现实，阳光豪气：“大家应当齐心协力辅佐朝廷，恢复中原，怎么变得像楚囚那样相对而哭呢？”一扫消极沉闷之气。

三、斜川之游　风物闲美

陶渊明也有十分浪漫的时候，他曾仿效石崇的金谷唱酬、王羲之等人的兰亭觞咏，于义熙十年（414）春，作斜川之游。作有《游斜川》并序：“辛酉岁正月五日，天气澄和，风物闲美。与二三邻曲，同游斜川。临长流，望曾城，鲂鲤跃鳞于将夕，水鸥乘和以翻飞。彼南皋者，名实旧矣，不复乃为嗟叹。若夫曾城，傍无依接，独秀中皋。遥想灵山，有爱嘉名。欣对不足，率尔赋诗。悲日月之遂往，悼吾年之不留。各疏年纪乡里，以记其时日。诗曰：‘气和天惟澄，班坐依远流……提壶接宾侣，引满更献酬……中觞纵遥情，忘彼千载忧。且极今朝乐，明日非所求。’”

陶渊明面对滔滔远逝的长流水，远眺高耸独立的曾城山，联想到神仙所居的昆仑曾城，看水中游鱼在夕阳中欢快地跃出水面，鳞光闪闪；水鸥乘着和风自由自在地上下翻飞。天朗气清、风物闲美，但岁月流逝不返，反而引起诗人的感伤和哀痛。

斜川在什么地方？据骆庭芝的《斜川辨》记载，斜川当在今江西都昌附近的湖泊中。

四、高阜建楼　风光满眼

一些地方官员利用城垣、近郊或公共游览区，高阜建楼阁以登临远眺，揽景抒怀。

“满眼风光北固楼。”镇江的北固楼，初建成于东晋咸康年间（335—342），雄峙长江边，素有“天下江山第一楼”之称。晋蔡谟首起楼其上，以贮军实，谢安复营葺之。是后崩坏，顶犹有小亭，登降甚狭。南朝梁萧正义乃广其路。大同十年（544）梁武帝登望久之，敕曰："此岭不足固守，然京口实乃壮观。"于是改楼曰"北固楼"。①

瓦官寺内建有瓦官阁。据汪道昆的《瓦官寺碑》云："高二十五丈。"李白的《登瓦官阁》诗描写此阁"杳出霄汉上，仰攀日月行"。在建康府城西隅，前瞰江面，后据重冈，更是登高远眺的好所在。

东晋时，在都城西南建有冶城楼和入汉楼。冶城楼在冶城山（今朝天宫）西偏，东晋谢安与王羲之曾同登此楼，悠然遐想，有高世之志。入汉楼为东晋义熙八年（412）于石头城南起的高楼。

第五节　南朝美学理论

魏晋南北朝是文学的自觉时代，对文学的审美特性有了自觉的追求，出现了文学理论和文学批评的论著，提出了一些崭新的概念和理论，如风骨、风韵、形象，以及言意关系、形神关系等，并且形成了重意象、重风骨、重气韵的审美思想：画家宗炳《画山水序》中提出的"澄怀观道"，谢赫《古画品录》提出的"图绘六法"，钟嵘《诗品》提倡的"滋味说"，刘勰《文心雕龙》中关于意境美学、意象说及鉴赏美学等重要的美学理论，对同属于诗画艺术载体的园林美学思想有重大影响。

一、宗炳澄怀观道

晋宋时代的宗炳是集隐士和佛教信徒于一身的人物，据《南史·宗少文传》及《名画录》记载：他妙善琴书，以"栖丘饮谷"为志，不踏仕途，好游山水，尝西涉荆巫，南登衡岳，因结宇衡山，有疾还江陵，叹曰："老疾俱至，名山恐难遍睹，惟当澄怀观道，卧以游之。"凡所游履，皆图之于室。是谓"卧游"。

宗炳在《画山水序》中进一步阐发了他"澄怀观道，卧以游之"的观点，认为："圣人含道映物，贤者澄怀味象。"道德修养特高明的圣人，以道心映照万物的规律、效法"道"；贤者以虚怀体味万物，通达"道"。这里宗炳讲的"道"，是老庄及玄学之道。"含道""澄怀"，都是指审美主体超功利的虚淡空明

---

① 〔清〕顾祖禹：《读史方舆纪要·江南一·镇江府》。

的审美心境；所“映”之“物”和所“味”之“象”则指自然山水的审美形象。以“含道”“澄怀”的审美心态，方能品味、体验、感悟到审美对象即自然万物内部深层的情趣意蕴、生命精神，获得精神愉悦。在中国美学史上，从老子的“象”经《易传》的“立象尽意”和“观物取象”，始向审美范畴的“意象”转变。王弼的“得意忘象”和宗炳的“澄怀味象”，推动了“象”向“意象”的转化。

“至于山水，质有而趣灵”，既具形质又有灵趣。质有，指山水之感性形态，趣灵，乃是山水之神即内在精神的表现，“趣灵”赋予“质有”的山水以生命活力，也就是“山水以形媚道”。山水以其具体的形象显现着“道”，这里的山水形象，绝不是自然主义的，而是含有“趣灵”即精神的，所以圣人游山赏水，也是为了观道。因此，质有灵趣的山水是美的，使人愉悦的。

“余眷恋庐、衡，契阔荆、巫、不知老之将至。愧不能凝气怡身，伤跕石门之流，于是画象布色，构兹云岭……身所盘桓，目所绸缪，以形写形，以色貌色也……嵩、华之秀，玄牝之灵，皆可得之于一图矣。”

宗炳认为不仅“以形媚道”的自然山水能给人以审美愉悦，“类之成巧”的山水画同样能“怡身”“畅神”，给人以审美愉悦：“于是闲居理气，拂觞鸣琴，披图幽对，坐究四荒。不违天励之丛，独应无人之野。峰岫峣嶷，云林森眇，圣贤暎于绝代，万趣融其神思，余复何为哉？畅神而已。神之所畅，孰有先焉！”（宗炳《画山水序》）

这段话的意思是：于是我在闲暇之时，摒除一切杂念，饮酒弹琴，铺展画卷，独自欣赏，坐在那儿仔细观察四方的山水。画面上所描绘的幽远意境，使我仿佛置身于没有尘埃的寂静的山林之中。峰岫耸峙，云林繁密而深远，圣贤的思想辉映着古老的年代，大自然的千万种旨趣融合，陶冶着我的精神，引起我无限遐思。

目的只不过是让精神愉快罢了。通过“观道”而实现“畅神”，“观道”是“畅神”的前提，“畅神”说鲜明地突出了人的审美的愉悦功能，强调把握审美的主体意识的绝对意义，强调个体审美的自由和个体审美认识的价值，彻底摆脱“致用”与“比德”的束缚。乾隆曾有“澂怀观道妙，益觉此间佳”的咏叹。

此后，“澂观”“卧游”“澄怀卧游”等成为中国艺术史、美学史中的一个重要命题，广泛地被运用于园林景境的创构之中。北京颐和园有“澂怀阁”，中南海丰泽园有“澂怀堂”，承德山庄有“澂观斋”，拙政园香洲旱船上层匾额为“澂观”等。

二、谢赫“图绘六法”

齐梁时代，是中国美学史上一个继往开来的时代。

南齐谢赫的《古画品录》是书画美学中文字记载最早最系统的画论，他在序中提出了“图绘六法”：

> 六法者何？一气韵生动是也，二骨法用笔是也，三应物象形是也，四随类赋彩是也，五经营位置是也，六传移模写是也。唯陆探微、卫协备该之矣。然迹有巧拙，艺无古今，谨以远近，随其品第，裁成序引。故此所述，不广其源，但传出自神仙，莫之闻见也。

“六法”中涉及的各种概念，在汉、魏、晋以来的诗文、书画论著中，已陆续出现。到了南齐，由于绘画实践的进一步发展，文艺思想的活跃，这样一种系统化形态的绘画理论终于形成。

受当时人物品藻的风气影响，“气韵生动”成为绘画的最高境界和最高要求。它要求，以生动的形象充分表现人物的内在精神。所以“六法”一开始便提出“气韵生动”的要求。这是“六法”的总纲。但是“气韵生动”是一个抽象的东西，后面的二至五条，是达到“气韵生动”的具体要求。包括用笔、色彩、形象、构图等要素。只有这些都做好了，才有可能“气韵生动”。第六条是获取第二至第五条技法的途径，即向传统和古人学习临摹。这是一套完整的绘画理论，至今仍被奉为圭臬。

“六法”的其他几个方面则是达到“气韵生动”的必要条件。

六朝人审美的最高理想，首先是神韵或者气韵。明陆时雍《诗镜总论》说：“凡情无奇而自佳者，景不丽而自妙者，韵使之然也。”宋范温的《潜溪诗眼》说：“韵者，美之极。”又说：“凡事既尽其美，必有其韵，韵苟不胜，亦亡其美。”这与南齐王僧虔（426—485）在书法理论方面主张是一致的：“书之妙道，神采为上，形质次之。”

其二是“骨法用笔”，即绘画的造型技巧。“骨法”一般指事物的形象特征。

"用笔"指技法，用墨"分其阴阳"，更好地表现大自然的阴阳明晦、远近疏密、朝暮阴晴，以及山石的体积感、质量感等。下笔之前要充分"立意"，做到"意在笔先"，下笔后"不滞于手，不凝于心"，一气呵成，画完后又能做到"画尽意在"。

其三是"应物象形"，即物体所占有的空间、形象、颜色等。

其四是"随类赋彩"，即画家用不同的色彩来表现不同的对象。我国古代画家把用色得当和表现出的美好境界称为"浑化"，在画面上看不到人为色彩的涂痕，看到的是"秾纤得中""灵气惝恍"的形象。我国山水画家在色彩运用上的这种"浑化"的境界，与我国园林艺术中的建筑、绿化、山水等色彩处理上的清淡雅致等要求是一脉相承的，但自然中的景色入画，画的色彩是不变的，而园林艺术的色彩却可以随着一年四季或一天内早中晚的变化而变化，这是园林与绘画的不同特点，也是绘画达不到的。

其五是"经营位置"，即考虑整个结构和布局，使结构恰当，主次分明，远近得体，变化中求得统一。我国历代绘画理论中谈的构图规律，疏密、参差、藏露、虚实、呼应、简繁、明暗、曲直、层次以及宾主关系等，既是画论，更是造园的理论根据。如画家画远山则无脚，远树则无根，远舟见帆而不见船身，这种简繁的方法，既是画理，也是造园之理。园林中的每个景点，犹如一幅连续而不同的画面，深远而有层次，"常倚曲阑贪看水，不安四壁怕遮山"，这都是藏露、虚实、呼应等在园林布局中的应用，宜掩则掩，宜屏则屏，宜敞则敞，宜隔则隔，抓住精华，俗者屏之，使得咫尺空间，颇能得深意。

其六是"传移模写"，即向传统学习。

从魏晋开始，南北朝的园林艺术向自然山水园发展，由宫、殿、楼阁建筑为主，充以禽兽。其中的宫苑形式被扬弃，而古代苑囿中山水的处理手法被继承，以山水为骨干是园林的基础。构山要重岩覆岭，深溪洞壑，崎岖山路，涧道盘纡，合乎山的自然形势。山上要有高林巨树、悬葛垂萝，使山林生色。叠石构山要有石洞，能潜行数百步，好似进入天然的石灰岩洞一般。同时又经构楼馆，列于上下，半山有亭，便于憩息；山顶有楼，远近皆见，跨水为阁，流水成景。这样的园林创作方能达到妙极自然的意境。

美与艺术被看作同个体的精神、气质、心理不能分离的东西，园林艺术的美学风格也是如此。明计成的《园冶》说，一般兴造"三分匠、七分主人"，而

"第园筑之主，犹须什九，而用匠什一"，"主人"非园主，乃"能主之人也"，即负责设计的人，"能主之人"的意中创构和胸中文墨，决定了园林思想艺术境界之高下。这"能主之人"，英国的钱伯斯称为"画家和哲学家"。

三、刘勰《文心雕龙》

成书于齐梁之际的《文心雕龙》是一部中国古代文学理论名著，作者刘勰。全书50篇，体制宏伟，清人章学诚在《文史通义·诗话》说它是"体大而虑周"，由总论、文体论、创作论、批评论四个部分构成。刘勰在《序志》里谈到"文之枢纽"的文学总论，"论文叙笔"的文体论，"剖情析采"的创作论，就这三部分看，都跟园林美学思想有关。

刘勰继承了先秦儒家、道家的美学思想，再加上魏晋时代曹丕、陆机的新美学思想，以纠正宋齐时代以门阀世族为主的追求声色享乐的浮靡文风，是唐代美学的开创者。

《文心雕龙·物色》说："若乃山林皋壤，实文思之奥府……然屈平所以能洞监《风》《骚》之情者，抑亦江山之助乎?"这是说，作家的文思，作品的文情，也是从自然景物中来的。自然是创作的源头活水，园林创作强调的是因地制宜。

《文心雕龙·原道》云：

> 夫玄黄色杂，方圆体分，日月叠璧，以垂丽天之象；山川焕绮，以铺理地之形，此盖道之文也……傍及万品，动植皆文：龙凤以藻绘呈瑞，虎豹以炳蔚凝姿；云霞雕色，有逾画工之妙；草木贲华，无待锦匠之奇。夫岂外饰，盖自然耳。至于林籁结响，调如竽瑟；泉石激韵，和若球锽：故形立则章成矣，声发则文生矣。

自然界五彩缤纷、花团锦簇，自然界之美出自天然，而非人工所为，天籁之鸣本身就是美妙的诗章。

于是，发展为对自然一往情深的情感论："婉转附物，怊怅切情"（《文心雕龙·明诗》），情与物审美统一构成诗境；"草区禽旅，庶品杂类，则触兴致情"（《文心雕龙·诠赋》），情与草木鸟兽的审美统一便构成赋境。这是刘勰对于意

境美学的杰出贡献。

园林正是通过黑格尔所说的“感性材料去表现心灵性的东西”，首先要“窥情风景之上，钻貌草木之中”《文心雕龙·物色》，园林中的建筑山水、花卉和鸟兽虫鱼等自然风景都可以纳入诗美范畴，感情内容转化为可以直觉观照的物色形态，自然万物也成为负载中国人审美情感的载体和符号。

借景言情在园林艺术创作中得到了广泛的运用，“顾有幽忧隐痛，不能自明，漫托之风云月露、美人花草，以遣其无聊”（朱彝尊《天愚山人诗集序》）。

《文心雕龙》“隐秀说”是美学中精辟的意象说。对园林创作、园林审美鉴赏具有重要的启示。创作原则和表现手法需要“隐秀”，在作品论中；具有“隐”的美学特征的作品有多层含义，显得空灵，有深度；具有“秀”的美学特征的作品有波澜，显得亮丽而光彩。在鉴赏论中，“隐”是读者追寻的意义空白，“秀”是使读者惊醒、感奋的美丽诗句。从文化语境来看，“隐”是儒家温柔敦厚诗教观念的体现，“秀”是魏晋以来追求语言形式之美的时代精神的体现。

刘勰的《文心雕龙·知音》篇，虽为文学鉴赏专论，同样适用于包括园林艺术在内的审美鉴赏。刘勰说，知音其难哉：音实难知，知实难逢，逢其知音，千载其一乎！艺术作品要遇到真正的鉴赏者也是很不容易的。偏见比无知离真理更远，刘勰指出的“贵古贱今”和“崇己抑人”，显然属于偏见，而“信伪迷真”的偏见属于学识浅薄所至，大多还是出于审美鉴赏力的缺失。

刘勰说：“夫麟凤与麏雉悬绝，珠玉与砾石超殊，白日垂其照，青眸写其形；然鲁臣以麟为麏，楚人以雉为凤，魏民以夜光为怪石，宋客以燕砾为宝珠。形器易征，谬乃若是；文情难鉴，谁曰易分?”

这段话的意思是：麒麟和獐，凤凰和野鸡，都有极大的差别；珠玉和碎石块也完全不同；阳光之下显得很清楚，肉眼能够辨别它们的形态。但是鲁国官吏竟把麒麟当作獐，楚国人竟把野鸡当作凤凰，魏国老百姓把美玉误当作怪异的石头，宋国人把燕国的碎石块误当作宝珠。这些具体的东西本不难查考，居然错误到这种地步，何况文章中的思想情感本来不易看清楚，谁能说易于分辨优劣呢?

刘勰还指出：“凡操千曲而后晓声，观千剑而后识器。”只有弹过千百个曲调的人才能懂得音乐，看过千百把宝剑的人才能懂得武器，方能具备鉴赏能力。

四、钟嵘“滋味说”

誉为“百代诗话之祖”的南朝文学批评家钟嵘（约 468—518）在他的《〈诗品〉序》中，提出了以“自然英旨”为最高美学原则的诗歌创作论，并以“滋味”为最高追求的审美感受论，认为“干之以风力，润之以丹彩，使味之者无极，闻之者动心”，才是“诗之至也”。

钟嵘提倡“滋味说”，与他“吟咏性情”的创作论直接相关。他认为：“若乃春风春鸟、秋月秋蝉，夏云暑雨、冬月祁寒，斯四候之感诸诗者也……凡斯种种，感荡心灵，非陈诗何以展其义？非长歌何以骋其情？”可见，在他看来，诗歌的作用在于表达情感。情感外现于诗就变成了“滋味”，供人玩味、体验。滋味原指人们对食物的味觉感受，将其用于文艺领域，则喻指在文艺作品中的深意、旨趣或审美趣味。

在中国美学史上，晋陆机的《文赋》首先用“缺大羹之遗味”来形容诗味的不足，刘勰的《文心雕龙·体性》也有“子云沉寂，故志隐而味深”句，但钟嵘则更为自觉、明确地把“滋味”看作诗的审美内容：“五言居文词之要，是众作之有滋味者也。”

钟嵘的“滋味说”对后世颇有影响，唐代司空图“韵味论”、苏轼的“至味论”，乃至清代王士禛的“神韵说”都深受其影响，对园林审美最高境界的“意境”说也有巨大影响。

第五章

园林美的发展——隋唐

公元581年，北周静帝以相国隋王杨坚“睿圣自天，英华独秀，刑法与礼仪同运，文德与武功并传。爱万物其如己，任兆庶以为忧。手运玑衡，躬命将士，芟夷奸宄，刷荡氛祲，化通冠带，威震幽遐”，众望所归，禅位于杨坚，杨坚称帝后结束了魏晋南北朝分裂局面，统一了中华，定国号为大隋（581—618），改元开皇。

隋文帝在位24年，内修制度，外抚戎夷，百姓悦之，万民归心。开创了各项制度：制定了当时最为先进并影响后世基本立法的律法《开皇律》，悉除北周苛政，对贪官污吏则严惩不贷；首创对后世影响深远的科举制；出现了世界上最早的金融机构——柜坊，专营货币的存放和借贷，是世界上最早的银行雏形；实行均田制并改定赋役，《隋书·食货志》记载，开皇十二年（592），“库藏皆满”。开皇十七年（597），更是“中外仓库，无不盈积。所有赉给，不逾经费，京司帑屋既充，积于廓庑之下”①。奉行了宗教信仰自由的政策，实行儒释道三教合流……

隋炀帝继承父业，积聚了大量财富，隋亡时，“计天下储积，得供五六十年”②。元马端临称：“古今称国计之富者，莫如隋。”③ 清王夫之亦称：“隋之富，汉、唐之盛，未之逮也。”④ 隋为唐朝盛世的出现奠定了物质基础。

公元618年，隋恭帝杨侑禅让李渊，是为唐（618—907）。

---

① 《隋书·食货志》。

② 〔唐〕吴兢：《贞观政要·辩兴亡》卷八。

③ 〔元〕马端临：《文献通考·国用考》卷二三。

④ 〔清〕王夫之：《读通鉴论·隋炀帝》卷十九，中华书局1975年版。

唐高祖李渊和唐太宗李世民共同开创了政治清明、经济发展、社会安定的贞观盛世，为大唐走向极盛奠定了基础。唐太宗“自古皆贵中华，贱夷狄，朕独爱之如一”①，这种一视华夷的思想，为他的后继者所继承，直到玄宗朝，李华还说：“国朝一家天下，华夷如一。”② 在如此恢宏的文化政策哺育下，开创了地负海涵、星悬日揭的盛唐气象。

唐高宗时期击败西突厥、高句丽等强敌，建立了永徽之治。颇有治国之才的武则天于690年建国周，定都洛阳，改称神都。她打击门阀，重用寒门，知人善任，时号“君子满朝”，故有“贞观遗风”的美誉，亦为其孙唐玄宗的开元之治打下了长治久安的基础。

带着世界主义色彩的盛唐文化如日中天，对周边民族产生了巨大的辐射力，中国都城长安有叙利亚人、阿拉伯人、波斯人、吐蕃人与安南人来定居，出现了民族文化的大融合、大发展，社会、政治、民族、文化等在总体上都呈现出多元的特点。

经隋炀帝、武则天不断完善的文官考试制度即科举制更加发展成熟。唐代士人有着更为恢宏的胸怀、气度、抱负与强烈的进取精神。

“7世纪的初唐，是中国专制时代历史上最为灿烂辉煌的一页。当帝国对外威信蒸蒸日上之际，其内部组织，按照当时的标准来看，也近于至善，是以其自信心也日积月深”③。

随着经济文化的发展，唐代诗歌、绘画、书法、音乐、舞蹈及园林艺术得到全面发展，唐代诗画的融通有了更大的发展。据统计，42800余首全唐诗里就有6000多首关于园林景致内容的诗作，这开创了园林史上富有艺术才情的时代。士人读书山林、寄宿寺观、仗剑名山大川，开阔了视野，陶冶了情操，提高了山水审美能力。他们往往自建园林，并将之作为心灵栖居之所，园中山水花鸟经过他们心灵的过滤，糅进了诗情和画意。私家园林所具有的清雅格调，得到更进一步的提高和升华。唐代园林数量多、质量高，王维、李白、杜甫、白居易等都是当时建造园林的代表人物。

---

① 〔宋〕司马光：《资治通鉴》贞观二十一年五月条。

② 〔唐〕李华：《寿州刺史厅壁记》。

③ 黄仁宇：《中国大历史》，生活·读书·新知三联书店2002年版，第106页。

艺术审美理论有了突破性发展，“意境”说影响了园林审美，“外师造化，中得心源”成为中国艺术包括构园艺术创作所遵循的圭臬。象外之象、景外之景、韵外之致、味外之旨“诗味”论，全面影响了园林创作及审美思想。

自然“人性化”成为日常生活的一部分。“羌笛何须怨杨柳，春风不度玉门关。”（王之涣）“我寄愁心与明月，随君直到夜郎西。”（李白）“山光悦鸟性，潭影空人心。”（常建）“春风”“明月”都是善解人意、温馨恬静而与人生活相伴的部分，而“山光”“潭影”则都染有禅意。带着如此自然观构划的园林，大抵皆以泉石竹树养心，借诗酒琴书怡性，因此，无论是豪华的皇亲贵族、世家官僚园林，还是寒素的士人园林，乃至肃穆又世俗的寺观园林，都是借助真山实景的自然环境，加上人工的巧妙点缀，诗画意境的熏染，属于自然中见人工的山水园。

佛教在唐代有很大的发展，天台、三论、法相、华严、禅宗等教派，在佛教中国化方面，都已经到了相当成熟的阶段，禅宗已深深契入中国文化之中。

天宝十四载（755）十一月，三镇节度使安禄山联合史思明在范阳（今北京）以诛杀杨国忠为名发动叛乱，史称“安史之乱”。“安禄山的叛变，近于全朝代时间上的中间点，可以视作由盛而衰的分水岭。这样一来，前面一段有了 137 年的伟大与繁荣，而接着则有 151 年的破坏和混乱”①。

从中唐开始，随着唐代从繁荣的顶峰逐步走向衰落，士大夫知识分子中普遍出现了渴望实现儒家理想、报效朝廷但又不可得的苦闷情绪，产生了一种既想积极入世、立功扬名，又想消极退隐、独善其身的矛盾心理。这种苦闷矛盾的心理随着唐王朝的衰落而不断加深，给中晚唐五代美学思想的发展以深刻影响。文人大多采取“隐在留司官”的“中隐”即“吏隐”态度，在社会与自然、政治与田园以及自我的精神领域内找到一种平衡。

清幽淡雅的文人园林展示出这一时代独特的隐逸情韵。唐代城郊园林的大发展，调和化解了仕与隐的矛盾，为中晚唐文人的“吏隐”提供了实现的途径，“吏隐”又为郡斋园林化创造了前所未有的思想与物质条件。

诚如向达先生所言：“李唐一代之历史，上汲汉、魏、六朝之余波，下启两宋文明之新运。而其取精用宏，于继袭旧文物而外，并时采撷外来之菁英。两宋

① 黄仁宇：《中国大历史》，生活·读书·新知三联书店 2002 年版，第 110 页。

学术思想之所以能别焕新彩，不能不溯其源于此也。”①

隋唐时期，经济的繁荣带来了文化的繁荣，特别是唐代最高统治者视“华夷如一”的文化心态，形成了开放的文化环境，人们空前昂扬的胸襟，普遍追求优雅高尚的审美趣味，园林成为文人名士风雅的体现和地位的象征。

园林美学风格也多姿多彩：壮伟绚丽的皇家宫苑、豪奢靡丽的王公贵戚园林、如秋水芙蓉倚风自笑的文人园……文人以隐待仕的优裕条件和偃仰士林的从容心境，即使奔波于幕府、蹉跎于科场，依然卜居必林泉，追求精神享受。以外郡为隐的提法亦时见盛唐，外郡可清静为政，颇多游赏乐事。就是逸人别业，也是“水亭凉气多，闲棹晚来过。涧影见松竹，潭香闻芰荷”，不乏太平气象，格调清雅、幽美闲逸，具有散朗飘逸的风神。

诗人画家直接参与营构园林，讲究意境创造，力求达到诗情画意的艺术境界，从美学宗旨到艺术手法都开始走向成熟；借助真山实景的自然环境，以风光天然，加上人工的巧妙点缀，诗画意境的熏染，虽然依然属于自然风景庭园的范畴，但已经呈现出园林艺术从自然山水园向写意山水园过渡的趋势，为中唐至两宋园林文化奠定了基础。

“大唐已发展到了一个‘诗’的时代，因之大唐的庭园，亦发展到了一个‘诗’的庭园”②。抒情写意式的“主题园”滥觞，为中国传统园林艺术体系的成熟奠定了基础。

第一节　隋朝园林美学

隋文帝开创了开皇盛世，使中国成为当时世界上最强大的国家，终因隋炀帝杨广三征高丽、三游江都、屡起兴造、征伐不已、不恤民力而引发内叛外乱，终致亡朝。隋朝虽短，却在科技文化及园林艺术等方面创造了辉煌的成就，中国古代四大发明中的雕版印刷术、火药就产生于这一时期。

隋炀帝主持兴建的京杭大运河是世界上里程最长、工程最大的古代运河，与

① 向达：《唐代长安与西域文明》，重庆出版社 2009 年版，第 1 页。

② 程兆熊：《论中国之庭园：中国庭园与性情之教》，（香港）新亚书院 1966 年版，第 78 页。

长城、坎儿井并称为中国古代的三项伟大工程，并沿用至今，是中国古代劳动人民创造的一项伟大工程，是中国文化地位的象征之一。从此南旅往还，船乘不绝，促进了南北物资文化交流，推进了经济重心南移的历史大趋势。运河边崛起了杭州、苏州、扬州等闻名中外的大都会。

兴建了古往今来世界第一城隋京都大兴城（唐朝时易名为长安城）和东都洛阳，规模宏大的洛阳西苑所创的园中园的格局，开创了后代皇家园林的范式，是从秦汉建筑宫苑转变为山水宫苑的一个转折点，开唐宋山水宫苑之先河。

一、山水宫苑　穷极华丽

隋朝大兴城东南高西北低，风水倾向东南，于是将城东南曲江挖成深池，并隔于城外，圈占成皇家禁苑以“厌胜”，希望以此永保隋朝的王者之气不受威胁。曲江池本为汉的宜春下苑，有曲水循环，稍加修缮后，更名为“芙蓉园”。其“花卉周环，烟水明媚，都人游赏盛于中秋节。江侧菰蒲葱翠，柳荫四合，碧波红蕖，湛然可爱”，是全城的风景区和旅游区。其池下游流入城内，是城东南各坊用水来源之一。

黄衮在曲江池中雕刻各种水饰，君臣坐饮曲池之畔享受曲江流饮，把魏晋南北朝的文人曲水流觞故事引入宫苑之中，给曲江胜迹赋予了一种人文精神，为唐代曲江文化的形成和发展奠定了基础。

隋朝皇宫宫殿最后部为苑囿，有亭台池沼等，是后代御花园的滥觞。最有代表性的隋代皇家园林是洛阳西苑。

隋炀帝大业元年（605），营建东部洛阳，又在城西侧建禁苑，本名会通苑，又改芳林苑，改上林苑，后止称西苑①。据《海山记》《大业杂记》等记载，西苑较秦汉为小，建筑多且富丽。

西苑的布局，苑内造山为海，周十余里，水深数丈。其中有方丈、蓬莱、瀛洲诸山，相去各三百步。山高出水百余尺，上有道真观、集灵台、总仙宫，分在诸山。《大业杂记》：“或起或灭，若有神变”，仿佛虚无缥缈的海上仙山，主观上显然继承了汉代“一池三山”的形式，反映了王权与神权相结合的神仙思想。

西苑北距北邙山，西至孝水，南带洛水支渠，谷水和洛水交会于东，水源十

① 参见《河南志》图九《隋上林西苑图》，中华书局 1994 年版，第 217 页。

分丰富。以水景为主，因地制宜，且山水围合，生态环境优美。苑中有五湖，每湖各十里见方；西苑北的龙鳞渠，宽二十步，萦纡至海，缘渠作十六院，各院均开西、东、南三门，门皆临渠，水上架飞桥以达彼岸。

苑内植物丰茂，多名花奇木。飞桥百步外，即种杨柳修竹，四面郁茂，名花美草，隐映轩陛。又采“海内奇禽异兽草木之类，以实园苑”①。

西苑内有十六院，分布在山水环绕之中，各院院名题咏以写景、求福祉及德善为主题：分别为延光院、明彩院、合香院、承华院、凝晖院、丽景院、飞英院、流芳院、耀仪院、结绮院、百福院、万善院、长春院、永乐院、清暑院、明德院，不乏文采飞扬之处，没有说教成分。

苑内建筑众多、构建巧妙。苑中五湖内积土石为山，并构筑屈曲的亭殿，“穷极人间华丽”。风亭、月观，并装有机械装置，可以升起或隐没，“若有神变”。逍遥亭，八面合成，鲜华之丽，冠绝今古。

西苑赏景娱乐的审美功能十分突出。游观之处，复有数十，“各领胜所十余”②。有曲水池、曲水殿、冷泉宫、青城宫、凌波宫、积翠宫、显仁宫等游赏景点。或泛轻舟画舸，习采菱之歌，或升飞桥阁道，奏春游之曲。

史载，隋炀帝游玩西苑时极其奢侈：“堂殿楼观，穷极华丽。宫树秋冬凋落，则翦彩为华叶，缀于枝条，色渝则易以新者，常如阳春。沼内亦翦彩为荷芰菱芡，乘舆游幸，则去冰而布之。十六院竞以淆羞精丽相高，求市恩宠。上好以月夜从宫女数千骑游西苑，作《清夜游曲》，于马上奏之”③。《大业杂记》载：“每秋八月月明之夜，帝引宫人三五十骑，人定之后，开闾阖门入西苑，歌管达曙。”湖海之中，都可通行龙凤舟。

西苑也有一定的生产功能。其十六院各置一屯，屯内备养刍豢。穿池养鱼，园内种蔬植瓜果。四时肴馔陆之产，靡所不有。

洛阳另有会通苑，《洛阳县志》载：“此苑北距邙山，西至孝水，伊洛支渠，交会其间，周围一百二十六里。苑内有朝阳宫、栖云宫、景华宫、显仁宫、成务殿、大顺殿、文华殿、春林殿、春和殿，以及回流、露华、飞香、留春等十三亭

---

① 《历代宅京记》卷九《洛阳下》，中华书局 1994 年版，第 149 页。

② 《河南志》图九《隋上林西苑图》，中华书局 1994 年版，第 217 页。

③ 《资治通鉴·隋纪四》。

和山水景点。”

隋炀帝在扬州也有离宫别苑，以长阜苑最为富丽，《太平寰宇记》载：“长阜苑内，依林傍涧，竦高跨阜，随城形置焉，并隋炀帝立也。曰归雁宫、回流宫、九里宫、松林宫、大雷宫、小雷宫、春草宫、九华宫、光汾宫，是曰九宫。”①

隋宫苑是从秦汉建筑宫苑转变为山水宫苑的一个转折点，开北宋山水宫苑——艮岳之先河。

二、得地形胜　动与天游

绛守居园池，又名隋园、莲花池、新绛花园、居园池等，位于新绛县城西北隅高垣上，绛州古衙署后部，与官舍连，可供太守及其妻儿游乐，属于绛州署衙园林②，为唐代大量出现的郡府园林化的先导。

绛守居园池始建于隋开皇十六年（596），为时任内将军、临汾县令的梁轨初构。③ 今隋唐时期的园林面貌已荡然无存，唐穆宗长庆三年（823）五月十七日绛州刺史樊宗师写《绛守居园池记》④，虽然该文因樊宗师“必出于己，不袭蹈前人一言一句”而晦涩难懂，并被称为“涩体”，却代有人作注释，想要窥得隋唐绛守居园池的大体风貌，还是非樊记莫属。

绛守居园池首得地理之胜，即樊宗师《绛守居园池记》所说的“宜得地形胜，泻水施法”。据记载，隋代绛州井水碱咸，既不宜饮用，又无法灌田。梁轨为民生计，于开皇十六年（596）从距县城西北三十华里的九原山，引来“鼓堆泉”的泉水，同时在沿途修筑十二道灌渠道，有高处水不得过，则凿之，有绝处以槽阁之，鼓水从池沟沼渠而入，浇灌农田，余水则穴城而入，流入街巷畦町阡陌间，入城供居民饮用，小部分流入当时刺史的“牙城”，即流入衙署和居舍后

① 《太平寰宇记》卷一百二十三，载永瑢、纪昀等纂修：《景印文渊阁四库全书第四七〇册》，（台北）商务印书馆1986年版，第222页。

② 唐代以前的官舍通常位于官署后部，供官员及其眷属住宿、生活之用，所有权属于朝廷或地方政府，官员一旦卸任或调离岗位，则要搬出官舍。

③ 绛守居园池后历经隋、唐、宋、元、明、清官衙州牧的添建维修，1300多年的风云变幻，时尚追求，从隋唐时期的“自然山水园林”到宋元时期的“建筑山水园林”，直至明清时期的“写意山水园林”。

④ 《全唐文》卷七三〇。

蓄为池沼。

大业元年（605），隋炀帝的弟弟汉王谅造反，绛州薛雅和闻喜裴文安居高垣“代土建台”以拒叛军讨之，因此形成了大水池，水面积约占全园的四分之一，池的周边以木石围砌成驳岸，水从潭西北注入园池，形成三丈悬瀑，喷珠溅玉。然后，凿高槽、绝窦墉，造成“动与天游”的壮丽水景。

北宋时，该园虽经修葺，但基本风貌未变，范仲淹有《绛州园池》诗云：“绛台使君府，亭阁参园圃。一泉西北来，群峰高下睹。”中国整个地形西北高、东南低，从西北引水至东南，顺势而为。园中亭轩、堂庑皆跨水面池，并深得借景之妙，建筑与自然美景巧妙结合，取得咫尺千里之效。

双桥贯通水池南北，北桥名“通仙桥”，南桥名“采莲桥”，水中见桥影如虹蜺曲脊，俯觑如蜃气、象楼台，“洄涟亭”高高屹立在两桥之中，远望如观蜃景一般。水中有山可依止曰岛，有水渚曰坻，双桥如虹蜺斗于岛坻之上，十分壮观。

池南是井阵形的轩亭，周以直棂窗的木制回廊，如北方常见的四合院貌。蔷薇花阵中踊出“香亭”，与太守寝室相通，可静穆思虑。

池东西建有“新亭”和“槐亭”，东流的渠水穿过“望月渠”，流到尽头，便是柏枝舒展、浓荫密布的“柏亭”。

正东是“苍塘”，西望水面，波光粼粼似雕刻。正东五行属木，色彩青苍色，正好相合。

正北是横贯东西的“风堤”，堤势倚渠偎池，高峻起伏，倒映塘中如龟龙缠绕，灵鱼浮波，色彩斑斓。

“苍塘”西北有峦名鳌蛴原，山光水色，尽收眼底。“苍塘”西是一片茂密的梨林叫“白滨”。

再次是植物成为构景主题，建筑点缀其间。直接以植物为主景的就有“采莲桥”“香亭”“槐亭”“柏亭”。樊宗师《绛守居园池记》称松为“苍官”、竹为“青士”，“柏亭”边有高可磨云的柏树，和松竹拥列，与槐为友，槐柏荫高而松竹之色相和合也。“白滨”形容梨花，梨花盛开之时，白色的梨花似百行素女雪中翩翩起舞，更有一片翠色稻畦如千幅绢帛。大池周边有美丽的蔓草，廊庑藤萝之翠蔓和蔷薇之红刺相映生辉。园中树木若锦绣相交而香气弥漫，亩畹之华丽，丽绝他郡。

《绛守居园池记》中还强调了新亭门口的“槐亭”旁有槐若施力遮护槐亭，“𩃬郁荫后颐”，若黑云气荫亭之后檐，并说此处乃“可宴可衙”，可以宴集又可办案决事。中国古代有崇拜槐树的文化，人们视槐树为神，槐是公相的象征，“三槐九棘”象征三公九卿，以“槐棘”指听讼的处所。《三国志·魏志·高柔传》：“古者刑政有疑，辄议于槐棘之下。自今之后，朝有疑议及刑狱大事，宜数以咨访三公。”《资治通鉴·齐纪七》：“是故先王之制，虽有亲、故、贤、能、功、贵、勤、宾，苟有其罪，不直赦也；必议于槐棘之下，可赦则赦，可宥则宥，可刑则刑，可杀则杀。”

池西南有“虎豹门”与州衙相通，左壁画猛虎与野猪搏斗图，右壁绘身着二色锦衣的胡人驯豹的形象，栩栩如生，以示“万力千气”。古代衙门的别称是“六扇门”，上刻有猛兽利牙图案，象征威武，这里通向州衙的门用“虎豹”图案亦与此同义。

综上可见，隋唐时期的绛守居园池，布局以水为主，以原、隰、堤、谷、壑、塘等地貌单元为骨架，花木题材为主题，供游憩的园林建筑物掩映其中。宋名臣范仲淹《绛州园池》：“池鱼或跃金，水帘长布雨。怪柏锁蛟虬，丑石斗貙虎。群花相倚笑，垂杨自由舞。静境合通仙，清阴不知暑。”是以自然风光为主的山水园林。唐宋著名文人学士如岑参、欧阳修、梅尧臣、范仲淹等皆曾驻步其间，吟诗作赋，增加了其深厚的文化底蕴。

现存园池基本面貌是清代李寿芝重建，后经民国初年修建的风貌，已非隋唐旧貌。园池东西长、南北窄，一条子午梁（甬道）横贯园池南北，将园池分为东西两部分。

整个园林根据植物花卉的不同，划分成春、夏、秋、冬四个景区，咫尺园林将游客带到写意的山水图画中。

隋朝在中国历史的长河中，好似一颗流星，瞬间陨落，但隋朝又似一道霹雳，划破了漫漫长夜，迎来了中华大一统的光辉历史时代。

第二节　唐五代皇家宫苑美学

隋炀帝与唐高祖李渊都是北周大司马独孤信的外孙，即隋文帝与李丙（李渊之父）的皇后是同胞姊妹。唐朝几乎全盘继承了隋朝的文治武功、政治、经济、文化、外交和军事制度，仅隋朝国仓存粮直到唐贞观十一年还没用完，又有唐太宗、武则天、唐玄宗等这样杰出君主的治理，出现了“贞观之治”到“开元盛世”的昌盛局面，国祚达近三百年之久，成为中国历史上最强盛的封建帝国。

在这样的文化土壤的滋育下，唐朝崇尚开拓进取、奋发向上、刚健有力的审美理想，体现了气魄、力量、开放和兼容的文化视野。皇家园林体量雄伟、装饰华丽、雍容大度，洋溢着天朝大国的自信与辉煌，体现了体天象地、经纬宇宙、非壮丽无以重威的皇极意识。

安史之乱是唐朝由盛转衰的转折点。中晚唐仅对已有皇家园林进行小规模的修葺或疏浚。至五代十国时期，精美的园林大多沦为废墟，唯吴越王钱镠在经营的吴越地区得以部分复兴。

一、贵顺物情　戒其骄奢

初唐倡导俭约，皇家宫苑多利用隋旧苑改建，至高宗、睿宗、玄宗朝则大建离宫别苑：诸如大内四苑即北郊的禁苑、西内苑太极宫、东内苑大明宫、南内苑兴庆宫……长安城的远郊，是星罗棋布的离宫、行宫，避暑的夏宫有麟游县天台山的九成宫，避寒的冬宫有临潼县骊山之麓的华清宫，另外，翠微宫、玉华宫也久负盛名。

光宅元年（684），武则天改东都洛阳为神都，隋西苑也改称神都苑。隋洛阳会通苑入唐后改名东都苑，一称芳华苑；武则天执政期间，改名神都苑，园内有合璧宫、凝碧池、凝碧亭、明德宫（即隋显仁宫）、射堂、官马坊、黄女宫、黄女湾、芳树亭等，设有十七个苑门。

唐太宗继承唐高祖李渊制定的尊祖崇道国策，认识到“奢靡之始，危亡之渐”，视奢侈纵欲为王朝败亡的重要原因，因此身体力行，履行节俭，反对“崇饰宫宇，游赏池台”，并严禁自王公及之下，第宅、车服、婚嫁、丧葬的奢侈，如若装饰过于豪华，便将遭到查处。所以二十年来，风清俗美。

在太宗表率下，出现了许多清廉俭约的大臣，“岑文本为中书令，宅卑湿，无帷帐之饰……户部尚书戴胄卒，太宗以其居宅弊陋，祭享无所……温彦博为尚书右仆射，家贫无正寝，及薨，殡于旁室”①。

① 《贞观政要·俭约》。

魏徵宅内，连正堂都没有，一次他生病，唐太宗当时正要营造小型的宫殿，于是停下工，用这些材料为魏徵营造正堂，五天就完工了，唐太宗还派使者赠送给魏徵喜欢的素布被褥，以成全他节俭的志向。

建于终南山的太和宫为唐高祖李渊于武德八年（625）所造。贞观十年（636）废。至贞观二十一年（647）四月九日，上不豫，公卿上言，“请修废太和宫，厥地清凉，可以清暑，臣等请彻俸禄，率子弟微加功力，不日而就。”于是遣将作大匠阎立德于顺阳王第取材瓦以建之。包山为苑，改为翠微宫。正门北开，谓云霞门，视朝殿名翠微殿，寝名含风殿。唐太宗有《秋日翠微宫》诗：“荷疏一盖缺，树冷半帷空。侧阵移鸿影，圆花钉菊丛。”在这里可以获得“摅怀俗尘外，高眺白云中”的精神享受。

二、九天阊阖开宫殿

建筑形式和色彩体现出来的建筑体量，能给人以最直观的视觉感受。如对称、完整的建筑体量，传递出庄严和肃穆；自由、多样化的建筑形体，营造的是活泼、轻松的氛围；体量厚重庄严的建筑形体，给人以强大的力量感，甚至产生被征服、被控制的威慑力。

始建于隋文帝开皇十三年（593）的“仁寿宫”，是隋文帝的离宫。唐太宗贞观五年（631）修复扩建，更名为“九成宫”，“九成”之意是“九重”或“九层”，言其高大。九成宫，周垣有一千八百多步，曾建成延福、排云、御容、咸亨、大全、永安、丹霄等大型宫殿。

高宗时建于东都洛阳的上阳宫，是毗连于洛阳宫城西的大型宫苑，规模宏大，据《唐六典》记载，有玉京门、金阙门、泰初门、含露门、仙桃门、寿昌门、元武门、客省院、荫殿、翰林院、飞龙厩和上清殿等，可乘高临深，有登眺之美。白居易《洛川晴望赋》描写：

唐李昭道（传）《洛阳楼》图轴

三川浩浩以奔流，双阙峨峨而屹立。飞梁径度，讶残虹之未消；翠瓦光凝，惊宿雨之犹湿……瞻上阳之宫阙兮，胜仙家之福庭。

上阳宫高大宏丽，云构承天、楼台镇空，雕饰精美华贵，石蟾蜍水口、琉璃瓦当，“丹粉多状，鸯瓦鳞翠，虹梁叠状”，绿瓦红柱，红油漆殿柱，色彩鲜丽厚重，极尽豪奢。韦机建成上阳宫后，曾因其太过华丽，受到弹劾免职。

长安内宫苑以大明宫体量最为宏伟。唐贞观八年（634），太宗李世民为供其父李渊避暑，于长安宫城东北角禁苑内修建永安宫，次年改名大明宫。龙朔二年（662）高宗李治加以扩建，一度改名蓬莱宫，大明宫是唐长安城三大殿规模最大的一座，称为“东内”，是世界上最辉煌壮丽的宫殿群之一，也是唐时达二百余年的政治中心和国家象征。

大明宫占地3.5平方千米，踞龙首原上的全城制高点，有高屋建瓴之势。平面呈梯形，南宽北窄，周长7628米，是明清北京紫禁城的4.5倍，被誉为千宫之宫、丝绸之路上的东方圣殿。

北宋时宋敏求的《长安志》记载：大明宫“北据高原，南望爽垲，每天晴气朗，望终南山如指掌，京城坊市街陌，俯视如在槛内”。气象之巍峨轩敞，气势壮阔。

大明宫分为外朝、内廷两部分。

外朝沿袭唐太极宫的三朝制度，沿着南北向轴线纵列了大朝含元殿、日朝宣政殿、常朝紫宸殿。三殿东西两侧建有若干殿阁楼台。外朝部分还附有若干官署，如中书省、门下省、弘文馆、史馆等。

含元殿朱柱素壁，白色的墙面、红色的柱子，碧瓦朱甍，表面雕刻莲花的绿琉璃砖瓦、红色的屋脊，赭黄色的斗拱，流光溢彩而不失庄严。殿前龙尾道长75米，道面铺素面方砖、四叶纹方砖、瑞兽葡萄纹莲花方砖，两边为有石柱和螭首的青石勾栏。殿东西两侧前方有翔鸾、栖凤两阁，以曲尺形廊庑与含元殿相连。

庞大的宫殿建筑群，高大巍峨，成为后世宫殿的范例。“九天阊阖开宫殿，万国衣冠拜冕旒。”① 何等恢宏的鼎盛气象！

大内御苑紧邻宫廷区的后面或一侧，宫、苑虽分置但往往彼此穿插、延伸，

① 〔唐〕王维：《和贾舍人早朝大明宫之作》。

"馆松枝重墙头出，御柳条长水面齐"（王建《春日五门西望》），"阴阴清禁里，苍翠满春松"（陆贽《禁中春松》），宫中亦广植松、柏、桃、柳、梧桐等树木，草木葱茏，繁花似锦，自然成景。上官仪《早春桂林殿应诏》诗曰"晓树流莺满，春堤芳草积"。

在画家阎立本任总设计师的皇家宫苑大明宫，也广植柳树和梧桐，大明宫里的修史馆门前东西两侧栽种了 74 棵枣树，没有杂树。（《旧唐书》卷四三）大明宫还有以植物为主要景色的园中园，如樱桃园、杏园、桃园、梨园、葡萄园、石榴林等。大明宫内廷部分以太液池为中心，池中建蓬莱山，岸边栽植翠竹数十丛，池周建曲廊，廊周罗布 400 多间殿宇厅堂、楼台亭阁，寝殿在池南。这是帝王后妃起居游憩的场所，属于离宫形制。

兴庆宫是唐代园林与宫廷建筑相结合的典范。占地面积 2016 亩，宫内的主要建筑如勤政务本楼、花萼相辉楼等多呈楼阁式，显示出高台基、大屋顶样式，大屋顶的垂脊呈弧形，屋檐也微微翘起，整个坡面呈"旋轮线"形，屋面形象优美，还起到一个重要的平衡作用，加强了柱子的稳定性。屋脊的两端饰有"鸱尾"，使整个建筑更加壮观，更富有神采。兴庆宫的建筑还采用硕大的斗拱，挺拔的柱子，绚丽的彩绘，高高的台基，这些有机地结合为一体，显示出尊贵、豪华、富丽、典雅的建筑文化特色。

《唐语林》记载："玄宗起凉殿，拾遗陈知节上疏极谏，上令力士召对。时暑毒方甚，上在凉殿，座后水激扇车，风猎衣襟。知节至，赐坐石榻。阴霤沈吟，仰不见日，四隅积水，成帘飞洒，座内含冻，复赐冰屑麻节饮。陈体生寒栗，腹中雷鸣，再三请起，方许，上犹拭汗不已。陈才及门，遗泄狼藉，逾日复故。谓曰：'卿论事宜审，勿以己方万乘也。'"

凉殿和前述王鉷的自雨亭等类建筑技术较早出现在比较干燥的两河流域以西地区，这一带曾属拂菻领土，《旧唐书·拂菻传》云："至于盛暑之节，人厌嚣热，乃引水潜流，上遍于屋宇，机制巧密，人莫之知。观者惟闻屋上泉鸣，俄见四檐飞溜，悬波如瀑，激气成凉风，其巧妙如此。"为此向达先生在《唐代长安与西域文明》中认为，中国"采用西亚风之建筑当始于唐"。

上阳宫是供唐王朝宫室后妃居住和朝廷及宫室人游赏、离居的地方，属于离宫园林。据《唐六典》记载，对照《永乐大典》中的上阳宫图，观风殿、化成院、麟趾殿、本院、芬芳殿、上阳宫等数十处宫殿建筑是依据地形地势分布，采用自由的、集锦式的布局，散置在上阳宫的园林空间之中。“山水隐映，花气氤冥”“上阳花木不曾秋”，宫内有常青不凋的松柏、森翠的竹木和南方的桂、橙之类阔叶常青树。所以，“上阳花草青营地”（元稹《上阳白发人》）自然性更强，择地更得体于自然。

“上阳花木不曾秋，洛水穿宫处处流。画阁红楼宫女笑，玉箫金管路人愁。幔城入涧橙花发，玉辇登山桂叶稠。曾读列仙王母传，九天未胜此中游。”（王建《上阳宫》）涧水依地势引入宫中，再出宫入洛河，是水域丰盈的水景园。

三、槛外低秦岭　窗中小渭川

唐代离宫别苑多选择郊外山岳地带，如“翠柏苍松绣作堆”的骊山、“绿竹入幽径，青萝拂行衣”的终南山，以及重峦叠嶂、“气压昆仑天柱矮”的宝鸡天台山等，建筑往往因地制宜、随势高下而筑，与秀丽的山水相融，都是自然中现人工的佳例。

初唐时就利用骊山温泉水建温泉宫，至玄宗时改为华清宫，由宫殿、亭阁、回廊组成。宫殿坐北面南，为高台建筑。长生殿、朝元阁、集灵台、宜春亭、芙蓉园、斗鸡殿等高低错落隐现于绿荫鲜花丛中。

华清宫利用泉水建成华清池。据陈鸿《华清汤池记》载：“安禄山于范阳，以白玉石为鱼龙凫雁，仍以石梁及石莲花以献。雕镌巧妙，殆非人功。上大悦，命陈于汤中，仍以石梁横亘汤上……又尝于宫中置长汤数十，门屋环回，甃以文石。为银镂漆船及白香木船置于其中。至于楫橹，皆饰以珠玉。又于汤中垒瑟瑟及沉香为山，以状瀛洲、方丈。”① 真是穷奢极欲，古今罕匹。水面有分有聚，以聚为主，给人以池水漫漫，清澈开朗，深邃莫测之感；以分为主，则产生虚实

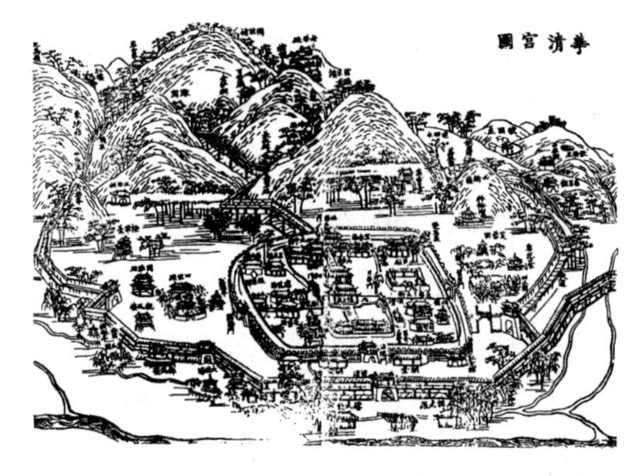

华清宫图（《陕西通志》）

① 《全唐文》卷六一二。

对比，萦回曲折，无限幽深之意境。

这里春天山花烂漫，重峦叠翠；入夏，一池湖水，凝碧浓绿，凉爽宜人；秋日，枫松相映，灿若明霞；隆冬时节，白雪银装，妖娆迷人。一年四季景色不同，一天四时景色各异。

九成宫所在的宝鸡天台山，东障童山，西临凤凰山，南有石臼山，北依碧城山，沟壑众多，崖峻谷深，林海茫茫，群峰巨石隐于苍松翠柏之中，组成一幅幅色彩斑斓的自然画面。使人置身于“岚光晴亦霭，树色郁犹苍”“偶闻松涛声，却是万籁静”的境界。九成宫坐落在峭壁对峙、群山万壑之间，云雾迷漫，气象万千，河、湖（水库）、溪、瀑、潭、泉俱全，山环水绕，纵横交错，水质洁净，碧波荡漾。

四、乱世乐土　嗜治林圃

安史之乱后，皇家园林大多已是“寥落古行宫，宫花寂寞红”“废苑墙南残雨中，似袍颜色正蒙茸”；后因五代十国的战乱，唐代洛阳的园林可以说是“与唐共灭而俱亡”了。

江南在吴越王钱镠奉行“以民为本、保境安民”的国策下，发展迅速，自成富甲天下的一方天堂，“井邑之富，过于唐世”，盛世达 80 多年。

由于吴越国“国富兵强，垂及四世，诸子姻戚，乘时奢僭，宫馆苑囿，极一时之盛”①，广陵王元璙帅中吴，好治林圃，有南园、东圃、钱元璙池馆、金谷园等。“其诸子徇其所好，各因隙地而营之，为台为沼”②。

苏州古城西南隅的南园，为吴越国广陵王钱元璙及其子指挥使钱文奉所创建，初建时规模极大，极盛时达 10 余万平方米，园内的厅堂亭榭极多，有三阁八亭二台，异木奇石。如安宁厅、思玄堂，清风、绿波、迎仙等三阁，有清涟、涌泉、消暑、碧云、流杯、沿波、惹云、白云等八亭，又有以天生树木制作亭柱的迎春亭、百花亭。在西池的岛屿上，建有尖顶及呈旋螺式的龟首、旋螺二亭。园内遍植奇花异草，树木蓊郁，“老木皆合抱，流水奇石，参错其间”③，有清流

① 〔明〕归有光：《沧浪亭记》，见《震川先生集》卷十五。

② 〔宋〕朱长文：《乐圃记》，见王稼句编注《苏州园林历代文钞》，上海三联书店 2008 年版，第 18 页。

③ 〔宋〕范成大：《吴郡志·园亭》卷一四，江苏古籍出版社 1986 年版，第 189 页。

崇阜，水石柳堤，竹林成径、桃夭有蹊，风景绝佳。钱氏“车马春风日日来，杨花吹满城南路”“酾流以为沼，积土以为山，岛屿峰峦，出于巧思，求致异木，名品甚多，比及积岁，皆为合抱。亭宇台榭，值景而造……每春纵士女游览，以为乐焉”①。《宋平江城坊考》引续志云：“今府学后一方之地，皆故园也。”②

“东圃”，一作东墅，是钱元璙之子钱文奉为衙前指挥时所创，园内有奇卉异木，名品千万，崇岗清池，茂林珍木，又累土为山，亦成岩谷，极园池之赏。当年元璙父子常常跨白骡、披鹤氅，缓步花径，或泛舟池中，容与往来，诗酒流连。

金谷园乃钱元璙三子钱文恽在晋代景德寺故址建，俗称三太尉园。崇岗清池，茂林珍木。盖艳羡晋石崇之金谷园：“前临清渠，柏木几于万株，流水周于舍下，有观阁池沼，多养鱼鸟。家素习技，颇有秦赵之声。出则以游目弋钓为事，入则有琴书之娱。又好服食咽气，志在不朽，傲然有凌云之操。”③ 故径以“金谷园”为名。

五代南汉主刘龑的宫苑“九曜园”，内有楼阁亭台，广植名花异木，聚方士在此炼药，因此地名仙湖及药洲，盛极一时。尤以奇石胜，园中有太湖奇石九块，叠为九曜石景，《粤东金石略》载：“石凡九，高八九尺，或丈余，嵌岩嵂兀，翠润玲珑，望之若崩云，既堕复屹，上多宋人铭刻。”石上铭刻米芾墨迹，现存石刻“药洲”二字，传为乾隆年间名士翁方纲摹写。

福州市内西湖，晋太康三年（282）郡守严高率众所凿，方圆十数里，主要供农田灌溉使用。五代时，闽王王审知次子王延钧继位，筑室其上，号水晶宫，并在园内建造亭台楼榭，湖中设楼船，更修一复道，可由内城军府直达水晶宫，西湖遂成王延钧之御花园。

第三节 私家园林美学

李白、杜甫、卢鸿等盛唐文化孕育出的天才诗人、画家，都有挥之不去的山

① 〔宋〕朱长文：《吴郡图经续记》，江苏古籍出版社 1986 年版，第 15、16 页。

② 〔宋〕范成大：《吴郡志·园亭》卷一四，江苏古籍出版社 1986 年版，第 192 页。

③ 〔晋〕石崇：《思归引·序》。

水情结，他们有结庐名山、卜居林泉的嗜好。

中晚唐五代时期，科举制度结束了士族独霸各级官位的局面，改变了官僚系统的成分，大批文人参与了园林营构，追求以诗入园、因画成景，升华了中国园林艺术。

美学风格上，虽然王公贵戚的私家园林奢华壮美，士人园林素净雅洁，但都是山水画意园林。

一、自然成野趣

盛唐士人园以山居为多，普遍追求“自然成野趣，都使俗情忘”，以风光天然、不加穿凿为美。

达官贵人园喜欢筑山引水，寒素处士园也喜欢凿山引泉，据杜佑《杜城郊居王处士凿山引泉记》载：王处士“短褐或弊，箪笥屡空，守道安贫，不求不竞。素多山水，乘兴游衍，逾月方归……开双洞于岩腹，常郁燠于生寒；交清泉于巘上，遭旱暵而淙注。止则澄澈，动则潺湲，宛如天然，莫辨所泄。悬布垂练，摇曳晴空。”

1. 摩诘辋川

王维（700—760），知音律，善绘画，尚佛理，南宗文人画家之宗师。安史之乱起，他因被迫接受伪职而被定罪，后得到赦免，不仅官复原职，还逐步升迁，官至尚书右丞。但王维“晚年惟好静，万事不关心”（王维《酬张少府》），归隐辋川别业，“气和容众，心静如空”（王维《裴右丞写真赞》），与松风山月为伴，禀受山川英灵之气，笔参造化，苏轼曾称赞：“味摩诘之诗，诗中有画；观摩诘之画，画中有诗”，可见王维的诗画与园林山水相映相融。

王维的辋川别业选址在今陕西省蓝田县西南10余公里处的辋川山谷，乃初唐宋之问别业旧址，《册府元龟》中写“引辋水激流于草堂之下，涨深潭于竹中”“四顾山峦掩映，似若无路，环转而南，凡十三区，其美愈奇”①；“辋川形胜之妙，天造地设”（《辋川志》）。

王维自谓：其游止有孟城坳、华子冈、文杏馆、斤竹岭、鹿柴、木兰柴、茱萸泮、宫槐陌、临湖亭、南垞、欹湖、柳浪、栾家濑、金屑泉、白石滩、北垞、

① 〔清〕赵殿成：《王右丞集笺注》引《陕西通志》。

竹里馆、辛夷坞、漆园、椒园等。①

辋川二十景随冈峦的高低起伏、因势设景，山景有岭、岗、坞、坳，水貌则湖、泉、泮、濑、滩，引水入于舍下，布景点于冈峦丛林之间。建筑就地取材，文杏馆是“文杏裁为梁，香茅结为宇”，乃山野茅庐的构筑。不少以花木成景：茱萸泮“结实红且绿，复如花更开”的山茱萸；斤竹岭“檀栾映空曲，青翠漾涟漪”；“仄径荫宫槐，幽阴多绿苔”的宫槐陌，幽篁丛中的竹里馆，辛夷坞的芙蓉花，漆园的婆娑数株树，还有椒园、木兰柴等因多花椒、木兰而命名。人工所筑之景与湖光山色相融为一。据《唐朝名画录》记载：王维还将辋川园景描绘成图，“山谷郁郁盘盘，云水飞动，意出尘外，怪生笔端”。

《辋川别业图》局部（《关中胜迹图志》）

王维在辋川别业，“与道友裴迪浮舟往来，弹琴赋诗，啸咏终日。尝聚其田园所为诗，号《辋川集》”②，以至“王裴辋川绝句，字字入禅”③。王维自己描述：

辄便往山中，憩感配寺，与山僧饭讫而去。北涉玄灞，清月映郭。夜登华子冈，辋水沦涟，与月上下；寒山远火，明灭林外。深巷寒犬，吠声如豹。村墟夜舂，复与疏钟相间。此时独坐，僮仆静默，多思曩昔携手赋诗，

① 《全唐诗》卷一二八《辋川集并序》。

② 《旧唐书·王维传》。

③ 〔清〕王士祯：《蚕尾续文》。

步仄径，临清流也。当待春中，草木蔓发，春山可望，轻鲦出水，白鸥矫翼，露湿清皋，麦陇朝雊……然是中有深趣矣。①

王维所言的“深趣”，正是悠然自得的禅悦。在王渔洋所称“字字入禅”的王维诗中，最典型的莫过于辋川诗了。辋川诗中的空山、深林、云彩、鸟语、溪流、青苔，乃至新雨、山路、桂花、斑驳的色泽等，都无不着有禅的色彩。如王维对于人事变迁、仕途穷通乃至物兴物衰物生物灭都泰然视之，安详静穆、闲适优游，有限的自我跃身大化，进入了时空混沌、万象浑化的境界，成为诗人中很完美地体现般若思想境界的第一人：“空山不见人，但闻人语响。返景入深林，复照青苔上。”② 恬静而幽深，冷暖色相映，诗歌交响，是参禅悟道之后完美的自我体验③。

无论是“檀栾映空曲，青翠漾涟漪”的斤竹岭，还是“独坐幽篁里，弹琴复长啸。深林人不知，明月来相照”的竹里馆，都是王维禅思之地，在一个远离俗尘的萧瑟静寂、冷洁但又身心自由的小天地里，观照磐若实相，心净土净，体会维摩诘菩萨的“身在家，心出家”的真谛。

辋川随着王维的去世，很快就成了人们的追忆，杜甫《解闷》诗曰：“不见高人王右丞，蓝田丘壑漫寒藤。最传秀句寰区满，未绝风流相国能。”

2. 结庐名山，卜居林泉

李白与杜甫（台湾关渡宫）

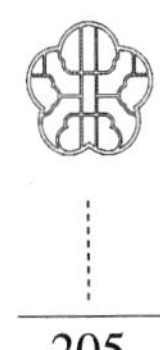

① 〔唐〕王维：《山中与裴秀才迪书》，《王右丞集》卷十八。

② 〔唐〕王维：《鹿柴》，《王右丞集》卷十八。

③ 〔三国魏〕龙树著，鸠摩罗什译：《中论·观四谛品二十四》。

李白和杜甫为中国诗歌灿烂星空中的双子星，他们曾“醉眠秋共被，携手日同行”，情同手足。比李白小 11 岁的杜甫盼望与李白“何时一樽酒，重与细论文”。

夙有“济苍生”“安社稷”远大抱负的李白，于唐玄宗开元十三年（725）“仗剑去国，辞亲远游”。早年就接触并信仰当时很盛行的道教，喜爱栖隐山林，求仙访道，超凡脱俗。“五岳寻仙不辞远，一生好入名山游”（《庐山谣寄卢侍御虚舟》）、“此行不为鲈鱼脍，自爱名山入剡中”（《秋下荆门》）。凡佳山水，必有这位大诗人的足迹。

号为“东南第一山”之称的九华山，古称陵阳山、九子山，位于安徽省池州境内。方圆 100 公里内有 99 座峰，主峰十王峰海拔 1344.4 米，山体由花岗岩组成，山形峭拔凌空。今有太白书堂，传说为李白隐居九华山时居所，初建于南宋嘉熙初年（1237），是青阳县令蔡元龙为纪念李白二游九华而始创，院内有太白井，相传李白曾烹泉水品茗于此。

庐山“无山不峰，无峰不石，无石不泉也。至于彩霞幻生，朝朝暮暮，其处江湖之界乎，此所谓山泽通气者矣”①，有“匡庐奇秀甲天下”之誉。钟情于“清水出芙蓉，天然去雕饰”的美学趣味的李白，对庐山美景叹赏不已。李白更钟情于庐山上的“五老峰”，赋诗曰：“庐山东南五老峰，青天削出金芙蓉。九江秀色可揽结，吾将此地巢云松。”（《登庐山五老峰》）五老峰的青松白云之中是李白理想的隐居之地。

天宝十五载（756），安史叛军占领了洛阳以北的广大地区，为避战乱，李白带着宗氏夫人到庐山隐居在五老峰下的屏风叠，实现了他“吾将此地巢云松”的夙愿。李白在此修建了读书草堂，时达半年之久，留下了 24 首光辉诗篇。他逍遥自得，在《山中与幽人对酌》：“两人对酌山花开，一杯一杯复一杯。我醉欲眠卿且去，明朝有意抱琴来。”本为避乱暂时隐居，但李白在《赠王判官时余归隐居庐山屏风叠》诗中表示“明朝拂衣去，永与海鸥群”，产生了长期隐居的想法。开元十五年（727）他来到安州（今安陆），遇到唐高宗朝宰相许圉师，“妻以孙女”，入赘相门之家，开始了“酒隐安陆”十年的生活。他入远山构建石头房子，选幽景开出土质最好的田地，似乎永远要与世隔绝，过耕读生活。

① 〔明〕王思任：《游庐山记》。

杜甫自称“我生性放诞，雅欲逃自然。嗜酒爱风竹，卜居必林泉”①，他经历了大唐由盛到衰的过程，公元759年自华州弃官后，携家逃难，跋山涉水来到了成都。时任成都尹的严武“武与甫世旧，待遇甚隆”，第二年（唐肃宗上元元年），由表弟出资，于城西浣花溪畔建起了自己的草堂。

草堂选址环境优美，杜甫诗歌“浣花流水水西头，主人为卜林塘幽”（《卜居》），这里“江深竹静两三家”，草堂处于山水田园之间。周围是“舍南舍北皆春水”（《客至》），“背郭堂成荫白茅，缘江路熟俯青郊。桤林碍日吟风叶，笼竹和烟滴露梢”（《堂成》），“田舍清江曲，柴门古道旁……榉柳枝枝弱，枇杷树树香”（《田舍》），草堂点缀着竹木松和花果，屋顶覆以茅草。人与浣花溪、茅舍、竹篱、柴扉和周边的花木相融在一起。

草堂质朴自然，从2001年在杜甫草堂旧址发掘的唐宋民居遗迹来看，宅院的门扉朝向东南，浣花溪水绕行于东、南、西三面，院子里有生活用的水井，井边向东北是一条小小的排水沟渠，以青石砌筑，简朴夯实。以茅草苫盖为屋顶，“敢谋土木丽，自觉面势坚。台亭随高下，敞豁当清川”（《寄题江外草堂》），随地势高下修筑亭台水槛。

今重建的杜甫草堂的厅亭榭等建筑，皆以杜甫诗名为额，花草也依杜诗。如“水竹居”“恰受航轩”“水槛”“花径”等。

杜甫一生，除了浣花溪畔的草堂外，还有重庆奉节县东的夔州草堂、梓州（治地今三台县城）草堂等。

杜甫三处居地，都有山光水色的自然生态环境，由于“诗”的崇高地位，吸引了唐后众多风流倜傥的文人墨客和满腹经纶的高人隐士探访，使草堂具有了丰厚的人文积淀。

3. 山为宅兮草为堂，芝兰兮药房

卢鸿是和王维名望相当的山水画家、诗人、书法家，一名鸿一，字浩然，一字颢然，曾三辞皇封，终身隐逸名山，为人激赏。

在诸多隐士中，卢鸿备受殊荣。《新唐书卷二百十九隐逸传》载，玄宗诏书屡下，每辄辞托。最后，玄宗为了成就其志，赐他一身隐居服，一所草堂，让他带官归山，每年可得到粮米一百石、布绢五十匹，而且还让他随时记下朝廷的得

① 〔唐〕杜甫：《寄题江外草堂（梓州作，寄成都故居）》。

失，可以直接把状子交给玄宗。一些府县的官员也常常到他家拜访。卢鸿回山后，广开门户，召聚五百弟子讲学，直到去世。时人称之唐代的“山中宰相”。

卢鸿隐居嵩山后，筑“嵩山别业”，收徒授业，与高僧名道普寂、司马承祯等游，每日里吟诗作画，怡然自得。他曾自图其居，画了《嵩山十志图》，包括“草堂、倒景台、樾馆、枕烟庭、云锦淙、期仙磴、涤烦矶、幂翠亭、洞元室、金碧潭”十景，图写隐居之处的山林景物，时称山林绝胜①。插图系以唐宋各家笔意拟之，图中峰峦浑厚，林木苍厚，笔墨细密严实，松秀浑然，柔中带刚，每图各系以诗及序。与王维的《辋川图》一样，名传当时与后代。尽管画家原作久已失传，唯能见到传为李公麟的《草堂十志图》临本，但诗及序还在。据此，“嵩山别业”的构筑思想有了生动的依据。

《嵩山十志图诗序》② 载：

草堂者，盖因自然之溪阜。前当墉洫，资人力之缔构；后加茅茨，将以避燥湿，成栋宇之用。昭简易，叶乾坤之德，道可容膝休闲，谷神同道，此其所贵也。及靡者居之，则妄为剪饰，失天理矣！

词曰：山为宅兮草为堂，芝兰兮药房。罗蘼芜兮拍薜荔，荃壁兮兰砌。蘼芜薜荔兮成草堂，阴阴邃兮馥馥香，中有人兮信宜常。读金书兮饮玉浆，童颜幽操兮不易长。

草堂依自然山水而筑，茅茨土覆顶，具有朴拙的山林生趣。作者明确反对“妄为剪饰”，认为崇饰乃“失天理矣”！山为住宅，结草为堂，用香草涂抹，有种屈原楚辞的浪漫情怀。

“倒景台”也是因山而建，“杰峰如台，气凌倒景”，十分高峻，在此洗涤胸怀，精神超逸。“樾馆”则是“即林取材，基颠柘，架茅茨”“紫岩隈兮青溪侧，云松烟茑兮千古色。芳靃蘼兮荫蒙茏，幽人构馆兮在其中”。在山水及云松烟茑间，卧风霞旦，享受大自然的真趣。

草堂环境，重幽叠邃，如“草树绵幂兮翠蒙茏”的“幂翠庭”：“盖崖巘积

① 〔宋〕董逌撰：《广川画跋》。

② 《全唐诗》第二函第七册，上海古籍出版社影印康熙扬州诗局本。

阴，林萝沓翠。其上绵幂，其下深湛。”“洞元室”：“因岩作室，即理谈玄。室返自然，元斯洞矣。”“云锦淙”，一帘瀑布挂在山壁上，激流滚滚泻入山谷水流中。

草堂为卢鸿安神养性之地，十景中“涤烦矶”用“飞流攒激，积漱成渠”的清水，涤除烦恼。

作者的思想时时流露出道教仙境和成仙的“心境”，如：“枕烟庭者，盖特峰秀起，意若枕烟”，犹如“扬雄所谓爰静神游之庭是也”！“可以超绝纷世，永洁精神矣”，飘飘欲仙，超凡脱俗！又如：“期仙磴者，盖危磴穹窿，迥接云路，灵仙仿佛，若可期及”，高接云天。登上凌空的期仙磴，仿佛看到青霞紫云、仙人的鸾歌凤舞，似乎已经成为山中神仙了。

作者还着重指出，像“金碧潭”这样“水洁石鲜，光涵金碧，岩葩林茑，有助芳阴”的美景，那些“世生缠乎利害”者，是“未暇游之”，也不会使人欣赏的。

二、穿池叠石　丹岩吐绿

公卿贵戚、将相显要亦竞修园池，遍布长安、洛阳一带。长安城南二十里的樊川，清流逶迤如带，水之曲处，为韦、杜二巨族世居之地。据《长安图志》载：“韦杜二氏，轩冕相望，园池栉比。”《新唐书·杜佑本传》曰：“朱坡樊川，颇治亭观林莳，凿山股泉，与宾客置酒为乐。子弟皆奉朝请，贵盛为一时冠。”

宋李格非《洛阳名园记》载，唐贞观、开元间，光东京洛阳城郊的公卿邸园号有千余处。宋张舜民《画墁录》称京官在京城也多园池：“唐京省入伏，假三日一开印。公卿近郭皆有园池，以至樊杜数十里间，泉石占胜，布满川陆，至今基地尚在。”

开元中，唐太傅陈邕在福建漳州市南郊，利用丹霞山及九龙江之天然山水，巧为布局，凿池叠石，缀以楼台亭榭，建成一处碧瓦飞檐、山池清秀、蔚为大观的私家园林。陈宅大门，与龙口相向，面对昼夜不息之九龙江，大有吞吐龙江水之意。

1. 斜枕冈峦，千亩竹林

韦氏骊山别业，杜佑《杜城郊居王处士凿山引泉记》曰：“神龙中，故中书令韦公嗣立骊山幽栖谷庄，实为胜绝……”因与骊山行宫的地缘关系，这里往往成为帝王游幸骊山汤泉后的又一个驻跸之处。唐中宗亲往幸焉，自制诗序，令从官赋诗，赐绢两千匹。因封嗣立为逍遥公，名其所居为清虚原幽栖谷。他虽得恩宠，但同传称嗣立上疏劝谏“中宗崇饰寺观，又滥食封邑者众，国用虚竭”，山庄绝不会“崇饰”。

唐代沈佺期《陪幸韦嗣立山庄》见到的是：台阶好赤松，别业对青峰。茆室承三顾，花源接九重；“斜枕冈峦，黑龙卧而周宅……观其奥区一曲，甲第千甍，冠盖列东西之居，公侯开南北之巷……万株果树，色杂云霞；千亩竹林，气含烟雾。激樊川而萦碧濑，浸以成陂；望太乙而邻少微，森然逼座……于是下高台，陟曲沼，铺落花以为茵，结垂杨而代幄。霁景含日，晚霞五彩而丹青；韶望卷云，春膏一色而凝黛”。别业中，“有重崖洞壑，飞流瀑水”。

连官阶最低的九品校书郎也不例外，如綦毋校书（李颀《题綦毋校书别业》）、李校书花药园①等。

2. 构仙山，侔造化

太平公主山池，“构仙山兮既毕，侔造化之神术。其为状也，攒怪石而岑崟。其为异也，含清气而萧瑟。列海岸而争耸，分水亭而对出。其东则峰崖刻划，洞穴萦回……其西则翠屏崭岩，山路诘曲，高阁翔云，丹岩吐绿”②。

义阳公主山池，“径转危峰逼，桥回缺岸妨”“攒石当轩倚，悬泉度牖飞”“池分八水背，峰作九山疑”③。

武驸马山亭“林园洞启，亭壑幽深，落霞归而叠嶂明，飞泉洒而回潭响。灵槎仙石，徘徊有造化之姿；苔阁茅轩，髣髴入神仙之境”④。

安乐公主“禀性骄纵，立志矜奢。倾国府之资财，为第宇之雕饰”⑤。她曾经恃宠向父亲唐中宗奏请将昆明池当为汤沐。中宗没有同意，这位天之娇女竟在长安城西南郊外，夺百姓庄园，造定昆池四十九里，直抵南山。延袤数里，累石

① 〔唐〕于邵：《游李校书花药园序》：“崇文馆校书郎李公寝门之外，大亭南敞。大亭之左，胜地东豁，环岸种药。不知斯地几十步，但观其缥缈霞错，葱茏烟布，密叶层映，虚根不摇，珠点夕露，金燃晓光。而后花发五色，色带深浅；藂生一香，香有远近；色若锦绣，酷如芝兰；动皆袭人，静则夺目。”（《全唐文》卷四二七）

② 〔唐〕宋之问：《太平公主山池赋》。

③ 〔唐〕杜审言：《和韦承庆过义阳公主山池五首》。

④ 〔唐〕宋之问：《奉陪武驸马宴唐卿山亭序》，见《全唐文卷二四一》。

⑤ 《大唐故勃逆宫人志文并序》。

为山，以象华岳，引水为涧，以象天津①。堆山像华岳，引水像天河。庄园“飞阁步檐，斜桥磴道。衣以锦绣，画以丹青。饰以金银，莹以珠玉”②，连权倾天下的太平公主也感叹：“看她的起居住处，我们真是白活了！”

“唐宁王山池院引兴庆水西流，疏凿屈曲，连环为九曲池。上筑土为基，叠石为山，植松柏，有落猿、岩栖、龙岫、奇石、异木、珍禽、怪兽。又有鹤洲、仙渚，殿宇相连，前列二亭，左沧浪，右临漪，王与宫人宾客宴饮弋钓其中”③。

岐阳公主、长宁公主、义阳公主，宰相李林甫、杨国忠，名将郭子仪、马璘、李晟之亭馆，皆极豪奢靡丽。《旧唐书·杨国忠传》载：

> 贵妃姊虢国夫人……于宣义里构连甲第，土木被绨绣，栋宇之盛，两都莫比，昼会夜集，无复礼度……国忠山第在宫东门之南，与虢国相对，韩国、秦国甍栋相接，天子幸其第，必过五家，赏赐宴乐。每扈从骊山，五家合队，国忠以剑南幢节引于前，出有饯路，还有软脚，远近饷遗，珍玩狗马，阉侍歌儿，相望于道。

虽经历安史之乱，但也有如著名经济改革家刘晏这样清廉的官员，他历仕唐玄宗、肃宗、代宗、德宗四朝，两度登宰相之位，长期总领全国财赋，效率高、成绩大，“广军国之用，未尝有搜求苛敛于民”，能够“居取便安，不慕华屋。食取饱适，不务兼品。马取稳健，不择毛色”。建中元年（780），刘晏因杨炎所陷被害，家中所抄财物唯书两车，米麦数石而已。

但总的如史书所载：“天宝中，贵戚勋家，已务奢靡，而垣屋犹存制度。然卫公李靖家庙，已为嬖臣杨氏马厩矣。及安、史大乱之后，法度隳弛，内臣戎帅，竞务奢豪，亭馆第舍，力穷乃止，时谓‘木妖’。”“水木谁家宅，门高占地宽”，贵族园林占地面积极大。如平定安史之乱的大功臣郭子仪、权倾四海的宰相元载、懿宗时相国韦宙等，都拥有豪奢园林。

① 〔唐〕张鷟：《朝野佥载》卷三。

② 同上。

③ 《关中胜迹图志》卷六。

3. 外方珍异，沉香为阁

《七修类稿卷十五义理类》记载：“杨国忠尝以沉香为阁，檀香为栏槛，麝香和泥为壁，至牡丹开时，登阁以赏，谓之四香阁。”沉香因为香味独特、香品高雅，自古以来被列为众香之首。

《太平广记》卷一四三记载：武后男宠“张易之初造一大堂，甚壮丽，计用数百万。红粉泥壁，文柏帖柱，琉璃沉香为饰”，中宗朝权相宗楚客的新宅“皆是文柏为梁，沉香和红粉以泥壁，开门则香气蓬勃。磨文石为阶砌及地，着吉莫靴者，行则仰仆”①。柏木作为房梁，更在粉墙的材料中加入沉香木屑，推门而入，只觉满室馨香扑面。而更有甚者，是将各色花纹的石料打磨后用来砌地面和台阶，光滑无比，以至于穿着“吉莫靴”的人走在上面便会前仰后合。

“天宝中，御史大夫王鉷有罪赐死，县官簿录太平坊宅，数日不能遍。宅内有自雨亭，檐上飞流四注，当夏处之，凛若高秋。又有宝钿井栏，不知其价”②。

据苏鹗《芸辉堂》载：元载末年，造“芸辉堂”于私第。芸辉，香草名也，出于阗国。其香洁白如玉，入土不朽烂，舂之为屑，以涂其壁，故号芸辉焉。而更构沉檀为梁栋，饰金银为户牖，内设悬黎屏风，紫绡帐。其屏风本杨国忠之宝也，屏上刻前代美女伎乐之形，外以玳瑁水犀为押，又络以真珠、瑟瑟。精巧之妙殆非人工所及。紫绡帐得于南海溪洞之酋帅，即鲛绡之类也。轻疎而薄如无所碍。虽属凝冬，而风不能入，盛夏则清凉自至。其色隐隐焉，不知其帐也，谓载卧内有紫气。而服玩之奢僭，拟于帝王之家。芸辉之前有池，悉以文石砌其岸，中有苹阳花，亦类白苹，其花红大如牡丹，不知自何而来也。更有碧芙蓉，香洁菡萏伟于常者。

三、势若冰炭　嗜石如一

李德裕为唐代著名的“牛李党争”之李党领袖，和代表庶族地主阶级的牛僧孺党争激烈，但如宋人刘克庄所说：“牛李嗜若冰炭，惟爱石则如一人!”

李德裕为人自谨，生活俭朴，“所居安邑里第，有院号起草，亭曰精思，每计大事，则处其中，虽左右侍御不得豫。不喜饮酒，后房无声色娱”（《新唐书》

① 〔唐〕张鷟：《朝野佥载》卷三。

② 〔唐〕封演：《封氏闻见记》卷五。

卷一百一十五）。

“今日园林主，多为将相官。终身不曾到，只当图画看”，尽管李德裕没有时间享受园居生活，但嗜好园池花石的雅尚使他如痴如醉。《旧唐书》卷一七四《李德裕传》载：“东都于伊阙南置平泉别墅……初未仕时，讲学其中。及从官藩服，出将入相，三十年不复重游，而题寄歌诗，皆铭之于石。今有《花木记》《歌诗篇录》二石存焉。”李德裕自言经营“平泉”，得江南珍木奇石，列于庭际。平生素怀，于此足矣……虽有泉石，杳无归期，留此林居，贻厥后代。

东都平泉庄，去洛城三十里，卉木台榭，若造仙府。有虚槛，前引泉水，潆回疏凿，像巴峡洞庭十二峰九派，迄于海门，江山景物之状。远方之人，多以土产异物奉之，求数年之间，无所不有。时文人有题平泉诗者，“陇右诸侯供语鸟，日南太守送名花”。李德裕《平泉山居草木记》：“嘉树芳草，性之所耽……因感学《诗》者多识草木之名，为《骚》者必尽荪茎之美，乃记所出山泽，庶资博闻。”记中仅洛阳各名园所设有的奇木异花、怪石药草，即达80余种，大都来自现江、浙、皖、赣、湘、鄂、桂、粤等地。李德裕特别强调了《论语·阳货》中的孔子教育学生要学习《诗经》，其中有“多识于鸟兽草木之名”的教诲，还有《楚辞·离骚》的香草比德之美。

美石，则是自然的精灵，罗致目前，占有欲外，亦自然渗有文人爱自然的情愫，“复有日观、震泽、巫岭、罗浮、桂水、严湍、庐阜、漏泽之石在焉”，泰山石、太湖、巫山、罗浮山、严子陵钓台、庐山、漏泽湖等地。还有“台岭、八公之怪石，巫山、严湍、琅邪台之水石，布于清渠之侧；仙人迹、鹿迹之石，列于佛榻之前”。

李德裕曾得到一枚兖州从事所寄泰山石，此石洞府玲珑，岩窦峻峭，无斧凿痕，可供清玩。他将奇石置于室内，日日观赏，因作《重忆山居六首·泰山石》诗一首：“鸡鸣日观望，远与扶桑对。沧海似熔金，众山如点黛。遥知碧峰首，独立烟岚内。此石依五松，苍苍几千载。”

李德裕叮嘱子孙，不许出卖此园或以园中一草一木予人：“鬻吾‘平泉’者，非吾子孙也；以‘平泉’一树一石与人者，非佳子弟也。吾百年后，为权势所夺，则以先人所命，泣而告之，此吾志也。”拳拳之心可叹！但事与愿违，随着李德裕失势，并客死崖州，园中名品便多为洛中有势力者取去。

牛僧孺是著名政治家、文学家，曾三任节度，唐穆宗、文宗朝两度出任宰

相，白居易《太湖石记》称其“公以司徒保厘河洛，治家无珍产，奉身无长物”，《旧唐书·牛僧孺本传》也说他“识量弘远，心居事外，不以细故介怀。洛都筑第于归仁里。任淮南时，嘉木怪石，置之阶廷，馆宇清华，竹木幽邃。常与诗人白居易吟咏其间，无复进取之怀”。牛僧孺为官廉洁，拒受厚赂。然性嗜石，“公之僚吏，多镇守江湖，知公之心，惟石是好，乃钩深致远，献瑰纳奇，四五年间，累累而至。公于此物，独不廉让，东第南墅，列而置之，富哉石乎”，“惟东城置一第，南郭营一墅，精葺宫宇，慎择宾客，性不苟合，居常寡徙，游息之时，与石为伍”。开唐末宋初品石之风的先河。

牛僧孺收藏的奇石有太湖石、礼星石、文斗极像石、狮子石、罗浮石、落雨石、罢工石、天竺石、盘石、梅花石等。这些奇石，如云、如人、如圭、如剑、如虬、如风、如兽，千姿百态，有形有象，生动奇妙。他极为重视这些奇石，“公又待之如宾友，视之如贤哲，重之如宝玉，爱之如儿孙”。

牛僧孺把石头分成甲、乙、丙、丁四品，每品再分上、中、下，还在每块石头上都刻上“牛氏石”三个字。

四、湖园“四美”“六胜”

裴度为唐宪宗元和十年（815）宰相，后以讨平淮西吴元济功，封晋国公。穆宗朝曾为东都留守，后再入相，大和四年（830）罢相，复为东都留守，开成三年（838）卒。

据新唐书记载：裴度因（当）时“阉竖擅威，天子拥虚器，搢绅道丧。度不复有经济意，乃治第东都集贤里，沼石林丛，岑缭幽胜。午桥作别墅，具燠馆凉台，号绿野堂，激波其下。度野服萧散，与白居易、刘禹锡为文章，把酒相欢，不问人间事”。

集贤里宅园就是“湖园”，李格非《洛阳名园记》载：

> 洛人云：园圃之胜，不能相兼者六：务宏大者少幽邃，人力胜者少苍古，多水泉者艰眺望。兼此六者，惟湖园而已。予尝游之，信然。在唐为裴晋公宅园。园中有湖，湖中有堂，曰百花洲，名盖旧，堂盖新也。湖北之大堂曰四并堂，名盖不足，胜盖有余也。其四达而当东西之蹊者，桂堂也。截然出于湖之右者，迎晖亭也。过横地，披林莽，循曲径而后得者，梅台、知

止庵也。自竹径望之超然、登之翛然者，环翠亭也。渺渺重邃，犹擅花卉之盛，而前据池亭之胜者，翠趋轩也。其大略如此。若夫百花酣而白昼眩，青苹动而林阴合，水静而跳鱼鸣，木落而群峰出，虽四时不同，而景物皆好，则又其不可殚记者也。

谢灵运《拟魏太子邺中集诗八首序》："天下良辰、美景、赏心、乐事，四者难并。"裴度的湖园，不仅有"四美"，且园景兼有北宋李格非所说的"宏大、幽邃、人力、苍古、水泉、眺望"六胜。

五、清雅高逸　山木半留皮

随着"昔日王谢堂前燕，飞入寻常百姓家"，中晚唐时期，门阀士族退出了历史舞台，大批中下层文人登上政治舞台。

士人凭借他们对自然美的高度鉴赏力和空间意识，直接参与园林的规划，融进他们对人生哲理的体验、宦海浮沉的感怀，士流园林清新雅致的格调得以更进一步提高和升华，"意境"说普遍影响了园林审美，园林趋向小型化、诗意化和写意化，真正意义上的"文人园林"诞生了。

白居易既是有唐一代继李白、杜甫以后的第三位大诗人，又是一位居必营园、有着丰富构园美学思想的园林大师。但白居易真正称得上私家园林的，唯有洛阳的履道坊园池。太和三年（829）"初，居易罢杭州，归洛阳。于履道里得故散骑常侍杨凭宅，竹木池馆，有林泉之致"①，钱不足，以两马偿之。自此"月俸百千官二品，朝廷雇我作闲人"②，以太子宾客分司东都洛阳，亲自营修履道坊园池："数日自穿凿"，并终老于此。

履道坊园池是城市山林，选址在洛阳城优胜之地："东都风土水木之胜在东南偏，东南之胜在履道里，里之胜在西北隅，西闬北垣第一第，即白氏叟乐天退老之地。"③

履道坊园池地方 17 亩，是唐亩，合今 13.4 亩，筑屋也不多，《池上篇》

① 《旧唐书·白居易传》。

② 〔唐〕白居易：《从同州刺史改授太子少傅分司》，见朱金城笺校《白居易集笺校》，上海古籍出版社 1988 年版，第 2237 页。

③ 《旧唐书·白居易传》。

序曰：

屋室三之一……初乐天既为主，喜且曰："虽有台池，无粟不能守也"，乃作池东粟廪。又曰："虽有子弟，无书不能训也"，乃作池北书库。又曰："虽有宾朋，无琴酒不能娱也"，乃作池西琴亭，加石樽焉。

园内筑粟廪、书库、琴亭，除了储粮所需的粮仓外，都为文人所需。建筑保持原木色彩，自然质朴，健康环保。《自题小草亭》："新结一茅茨，规模俭且卑。土阶全垒块，山木半留皮……壁宜藜杖倚，门称荻帘垂。"这时白居易已经是"百千随月至"的时候了，但是建筑还是"山木半留皮""苔封旧瓦木"，与山居环境完全融合，正是现代美国建筑大师莱特提出的"有机建筑"。

白居易爱水，《池上竹下作》曰："水能性淡为吾友"，履道坊园池，"水五之一"。《池上篇》曰："十亩之宅，五亩之园。有水一池，有竹千竿。勿谓土狭，勿谓地偏。足以容膝，足以息肩。"《池上竹下作》："穿篱绕舍碧逶迤，十亩闲居半是池。"大面积的水面形成平静、淡远的意境。引入园内的伊水，用白石砌成小滩，《新小滩》诗曰："石浅沙平流水寒，水边斜插一渔竿。江南客见生乡思，道似严陵七里滩。"仿佛到了富春山下东汉严子陵垂钓的"严子滩"，《池上泛舟，遇景成咏，赠吕处士》："岸浅桥平池面宽，飘然轻棹泛澄澜。"《池上作西溪、南潭，皆池中胜处也》："西溪风生竹森森，南潭萍开水沉沉。从翠万竿湘岸色，空碧一泊松江心。"

履道坊园池中有三岛："中高桥，通三岛径"，并有"中岛亭"，岛上有小亭阁。"欲入池上冬，先葺池中阁"①，"岛"上有无叠石没有记载。池岛结合，无论是文化内涵还是生态内涵都很有意义。

"灵襟一搜索，胜概无遁遗"②，远近不仅要有山水胜景，更要有秀色可览，这就是明代计成《园冶》所总结的借景之妙：履道坊园池亦筑台观龙门和嵩山太室、少室峰之景。

---

① 〔唐〕白居易：《葺池上旧亭》，见朱金城《白居易集笺校》，上海古籍出版社 1988 年版，第 1501 页。

② 〔唐〕白居易：《裴侍中晋公以集贤林亭即事诗三十六韵见赠，猥梦征和，才拙词繁，辄广为五百言以伸酬献》，见朱金城《白居易集笺校》，上海古籍出版社 1988 年版，第 2033 页。

唐人嗜石，白居易堪称最懂石头价值、最懂赏石的第一人。他写了许多咏石、赏石的诗文，诸如《盘石铭并序》《双石》《北窗竹石》等，尤其钟情于太湖石，为牛僧孺写《太湖石记》，还写了两首《太湖石》诗。太湖石经千万年湖水的激荡，自然的鬼斧神工在太湖石身上留下时间的印记，千奇百怪、百孔千疮，犹如一尊尊天然雕塑。《池上篇并序》中说，乐天罢杭州刺史时，得天竺石一；罢苏州刺史时，得太湖石四。还有“弘农杨贞一与青石三，方长平滑，可以坐卧”①。园中石头有实用的，如方长平滑的三块青石，便于他在池边坐卧观赏园景，“白石卧可枕，青萝行可攀”②，还可当支琴石。大多环池配置，作为立而观之的景石，如池中胜处“太湖四石青岑岑”③；池边观倒影，“澄澜方丈若万顷，倒影咫尺如千寻”④。还有用嵩山石叠置的池岸……

“开窗不糊纸，种竹不依行。意取北檐下，窗与竹相当”；“窗前故栽竹，与君为主人”（《招王质夫》）。与主人朝夕相处，还能构成美丽的立体画轴，他在《北窗竹石》中写道：“一片瑟瑟石，数竿青青竹。向我如有情，依然看不足。”“篱东花掩映，窗北竹婵娟”⑤，开李渔“尺幅窗”的先声。

有“园”必有“林”，林木花卉是园林重要的物质构成元素。白居易继承了植物比德的传统，他歌松柏之“亭亭”，恶紫藤之“蛇曲”，羡桐花之“叶碧”，卑枣子之“凡鄙”，重白牡丹之“皓质”，赞竹、莲、桂之“贞劲秀异”“闲园多芳草，春夏香靡靡……院门闭松竹，庭径穿兰芷”⑥。尤其爱竹，洛阳履道坊宅园内有竹千竿，所谓“竹解心虚即我师”，他写《养竹记》曰：

① 〔唐〕白居易：《池上篇并序》，见朱金城《白居易集笺校》，上海古籍出版社1988年版，第3705页。

② 〔唐〕白居易：《秋山》，见朱金城《白居易集笺校》，上海古籍出版社1988年版，第298页。

③ 〔唐〕白居易：《池上作西溪、南潭，皆池中胜处也》，见朱金城《白居易集笺校》，上海古籍出版社1988年版，第2075页。

④ 同上。

⑤ 白居易：《新昌新居四十韵》，见朱金城《白居易集笺校》，上海古籍出版社1988年版，第1269页。

⑥ 白居易：《郡中西园》，见朱金城《白居易集笺校》，上海古籍出版社1988年版，第1402页。

> 竹似贤，何哉？竹本固，固以树德；君子见其本，则思善建不拔者。竹性直，直以立身；君子见其性，则思中立不倚者。竹心空，空以体道，君子见其心，则思应用虚受者。竹节贞，贞以立志；君子见其节，则思砥砺名行，夷险一致者。夫如是，故君子人多树之为庭实焉……于是日出有清阴，风来有清声，依依然，欣欣然，若有情于感遇也。嗟乎！竹，植物也，于人何有哉？以其有似于贤而人爱惜之，封植之，况其真贤者乎？然则竹之于草木，犹贤之于众庶。

《旧唐书·白居易传》：

> 太和三年夏，乐天始得请为太子宾客，分秩于洛下，息躬于池上。
>
> 凡三任所得，四人所与，洎吾不才身，今率为池中物。每至池风春，池月秋，水香莲开之旦，露清鹤唳之夕，拂杨石，举陈酒，援崔琴，弹《秋思》，颓然自适，不知其他。酒酣琴罢，又命乐童登中岛亭，合奏《霓裳散序》，声随风飘，或凝或散，悠扬于竹烟波月之际者久之。曲未竟，而乐天陶然石上矣。

华亭鹤、白莲、紫菱和翠竹，是白居易钟爱之物。鹤的高洁品性，白莲和建筑构件的原木色，那么纯洁和本色，一如白居易淡泊无垢的心境。

六、轻钟鼎之贵　徇山林之心

晋陵郡丞尉迟绪在大历四年（769）夏，“以俸钱构草堂于郡城之南，求其志也”，草堂“材不斫，全其朴；墙不雕，分其素。然而规制宏敞，清泠含风，可以却暑而生白矣。后有小山曲池，窈窕幽径，枕倚于高墉；前有芳树珍卉，婵娟修竹，隔阂于中屏。由外而入，宛若壶中；由内而出，始若人间，其幽邃有如此者”①，尉迟绪有雄辞奥学，阶上有群书万卷，阶下有空林一瓢。非道统名儒，不登此堂；非素琴香茗，不入兹室。穷幽极览，忘形放怀。

旧相毗陵公别馆，“其地却据峻岭，俯瞰长江。北弥临沧之观，南接新林之

① 〔唐〕李翰：《尉迟长史草堂记》，见《唐文粹》卷七四。

戍。足以穷幽极览，忘形放怀。于是建高望之亭，肆游目之观，睨飞鸟于云外，认归帆于天末……辟精庐于中岭；倚层崖而筑室，就积石以为阶。土事不文，木工不斫。虚牖夕映，密户冬燠。素屏麈尾，棐几藜床。谈元之侣，此焉游息”①。

尉迟绪崇尚的是自然质朴，房舍随形而筑，用原木的自然色，家具也是一任自然，与友人谈玄论道。更为惬意的是，“每良辰美景，欣然命驾。群从子弟，结驷相追。角巾藜杖，优游笑咏，观之者不知其为公相也”。

与在朝为官时的出入不自由比，此时好似天壤之别。所以，“轻钟鼎之贵，徇山林之心”“道风素范，岂不美欤”！

第四节　宗教园林美学

隋炀帝时，就奉行佛道并重的宗教政策。入唐以后，基于大唐帝国的文化开放政策，外来宗教如景教、摩尼教、袄教、伊斯兰教、拜火教等传入中国，与盛行的道教、佛教、儒教并存，催化出多元的宗教园林。有一段时期，长安城内就有 64 座大佛寺，27 座佛庵，10 所道观，6 所女道观，还有 4 所袄教寺，1 座摩尼寺和 1 所景教教堂。随着佛教的中国化，唐代儒、道、释进一步融合，宗教的世俗化促使唐代的佛寺和道观建设高度繁荣，长安城寺、庙、观、台、庵多达好几百座。

晚唐五代，随着政治中心的北移，江南地区战乱少，吴越王又开创了“吴越之治”，毁于易代战乱的六朝寺观园林，经吴越国修复扩建，出现了繁荣之势。

一、雁塔晨钟　驱山晚照

“天下名山僧占多”，唐代沿袭了魏晋南北朝以来在名山胜区建寺的传统。唐代长安城寺、庙、观、台、庵多达几百座，都选址在长安周围的名山胜水之区。

大慈恩寺建寺之初，唐高宗李治即命令选择“挟带林泉，务尽形胜之地”，经过反复比较，决定修建在长安东南部的晋昌坊隋代无漏寺旧址上。这里地处长安城南风景秀丽的晋昌坊，南望南山，北对大明宫含元殿，东南与烟水明媚的曲

① 〔清〕董浩等：《全唐文》卷八八三。

江相望，西南和景色旖旎的杏园毗邻，清澈的黄渠从寺前潺潺流过，花木茂盛，水竹森邃，“驱山晚照光明显，雁塔晨钟在城南”，为京都之最。

长安城南的樊川，是西安城南少陵原与神禾原之间的一片平川，靠近终南山，多涧溪，樊川潏河两岸，襟山带水，风光秀丽，私园别墅荟萃，素有“天下之奇处、关中之绝景”之称。著名的“樊川八大寺院”即兴教寺、观音寺、兴国寺、洪福寺、华严寺、禅经寺、牛头寺和法幢寺，由东南而西北，分别位于樊川左右的少陵原和神禾原畔，且两相对峙，面对终南山拱立，尽占地形之利。寺内清雅恬静、花木茂盛、松柏常青。居樊川八大寺之首的兴教寺，位于长安县樊川的少陵原畔，距古城西安约20公里。寺院傍原临川，绿树环抱，南对终南山，俯视樊川。

另外还有大荐福寺，始建于唐长安城开化坊内，是唐太宗之女襄城公主的旧宅园。院内雁塔晨钟，古柏参天，还有多株枝条盘曲的千年古槐。唐长安城内的青龙寺也是“竹色连平地，虫声在上方”。长安周边名山秦岭山麓的楼观台、南五台的圣寿寺，翠竹葱茏，松柏荫郁。蓝田县王顺山的悟真寺，背负山林，清水环绕，环境清幽。户县圭峰山下的草堂寺的“草堂烟雾”，更是闻名遐迩。

四川乐山，唐时为中国西南佛教文化的重要所在，旖旎水乡，九曲飞瀑，夹江千佛岩蔚为壮观。中国四大佛教圣地之一的峨眉山，秀峰耸峙，植物茂密，包括“八宫两观一拜台”（宫即玄都宫、斗母宫、南海宫、玉虚宫、紫霄宫、灵应宫、万寿宫、玉真宫，两观即群仙观、回龙观，一拜台即拜台宫）。

作为清凉圣地、紫府名山的五台山，《名山志》记载：“五台山五峰耸立，高出云表，山顶无林木，有如垒土之台，故曰五台山。”五座高峰，山势雄伟，连绵环抱，台顶雄旷，层峦叠嶂，峰岭交错，挺拔壮丽，异花芬馥，幽石莹洁，苍岩碧洞，瑞气萦绕。《括地志》云：“其山层盘秀峙，曲径萦纡，灵岳神溪，非薄俗可栖。止者，悉是栖禅之士，思玄之流。”

唐代朝野都尊奉文殊菩萨，视五台山为文殊菩萨的圣地，使之位列中国佛教四大名山之首，寺庙林立，僧侣若云。留存至今的有南禅寺、佛光寺、殊像寺等。唐常建《白龙窟泛舟寄天台学道者》有诗曰：“泉萝两幽映，松鹤间清越。”

安史之乱后，佛教在北方受到摧残，声势骤减。禅家的南宗由于神会的努力，逐渐在北方取得地位，遂成为别开生面的禅宗。又有慈恩宗、律宗等佛教宗派相继成立。寺院数量比唐初几乎增加了一倍，“凡京畿上田美产，多归浮屠”。

最早佛塔是供奉或收藏佛祖释迦牟尼火化后留下的舍利的。法门寺即为存释迦牟尼佛骨而建，始建于北魏时期499年前后，时称“阿育王寺”（或“无忧王寺”）。唐朝是法门寺的全盛时期，它以皇家寺院的显赫地位，以七次开塔迎请佛骨的盛大活动，对唐朝佛教、政治产生了深远的影响。唐初时，高祖李渊将其改名为“法门寺”。

自贞观年间起，官方对法门寺进行扩建、重修工作，寺内殿堂楼阁越来越多，宝塔越来越宏丽，区域也越来越广，最后形成了有24个院落的宏大寺院。寺内僧尼由周魏时的五百多人发展到五千多人，是“三辅”之地规模最大的寺院。今从地宫发掘了四枚佛指骨舍利，其中三枚是“影骨”，一枚是世界上目前经过考古科学发掘，有文献和碑文证实的释迦牟尼真身舍利，是当今佛教界的最高圣物。

大慈恩寺建于唐贞观二十二年（648），为唐高宗李治（当时为太子）追悼母亲文德皇后而建，为“徒思昊天之报，罔寄乌鸟之情”，报答慈母的养育之恩，遂名为大慈恩寺，规模宏大，豪华壮丽。《玄奘法师传》称它是：“象天阙，仿给孤园，穷班（鲁班）倕（工倕）巧艺，尽衡霍良木。文石梓柱……重院复殿，云阁禅房，凡十一院，凡一千八百九十七间，床褥器物备皆满盈。”是大唐规模最大的寺院。

法门寺

唐代出现了赴印度求法取经的两位高僧，玄奘（602—664）和义净（635—713）。629年，玄奘西行经陆路赴印度求法，义净则在671年南下走海途。两人分别在印度待了15年和23年，完成了学业，谢绝了丰厚的待遇，又都冒着九死一生的风险，毅然回归故土，报效祖国。他们卓越的品德和才学赢得了大唐朝野士庶与僧俗两界的普遍尊敬，敕封“三藏”之号。高僧玄奘受朝廷圣命，为大慈恩寺首任上座住持。“大雁塔”之名是根据《慈恩寺三藏法师传》所载：摩揭陀国一僧寺一日有群雁飞过，忽一雁落羽堕地而死，僧人惊异，以为雁即菩萨，众议埋雁建塔纪念，因有雁塔之名。

大雁塔是我国楼阁式方形砖塔的优秀典型，气势雄伟。平面往往设计成正对

东南西北的四边形。这一建筑形式源于西域制度，象征佛的方袍。大雁塔初建时是“砖表土心，仿西域窣堵波制度，以置西域经像”，可见当时其建筑形式应该是印度覆钵式塔身七层塔檐上，都有斗拱、栏额。每层塔面上，都有突出的砖柱，远望好像是一间间房屋组成，古朴别致。每层都有塔室，室内有楼梯，可以盘旋登到顶层。每上一层，四面都有砖券拱门，可以凭栏远眺。章八元《题慈恩寺塔》曰：“十层突兀在虚空，四十门开面面风”。

兴教寺是唐代著名僧人玄奘法师的遗骨迁葬地，创建于唐高宗总章二年（669），建五层砖塔藏之，并随即建寺，以示纪念。后来，唐肃宗李亨曾来此游览，题名曰“兴教”。玄奘塔造型庄重稳固，装饰简洁明快，是中国现存较早的一座仿木结构楼阁式砖塔，在中国建筑史上占有十分重要的地位。

小雁塔建于唐中宗景龙年间（707—710），是为了存放唐代高僧义净从天竺带回来的佛教经卷、佛图等，由皇宫中的宫人集资、著名的道岸法师在荐福寺主持营造的一座较小的密檐砖塔，由地宫、基座、塔身、塔檐等部分构成，塔身为四方形，青砖结构，原有 15 层，现存 13 层，高 43. 4 米，塔形秀丽，是佛教传入中原地区并融入汉族文化的标志性建筑之一。塔院与荐福寺门隔街相望。

四川乐山大佛，以山为佛、以佛为山，借佛祖威猛以镇水妖，这是乐山大佛的修建初衷。开凿于唐玄宗开元初年（713），历时九十年方竣工。乐山大佛为迄今世界上最大的一尊石刻佛像。大佛像双手抚膝，神情肃穆，目视莽莽大江。体型巨大，“山是一座佛，佛是一座山”，雕刻技术高超，结构匀称，比例适宜，线条流畅，体现了自然与人工、佛寺与山水浑然一体的建造理念和手法。

唐五代寺院内清越境界。唐符载《梵阁寺常准上人精院记》：“院主姓瞿氏，真释种也，行业如圭璧，标韵如松鹤。”精院一反所谓“峰峦不峭，无以为泰华；院宇不严丽，无以为梵阁”的侈夸之见，“非天云而高，非川泽而深，非江海而远，非山林而静。满庭多修竹古树，乔柯密叶，扶疏胶轕。其下向有茅斋洞，启晨朝日出，光照屋栋，一闻钟磬，焚香扫地，其心泠然也；亭午无人，经行林中，凡鸟不来，时闻天风，其形飘然也；沉沉子夜，清宵琼绝，唯余皓月，铺轩洞牖，其气凝然也”。主人在此，“栖处偃仰，动淹星岁”。

五代同安城北双溪禅院的方外之士，在昔日乔公之旧居之上，“爰构经行之室，回廊重宇，耽若深严，水濒最胜，犹鞠茂草”“不奢不陋，既幽既闲。凭轩俯盼，尽濠梁之乐；开牖长瞩，忘汉阴之机。川原之景象咸归，卉木之光华一变。每冠盖萃止，壶觞毕陈，吟啸发其和，琴棋助其适。郡人瞻望，飘若神仙”①。

唐代佛寺建筑是在中国宫室型的基础上定型化并有所发展的。其特点是：主体建筑居中，有明显的纵中轴线。由三门（象征“三解脱”，亦称山门）开始，纵列几重殿阁，中间以回廊连成几进院落。

在主体建筑两侧，仿宫廷第宅廊院式布局，排列若干小院落，各有特殊用途，如净土院、经院、库院等。

塔的结构多为楼阁式和密檐式两种，楼阁式塔是唐代塔的主流。塔的位置由全寺中心逐渐变为独立。大殿前则常有点缀式的左右并立的小型实心双塔，或于殿前、殿后、中轴线外置塔院。

石窟寺大量出现且窟檐由石质仿木转向真正的木结构，供大佛的穹窿顶以及覆斗式顶，背屏式安置等的大量出现，这些都体现了中国石窟更加民族化的过程。

寺院多为伽蓝七堂式，即寺院由七种不同用途的佛教建筑组成，包括山门、佛殿、法堂、僧堂、厨库、浴室、西净（厕所）。

二、宗教圣地　红尘俗世

佛教初传入中国，属于两大先进文化之间的交流，也发生过激烈的文化碰撞，西晋王谧《答桓玄难》云：“曩者晋人略无奉佛，沙门徒众，皆是诸胡，且王者不与之接。”西晋武帝乃“大弘佛事，广树伽蓝”。

魏晋时随着讲经、唱导的日趋世俗化、娱乐化，佛寺的宗教色彩也逐渐淡薄。至唐代，寺观成为世俗日常生活的一大空间，佛寺中设戏场、演出百戏至为寻常，世俗气息极浓，游宴风气更盛。《南部新书》卷五言：“长安戏场多集于慈恩，小者在青龙，其次荐福、永寿，尼讲盛于保唐。”长安之外的佛寺也有设戏场者。

苏州寒山寺因唐代诗僧寒山而名声远播。“寒山诗包括世俗生活的描写、求仙学道和佛教内容。其中表现禅机禅趣的诗，有着广泛而深远的影响”②。

---

① 〔五代〕徐铉：《乔公亭记》，见《全唐文》卷八八二。

② 袁行霈主编：《中国文学史》第四编《绪论》，高等教育出版社，第207页。

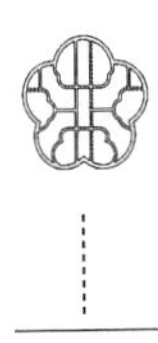

寺院经济大发展，生活区扩展，不但有供僧徒生活的僧舍、斋堂、库、厨等，有的大型佛寺还有磨坊、菜园。许多佛寺出租房屋供俗人居住，带有客馆性质。

三、本朝家教　恢宏壮观

唐皇室尊李姓的道教先祖老子为始祖，因而道教成了“本朝家教”，于是，“疏松影落空坛静，细草香闲小洞幽”的道观庭园迅速发展。道观有皇帝下诏而建，也有王公大臣舍豪宅而建，或没收罪臣豪宅改建。据杜光庭中和四年（884）十二月十五日记载，唐代从开国以来，所造宫观约一千九百余座，所度道士计一万五千余人，据《唐会要》记载，长安城里的道观就有30所之多。

亲王贵胄及公卿士庶或舍宅舍庄为观并不在其数。如唐初，中宗为女儿长宁公主宅改建景龙观，诗人贺知章“舍本乡宅为观”，玄宗朝权阉高力士舍兴宁坊宅置观。乾元观是唐代宗在位时泾原节度使马璘所献豪宅。辅兴坊的金仙女冠观与玉贞女冠观，则是睿宗为其二女金仙公主和玉贞公主所建。这些豪宅改建的道观，本来就极其壮丽，如长兴坊之乾元观，据载，“璘初创是宅，重价募天下巧工营缮，室宇宏丽，冠绝当时，璘临终献之。代宗以其当王城形胜之地，墙宇新洁，遂命为观，以追远之福，上资肃宗，加乾元观之名”①。营缮精巧，花木名贵。

著名的有太清宫，位于大宁坊西南隅，专祭祀远祖老子，是京城规格最高的道观，临近内廷，宫门前有潺潺渠水，宫内松竹相间，正门卫琼华门，东门为九灵门，西为三清门。

玄都观始建于后周时期的汉长安故城内，名为通道观。隋文帝以乾卦爻辞规划大兴城时，为了镇住位于第五道高坡的九五贵位，迁建于大兴城崇业坊内，改名为玄都观，隔朱雀大街与兴善寺相对。玄都观园林以遍植桃花而闻名。刘禹锡《元和十年自朗州承召至京，戏赠看花诸君子》和《再游玄都观绝句》，从“紫陌红尘拂面来，无人不道看花回。玄都观里桃千树，尽是刘郎去后栽”到“桃花净尽菜花开，种桃道士归何处”，用道教教花“桃花”的兴衰写尽玄都观之兴衰。

① 〔宋〕宋敏求：《长安志》卷七引《代宗实录》。

唐代华清宫主要建筑之一的朝元阁，位于骊山西绣岭第三峰顶。据说唐玄宗曾经梦见太上老君降临朝元阁，故据《旧唐书》“改为降圣阁”，塑老子玉像于阁内，供百官朝拜，又下令在阁内画高祖、太宗、高宗、中宗、睿宗五位皇帝像以之陪祭。

朝元阁依山而建，也为皇室登高远望、郊游之处，吸引了许多达官贵人和文人墨客的青睐。

坐落在北京西城区西便门外的“白云观”，前身系唐代的天长观，是唐玄宗为奉祀老子之圣而建，后为道教全真三大祖庭之一。

四、信佛顺天　佛殿重丽

吴越王开创“吴越之治”，保境安民，休兵乐业，清明向上，使杭州成为东南地区的政治、经济、文化中心，更是佛教文化的中心。

吴越王钱镠寒微之时，初奉道教，传说他后遇高僧法济“见必拜跪，檀施丰厚，异于常数”，法济对他说：“他日成霸吴越，当须护持佛法。”并劝他：“好自爱，他日贵极，当与佛法为主。”钱镠临终告诫其子：“吾昔自径山法济示吾霸业，自此发迹，建国立功，故吾常厚顾此山焉！他日汝等无废吾志。”

所以，钱镠三代五王始终奉行“信佛顺天”之旨。据史书记载：“吴越国时，九厢四壁，诸县境内，一王所建，已盈八十八所，含十四州悉数数之，不胜举目矣。”仅杭城扩建创建的寺院可查的就有200余所，寺与寺之间，梵音相闻，僧众云集。

灵隐寺在唐大历六年（771）曾作过全面修葺，已具相当规模，香火旺盛。唐朝茶圣陆羽的《灵隐寺记》载：“晋宋已降，贤能迭居，碑残简文之辞，榜蠹稚川之字。榭亭岿然，袁松多寿，绣角画拱，霞晕于九霄；藻井丹楹，华垂于四照。修廊重复，潜奔潜玉之泉；飞阁岩晓，下映垂珠之树。风铎触钧天之乐，花鬘搜陆海之珍。碧树花枝，春荣冬茂；翠岚清籁，朝融夕凝。”规模宏大，天下高僧云集。“会昌法难”灵隐受池鱼之灾，寺毁僧散，钱镠命请永明延寿大师重兴开拓，并新建石幢、佛阁、法堂及百尺弥勒阁，并赐名灵隐新寺。灵隐寺鼎盛时，曾有九楼、十八阁、七十二殿堂，僧房一千三百间，僧众多达三千余人。并改建扩建下天竺、中天竺等寺院，先后兴建了不少著名寺庙，如梵天寺、昭庆寺、慧日永明院（净慈寺）、九溪的理安寺、赤山埠的六通寺、南高峰的荣国寺、月轮山的开化寺（六和塔院）等。

宋开宝七年（974），吴越王钱弘俶在孤山六一泉建报先寺，面对西泠渡口，山清水秀，以湖、山、泉、石汇成胜景。苏轼诗云："天欲雪，云满湖，楼台明灭山有无。水清出石鱼可数，林深无人鸟相呼。"这就是他在访报先寺僧人时描绘的渡口景色。钱弘俶在葛岭建寿星院，就专门筑有高台，"外江内湖，一览在目"，后人名为"江湖汇观"，成为一景。

乾德二年（964），又在葛岭东北宝云山建千光王寺（即宝云寺），寺内建有清轩、月窟、澄心阁、南隐堂、妙思堂、云巢、灵泉井、茶坞、初阳台等，使文人园林图景融入了寺庙园林，故有"宝云楼阁闹千门"之称。

吴越在建寺的同时，还建造了不少佛塔、经幢，成为寺庙园林建筑的重要组成部分。如建造南塔，才有塔院梵天寺；建造六和塔，才有塔院开化寺；建造保俶塔时，又"附以佛庐"建崇寿寺，寺后有石如屏风，故又名屏风院，该寺台殿高耸，隐约于丹枫麟石之间，从白堤仰望，犹如"天上神宫"。

此外，现存的白塔和雷峰塔，以及梵天寺经幢、灵隐寺经幢等均为吴越遗物，点缀于西湖湖山之间，成为点缀城市园林不可或缺的景物。

《吴郡图经续记》卷上：

> 唐季盗起，吴门之内，寺宇多遭焚剽。钱氏帅吴，崇向尤至。于是，修旧图新，百堵皆作，竭其力以趋之，唯恐不及。郡之内外，胜刹相望，故其流风余俗，久而不衰。民莫不喜蠲财以施僧，华屋邃庑，斋馔丰洁，四方莫能及也。寺院凡百三十九……瑞光禅院，在盘门内。故传钱氏建之，以奉广陵王祠庙，今有广陵像及平生袍笏之类在焉。

苏州重元寺初名重玄寺，肇建于南梁天监二年（503）。唐时，重元寺堪称巨刹，寺内有一著名的药圃。至五代，重元寺经"钱氏时，又加修葺，殿阁崇丽，前列怪石。寺中有别院五，曰永安，曰净土，禅院也；曰宝幢，曰龙华，曰圆通，教院也……又有圣姑庙，盖梁时陆氏之女，吴人于此祈有子，颇验。"当时作紫檀香百宝幢覆以殿宇，翰林晁承旨与当时诸公凡二十三人为之写赞。

吴越时期的摩崖石刻，佛像塑造、佛经雕刻特别丰富，寺庙园林、佛塔经幢随处皆有。学佛习禅之人日渐增多，佛门禅坛的诗词文章层出不穷。

第五节　公共游豫园林

由于文人对“中隐”的青睐，衙署园林和公共园林得到长足发展。郡斋园林成为官员的公共园林。曲江流饮、杏园探花、进士国宴、郊游踏春、慈恩寺观戏、雁塔题名，盛况空前绝后。

一、咸京旧池　文士风雅

长安城东南隅的曲江，位于今西安市南郊。古时称长江流经扬州一段弯曲的水流为曲江。这里有一块低洼地可蓄水，《太平寰宇记》载：“曲江池其水曲折，有似广陵之江，故名之。”

汉武帝时对曲江水源进行了疏浚，修“宜春后苑”和“乐游苑”。秦始皇在此修建离宫“宜春苑”，远处又有高低参差的南山，风景如画。

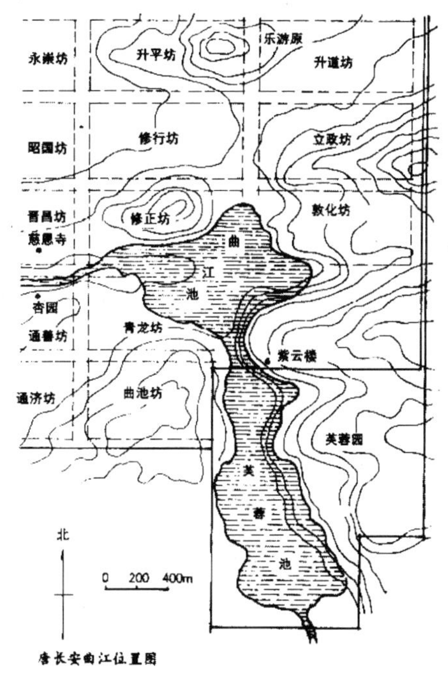

唐长安曲江位置图①

① 转引自周维权《中国古典园林史》第三版，第252页。

隋文帝以曲名不正，遂更曲江为“芙蓉池”，称苑为“芙蓉园”，还下令对曲江大加涤挖拓展。唐在隋朝芙蓉园的基础上又进一步凿疏之。

唐玄宗对曲江进行了大规模扩建，恢复“曲江池”的名称，而苑仍名“芙蓉园”。《太平广记》卷二五一记载：“唐开元中，疏凿为胜境，南即紫云楼、芙蓉苑，西即杏园、慈恩寺。花卉环周，烟水明媚。”两岸云台亭榭、宫殿楼阁连绵起伏，菰蒲葱翠，垂柳如烟，四季竞艳，亭楼殿阁隐现于花木之间，景色绮丽如画。

1. 曲江关宴

唐代初年，曲江即为皇家游宴之首选，从太宗李世民到中宗、睿宗等，常有春日游幸芙蓉园的活动。至玄宗时，帝室皇亲之胜游曲江，更达到了鼎盛阶段。“六飞南幸芙蓉苑，十里飘香入夹城”。据《旧唐书·玄宗纪上》，唐玄宗李隆基为游览曲江，专门为自己从兴庆宫至曲江芙蓉园修建了长 7960 米、宽 50 米“夹城复道”：“（开元二十年六月）遣范安及于长安广花萼楼，筑夹城至芙蓉园。”杜甫诗称“青春波浪芙蓉园，白日雷霆夹城仗。阊阖晴开昳荡荡，曲江翠幕排银榜”。皇室贵族、达官显贵都会携家眷来此游赏，樽壶酒浆，笙歌画船，宴乐于曲江水上。“九重绣毂，翼六龙而毕降；千门锦帐，同五侯而偕至”。他们“泛菊则因高乎断岸，祓禊则就洁乎芳沚”，在岸高处泛览菊花，于地芳香处行祓之事，洗去身上的污垢。“戏舟载酒，或在中流；清芬入襟，沉昏以涤；寒光炫目，贞白以生；丝竹骈罗，缇绮交错”。

曲江池春秋两季及重要节日定期开放，以中和（农历二月初一）、上巳（三月初三）最盛；中元（七月十五日）、重阳（九月九日）和晦日（每月月末一天）也很热闹。春日曲江岸边野草青青、春风吹送，处处都有游人坐享春色、畅饮甘醇。

早在隋炀帝时代，黄衮在曲江池中雕刻各种水饰，臣君在曲池之畔享受曲江流饮，把魏晋南北朝的文人曲水流觞故事引入了宫苑之中。唐皇帝游赏继承发展了“曲江流饮”的传统，赐宴曲江、君臣赋诗同乐，延续到中唐时期。唐玄宗与其近臣设宴紫云楼，曲江风物，尽收眼底；宰相贵官、翰林学士们则设宴于曲江水面彩船之上，泛舟赏景，诗酒酬唱；其余官员则分别依景张宴，各尽其欢。张宴之时，精通音律的唐明皇还特命宫中梨园弟子、左右教坊及民间乐伎等随宴表演，轻歌曼曲，处处飘绕。

唐代及第进士参加吏部的关试后，要进行许多次的宴集，总称“关宴”。

“岁岁人人来不得，曲江烟水杏园花”，每逢上巳日，新科进士正式放榜，赐新科进士大宴于曲江亭，人称“曲江宴”。举行宴会的地点一般都设在当代芙蓉园杏园曲江岸边的亭子中，所以也叫“杏园宴”。新科进士在这里乘兴作乐，放杯至盘上，放盘于曲流上，盘随水转，轻漂漫泛，转至谁前，谁就执杯畅饮，遂成一时盛事。“曲江流饮”由此得名。

杏园与大慈恩寺南北相望，遍植杏树，春天“江头数顷杏花开，车马争先尽此来”。唐代科举得中进士之后，在进士中选出的两个年轻者为“两街探花使”，任务是在曲江池沿岸来摘名花。所以“杏园宴”亦称“探花宴”。“更无名籍强金榜，岂有花枝胜杏园”。孟郊46岁登科后遂有了“春风得意马蹄疾，一日看尽长安花”之语。杏花遂有了及第花的特殊含义。

樱桃宴在每年的四月一日举行。是日，皇帝率百官千骑，皇帝荐祖后大摆樱桃宴，盛满美酒的玉杯连续敬献，装有新鲜樱桃的丝笼不断送来：

> 新进士尤重樱桃宴。乾符四年，永宁刘公第二子覃及第……独置是宴，大会公卿。时京国樱桃初出，虽贵达未适口，而覃山积铺席，复和以糖酪者，人享蛮榼一小盘，亦不啻数升。①

王维《敕赐百官樱桃》诗曰：“芙蓉阙下会千官，紫禁朱樱出上兰。总是寝园春荐后，非关御苑鸟衔残。归鞍竞带青丝笼，中使频倾赤玉盘。饱食不须愁内热，大官还有蔗浆寒。”

后来“杏园宴”逐渐演变为文人雅士们吟诵诗作的“文坛聚会”。盛会期间同时举行一系列趣味盎然的文娱活动，引得周围四里八乡男女老幼驻足观看，十分热闹。“曲江流饮”也成为“文坛聚会”的一种很风雅的行乐方式。

2. 名题雁塔

“名题雁塔，天地间第一流人第一等事也！”唐代以科举入仕为首要的途径，科举的科目中又以进士科最难，也最荣耀。最后进士及第者的名额最多不过30人。五代王定保《唐摭言》云：“神龙已来，杏园宴后，皆于慈恩寺塔下题名，

① 〔五代〕王定保：《唐摭言·慈恩寺题名游赏赋咏杂记》。

同年中推一善书者纪之。”凡新科进士及第，当推举善书者将他们的姓名、籍贯和及第时间写在大雁塔壁上，后如有人晋身卿相，还要把姓名改为朱笔书写。

今大雁塔六层悬挂有唐代五位诗人诗会佳作。公元752年晚秋，诗圣杜甫与岑参、高适、薛据、储光羲相约同登大雁塔，凭栏远眺触景生情，酒筹助兴赋诗述怀，每人赋五言长诗一首。

岑参诗写道：“塔势如涌出，孤高耸天宫。登临出世界，磴道盘虚空。突兀压神州，峥嵘如鬼工。四角碍白日，七层摩苍穹……”

杜甫诗写道：“高标跨苍穹，烈风无时休。自非旷士怀，登兹翻百忧。方知象教力，足可追冥搜。仰穿龙蛇窟，始出枝撑幽。七星在北户，河汉声西流。羲和鞭白日，少昊行清秋。秦山忽破碎，泾渭不可求。俯视但一气，焉能辨皇州……”把登塔的所见描绘得淋漓尽致，极富画面感。

3. 乐游原游赏

乐游原在长安（今西安）城南，秦代属宜春苑的一部分，得名于西汉初年。《汉书·宣帝纪》载：“神爵三年，起乐游苑。”汉宣帝第一个皇后许氏产后死去葬于此，因“苑”与“原”谐音，乐游苑即被传为“乐游原”。

乐游原位居唐代长安城内地势最高地。隋代宇文恺设计大兴城（唐太极宫）时，根据地形特点，按《周易》卦式分六道高坡建设，乐游原就处在第六道，即最高的坡上。

武则天的女儿太平公主在乐游原建造亭阁，使乐游原的游赏内容大大增加。其后，唐玄宗时将太平公主乐游原上的私人园林先后赐给宁王、申王、岐王、薛王等兄弟，诸王在此又大兴土木，修造了许多新的游玩之处。

唐代的乐游原在曲江池东北，眺望四野，成为长安重阳登高、文人览景抒怀的最佳处。“乐游古园崒森爽，烟绵碧草萋萋长……阊阖晴开昳荡荡，曲江翠幕排银榜。拂水低徊舞袖翻，缘云清切歌声上”（杜甫《乐游园歌》），此处古木参天，碧草萋萋，风景如画。春天，“乐游原上望，望尽帝都春。始觉繁华地，应无不醉人”（刘得仁《乐游原春望》），张九龄《登乐游原春望书怀》云：“城隅有乐游，表里见皇州。策马既长远，云山亦悠悠。万壑清光满，千门喜气浮。花间直城路，草际曲江流。”登高远望，只见皇城近在眼前；策马前行，则云山悠悠而来。终南山清光满溢，长安城喜气盈门；入城之路笔直前伸，曲江流水在青草中波光荡漾，真是美不胜收。

开元年间，韦述撰《两京新记》载唐代士人乐游原游赏活动时所云“每三月上巳、九月重阳，士女游戏，就此祓禊登高……朝士词人赋诗，翌日传于京师”。

二、移山入县宅　种竹上城墙

唐自大历（766）时起，外官的俸禄收入逐渐超过京官，州县官的地位得到提升。“朝隐”现象已不再成为主流，代之以“吏隐”，即白居易的“中隐”①，所谓“不劳心与力，又免饥与寒。终岁无公事，随月有俸钱”（《中隐》），“身闲当贵真天爵，官散无忧即地仙。林下水边无厌日，便堪终老岂论年”（《池上即事》）。郡县官舍已经成为中晚唐士人实现“吏隐”的另一类主要场所，于官衙内，逍遥山水、忘忧畅怀，郡斋园林化势不可当。

地方官都热衷于构建郡治园林，“移山入县宅，种竹上城墙。惊蝶遗花蕊，游蜂带蜜香”②。

中唐时期，苏州出现了“古来贤守是诗人”的情况，刘禹锡、白居易、韦应物先后为苏州太守，苏州子城为郡治衙门所在地，厅斋堂宇，亭榭楼馆，密迩相望，成为一处规模宏大的官署园林。郡治内有齐云楼、初阳楼、东楼、西楼、木兰堂、东亭、西亭、东斋等构筑，园林充满了诗意。

轩有听雨、爱莲、生云、冰壶，堂有木兰、光风霁月、思贤、绣春、凝香，亭名更加异彩纷呈，池上之亭名积玉、苍霭、烟岫、晴漪，形容太湖石、茂树、水光、云烟等。多有深意的品题，唐宋文人多有酬唱，给亭榭楼台涂抹上浓浓的诗意。

齐云楼，盖取“西北有高楼，上与浮云齐”之意。楼则自乐天始也。《吴郡志》说它：“轮奂雄特，不惟甲于二浙；虽蜀之西楼、鄂之南楼、岳阳楼、庾楼，皆在下风。”楼前同时建文、武二亭。又有芍药坛，每岁花时，太守宴客于此，号“芍药会”。

初阳楼临水且高耸，有诗曰：“危楼新制号初阳，白粉青薮射沼光。避酒几浮轻舴艋，下棋曾觉睡鸳鸯。”③

① 白居易除了在《中隐》诗中两次提到“中隐”一词，在其他诗文中皆用“吏隐”，故“吏隐”即“中隐”的另一称谓。

② 〔唐〕姚合：《武功县中作》（其十六）。

③ 〔唐〕皮日休：《登初阳楼寄怀北平郎中》，《全唐诗》卷六一三。

东楼，独孤及《九月九日李苏州东楼宴》曰：“是菊花开日，当君乘兴秋。风前孟嘉帽，月下庾公楼。酒解留征客，歌能破别愁。醉归无以赠，只奉万年酬。”① 与庾公南楼媲美。

赏景之亭名四照，在郡圃东北，各植花石，随岁时之宜，春有海棠，夏有湖石，秋有芙蓉，冬有梅花。据《负暄野录》载：庆元四年，赵不黯在此会客，问客亭名由来，有客答“《山海经》云：招摇之上，其花四照。及《华严经》云：无量宝树，普庄严花，焰成轮光四照。又说：光之四照常圆满园，今亭四面见花，故以此为名耳”。后世园林都有四季之景，盖肇始于此。

西楼，白居易冬天尝在此楼命宴赏雪，能够看到“散面遮槐市，堆花压柳桥。四郊铺缟素，万室甃琼瑶。银植携桑落，金炉上丽谯”② 的绝美雪景。

三、郡内佳境　构筑亭宇

士大夫文人信奉“内圣外王”之道，他们任地方官吏期间，除了在力所能及的范围内履行“外王”之道，造福一方，还尽量搞一些文化建设。州郡刺史常在郡内寻找佳境构筑亭宇。“事约而用博，贤人君子多建之。其建之，皆选之于胜境”。

泉州二公亭选址十分巧妙，唐欧阳詹《二公亭记》载，“高不至崇，庳不至夷，形势广袤，四隅若一。含之以澄湖万顷，挹之以危峰千岭。点圆水之心，当奔崖之前，如镜之钿，状鳌之首”“通以虹桥，缀以绮树，华而非侈，俭而不陋”。刘长卿任睦州司马刺史，萧定就在附近山里构筑了一座幽寂亭。

郡守刘嗣之在濠城（今安徽凤阳一带）之西北隅废城墙上修“四望亭”，唐李绅《四望亭记》载：“崇不危，丽不侈。可以列宾筵，可以施管磬。云山左右，长淮萦带，下绕清濠，旁阚城邑，四封五通，皆可洞然。”该亭可观佳景，诸如“淮柳初变，濠泉始清。山凝远岚，霞散余绮”，但郡守并非徒为赏景，“春台视和气，夏日居高明，秋以阅农功，冬以观肃成”，而是为“布和求瘼之诚志”，了解民间疾苦，以实施更好的治理。

---

① 〔唐〕独孤及：《九月九日李苏州东楼宴》，《全唐诗》上卷二四七。

② 〔唐〕白居易：《西楼喜雪命宴》，见朱金城《白居易集笺校》，上海古籍出版社 1988 年版，第 1646 页。

杭州五位刺史相继建亭五座：在灵隐山谷间的虚白亭、候仙亭、观风亭、见山亭、冷泉亭，“五亭相望，如指之列，可谓佳境殚矣，能事毕矣。后来者，虽有敏心巧目，无所加焉”。

山亭或湖亭，为吏隐官员们在“地僻人远，空乐鱼鸟”的地方，开辟出“别见天宇”的山水胜境。

元和十二年（817）白居易46岁，在任江州司马时造“庐山草堂”，写下《草堂记》这一园林史上的不朽篇章：

> 在湓城，立隐舍于庐山遗爱寺，尝与人书言之曰：“予去年秋始游庐山，到东西二林间香炉峰下，见云木泉石，胜绝第一。爱不能舍，因立草堂。前有乔松十数株，修竹千余竿，青萝为墙援，白石为桥道，流水周于舍下，飞泉落于檐间，红榴白莲，罗生池砌。”

“草堂”择址在匡庐香炉峰与遗爱寺之间的峡谷地，使其隐于“峰寺之间”“面峰腋寺”，为山增景而不争景。

“架岩结茅宇，斫壑开茶园”①，茅屋架在岩石上，在山谷辟地种茶。草堂仅建“三间两柱，二室四牖”，“三间茅舍向山开，一带山泉绕舍回”②“绕水欲成径，护堤方插篱”③。《草堂记》曰：“木，斫而已，不加丹；墙，圬而已，不加白。砌阶用石，幂窗用纸，竹帘纻帏，率称是焉。”只将木材砍削平整，不涂彩绘。墙壁用泥涂抹，不刷白灰，用石头砌成台阶，纸糊的窗户，用竹帘子和麻木做的帐子，这样就都称心了。“下铺白石，为出入道”，就地取材，一任自然。

白居易以林泉风月为家资：“堂中设木榻四，素屏二，漆琴一张，儒、道、佛书各三两卷”，“乐天既来为主，仰观山，俯听泉，旁睨竹树云石，自辰及酉，应接不暇”。从上午七时到九时，下午五时到七时，白居易都陶醉在大自然的美

---

① 〔唐〕白居易：《香炉峰下新置草堂，即事咏怀，题于石上》，见朱金城笺校《白居易集笺校》，上海古籍出版社1988年版，第384页。

② 〔唐〕白居易：《别草堂三绝句》，见朱金城笺校《白居易集笺校》，上海古籍出版社1988年版，第1132页。

③ 〔唐〕白居易：《草堂前新开一池养鱼种荷》，见朱金城《白居易集笺校》，上海古籍出版社1988年版，第386页。

景中。“俄而物诱气随，外适内和。一宿体宁，再宿心恬，三宿后颓然嗒然，不知其然而然”，因陶醉而忘乎所以了。庐山草堂有三物：素屏、隐几、藤杖，白居易从中也看到了自我，分别写“三谣”以陈情。

元和十四年（818），白居易由“只领俸禄，不授实权”的江州司马到忠州（今四川忠县）任刺史。酷爱园林、酷爱植物花卉的白居易，来到“巴俗不爱花，竟春无人来”（《东坡种花二首》）的忠州地区，毅然决定移此风俗，“忠州且作三年计，种杏栽桃拟待花”（《种桃杏》），于是“持钱买花树，城东坡上栽。但购有花者，不限桃杏梅。百果参杂种，千枝次第开”（《东坡种花二首》），他青衣草履，荷锄持斧，《东溪种柳》：“乘春持斧斫，裁截而树之。长短既不一，高下随所宜。倚岸埋大干，临流插小枝。”还《种荔枝》：“十年结子知谁在，自向庭中种荔枝”，待到“绿阴斜景转，芳气微风度。新叶鸟下来，萎花蝶飞去。闲携斑竹杖，徐曳黄麻屦”（《步东坡》），享受着欣欣向荣的美景。忠州“东坡园”，俨然似一座硕大的公共植物园。

唐穆宗长庆二年（822），白居易任杭州刺史。他亲自主持修建了一条拦湖大堤，把西湖分为上下两湖：上湖蓄水，并建水闸，“渐次以达下湖”，人称白公堤。“白乐天守杭州，政平讼简。贫民有犯法者，于西湖种树几株；富民有赎罪者，令于西湖开葑田数亩。历任多年，湖葑尽拓，树木成荫。白居易《春题湖上》诗：

湖上春来似画图，乱峰围绕水平铺。
松排山面千重翠，月点波心一颗珠。
碧毯线头抽早稻，青罗裙带展新蒲。
未能抛得杭州去，一半勾留是此湖。

“湖上春来似画图”的西湖，从此成为优美的公共游豫园林。

唐宝历元年（825），白居易任苏州刺史，组织修路凿渠，将苏州的名胜虎丘与苏州城区相连，水路即山塘河，凿河之土堆成大堤，延亘七里，人称七里山塘，沿堤种桃李莲梅数千株。白居易曾兴奋地写道：“自开山寺路，水陆往来频。银勒牵骄马，花船载丽人。芰荷生欲遍，桃李种仍新。好住河堤上，长留一道春。”从此，山塘成为苏州名胜，“又缘山麓凿水四周，溪流映带，别成仙岛，沧波缓溯，翠岭徐攀，尽登临之丽瞩矣”。虎丘也被改造成“仙岛”。

相传，白居易在苏州任刺史期间，常到天平山游览、下榻、读书。今天平山高义园第二进楼下四面厅悬额“乐天楼”。

白云泉

天平山上的“白云泉”传为白居易在苏州任刺史时所发现。“白云泉”为裂隙泉，是天然的优质泉水，胜过陆羽所品评的天下三泉，号“吴中第一水”。此泉从石隙流出，如线状，丝连萦络，下泻于池沼，故又名“一线泉”。旧时，寺僧以中空竹管插石隙中，将泉水导至池中央一钵盂内，水稍高出盂周而不外溢，接水入石盂中，故又称“钵盂泉”。白居易写了脍炙人口的《白云泉》诗，今刻在摩崖上：“天平山上白云泉，云自无心水自闲。何必奔冲山下去，更添波浪向人间。”突出强调云水的自得自乐，逍遥而惬意。

扬州的“赏心亭”，亦为官府兴建的具有公共园林性质的游赏之地，据嘉庆重修《扬州府志古迹一》载：赏心亭“连玉钩斜道，开辟池沼，构葺亭台”供“都人士女，得以游观”。

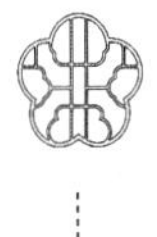

第六节　园林动植物美学

审美习俗是文化观念呈现出来的具象。我国植物资源丰富，加上李唐王朝凭借强大的国势和繁荣的外交，曾以接纳贡品或者征求方物的方式引进了大量西域物种，园林万紫千红、百花争艳。如比德的棠棣花、修竹，雍容华贵的牡丹、芍药，绚丽的桃花乃至樱桃、葡萄、薝蔔花、郁金香、石榴、蔓草、茉莉，以及华美、健硕、昂扬的龙凤等想象的神物，这些共同装点着盛唐气象，绚丽的色彩显示出庄严和隆重的气氛，也渲染着欢乐和喜庆的气氛，成为权力、身份、地位的象征。

石榴，原产于伊朗地区特别是中亚一带多石的土地上，西汉时期同佛经、佛像一起传入中国。石榴集圣果、忘忧、繁荣、多子和爱情等吉祥意义于一身。

葡萄，亦作“蒲陶”“蒲萄”“蒲桃”，原产于尼罗河流域和美索不达米亚平原等地区。葡萄枝藤繁茂，果实众多，因此葡萄在人们的心目中是子孙兴旺的吉祥象征。

葡萄木雕（拙政园）

蔓草，又叫吉祥草、玉带草、观音草等，“蔓”谐音“万”，其形状如带，“带”又谐音“代”，寓意千秋万代。蔓草与牡丹在一起谓富贵万代。蔓草挽成如意结，更增称心如意的吉祥含义。

蔓草花窗（留园）

一、棠棣竹义

兴庆宫的花萼楼，取自《诗经·棠棣》篇，此诗是周人宴会兄弟时，歌唱兄弟亲情、以笃友爱的诗。“凡今之人，莫如兄弟”，为全篇主旨。“棠棣”，即今郁李，棠棣花开每两三朵彼此相依，所以诗人以棠棣之花比喻兄弟，主题恒久、深邃之至。兄弟友爱，手足亲情，这是人类的普遍情感，《棠棣》对这一主题作了诗意开拓，因而千古传唱，历久弥新。

唐玄宗以竹连根不疏，比喻兄弟之意。五代王仁裕《开元天宝遗事》卷下“竹义”记载：

> 太液池岸有竹数十丛，牙笋未尝相离，密密如栽也。帝因与诸王闲步于竹间，帝谓诸王曰：“人世父子兄弟，尚有离心离意。此竹宗本不相疏，人有生贰心怀离间之意，睹此可以为鉴。”诸亲王皆唯唯，帝呼为“竹义”。

玄宗开元五年（717），进士王泠然为河南省临汝县薛家竹亭作赋，称“闲亭一所，修竹一丛，萧然物外，乐自其中”，竹丛中的一亭，“杂以乔木，环为曲沼。遵远水以浇浸，编长栏而护绕。向日森森，当风袅袅。劲节迷其寒燠，繁枝失其昏晓，疏茎历历傍见人，交叶重重上闻鸟”。亭间坐卧，“清户开而向林；门下往来，翠阴合而无草。禁行路使勿伐，命家僮使数埽”“游子见而忘归，居人对而遗老”。极写竹子之品格对人的熏陶作用。唐刘岩夫《植竹记》曰：

> 秋八月，刘氏徙竹凡百余本，列于室之东西轩，泉之南北隅。克全其根，不伤其性，载旧土而植新地，烟翠霭霭，寒声萧然。适有问曰：“树梓桐可以代琴瑟，植楂梨可以代甘实。苟爱其坚贞，岂无松桂也，何不杂列其间也?”答曰：“君子比德于竹焉，原夫劲本坚节，不受霜雪，刚也；绿叶萋萋，翠筠浮浮，柔也；虚心而直，无所隐蔽，忠也；不孤根以挺耸，必相依以林秀，义也；虽春阳气王，终不与众木斗荣，谦也；四时一贯，荣衰不殊，恒也；垂蕡实以迟凤，乐贤也；岁擢笋以成干，进德也……夫此数德，可以配君子，故岩夫列之于庭，不植他木，欲令独擅其美，且无以杂之乎!”

荷花，《诗经》有“灼灼芙蕖”，屈原称“制芰荷以为衣兮，集芙蓉以为裳”，在中国境内都指野生荷花。

佛教借莲华以弘扬佛法，“看取莲华净，方知不染心”；《华严经探玄记》描述真如佛性曰：“如世莲华，在泥不染，譬如法界真如，在世不为世法所污”，莲花于是成为“佛花”，成为智慧与清净的象征。印度将莲分成青、黄、赤、白四种，“池中莲花大如车轮，青色青光，黄色黄光，赤色赤光，白色白光，微妙香洁”。伴随佛教文化的传入，唐代开始大量进行人工培植莲花品种。

从唐玄宗时代开始，“芙蓉园中看花”，皇帝游幸芙蓉园成为一种经常性的活动，春、夏、秋三季似乎每季都有，尤其是在二、三、四三个月中，更形成了基本固定的游赏日期。二月一日中和节，皇帝驾幸芙蓉园，欣赏早春之景；三月三日上巳节是曲江胜游的高潮，皇帝此时登临芙蓉园紫云楼，观百官、万民同乐之景。

唐中宗女长宁公主有东庄别业，郑愔描绘道：“拂席萝薜垂，回舟芰荷触。”可见这里辟有莲花池陂。

武则天侄子武三思宅第奢丽，韦安石诗云：“梁园开胜景，轩驾动宸衷。早荷承湛露，修竹引薰风。”看来此处也以莲花池最为醒目。

初唐重臣杨师道的安德山池久负盛名，许敬宗形容其“台榭疑巫峡，荷蕖似洛滨”，可见莲花种植面积之大。

二、牡丹国色紫薇贵

唐人喜欢牡丹的华贵富丽，雍容大气，长安富户和平民皆尊崇牡丹，开花时节，万人空巷，诚如刘禹锡所说：“唯有牡丹真国色，花开时节动京城。”据李肇《唐国史补》记载，中唐时，“京师贵游尚牡丹三十余年矣，每春暮，车马若狂，以不耽玩为耻”。

佛寺赏花更为当时百姓的习俗。《剧谈录》卷下“慈恩寺牡丹”条云：“京国花卉之盛，尤以牡丹为上，至于佛宇道观，游览者罕不经历。”牡丹中又以大红大紫为贵，“曲水亭西杏园北，浓芳深院红霞色”。慈恩寺的牡丹，是长安城一绝，紫牡丹、白牡丹品种在当时很珍贵奇特。

皇家更重牡丹。《龙城录》载唐玄宗时，著名的花工兼诗人宋单父，能变易牡丹品种，被玄宗招至骊山，植牡丹万本，颜色不相同，人称“花师”。牡丹又称木芍药。唐李濬《松窗杂录》载：开元中，禁中爱种木芍药，即今牡丹花。花分红、紫、浅红、纯白四种。玄宗命移植于兴庆池以东的沉香亭前。“初有木芍药植于沉香亭前，其花一日忽开，一枝两头，朝则深红，午则深碧，暮则深黄，夜则粉白，昼夜之内，香艳各异，帝谓左右曰：‘此花木之妖，不足讶也。’”而且那时的重瓣牡丹“一朵千叶，大而且红”。玄宗说道：“赏名花，对妃子，焉用旧乐词为?”于是在兴庆宫沉香亭赏牡丹，遂命李白撰牡丹诗《清平调三首》，梨园弟子谱曲奏乐，李龟年歌唱。“国色朝酣酒，天香夜染衣”，唐人李正封这首咏牡丹诗，更可谓是写尽了牡丹的雍容瑰丽、妖娆绰约。

玄宗后，牡丹开始风靡，李肇《唐国史补》载：“一本有直数万者。元和末，韩令始至长安，居第有之，遽命斸去。”

在唐代，牡丹以深花为佳。当时最有名的品种有“姚黄”和“魏紫”，分别称为花王和花后。姚黄开时直径可达一尺多，观赏的人挤到站在墙头上、立在人肩上的地步。魏紫甚至看一次要付出十几个铜钱。牡丹在盛唐以后受到极高的推崇，在富贵阶层更是风靡。

国色天香、雍容华贵的牡丹直到今天，依然尊居国花的地位，如颐和园有牡丹国花台。

唐代亦重紫薇，中书省作为国家最高政务中枢，因处帝居，开元初一度称紫微省（古代天文学中紫微星垣常被用来比喻帝居），因谐音关系，中书省中多植紫薇花，所谓“紫薇花对紫微郎”。

三、凤垂鸿猷　百鸟之王

《礼记·礼运》：“麟、凤、龟、龙，谓之四灵。”麟为百兽之长，凤为百禽之长，龟为百介之长，龙为百鳞之长。四灵，也就是汉族人幻想的神兽，具有祛邪、避灾、祈福的作用。

自秦汉以来，百鳞之长的龙逐渐成为帝王的象征。而百禽之长的凤凰是由火、太阳和各种鸟复合而成的氏族图腾。雄曰凤，雌曰凰。

《史记·司马相如列传》载：“相如之临邛，从车骑，雍容闲雅甚都；及饮卓氏，弄琴，文君窃从户窥之，心悦而好之……文君夜亡奔相如。”司马相如为求娶卓文君，弹的琴曲名据传正为《凤求凰》，其中有“有一美人兮，见之不忘。一日不见兮，思之如狂。凤飞翱翔兮，四海求凰。无奈佳人兮，不在东墙。将琴代语兮，聊写衷肠。何日见许兮，慰我彷徨。愿言配德兮，携手相将。不得于飞兮，使我沦亡”之句。

唐代的凤凰集丹凤、朱雀、青鸾、白凤等凤鸟家族与百鸟华彩于一身，终成鸟中之王。唐人喜欢以凤凰比喻人物，表达思想。武则天自比于凤，并以匹帝王之龙，自此，凤成为龙的雌性配偶，凤凰合体，且整体被“雌”化，成为封建王朝高贵女性的代表。

凤凰集众美于一身，象征美好与和平，是吉祥幸福的化身，凤凰美丽的身影活跃在唐人的思想和灵魂深处。唐李峤《凤》：“有鸟居丹穴，其名曰凤凰。九苞应灵瑞，五色成文章。”杜甫《凤凰台》将凤凰作为兴国祥瑞之来归君子，“自天衔瑞图，飞下十二楼。图以奉至尊，凤以垂鸿猷。再光中兴业，一洗苍生忧”。唐人喜欢以凤凰称美于物，《全唐诗》中，“凤”出现2978次，“凰”282次，鸾1080次。称长安为凤凰城，以凤车、凤辇、凤驾或凤舆等来指皇后的车驾。用凤凰做建筑物的装饰，《旧唐书·礼仪志》：“证圣元年正月丙午申夜，佛堂灾，延烧明堂，至曙，二堂并尽……则天寻令依旧规制重造明堂，凡高二百九十四尺，东西南北广三百尺，上施宝凤。”

第七节　唐五代园林美学理论

唐五代的园林美学理论已经很丰富，如“意境说”“神似说”“外师造化、中得心源”等都成为园林美学的重要母题。

一、思与境偕　意存笔先

“意境”之“境”，指“境界”，本来出自佛家经典，它的审美性格使它成为“意境”的理论渊源，盛唐以后，意境说开始全面发展。

在我国美学史上最早的意境说，一般认为出于王昌龄的《诗格》：

> 诗有三境。一曰物境：欲为山水诗，则张泉石云峰之境，极丽绝秀者，神之于心，处身于境，视境于心，莹然掌中，然后用思，了然境象，故得形似。二曰情境：娱乐愁怨，皆张于意而处于身，然后驰思，深得其情。三曰意境：亦张之于意而思于心，则得其真矣。

《诗格》将物境、情境、意境分为三境，与后来所称艺术意境不同，我们所说的意境包括了“物境”和“情境”。意境中的景是含情之景，情是寄寓于景中之情。

如王维《鹿柴》：“空山不见人，但闻人语响。返景入深林，复照青苔上。”字义很简单，山谷空无人影，却有人讲话的声音，打破静谧的山林；落日的余晖透过枝繁叶茂的幽暗深林，斑驳的树影映在青苔上。青苔显示着无人迹。鹿柴附近的空山深林在傍晚时分景色幽静，“无言而有画意”；诗中“空山”“人语”“深林”“青苔”等，皆为“物境”，是“象”，象仅仅是表现王维心中“境”的载体，意境通常由若干个意象组成，意象是构成意境的元素。“境”就是“情”，是他对大自然的热爱和对尘世官场的厌倦。

王维吸取禅宗的静坐默念，说法时以言引事物的暗示，以及色空观，使其诗歌读来奥深理曲，委婉含蓄，充满寂、空、静、虚的意境，再结合音乐的弱音、停顿，山水画的飞白，又使诗歌富有节奏变化。反映环境的虚空冷静，空山中依稀听到的人语声却给山造成更大的空无感觉，空是绝对的，声是有条件和暂时

的，人语声会随人离去而消逝，山却长久空下去，人语打破寂静，显得山更静。“复照青苔上”揭示静默世界中的无限轮回，全诗充满禅理的思考。

中晚唐以来，迅速发展起来的中国佛学禅宗日益浸润文艺和美学的领域。禅宗关于通过直觉、顿悟以求得精神解脱、达到绝对自由的人生境界的理论，使意境说更趋成熟，且与园林美学密切结合。

刘禹锡“境生于象外”说，强调了实境之外的虚境，实境是基础，是虚境所赖以生产和存在的前提。审美的理想和境界，标志着晚唐美学的重大转变。

司空图《二十四诗品》更为集中和鲜明地表现了禅宗的意境美学思想，是唐代美学中最具概括性的关于诗歌意境的创作论和审美观，对后世园林审美产生巨大影响。他提出“思与境偕”，就是情与景的交融，即实境加虚境。虚境是一种超然于“物”外的隐约可感而实不可捉摸的空灵境界，是“韵外之致”“味外之旨”；“偕”是和谐共存的意思，即情思意绪与客观外物和谐统一为一个富有诗意的整体。情和景是构成意境的两大支柱，缺一不可。

二、气韵生动　离形得似

晋人在艺术实践中的“以形写形，以色貌色”的“形似说”，唐人发展为“畅神”指导下的“神似说”，是对自然美的提炼、典型化，美真统一论。

唐张彦远（815—907），出身于宰相世家，其家世代喜好和注重书法绘画的艺术实践和收藏鉴赏，拥有大量的古今字画佳作，几乎可以与皇室的收藏媲美。这种家庭文化氛围，使张彦远在书法及绘画方面，尤其是在书画理论上取得了很高的成就。他在《历代名画记·卷一·论画六法》提出：

> 古之画或能移其形似而尚其骨气，以形似之外求其画，此难可与俗人道也。今之画纵得形似而气韵不生，以气韵求其画，则形似在其间矣……夫象物必在于形似，形似须全其骨气，骨气形似皆本于立意而归乎用笔，故工画者多善书……至于鬼神人物，有生动之可状，须神韵而后全，若气韵不周，空陈形似；笔力未遒，空善赋形，谓非妙也……至于经营位置，则画之总要。

张彦远指出，自古以来绘画的人很少能兼得谢赫所说的画之六法之妙。古代的画，往往放弃对象的形貌之似而崇尚画的风骨气韵，从形似之外去追求画的意境，此中奥妙难以与俗人说清楚。现代人的画，即使得到形貌之似，但是气韵不能产生。

感性形态的“似”，乃指对感性物象的妙肖，即“形似”。刘勰《文心雕龙·物色》说：“体物为妙，功在密附。”倘要妙于体物，乃在于细致、贴切，而不在于机械、如实地摹写。不是简单的草草而就，大而化之。主体在剪裁物象、营心构象时，须把握物象的内在精神，从功能角度进行传达，方能巧得其微。王昌龄曾经这样描述“形似”的获得过程：“神之于心，处身于境，视境于心，莹然掌中，然后用思，了然境象，故得形似。”意在强调若要求得形似，必当以神遇物，以心会物，从而入乎其内，在物我交融中处身于境界之中反省内视，在心灵处体悟物象所融入的境界，再出乎其外，遂对感性物态了然于胸。此时所创造的艺术之象，必然已具形似。

“形似”势必限制物象内在生命力的表现，忽略物象的内在精神，“巧太过而神不足也”，不能达到艺术之“真”，是肤浅的，是苏轼所说的“见与儿童邻”。巧为形似，就要追求“似与不似”之间的有机统一，“移其形似而尚其骨气，以形似之外求其画”，获得气之真、神之真，而不唯姿之真。

谢赫《古画品录·张墨荀勖》曰：“若拘以体物，则未见精粹；若取之象外，方厌膏腴，可谓微妙也。”

深谙佛道的司空图所谓“离形得似”，其离乃本于佛家，意即由“不即不离”而得神似。这就是后来的“以不似之似似之”。

司空图主张“超以象外，得其环中”，实际上都是要求以似与不似来创造出充分体现艺术生命整体的感性之象，都希望通过似与不似来突破物态自身局限，以觉天尽性，从有限中实现无限，如赏石文化。

中国古典园林的旱船，有形似、介于似与不似之间及抽象写意三类。颐和园的清宴舫和狮子林的旱船过于“形似”，遭诟病；拙政园香洲、留园涵碧山房都介于似与不似之间；扬州何园、上海豫园、苏州拥翠山庄等建于平地或山上的写意式船舫，因完全超越了形似而获得艺术真实。

神似则高度体现自然之道与主体内在精神的统一。司空图《与李生论诗书》中“近而不浮，远而不尽”的“韵外之致”，正是指其溢于作品气韵之外的余味。“山川、人物、花鸟、虫鱼，都充满着生命的动——气韵生动”。韵是作品

的特征、特质，情态、风采、韵致，为用。故清代唐岱《绘事微言》云："有气则有韵""自然山性即我性、山情即我情""自然水性即我性、水情即我情"，物我性情融为一体，体现生命精神，得造化之妙，以巧夺天工。明陆时雍《诗镜总论》也提出"韵动而气行"。唐末五代荆浩所著的《笔法记》云：

> 曰："画者，华也。但贵似得真，岂此扰矣。"叟曰："不然。画者，画也。度物象而取其真。物之华，取其华；物之实，取其实。不可执华为实。"

说的是画画这种艺术，关键在于画的功夫。揣摩事物的形象采取其中真实的一面。事物虚浮，就选取其虚浮的一面表现；事物真实，就选取它真实的一面表现，不可以把虚浮与真实混为一谈。

三、外师造化　中得心源

"外师造化，中得心源"这一概括而又具有纲领性的画论，出于唐张璪的《绘境》。"心源"系借用佛家术语，原指不为妄心所扰的虚静心态；"造化"，即大自然，强调艺术必须师法自然，但不是简单地再现模仿自然，而是更重视主体的抒情与表现，是主体与客体、再现与表现的高度统一。这一论断解释了艺术创作的全过程，也就是说，艺术必须来自现实美，必须以现实美为源泉。但是，这种现实美在成为艺术美之前，必须先经过画家主观情思的熔铸与再造。必须是客观现实的形神与画家主观的情思有机统一的东西。作品所反映的客观现实必然带有画家主观情思的烙印，成为历万古而犹新的艺术创作圭臬。

传为盛唐王维所著《学画秘诀》："肇自然之性，成造化之功。或咫尺之图，写百千里之景，东西南北，宛尔目前。春夏秋冬，生于笔下……妙悟者不在多言，善学者还从规矩……"其中，"肇自然之性，成造化之功"和对物象意的"妙悟"，与"外师造化，中得心源"说相得益彰，为山水园林创作开了无穷法门。

四、品题言志　山水仁德

早在北魏高祖提出"名目要有其义"，孝文帝时园林单体建筑上就有采自儒家经典的题额。唐代已是"竹庄花院遍题名""七字君题万象清"了，特别是中晚唐亭台楼阁品题者，不仅有采自儒家元典的内容还遍及儒、道、释、楚辞等诗文领域，并出现主题园的端倪，成为中华文化的重要载体。

力倡文学要“极帝王理乱之道，系古人规讽之流”的元结，以及以儒家正统自居的韩愈，他们笔下的台阁峰溪似乎都染有“仁德”，而永贞革新失败被贬永州的柳宗元，笔下的“山水”，无不寄托遥深，悲慨郁结。

元结出任道州刺史而来到永州，招抚流亡的百姓，赈济灾民，修屋营舍，安顿贫弱。“清廉以身率下”，将儒家的仁政之道投射到永州奇异的山水意象之中，如在《七泉铭并序》中他直接将“泉”名之为：“惠”“忠”“孝”“直”“方”等五泉，取儒家礼仪之道为泉命名，然后“铭之泉上，欲来者饮漱其流，而有所感发者矣”。

“自幼好佛”的柳宗元因朝中权力集团的倾轧而从礼部员外郎贬官至邵州刺史，再贬至永州司马，写下了著名的《永州八记》，大抵皆“借石之瑰玮，以吐胸中之气”。既为自胜之道，同时也在永州奇山异水的幽僻秀美中熏陶着自己的情操。将永州溪、丘、泉、沟、池、堂、亭、岛八者咸以“愚”名，以排遣郁积于胸中的愤懑。

太原王弘中在连州的“燕喜亭”，位于丘荒之间，因势而修筑，韩愈以山林仁德的审美思想一一为之命名，其《燕喜亭记》载：

> 其丘曰“俟德之丘”，蔽于古而显于今，有俟之道也。其石谷曰“谦受之谷”，瀑曰“振鹭之瀑”，谷言德，瀑言容也。其土谷曰“黄金之谷”，瀑曰“秩秩之瀑”，谷言容，瀑言德也。洞曰“寒居之洞”，志其入时也；池曰“君子之池”，虚以钟其美，盈以出其恶也。泉之源曰“天泽之泉”，出高而施下也。合而名之以屋，曰“燕喜之亭”，取《诗》所谓“鲁侯燕喜”者颂也。

创造出具有诗情画意的山水画面，但由于以景寓情，大多构成凄清的意境。

晚唐司空图以“休休亭”名园，已露主题园的端倪。司空图历任殿中侍御史、礼部员外郎，僖宗次凤翔，召图知制诏，寻拜中书舍人。中条山王官谷有祖上的田产，所以居五代张洎《贾氏谈录》载：“司空图侍郎旧隐三峰，天祐末，移居中条山王官谷。其谷周回十余里，泉石之美，冠于此山。北岩之上有瀑，水流注谷中，溉良田数顷，至今为司空氏之庄宅，子孙犹存。”中条山环境优美，五老峰犹如冠冕配饰一般高耸于中条山上，是溪蔚然涵其浓英之气；王官谷位于西安与洛阳之间，乃涤烦清赏之境。司空图在唐僖宗光启三年（887）写的《山居记》中，描写居处亭堂室之名皆含深意：

其亭曰“证因”。证因之右，其亭曰“拟纶”，志其所著也。拟纶之左，其亭曰“修史”，勖其所职也。西南之亭曰“濯缨”，濯缨之窗旦鸣，皆有所警。堂曰“三诏之堂”，室曰“九籥之室”，皓其壁以模玉川于其间，备列国朝至行清节文学英特之士，庶存耸激耳。其上方之亭曰“览昭”，悬瀑之亭曰“莹心”，皆归于释氏，以栖其徒。

“证因”，证知因果。司空图有《证因亭》诗曰“峰北幽亭愿证因，他生此地却容身”，带有佛教含蕴。司空图曾任唐僖宗中书舍人，中书省代皇帝草拟诏旨，称为掌丝纶。《礼记·缁衣》：“王言如丝，其出如纶。”“修史”亭，勖其所职也。西南之亭曰“濯缨”，典出《楚辞·渔夫》：“沧浪之水清兮，可以濯我缨；沧浪之水浊兮，可以濯我足。”言政治清明出仕，政治浑浊则隐居山林之旨趣。堂曰“三诏之堂”，典出东汉末年名士焦光弃官隐居焦山，朝廷曾三诏其出仕，他三次拒诏，终老山中，史称“三诏不起”。作者用以表明自己的隐居之志。室曰“九籥之室”，宋吴聿《观林诗话》：“天门有九，故曰九籥。”言其室高居之高。“皓其壁以模玉川于其间，备列国朝至行清节文学英特之士，庶存耸激耳”，以励其志节。“览昭”“莹心”，有清泉洗心之旨。这些亭名已经形成一个系列，内容都与归隐“休休”相关。据《新唐书·列传一一九·司空图本传》载：司空图作亭观素室，悉图唐兴节士文人。名亭曰休休，作文以见志曰：“休、美也，既休而美具。故量才，一宜休；揣分，二宜休；耄而聩，三宜休；又少也惰，长也率，老也迂，三者非济时用，则又宜休。”

即是说，建造了简陋的亭观等房子，在亭中画下唐兴以来全部有节操者及知名文人的图像，并题名为“休休亭”，并阐释亭名：“辞官，是美事。既安闲自得，美也就有了。本来，衡量我的才能，一宜辞官；估量我的素质，二宜辞官；我老而昏聩，三宜辞官；再者，我年轻时懒散，长大后马虎，老了后迂腐。这三者都不是治世所需要的，所以更宜辞官了。”还自称为“耐辱居士”。

五、夫美不自美，因人而彰

公元 815 年，柳宗元之兄柳宽任职邕州，在马退山（又称四厦岭）上构建了一座颇为精巧的茅亭，柳宗元为之写下《邕州马退山茅亭记》：“因高丘之阻以面势，无欂栌节梲之华。不斫椽，不翦茨，不列墙，以白云为藩篱，碧山为屏风，昭其俭也。”提出了“夫美不自美，因人而彰。兰亭也，不遭右军，则清湍修竹，芜没于空山矣”的涉及审美活动本质的美学命题。自然美因为人的欣赏而使其价值得到呈现，这是一个著名的美学论题。

同时代的白居易也持同样的观点，他在《白苹洲五亭记》中说道：“大凡地有胜境，得人而后发；人有心匠，得物而后开：境心相遇，固有时耶？盖是境也。”

第六章

园林美学成熟期——宋辽金元

公元960年，宋太祖赵匡胤代后周称帝，建立赵宋王朝（960—1126），建都开封，史称北宋。又与在边境挑衅的辽订立“澶渊之盟”①，换来了宋、辽之间长达160余年间的礼尚往来、通使殷勤的和平局面，“生育繁息，牛羊被野，戴白之人，不识干戈”，使北宋经济迈向巅峰。

1127年，靖康之变导致宋室南迁，定都浙江临安，史称南宋。南北宋之称其实源自都城的位置。

宋代有严密与完善的科举取士制度，“取士不问家世”，更无古代封建贵族及门第传统的遗存。宋代的教育、文化艺术等领域，出现了明显的平民化色彩。

宋朝形成了“虚君共治”体制，君主“以制命为职”“一切以宰执熟议其可否”，即由宰相执掌具体的国家治理权；台谏掌握着监察、审查之权，以制衡宰相的执政大权；宰相、台谏，加上端拱在上的君主，三权相对独立，“各有职业，不可相侵”。法国学者埃狄纳称宋朝为“现代的拂晓时辰”，认为其显现着人性化、法制化、商业化的迷人魅力。

陈寅恪《邓广铭〈宋史职官志考正〉序》称“华夏民族之文化，历数千载之演进，造极于赵宋之世”。

号为北宋理学五子的周敦颐、邵雍、张载、程颢、程颐，构建了中国后期社会最为精致、完备的理论体系——理学，强化了中华民族注重气节和德操、注重

---

① 自咸平二年（999）开始，辽朝陆续派兵在北宋边境挑衅，掠夺财物，屠杀百姓，给北宋边境地区的居民带来了巨大灾难。最后北宋以“助军旅之费”之名，每年送给辽岁币银10万两、绢20万匹，与辽订立“澶渊之盟”。

社会责任感与历史使命感的文化性格。

两宋时期的物质文明和精神文明所达到的高度，在中国整个封建社会时期，可以说是空前绝后的。两宋名园荟萃之处集中在经济文化最发达的中原洛阳、东京和江南临安、吴兴、平江等地。各类艺术审美事实都从各个侧面演说和印证着宋代美学的基本格调。在审美品位的崇尚上，宋人将唐代朱景玄提出神、妙、能、逸四画品中的“逸品”跃升首位，“尚意”是对唐代“尚法”的反拨和自身审美的确定。

尚文的宋人虽然缺少唐人龙城虎将、醉卧沙场的气魄、气派和气势，但内心情感丰富、细腻。他们没有向往神仙或宗教的迷狂，而是面向现实人生，纯任情感自然地流露和表现，推崇平淡天然的美，鄙视宫廷艺术的富丽堂皇、雕琢伪饰，形成了儒、道、释相融的审美观。

两宋园林简而意足，诗画渗融，疏朗、清雅、天趣自然，自然审美意识走向成熟，艺术体系业已完备。

在“郁郁乎文哉”的宋代氛围与人文思想的启发引导下，园林美学思想在禅宗美学思想的影响下，进一步向精神层面拓展深入，“所显示的蓬勃进取的艺术生命力和创造力，达到了中国古典园林史上登峰造极的境地”①。

无论是皇家园林、私家园林还是寺观园林，园林美学思想逐渐泯灭了彼此的差别而进一步趋向一致，大体都以清丽精致与典雅的士人审美理想为主调。园林崇尚清雅、平淡之美，野趣盈盈，正如“满洛城中将相家，广栽桃李作生涯。年年二月凭高处，不见人家只见花”（邵雍《春日登石阁》）。日常生活艺术化、艺术生活化，成为全社会的普遍追求，虽然象征园林艺术全面成熟的园林理论著作尚未出现，但精雅的园林美学艺术体系已经完备，属于同一载体的书画艺术理论进一步成熟。

早在中唐时期，壶中天地的写意式美学空间意识已经出现，“巡回数尺间，如见小蓬瀛”。北宋时期，在“即物穷理”、构建“天人之际”无限广大的理学宇宙体系思想的影响下，以小观大的壶中观念基本确立。

梅尧臣云：“瓦盆贮斗斛，何必问尺寻……户庭虽云窄，江海趣已深。袭香而玩芳，嘉宾会如林。宁思千里游，鸣橹上清涔？”从一小盆中透视出若大境界；

① 周维权：《中国古典园林史》，清华大学出版社2005年版，第255页。

苏舜钦云："予心充塞天壤间，岂以一物相拘关？然于一物无不有，遂得此身相与闲。"这种观念已经体现在园林创作中，如宋徽宗《艮岳记》："虽人为之山，顾岂小哉！……是山与泰、华、嵩、衡等同，固作配无极。"北宋还出现独特新颖的木假山形式，苏洵家藏两座，他将三峰木假山人格化："予见中峰，魁岸踞肆，意气端重，若有以服其旁之二峰。二峰者，庄栗刻峭，凛乎不可犯，虽其势服于中峰，而岌然无阿附意。吁！其可敬也夫！"

士人在"隆兴"和"嘉定"和议以后相对安逸的时间里，大致能继北宋风流，城市或城郊宅园增多，由于禅宗思想的进一步渗透，写意的自然美成为园林审美的主流，士人普遍追求那种自然洒脱的生命境界。

然而两宋时代却因"天时地理"的变化，带来了空前的生存压力。从 11 世纪初到 12 世纪末，气候转寒、温暖期逐渐缩短，为中国近一千年以来最寒冷的一个时期。宋代时黄河平均每 2.4 年决口一次，给当时的农业生产带来了巨大的压力。

面对日渐恶劣的自然生态环境的逼迫，生活在北方的契丹、女真、蒙古等逐水草而居的游牧民族，开始向南谋求更广阔的生存空间。

北宋始终未能收复北方的"燕云十六州"，却在其东北和西北游牧民族建立的辽和西夏的步步紧逼下，最终南退到长江流域，建立南宋，在这块富庶的江南福地找到了新的舞台。虽偏安一方，却依然能延续着北宋的辉煌，与北方游牧民族建立的政权长期对峙。

辽金元分别为契丹、蒙古、女真游牧民族建立的政权。他们长期生活在"天苍苍，野茫茫，风吹草低见牛羊"的大草原上，在政治制度及科技文化方面远逊于中原王朝。

元代蒙古统治者以剽悍的草原游牧气质入主中土，并迭西征，以拓展疆土，形成地跨亚欧的封建王朝。但元朝征服者从草原带入的制度具有明显的中世纪色彩，逆转了"唐宋变革"开启的近代化方向。以所谓对"学术误天下"的厌恶和不满，科举制度在元朝停废长达八十年之久。尽管自元仁宗朝重新设立了科举取士制度，但取北人滥而陋，弃南人如牛毛，科举制形同虚设。

元朝还取消了大理寺、律学、刑法考试、鞫谳分司和翻异别勘的制度，治理体系陷于粗鄙化。

但元朝取儒学经典《易经》中的"大哉乾元"之义为国号"元"，又印证了

"野蛮的征服者总是被那些他们所征服的民族的较高文明所征服"这个永恒的历史规律。

辽金元三代统治者都十分倾慕宋朝宫苑，都将宋王朝宫苑作为范式修建本王朝的宫苑，北京成为皇家宫苑及达官贵戚私家园林集中的地方。辽金元游牧和半游牧文化固有的习性又使其具有独特的园林文化方式。

第一节　宋清雅的美学思潮

北宋开国之初，以"仁厚立国"的赵匡胤，兵不血刃将兵权集中到自己手中，并确立了"王者虽以武功克敌，终须以文德致治"的"佑文"政策，于太庙立"誓碑"：不得杀士大夫及上书言事人，严令子孙，有逾此誓言者天必殛之。因而，宋朝思想最为自由，士人大都是集官僚、文士、学者于一身的复合型人才。

崇文重教，读书求仕之风席卷全国，纯化了全民的审美情趣。他们"以深远闲淡为意"①，嗜尚"蔬笋气""山林气"，欣赏出水芙蓉，雅淡神逸之美，而厌弃"金玉锦绣"、错彩镂金，鄙视粗俗的声色犬马、朝歌暮嬉的感官享受，为后代知识分子提供了品质生活的最佳样本，提供了美和价值的示范。

诗、词、歌、赋、书、画、琴、棋、茶、古玩构合为宋人的生活内容；吟诗、填词、绘画、戏墨、弹琴、弈棋、斗茶、置园、赏玩构合为宋人的生活方式；诗情、词心、书韵、琴趣、禅意便构合为情调型、情韵型的宋人心态，"韵"风行于美的领域，成为对明代中后期美学最具影响力的范畴。

宋初园林美学为"唐韵浸染期"，此后是"宋调形成期、宋调鼎盛期"，以平淡美为艺术极境。

文人将绘画所用笔墨换成山石花草，完成了三度空间的立体画，真正意义上的"士人园"诞生了。

一、生命范式

宋吴德仁践行的"真率仅似陶，而奉养略如白"②，陶铸出宋人全新的仕隐

① 〔宋〕欧阳修：《六一诗话》。

② 〔宋〕胡仔：《苕溪渔隐丛话前集》卷四，五柳先生下引。

文化，生命范式比唐人更臻于成熟、理性。

欧阳修晚年自号“六一居士”，作《六一居士传》曰：“吾家藏书一万卷，集录三代以来金石遗文一千卷，有琴一张，有棋一局，而常置酒一壶……以吾一翁，老于此五物之间，是岂不为‘六一’乎?”书、金石、琴、棋、酒、一“居士”，即在家修行的佛教徒，三教融合为一，代表了欧阳修的生活品位和审美追求。

苏轼自号“东坡居士”，又一生崇道。虽未退隐，但他通过诗文所表达出来的那种人生空漠之感，却比前人任何口头上或事实上的“退隐”“归田”“遁世”更深刻、更沉重。中国隐逸之风从老子的“道隐”和庄子的“心隐”，到魏晋南北朝的“林隐”，从白居易的“中隐”，再到苏轼的“仕隐”，逐步达到极致。

苏轼在《临皋闲题》中说：“江山风月，本无常主，闲者便是主人。”元丰四年（1081），苏轼通过故人马正卿向黄州府要了东门外五十亩荒地，遂自号“东坡居士”：“近于城中得荒地十数亩，躬耕其中，作草屋数间，谓之东坡雪堂。”绘雪于四壁之间，无容隙也。起居偃仰，环顾睥睨，无非雪者。苏轼写《雪堂记》极赞雪堂之美：“雪堂之前后兮，春草齐。雪堂之左右兮，斜径微。雪堂之上兮，有硕人之颀颀。考槃于此兮，芒鞋而葛衣。挹清泉兮，抱瓮而忘其机。负顷筐兮，行歌而采薇……是堂之作也，吾非取雪之势，而取雪之意。吾非逃世之事，而逃世之机。”

苏轼在黄州的官职是“团练副使”“本州安置”“不得签书公事”，和软禁差不多。却在元丰五年（1082）与客泛舟两游赤壁，七月十六日和十月十五日写下了一生中最优秀的写景赋《前赤壁赋》和《后赤壁赋》。在《前赤壁赋》中，苏轼写初秋的江上明月“清风徐来，水波不兴”“少焉，月出于东山之上，徘徊于斗牛之间”，柔和的月光似对游人极为依恋和脉脉含情，在月光朗照下，“纵一苇之所如，凌万顷之茫然”，仿佛在太空遨游，超然独立；又像长了翅膀飞升仙境一样。“于是饮酒乐甚，扣舷而歌之”，天地间万物各有其主、个人不能强求，“惟江上之清风，与山间之明月，耳得之而为声，目遇之而成色；取之无禁，用之不竭，是造物者之无尽藏也。”唯苏轼忘怀得失的坦荡胸襟，方能享受此乐。

欧阳修谪守滁州，写《醉翁亭记》，一如构园法：“环滁皆山也。其西南诸峰，林壑尤美，望之蔚然而深秀者，琅琊也。”仿佛拉开了一幅美丽诱人的林壑画面；“山行六七里，渐闻水声潺潺，而泻出于两峰之间者，酿泉也。”先闻水

声潺潺，再见到瀑布泻出于两峰之间，乃“酿泉也”；“峰回路转，有亭翼然临于泉上者，醉翁亭也。”真是曲径通幽，渐入佳境！“醉翁之意不在酒，在乎山水之间也。山水之乐，得之心而寓之酒也。”山水太令人陶醉了！

亭周朝暮变化之美：“日出而林霏开，云归而岩穴暝，晦明变化者，山间之朝暮也。”季相变幻更美：“野芳发而幽香，佳木秀而繁阴，风霜高洁，水落而石出者，山间之四时也。”春花，芳草萋萋，幽香扑鼻；夏荫，林木挺拔，枝繁叶茂；秋色，风声萧瑟，霜重铺路；冬景，水瘦石枯，草木凋零。俨然为园林四季设景描绘了一幅蓝图。

滁人游者，有“负者歌于途，行者休于树，前者呼，后者应，伛偻提携，往来而不绝”，饱游归来，“已而夕阳在山，人影散乱，太守归而宾客从也。树林阴翳，鸣声上下，游人去而禽鸟乐也。然而禽鸟知山林之乐，而不知人之乐；人知从太守游而乐，而不知太守之乐其乐也”。又似一幅“与民同乐”的游园图。

这一幅幅画面，以“乐”为主题，以山水之美、鸟语花香之美为基础，连缀起宴酣之乐、禽鸟之乐和滁人游者之乐。

王禹偁《黄州新建小竹楼记》写他被贬后恬淡自适的生活态度和居陋自持的情操志趣：小竹楼与月波楼相通，居高临下，视野广阔，“远吞山光，平挹江濑，幽阒辽敻，不可具状”。四季景色美不胜收：“夏宜急雨，有瀑布声；冬宜密雪，有碎玉声。宜鼓琴，琴调虚畅；宜咏诗，诗韵清绝；宜围棋，子声丁丁然；宜投壶，矢声铮铮然。皆竹楼之所助也。”“非骚人之事，吾所不取”，凸显出王禹偁的人格美和宽广博大、光明磊落的胸襟。

宋士人之山水庭园之好，不以升迁黜降为变。

王安石刚刚拜相，“贺客盈门”，喜气洋洋，却挥笔在壁上题诗曰：“霜筠雪竹钟山寺，投老归欤寄此生！”公元1076年，年已55岁的王安石第二次罢相时，在南京钟山西南构半山园：如“培塿”的土山、一丈地的木结构建筑、扶疏三百株植物，原则是“但取易成就”。

正如台湾美学家蒋勋所说，因为他们心里有一片属于自己的山水，他们很自信，他们知道自己的生命中有比权力和财富更高的价值所在。

二、士林清赏

宋文人士大夫们博雅好古，收藏鼎彝，热衷于园林雅赏、书斋雅玩，他们赏雨茅屋、观摩名画、把玩古器、赏花斗茶，琴棋书画诗酒茶，在艺术中生活。

收藏、把玩金石鼎彝，体现了一种文化品位。王国维《宋代之金石学》曰：“近世学术多发端于宋人，如金石学，亦宋人所创学术之一。宋人治此学，其于搜集、著录、考订、应用各面，无不用力。不百年间，遂成一种之学问。”

宋徽宗敕撰、王黼编纂《宣和殿博古图》三十卷，著录了宋代皇室在宣和殿收藏的自商代至唐代的青铜器839件。

欧阳修以十年之劳，成就了集录千卷金石文的《集古录》。

书画家米芾“精于鉴裁，遇古器物书画则极力求取必得乃已”。

赵明诚夫妇进一步发展为“玩”：“得书、画、彝、鼎，亦摩玩舒卷，指摘疵病，夜尽一烛为率。”饭后，他们还时常“翻书赌茶”，互相考问对方，以此为乐，嗜雅风尚可见一斑。

赵宋王朝宗室弟子赵希鹄，喜书画，善鉴赏，所著《洞天清禄集》载：“明窗净几，罗列布置；篆香居中，佳客玉立相映。时取古人妙迹以观，鸟篆蜗书，奇峰远水，摩挲钟鼎，亲见商周。端砚涌岩泉，焦桐鸣玉佩，不知人世所谓受用清福，孰有逾此者乎？是境也，阆苑瑶池未必是过。”

苏东坡好砚成癖，还喜欢在砚上刻铭文，留下了30多首砚铭。

宋代文人还经常雅集，共赏所藏。如堪与王羲之等“兰亭雅集”并称的“西园雅集”：文人墨客在驸马都尉王诜之西园集会，著名画家李公麟作《西园雅集图》，米芾作《西园雅集图记》：

> 水石潺湲，风竹相吞，炉烟方袅，草木自馨，人间清旷之乐，无过于此。嗟呼！汹涌于名利之域而不知退者，岂易得此耶！自东坡而下，凡十有六人，以文章议论、博学辨识、英辞妙墨、好古多闻、雄豪绝俗之资，高僧羽流之杰，卓然高致，名动四夷。后之览者，不独图画之可观，亦足仿佛其人耳。

宋代禅宗美学的影响日深，禅宗以内心的顿悟和超越为宗旨，轻视甚至否定行善、诵经等外部功德，与宋儒的更加重视内心道德的修养一致。所以，宋代士大夫多采取和光同尘、与俗俯仰的生活态度。他们注重大节而不拘小节，宋人的审美态度也生活化、世俗化了。宋朝的国民生产总值是明朝的十倍，官员享受高薪，他们的工资是明清时期的五六倍，所以，官员生活都很奢华。

名臣寇准出入宰相三十年，自己从没置过房产，得了一个“无地起楼台相公”的雅号，但喜欢跳“柘枝舞”，称为“柘枝颠”，“女伶歌唱，一曲赐绫一束”。阮葵生《茶余客话》说苏东坡：“凡待过客，非其人，则盛女妓，丝竹之声，终日不辍。有数日不接一谈，而过客私谓待己之厚。有佳客至，则屏妓衔杯，坐谈累夕。”

苏轼玩砚（陈御史花园）

用于宴乐场合歌女唱的词，就是宋词的滥觞。有人说，宋词是一朵情花，大俗大雅，尽藏青楼。如此，遂构合为宋人的文化生活、审美生活的内容之一，形成了清赏的行为方式和清雅的审美情调。

三、自然人格化

林泉到处资清赏，宋代士人特别善于在生活中发现美，石称石丈、石兄，荷为君子、梅妻鹤子、梅兰竹菊四君子、岁寒三友……自然物、动植物都人格化了，喜欢到极致，如痴如醉，这些人格化了的物件，沉淀着宋人特有的审美理想和情感。

宋时《云林石谱》跋曰：“石与文人最有缘。”石崇拜是地景崇拜的产物，但将崇拜之石作为审美对象点缀园林则盛行在唐，至宋达到巅峰。石存放于他们的林园中、书斋里、几案间，一石清供，千秋如对，文人从石身上看到了亘古、沧海桑田的岁月迁徙，开创了中国赏石文化的全新时代。

绉云峰（杭州曲院风荷）

米芾爱石成癖，人称“米颠”。据《梁溪漫志》记载，米芾在担任无为军守的时候，见到一奇石，大喜过望，命取袍笏拜之，摆上香案，自己则恭恭敬敬地对石头一拜至地，口称“石兄”、并呼“石丈”。后来有人问米芾此事是否为真，米芾慢慢说：“吾何尝拜？乃揖之耳。”揖之与拜之的区别就在于，前者是将此石作为挚友来看，而非某种掌权者。因此，米芾或应称此石为“石兄”，而非“石丈”。即便是“石丈”，他对这位老丈人也以朋友相待，而具心灵之契。

宋代《渔阳石谱》记载米芾品石有四语焉，曰秀、曰瘦、曰雅、曰透。形成了系统的品赏理论。童寯《江南园林志》曰：“江南名峰，除瑞云之外，尚有绉云峰及玉玲珑。李笠翁云：‘言山石之美者，俱在透、漏、瘦三字。’此三峰者，可各占一字：瑞云峰，此通于彼，彼通于此，若有道路可行，‘透’也；玉玲珑，四面有眼，‘漏’也；绉云峰，孤峙无倚，‘瘦’也。”童寯所言三大景石都是北宋花石纲遗存物。

玉玲珑（豫园）

瑞云峰（原江南织造府）

“透瘦漏绉”只是就石峰的外部特征而言，而且主要是对太湖石形态的审美评价标准。就石峰的内质特征即其气势意境而言，还有“清丑顽拙”之特征：清者，阴柔之美；丑，奇突多姿之态，打破了形式美的规律，是对和谐整体的破坏，是一种完美的不和谐；顽，阳刚之美；拙，浑朴稳重之姿。还有“怪”，也显示了对形式标准的超越。

“濂洛风雅”的代表人物周敦颐，为宋代理学之祖。他筑室庐山莲花峰下，创办了濂溪书院，在书院内筑一爱莲堂，堂前凿有一池，名莲池，写了情理交融、风韵俊朗的《爱莲说》：

> 水陆草木之花，可爱者甚蕃。……予独爱莲之出淤泥而不染，濯清涟而不妖，中通外直，不蔓不枝，香远益清，亭亭净植，可远观而不可亵玩焉……莲，花之君子者也。

赞美了莲花的清香、洁净、亭立、修整的特性与飘逸脱俗的神采，比喻了人

性的至善、清净和不染，把莲花的特质和君子的品格浑然熔铸，实际上也兼容了佛学的因缘。

清人张潮直呼："莲以濂溪为知己！"《爱莲说》构成后世园林中远香堂、藕香榭、曲水荷香、香远益清、濂溪乐处等园林景点意境。

梅花则与文人结缘很早，据传，晋武帝院中的梅花树，独爱好文之士，每当武帝好学务文之时，也是梅花盛开之时，反之则都不开花，因而，梅花有"好文木"之雅号。到了宋代，以梅为国花，冬寒独赏梅之格，梅格与人格同构。

梅花神、韵、姿、香、色俱佳，开花独早，花期较长，享有"花之魁"美誉，"格"高"韵"雅。

"梅花百株高士宅"，梅花品格高尚节操凝重，与人格同构。宋文人爱梅赏梅，蔚为风尚，《全宋诗》中就有咏梅诗4700多首。

文人把植梅看作陶情励操之举或归田守志之行。宋刘翰有《种梅》诗云："惆怅后庭风味薄，自锄明月种梅花。"宋人的恋梅之风，蔚成时代大潮，并为后世留下不少植梅、赏梅、画梅、写梅的趣闻佳话。

林和靖是其中之最，他结庐西湖之孤山，二十年足不及城市，以湖山为伴，以布衣终身。他说："荣显，虚名也；供职，危事也；怎及两峰尊严而耸列，一湖澄碧而画中。"一生唯爱梅鹤，有"梅妻鹤子"之说。他的《山园小梅》诗："众芳摇落独暄妍，占尽风情向小园。疏影横斜水清浅，暗香浮动月黄昏。霜禽欲下先偷眼，粉蝶如知合断魂。幸有微吟可相狎，不须檀板共金樽。"尤其是"疏影横斜水清浅，暗香浮动月黄昏"两句，写尽了梅花的风韵。形神兼备，曲尽梅之风姿；又以水、月陪衬，更能凸显梅花耐孤寂寒冷，不趋时附势的高贵品格。张潮在《幽梦影》中说："梅以和靖为知己。"和靖除爱梅外，还特别爱鹤，爱逾珍宝。鹤的孤高独行、静立、闲放的神姿，与疏篁千尺松高僧相伴随行的身影，都与林和靖的品格一样脱俗。苏州香雪海的梅花亭，建于梅花丛中，亭的宝顶上兀立一只鹤，形象地诠释着林和靖"梅妻鹤子"的风采。

北宋文人重"梅格"，到了南宋，凌寒的梅花在士大夫心目中成为真正的"国花"，更突出了梅花的精神标格。

临死犹念"王师北定中原日"的陆游，视自己为梅花："何方可化身千亿，一树梅前一放翁。"在他眼里的梅花，"无意苦争春，一任群芳妒。零落成泥碾作尘，只有香如故"，高洁、忘我，精神永驻，遗爱他人。这分明已经是陆游人格的象征。

苏州香雪海的梅花亭

和文天祥同时的谢枋得，将“梅花”作为自己精神追求的崇高目标：“十年无梦得还家，独立青峰野水涯。天地寂寥山雨歇，几生修得到梅花?”① 他为逃避蒙元贵族“征召”而隐居山里十余年，最终以绝食相殉。

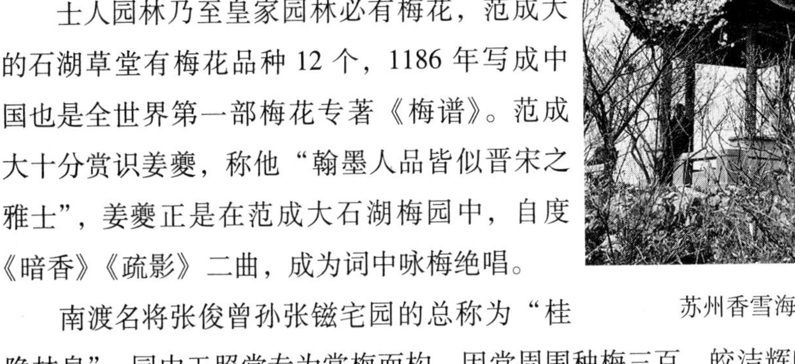

士人园林乃至皇家园林必有梅花，范成大的石湖草堂有梅花品种 12 个，1186 年写成中国也是全世界第一部梅花专著《梅谱》。范成大十分赏识姜夔，称他“翰墨人品皆似晋宋之雅士”，姜夔正是在范成大石湖梅园中，自度《暗香》《疏影》二曲，成为词中咏梅绝唱。

南渡名将张俊曾孙张镃宅园的总称为“桂隐林泉”，园中玉照堂专为赏梅而构，因堂周围种梅三百，皎洁辉映，夜如对月，取名玉照堂。张镃写了全世界首部以记梅花欣赏标准为主的奇书《玉照堂梅品》。书中记南宋士大夫赏梅忌俗求雅的审美趣味。

绍兴年间，南宋吴县（今苏州）人李弥大，在号为天下第九洞天的西山林屋洞之西麓，建“道隐园”，岩观之前，大梅十数本，中为亭，曰“驾浮”，可以旷望，将驾浮云而凌虚也。山坡上石隙中红梅、绿梅、果梅或三或五点缀在其间，铁杆虬枝上梅花含蕾初放，有血红的、碧绿的、淡黄的、洁白的……朵朵晶莹如玉，山上的梅花和山下十里梅海又如一片片祥云将驾浮阁轻轻托起。

梅花与松、竹定格为“岁寒三友”，南宋初年的陆游在《小园竹间得梅一枝》云：“如今不怕桃李嗔，更因竹君得梅友。”梅与竹，不仅为“友”，而且同属于“君”，正好用来比况身处乱世，不变其节的忠贞之士。南宋末期著名爱国诗人林景熙《五云梅舍记》说：“累土为山，种梅百本，与乔松、修篁为岁寒友。”“岁寒三友”所象征的正是南宋士人的气节和风骨。从此，园林中有了“岁寒三友”景境，或以“三友”名之。

① 〔宋〕谢枋得：《武夷山中》。

第二节　宋辽金元皇家园林美学

两宋山水园林兴造掀起高潮，皇家宫苑领其风气之先。

北宋时仅东京城内和近郊皇家宫苑就有琼林苑、金明池、玉津园和撷芳园等八九处之多，艮岳更具有划时代的意义。

“靖康之难”后，宋室选择了自古繁华的江南为根据地，“山水明秀，民物康阜，视京师其过十倍矣”①！皇室也在凤凰山的大内造御园，又环西湖建了许多行宫御苑，城南郊钱塘江畔和东郊的风景地带，建有玉津园、富景园、五柳园等。这些御苑大多能“俯瞰西湖，高挹两峰，亭馆台榭，藏歌贮舞，四时之景不同，而乐亦无穷矣”②，只有德寿宫和樱桃园在外城。

南宋皇帝经常把行宫御苑赏赐臣下作为别墅园，私人园第也有时收回为御园或捐奉为寺院。

无论是规模、文人气息、建筑工艺、色彩诸方面，皇家御苑的文人化色彩特别明显，“比起中国历史上任何一个朝代都最少皇家气派”，因而，与贵族私园乃至士人园林比较接近，“但在规划设计上则更精密细致”③。

辽金元皇家宫苑是和宋文化交融的结晶，既具各自的民族文化特色，又都无一例外受宋园林美学的影响。

一、天造地设　杰若画本

汴梁皇家园林，包括了大内御苑和行宫御苑。大内御苑中有后苑、延福宫、艮岳三处；行宫有玉津园、宜春苑、琼林苑、金明园，瑞圣园。园内“千亭百榭”，遍植奇树异卉，芳花满园，规模宏大。还喂养四十头大象和狮子、犀牛、孔雀、白驼等珍禽异兽，好似巨大的皇家动物园。园内有大片农田，种植具有实用价值的粮食花果，以待供进。这里以自然风光为主，风貌雅朴。

北宋宫苑，到宋徽宗赵佶亲自设计的“艮岳”，集中体现了皇家宫苑美学。

① 〔宋〕灌圃耐得翁：《都城纪胜·序》。

② 〔宋〕吴自牧：《梦粱录》卷十九。

③ 周维权：《中国古典园林史》，清华大学出版社2005年版，第217页。

政和、宣和年间，金人灭辽，北宋已危在旦夕，正是焦心劳思之时，非丰亨豫大之日。而宋徽宗却“诸事皆能，独不能为君”“艺极于神”“万机余暇，别无他好，惟好画耳”①，骨子里是个文人雅士。

他笃信道教，自号教主道君皇帝。信从了道士在京城内筑山能多子嗣之说，选择在皇城东北的“艮”位，修筑以山为主的宫苑，故名艮岳②。孔子有“仁者乐山”“仁者静”和“仁者寿”之比德含义，故艮岳又名艮岳寿山、万寿山、万岁山等。于是，在平洼的开封城东北角，出现了全由人工堆叠起来的山水宫苑，总面积约750亩。“竭府库之积聚，萃天下之伎艺”，集天下众美于一园。

赵佶《艮岳记》自谓：“设洞庭、湖口、丝溪、仇池之深渊，与泗滨、林虑、灵璧、芙蓉之诸山，最瑰奇特异。瑶琨之石，即姑苏、武林、明越之壤，荆楚、江湘、南粤之野。移枇杷、橙柚、橘柑、榔栝、荔枝之木，金峨、玉羞、虎耳、凤尾、素馨、渠那、茉莉、含笑之草，不以土地之殊，风气之异，悉生成长养于雕阑曲槛。”

集天下诸山之胜于假山，东南万里，天台、雁荡、凤凰、庐阜之奇伟，二川、三峡、云梦之旷荡，四方之远且异，徒各擅其一美，未若此山并包罗列。又兼其绝胜，飒爽溟涬，参诸造化，若开辟之素有，虽人为之山，顾岂山哉！余杭凤凰山山巅之“介亭”、山下之“雁池”等名都直接被艮岳沿用。

在山洞的处理上，模拟生态，以石灰岩石置于其中，自生云烟，翁郁缥缈，俨然如真山，更如道家仙境；曲江池中建蓬壶堂，象征海中仙山，以及屋圆如规的八仙馆等。堂曰三秀，以奉九华玉真安妃圣像。山之西北有老君洞，为供奉道像之所。又集地上胜景：仿会稽鉴湖入园中，曲江池亭、形如蜀山栈道之险的磴道、闲适田园风光的农舍，周围辟粳稼桑麻之地，山坞之中又有药寮，附近植杞菊黄精之属、外方内圆如半月的书馆，还有高阳酒肆，也有琼津殿、绿萼华堂、绛霄楼、凝观图山亭、金波门等。

宋徽宗命朱勔在苏、杭设置应奉局，专门搜求奇花异石，宋蜀僧祖秀在《华阳宫记事》中说“善致万钧之石，徙百年之水者，朱勔父子也”“大率灵璧太湖诸石，二浙奇竹异花，登莱文石，湖湘文竹，四川佳果异木之属，皆越海渡江，

---

① 〔宋〕邓椿：《画继》卷一。

② 方士所依据的是“后天八卦”即周文王八卦的方位“艮”和名山“岳”名之。

凿城郭而至”，这就是“花石纲”之役。

作为卓越书画艺术家的宋徽宗，把艮岳山水宫苑当作一幅立体山水画，他“按图度地”，意在笔先。这个“图”就是宋徽宗精心构想的全景式山水画，全景式地表现山水、植物和建筑之胜，气势恢宏，犹如今之效果图，成为施工的蓝本，体现了“天下一人”的气派。这也是北宋山水画的风格，如北宋王希孟创作的《千里江山图》。

王希孟《千里江山图》

艮岳的山水安排，不仅悉符画理，而且山石主从关系犹如君臣。

宋人郭熙《林泉高致·画诀》曰：“山水先理会大山，名为主峰。主峰已定，方作以次，近者、远者、小者、大者，以其一境主之于此，故曰主峰，如君臣上下也。”

全园以艮岳为构图中心，以万松岭和寿山为宾辅，形成主从关系。介亭立于艮岳之巅，成为群峰之主。园东的万岁山，与东南的寿山，二峰并峙；南山之外的小山，也横亘二里，与中部的万松岭同构成层峦叠嶂之势，相互开合犄角，或为深谷或为险峪。三山相交处有雁池，以汇众岭之水。正与《芥子园画谱》中的“宾主朝揖法”及“主山自为环抱法”相合。

郭熙《林泉高致·山水训》载：“水者，天地之血也，血贵周流而不凝滞。”水围山绕、溪谷、瀑布，亦艮岳理水之法：山右为水，池水出为溪，自南向北行岗脊两石间，往北流入景龙江，往西与方沼、凤池相通，其间，濯龙峡、白龙沜、瀑布屏、曲江、雁池、砚池、凤池、大方沼等川峡溪泉、洲诸瀑布，形成了完好水系。

宋徽宗视群石若众臣，花石纲载来的太湖石、灵璧石都被宋徽宗人格化了，“上既悦之，悉与赐号，守吏以奎章画列于石之阳。其他轩榭庭径，各有巨石，棋列星布，并与赐名……”如神运石、神运峰等，其余众石，也都有赐名，有五十多种。

群峰也都有赐名，如朝日升龙、望云坐龙、矫首玉龙、栖霞扪参、衔日吐月、排云冲斗、雷门月窟等，还有喻为蹲螭坐狮、金鳌玉龟、老人寿星、玉麒麟、伏犀怒猊、仪凤乌龙等神兽。

艮岳中亭台楼阁皆因势布列，诸如介亭、麓云、半山、极目、萧森、蟠秀、练光、跨云、承岚、昆云、浮阳亭、云浪亭、巢云诸亭；梅岭、杏岫、黄杨巘、丁嶂、椒崖、龙柏坡、芙蓉城、斑竹麓、罗汉岩、万松岭、倚翠楼、绛霄楼、芦渚、梅渚，流碧馆、环山馆、巢凤馆、三秀堂等，都镶嵌在峰峦溪谷之中，掩映在花木之中，高低错落，隐露相间，远观近瞰，自然成景。

还有模仿某一天然风景，务求环境营造与意境一致，如营构山野药寮和农家风景，以及“蜀道之难难于上青天”的蜀道：“东池后结栋山下曰挥云厅。复由嶝道盘行萦曲，扪石而上，既而山绝路隔，继之以木栈，木倚石排空，周环曲折，有蜀道之难。”

山之上下，动以亿计的四方珍禽奇兽，由于“圣主从来不射生，池边群雁恣飞鸣。成行却入云霄去，全似人间好弟兄”，都能与人和谐相处。

艮岳的每个景点，都有诗词品题，成为该景景境主题，文采风流，诗意隽永，耐人涵泳。

艮岳丘壑林塘，杰若画本，祖秀曾咨嗟惊愕曰：“信天下之杰观，而天造有所未尽也!”

艮岳突破秦汉以来宫苑“一池三山”的规范，把诗情画意移入园林，以典型、概括的山水创作为主题，在山水兼胜的境域中，树木花草群植成景，亭台楼阁因势布列，这种全景式地表现山水、植物和建筑之胜的山水宫苑，成为中国园林史上的一大转折。

昙花一现的艮岳，启后世“搜尽奇峰打草稿”之画理，开“虽由人作，宛自天开”的构园理论之先河，为元、明、清宫苑提供了全方位的借鉴。

二、湖山胜景　文采飞扬

南宋宫苑，初创时尚能俭省，“靖康之难”使宋室南渡，名杭州为“临安”，称“移跸”临安府，而不称“迁都”，称皇宫为“行宫”，意在不忘恢复中原。因此，大内就临时选在杭州凤凰山原府治旧址，《咸淳临安志》卷五十二《官寺》：“府治。旧在凤凰山之右，自唐为治所。”大内有用茅草作顶的茅亭，名“昭俭”，即昭示简朴；以日本国松木为翠寒堂，不施丹雘，白如象齿，环以古松。保持原木本色，又含“岁寒然后知松柏之后凋”的哲理等。

御苑的园名和功能全因袭北宋同名御苑，如位于皇宫嘉会门南四里的御苑玉津园。北宋御苑玉津园是皇帝举行燕射礼之处，南宋玉津园也是燕射之所，也经常在此接待外国使者，园名与功能完全一样，含有不忘旧苑之意。南宋的宫室最初确实较为简易，认为汴京之制侈而不可为训。

但南宋偏安日久，遂日渐耽于歌舞升平的生活，禁城内外乃年年增建，多工巧靡丽，然无宏大者，“风雅有余，气魄不足，非复中原帝京之气象”“建筑多水榭园亭之属”“南宋内苑御园之经营，借江南湖山之美，继艮岳风格之后，着意林石幽韵，多独创之雅致，加以临安花卉妍丽，松竹自然。若梅花、白莲、芙蓉、芍药、翠竹、古松，皆御苑之主体点缀，建筑成分，反成衬托。”①

凤凰山西北部的苑林区，“山据江湖之胜，立而环眺，则凌虚骛远、瑰异绝特之观，举在眉睫”②。且“长松修竹，浓翠蔽日，层峦奇岫，静窈萦深。寒瀑飞空，下注大池可十亩。池中红白菡萏万柄，盖园丁以瓦盎别种，分列水底，时易新者，庶几美观。又置茉莉、素馨、建兰、麋香藤、朱槿、玉桂、红蕉、阇婆、薝葡等南花数百盆于广庭，鼓以风轮，清芬满殿……初不知人间有尘暑也。”故“禁中避暑多御复古、选德等殿，及翠寒堂纳凉”③。

周密的《武林旧事》卷四载：

> 禁中及德寿宫皆有大龙池、万岁山，拟西湖冷泉、飞来峰。若亭榭之盛，御舟之华，则非外间可拟。春时竞渡及买卖诸色小舟，并如西湖，驾幸

① 梁思成：《中国建筑史》，百花文艺出版社 1998 年版，第 165 页。

② 〔宋〕田汝成：《西湖游览志》，上海古籍出版社 1980 年版。

③ 〔宋〕周密：《武林旧事》卷三。

> 宣唤，锡赉巨万。大意不欲数跸劳民，故以此为奉亲之娱耳。

这样，御苑内有小西湖，外眺大西湖，皇帝“有时乘坐绸缎覆盖的画舫游湖玩乐，并且游览湖边各种寺庙……这块围场的其余两部分，建有小丛林、小湖，长满果树的美丽花园和饲养着各种动物的动物园”。①

德寿宫位于杭州市区东南部，独立于宫城外，离西湖较远，模仿西湖及冷泉亭、灵隐飞来峰，并有芙蓉岗、浣溪等，但绝非西湖及飞来峰的简单“缩景”：而是处于“似与不似”之间，达到“孰云人力非自然，千岩万壑藏云烟。上有峥嵘倚空之翠壁，下有潺湲漱玉之飞泉”的艺术效果。小而精致，是写意式的艺术创作。

始于汉的宫殿建筑用匾，到宋代达到高峰，由于宋代皇帝大多酷爱艺术，他们本人的修养喜尚与士大夫们无异，所以皇家园林文人与士大夫园林区别越来越小，园林景点匾额的文学性趣味越来越浓厚，这些匾额集文字、诗词、书法、雕刻、篆印、工艺美术等艺术于一身，文采飞扬，含英咀华。匾额题咏是对该建筑空间主题的创造，使园林建筑空间同时成为“精神空间”，匾额中大量的文学品题，营造了该“景”之“境界”，也就是“景境”。

德寿宫四面游玩庭馆，皆有名匾，据宋吴自牧《梦粱录》卷八载：

> 东有梅堂，扁曰“香远”。栽菊，间芙蕖、修竹处有榭，扁曰“梅坡”“松菊三径”。酴醾亭扁曰“新妍”。木香堂扁曰“清新”。芙蕖冈南御宴大堂，扁曰“载忻”。荷花亭扁曰“射厅”“临赋”。金林檎亭扁曰“灿锦”。池上扁曰“至乐”。郁李花亭扁曰“半绽红”。木樨堂扁曰“清旷”。金鱼池扁曰“泻碧”。西有古梅，扁曰“冷香”。牡丹馆扁曰“文杏”，又名“静乐”。海棠大楼子，扁曰“浣溪”。北有椤木亭，扁曰“绛叶”。清香亭前栽春桃，扁曰“倚翠”。又有一亭，扁曰“盘松”。

四面游玩庭馆花卉植物众多，所题“名匾”大多描写花木色姿，有鲜明的文人化审美思想，为明清统治者继承。

---

① 转引自周维权：《中国古典园林史》，清华大学出版社2005年版，第290页引《马可波罗游记》。

大内后苑也有很多文采飞扬的题匾，据元陶宗仪《南村辍耕录》卷十八引南宋陈随隐（应）《南渡行宫记》① 曰：

> 由绎己堂过锦胭廊，百八十楹，直通御前廊外，即后苑。梅花千树曰“梅岗”，亭曰“冰花亭”；枕小西湖，曰“水月境界”，曰“澄碧”；牡丹曰“伊洛传芳”；芍药曰“冠芳”；山茶曰“鹤丹”；桂曰“天阙清香”；堂曰“本支百世”。佑圣祠曰“庆和”、泗州曰“慈济”、钟吕曰“得真”、橘曰“洞庭佳味”……山背芙蓉阁，风帆沙鸟履舄下，山下一溪萦带，通小西湖。亭曰“清涟”，怪石夹列，献瑰逞秀，三山五湖，洞穴深杳，豁然平朗，翚飞翼拱。

以上文学色彩很浓的题咏，构成诗意境界。

位于葛岭南坡的集芳园也有许多匾额，如“蟠翠、雪香、翠岩、倚绣、挹露、玉蕊、清胜诸匾，皆高宗御题”②，“又有初阳精舍、警室、熙然台、无边风月、见天地心、琳琅步、归舟、甘露井诸胜”。

“蟠翠”喻附近之古松，“雪香”喻古梅，“翠岩”喻奇石，“倚绣”喻杂花，“挹露”喻海棠，“玉蕊”喻茶縻，“清胜”喻假山。山上之台名“无边风月”“见天地心”，水滨之台名“琳琅步”“归舟”等。③ 有的意境深远，如从山上远眺西湖的景色，那真是“江流天地外，山色有无中”，用“无边风月”形容实在太恰当了。乾隆皇帝深谙其意，也许是因为“眼前有景道不得，崔颢有诗在上头”，他只好用“虫二”拆字，表示风月无边。

南宋风雅皇帝都风流儒雅，醉心翰墨，喜赏花石，御苑中许多亭台以赏花为主题。如大内后苑有观赏牡丹的钟美堂，观赏海棠的灿美堂，四周环水的澄碧堂，玛瑙石砌成的会景堂，古松林立的翠寒堂。观有云涛观，台有钦天、舒啸等台。亭有八十座，其中赏梅的有春信亭、香玉亭，桃花丛中有锦浪亭，竹林中有凌寒、此君亭，海棠花旁有照妆亭，梨花掩映下有缀琼亭；还有梅花千树组成的

① 据《南宋皇城历史文化地理综合研究》的考证，《南渡行宫记》记载的是理宗景定、咸淳年间情况，作者陈随应，应为陈随隐，名世崇，字伯仁，号随隐，曾任东宫讲堂掌书。

② 〔明〕田汝成：《西湖游览志》卷八。

③ 周维权：《中国古典园林史》，清华大学出版社 1999 年版，第 225 页。

梅冈，以及杏坞、小桃园等。

宋代皇帝对文玩、书画及奇石都有很高的审美水准，如奇石，原德寿宫有一太湖石，高1.7米，周围3米，石上沟壑遍布，质地细密。据说，宋高宗赵构对儿子孝宗称这块奇石是太湖石之王，透、漏、丑都占，样子极像一朵含苞欲放的莲花，应为“芙蓉石”。乾隆十六年（1751），乾隆在杭州吴山的宗阳宫游览时发现此奇石，十分喜爱，将其移置圆明园的朗润斋，改名“青莲朵”，今移置中山公园内。

三、一依汴京　四时捺钵

在古代，民族冲突促进了深刻的文化交融，而文化交融的过程，往往是先进文化征服落后文化的过程。以契丹、女真、蒙古文化的汉化为基本特征。

契丹部落之崛起与五代同时，使用幽州人韩延徽等，“营都邑，建宫殿，法度井井”①，中原所为者悉备。

“契丹好鬼贵日，朔旦东向而拜日，其大会聚视国事，皆以东向为尊，四楼门屋皆东向”②。“承天门内有昭德宣政二殿，与毡庐皆东向”③。辽上京制度，殆始终留有其部族特殊尊东向之风俗。④

辽太祖于神册三年（918），治城临潢，名曰皇都；太宗立为南京，又曰燕京，是为北京奠都之始。学习宋代以科举考试选拔人才，逐渐完善科举制度。

金以武力与中原文物接触，十余年后亦步辽之后尘，得汉人辅翼，反受影响，朝野普遍仰慕宋朝精神文明和物质文明。

忽必烈灭宋后，任用一些儒生，表示对儒、道的尊重。制定“稽列圣之洪规，讲前代之定制”⑤ 的纲领，融合蒙汉文化。朝廷设立官学，征召儒生，以儒家“四书”“五经”为教科书，封孔子为“大成至圣文宣王”。提倡理学，确认了程朱理学的统治地位，改革了漠北旧俗，“行中国事”，造成统治体系与文物制度的大幅度“汉化”。另外，为满足军事需要，“元平江南，政令疏阔，赋税

① 《辽史·韩延徽传》。

② 《五代史·四夷附录》。

③ 《历代帝王宅京记》引胡峤记。

④ 梁思成：《中国建筑史》，百花文艺出版社1998年版，第151—153页。

⑤ 《元史·世祖本纪》卷四。

宽简，其民止输地税，他无征发”①。

至 1315 年，文人借以晋身的科考制度终于恢复，但这些进士中，规定一半名额分配给了蒙古人与色目人，他们的考题容易，判分标准也低，且存在大量作弊和欺诈行为。南人即使中举也不受重用，蒙古人独揽了国家军政大权，直到 1352 年才废除“省院台不用南人”的旧律。

辽朝在汉化的同时，努力保持契丹人固有的文化习俗，保留了游牧民族“每岁四时，周而复始”的捺钵制。“捺钵”，即皇帝游猎所设的行帐，引申为帝王的四季渔猎活动，所谓“春水秋山，冬夏捺钵”，合称“四时捺钵”，因此国都并不固定。而皇都和五京，成为宰相以下官僚处理政务特别是汉民政务的地方，故而辽代皇帝没有在京城大规模修建皇家宫苑。

辽南京又称燕京、析津府，初无迁都之举，故不经意于营建，是在唐代幽州城基础上建设的城市，即以幽州子城为大内，位于今北京城之西南隅；宫殿门楼一仍其旧。子城之中主要是宫殿区和皇家园林区，宫殿区的位置偏于子城东部，东侧为南果园区，西侧为瑶屿行宫，瑶池中有小岛瑶屿（今北海团城，原在水中），上有瑶池殿，传说岛屿之巅曾有辽太后的梳妆台。《辽史》记：“西城巅有凉殿（即广寒殿），东北隅有燕角楼、坊市、廨舍、寺观，盖不胜书。”《洪武北平图经》记“琼华岛辽时为瑶屿”。辽代建筑类北宋初期形制，以雄朴为主，结构完固，不尚华饰。

北海团城

① 〔明〕于慎行：《谷山笔麈》卷十二。

至“景宗保宁五年，春正月，御五凤楼观灯”，及“圣宗开泰驻跸，宴于内果园”[①]之时，当已有若干增置，“六街灯火如昼，士庶嬉游，上亦微行观之”，其时市坊繁盛之概，约略可见。“及兴宗重熙五年（1036）始诏修南京宫阙府署，辽宫廷土木之功虽不侈，固亦慎重其事，佛寺浮图则多雄伟。”[②]

南京（今北京）城内的皇家园林内果园，以种植果树为主，园内举行宴会，“京民聚观”，类似公共游豫园林；辽兴宗重熙十一年（1042）闰九月，“幸南京，宴于皇太弟重元第，泛舟于临水殿宴饮”[③]。临水殿只是皇太弟重元的府邸中一临水的单体建筑，可观赏水景。内果园和临水殿能否称为园林，史载不详，不可遽定。

南京城的城东北有华林、天柱二庄，是辽所建凉殿，可以春赏花、夏纳凉，是景宗、圣宗的春夏捺钵地。南京道滦州石城县（今河北省唐山市丰南区）的长春宫，种植的花卉尤以牡丹出名，辽圣宗曾多次到此赏花、钓鱼。统和五年（987）“三月癸亥朔，幸长春宫，赏花钓鱼，以牡丹遍赐近臣，欢宴累日”[④]。统和十二年（994）三月“壬申，如长春宫观牡丹”[⑤]。

今北京市通州区东南的延芳淀，是辽圣宗的主要捺钵地。《辽史·地理志》记载：“延芳淀方数百里，春时鹅鹜所聚，夏秋多菱芡。国主春猎，卫士皆衣墨绿，各持连锤、鹰食、刺鹅锥，列水次，相去五七步。上风击鼓，惊鹅稍离水面。国主亲放海东青鹘擒之。鹅坠，恐鹘力不胜，在列者以佩锥刺鹅，急取其脑饲鹘。得头鹅者，例赏银绢。”

与延芳淀毗邻的台湖（在今北京市通州区台湖镇）也曾是辽圣宗的春捺钵之地。中京（今内蒙古宁城县）有名南园者，多次见于使辽宋使的笔下。“城南有园圃，宴射之所”[⑥]。南园主要是接待宋使时举行宴会及射箭等活动的场所。

金代的捺钵只是女真人传统渔猎生活方式的象征性保留，没有明显的“四

① 《钦定日下旧闻考》卷二九。

② 梁思成：《中国建筑史》，百花文艺出版社 1998 年版，第 154 页。

③ 《辽史·游幸表》，中华书局 1974 年版，第 1066 页。

④ 《辽史·圣宗纪三》，中华书局 1974 年版，第 129 页。

⑤ 《辽史·圣宗纪四》，中华书局 1974 年版，第 144 页。

⑥ 参见周峰《辽代的园林》，《中国·平泉首届契丹文化研讨会论文集》，吉林大学出版社 2010 年版。

时”之分，一般只把它分为春水和秋山两个系列。① 终金太宗之世，上京会宁草创，宫室简陋，未曾着意土木之事，首都若此，他可想见。

宣和六年（1124），宋使贺金太宗登位时，所见之上京，则“去北庭十里，一望平原旷野间，有居民千余家，近阙北有阜园，绕三数顷，高丈余，云皇城也。山棚之左曰桃园洞，右曰紫微洞，中作大牌曰翠微宫，高五七丈，建殿七栋甚壮，榜额曰乾元殿，阶高四尺，土坛方阔数丈，名龙墀”②，类一道观所改，亦非中原州县制度。

至金熙宗皇统六年（1146），“始设五路工匠，撤而新之，规模虽仿汴京，然仅得十之二三而已”③。

海陵王完颜亮一心仰慕中原地区先进的物质文明和汉族传统文化，早在迁都之前，“乃先遣画工写汴京宫室制度。至于阔狭修短，曲尽其数”④。

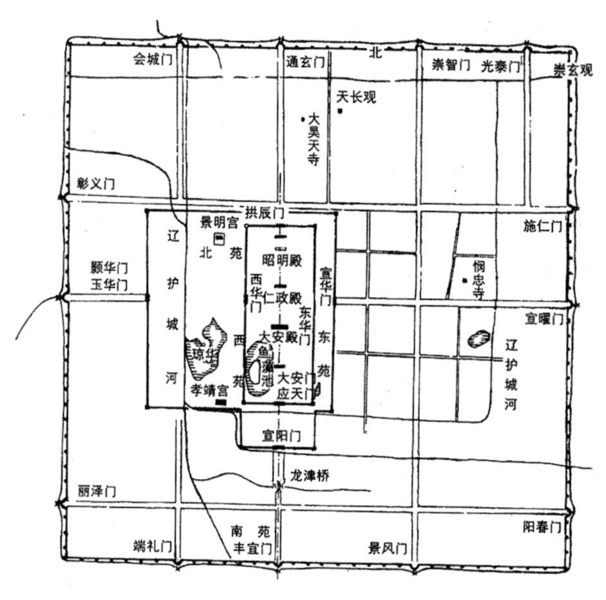

金中都城平面示意图⑤

① 参见刘浦江《金代捺钵研究》，载于《文史》第49、50辑，1999年12月、2000年7月。

② 〔宋〕许亢宗：《宣和乙巳奉使金国行程录》。

③ 〔清〕《历代帝王宅京记》。

④ 《三朝北盟会编》二百四十四引张棣《金虏图经》。

⑤ 转引自周维权《中国古典园林史》，清华大学出版社1999年版，第342页。

“营燕京宫室，一依汴京（北京都城开封）制度。运一木之费至二十万，牵一车之力至五百人。宫殿之饰，遍傅黄金而后间以五采，金屑飞空如落雪。一殿之费以亿万计，成而复毁，务极华丽。”① 范成大于乾道六年（1170）出使金国，见到的“宫殿皆饰以黄金五采，其屏（户衣）窗牖，亦皆由破汴都辇致于此”②。迨金世宗二十八年（1188 年），金主谓其宰臣曰：“宫殿制度苟务华饰，必不坚固。今仁政殿，辽时所建，全无华饰，但见它处岁岁修完，惟此殿如旧。以此见虚华无实者不能经久也。”③ 可见金世宗不主张华饰。

中都就辽代南京城旧址向东、南、西三面扩建，城周三十六里，城门十二座，在今北京广安门地区。

中都城一经建立，金代就引西湖水（现在莲花池）营建了西苑、同乐园、太液池、南苑、广乐园、芳园、北苑等皇家园林。

最早的皇家园林是同乐园，位于今北京广安门外的青年湖地区。《大金国志》记载：“西至玉华门曰同乐园，若瑶池、蓬瀛、柳庄、杏村尽在于是。”同乐园有楼台、殿阁、水岛等景，另有柳庄、杏村之类以植物为主景、带有乡野气息的院落，以水景为主，若天上瑶池，蕊珠、蓬瀛为宫殿名，象征仙岛的蓬莱、方丈、瀛洲之属。园中所建楼台殿阁名目繁多，元代人称其为“尽人神之壮丽”。

金人还发现中都城外的辽代离宫有着丰富的水源，其位置和功能都与汴京金明池相仿，便模仿汴京规制，开挑海子，栽植花木，营构宫殿，将其建成金代的金明池即万宁离宫（现北海公园前身），以为游幸之所。

据《金史·地理志》载，万宁宫“琼林苑有横翠殿、宁德宫，西园有瑶光台，又有琼华岛，又有瑶光楼”，宫中有人工开凿的太液池，并以浚湖之土，筑为琼华岛（后为燕京八景之一的琼岛春阴）。岛上叠砌奇石，据《金鳌退食笔记》所言，“本宋艮岳之石”。金人为动员百姓将艮岳湖石自汴京载运至燕，每一湖石折合税粮若干，“俗呼为折粮石”，叠砌在万宁宫琼华岛上。

清代在岛上增建白塔，并拆下部分石头去筑瀛台。今北海公园白塔山下，立有乾隆题字的“琼岛春阴”碑，碑阴刻有乾隆的七律一首：“艮岳移来石岌峨，千秋遗迹感怀多。倚岩松翠龙鳞蔚，入牖篁新凤尾娑。乐志讵因逢胜赏？悦心端

① 《金史纪事本末·海陵淫暴》，中华书局 1980 年版，第 415 页。
② 〔宋〕范成大：《揽辔录》。
③ 《金史·世宗本纪》。

为得嘉禾。当春最是耕犁急，每较阴晴发浩歌。”白塔山南坡还有一块乾隆题名的“昆仑石”，石背所刻诗中，有“摩挲艮岳峰头石，千古兴亡一览中”句。

金人还在岛上遍植花木，秀木奇石之巅，重重玉阶之上，筑起了一座巍峨的宫殿。殿檐高高飞起，雕花窗牖，玉石围栏，题名为广寒之殿。

北海太湖叠石

万宁离宫当时有殿宇九十多座，金章宗继位以后，每年都有几个月的时间住在这里，接受百官的朝贺及处理政务，俨然又一个宫城，时称“北宫”。“宝带香褠水府仙，黄旗彩扇九龙船。薰风十里琼华岛，一派歌声唱采莲。”① 这首宫词形象地描绘了万宁宫全盛时期的景象。

万宁宫周围广布着稻田，“护作太宁宫，引宫左流泉溉田，岁获稻万斛”②，有江南水乡风光。此处自金繁盛时，便有西苑、太液池的名称。金元间人士刘景融《西园怀古》诗云：“琼苑韶华自昔闻，杜鹃声里过天津。”

金中都南城外有广乐园，又称熙春园、南园。中都近郊的香山与玉泉山也是金代皇帝行宫。《明一统志》卷一记载，玉泉山“在府西北三十里。顶有金行宫芙蓉殿故址。相传章宗尝避暑于此”。“燕京八景”之说就起源于金代。

元朝实行“两都巡幸制”，设大都和上都，历代皇帝每年往来于大都和上都之间，大都为首都，上都为夏都。

---

① 《金史纪事本末·章宗嗣统》，中华书局1980年版，第580页。

② 《金史·张仅言传》。

忽必烈至元四年（1338）在金中都的东北郊重建都城，命名为大都。“京城右拥太行，左挹沧海，枕居庸，奠朔方，城方六十里，十一门”①。

上都位于今内蒙古锡林郭勒盟正蓝旗境内的金莲川草原，为草原交通枢纽，便于与漠北宗王贵族联络，加强他们的向心力。每年4月皇帝从大都到上都避暑狩猎。上都东西两侧建有两座行宫，分别名“东凉亭”和“西凉亭”。每年春秋时节，元朝皇帝都会率领官员在察罕脑儿停驻，举行狩猎活动、召见臣工、宴请宗王等，察罕脑儿行宫成为元朝政治生活的重要组成部分。

大都的规划与建设以金的琼华岛海子为中心，在其东西布置大内与许多宫殿建筑。琼华岛便由辽金时代的郊外苑囿变成了包围在城市中心宫殿内部的一座封建帝王的禁苑，称为“上苑”。元建大内于太液池左，隆福、兴圣等宫于太液池右。明大内徙而之东，则元故宫尽为西苑地。“旧占皇城西偏之八，今只十之三四。门榜曰西苑”②。

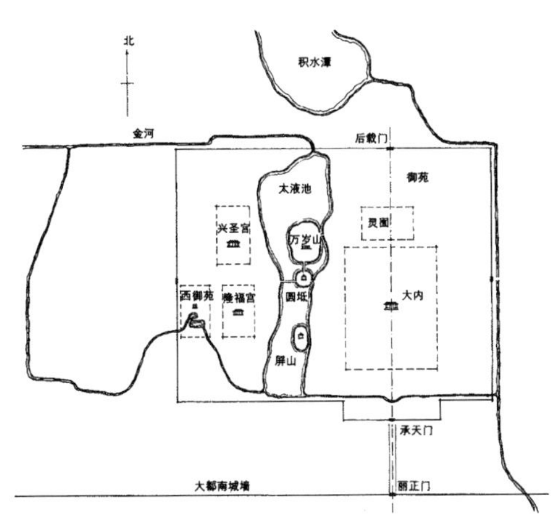

大都皇城平面示意图③

还在琼华岛上建广寒殿，又赐名万寿山。拓宽太液池水面，范围包括今之北海和中海；池有三岛，最大者即琼华岛，改名万岁山，山南近旁小岛称圆坻，再南小岛称犀山，大体上已形成“一池三岛”格局。海中三神山的神话传说仿之

① 王璧文：《元大都城坊考》，见《中国营造学社汇刊》第六卷第三期。

② 《宸垣识略·皇城》，北京古籍出版社1982年版，第59页。

③ 转引自周维权《中国古典园林史》，清华大学出版社1999年版，第360页。

园林，源于秦始皇，汉武帝踵其后，为历代皇帝仿效，建造皇家宫苑，元统治者也循此汉族之例。

山上的建筑很多，广寒殿在山顶，重阿（重檐）藻井，四面琐窗，室内板壁满以金红云装饰，蟠龙矫蹇于丹楹之上，殿中还有小玉殿，里面设金嵌玉龙御榻，左右从臣坐床，前面架设一个巨大的黑色玉酒瓮，玉瓮上有白色斑纹，随着斑纹刻作鱼兽出没于波涛之状，其大可贮酒三十余担。殿的西北有侧堂一间，东有金露亭，亭为圆形，高二十四尺，尖顶，顶上安置琉璃宝顶。西有玉虹亭，形状与金露亭相同。从金露亭的前面，有复道（即爬山走廊之类）可直达荷叶殿、方壶亭。又有线珠亭、瀛洲亭在温石峪室的后面，形制与方壶、玉虹亭相同。在荷叶殿的西面有胭粉亭，为后妃添妆之所。

第三节　宋辽金元私家园林美学

高薪养廉为宋代首创，也是宋朝的一项国策，有宋一朝，中高级官员俸禄极为丰厚①。两宋建筑技艺和文人山水画、界画长足发展，私家园林大多呈现清澄淡雅但又不失大味、大美的平淡美，不拘法度、恣情适意的超逸境界成为普遍追求，这一审美追求一直延续到元代汉族士夫园林，是成熟型、智慧型的美学特色。

宋代尤其到了南宋，禅风大炽，“禅宗开拓了一个空旷虚无、无边无涯的宇宙，又把这个宇宙缩小到人的内心之中，一切都变成了人心的幻觉与外化，于是‘心’成了最神圣的权威”②。许多名为“公案”的宗门历史故事、禅师们的上堂法语，成为园林景境内涵之一。南宋严羽的《沧浪诗话》是“以禅喻诗”的集大成之作。严羽主张“大抵禅道惟在妙悟，诗道亦在妙悟”（《诗辨》），这一审美思想深刻地影响了园林美学。

南宋士人风流不亚于北宋，只是士人之间从“党争”变为“主战”与“和议”之间的斗争，思想内涵更为复杂，且增添了对“旧时月色”的频频回首，

① 当时官员除正俸、禄粟以外，还有禄米、职钱、食料等钱，傔人衣粮、傔人餐钱，此外还有茶酒厨料之给、薪蒿炭盐诸物之给、饲马刍粟之给、米麦羊口之给，在外做官的额外还有公用钱，以及数量不等、相当可观的职田。《宋史·职官志》“俸禄制”有详细记载。

② 葛兆光：《禅宗与中国文化》，上海人民出版社1986年版，第107页。

“分明一觉华胥梦，回首东风泪满衣”，在追思那已成过往的审美记忆时，忍不住会对花溅泪。

出身于游牧和半游牧北方贵族的私家园林出于对花卉植物的天生热爱，园林以花木为主。

一、诗境文心　花竹照映

北宋私家园林最集中的地方是洛阳。李格非《洛阳名园记》列叙名园十九处，有富郑公园、董氏西园、董氏东园、环溪、刘氏园、丛春园、归仁园等。洛阳园池，多因隋唐之旧，独富郑公园最为近辟，而景物最胜。富郑公即富弼，园林皆出于他的目营心匠。园中有探春亭、四景堂、通津桥、方流亭、紫筠堂、荫樾亭、赏幽台、垂波轩、土筠洞、水筠洞、石筠洞、榭筠洞、丛玉亭、披风亭、漪岚亭、夹竹亭、兼山亭、梅台、天光台、卧云堂等，都以山水花木为主。

有的本来就是唐人名园，踵事增华。如唐裴度午桥绿野庄，北宋为张齐贤所有，“有池榭松竹之盛”①，园中凿渠周堂，花竹照映。私家园林大多有鲜明的主题。大体有下列内容：

1. 慕陶寄傲

宋代文人才开始真正“解读”陶渊明，欧阳修激赏《归去来兮辞》，苏轼体味出陶诗的“质而实绮，癯而实腴”“发纤秾于简古，寄至味于淡泊”，认为其表现得充裕“有余”，是最有韵的。所以范温说：“是以古今诗人，唯渊明最高，所谓出于有余者如此。”

陶渊明立足于内在的独立和自由，泯去后天的经过世俗熏染的“伪我”，以求返归一个“真我”，保持了“悠然自得之趣”的潇洒人生境界，正好与以退为进的朝隐思潮相吻合，十分合乎士大夫们的审美要求，因而成为人生楷模。所以，归去来兮，南窗寄傲，成为宋文人园林的重要主题。

“苏门四学士”之一的晁补之，葺归来园，自号归来子，忘情仕进。园中池塘岸边栽上杨柳，看上去好似淮岸江边，风光极为秀美。这里，有突出于在水中的沙洲，池岸边的垂柳如绿色的帐幕，“柔茵”如席，新雨过后，鹭、鸥在池塘中间的沙洲上聚集，煞是好看。坐在池塘边上，自斟自饮。“东皋嘉雨新痕涨”

① 《宋史·张齐贤传》。

"一川夜月光流渚"。

赵明诚与李清照回归故里，名其堂为"归来堂"，李清照则自号为"易安居士"，室名"易安室"，都出自陶渊明的《归去来兮辞》："倚南窗以寄傲，审容膝之易安。"

苏轼设想如果自己有园，设一"容安居"，也是取"审容膝之易安"。还把他梦中的仇池视为避世的桃源。芜湖名士韦许，家世芜湖，志尚矫洁。筑堂匾曰"独乐"，有轩名"寄傲"，用陶渊明"倚南窗以寄傲"。

还有胡稷言十分仰慕陶渊明这位"五柳先生"，名其园"五柳园"，即今拙政园所在。

宋代时有不少私家园林直接表明"隐"居之意，如绍兴北宋有小隐园、寄隐草堂，平江有招隐堂、小隐堂、中隐、隐圃等。

2. 尚友古人

北宋士人尚友古人，借古人立意。吴郡处士章宪的复轩，其后圃又有清旷堂、咏归、遐观，各以一诗以咏，阐发了景的意境：《清旷堂》，"吾慕仲公理（汉仲长统），卜居乐清旷"；《咏归亭》，"吾慕曾夫子，舍瑟言所志"。《遐观亭》，"吾慕陶靖节，处约而平宽"。

沈括居"梦溪园"，他在《梦溪自记》中说，在园中"渔于泉，舫于渊，俯仰于茂木美荫之间。所慕于古人者：陶潜、白居易、李约，谓之'三悦'；与之酬酢于心。目之所寓者：琴、棋、禅、墨、丹、茶、吟、谈、酒，谓之'九客'"。"三悦"是园居生活崇拜的偶像和仰慕的境界，"九客"是士大夫园居生活的内容。

沈括的偶像是陶渊明、白居易和曾在镇江居住过的李约。李约为唐宗室子弟，字存博，自号萧斋，元和间曾任兵部员外郎，后弃官隐居。

3. "独乐""沧浪"

宋朝党争激烈，司马光是北宋新旧党争的核心人物，《邵氏闻见录》卷十八载：熙宁三年（1070），司马光因与王安石新法不合，不拜枢密副使，回洛阳，"买园于尊贤坊，以'独乐'名之，始与伯温先君子康节游。"还写了《独乐园记》诠释"独乐"之意：

> 孟子曰："独乐乐，不如与人乐乐；与少乐乐，不如与众乐乐。"此王

公大人之乐，非贫贱者所及也。孔子曰：“饭蔬食，饮水，曲肱而枕之，乐亦在其中矣。”颜子一箪食，一瓢饮，不改其乐。此圣贤之乐，非愚者所及也。若夫鹪鹩巢林，不过一枝；鼹鼠饮河，不过满腹，各尽其分而安之，此乃迂叟之所乐也。

追随司马光十余年的助手、著名的史学家刘安世说，司马光反对不了王安石的“新法”“自伤不得与众同也”，只好独善其身。

独乐园中有“读书堂”“弄水轩”“钓鱼庵”“种竹斋”“采药圃”“浇花亭”“见山台”等。司马光以独乐园的七景拟为七咏，分别咏颂史上七子，也是七景命名的出典：读书堂，“穷经守幽独”的董仲舒；弄水轩，“气调本高逸”的杜牧之；钓鱼庵，“羊裘钓石濑”的严子陵；种竹斋，“借宅亦种竹”的王子猷；采药圃，“采药卖都市”的韩伯休；浇花亭，“退身家履道”的白乐天；见山台，“拂衣遂长往”的陶渊明，七子皆心性超逸，为司马光所敬慕。

独乐园简朴而有韵味，园中竹林掩映，亭台堂轩都小而朴，自然脱俗，透露出一份忧郁中的潇洒，这种格调为后世许多文人所模仿。

独乐园钓鱼庵（仇英）

北宋诗人程俱（1078—1144）更加超脱，他在城北建园名“蜗庐”。其《迁居城北蜗庐》曰：“有舍仅容膝，有门不容车”“坐视蛮触战，兼忘糟粕书”，表明自己愿自由自在地啸咏在蜗庐之中。

北宋中期庆历党争时出现的一代名园“沧浪亭”，现在是苏州现存最古老的园林，见证着这场斗争。

庆历四年（1044），苏舜钦与右班殿直刘巽在进奏院祠仓王神，并召当时知名人士十余人，以出售废纸的公钱及大伙凑的“份金”宴会，并召两名歌伎唱歌佐酒。当时任太子中允的李定也想参加，但他有不孝之名，苏舜钦疾恶如仇，于是拒绝了他。故圣俞有《客至》诗云：“有客十人至，共食一鼎珍。一客不得食，覆鼎伤众宾。”说的就是此事。“卖故纸钱”以助宴会，“循例祀神，以伎乐娱宾”，本为官场惯例，却被按上“监守自盗”“枉被盗贼之名”。其实“弹劾”苏舜钦有些小题大做，其实是为了反对庆历革新，因为苏舜钦岳父杜衍、举荐苏舜钦的范仲淹、富弼等均为庆历革新的主要人物。《宋史纪事本末》卷二九《庆历党议》载：

> （杜）衍好荐引贤士而抑侥幸，群小咸怨。衍婿苏舜钦……时监进奏院，循例祀神，以伎乐娱宾。集贤校理王益柔，曙之子也，于席上戏作《傲歌》。御史中丞王拱辰闻之，以二人皆仲淹所荐，而舜钦又衍婿，欲因是倾衍及仲淹，乃讽御史鱼周询、刘元瑜举劾其事。拱辰及张方平（时为权御史中丞）列状请诛益柔，盖欲因益柔以累仲淹也。

结案后，苏舜钦、王益柔及与苏、王同席的“当世名士”均遭贬斥。次年正月，新政官僚全部被贬出朝，庆历新政宣告失败。

苏舜钦“岁暮被重谪，狼狈来中吴”，遂以钱四万得之，构亭北碕，号“沧浪”焉。取意《楚辞·渔父》的《沧浪之歌》：“沧浪之水清兮，可以濯我缨；沧浪之水浊兮，可以濯我足”“迹与豺狼远，心随鱼鸟闲。吾甘老此境，无暇事机关”。

二、凉堂画阁　花木奇秀

南宋自绍兴十一年（1141）与金人达成和议，便形成了相对稳定的偏安局面，整个西湖风景区内，王公将相之园林相望，参差十万人家，可在风帘翠幕中享受烟柳画桥美景。临安的私家园林总计达百处之多，且多半为宅园。

《梦粱录·西湖》载：“西林桥即里湖内，俱是贵官园圃，凉堂画阁，高堂危榭，花木奇秀，灿然可观。……湖边园圃，如钱塘玉壶、丰豫渔庄、清波聚景、长桥庆乐、大佛、雷峰塔下小湖斋宫、甘园、南山、南屏，皆台榭亭阁，花木奇石，影映湖山，兼之贵宅宦舍，列亭馆于水堤；梵刹琳宫，布殿阁于湖山，周围胜景，言之难尽。”

湖区东南角凤凰山上“万松岭上，多中贵人宅，陈内侍之居最高”①。

1. 岚影湖光

南园和后乐园都是皇家御苑的赐园。

南园原为御苑庆乐园，赐给宰相韩侂胄作别墅园。陆游《南园记》记载，“其地实武林之东麓，而西湖之水汇于其下，天造地设，极湖山之美”“因高就下，通窒去蔽，而物奇列。奇葩美木，争效于前；清泉秀石，若顾若揖于是。飞观杰阁，虚堂广厦，上足以陈俎豆，下足以奏金石者，莫不毕备。升而高明显敞，如脱尘垢；人而窈窕邃深，疑于无穷”“因其自然，辅以雅趣”。

韩侂胄为北宋政治家、词人韩琦的曾孙，据陆游《南园记》记载，南园最大的特点是园中的厅、堂、阁、榭、亭、台、门等“悉取先侍中魏忠献王（韩琦）之诗句而名之。堂最大者曰‘许闲’，上为亲御翰墨以榜其颜。其射厅曰‘和容’，其台曰‘寒碧’，其门曰‘藏春’，其阁曰‘凌风’，其积石为山曰‘西湖洞天’。其潴水艺稻，为囷为场，为牧羊牛畜鹰鹜之地，曰‘归耕之庄’。其他因其实而命之名，堂之名则曰‘夹芳’、曰‘豁望’、曰‘解霞’、曰‘矜春’、曰‘岁寒’、曰‘忘机’、曰‘照香’、曰‘堆锦’、曰‘清芬’、曰‘红香’。亭之名则曰‘远尘’、曰‘幽翠’、曰‘多稼’”。

韩侂胄以韩琦为榜样，力主抗金，陆游把重整山河的希望都寄托到了他身上，称赞他“神皇外孙风骨殊，凛凛英姿不容画……身际风云手扶日，异姓真王功第一”。

贾似道奸恶无道，窃弄威权，好收藏，聚敛奇珍异宝，法书名画。他占有三座别墅园：水乐洞园、水竹院和后乐园。水乐洞园“山石奇秀，中一洞嵌空有声，以此得名”②。水竹院在葛岭路之西泠桥南，“左挟孤山，右带苏堤，波光万顷，与阑槛相值，骋快绝伦”，风景优胜，主要建筑有奎文阁、秋水观、第一春、思剡亭、道院等。后乐园在葛岭南坡，取北宋名臣范仲淹“先忧后乐”之意，与贾似道为人相左，显得十分矫情。由于建筑物皆御苑旧物，故极其营度之巧。

① 〔宋〕潜说友：《咸淳临安志·记遗》卷九二。

② 〔宋〕周密：《武林旧事·湖山胜概》卷五。

“理宗为书西湖一曲，奇勋扁，度宗为书秋壑、遂初、容堂扁”①。

2. 万景天全

园林规模大、景物全。

廖药洲园在葛岭路，内“有花香、竹色、心太平、相在、世彩、爱君子、习说等亭”②。

云洞园在北山路，为杨和王府园，园林面积甚广，筑土为山，中有山洞以通往来，主山周围群山环列，宛若崇山峻岭。“有万景天全、方壶、云洞、潇碧、天机云锦、紫翠阁、濯缨、五色云、玉龙玲珑、金粟洞、天砌台等处。花木皆蟠结香片，极其华洁。盛时凡用园丁四十余人，监园使臣二名”③。

湖曲园，在慧照寺西，据《淳祐临安志》载：“西南诸峰，若在几案。北临平湖，与孤山相拱揖，柳堤梅岗，左右映发。”

裴园即裴禧园，在西湖三堤路。此园突出于湖岸，故杨万里称：“岸岸园亭傍水滨，裴园飞入水心横。”④

临安东南郊之山地以及钱塘江畔一带，气候凉爽，风景亦佳，多有私家别墅园林之建置，《梦粱录》记载了六处。其中如内侍张侯壮观园、王保生园均在嘉会门外之包家山，“山上有关，名桃花关，旧匾‘蒸霞’，两带皆植桃花，都人春时游者无数，为城南之胜境也”。钱塘门外溜水桥东西马塍诸圃，“皆植怪松异桧，四时奇花，精巧窠儿，多为龙蟠凤舞、飞禽走兽之状，每日市于都城，好事者多买之，以备观赏也”。

方家峪的赵冀王园，园内层叠巧石为山洞，引入流泉曲折。水石之奇胜，花卉繁鲜，洞旁有仙人棋台。

还有自古被称为小蓬莱的宋内侍甘升的私家园林，在雷峰塔右侧。园中奇峰如云，古木蓊蔚，宋理宗常来此处游赏。还有御爱松，以及刻有“青云岩”“鳌峰”等字的奇石。

① 〔明〕田汝成：《西湖游览志》卷八。

② 〔宋〕周密：《武林旧事·湖山胜概》卷五。

③ 同上。

④ 〔宋〕杨万里：《大司成颜几圣率同舍招游裴园，泛舟绕孤山赏荷花，晚泊玉壶，得十绝句》之三，《杨万里诗词集》卷五。

三、士人风节

南宋时期，宋金对峙。许多士大夫认为“我之不可绝淮而北，犹敌之不可越江而南”①，统治者“忍耻事仇，饰太平于一隅以为欺”②，苟安之风盛行。但“靖康之变，志士投袂，起而勤王，临难不屈，所在有之。及宋之亡，忠节相望，班班可书”③。

主战、主和，泾渭分明。但即使是具有高扬的民族情结、深重的忧患意识的士人，由于“性本爱丘山”仍会脱屣红尘，移家碧山，娑罗树边，依梅傍竹，以诗画入园。

临安以外的士人园，集中在湖州、平江等太湖地区。

湖州旧称吴兴，风光旖旎，毗邻太湖，“山水清远，升平日，士大夫多居之。其后秀安僖王府第在焉，尤为盛观。城中二溪水横贯，此天下之所无，故好事者多园池之胜”④。周密的《癸辛杂识·吴兴园圃》记述他经游者三十六处。

平江（苏州）扼南北交通之要道，经济繁荣、文化发达，“三江雪浪，烟波如画，一篷风月，随处留连”，又为太湖石、黄石产地。今人丁应执统计宋代苏州园林共计一百一十八处，其中不少筑于南宋。

南宋绍兴虽贵为陪都，甚至成为临时首都一年零八个月，但是高宗以后绍兴名园甚少。位于绍兴市区东南的洋河弄的沈园，在南宋时池台亭阁极盛，据传世《沈园图》，有葫芦池、水井、土丘、形制古朴的孤鹤轩、半壁亭、六朝古井、宋井亭、冷翠亭、闲云亭、冠芳楼等建筑。还定时向士庶开放。

另外，在镇江、鄱阳、上饶等地也有一些士人园。

1. 待学渊明

有着“他年要补天西北”的高昂理想的辛弃疾，被南宋统治者投闲散居江西上饶带湖之滨，“却将万字平戎策，换得东家种树书”！

辛弃疾属于中高级士大夫官吏，享受丰厚的待遇，所以，他先后盖了带湖及瓢泉两处庄园式园林。他把带湖庄园取名为“稼轩”，并自号“稼轩居士”，以

① 〔清〕毕沅：《续资治通鉴》，中华书局 1957 年版，第 3676 页。
② 〔宋〕陈亮：《陈亮集》（增订本），中华书局 1987 年版，第 6 页。
③ 《宋史》卷四四六，上海古籍出版社 1986 年版，第 1490、1491 页。
④ 〔宋〕周密：《癸辛杂识·吴兴园圃》，中华书局 1988 年版，第 7、8 页。

示去官务农之志。是年新居上梁，他写了一篇个性鲜明的《新居上梁文》：

抛梁东，坐看朝暾万丈红。直使便为江海客，也应忧国愿年丰。
抛梁西，万里江湖路欲迷。家本秦人真将种，不妨卖剑买锄犁。
抛梁南，小山排闼送晴岚。绕林乌鹊栖枝稳，一枕薰风睡正酣。
抛梁北，京路尘昏断消息。人生直合住长沙，欲击单于老无力。
抛梁上，虎豹九关名莫向。且须天女散天花，时至维摩小方丈。
抛梁下，鸡酒何时入邻舍。只今居士有新巢，要辑轩窗看多稼。

大盛于宋代并定型于宋代的上梁文，在辛弃疾手里，变北宋应制式样为个性化与抒情化的散文，俨然一篇稼轩《归去来兮辞》。

辛弃疾在鹅湖山距鹅湖寺二十里的奇师村，发现村后瓜山山麓有一口周氏泉，泉形如瓢，泉水澄淳，泉旁有茅屋两间。辛弃疾改周氏泉为“瓢泉”，改“奇师”为“期思”，寄托他殷切期望结束南北分裂局面和期待再次被起用的心情。1194 年，辛弃疾“便此地、结吾庐，待学渊明，更手种、门前五柳”。1195 年，“新葺茅檐次第成，青山恰对小窗横”，辛弃疾的瓢泉园林式庄园建成。

南宋思想家、文学家陈亮（1143—1194），家有园林，园中有一名叫“小憩”的亭子，一大一小两个池子，小池上有叫“舫斋”的舟舫式房屋数间，大池上有房屋数间，名“赤水堂”，另有“临野”“隐见”两亭、书房十二间，及“观稼”园二十亩、果园二十亩等，也为规模可观的庄园式山水园。①

陶渊明后裔陶茂安“佐大农从幕府于淮西，犹慷慨有功名之志。逮为尚书郎，则已华发萧然，不复问功名富贵事”②，遂挂冠以归，在兴国抗湖而东，得地数十亩，筑园东皋。“渊明令彭泽，高风峻节，足以蹈厉一世，其诗语文章所及，后之君子喜道之”，作为陶公后裔，园名及各景点以陶公诗文为名，以继陶公之志：如“东皋”中为一堂，曰“舒啸”；南望而行，花木蔽芾，以极于湖之涯，作亭曰“驻屐”；西则又为“莲荡”。

“宋之苏武”洪皓之子洪适，筑园名盘洲，自作《盘洲记》，言其选中之地与他心中理想之境界吻合，“心与境契”，名阁为“洗心”，取《易经·系辞上》

① 〔宋〕陈亮：《又乙巳春书》，见《陈亮集》（增订本），中华书局 1987 年版，第 343 页。

② 〔宋〕韩元吉：《东皋记》见《南涧甲乙稿》卷十五（四库全书本）。

"圣人以此洗心"。轩名"有竹"，竹，君子也；斋取意"舣舟"称"舣斋"，用《庄子内篇·大宗师》，比喻事物不断变化，不可固守。又用孔子泗上讲学处命名怪石"云叶""啸风"等，文气氤氲，思想深邃。另有鹅池、墨沼、一咏亭、种秫仓、索笑亭、花信亭、睡足亭、林珍亭、琼报亭、灌园亭、茧瓮亭；重门曰"日涉"、小门"六枳关"、径名"桃李蹊"、丛竹名"碧鲜里"；以"野绿"表其堂，"隐雾"名轩，"楚望"之楼、"巢云"之轩、"凌风"之台、"驻屐"之亭、"濠上"之桥；水心一亭曰"龟巢"，九仞巍然、岚光排闼的峰石曰"豹岩"。并有蕞尔丈室，规摹易安，谓之"容膝斋"，履阈小窗，举武不再，曰"芥纳寮"，复有尺地，曰"梦窟"。入"玉虹洞"，山房数楹，为孙息读书处，厥斋"聚萤"。野亭萧然，可以坐而看之，曰"云起"。

品题琳琅满目，有典出儒家经典、《庄子》、晋人风采、陶渊明诗文及唐诗、佛经者，飘溢着书香墨气。洪适十分自得："吾杜关休老，无膏腴以蠹其心，无管弦以蛊其耳，天其或者遗我为终焉计。"① 盘洲真是养老的天赐之地。

2. 柳溪钓翁

朱敦儒（1081—1159），志行高洁，虽为布衣，而有朝野之望。早年常以梅花自喻，不与群芳争艳，自称"我是清都山水郎，天教分付与疏狂。……玉楼金阙慵归去，且插梅花醉洛阳"（《鹧鸪天·西都作》），不受征召，轻狂而有傲骨；家国沦落后，"扁舟去作江南客，旅雁孤云，万里烟尘。回首中原泪满巾"（《采桑子·彭浪矶》）。待因主战受弹劾被免职后，便闲居嘉禾，诗酒自放，摇首出红尘，"洗尽凡心，相忘尘世，梦想都销歇"。他的《感皇恩·一个小园儿》直抒胸臆：

一个小园儿，两三亩地。花竹随宜旋装缀。槿篱茅舍，便有山家风味。等闲池上饮，林间醉。

都为自家，胸中无事。风景争来趁游戏。称心如意，剩活人间几岁。洞天谁道在、尘寰外。

知足寡欲，不图奢华，植物配置重在"随宜"，显得自然。泯灭人工痕迹，足可自怡悦。充分展示了朱敦儒的山水襟怀。而这种闲适和超脱，"都为自家，

① 〔宋〕洪适：《盘洲记》，见《盘洲文集》卷三二。

胸中无事，风景争来趁游戏”，过着神仙洞天般的生活，可谓惬意。

南宋户部侍郎史正志（1120—1179），宦海沉浮多年，淳熙初年（1174）在平江城里建堂筑圃（今网师园前身），将花园称“渔隐”，厅堂名“清能早达”，藏书楼名“万卷堂”，自号乐闲居士、柳溪钓翁，借滉漾夺目的山光水色，寄寓林泉烟霞之志。

“渔隐”花园内水面很大，直到清初，还能“引棹入门池比境”①，即引河水从桥下入门，可以移棹。据曹汛先生考证，当时有水门应开在西北乾位，位置在今殿春簃，池水延至东部，光绪年间被李鸿裔父子填平。②

史正志自称“吴门老圃，读书养花，赏爱山水”，称得上菊花专家，写有《史氏菊谱》，共录菊花二十七种。

3. 碧澜山隐

“吴兴三面切太湖，涉足稍峻伟，浸可几席尽也”③，园林处湖山之间。

“南沈尚书园，沈德和尚书园，依南城，近百余亩，果树甚多，林檎尤盛。内有聚芝堂藏书室，堂前凿大池几十亩，中有小山，谓之蓬莱。池南竖太湖三大石，各高数丈，秀润奇峭，有名于时”。“北沈尚书园，沈宾王尚书园，正依城北奉胜门外，号北村，叶水心作记。园中凿五池，三面皆水，极有野意。后又名之曰‘自足’。有灵寿书院、怡老堂、溪山亭、对湖台，尽见太湖诸山。水心尝评天下山水之美，而吴兴特为第一，诚非过许也”④。

叶适赞沈宾王尚书“冲约有清识，既以天趣得真乐，而又能挹损其言，不自夸擅，可谓贤矣”！⑤

南宋时期杰出的政治家范成大（1126—1193），从乾道三年起，便在石湖之滨营造石湖别墅。《齐东野语》卷十载：“随地势高下而为亭榭。……别筑农圃堂对楞伽山，临石湖……又有北山堂、千岩观、天镜阁、寿乐（栎）堂”。园中遍植梅花，主人常邀杨万里、姜夔、周必大等文人来游园，赋诗吟咏。因宋孝宗亲笔题赐“石湖”二字以示荣宠，范成大改号为“石湖居士”。淳熙十三年

① 〔清〕沈德潜：《宋悫亭园居》。

② 参见曹汛《网师园的历史变迁》，《问学堂论学杂著》2004年第12期。

③ 〔宋〕叶适：《湖州胜赏楼记》。

④ 〔宋〕周密：《癸辛杂识·吴兴园圃》，中华书局1988年版，第8页。

⑤ 〔宋〕叶适：《北村记》，《水心先生文集》卷十（四部丛刊本）。

（1186），南宋太子赵惇题赐“寿栎堂”，今为范成大祠堂。

松江之滨王份的臞庵，围江湖以入圃，“一岛风烟水四围，轩亭窈窕更幽奇”，园内多柳塘花屿，景物秀野，名闻四方。有与闲、乎远、种德及山堂四堂。还有烟雨观、横秋阁、凌风台、郁峨城、钓雪滩、琉璃沼、曜翁涧、竹厅、龟巢、云阙、缬林、枫林等处，以及“回栏飞阁临沧湾”的浮天阁。“晴波渺渺雁行落，坐见万顷穿云还”，总谓之臞庵。园主超迈脱俗，“手把归田赋，腰悬种树书”，藜苋幽入室，园内“桑麻连畛秀，网罟入溪渔”“亭榭着仍稳，不见斧凿痕”，真是“隐者居”的丘园。

4. 万石环之

宋人嗜石，士大夫之园已经是“无石不园”了。他们欣赏独立石峰，又热衷于叠石为山，还有的干脆结庐石山。

濒临太湖的吴兴韩氏园，园内特置太湖三峰，各高数十尺，在韩氏家族昌盛时，役千百壮夫，将石移置于此。丁氏园中亦有假山及砌台。钱氏园“在毗山，去城五里，因山为之，岩洞秀奇，亦可喜。下瞰太湖，手可揽也。钱氏所居在焉，有堂曰石居”①，等等。

“假山之奇甲于天下”的俞氏园，堪称其中之最。据周密《癸辛杂识》描述：

> 浙右假山最大者，莫如卫清叔吴中之园，一山连亘二十亩，位置四十余亭，其大可知矣。然余生平所见秀拔有趣者，皆莫如俞子清侍郎家为奇绝。盖子清胸中自有丘壑，又善画，故能出心匠之巧。峰之大小凡百余，高者至二三丈，皆不事饾饤，而犀珠玉树，森列旁午，俨如群玉之圃，奇奇怪怪，不可名状……
>
> 乃于众峰之间，萦以曲涧，甃以五色小石，旁引清流，激石高下，使之有声，淙淙然下注大石。潭上荫巨竹、寿藤，苍寒茂密，不见天日。旁植名药奇草，薜荔、女萝、菟丝，花红叶碧。潭旁横石作杠，下为石渠，潭水溢自出此焉。潭中多文龟、斑鱼，夜月下照，光景零乱，如穷山绝谷间也。

嗜石的苏州词人叶梦得（1077—1148），晚年隐居湖州城西北九公里的弁山

① 〔宋〕周密：《癸辛杂识·吴兴园圃》，中华书局1988年版，第13页。

（一名卞山）玲珑山石林，《癸辛杂识》载：

> 左丞叶少蕴之故居，在卞山之阳，万石环之，故名。且以自号。正堂曰“兼山”，傍曰“石林精舍”，有“承诏”“求志”“从好”等堂，及“净乐庵”“爱日轩”“跻云轩”“碧琳池”，又有“岩居”“真意”“知止”等亭。其邻有朱氏“怡云庵”“涵空桥”“玉涧”，故公复以“玉涧”名书。大抵北山一径，产杨梅，盛夏之际，十余里间，朱实离离，不减闽中荔枝也。

叶梦得《避暑录话》载，石林内有东西两泉，“皆极甘，不减惠山，而东泉尤洌，盛夏可以冰齿，非烹茶、酿酒不常取”。石林内松桂深幽，以松竹为多，竹之类多，“略有三四千竿，杂众色有之”。后之好石者，常效叶梦得之石林，如留园之“石林精舍”。

临安天目山西麓，也有一位爱泉石“若嗜欲”的逸民，名洪载，字彦积，自号耐翁，在天目山西麓的紫薇岩之左筑“可庵”，宝福寺在右，周围皆玲珑奇石，各赐嘉名曰飞云、玉笋、药洞、经龛、金鳌等，泉曰“灵泉”，亭名“盘云”，燕游藏息之地名“可庵”，另有“长春坞”“含晖室”“小桃源”……“始翁得此地，神怡意适，谓是已足吾心，计当生死此中，坐而对石，则眼恍然明，困而支石，则意洒然醒。客或扣门，管领登山，击鲜醉醽，必极其酣适然后已。”①

南宋宁宗嘉定年间，润州知府岳珂购得米芾海岳庵遗址，筑研山园。此园的特点是“悉摘南宫诗中语名其胜概之处。前直门街，堂曰‘宜之’，便坐曰‘抱云’，以为宾至税驾之地。右登重冈，亭曰‘陟巘’。祠象南宫，匾曰‘英光’。西曰‘小万有’，迥出尘表；东曰‘彤霞谷’，亭曰‘陟春漪’。冠山为堂，逸思杳然，大书其匾曰‘鹏云万里之楼’，尽摸所藏真迹。凭高赋咏，楼曰‘清吟’，堂曰‘二妙’。亭以植丛桂，曰‘洒碧’，又以会众芳，曰‘静香’，得南宫之故石一品。迂步山房，室曰‘映岚’。洒墨临池，池曰‘涤研’。尽得登览之胜，总名其园曰‘研山’。酣酒适意，抚今怀古，即物寓景，山川草木，皆入题咏”②。

---

① 〔宋〕俞烈：《可庵记》，见《浙江通志》卷四十。

② 〔宋〕冯多福：《研山园记》。

四、雅俗互见　人生百态

辽金元王公贵族也在风景优美的地方建山水园林。园林以植物花卉为多，植物又以牡丹为奇，建筑除亭台厅堂外，还置道院、佛殿、僧舍，以实用为主。这类园林文化含量少，比较粗疏。也有北方士人致仕归来，志得意满者，筑园回归田园山林，有复得归自然的喜悦。

南方士人园中，有不愿生活在备受歧视的环境之中，将山水作为平复胸中愤懑的良方者，这类人的园林大多出现在宋元易代之初，多建于乡村林壑，既身隐也心隐，藉“一湾流水，一枝修竹，菟裘将老”①；建于元初的也有仕元的文士，园林继宋人风雅，品位不俗；元末江淮、杭州畔烽烟四起，士人多迁居城镇，太尉张士诚“颇以仁厚有称于其下，开宾贤馆，以礼羁寓”“一时士人被难，择地视东南若归”。于是，姑苏、昆山、华亭等林薮之美，池台之胜，远近闻名。江南小城镇吸引了大批士人，促使小城镇文化的兴盛和城镇士人园的发展。② 有楚舞吴歌，壶浆以娱者；也有胸无点墨的暴发户、秉烛以游、醉生梦死者。总之，人生百态，在园林这一文化载体中尽显真相。

1. 牡丹荷莲，闲闲遂初

北方苦寒之地，人们对奇山秀水和草原有着与生俱来的偏爱，特别是用雍容华贵的牡丹装点园圃，自然不同凡响。但关于贵族私园见诸记载大多片言只语，语焉不详。

张世卿的私家园林建于归化州（今河北省张家口市宣化区）城外，规模宏大，设施齐全。“特于郡北方百步，以金募膏腴，幅员三顷。尽植异花百余品，迨四万窠，引水灌溉，繁茂殊绝。中敞大小二亭，北置道院、佛殿、僧舍大备。东有别位，层楼巨堂，前后东西廊具焉，以待四方宾客栖息之所”③。每年四月二十九日天兴节这天，张世卿在园内建道场一昼夜，邀请僧尼以及男女信众为亲人祈福。由于园内花木众多，他还特制了五百个琉璃瓶，从春天到秋天，每日采

① 〔明〕谢应芳：《水龙吟·题曹德祥水居》。

② 参见孙小力《元末东吴一带文人的隐居》，参见《中西文化新认识》，复旦大学出版社 1988 年版，第 142—149 页。

③ 载向南编：《张世卿墓志》，《辽代石刻文编》，河北教育出版社 1995 年版，第 655 页。

花装于瓶内，贡献于各寺的佛像前。①

辽奚王避暑庄，是一处依山傍水、有亭台的山水园林，遗址尚存，在遗址东北不过一公里处，有一座大裂山，两侧的山腰上各有一亭台，东侧有一条小河。

从辽代至金初，富裕大户都有私家园林，而私家园林中又大多种植大量的牡丹花。金章宗明昌元年（1190），时任提点辽东路刑狱的王寂巡察所部，三月抵达咸平府（今辽宁省开原市）。他记述游以种植数百株牡丹而闻名的李氏园所见：

> 时牡丹数百本，方烂漫盛开，内一种萼白蕊黄者，风韵胜绝，问其名曰："双头白楼子。"予恶其名不佳，乃改曰："并蒂玉东西。"后日复往，则群芳尽矣。所谓玉东西者，虽已过时，其典刑犹在。伫立久，少休于小亭，亭中有几案，置小砚屏，乃题绝句于砚屏上，今不知在否？因讯其家李氏子，取以示予，醉墨宛然，计其岁月，一十有七年矣。②

元汝南王张柔（1190—1268），仰慕南方园林的精雅，役使了大批从江南俘掠来的园林工匠，在河北保定市中心开凿"古莲花池"，引城西北鸡距泉与一亩泉之水，种植荷莲，构筑亭榭，广蓄走兽鱼鸟，名为雪香园。

金磁州滏阳（今河北磁县）人赵秉文（1159—1232），字周臣，号闲闲老人。大定二十五年（1185）中进士，工书画诗文。他在老家筑园名"遂初"，意谓如东汉仲长统一样，"卜居清旷，以乐其志"③：

> 园之地，广修三十亩有奇，竹数千竿，花木称是。其地循墙由菜园而入，老屋数楹，名其庄曰"归愚"。阖户而入，名其堂曰"闲闲"。堂之两翼，为读《易》思玄之所。少南，竹柏森翳，有亭曰"翠真"。又南，花木丛茂，有亭曰"伫香"。由竹径行数十步，墙外水声𣶍𣶍然，流入池中，轩之名曰"琴筑"。稍西，临眺西山，台之名曰"悠然"，其东，丛书数千卷，蓄琴一张，庵曰"味真"。闲闲老人得而乐之。老人仰看山，俯听泉，坐卧

① 以上参见周峰《辽代的园林》，《中国·平泉首届契丹文化研讨会论文集》，吉林大学出版社2010年版，第116页。

② 〔金〕王寂：《辽东行部志》，张博泉《辽东行部志注释》本，黑龙江人民出版社1984年版，第87页。

③ 《后汉书·仲长统列传》，中华书局1965年版，卷四十九。

对松竹，此真所以乐也。①

读书看花，琴书自乐，粗茶淡饭，浮云世事，享受生活，知足常乐，一如宋士人园。

2. 石磵书隐，苕溪辋川

“数间茅舍，藏书万卷，投老村家”，是经历易代之痛、保持传统文人气节的元初大多数士人的选择。

高士袁易在松江之畔蛟龙浦赭墩筑“静春别墅”，正堂称“静春”，园外有田畴沃野，烟波四绕，园内壅水成池，累石为山。主人于堂中贮书万卷，日以校书为务，人称其为“静春先生”。

浙江上虞人顾细二文采卓然，精通天文、历史、地理、人文。宋亡后，坚辞不就元主及好友赵孟頫出仕之请，弃家远行，访得常熟虞山之峰之秀、补溪之水之灵（补溪，现名古湫浜），便效仿陶渊明笔下的五柳先生，于虞山之左、补溪侧畔过起了高士生活，筑室于溪边“风水绝佳”、四面环水之野地，取名“补溪草堂”。于是在此，晨耕晚读，侍竹弄柳。

吴中老儒俞琰，宋亡隐居不仕，自号石磵道人，又称“林屋洞天真逸”。喜聚书，隐居南园，把收藏古籍作为第一要务，以著书为乐。南园中有老屋数间，皆充古籍、金石。又构建“石磵书隐”，专一购藏珍籍秘本，日夕披览。学者称之“石磵先生”，家传四世皆读书修行。子俞仲温，又于洞庭西山建“读易楼”，藏其遗书。孙俞桢，字贞木，号立庵，继承藏书甚多。至正四年（1344），俞仲温“始复其故地二亩余”，题额“石磵书堂”。有书堂、咏春斋、端居室、盟鸥轩等。俞贞木《咏春斋记》曰：

有客过其庐间，式之曰：“是南园之居也。”乃下而入谒先生，俟于垣之扉，高柳婀娜，拂人衣裳，黄鸟相下上，或翔而萃，或跃而鸣，泠然有醒乎耳焉。晋于扉之阈，丰草披靡，嘉花苾芬，白者、朱者、绚且绮者，秀绿以藉之，甘寒以膏之，洒然有沃乎目焉。升于堂之阶，客主人拜稽首，琚珩玌如，跪起晔如，为席坐东西，条风时如水来，煦客而燠体，冲然有融乎心焉。

① 〔金〕赵秉文：《遂初园记》，《闲闲老人滏水文集》卷十三。

由此可见屋主胸次悠然，一派高士风范、曾点气象。

宋皇室后裔的赵孟頫（1254—1322），字子昂，自号松雪道人，擅长书画，精通文学，通晓音律，熟谙道释，其妻管道升、其子赵雍皆为书画家，外孙王蒙是著名的“元四家”之一。

赵孟頫在吴兴宋代莫氏园之地置别业，名莲花庄。“四面皆水，荷花盛开时，锦云百顷”①，荷池上建凉亭、跨拱桥、叠洲屿，曲径回廊，绿荫森森。庄内建有松雪斋、大雅堂、集芳园、晚清阁、鸥波亭、苕上辋川和题山楼等。“松雪斋”前的莲花峰，高约 3 米，上宽下窄，顶部有一簇小石峰，像荷花初开，故名。赵孟頫将之媲美于唐王维的辋川别业，称之为“苕溪辋川”。

3. 疏淡简拙，清閟云林

“元四家”之一的大画家倪瓒（1301—1374），工书擅词翰，性狷介，淡泊名利，孤高自许，人称“倪高士”。倪云林一生不愿为官，“屏虑释累，黄冠野服，浮游湖山间”，元末散巨款广造园林，筑清閟阁、云林草堂、朱阳馆、萧闲馆等。

以清閟阁最为著名：“阁如方塔三层，疏窗四眺，远浦遥峦，云霞变幻，弹指万状。窗外巉岩怪石，皆太湖、灵璧之奇，高于楼堞。松篁兰菊，茏葱交翠，风枝摇曳，凉阴满苔”②“湘帘半卷云当户，野鹤一声风满林”③“阁中藏书数千卷，手自勘定，三代鼎彝、名琴、古玉，分列左右，时与二三好友啸咏其间”④。阁前广植碧梧，梧桐，又名青桐。青，清也、澄也，与心境澄澈、与无尘俗气的名士的人格精神同构。碧梧蔚然成林，故倪瓒自号云林。

据明人王锜《寓圃杂记·云林遗事》记载：“倪云林洁病，自古所无。晚年避地光福徐氏……云林归，徐往谒，慕其清閟阁，恳之得入。偶出一唾，云林命仆绕阁觅其唾处，不得，因自觅，得于桐树之根，遽命扛水洗其树不已。徐大惭而出。”“洗梧”即“洗吾”，洗襟涤胸之谓也。自此，洗梧成为文人洁身自好的象征，也成为园林及其他艺术造型的一大母题。

---

① 〔宋〕周密：《癸辛杂识·吴兴园圃》，中华书局 1988 年版，第 9 页。

② 〔元〕倪瓒：《清閟阁集》，见顾嗣立《元诗选》初集卷五八。

③ 〔元〕陈方：《题清閟阁》，见顾嗣立《元诗选》三集卷十一。

④ 〔元〕倪瓒：《清閟阁集》，见顾嗣立《元诗选》初集卷五八。

常熟曹善诚慕云林雅意，在宅旁建梧桐园，园中“种梧数百本，客至则呼童洗之”①，故又名“洗梧园”。

倪云林发展了诗的表现性、抒情性和写意性这一美学原则，“更强调和重视的是主观的意兴心绪”②。倪云林在《清闷阁集》中称：“余之竹聊写胸中逸气耳，岂复较其似与非，叶之繁与疏，枝之斜与直哉。或涂抹久之，他人视以为麻为芦，仆亦不能强辩为竹，真没奈何者何，但不知以中视为何物耳……仆之所画者，不过逸笔草草，不求形似，聊以自娱耳。”倪云林绘画美学之“逸气说”，是宋代和禅宗相联的文人画的美学思想在艺术实践中的进一步发挥，典型地反映了元代处在异族统治下的士大夫的思想情感，同时也贴切地概括了自晚唐以来儒、道、禅三家美学思想趋于合流和互相渗透的情况。

《倪云林洗梧图》

医师仁仲燕居之所有斋名“容膝”，取陶渊明《归去来兮辞》中“审容膝之易安”意，倪云林为之画《容膝斋图》：土坡上杂树五棵，二棵点叶，二棵垂叶，一棵为枯槎无叶，树后是平坡茅亭；中间空白，只有茫茫湖水；上方远山数叠。充分反映了画家疏淡简拙的园林美学思想。

徐达左（1333—1395），文学家、藏书家、书画家，字良夫，亦作良甫，号耕渔子、松云道人，元末避乱，回到家乡，遁迹邓尉山，构园自娱，取意“载耕载渔”，名耕渔轩③。据介绍：耕渔轩位于苏州光福古镇西市梢头的西崦湖旁，三面临湖，背倚凤鸣岗，面对虎山桥，左有马驾山，右为龟峰山，邓尉之峰峙其上，具区之流汇于下，湖光山色，皆在襟袖之间。扶疏之林，环抱屋舍；倩葱花木，映带前后；河港村落，棋布田野；龟山宝塔耸立，古镇民居鳞次。松筠橘柚之植，青青郁郁。春秋景色更佳，初春之时，万树梅花，芬芳烂漫；初秋之际，

① 《重修常昭合志》卷十二，转引自《苏州园林历代文钞》，上海三联书店2008年版，第260页。

② 李泽厚：《美的历程》，文物出版社1981年版，第180页。

③ 〔元〕倪瓒：《徐良夫耕渔轩》，见《清闷阁集》卷二。

桂花绽放，馨香四溢，娱目而使人心旷神怡。轩内主要建筑有“遂幽轩”等，悠游其间，别有一番天地之感慨。

倪瓒曾寄居于松陵王云浦的渔庄，画有《渔庄秋霁图》，描绘了太湖一角的山光水色。画中近处一小小的土坡上有六株高低不一的树，隔水又有荒凉的几片浅丘。境界萧疏，空旷中含有孤傲之气，被视为元画逸品的代表。

4. 疏林茅亭，玉堂诗酒

昆山诗人、画家顾瑛是个三教兼修之人。他隐居在嘉兴合溪，筑宅园取杜甫《崔氏东山草堂》诗中“爱汝玉山草堂静，高秋爽气相鲜新”句，名“玉山草堂”。园按画意布局，畦田细流，疏林茅亭，草草若经意中而具韵致，表现出文人园幽淡萧疏的美学风格。

郑元祐《玉山草堂记》记载：“其幽闲佳胜，撩檐四周尽植梅与竹，珍奇之山石、瑰异之花卉，亦旁罗而列。堂之上，壶浆以为娱，觞咏以为乐，盖无虚日焉。”① 前有轩，名“桃源”；中为堂，曰“芝云”。东建“可诗斋”，西设“读书舍”。其后是“碧梧翠竹馆”“种玉亭”，又有“浣花馆”“钓月亭”“春草池”“雪巢”“小蓬莱”“绿波亭”“绛雪亭”“听雪斋”“百花坊”“拜石坛”等二十四处。张大纯《姑苏采风类记》称其“园池亭榭，宾朋声伎之盛，甲于天下”。又说“园亭诗酒称美于世者，仅山阴之兰亭、洛阳之西园。而兰亭清而隘，西园华而靡。清而不隘，华而不靡者，惟玉山草堂之雅集”。

5. 秉烛奢靡，得意纵欲

元末盛奢靡之风，园林也不乏审美趣味低俗的无行文人和富商，苏州巨富沈万山为其中之最，衣服器具拟于王者。

后园筑三层“秀垣”，以美石香木十步筑一亭，花开则饰以彩帛，悬以珍珠。沈万山尝携杯挟伎游观于上，周旋递饮，乐以终日，时人谓之磨饮垣。“墙之里四面累石为山，内为池山，莳花卉，池养金鱼，池内起四通八达之楼……楼之内又一楼居中，号曰宝海，诸珍异皆在焉。山闲居则必处此以自娱。楼之下为温室，中置一床，制度不与凡等。前为秉烛轩，取‘何不秉烛游’之意也。轩之外皆宝石栏杆，中设销金九朵云帐，四角悬琉璃灯，后置百谐桌，意取百年偕老也……后正寝曰春宵涧，取‘春宵一刻值千金’之意。以貂鼠为褥，蜀锦为

① 〔元〕郑元祐撰：《侨吴集·玉山草堂记》。

衾，毳绡为帐，极一时之奢侈”①。

元末以运盐为业的张士诚兄弟攻占平江（今苏州）后在此建都称吴王，据《农田余话》记载：

> 张氏割据时……大起宅第，饰园池，蓄声伎，购图画，惟酒色耽乐是从，民间奇石名木，必见豪夺。如国弟张士信，后房百余人，习天魔舞队，珠玉金翠，极其丽饰。园中采莲舟，楫以沉檀为之。诸公宴集，辄费米千石。皆起于微寒，一时得志，纵欲至此。②

士人园林之所以优秀，在于其格调高逸，文化含量大。事实证明，单凭金钱、权势而缺少文化的园林只能是昙花一现。

第四节　两宋公共园林美学

宋代藏富于民，民间的快乐甚至胜过皇宫。《梦粱录》载：“不论贫富，游玩琳宫梵宇，竟日不绝。家家饮宴，笑语喧哗”，“至如贫者，亦解质借兑，带妻挟子，竟日嬉游，不醉不归”。

两宋时期，帝王标榜与民同乐，金明池、琼林苑这类皇家宫苑也定期对公众开放，带有公共游豫性质，西湖更是君民同游共赏之处。新生的书院园林，也具有公共园林性质。随着平民审美意识的普遍提升，园林艺术走向生活，走进了宾馆酒楼。

一、凤辇宸游　与民同乐

北宋东京皇家园林中，行宫定期对庶民开放。

太平兴国元年（976），为练习水战开凿了金明池，宋太宗也曾设立水军，到此检阅水战演习。到了真宗朝，澶渊之盟落定，天子游幸金明池与上元节宣德楼观灯等一道，成为雷打不动的年度大型的皇帝与民同乐活动（哲宗年间暂停数

① 〔明〕孔迩述：《云蕉馆纪谈》，见《中华野史·明朝》卷一，第2页。

② 〔清〕张紫琳：《红兰逸乘》引《农田余话》，见《苏州文献丛钞初编》，古吴轩出版社2005年版。

年）。宋哲宗时期，金明池上建造了一艘规模更为宏大的龙舟，比原来的龙舟大一倍，楼阁高耸，周身雕镂金饰。金明池由原来的水军演练之所，逐渐变成了“水戏”之地，成为最热闹的去处。

琼林苑为宋太宗之后每年宋廷赐大宴于数百名新中进士的场所，和唐的曲江杏园相类似。《东京梦华录·驾幸琼林苑》记载：

> 大门牙道皆古松怪柏。两傍有石榴园、樱桃园之类，各有亭榭，多是酒家所占。苑之东南隅，政和间，创筑华觜冈，高数十丈，上有横观层楼，金碧相射，下有锦石缠道，宝砌池塘，柳锁虹桥，花萦凤舸，其花皆素馨，末莉、山丹、瑞香、含笑、射香等闽、广、二浙所进南花。有月池、梅亭、牡丹之类，诸亭不可悉数。

每到二月末，御史台在宜秋门贴出告示：“三月一日，三省同奉圣旨，开金明池，许士庶游行。”三月初一到四月初八，琼林苑与金明池便会开放，允许百姓进入游览，供市民游乐。沿岸“垂杨蘸水，烟草铺堤”，东岸临时搭盖彩棚，百姓在此看水戏。西岸环境幽静，游人多临岸垂钓。

开池当天，锣鼓喧嚣，笙歌四起，士庶之家争相前往。整个开放期间，刮风下雨也阻挡不了前来游玩的人们。每逢举办水戏和争标时，整个东京城的人几乎都云集于此。

还允许在这里经营各种酒食小吃、金玉珍玩、日常用品等，使之愈加热闹。再加上各种杂技、曲艺、魔术、骑射表演，以及关扑、博彩等娱乐活动，甚至每当争标比赛时，在虹桥之南，“广百丈许”的宝津楼两侧，搭起彩楼，喧呼指点，“四野如市，往往就芳树之下，或园囿之间，罗列杯盘，互相劝酬。都城之歌儿舞女，遍满园亭，抵暮而归”①。

士庶百姓不但能够见到平日难得一见的皇帝嫔妃及其极尽瑰丽、浩繁的威仪、排场，看到平日难得一见的龙舟竞渡、飞浪争标、水傀儡、水秋千、抛水球等比赛和表演，而且还能够参与多种活动，如关扑钱物、买牌垂钓等。一些有钓鱼嗜好的人，寻一处金明池西岸比较僻静的地方，没有屋宇，游人稀少，于黄杨蘸水，烟草铺堤的秀美景色中，捕得鱼之后，须掏出双倍于平时的价钱，然后临

① 〔宋〕孟元老：《东京梦华录》卷七。

水烹调，别有一番闲情野趣。元代王振鹏《龙池竞渡图》描绘了宋徽宗崇宁年间，开放金明池，皇帝与民同乐举行龙舟竞渡、操演水军的情形。上有乾隆皇帝题诗："兰亭修禊暮春时，开放金明竞水嬉。妙笔孤云传胜事，不教午日独称奇。"

《龙池竞渡图》

到了夜晚，又能看到"金明夜雨"的旖旎风光："金明池上雨声闻，几阵随风入夜分。萧瑟只疑三岛雾，模糊犹似一江云。荷花暗想披红锦，草色遥知染绿裙。晓起银塘鸥鹭喜，水波新涨碧沄沄。"诸多小船从"奥屋"（船坞码头）中将巨大的大龙舟牵引而出，小龙舟争先团转翔舞，迎导于前；虎头船、飞鱼船等船布在其后，势如两阵。军校挥动令旗，顿时锣鼓大作，各船竞相出阵，旋转若飞，不断变换阵形。最后，有军校驾小舟将装饰华丽的"标杆"插在水中，两行舟鸣鼓并进，先到达者得标，欢呼声震天动地，久久不息。

皇帝临幸金明池并赐宴群臣，君臣观看"两两轻舠飞画楫，竞夺锦标霞烂"，极尽欢娱；士庶游女各自争着以明珠为信物遗赠所欢，以翠鸟的羽毛作为自己的装饰，直到白云弥漫空际的傍晚，池上巍峨精巧的殿台楼阁渐渐笼罩在一片昏暗的暮色之中，仿佛神仙所居的洞府，诚然一幅气象开阔的社会风俗画卷。

二、西湖同乐　吟赏烟霞

“临安西湖的基本格局是经过后来历朝历代的踵事增华，又逐渐开拓、充实而发展成为一处风景名胜区”①，进而成为南宋最大的公共游豫园林，同时也是临安御苑、离宫及贵族私家园林和寺观园林的外围环境。如果说，西湖是以天然形胜为主要特点的大园林，那么，无数小园林错落其间，便组合成了庞大的园中园格局。

大大小小的楼阁、张帘挂幕的人家，错落在“烟柳画桥”之中。杭州官员“千骑拥高牙，乘醉听箫鼓，吟赏烟霞”，宋仁宗亦称赞此处：“地有湖山美，东南第一州!”

环西湖山水间，镶嵌着离宫别墅，梵宇仙居，舞榭歌楼，所谓“一色楼台三十里，不知何处觅孤山”。

① 周维权：《中国古典园林史》，清华大学出版社 1999 年版，第 243 页。

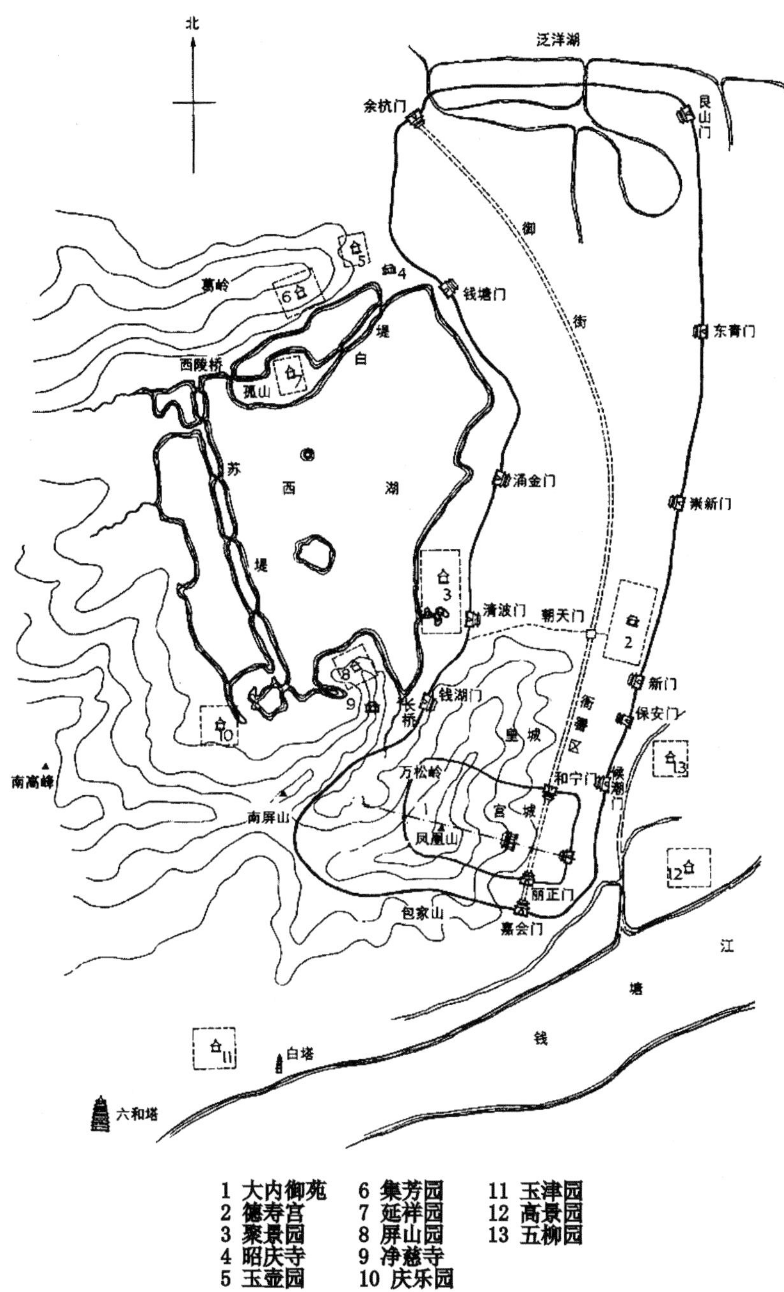

南宋临安平面示意及主要宫苑分布图①

① 转引自周维权《中国古典园林史》，清华大学出版社 1999 年版，第 275 页。

春秋佳日，有的皇家园林、皇家寺庙园林、私家园林也向士庶开放，君民在西湖同乐，以效仿东京的金明池："淳熙间，寿皇以天下养，每奉德寿三殿，游幸湖山，御大龙舟，宰执从官，以至大珰、应奉诸司及京府弹压等，各乘大舫，无虑数百。时承平日久，乐与民同，凡游观买卖，皆无所禁。画楫轻舫，旁午如织。……宫姬韶部，俨如神仙，天香浓郁，花柳避妍。……湖上御园，南有聚景、真珠、南屏，北有集芳、延祥、玉壶，然亦多幸聚景焉。"①

《湖山便览》载："聚景园，旧名西园。宋孝宗奉上皇游幸，斥浮屠之庐九，以附益之。"园在清波门外之湖滨，也是南宋最大的御花园。园内沿湖岸遍植垂柳，汇集名柳五百多株，品种有醉柳、浣纱柳、狮柳等，柳丝垂地，轻风摇曳，如翠浪翻空。春日，黄莺在柳荫中啼鸣，建有闻莺园，"柳浪闻莺"缘此得名。主要殿堂为含芳殿，另有鉴远堂、芳华亭、花光亭以及瑶津、翠光、桂景、滟碧、凉观、琼若、彩霞、寒碧、花醉等二十余座亭榭，学士、柳浪二桥，小瀛洲也归聚景园。

《宋史·孝宗本纪》记载，宋孝宗十四次游幸聚景园，故殿堂亭榭的匾额亦多为孝宗所题。院中有山有湖，有亭有堂，有深奥、曲奥的地方，也有平坦、开阔的地方，蜿蜒曲折而不雄大，不乏精雕细刻，给人一种委婉迂纡的感觉，它为后来的江南园林那种曲径通幽、迂纡曲折的格调奠定了艺术基础。

南宋画院设于杭州东城新开门外的富景园，画家们或在临安北山或在西湖风景秀美之地从事画作，创造了西湖十景等大批优秀作品。

宝祐年间（1253—1258），钱塘清贫的民间画师叶肖岩画了《西湖十景图》，分别为苏堤春晓、曲院风荷、平湖秋月、断桥残雪、柳浪闻莺、花港观鱼、雷峰夕照、双峰插云、南屏晚钟、三潭印月。西湖十景以各类建筑和风景画面组成相对独立的主题空间。十景之名，一一对偶，格律整齐，词调皆美，十景之名对西湖景致的点化，恰似"点睛"，构成了精神上的诗意空间，成就了西湖百游不厌的境界。"苏堤春晓、曲院风荷、平湖秋月、断桥残雪"，包含了春夏秋冬四季季相之美，触发了骚人墨客的创作灵感，自此以后，西湖十景成为中国乃至日本园林构景的无上粉本。

---

① 〔宋〕周密：《武林旧事·西湖游幸》卷三。

三、泉清堪洗砚　山秀可藏书

书院园林萌芽于唐代末期，形成于五代，盛于宋代，是独立于官学之外的民间性学术研究和教育机构，是相对低迷不振的官学的有力补充，是受科举取士推动、朝廷劝学和佛教禅林影响、雕版印刷术普及应用等多种原因共同作用下发展起来的。

书院的发展，至北宋达到高潮，有“宋朝四大书院”“北宋六大书院”“北宋八大书院”等称。著名的有应天书院、岳麓书院、石鼓书院、徂徕书院、嵩阳书院、白鹿洞书院、茅山书院、龙门书院等。中国古代文人园林与公共园林的结合体，堪称中国古代园林中的一朵奇葩。

书院园林以陶冶心灵、清静潜修为宗旨，大多建于山林名胜之中，为环境优美宁静、人文荟萃之地。如应天书院位于今河南商丘睢阳区南湖畔。岳麓书院位于今湖南长沙岳麓山抱黄洞下，那里寺庵林立，环境幽静。白鹿洞书院则在今江西九江庐山五老峰南麓后屏山下，四周青山环合，俯视似洞，故名白鹿洞。其西有左翼山，南有卓尔山，三山环台，一水（贯道溪）中流，山环水合，古木苍穹，溪水潺潺，幽静深邃，风光毓秀，无市井之喧，富泉石之胜。石鼓书院位于国家历史文化名城衡阳市石鼓区，北魏郦道元《水经注》载：“山势青圆，正类其鼓，山体纯石无土，故以状得名。”这里有东岩晓日、西篨夜蟾、绿净蒸风、洼樽残雪、江阁书声、钓合晚唱、栈道枯藤、合江凝碧八景。

古人认为，主体艺术心灵的形成是文化形态陶冶感化的结果。山水、草木、虫鱼的某些特征，与人的精神品质有相通之处，以己度物，将山水情性与主体心灵贯通起来，从中获得美的享受，并借以感发和提升自己。魏晋人有着寄情山水、陶冶性灵的自觉意识，宗炳《画山水序》曾认为，“圣贤映于绝代，万趣融其神思”，这便是畅神。“悟幽人之玄览，达恒物之大情，其为神趣，岂山水而已哉！”同时也使主体自然的感性的生命得以超越，从而进入到物我两忘、全无滞碍的化境。

宋代程颐把习与性看作修德成性的途径，他认为：“习与性成，圣贤同归。”① 自然主体与心灵是双向交流的，况周颐《蕙风词话》有“南人得江山之

① 《二程文集·动箴》。

秀，北人以冰霜为清”之说。不同地域的人在艺术中所表现出的性格、情趣差异与千百年来自然环境的熏陶有着密切关系。

刘师培在《南北文学不同论》中说：“大抵北方之地，土厚水深，民生其间，多尚实际。南方之地，水势浩洋，民生其际，多尚虚无。民崇实际，故所著之文，不外记事、析理二端。民尚虚无，故所著之文，或为言志、抒情之体。”说的是自然景致对主体心灵，特别是艺术心灵的造就和影响。

静以养性，静以修身，驱除了尘世喧嚣，涤荡了心灵污垢，没有鼓荡和聒噪，没有激烈的冲突，“静”反映了一种高旷怀抱的独特心境。

“空山无人，水流花开”，拒斥俗世的欲望，保持自然的纯粹性，山水林泉都加入自然的生命合唱中去。美的环境熏陶，“一帘风雨王维画，四壁云山杜甫诗”，诗写梅花月，茶烹谷雨香。泉清堪洗砚，山秀可藏书。傍百年树，读万卷书。书院建筑都浸润在大自然之中，且建筑都有富含诗意的文学品题，儒雅雍容，书香飘溢，隽永的文化品位、不朽的人文精神，净化、升华了灵魂。

南宋朱熹（1130—1200）是程颢、程颐三传弟子李侗的学生，宋朝著名的理学家、思想家、哲学家、教育家、诗人，闽学派的代表人物，儒学集大成者，世尊称为朱子。朱熹反对宋金和议，自“隆兴协议”之后，朝廷屡诏不应，潜心理学，在故里修建“寒泉精舍”，从事讲学活动，生徒盈门。此后，虽出仕，但始终未忘自己的学者身份。

宋孝宗淳熙二年（1175），朱熹在庐峰之巅筑晦庵草堂，用为授道讲学之所。山势高耸，翠岚环绕，飞云飘荡其间。山下有谷水西南流。至七里许，涧中巨石相倚，水行其间，奔迫澎湃，声震山谷。自外来者，至此则已观萧爽，觉与人境隔异。云谷山西南为西山，两山对峙相望。朱熹《讲道》诗云：“高居远尘杂，崇论探杳冥。”朱熹《题草庐》诗云：“青山绕蓬庐，白云障幽户。卒岁聊自娱，时人莫留顾。”

淳熙十年（1183），朱熹在福建武夷山五曲隐屏峰下，建成武夷精舍，又名文公祠、紫阳书院。在这里，朱熹将儒家经典《大学》《中庸》《论语》《孟子》合称“四书”，撰写《四书章句集注》并刻印发行。此后，“四书”成为帝制社会的教科书。

在隐屏峰下，两麓相抱之中，有三间房屋，中间题名为仁智堂。堂的左右各有两间卧室，左边是自己居住的，叫隐求室，右边是接待朋友的，叫止宿寮。左麓之外，有一处幽深的山坞，坞口累石为门，称石门坞。坞内别有一排房屋，作为学者的群居之所，名为观善斋。石门西边，又有一间房屋，以供道流居住，名为寒栖馆。观善斋前，还有两座亭子，分别是晚对亭和铁笛亭。而在寒栖馆外，则绕着一圈篱笆，截断两麓之间的空隙，当中安着一扇柴门，挂有“武夷精舍”的横匾。

武夷山雄深磐礴，磊落奇秀的峰石、清澈见底的溪流及四时敷华的草木，足可荡涤胸臆，朱熹在此，真正享受着“曾点之乐”：“其胸次悠然，直与天地万物上下同流”，何等快意适心！朱熹怀着喜悦的心情，写了《精舍杂咏十二首》，并撰写诗序，以记之。

之后，一批理学名家相继在武夷山中和九曲溪畔择地筑室，读书讲学，有的还以“继志传道”为己任。如刘爚的“云庄山房”、蔡沈的“南山书堂”、蔡沆的“咏雪堂”、徐几的“静可书堂”、熊禾的“洪源书堂”等先后出现在武夷山中。所以，武夷山在南宋时期已成为中国东南部的一座名山，后人称之“道南理窟”。

淳熙六年（1179），朱熹任南康知军，兴复白鹿洞书院。白鹿洞书院以其山川之胜、堂宇之盛，被誉为“海内书院第一”。朱熹集儒家经典语句，制定出一整套容易记诵的学规，即《白鹿洞书院学规》，成为各书院的楷模。

各书院历代多由名师主持，学术氛围浓郁：

岳麓书院由著名理学家张栻主持，他以反对科举利禄之学、培养传道济民的人才为办学的指导思想；提出“循序渐进”“博约相须”“学思并进”“知行互发”“慎思审择”等教学原则；在学术研究方面，强调“传道”“求仁”“率性立命”，从而培养出一批经世之才。

白鹿洞书院堪称江右学术圣坛、千古人文胜境。嵩阳书院飘溢着洛学风流，“洛学”创始人程颢、程颐兄弟在嵩阳书院讲学十余年，对学生一团和气，平易近人，讲学生动，通俗易懂，宣道劝仪，循循善诱。学生虚来实归，皆都获益，有“如沐春风”① 之感。嵩阳书院成为宋代理学的发源地之一。先后在嵩阳书院

---

① 比喻同品德高尚且有学识的人相处并受到熏陶，初称“如坐春风”，典出朱熹《伊洛渊源录》第五卷：“朱公掞见明道于汝州，逾月而归。语人曰：‘光庭在春风中坐了一月。’”这也是苏州书院园林“可园”中石舫“坐春舻”的出典。

讲学的有范仲淹、司马光、杨时、朱熹、李刚、范纯仁等 24 人，司马光的巨著《资治通鉴》第九卷至二十一卷就是在嵩阳书院和崇福宫完成的。

四、梁苑歌舞　烟霞岩洞

北宋时期，开封有“水陆都会”之称，人口超过 100 万，而伦敦当时人口只有 1.5 万。此前历朝皆实行的“坊市制”，即在空间和时间上，都对市场活动严格加以管制。这一制度到宋仁宗朝终于彻底崩溃，封闭“坊市”的围墙没有了，不仅住宅可以沿街开门，交易也不再囿于“市”内，大街两边店铺栉比，茶馆酒楼沿街林立，随着坊市空间的突破，时间段管制也随之消失。《东京梦华录》载，北宋汴京马行街“夜市直至三更尽，才五更又复开张”，即使地处远静之所，“冬月虽大风雪阴雨，亦有夜市”，许多酒楼、餐馆通宵营业。

皇城东面的樊楼是歌舞最盛的地方，樊楼就是白矾楼，因商贾在这里贩矾而得名。《东京梦华录·酒楼》卷二载：“白矾楼，后改为丰乐楼。宣和间，更修三层相高，五楼相向，各有飞桥栏槛，明暗相通，珠帘绣额，灯烛晃耀。初开数日，每先到者赏金旗，过一两夜则已。元夜则每一瓦陇中，皆置莲灯一盏。内西楼后来禁人登眺，以第一层下视禁中。”宋皇宫是以高大闻名于世的，白矾楼却高过它！而且，“大抵诸酒肆瓦市，不以风雨寒暑，白昼通夜，骈阗如此”。

诗人刘屏山《汴京绝句》说：“梁苑歌舞足风流，美酒如刀能断愁。忆得承平多乐事，夜深灯火上樊楼。”

白矾楼这种三层大建筑，往往是建二层砖石台基，再在上层台基上立永定柱做平坐，平坐以上再建楼，所以虽仅三层却非常高。王安中曾有首《登丰乐楼》诗曰：

日边高拥瑞云深，万井喧阗正下临。
金碧楼台虽禁御，烟霞岩洞却山林。
巍然适构千龄运，仰止常倾四海心。
此地去天真尺五，九霄歧路不容寻。

都市繁华，市民文艺便得到孕育，市民的审美水平普遍高雅化。酒楼、餐馆装饰雅致。《梦粱录》卷十六：“汴京熟食店，张挂名画，所以勾引观者，留连食客。今杭城茶肆亦如之，插四时花，挂名人画，装点店面。”孟元老在《东京梦华录》卷三写道："巷口宋家生药铺，铺中两壁皆李成所画山水。"李成画名始于五代，入宋更盛，史称"古今第一"，李成所绘山水，多写寒林平远景色，其皴法如卷云浮动，浑厚圆润，墨法极为精微，被奉为"北派高手"。

这些酒楼不仅内部装饰雍容华贵，而且环境普遍园林化。《东京梦华录》说酒楼"必有庭园，廊庑掩映，排列小阁子，吊窗花竹，各垂帘幕"。

许多酒楼直接冠以园名，如中山园子正店、蛮王园子正店、邵宅园子正店、张宅园子正店、方宅园子正店、姜宅园子正店、梁宅园子正店、郭小齐园子正店、杨皇后园子正店……市民无不向往在这样的酒楼中饮酒作乐，宋话本《金明池吴清逢爱爱》中，几位少年到酒楼饮酒就要寻个"花竹扶疏"的去处，可见市民对酒楼的标准无不以"花竹"为首要——修竹夹牖，芳林匝阶，春鸟秋蝉，鸣声相续；五步一室，十步一阁，野卉喷香，佳木秀阴。

居止第宅匹于帝宫的高级官员也喜欢到市井中的酒楼去饮酒。大臣鲁宗道就经常换上便服，不带侍从，偷偷到南仁和酒楼饮酒。皇帝知道后，大加责怪他为什么要私自入酒楼，他却振振有词道："酒肆百物具备，宾至如归。"

第五节　宋辽金元寺观园林美学

随着宋元时代由儒、道、释三教共尊发展到儒、道、释互相融会，禅宗道徒日益文人化，寺观建筑由世俗化而更进一步地文人化，宋元寺观园林与私家园林之间的差异，除了尚保留着一点烘托佛国、仙界的功能之外，基本上已完全消失了。

契丹族原无佛教信仰，辽太祖天显二年（927）攻陷了信奉佛教的女真族渤海部，迁徙当地僧人崇文等 50 人到当时的契丹都城西楼（后称上京临潢府，今内蒙古自治区林东），特建天雄寺安置他们，宣传佛教。此后，帝室常前往佛寺礼拜，并举行祈愿、追荐、饭僧等佛事，于是，佛教信仰逐渐流行于契丹宫廷贵族之间。至太宗会同元年（938），辽兼并了佛教盛行的燕云十六州，契丹王朝利用佛教统治汉人，历圣宗、兴宗、道宗三朝，辽代佛教遂臻于极盛。

当时民间最流行的信仰为期愿往生弥陀或弥勒净土，其次为炽盛光如来信仰、药师如来信仰以及白衣观音信仰等。

女真人信仰萨满教，但早在女真函普时就已好佛事，灭辽及北宋后，受中原

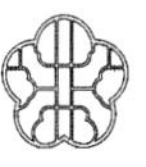

佛教的影响，佛教的信仰越加发展，至金章宗时更是大建佛寺。

蒙元统治者除了禁止白莲教和弥勒教，对其他宗教都采取兼容并蓄的优礼政策，“明心见性，佛教为深，修身治国，儒、道为切”，北方全真教，南方正一教以及禅宗、萨满教、喇嘛教、伊斯兰教、基督教等亦皆在国内流行。

总的来说，在精神文化领域，辽代契丹王朝上至皇帝、贵族、官僚，下至平民百姓几乎无不认同和支持佛教，且佛教政策具有明显的非功利化取向，信仰非常虔诚，具有平民化而不世俗化的特点。从佛学思想的角度来讲，辽代继承了唐代的佛学传统，贵族化的义学宗派兴盛，教义烦琐的华严宗、法相宗占主流，高僧学识渊博，精于思辨，佛学著作理论色彩浓厚，具有国际性影响，在东亚佛教文化圈中居于中心地位，呈现出明显的中世特征。

金代渐渐与世俗化色彩浓厚的宋代佛教趋同，平民化的禅宗、净土宗盛行，佛教依附于世俗政权，带有明显的近世特征。

元代佛教各派当中，吐蕃佛教在朝廷的地位最高，但就全国而言，最为流行的仍是从宋、金流传下来的各派禅宗，临济宗的传播最广。北方的临济宗以海云印简（1202—1257）一系最为有名，因而后来被元廷封为“临济正宗”；南方的临济宗以师徒相继、阐扬宗风的雪岩祖钦、高峰原妙和中峰明本三人为代表。

一、题名相国　坐花载月

宋代寺院世俗化色彩更加浓郁，“大相国寺天下雄”，它是宋代都城中最大的佛寺。相国寺号称“皇家寺院”，北宋各个帝王都曾多次巡幸，帝王生日时，文武百官要到寺内设道场祝寿，逢重大节日的祈祷活动也多在寺内举行，新科进士题名刻石于相国寺亦为惯例。文人园林的趣味也就会更广泛地渗透到佛寺的建造活动中，从而使得佛寺园林由世俗化更进一步地文人化。

扬州的平山堂建于庆历八年（1048），是欧阳修任扬州太守后所建，位于蜀冈中峰大明寺内，宋王象之《舆地纪胜》记载，“负堂而望，江南诸山，拱列檐下”“远山来与此堂平”，故取名“平山堂”。欧阳修《朝中措·送刘仲原甫出守维扬》词曰：“平山阑槛倚晴空，山色有无中。手种堂前垂柳，别来几度春风。

文章太守，挥毫万字，一饮千钟。行乐直须年少，尊前看取衰翁。”据沈括《平山堂记》载，欧公“时引客过之，皆天下高隽有名之士。后之乐慕而来者，不在于堂榭之间，而以其为欧阳公之所为也。由是‘平山’之名，盛闻天下”。

叶梦得《避暑录话》载：“（欧阳修）公每暑时，辄凌晨携客往游，遣人走邵伯，取荷花千余朵，以画盆分插百许盆，与客相间。遇酒行，即遣妓取一花传客，以次摘其叶，尽处则饮酒，往往侵夜载月而归。”堂上至今还悬有“坐花载月”和“风流宛在”的牌匾。

苏东坡于北宋元祐七年（1092）由颍州徙知扬州，此时，欧阳修逝世十年，苏轼赋《西江月·平山堂》：“三过平山堂下，半生弹指声中。十年不见老仙翁，壁上龙蛇飞动。　欲吊文章太守，仍歌杨柳春风。休言万事转头空，未转头时皆梦。”为纪念恩师，苏轼在平山堂后建谷林堂，并赋诗《谷林堂》：“深谷下窈窕，高林合扶疏。美哉新堂成，及此秋风初。我来适过雨，物至如娱予。稚竹真可人，霜节已专车。老槐苦无赖，风花欲填渠。山鸦争呼号，溪蝉独清虚。寄怀劳生外，得句幽梦余。古今正自同，岁月何必书。”

二、石窦云庵　锦绣环绕

辽代佛教由于帝室权贵的支持、施舍，寺院经济十分发达。如圣宗次女秦越大长公主舍南京（今北京）私宅，建大昊天寺，并施田百顷、民户百家；其女懿德皇后后来又施钱十三万贯。兰陵郡夫人萧氏施中京（今内蒙古大名城）静安寺土地三千顷、谷一万石、钱二千贯、民户五十家、牛五十头、马四十匹。其他权贵、功臣、富豪亦多以庄田、民户施给寺院，遂使寺院占有广大的土地和众多的民户，寺院佛事愈盛。

这一时期寺院园林也比较兴旺，分布在文化比较发达、风景秀丽的山水区，兼具寺院园林和山水园林的特色。

如辽南京（今北京）西山，风景秀丽，泉水清洌，辽时在这里修筑寺园，金章宗时代又进行扩建，成为西山著名行宫。

大觉寺，原名清水院，为金章宗西山八大水院之一，寺院坐西朝东，山门朝向太阳升起的方向，其建筑格局体现了契丹人崇日朝日的信仰。在寺院东北的古香道上还有一堵朝向东方的砖砌影壁，上书“紫气东来”四字，也是契丹、女真族朝日信仰的反映。

西山还有香山寺，《日下旧闻考》载：“原香山寺址，辽中丞阿勒弥所舍。殿前二碑载舍宅始末，光润如玉，白质紫章，寺僧目为鹰爪石。”

西山双泉寺也建于辽代，据《日下旧闻考》载：“原峭山在县东北四十里，

峰峦峭峻，林谷深邃，有双泉寺，金明昌中建。”碑阳残存碑文有“辽时蒙赐院额”等字，证明双泉院至少在辽代就已存在。

蓟州（今天津蓟州区）云泉寺位于花木繁多的神山（今天津蓟州区翠屏山），“渔阳郡南十里外，东神西赭，对峙二山。下富民居，中厂佛寺。前后花果，左右林皋。大小踰二百家，方圆约八九里。每春夏繁茂，如锦绣环绕”①。

蓟州盘山，“岭上时兴于瑞雾，谷中虚老于乔松。奇树珍禽，异花灵草。绝顶有龙池焉，向旱岁而能兴雷雨；岩下有潮井焉，依旦暮而不亏盈缩。于名山之内，最处其佳”②，盘山上下分布着众多的寺院。始建于唐开元年间的祐唐寺（今名千相寺）即是其一，辽时“乃于僧室之阴，叠磷磷之石，瀹瑟瑟之泉，高广数寻，骈罗万树，薙除沙砾，俯就基坰”③，增建讲堂，同时还叠假山、引山泉，广植树木，营造了一处典型的寺院园林。

易州（今河北省易县）的太宁山，五代、辽初的冯道曾在此隐居，于著名的寺院园林净觉寺附近筑吟诗台，该寺据大安二年（1210）太原王可久刻易州太宁山净觉寺碑铭：“崇正殿为瞻仰之所，营西堂作演道之场。敞其门阒，备游礼也。高其亭宇，延宾侣也。次有重龛峻室，疏牖清轩，石窦云庵，松扃薜榻。虽寒暑昏晓，更变迭至，而禅诵安居，人无不适。又引北隅之溜泉，历曲砌虚亭，涤垢扬清，响透林壑。寺之背，回峤层峦，隐映形状，峭拔直起而高者，曰积翠屏。其下特构小殿，即冯道吟台之故地。”金赵秉文《与庞才卿雨中同游太宁山》描写其形胜：

> 群山西来高崔嵬，太宁万叠屏风开。半天截断参井分，夕阳不到吟诗台。近都形胜甲天下，况此万斛藏琼瑰。青蛟百道走玉骨，下赴僧界如奔雷。泉声夜作雨飞来，冷云滴破烟岚堆。柏梯可望不可到，石鳞冷骨粘莓苔。塔上一铃时独语，慎勿促装遽如许。径须携被上方眠，明日颠崖看悬乳。寺后一峰高更寒，归来驻马更重看。萧萧易水寒流广，苍茫不见云中山。西风栗叶高阳道，澹澹长空没孤鸟。荆卿庙前湿暮萤，昭王台畔沾秋草。拟豁千秋万古愁，更须一上郡城楼。西山应在阑干外，注目晴空浩荡秋。

① 《蓟州神山云泉寺记》，见《辽代石刻文编》，河北教育出版社1995年版，第358页。
② 《燕赵访石录》四。
③ 《祐唐寺创建讲堂碑》，见《辽代石刻文编》，河北教育出版社1995年版，第90页。

太宁山真是“云萦屋角僧禅静，露下松梢鹤梦醒”。

三、八大水院　流泉飞瀑

金世宗在位29年，励精图治，实现了“大定盛世”的繁荣鼎盛，被誉为“小尧舜”。大定二十九年（1189）正月，皇太孙完颜璟继位，为金章宗。金世宗一朝长时间的繁荣稳定为金章宗的奢华游乐奠定了物质基础。章宗在北京西山一带，选择山势高耸、林木苍翠，有流泉飞瀑又地僻人稀的山林间修建寺院，有的是在前朝或更早时代所建古刹基址上扩建或重建，人称“八大水院”，也是他在西山的八处行宫，融山水林园与佛寺殿宇于一体。

据史籍所载，八大水院分别为清水院（大觉寺）、香水院（法云寺）、灵水院（栖隐寺）、泉水院（玉泉山芙蓉殿）、潭水院（香山寺）、圣水院（黄普寺）、双水院（双泉寺）及金水院（金仙庵）。

始建于辽代的大觉寺，保留了坐西向东的格局，景致更好，山深境幽，泉石殊胜，有一道清泉绕阁而出。《天府广记》记载：“水源头两山相夹，小径如线，乱水淙淙，深入数里，有石洞三，旁凿龙头，水喷其口。右前数十武，土台突兀，石兽甚巨，蹲踞台下。”

大觉寺的山泉源自寺外李子峪峡谷，伏流入寺，出龙潭分成两股，沿东高西低地势顺流而下，形成龙潭、石渠、碧韵清池、玉兰院水池、功德池等多处景观。其泉水清洁甘洌，流量稳定，水温常年保持在12摄氏度左右，富含微量元素，为天然优质矿泉水。泉水滋润着寺院的一草一木，故院内古树名木繁多，以古银杏树最为知名，有享誉京城的“银杏王”，树龄已逾千年，依然枝繁叶茂，高达30多米，六七个人才能合抱。寺内功德桥头的石狮以及龙潭的石栏板上雕刻有情态各异、活泼多姿的四只石狮子，据专家考证为金代清水院的遗存。此外，寺内无量寿佛殿栏板上有浅浮雕纹饰，从风格看，这些石栏板与望柱，除少量系明代补配的外，均为金章宗清水院时期的旧物。

香水院（法云寺），在海淀区北安河北妙高峰下，群山环绕，景色幽深，清泉淙淙。明刘侗、于奕正《帝京景物略》载：“过金山口二十里，一石山……小峰屏簇，一尊峰刺入空际者妙高峰。峰下法云寺。寺有双泉，鸣于左右，寺门内甃为方塘。殿倚石，石根两泉源出：西泉出经茶灶，绕中溜；东泉出经饭灶，绕外垣；汇于方塘，所谓香水已。……塘之红莲花，相传已久。而偃松阴数亩，久

过之。二银杏，大数十围，久又过之。计寺为院时，松已森森，银杏已皤皤矣。”明袁中道曾赋诗盛赞双泉：“直北西山曲，峰峦似剑芒。近皴飞雨点，高岭入星光。西水浸茶灶，东泉绕饭堂。双流鸣玉雪，滚滚赴鱼梁。”

灵水院（栖隐寺），位于西山支垄仰山一带山泉绝佳处，山脉蜿蜒起伏，栖隐寺有五峰八亭，竞相争秀，据《帝京景物略》卷七记载：“仰山去京八十里……崖壁无有断处，是名仰山岭。……曲折上而北，一峰东南有瀑练下，涧水源也。又上又折，是名仰山。山上栖隐寺，金大定寺也。峰五，亭八。……又莲花峰下有小释迦塔。”栖隐寺因建于金大定年间，又称大定寺。五峰八亭之名，明翰林院学士刘定之《重修仰山栖隐寺碑记》记载：北曰级级峰，言高峻也，有佛舍利塔在其绝顶；西曰锦绣峰，言艳丽也；水外之正南为笔架峰，自寺望之，屹然三尖，与寺门对出乎层青叠碧之表；寺东曰独秀峰，西曰莲花峰。八亭分别为：接官亭、回香亭、洗面亭、具服亭、列宿亭、龙王亭、梨园亭、招凉亭。于敏中《日下旧闻考》罗列的“五峰”名与上同。

于奕正《宿仰山栖隐寺》：“千峰历尽一峰尊，乱踏秋光到寺门。僧摘霜红供客饷，鸟收残粒怪人喧。断碑半逐荒苔剥，缺碾曾无古药存。欲觅灵苗何处是，依依松火送余温。”

泉水院（玉泉山芙蓉殿）“玉泉趵突”为著名的“燕京八景”之一，泉味甘洌，有“天下第一泉”的美称。据史籍记载，山上的芙蓉殿（又称芙蓉阁或芙蓉宫）是金章宗留下的避暑行宫，此处应是金章宗的“泉水院”。

明蒋一葵《长安客话》载：“玉泉山顶有章宗行宫芙蓉殿故址，章宗尝避暑于此。兰溪胡应麟《游玉泉》诗：‘飞流望不极，缥缈挂长川。天际银河落，峰头玉井连。波声回太液，云气引甘泉。更上遗宫顶，千林起夕烟。’”又：“殿隐芙蓉外，亭开薜荔中。山光寒带雨，湖色净连空。作赋携词客，行歌伴钓翁。夕阳沙浦晚，北雁起秋风。”

《日下旧闻考》载：“静明园在玉泉山之阳，园西山势窈深，灵源浚发，奇征趵突，是为玉泉。山麓旧传有金章宗芙蓉殿，址无考，惟华严、吕公诸洞尚存。”《戴司成集》载：“其在山之阳者，泉自下涌，鸣若杂佩，泓澄百顷，合流而入都城，逶迤曲折，宛若流虹”，“玉泉山在京西二十余里，山顶悬崖旧刻玉泉二字，水自石罅中出，鸣如杂佩。金章宗行宫芙蓉殿之故址也”。

潭水院（香山寺），香山林泉幽美，有“小清凉”的美誉。大定二十六年

(1186) 在辽香山寺基址重建，赐名大永安寺，曾建有金章宗会景楼、祭星台、梦感泉等，泉水潺潺，银杏皤皤。

清人缪荃孙著《顺天府志》载：“旧有二寺，上曰香山，下曰安集。金世宗重道，思振宗风，乃诏有司合为一，于是赐名永安寺。”其中还详细记载了金代扩建香山寺始末：

> 昔有上下二院，皆狭隘，凿山拓地而增广之。上院则因山之高，前后建大阁，复道相属，阻以栏槛，俯而不危。其北曰翠华殿，以待临达，下瞰众山，田畴绮错。轩之西叠石为峰，交植松竹，有亭临泉上。钟楼、经藏、轩窗、亭户，各随地之宜。下院之前树三门，中起佛殿，后为丈室、云堂、禅寮、客舍，旁则廊庑、厨库之属，靡不毕兴。千楹林立，万瓦鳞次，向之土木化为金碧，丹砂旃檀，琉璃种种，庄严如入众香之国。

潭水院在原有香山寺和安集寺的基础上合而为一，重建之后，不仅寺庙规模宏大，而且佛堂殿宇庄严壮丽，亭台楼阁交相辉映。

明人郭正域《香山寺》诗曰：“寺入香山古道斜，琳宫一半白云遮。回廊小院流春水，万壑千崖种杏花。墙外珠林疑鹿苑，路旁石磴转羊车。四天天上知何处，咫尺轮王帝子家。”

圣水院（黄普寺），在京西海淀区凤凰岭南线一带，那里“灵山高耸，圣泉中流，真圣境也”“远接神山居庸一带，林峦叠翠，溪涧流清，而有金章宗创建之古刹黄普院……敕赐妙觉禅寺”。金章宗黄普院，应该是金章宗八大水院中的“圣水院”。这里泉水清澈甘甜，昔日供奉龙王，每逢大旱年，村民到此求雨。

双水院（双泉寺），在石景山区天泰山景区，原唐之古道场，有专家认为即金章宗的双水院，山有二泉，故名。东北二里许有黑龙湾，相传为神龙之宅。据《日下旧闻考》记载，泉水幽胜，甲于他山。双泉寺是否是金章宗西山八大水院之一的双水院，尚有异议。

金水院（金仙庵），位于北安河阳台山。以“三绝”闻名于世：一为公孙林，即银杏，今尚遗存树龄为700—800年的古银杏；二为金山泉，泉水清凉绵甜；三为玉清殿的关帝爷，关公塑像体形敦实，目光严峻，双手抱笏，一台矜持，龛上回龙舞凤。另外尚有龙泉寺、上方寺等。

由上可见，金章宗时期的园林美学思想基本上承袭唐和辽，热爱天然风光，

利用自然山水点缀人工建筑。

四、金碧炫耀　密竹清池

元《经世大典·工典·僧寺》载："自佛法入中国，为世所重，而梵宇遍天下；至我朝尤加崇敬，室宫制度咸如帝王居，而侈丽过之。或赐以内帑，或给以官币，虽所费不赀，而莫与之较，故其甍栋连接，檐宇翚飞，金碧炫耀，亘古莫及。"这些都属于官方吐蕃佛教寺院和临济正宗寺院。

元佛教寺院遍布各地，至元代中叶，总数在百万左右。元人许有壬《乾明寺记》说："海内名山，寺据者十八九，富埒王侯。"寺院田土山林，虽然属于寺户，不为私人所有，但实际上为各级僧官所支配。大寺院的僧官即是披着袈裟、富比王侯的大地主。寺院所占的大量田产，除来自皇室赏赐和扩占民田外，也还来自汉人地主的托名诡寄或带田入寺。

忽必烈曾自述："自有天下，寺院田产二税尽蠲免之，并令缁侣安心办道。"寺院道观可免除差发赋税，因而汉人地主将私产托名寺院，规避差税，形成一个托名佛教的地主集团。

南方临济宗与此异调，坚持修行山林禅，禅僧隐遁于山林丛莽，生活十分俭朴。元时苏州城中最负盛名临济宗禅院狮子林，就是属于元中峰明本一脉的南方临济宗。

明本禅师（1263—1323），号中峰，法号智觉，西天目山住持，钱塘（今杭州）人。明本24岁赴天目山，受道于禅宗寺，白天劳作，夜晚孜孜不倦诵经学道，遂成高僧，受到尊奉藏传佛教的蒙古统治者的礼敬，仁宗曾赐号"广慧禅师"，又赐金襕袈裟；元文宗又追谥为"智觉禅师"，塔号"法云"；到了元顺帝初年，更册封中峰明本禅师为"普应国师"。他的憩止处曰幻住山。中峰明本禅师却对此殊荣不屑一顾。蒙古人灭宋，一举灭掉了众多禅师和士大夫那份雍容雅致的禅意，带来了血与火的洗礼。在这国破家亡、精神无寄之时，中峰明本禅师以其精纯清澈的禅悟、卓荦不凡的风骨气节和离世出尘的文风，振奋了一代士大夫失落的心，为走入穷途的禅宗开启了一方新的天地，赢得了中国僧人和士大夫的尊崇，王公贵族、文人士大夫更趋之若鹜，当时的文坛领袖赵孟頫、冯子振等无不拜归于明本禅师门下，也赢得了蒙古贵族乃至元朝皇帝的尊崇。

明本大师的老师高峰原妙禅师，是一位通古今之变的高僧，他首革宋代禅宗积弊，不住寺庙而隐居山林，先后在浙江湖州双髻峰和余杭西天目山庵居二十余年。特别是在西天目山狮子岩筑“死关”独居，十七年足不出户，行头陀之行，一扫宋代禅宗的富贵和文弱之气，令天下丛林耳目一新。

明本禅师是高峰禅师门下最杰出的弟子，高峰禅师圆寂时，明本禅师已是一代宗师。对于官府和各大丛林的纷纷迎请，明本禅师东走西避，在近三十年的岁月中流离无定。他常常以船为居，往来于长江上下和黄河两岸，抑或筑庵而居，皆以“幻住庵”为名，聚众说法，毕生以清苦自持，行如头陀，虽名高位尊而不变其节，风骨独卓，众望所归，被尊之为“江南古佛”。明本一系，遂成明清两代中国禅宗的主流。如今禅宗丛林无不是中峰明本禅师的后世儿孙。

元代至正二年（1342），得法于中峰的天如惟则禅师来到苏州，其门人选宋代枢密章楶之子章综宅旧址建庵，因为这里“林木翳密，盛夏如秋，虽处繁会，不异林壑”“古树丛篁如山中，幽僻可爱”，起名“菩提正宗寺”，以供禅师起居之用。

天如其师中峰明本以及中峰明本的老师高峰原妙，都曾于天目山狮子岩说法，各禅宗教派对传承是否正宗十分看重，惟则禅师取狮子林之名，以示师承渊源。狮子为佛国神兽，生于非洲和亚洲的西部，它的吼声很大，有“兽王”之称。《景德传灯录》载，释迦佛生时，“一手指天，一手指地，作狮子吼，云天上地下，唯我独尊。”佛教中比喻佛说法时震慑一切外道邪说的神威叫“狮子吼”。

据元朱德润《狮子林图序》记载，惟则名此寺为狮子林，并非完全为表示师承，也不是借狮子“摄伏群邪”，更不是一般所说的石形如狮，他说，“石形偶似”而已，真正的目的是借形似狮子的石峰，表达面对“世道纷嚣”，其禅意可以破诸妄，平淡可以消诸欲；以“无声无形”托诸“狻猊”以警世人。“林”为“丛林”之约称，“丛林”梵语“贫婆那”，指挂单接众可以安僧办道的大寺院，唐僧怀海（720—814）始称“寺院”为“丛林”。据《禅林宝训音义》，“丛林”之意是取喻草木之不乱生乱长，表示其中有规矩法度；《大智度论》认为众僧共住“如大树丛聚，是名为林”。“狮子林”就是禅宗寺院之意。

丛林制度，最初只有方丈、法堂、僧堂和寮舍。以住持为一众之主，非高其位则其道不严，故尊为长老，居于方丈。不立佛殿，唯建法堂。所集禅众无论多少，尽入僧堂，依受戒先后腊次安排。行普请法（集体劳动），无论上下，均令参加生产劳动以自给。又置十务（十职），谓之寮舍；每舍任用首领一人，管理多人事务，令各司其局。

传为禅宗祖师几代修行的是山林禅，禅僧隐遁于山林丛莽，要求从青山绿水中体察禅味，从人自身的行住坐卧等日常生活中体验禅悦，在流动无常的生命中体悟禅境，从而实现生命的超越、精神的自由。因此，他们都宿在孤峰，端居树下，于山林丛莽中，终朝寂寂，静坐修禅，生活十分俭朴。禅宗认为，只有通过绳床瓦灶式的生活，才能令僧徒体悟到自然与生命的庄严法则。

狮子林初建时，“林中坡陀而高，石峰离立，峰之奇怪，而居中最高，状类狮子，其布列于两旁者”①，有含晖、吐月、立玉、昂霄等诸峰，最高者为狮子峰。在废园旧屋遗址上置石磴称作栖凤亭；有洼地安石梁小飞虹，结茅作方丈室，称禅窝；立雪堂为传法之堂，卧云室为燕居之室，还有指柏轩、问梅阁、冰壶井、玉鉴池。

惟则等僧人“就树下作小屋数间”“二时粥饭仰给于施，不足则持钵以补之。诸方公选私举一皆谢绝。日与同志之士收拾天目山萝卜头苋菜根，东咬西嚼聊以自娱”，“柴床地炉煨芋酌水相娱”，“师（狮）子林下无足夸，地炉烧柏子，蒿汤当点茶，雪中客至煨芋作供次”。

由于“信慕之士相率相过请法请戒，而室隘无足容”，“又动东偏别筑之念”，到“癸未十月……门外桧行之侧各作矮砖墙，开二小门入东西圃。小池四岸叠以蛮石，而青石盖之。绕池石阑之外作小街道。池南种竹数个。池北撤去旧篱。古柏临池如盖，树下洒扫列瓦鼓为数客坐处”。禅僧从青山绿水中体察禅味，从绳床瓦灶式的行住坐卧等日常生活中体验禅悦，体悟到自然与生命的庄严法则，体悟到禅境，从而实现生命的超越、精神的自由。

据元危素的《狮子林记》载，元代狮子林的建筑主要有：

> 燕居之室曰“卧云”，传法之堂曰“立雪”……今有“指柏”之轩、“问梅”之阁，盖取马祖、赵州机缘以示其采学。曰“冰壶”之井、“玉鉴”之池，则以水喻其法云。狮子峰后结茅为方丈，扁其楣曰“禅窝”，下设禅座，上安七佛像，间列八镜，镜像互摄，以显凡圣交参，使观者有所警悟也。

① 〔元〕危素：《狮子林记》，见《狮子林记胜集（含续集）校注》，苏州大学出版社2020年版，第12页。

据洪武五年秋高启《〈狮子林十二咏〉序》，言狮子林“其规制特小，而号为幽胜，清池流其前，崇丘峙其后，怪石巑岏而罗立，美竹阴森而交翳，闲轩净室，可息可游，至者皆栖迟忘归，如在岩谷，不知去尘境之密迩也。……清泉白石，悉解谈禅，细语粗言，皆堪人悟”。所咏景有狮子峰、含晖峰、吐月峰、小飞虹、禅窝、竹谷（旧名栖凤亭）、立雪堂、卧云室、指柏轩、问梅阁、冰壶井等。禅寺虽简陋，“而狮子林泉益清，竹益茂，屋宇益完。人之来游而纪咏者益众”。

既然“心外无佛”，也无“净土”，只有“净心”，就无须佛殿。佛教立教之初本来没有佛像，也不允许造佛像的。因为佛家、基督教、伊斯兰教等许多宗教，都认为有形的物体不可能长存不灭，所以反对立像。

现存狮子林保留了禅窝遗址及立雪堂、卧云室、指柏轩、问梅阁、玉鉴池等旧名，还有以“公案”命名的景点，依稀可见元末明初临济宗禅寺的原初风貌。

传法之所立雪堂，取《景德传灯录》禅宗二祖慧可初次参见菩提达摩人的故事，言参见当天夜间，适逢雨雪交加，但他求师心切，不为所动，恭候不懈。至天明，积雪已没及膝盖。菩提达摩见其求道诚笃，终于收他为弟子，授与《楞枷经》四卷。又传慧可自断手臂，终于感动了达摩，于是上前问他：“你究竟想求什么?”答：“弟子心未安，请大师为我安心。”曰：“请把你的心带来，我就能为你安心。”慧可陷入沉思良久曰：“我虽尽力寻思，但这心实在是难以捉摸。”达摩见其已开悟，便点醒说：“我已为你安心了!”其实，这一所谓佛门故事明显脱胎于儒家“程门立雪”的故事。

指柏轩取自禅门中最为热门的话题，僧问赵州从谂禅师：“‘如何是祖师西来意?’师曰：‘庭前柏树子。’曰：‘和尚莫将境示人。’”禅僧对什么是祖师西来意、什么是佛法大意的回答，反映了禅宗思想体系的四个最重要的部分：本心论、迷失论、开悟论、境界论。

问梅阁则取禅宗公案马祖问梅、赞梅子熟了这则故事。《五灯会元》卷三载，马祖道一禅师的弟子法常初参马祖道一时，听到马祖说“即心即佛”，当即大悟，于是便到大梅山去做住持，后称大梅法常禅师。马祖听说大梅法常住山后，想了解他领悟的程度，便派一名弟子去问大梅法常，曰：“你住此山，究竟于马祖大师处领悟到什么?”法常说：“马祖大师教我即心即佛。”那弟子说：“马祖大师近日来佛法有变，又说非心非佛。”法常说：“这老汉经常迷惑人，不

知要到何日。他说他的‘非心非佛’，我只管‘即心即佛’。”法常从明心见性、我即是佛的禅悟中，由自心自性这一核心出发，已经获得了自我的精神觉醒，领悟到人生的、宇宙的永恒真理，已经把握住了自己的生命本性，自足、宁静，能打破偶像与观念的束缚，不受外在世界人事、物境的牵累。所以当那弟子回寺院告诉马祖道一时，马祖道一禅师赞许地对众弟子说：“大众，梅子熟了！”即谓大梅法常对“非心非佛”和“即心即佛”不二之理已经了悟。

渗透禅理的大假山，约占全园面积的七分之一，是中国早期洞壑式假山群的唯一遗存。著名历史学家顾颉刚先生觉得，“此处传为倪云林手叠，享高名者，今观之，乃不过择玲珑巨石，各各植立，犹之桌子上陈列古董耳。天下固无如是之山。此处只可称之曰石林，而不可称之曰假山。意者倪氏之意只在表见数十巨石之美，而志不在拟山。或元代园林艺术固以如此为极诣，而今在他处所见因为元、明来日益进步者乎？”

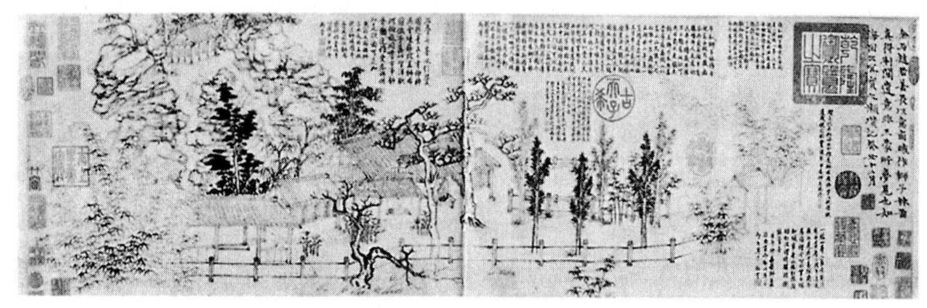

倪瓒款《狮子林图》①

卧云室为寺僧静坐敛心、止息杂虑的禅室，位于假山中央的平地中。四周环以酷似群狮起舞的峰峦叠石，小楼恰似卧于峰峦之上。古人以云拟峰石，故小楼如卧云间。旧时狮子林有“密竹鸟啼邃清池，万竿绿玉绕禅房”，与《洛阳伽蓝记》永明寺“庭列修竹，檐拂高松”一样，修竹乃营造佛禅氛围的植物。今修竹飞阁、通波，一面依叠石，三面环流水。阁旁仍有丛竹摇曳，旧时风貌依稀可见。

狮子林如海方丈乃“以高昌宦族，弃膏粱而就空寂”者，他仰慕倪云林高士之名，洪武六年（1373），请为狮子林作图，云林亦爱其萧爽，乃为狮子林绘图，并作五言诗：“密竹鸟啼邃，清池云影闲。茗雪炉烟袅，松雨石苔斑。心情

① 清宫藏《狮子林图》因图中一些人物、落款时间等问题真伪有争议，故冠以“倪瓒款”。

境恒寂，何必居在山。穷途有行旅，日暮不知还。”倪云林在《自题狮子林跋》文中说：“余与赵君善长以意商榷作狮子林图，真得荆、关遗意，非师蒙辈所能梦见也。”

据钱培兴《狮子林图卷》称，园景概括，笔简气壮，景少而意长。翠竹、秋山、寒林、寺居，气势雄伟苍凉，显示了独特风貌。元时狮子林淡静幽旷，与倪云林枯寒清远的画风相似。

第六节　两宋园林美学理论

宋代出现的诗论、画论及园记所涉及的美学理论，成为园林审美的重要理论依据。

一、“诗眼”与“立意”

宋初的僧保暹提出“诗眼”之说。保暹《处囊诀》云：

> 诗有眼。贾生《逢僧诗》：“天上中秋月，人间半世灯。”“灯”字乃是眼也。又诗：“鸟宿池边树，僧敲月下门。”“敲”字乃是眼也。又诗：“过桥分野色，移石动云根。”“分”字乃是眼也。杜甫诗：“江动月移石，溪虚云傍花。”“移”字乃是眼也。

保暹的“诗眼”说虽然如钱锺书先生所说，是以眼目喻要旨妙道，但自此以后，“诗眼”渐成中国诗学的一个重要概念。眼乃心灵之窗，诚如袁枚所谓“一身灵动，在于两眸；一句精彩，生于一字”。诗中最精警、最能开拓意旨、最能传达要旨妙道、最富情韵的字词，有之，则如灵丹一粒，点铁成金，熠熠生辉。

园林似一首诗，构景必先有立意，立意差别必取之于胸次，胸次所出在于人之文采，文采所出在于心解得诗文情怀，立意者要有一颗诗心，无诗心而造园，虽精工细作有景，却无文采美学内涵，便没有景的韵味，已落入景中次品。

“立意”需“胸有丘壑”，即苏轼在《文与可画筼筜谷偃竹记》中所说的“成竹在胸”说：“故画竹，必先得成竹于胸中，执笔熟视，乃见其所欲画者，急起从之，振笔直遂，以追其所见，如兔起鹘落，少纵则逝矣。”

园林所立之“意”，需采撷古代经史艺文中的字词，融辞赋诗文意境于一词，借助其原型意象来触发、感悟意境，这个“词”即“诗眼”，作为诗性品题的语言符码，令人咀嚼、玩味，成为园林的“魂”。宋代时文人主题园已经大量出现，意在为精神创造一生活境域。

“诗眼”自然是有余意的，有余意之谓韵，宋代范温：《潜溪诗眼论韵》曰：“自三代秦汉，非声不言韵；舍声言韵，自晋人始；唐人言韵者，亦不多见，惟论书画者颇及之。至近代先达，始推尊之以为极致。”

范温所说的“韵”在宋被美学界所广泛认同、接受，并作为极致性审美范畴，得到尊崇：“凡事既尽其美，必有其韵；韵苟不胜，亦亡其美。”“韵”与美相连，“韵”存则美在，“韵”失则美亡。“韵”又尽美，是最高层次的美。

“韵”在审美内涵上正是“逸”，“韵味”与“逸气”相通相合。黄庭坚《题东坡字后》道：“东坡简札，字形温润，无一点俗气……笔圆而韵胜。”所谓“无一点俗气”正是“逸气”，于是有“韵”便是有“逸气”。

园林风景美如画，而“画”要有“诗意”，最高典范就是苏轼在《东坡题跋·书摩诘〈蓝关烟雨图〉》称美的：“味摩诘之诗，诗中有画；观摩诘之画，画中有诗。”这一论述是美学中诗画艺术结合论之滥觞。

二、林泉高致　山水“四可”

北宋文人画家们深入生活，烟云供养，或隐居山林，或旷游自然，把自己对自然的感悟融入山水画创作之中，搜奇异峰峦，创穷极造化，山水画风向世俗生活靠拢。李成的齐鲁风光、范宽的关陕风光、董源的江南风光，成就了中国画史上的北宋三大画家，开创了唐人所未开拓新画风，完善了中国山水画面貌。

郭熙为北宋后期山水画巨匠，精于画理，他总结了一生创作经验、艺术见解和美学思想，经其子郭思整理编纂为《林泉高致》，此书集中地论述了有关自然美与山水画的许多美学命题，强调山水画要表现诗意，山水有可行者，有可望者，有可游者，有可居者，与构园理论完全重合，许多观点成为园林美学的经典性思想，主要有：

1. 林泉之志，烟霞之侣

郭熙强调创作山水者的精神修养：“然则林泉之志，烟霞之侣……以林泉之心临之则价高，以骄侈之目临之则价低。”他认为，创作者要有钟情山水、知己泉石，寄情于山水的志趣。受禅宗思想的影响，中唐以后人们越发注重内心的巨大影响力，所以，郭熙对创作者精神层面提出更高要求。

郭熙说："庄子说画史'解衣盘礴'，此真得画家之法。……晋人顾恺之必构层楼以为画所，此真古之达士。……'诗是无形画，画是有形诗'，哲人多谈此言，吾人所师。……及乎境界已熟，心手已应，方始纵横中度，左右逢源。"

既注重全面加强自身的文化艺术修养，又注重澄怀静虑的心境陶养，只有这样，方能逐步做到境界已熟，心手已应，进而掇景于烟霞之表，发兴于溪山之巅，进入心与物化、神与俱成的创作境界，完成一个画家心物化一的最终抵达，诠释并发扬了唐人张璪的"外师造化，中得心源"之说。

郭熙主张要饱游饫看，俯仰万象，郭熙眼中的"真山水"是具有内在生命精神的性灵山水，而且要"注精以一之"，全身心的投入，方能掌握真山水的神理，获得真山水之美。达到"神与俱成之"的创作最佳境界。

郭熙《林泉高致·山水训》强调深入细致地观察山水："盖身即山川而取之，则山水之意度见矣。真山水之川谷，远望之以取其势，近看之以取其质。真山水之云气四时不同：春融怡，夏蓊郁，秋疏薄，冬黯淡。真山水之烟岚四时不同，春山淡冶而如笑，夏山苍翠而如滴，秋山明净而如妆，冬山惨淡而如睡。山近看如此，远数里看又如此，远十数里看又如此，每远每异，所谓山形步步移也……所谓山形面面看也。四时之景不同也。朝暮之变态不同。"

郭熙对四季之山的观察，也是后人在园林设四季之景、掇四季假山的理论依据。

郭熙还谈到各地地形山水的不同："东南之山多奇秀，天地非为东南私也。东南之地极下，水潦之所归，以漱濯开露之所出，故其地薄，其水浅，其山多奇峰峭壁，而斗出霄汉之外，瀑布千丈飞落于霞云之表。如华山垂溜，非不千丈也，如华山者鲜尔，纵有浑厚者，亦多出地上，而非出地中也。西北之山多浑厚，天地非为西北偏也。西北之地极高，水源之所出，以冈陇臃肿之所埋，故其地厚，其水深，其山多堆阜盘礴而连延不断于千里之外。介丘有顶而迤逦拔萃于四逵之野。如嵩山少室，非不拔也，如嵩少类者鲜尔，纵有峭拔者，亦多出地中而非地上也。"

名山风貌特点各异，郭熙《林泉高致·山水训》曰："嵩山多好溪，华山多好峰，衡山多好别岫，常山多好列岫，泰山特好主峰，天台、武夷、庐、霍、雁

荡、岷峨、巫峡、天坛、王屋、林庐、武当，皆天下名山巨镇，天地宝藏所出，仙圣窟宅所隐，奇崛神秀，莫可穷其要妙。欲夺其造化，则莫神于好，莫精于勤，莫大于饱游饫看，历历罗列于胸中……盖仁者乐山，宜如白乐天《草堂图》，山居之意裕足也。智者乐水，宜如王摩诘《辋川图》，水中之乐饶给也。”

2. 不下堂筵，坐穷泉壑

郭熙《林泉高致·山水训》云：“君子之所以爱夫山水者，其旨安在？丘园养素，所常处也；泉石啸傲，所常乐也；渔樵隐逸，所常适也；猿鹤飞鸣，所常亲也。尘嚣缰锁，此人情所常厌也。烟霞仙圣，此人情所常愿而不得见也。”

君子都有山水、丘园之好，厌烦世俗事务，此为人之常情，但如果因渴慕自然风光而远离君亲，也是君子不愿意的。他们已经不想身隐，从改变环境中去寻求提升的途径，而是重在心隐，将人们的山水隐逸情结从山林引入城市、宫廷，以一种积极入世的态度，取得人生境界的提升。最好的解决办法是用观画代替欣赏自然真景的所谓“卧游”：

> 今得妙手，郁然出之，不下堂筵，坐穷泉壑，猿声鸟啼，依约在耳，山光水色，荡漾夺目，此岂不快人意，实获我心哉，此世之所以贵夫画山水之本意也。（山水训）

以“可行可望可游可居”的山水画胜境，为忙碌的人们营建心灵休憩的家园：立体山水画的园林，使“不下堂筵，坐穷泉壑”成为现实，真正是可行、可望、可游和可居者。

3. “三远”说

郭熙在探求山水画艺术美的过程中创立了“三远”说，即高远、深远、平远，在理论上阐明了中国山水画所特有的三种不同的空间处理方式和由此产生的意境美、章法美。《林泉高致·山水训》曰：

> 山有三远：自山下而仰山巅，谓之高远；自山前而窥山后，谓之深远；自近山而望远山，谓之平远。高远之色清明，深远之色重晦，平远之色有明有晦；高远之势突兀，深远之意重叠，平远之意冲融而缥缥缈缈。其人物之在三远也，高远者明了，深远者细碎，平远者冲淡。明了者不短，细碎者不长，冲淡者不大，此三远也。

"远"，是郭熙山水画创作的心灵指归。"三远"既是中国山水画追求的一种艺术境界，也是中国文人孜孜以求的一种精神境界。

园林掇山，向来追求深远如画的意境，余情不尽的丘壑，故营造者以画为蓝本，"三远"的画理正是园林掇山理论的重要依据。如拙政园中部，从远香堂北面临荷池大月台上隔水北望，一字排开三岛，仿佛一卷平远山水画；从雪香云蔚亭山上往东侧溪间俯瞰，又似深远山水。园林中高视点的建筑，都意在突破有限的园林空间，将人们的视线引向远方，使人的思绪跟随着山水之远而无限飞越，江流天地外，山色有无中，从有限到无限，进入一尘不染的清幽境界，直抵心灵的宁静与安详。

4. 山水之布置

郭熙《林泉高致·山水训》云："山以水为血脉，以草木为毛发，以烟云为神采。故山得水而活，得草木而华，得烟云而秀美。水以山为面，以亭榭为眉目，以渔钓为精神，故水得山而媚，得亭榭而明快，得渔钓而旷落。此山水之布置也。"说的是山水画，却涉及园林四大物质构成元素，即山、水、建筑、植物的相互依存，不可或缺。

首先山以水为园林的血脉，强调山水在园林中的重要性。园林无山，可以用拳石当山。在宋代，园林重野趣，多真山，但已经出现大量人工叠山，以致纯以假山为主景的艮岳；虽也可旱园水作，或如日本用白沙当水，但缺少了水渊之美，宋代园林自然用真水，后世园林几乎无水不成园。

水的各种形态，郭熙《林泉高致·画诀》载："水有回溪溅瀑，松石溅瀑，云岭飞泉，雨中瀑布，雪中瀑布，烟溪瀑布，远水鸣榔，云溪钓艇。"

园林理水的意境和手法，源于自然界的湖、池、潭、湾、瀑、溪、渠、涧等，有池塘、湖泊、江河、山溪、谷涧，渊潭、源泉、瀑布等。在园林人工瀑布最早是利用屋顶雨水，流入池中，略有瀑布之意，又有在山顶设水槽承雨水，由石隙宛转下泻，成雨时瞬景。现在已经分为人字瀑、双叠瀑、三叠瀑、滚水瀑等，出水又分为直泻式、散落式、水帘式、滚落式、涌淌式多种自然落水形式。

山水之间的关系："石者，天地之骨也，骨贵坚深而不浅露。水者，天地之血也，血贵周流而不凝滞。"

山水布局的先后主次，郭熙《林泉高致·画诀》云："山水先理会大山，名为主峰。主峰已定，方作以次，近者、远者、小者、大者，以其一境主之于此，

故曰主峰，如君臣上下也。”

以上种种，郭熙《林泉高致》讲的虽是画法，实际亦均为园林置石理水之法。中国园林的山水布局悉符此理。如苏州园林，大多以水为中心，山或在水际，或在门口，或置水中，亭榭面水而筑，或掩隐于花木之中，皆一任自然式布局：山不同形、树不成列，水聚散不拘，随形高下。注重横直的线条对比、仰俯的形势对比、轻灵厚重的提梁对比，并注意了光线的明暗、位置的高低、物体的大小、境域的宽窄、环境的动静、色彩的浓淡等。

三、千里江山　残山剩水

宋代是我国传统山水画的高峰，名家辈出，气象萧疏，烟林清旷。

峰峦深厚，势伏雄强，宋代山水画构图大势逼人，笔墨法度严谨，意境清远高旷；从这些艺术作品的语言、形态、内容和审美主体的情感上看，会令人产生一种崇高的艺术美。这种崇高源于人类认识和改造自然的伟大力量，源于人类在改造自身的生存环境的实践，源于人类的道德实践和理想与价值的追求。

北宋山水画家李成和范宽以表现北方雄浑壮阔的自然山水为主，王希孟《千里江山图》则是一幅堪称壮观的全景式山水画。南宋山水画家马远、夏珪的构图形式常以一角、半边景物表现空间，有“马一角，夏半边”之称。

马远，字遥父，号钦山，原籍山西，后居钱塘（今杭州），是南宋光宗、宁宗年间的画院待诏。师法李唐而能自出新意，构图改变了五代、北宋以来的“全景式”，善于高度概括、集中、提炼、剪裁自然景物。小中见大，以一斑而窥全豹，只画一角或半边景物，使画面主体更为突出，意境也更为深远。别具一格的构图获“马一角”的雅号。

夏圭（生卒年不详），一作夏珪，字禹玉，钱塘（今浙江杭州）人。南宋画家，与李唐、刘松年、马远并称“南宋四大家”。宁宗时任画院待诏，赐金带。善画山水，属水墨苍劲一派，喜用秃笔，下笔凝重，继承发展了李唐的大斧劈皴。取景简练，山水构图多作“一角”“半边”之景，故时人称之为“夏半边”。

四、园圃废兴　盛衰之候

沧桑易变，陵谷难常，李格非《洛阳名园记》的主旨并非模山范水，歌舞升平，而是指出“园圃之废兴，洛阳盛衰之候也。且天下治乱，候于洛阳之盛衰而知；洛阳之盛衰，候于园圃之废兴而得，则《名园记》之作，予岂徒然哉"！作者要当政者尽心国事，否则，便保不住园林之乐。他的《洛阳名园记》集中记载了洛阳名园19处，突破了以往仅为单篇园林记文的体例，为后代此类园林记的先导；且因为所记皆作者亲历，有些园林的结构布局、景点题名及园景赖此以存。

纵观宋辽金元时期，中国园林美学思想体系已经完备：

宋园林美学思想在禅宗美学思想影响下，进一步向精神层面拓展深入，所显示出的蓬勃进取的艺术生命力和创造力，达到了中国古典园林史上登峰造极的境地。

园林建筑的造型到了宋代，可谓臻于梁思成先生所说的"醇美"的程度。北宋时建筑技术和绘画都有发展，出版了宋将作监奉敕编修的营造规章制度，史曰《元祐法式》。北宋绍圣四年（1097）李诫奉诏重新编修，终于撰成流传至今的这本《营造法式》，并于崇宁二年（1103）刊行全国，这本书总结了宋及宋以前造园经验，从简单的测量方法、圆周率等释名开始，介绍了基础、石作、大小木作、竹瓦泥砖作、彩雕等具体的法制及功限、材料制度等，并附有各种构件的详细图样，这本集前人及宋代造园经验的著作成为后代园林建筑技术上的经典规范。南宋平江重刊《营造法式》，故"兴作犹遵奉汴梁遗法"①。

宋代不仅有了这种理论与实践经验的总结，还有了能"堆垛峰峦，构置涧壑，绝有天巧"的能工巧匠。

辽金元三代皇家园林除了带有山林草原风味外，大多有对两宋宫苑的倾慕和仿效，"一池三岛"的秦汉典范依然在元代宫苑中出现。南方士人园林美学具有与两宋士人园林一样的美学风貌，简素雅朴，为明和盛清园林美学理论体系的建立奠定基础。富丽奢华、格调低俗者唯见元末那些政治、经济暴发户的园林。

① 刘敦桢：《苏州古建筑调查记》，见《中国营造学社汇刊》第六卷第三期。

第七章

园林美学鼎盛期——明代

元末群雄割据，战争频仍，民生凋敝，浙江、江西、安徽等富庶繁华之地，精美的园林化为瓦砾，荆棘遍布。宋濂转述浙江上虞见山楼主人魏仲远之语云："夫自辛卯兵兴，阛庐所在，往往荡为灰烬，狐狸昼舞，鬼磷宵发，悲风翛然袭人，君子每为之永慨。"①

自明朝立国之初的洪武（1368—1398）年到成化（1465—1487）前，为恢复中国固有文化，朱元璋决心固守中国内地，不再向外发展，声称明军永不征伐包括朝鲜、日本、安南（越南）及至南海各小国等。对北方民族，则藉长城以作防卫。所以黄仁宇称明朝的特点是"内向和非竞争性"。推行"重农抑商"的国策，颁布禁海令，严重阻碍了商业经济的发展。

明代没有继承宋朝的优良司法传统，却承袭了元人的专制政治，朱元璋废除了有一千多年历史的宰相制度和七百多年历史的三省（中书、门下、尚书）制度，将军政大权独揽一身。此后又建立内阁制度，削弱诸王权力，还设立锦衣卫和东西厂，负责缉访谋逆、妖言、大奸恶事，对群臣和百姓进行监视，实行恐怖的特务统治。同时屡兴文字狱，提倡程朱理学、实行八股取士等，有效地钳制和禁锢了人们的思想。

朱元璋对富庶地区施行破坏性的统治政策，如迁徙大户、重赋，官吏薄薪，致使园林凋敝，推行节俭政令，严令构园，崇尚俭朴无华。

明成祖朱棣改弦更张，派遣郑和下西洋，主动与海外诸邦交流沟通，后有西方传教士东来，叩启闭关自守的大门，至明嘉靖后官方抑商政策出现了一定松

① 《宋文宪公全集·见山楼主人》，《四部备要》。

动，资本主义萌芽，社会经济形态发生了变化，促进了城市工商业发达，市民在政治、经济上的势力不断增长。特别是江、浙两省，经济富庶，地处海洋文化和内陆文化交汇地的苏州，“机户”崛起。隆庆后海禁一度废除，海外贸易不断发展，经济文化水平发达。

万历后政治极端腐败，危机日益严重，但是文禁相对松弛。宦官和权臣相继把持朝政，统治阶级内部斗争激烈。官员常受到株连而获罪，遭到廷杖等酷刑甚至死罪，一般官吏做官时间很少超过八年。既然官场没有安全感，一些官吏一旦获得了政治地位、声誉和金钱，便萌生了辞官归隐的念头，造园便成为归隐下野官吏或准备归隐官吏们的一项高雅文化建设活动。士大夫人格的内容由孔子的仁学发展为统一集权制度所需要的形态，其间走过关键的一步，即将士大夫的社会和道德责任转化为生存的另一种方式，而园林给士大夫独立人格找到了尘世之外的栖身之所。

经过明初的沉寂，明中叶至晚明，随着中国经济文化的繁荣，中国园林量质齐高，形成以巨丽的皇家宫苑为代表的北方园林体系和以苏州园林为代表的清雅精巧的江南私家园林体系。但两大体系所共同的特点是：园林从立意、构图到景点的营构都与诗画紧密结合，熔文学、哲学、美学，以及建筑、雕刻、山水、花木、绘画、书法等艺术于一炉，充分彰显了中国园林特有的“景境”理论，“虽有人作，宛自天开”，是一幅立体的画，是一首凝固的诗，形成了鲜明的特色。

因地制宜，师法自然，自出机杼，创造各种新意境，使游者如观黄公望《富春山图卷》，佳山妙水，层出不穷，让人为之悠然神往。其特点在于有法无式，不自相袭，个性鲜明。童寯先生谓：“盖园林排当，不拘泥于法式，而富有生机与弹性，非必衡以绳墨也!”①

明代名家辈出，出现了《园冶》《长物志》等园林美学理论著作，繁荣延续至清前期，成为中国园林史上，文人园林最辉煌、专业构园家技艺最高、构园理论最灿烂的时期，标志着中国园林的高度成熟，完成了中国园林“宅园合一”的最后一次飞跃，成为人类环境创作的杰作。

① 童寯：《江南园林志》，中国建筑工业出版社 1984 年版，第 3 页。

第一节　明代皇家宫苑美学

明代皇家宫苑分别有明初南京宫苑和北京宫苑。随着经济的发展，皇家宫苑由简朴而逐渐丹朱垩饰，但苑林区都崇尚自然野趣。

一、茅茨而圣　敦崇俭朴

朱元璋厉行节约，禁止铺张奢华："典营缮者以宫室图进，太祖见雕琢奇丽者，命去之，谓中书省臣曰：'千古之上，茅茨而圣，雕峻而亡，吾节俭是宝，民力其毋殚乎？'"建奉天、华盖、谨身三殿，"六宫以次序列，皆朴素不为饰"。①

南京作为洪武、建文两朝的都城，分宫城（又称紫禁城或大内）、皇城、京城、外城四层。"京城城垣全以砖石筑成，它南凭秦淮，北控玄武湖，东傍钟山，西据石头。全长六十七里，其长不仅在全国第一（北京央城、外城共约六十里），而且居世界之首（巴黎城五十九里）。"② 宫城内有御花园，建筑精美。

《明史·舆服志》云："洪武八年改建大内宫殿，十年告成。"

"旧内，元南治遗址也，明太祖初为吴王时居之。双阙巍然，重垣周币，丹朱垩饰，灿若霞辉。岁既久，宫宇倾颓，遂为居民艺植地。"③

改建大内宫殿，保留原有的一些有价值的建筑，而不是统统推倒重建。《舆服志》还记载始建品殿时，有人建议采瑞州（今江西高安）文石铺地，遭到朱元璋的训斥："敦崇俭朴，犹恐习于奢华，尔乃导予奢丽乎？"

明代创业初始，对营造崇尚俭朴的朝令贯彻相当严格，虽宫殿营建也不例外。

二、崇台杰宇　四重城垣

至燕王朱棣即位，迁都北京，改元永乐。

---

① 谷应泰：《明史纪事本末·开国规模》卷一四，中华书局1977年版。

② 雷从云等：《中国宫殿史》，百花文艺出版社2008年版，第255页。

③ 〔清〕余宾硕：《金陵览古》，《瓜蒂庵藏明清掌故丛刊》，上海古籍出版社1983年版。

永乐四年（1406），“诏以明年五月建北京宫殿，分遣大臣采木于四川、湖广、江西、浙江、山西”①，历十八年竣工，“凡宫殿、门阙规制，悉如南京，壮丽过之”②。

明代北京城是在元大都基础上逐渐扩建而成的。“宣宗留意文雅，建广寒、清暑二殿，及东、西琼岛，游观所至，悉置经籍。正统六年重建三殿。嘉靖中，于清宁宫后地建慈庆宫，于仁寿宫故基建慈宁宫。”③

正统二年（1437），诏命太监阮安（一名阿留）重修，四年工成，大学士杨士奇称公布新修城池之壮观：“崇台杰宇，巍巍宏壮。环城之池，既浚既筑，堤坚水深，澄洁如镜，焕然一新。”④

嘉靖年间，鞑靼族俺答部屡屡入侵，北京受到威胁，“边氛时有报急”，加之城内及附部人口剧增，“今城外之民殆倍城中”。嘉靖二十一年（1542）有朝臣建议在南城靠正阳、崇文、宣武三门之处筑外城，经过多次勘测规划，于1553年动工，利用原有“土城故址”，“增卑培薄，补缺续断”，故能“事半功倍”“曾未阅岁，而大工靠民”。编修张四维《新建外城记》云：“崇庳有度，瘠厚有级，缭以深隍，覆以砖埴，门墉矗立，楼橹相望，巍乎焕矣，帝居之壮也。”⑤北京于是形成了外城、内城、皇城、宫城四重城垣格局。

北京内城、皇城、宫城大体上呈三重方形城垣布局，宫城居中。主要宫殿建筑“三大殿”“后三宫”，依次坐落在南北中轴线上，其东西两侧则排列着次一级宫殿群落。宫殿建筑的体量式样、雕饰彩绘皆判然有别，但排列均衡，讲究对称，尊卑有序，等级森严，礼制威仪。

前三殿是办理国家大事的地方，其中皇极殿（原称奉天殿，俗称金銮殿）居于首要位置，是皇帝坐朝问政、会见群臣、发布诏令、举行大典的地方。建筑最宏丽、辉煌，凸显了天子的神圣，象征着皇权的至高无上。

“后三宫”分别为乾清宫、交泰殿和坤宁宫，是皇帝的“家”。宫室内部陈设精致典雅，富有生活气息，又有华表、嘉量、铜龟、铜鹤、石狮、龙首、栏

① 《明史·成祖本世二》。

② 《明史·舆服志四》。

③ 同上。

④ 《天府广记·城池》，北京古籍出版社1982年版，第42页。

⑤ 《天府广记·城池》，北京古籍出版社1982年版，第43页。

杆、影壁等建筑小品点缀其间，“空间组织和立体轮廓达到统一中又有变化”①。

宫后苑位于宫城中轴线上，坤宁宫后方，至今仍保留初建时的基本格局。园内以坐落在宫城南北中轴线上的钦安殿为中心，向前方及两侧铺展亭台楼阁。采用主次相辅、左右对称的格局。倚东北宫墙用太湖石叠筑“堆秀”山，山势险峻，磴道陡峭，叠石手法甚为新颖。园内种植松柏槐榆、海棠牡丹，竹间点缀着山石，四季常青。“因而御花园的总体于严整中又富有浓郁的园林气氛”②。

三、蓬岛仙域　瑞气氤氲

皇城内有西苑、兔园、东苑和万岁山（清初改称景山），京城安定门外有南苑。

西苑位于紫禁城之西，在金元旧苑基础上扩建而成。“从地质史上来看，这一带湖泊原是古代永定河的故道，河流迁移之后，残余的一段河床，积水成湖，并有发源于今紫竹院湖泊的一条小河——高梁河，经今什刹海（也同样是古代永定河故道的残余）分流灌注其中。”③ 永乐十二年（1414）“开北京下马海闸海子”④，便是太液池的南部，太液池的水面自此向南拓展到长安街一线，形成了后世所称的北、中、南三海格局。明人在新开拓的太液池南部水面堆砌人工小岛一座，名曰“南台”，又名瀛台，台上建昭和殿，辟御田，以供皇上观稼劝农。另外，将挖出的泥土堆在宫城的北边，堆成一座“万岁山”，“其高数十仞，众木森然，相传其下皆聚石炭，以备闭城不虞之用也”，“俗所谓煤山者”⑤，清人改称景山。万岁山矗立于玄武门之北，金水河环流于皇极门（原称奉天门，清改太和门）之南，构成背山面水、负阴抱阳的风水形势，登山之顶，金碧辉煌的紫禁城与气象雄丽的北京城尽收眼底。故此山又为紫禁城“镇山”。

明宣宗时修葺了广寒殿、清暑殿和琼华岛，新建了圆殿即承光殿，即团城，其余园林基本仍维持前朝旧观。

明英宗时“命即太液池东西作行殿三，池东向西者曰凝和，池西向东对蓬莱

① 刘敦桢主编：《中国古代建筑史》，中国建筑工业出版社 1980 年版，第 294 页。

② 周维权：《中国古典园林史》，清华大学出版社 1990 年版，第 120 页。

③ 侯仁之：《北海公园与北京城》，《文物》1980 年第 4 期。

④ 《明太宗实录》卷一五五。

⑤ 《宸垣识略·皇城》，北京古籍出版社 1982 年版，第 53 页。

山者曰迎翠，池西南向者以草缮之而饰以垩曰太素。其门各如殿名。有亭六，曰飞香、拥翠、澄波、岁寒、会景、映晖。轩一曰远趣，馆一曰保和”①。凝和、迎翠、太素三大殿“均面向太液池，并附有临水亭榭，与原有的琼华岛一起形成了以太液池为中心互为对景的建筑群”②。

此后，后嗣皇帝陆续仍有小规模建设，如明孝宗弘治二年（1489）在北海和中海之间改建石桥一座，桥两端各建牌坊一座，西名金鳌，东名玉蛛，所以桥名为金鳌玉蛛桥。至正德年间，明武宗朱厚照为方便检阅骑射，在太液池西岸金鳌坊的南侧建了一座名为“平台”的建筑，“高数丈，中作圆顶小殿，用黄瓦，左右各四楹，楼栋稍下瓦皆碧，南北陲接斜廊，悬级而降，面若城壁，下临射苑，皆设门牖，有驰道可走马”③。之后废台建阁，即今天的紫光阁。

嘉靖、万历两朝，又陆续在中海、南海一带增建新景点，重建殿、亭、舍、宫等，点缀于湖光山色之间，也弱化了太液池的天然野趣。

西苑以原有湖泊水景为主体，水域占据一半以上的面积，其名沿元代旧称太液池，划分北海、中海、南海三大水域。建筑疏朗，树木蓊郁，既有仙山琼阁的境界，又有自然野趣。“太液晴涵一镜开，溶溶漾漾自天来。光浮雪练明金阙，影带晴虹绕玉台。萍藻摇风仍荡漾，龟鱼向日共徘徊。蓬莱咫尺沧溟下，瑞气氤氲接上台。”④“三海水面辽阔，夹岸榆柳古槐多为百年以上树龄。海中萍荇蒲藻，交青布绿。北海一带种植荷花，南海一带芦苇丛生，沙禽水鸟翔泳于山光水色间”⑤。

西苑之西，皇城西南隅，为兔园，“叠石为峰，巉岩森耸，元代故物也”⑥有清虚殿、九曲池、瑶景亭、翠林亭等建筑，古木延翳，奇石错之。“兔园与西苑之间并无墙垣分隔，从南海之东岸绕过射苑即达，亦可视为西苑的一处附园”⑦。

东苑在皇城东南隅，栋宇宏壮，金碧相辉，其后瑶台玉砌，“远引西山泉水，

① 《明英宗实录》卷三一九。

② 潘谷西主编：《中国古代建筑史·元、明建筑》，中国建筑工业出版社 2009 年版。

③ 〔清〕高士奇：《金鳌退食笔记·紫光阁》。

④ 〔清〕孙承泽：《天府广记·诗》。

⑤ 周维权《中国古典园林史》，清华大学出版社 1993 年版，第 119 页。

⑥ 〔清〕吴长元：《宸垣识略·皇城》，北京古籍出版社 1982 年版，第 74 页。

⑦ 周维权：《中国古典园林史》，清华大学出版社 1993 年版，第 119 页。

逶迤流入，澄波晃漾，其中玉龙吐水，其高盈丈”①。此外，又有草殿、草舍、草亭，以及堂斋轩廊，“悉以草覆之”“四围编竹为篱，篱下毕蔬茹匏瓜之类”，取“古人茅茨不剪”不忘俭朴之意，大学士杨荣诗云，“草径自森邃，蔬畦亦纷披，殿宇靡华饰，俭朴同茅茨”②。

北京外城南垣安定门外又有南苑，别称南海子、上林苑，面积相当于西苑的一个半，也是宫廷重要的食物产地。“南海子在京城南二十里，旧为下马飞放泊，内有按鹰台。永乐十二年（1414），增广其地，周围凡一万八千六百六十丈，乃城养禽兽种植蔬果之所。中有海子，大小凡三，其水四时不竭，汪洋若海，以京城北有海子，故别名曰南海子”③。南苑水面开阔，保留了北京城郊一片难得的荒野。元人以为放鹰狩猎场所，明人岁时游观、狩猎大型动物，并种植蔬菜瓜果。

第二节　私家园林美学

明代的私家园林，经历了从明初的萧条，成化、嘉靖时的复苏，再到晚明井喷式发展的过程。

一、政崇俭朴　严禁侈靡

明初朱元璋政尚严酷，各级官吏薪水微薄，难以养家糊口。士大夫都不乐出仕，但《明会要·刑法一·律令》中规定“寰中士夫不为君用，罪至抄劄”，其下有文彬按语云：“贵溪儒士夏伯启叔侄断指不仕，苏州人才姚润、王谟被征不至，皆诛而籍其家。”士人出处皆危。

因元末“士诚之据吴也，颇收招知名士，东南士避兵于吴者依焉”，张氏败亡后，“惟苏、松、嘉、湖，（朱元璋）怒其为张士诚守”，对江南富户采取“移民”“重赋”等手段进行迫害。

洪武元年（1368），“徙苏、松、嘉、湖、杭民之无田者四千余户，往耕临

① 夏咸淳：《中国园林美学思想史·明代卷》，同济大学出版社 2015 年版，第 18 页。

② 《文敏·赐游东苑诗》，《四库明人文集丛刊》本，上海古籍出版社 1991 年版。

③ 《大明一统志·京师》，三秦出版社 1990 年版，第 1 页。

濠”，“复徙江南民十四万于凤阳”，“命户部籍浙江等九布政司、应天十八府州富民万四千三百余户，依次召见，徙其家以实京师，谓之富户”。

玉山佳处主人顾德辉“父子并徙濠梁”①，次年，顾瑛卒于徙所。“顾瑛走后，玉山草堂成了废墟，昆山成了‘宽城’。”②

明太祖在位三十余年，严禁官吏侵占土地，营构园林，“不许挪移军民居止，更不许于宅前后左右多占地，构亭馆，开池塘，以资游眺”；“国初以稽古定制，绝饬文武官员家不得多占隙地，妨民居住，又不得于宅内穿池养鱼，伤泄地气，故其时大家鲜有为园囿者”③。

“彼时开国之始，风气淳厚，上下恬熙，官于密勿者多至二三十年，少亦十余年，故或赐第长安，或自置园圃，率以家视之，不敢蘧庐一官也”④。

开国功臣中山王徐达、开平王常遇春、岐阳王李文忠、黔宁王沐英、信国公汤和诸元勋皆赐府第，徐达功高第一，最得恩宠。据正德年间进士、金陵名士陈沂（1469—1538）记载：“中山武宁王宅，在聚宝门内，出秦淮，为大功坊国朝功臣，仁信忠慎，无出徐达之右者，故圣主定功为第一，拜中书左丞相，改封魏国公，赐第名大功坊。”⑤

徐达府第原为朱元璋称帝前的吴王府，朱称帝后将其赐予开国元勋徐达。明王世贞《游金陵诸园记·魏公西圃》记载：“当赐第初，皆织室马厩，日久不治，悉为瓦砾场。”徐达生前有南园，“当赐第之对街，今为民所据，园址石峰犹存”⑥。

今瞻园为魏公西圃一部分，乃出于徐达第七世孙太子太保徐鹏举之手，建园时间约在徐鹏举受封为太子太保的1525年后。王世贞《游金陵诸园记·魏公西圃》：“太保公始除去之。征石于洞庭、武康、玉山，征材于蜀，征卉木于吴会，而后有此观。”于是有了“园以石胜，有最高峰，极其峭拔；其余石坡，梅花坞、平台、抱石轩、老树斋、翼然亭、竹深处诸胜，皆名实相称。石之不多邃

① 《明史·文苑一》，中华书局1974年版。

② 杨镰：《顾瑛与玉山雅集》，见《草堂雅集》，中华书局2008年版。

③ 〔明〕顾起元：《客座赘语·古园》，中华书局1987年版，第162页。

④ 《天府广记·名迹》，北京古籍出版社1982年版，第56页。

⑤ 〔清〕余宾硕：《金陵览古》，《瓜蒂庵藏明清掌故丛刊》，上海古籍出版社1983年版。

⑥ 《新修江宁府志·古迹》。

洞，窅曲盘纡，颇称屈折”①。

常府的府门建雕花牌楼非常庄重华丽，花牌楼也因此得名。门楼外有桥，名门楼桥。

大学士杨士奇、杨荣皆历仕四朝，杨荣由南京“随驾北来，赐第王府街，值杏第旁，久之成林”，因名“杏园”。王英也是历仕四朝的老臣，“有园在城西北，种植杂蔬，井旁小亭，环以垂柳，公余与翰苑诸公宴集其地”②。

国子监祭酒李时敏亦有园在王英园圃旁。所置园林规模小，简朴清疏。

庶民庐舍，“不过三间五架，不许用斗拱，饰彩色”“正统十二年，令稍变通之，庶民房屋架多而间少者，不在禁限”③。民间修建若干楼、亭、堂、轩，并非真正意义上的园林，仅仅为某一园林元素而已。

被朱元璋誉为“开国文臣之首”的宋濂，为人廉洁，曾经在门上写“宁愿忍受饥饿而死，不能贪利而活着”的大字。他写了篇《江乘小墅记》④，记载了朝廷派往地方的一位高姓巡视官的小园江乘小墅，主人“虽尝显荣于时，而翛然有山林之思”，逸韵旷情，“非标雅之居，无以遂其洁修，故君宦辙之所至，必营别墅以自休焉”。园是在荒芜已久、颓垣败壁的土地上清理、改造而成，园有“雪洞”“橘中天”“云松巢”等八景。景点建筑十分简陋，如“雪洞”以白垩涂壁；“橘中天”以苇竹为墙，用泥草涂抹，上结铜丝为幕，覆以油缯等。但建筑与山水植物构景却是匠心独运：雪洞“洞左辟圭门，中凿小池，漫以甓，四壁涂海波，有喷涌突起之势，手扪之，方知其平池”；云松巢“其制一如雪洞，画偃蹇怪松卧寒烟湿雾间，观之毛骨潇爽”，景与画相结合，虚虚实实，亦真亦幻，陈设简朴，但文人所需要的精神享受功能齐全；映雪轩“木榻横陈，映雪时晴，宜临右军书”；天地一息“可听琴，可坐而弈”；橘中天“可据炉而饮，饮后可画”；清閟室“列图书左右，间谧静岩，不闻人声，可以擢神扃而契道机”……琴棋书画诗，读书、悟道，堪称别出新意的文人园。

绍兴市区胜利西路府山北麓的快园，为明初御史韩宜可之别墅。据《明史·韩宜可本传》载，韩宜可，字伯时，浙江山阴人，出身官宦世家，为宋资政殿学

① 《金陵古迹图考·园林及第宅》，中华书局2006年版，第255页。

② 《天府广记·名迹》，北京古籍出版社1982年版，第56页。

③ 《明史·舆服四》。

④ 《宋文宪公全集》卷四三，四部备要本。

士韩肖胄后裔，明初为朱元璋的监察御史。他个性耿直，弹劾不避权贵，一生专与贪官污吏作对，受到后世直臣海瑞、杨继盛等人的推崇，朱元璋数次欲杀而未忍杀，可谓一代贤吏。

韩公在先祖遗址上构筑了这座别业，又因为其婿诸公旦在此精勤读书，韩公视之为“快婿”，因此遂名“快园”。园在龙山后麓，据祁彪佳《越中园亭记》载：“登龙山之阴，见竹木交阴。知为公旦诸君之快园。小径逶迤，方塘澄澈。堂舆轩舆楼，皆面池而幽敞，各极其致，不必披帏相对。已知为韵人所居矣。”另据张岱《琅嬛文集·快园记》载：

屋如手卷，段段选胜，开门见山，开牖见水。前有园地，皆沃壤高畦，多植果木。

公旦在日，笋橘梅杏，梨楂菘蓏，闭门成市。池广十亩，豢鱼鱼肥。有桑百株，桃梨数十树……有古松百余棵，蜿蜒离奇，极松态之变。下有角鹿、麀鹿百余头，盘礴徙倚。朝曦夕照，树底掩映，其色玄黄，是小李将军金碧山水，一幅大横披活寿意。园以外，万竹参天，面俱失绿。园以内，松径桂丛，密不通雨。亭前小池，种青莲极茂，缘木芙蓉，红白间之。秋色如黄葵、秋海棠、僧鞋菊、雁来红、剪秋纱之类，铺列如锦。渡桥而北，重房密室，水阁凉亭。所陈设者，皆周鼎商彝，法书名画，事事精辨，如入琅嬛福地。

可见，快园是读书、藏古之处，也是具有生产功能的果园、植物园、动物园，类似庄园。是园明末归著名散文家张岱，但那时的快园，“从前景物十去八九，平泉木石，亦止可仅存其意也已矣”！

明初还出现过在乡村、湖畔的住宅近旁建有一轩、一亭、一榭、一斋等建筑小品，或筑“斗室”“蜕窝”卧游，或植松竹菊适意，或艺稼穑、事渔猎为本，或以“瓜田”为号，借古寓意，实际上这些并非是山水、植物、建筑等诸构园元素皆备的真正意义上的“园林”，这类建筑仅仅为寄托逸韵旷情、山林之思的情怀而已。

如吴江孙氏的小隐湖楼，“小楼寻常盈丈间”，但可以“高情自寄烟水阔，长啸不惊鸥鹭闲。白日看云当槛过，清宵放月照琴还”；谢应芳的爱菊轩，“嘉其当草木变衰之候，霜瓣露叶，澹然幽芬，挺挺特立，久而不坠，殆与晚年矍铄者默有契焉。……虽高风雅致，不敢妄拟于陶，其适意之乐，亦无官之韩魏公也”；蔡彦祥吴江松陵的渔舍，有太湖的平波滂流，烟涛风漪，“加有秔稌桑苎之饶，萑苇、蒲荷、菰茭、菱莲之利，而又远揽玉峰，近挹白羊、穹窿、横山、洞庭诸秀爽”，“舍间林园翳水竹，衡门茅宇，通敞清邃，琴尊在前，图史左右，是幽人隐者之居也”；昆山邵济民的“瓜田”，乃“慕古之同姓，种瓜东陵”“粪于瓜田，戴笠而锄，抱瓮而灌……以之养亲，可以充一味之甘；以之留客，可以侑一茶之款。其蒂为苦口良药，可与参苓、姜桂并用，以活人济民。嘉之，因以瓜田自号。朝于斯，夕于斯，寓幽兴于斯”。

士人王复本，居南京秦淮河边，建了三间屋子，“制甚朴陋，盖不用瓦，而织荻为簟，覆其上以蔽雨，屋之四旁为屏障者，皆是物也”①。取名“纬萧轩”，意为依靠编织芦苇维持生计，典出《庄子·列御寇》：“河上有家贫恃纬萧而食者。”

二、半村半郭　山依精庐

永乐以来，国力渐强，迨至宣德、正统年间，国初这些祖制禁令渐渐松动，营造禁区时有僭越：“都下园亭相望，然多出戚畹勋臣以及中贵”，海淀一带贵戚富豪园林，“大数百亩，穿池叠山，所费已巨万”“豪贵家苑囿甚夥”②。城内得胜门之水关，后宰门北湖，其间园圃相望，踞水为胜，“稻畦千陇，藕花弥目，西山爽气，日夕眉宇，又俨然西子湖”③。

官员致仕归田，也在城中或近郊构建庄园别墅。如兵部右侍郎韩雍在苏州葑门内构建葑溪草堂，“十里葑溪路，垂杨罨画桥。草堂名自古，茭土产犹饶”，时与徐有贞、祝颢、刘珏辈诗酒其中，刘珏尝为绘十景图，“其园林池沼之胜，甲于吴下，世拟之李卫公（李德裕）之平泉庄，司马公（司马光）之独乐园”④。户部尚书殷廉在河北涿州之西杨东郭别墅，“遂擅涿郡一时园亭之胜”⑤。

成化以后，历弘治、正德、嘉靖、隆庆，随着禁海令的松弛，商业逐渐繁

① 《王忠文公集》卷六《纬萧轩记》，《丛书集成》初编本。

② 《万历野获编》卷二十四《畿辅》，中华书局1959年版，第609、610页。

③ 〔清〕宋起凤：《稗说》卷四《园囿》，转引自谢国桢《明人社会经济史料选编》，福建人民出版社2004年版，第215、216页。

④ 〔明〕邱睿：《重编琼台稿·葑溪草堂记》卷一八，《四库明人文集丛刊》，上海古籍出版社1991年版。

⑤ 同上。

荣，文化出现空前繁荣，构园从复苏到掀起高潮。

最初的构园，选址或在近郊：“楼窥睥睨，窗中隐隐江帆，家在半村半郭；山依精庐，松下时时清梵，人称非俗非僧。”风貌朴野疏朗，往往是带有浓厚自然经济色彩的庄园，园林多依山傍水的山麓园、滨湖园，或处城湾，位于市内的园林也仅仅为宅边隙地，规模很小。

吴门画派先驱刘珏，“不习为吏，而举于乡；宦成归隐，丹青擅场”。50岁时他回苏州湘城筑“小洞庭”，有隔凡洞、题名石、捻髭亭、卧竹轩、蕉雪坡、鹅群沼、春香窟、岁寒窝、橘子林、藕花洲等十景。自此，“新句自题蕉叶上，浊醪还醉菊花边。临来古画多洪谷，关得名琴是响泉。昨日敲门看修竹，珮环无数落湘烟”（刘珏《和石田韵》）。

官至内阁重臣的王鏊，“以志不得行归里”，辞归苏州东山陆巷村。王鏊及其子弟亲属在太湖东山的六处园林，皆傍山依林、以水为主。王鏊筑园，林泉之心愿始得满足，故园名“真适”。有苍玉亭、湖光阁、款月台、寒翠亭、香雪林、鸣玉涧、玉带桥、舞鹤衢、来禽圃、芙蓉岸、涤砚池、蔬畦、菊径、稻塍、太湖石、莫厘巘等16景，都以湖光山色、风月禽鸟、稻蔬花木成景。王鏊尝撰诗曰：“家住东山归去来，十年波浪与尘埃”“黄扉紫阁辞三事，白石清泉作四邻”，过着“十年林下无羁绊，吴山吴水饱探玩”“清泉一脉甘且寒，肝肺尘埃得湔浣”的生活。

其仲兄王磐的壑舟园为其中最著者，沈周、蒋春州为绘《壑舟图》，唐寅、祝允明皆题诗其上。且适园为王鏊之弟王铨所筑，园中杂莳花木，有峰有池，诸景参峙汇列。招隐园为王鏊季子延陵筑，这是一处傍山依林、以水为主的庭园，叶承庆《乡志类稿》称其“丘壑擅莫里之胜”。王鏊之侄王学的从适园，于湖波荡漾间得亭榭游观之美。

东山的集贤圃，背山面湖，建于太湖之中，既得天然之美，又有人工经营，有城中园林所不可比拟处。董其昌、陈继儒等文人、画家常来吟眺其间。西坞书舍贺元忠庐墓处，松竹花卉甚茂。湘云阁在东山翁巷，曲廊迂回，入内几迷东西。

吴宽之父吴融的东庄在葑门，“菱濠汇其东，西溪带其西，两港旁达，皆可舟而至也”，其中不仅多异卉珍木，有菜地、瓜田、果林、桑园，还有大片的稻田、麦地，俨然一个城内的大型农庄，据《东庄记》载：

由凳桥而入，则为稻畦，折而南为果林，又南西为菜圃，又东为振衣冈，又南为鹤峒。由艇之滨而入，则为麦丘。由竹田而入，则为折桂桥。区分络贯，其广六十亩。而作堂其中，曰续古之堂，庵曰拙修之庵，轩曰耕息之轩，又作亭于桃花池，曰知乐之亭，亭成而庄之事始备，总名之曰东庄，因自号东庄翁。

东庄当年的风貌，略见于沈周《东庄图册》，图后有董其昌等人的杂咏，其图册是沈周自云“为君十日画一山，为君五日画一水”，亲手绘就并赠给好友吴宽的。

现存有东城、菱濠、西溪、南港、北港、稻畦、果林、振衣冈、鹤洞、艇子浜、麦山、竹田、折桂桥、续古堂、拙修庵、耕息轩、曲池、朱樱径、桑州、全真馆、知乐亭等二十一帧，所画“一水一石皆从耳目之所睹”，我们可以从中看出“溪山窈窕，水木清华”的自然景色。

沈周《东庄图册·菱濠》

明代园林大多以水池为中心，四周点缀山石花木，有的以假山为中心，周旁浚池并种植花木。园中以山水为主景，建筑仅为点缀，往往茅草覆顶，具有茅茨土阶的简朴风味。

沈周之祖孟渊居相城之西庄，据杜琼《西庄雅图记》：其地襟带五湖，控接原隰，有亭馆花竹之胜，水云烟月之娱。孟渊攻书饬行，郡之庞生硕儒多与之相接，凡佳景良辰，则相邀于其地，觞酒赋诗，嘲风咏月，以适其适。沈周因父辈所筑园林“有竹居”，故号“有竹居主人”。有竹居“辟水南隙地，因宇其中，将以千本环植之”，沈周有诗“比屋千竿见高竹，当门一曲抱清川”“一区绿草半区豆，屋上青山屋下泉。如此风光贫亦乐，不嫌幽僻少人烟”，诚然是座地处幽僻、竹木森森的生态优雅之园。

文徵明之父文林构停云馆是宅边地，更为狭小，文徵明有《咏园诗》十首，可以窥见其风貌：“阶前一弓地，疏翠荫蘩蘩”，寒烟依树，乔松修梧。“檐鸟窥人闲，人起鸟下食”，树木蓊郁，鸟语花香。“埋盆作小池，便有江湖适。微风一以摇，波光乱寒碧”，如画的诗，写意的水。小小景石有“怪石吁可拜”，也有“不及寻”的叠石，但“空棱势无极”，“小山蔓苍萝，经时失巉崒。秋风忽披屏，姿态还秀出”，亦有层峰崇垣，可以“窗中见苍岛”。文徵明曾言：“吾斋、馆、楼、阁无力营构，皆从图书上起造耳。”

嘉靖六年（1527），文徵明辞官，“到家筑室于舍东，名玉磬山房，树两桐于庭，日徘徊啸咏其中，人望之若神仙焉”。玉磬山房是在停云馆之东拓展一如玉磬形的书堂小庭园，“精庐结构敞虚明，曲折中如玉磬成”“曲房平向广堂分，壁立端如礼器陈”。文徵明自谓：“横窗偃曲带修垣，一室都来斗样宽。谁信曲肱能自乐，我知容膝易为安。”（《玉磬山房》）

拙政园始建于明正德四年（1509），成于嘉靖十七年（1538），为解职归田的御史王献臣所筑，取晋潘岳《闲居赋·序》“灌园鬻蔬”“此亦拙者之为政也”，园为“拙政”，与“巧宦”相对。选址在姑苏老城专事产粮的“北园”，“不出郛郭，旷若郊野”，有积水亘其间，“流水断桥春草色，槿篱茅屋午鸡声”，颇具山野之气。

园中主要景物是水和植物，疏置亭台，布局平旷开阔。景物有沧浪池、若墅堂、梦隐楼、繁香坞、倚玉轩、小飞虹、芙蓉隈、小沧浪亭、志清处、柳隩、意远台、水花池、净深亭、待霜亭、听松风处、怡颜处、来禽囿、得真亭、珍李坂、玫瑰柴、蔷薇径、桃花沜、湘筠坞、槐雨亭、尔耳轩、竹涧、瑶圃、嘉实亭、玉泉、钓砻、槐屋、芭蕉槛等，以明瑟旷远的自然风景为基调。

文徵明有《拙政园图咏三十一景》，“犹可征当日之经营位置，历历眉睫。又如身入蓬岛阆苑，琪花瑶草，使人应接不遑，几不知有尘境之隔”。画上的拙政园，古淡天然，一片野趣。如小沧浪亭：一汪沧浪水莽莽苍苍，流向远处，浅滩、绿洲参差，傍水构一虚亭，绿水绕楹，水岸坡地，树木葱郁。既有风月供垂

钓，又有孺子唱濯缨，真是“满地江湖聊寄兴，百年鱼鸟已忘情”。水木明瑟，旷远恬淡，足可表现江湖之思、濠梁之感。

明嘉靖初年，宋代著名词人秦观后裔秦金在无锡因惠山寺南隐房和沤寓房两处僧寮之地建园，因秦金号凤山，故初名“凤谷行窝”。苍凉廓落，初不以一亭一榭为奇，奠定了园林的雏形，为一自然山林园。万历时湖广巡抚秦耀改建园居，取王羲之“取欢仁智乐，寄畅山水阴”诗意，改名寄畅园。

今背山临流的寄畅园，总体布局仍因明时之旧，结合园内地形和周围环境，根据东西狭窄、南北纵长、西枕惠山山麓、西高东低的特点，因高培土，就低凿池，创造了与园基纵长方向相平行的水池和假山。

该园几百年来一直属秦之子孙所有，故整体规模保存较好。全园以水池为构图中心，池东一带临池构筑亭榭，连以游廊，池西筑土石相间的黄石假山，为张南垣从子张钺的作品，假山内用黄石砌成八音涧，使人仿佛置身于深山曲谷之间，背靠锡山、惠山二山美景，二泉细流淙淙作响，人工美与自然美相融，深得山林野趣。园外锡山峰峦和龙光塔影浮现于林木梢头，倒映于碧水池中，成为绝妙的借景。别具匠心的设计和营造形成了寄畅园苍凉廓落、古朴清旷、山水林木之雅的独特风格，卓然成为江南山墅园林的典范。

寄畅园锦汇漪

姚淛在南京繁华绮丽的秦淮河边筑“市隐园”，园有十八景，诸如“玉林”“中林堂”“青雨畦”“秋影亭”等，回塘曲槛，水竹之盛，甲于都下，“蝉蜕污滓之中，鸿翔廖阔之表，盖内观取足游方外着也，以故散睇怡颜，放歌招隐，此焉永日”①。

三、绣户雕甍　编茅为亭

明代园林史上最大的构园高潮是随着晚明相对文禁的松弛、经济的繁荣和消费观念的高涨出现的。

嘉靖皇帝早期整顿朝纲，减轻赋役，对外抗击倭寇，后史誉之谓“中兴时期”。但其统治后期崇信道教，并痴迷于炼丹，致使后来发生“壬寅宫变”，之后不再理政；至万历帝朱翊钧登基初期，由内阁首辅张居正主持万历朝新政，张居正掌权的十年，励精图治。资本主义萌芽出现，史称“万历中兴”。万历皇帝后期同样不理朝政，经常罢朝，致使朝内派系之间相互牵制、互相制衡。女真在东北迅速崛起，在萨尔浒之战中击败明军。至天启间，熹宗朱由校好雕小楼阁，斧斤不去手，听任阉党魏忠贤把持朝政，杀戮异己，民怨载道。此后，明朝国势衰微。

但是与晚明极端腐败的政治恰恰相悖，“文化艺术的发展，有其相对独立的场域，虽然受到政局动荡及经济变动的影响，但审美追求所开拓的精神境界依然可以传承，艺术创造的成果可以历劫而重生。一旦在文化艺术上有所开创，并能蔚成风气，形成典范，则可传诸后世，形成传统，晚明文化的重大意义在此”，“虽然以北京为全国‘政治中心’，但是经济发达的江南却以南京、苏州、杭州为核心，带动周边的都市与城镇，发展成充满文化创意的‘文化中心带’”。②

京城西郊海淀地区泉水湖淀等水系分布密集、自然风景优美，方圆二十余里，鸟语花香。除了皇家园林、寺庙园林以外，富商巨贾、官宦贵戚、文人雅士的私家园林也点缀其间。京城私家园林受皇家气派的影响，大多追求奢华，如《五杂俎》所言：“大抵气象轩豁，廊殿多而山林少，且无寻丈之水可以游帆。”

号为“都下名园第一”的清华园，园主是明神宗万历皇帝的外祖父武清侯李伟。李伟在发迹后，效仿文人墨客，附庸风雅，在风景秀丽的海淀地区修了一处规模很大的私家园林，名为清华园。其园方圆十里，西北水中起高楼五楹，楼上复起一台，俯瞰玉泉诸山。《明水轩日记》云：“清华园前后重湖，一望漾渺，

---

① 〔明〕许穀：《许太常归田稿·市隐园十八咏》卷一〇，《四库全书存目丛书》本。

② 郑培凯：《晚明文化与昆曲盛世》，《光明日报》2014 年 1 月 20 日。

在都下为名园第一。若以水论，江淮以北，亦当第一也。”《日下旧闻考》描述清华园盛景：“初至，见茅屋数间，入重门，境始大。”进到重门里便是进了另一番世界：“池中金鳞长至五尺，别院二，邃丽各极其致。为楼百尺，对山瞰湖，堤柳长二十里，亭曰花聚，芙蕖绕亭，五六月见花不见叶也。池东百步置断石，石纹五色，狭者尺许，修者百丈。西折为阁，为飞桥，为山洞。西北为水阁，垒石以激水，其形如帘，其声如瀑，禽鱼花木之盛，南中无以过也”，“雪后，联木为水船，上施轩幕，围炉其中，引觞割炙，以一二十人挽船走冰上若飞，视雪如银浪，放乎中流，令人襟袂凌越，未知瑶池玉宇，又何如尔”。

勺园是明朝著名书画家米万钟于万历年间所建，取海淀一勺之意，在今北京大学内，其中有五大胜景：一色天空、二太乙叶、三松垞、四翠葆榭、五林于澨。园有百亩，穿池凿山，山峻湖广，登高俯远近景物，下水可得舟楫之乐。畹园也在海淀，方圆有十余里，有屿石百座、乔木千计、竹万计、花亿万计，有宽广的荷花池，还有灵璧、太湖、锦川等奇石。袁中道《海淀李戚畹园四首》诗曰：“沉绿殷红醉晓晖，入林花雨润罗衣。盘云只觉山无蒂，喷雪还疑水有机。遂与江湖争浩渺，可怜原隰总芳菲。何妨携襆同栖宿，烟月留人讵忍归。”

晚明江南经济繁荣，生活富裕，文娱活动丰富，审美追求达到十分精致的高峰。苏州甚至成为世界时尚中心，时国内称“小苏州”的不下十多处。

此时文人心态也空前开放，但他们更注重内在精神修养，在日常生活中，或“琴声相悦，灌畦汲井，锄地栽兰，场圃之间，别有余适”（张鼐《题尔遐园居序》）；或“相与偃曝林间，谛看花开花落”（陈继儒《花史跋》），从而迸发出空前的艺术创造力，他们捕捉优雅闲适的意境美和审美体验，从山水花木中攫取清幽雅致的意象来自我映衬，一直延续至清前期。在“吴中豪富，竞以湖石筑峙奇峰阴洞，至诸贵占据名岛以凿，凿而嵌空为妙绝”的同时，“闾阎下户，亦饰小小盆岛为玩”①。

在提倡真性情，颂扬浪漫和人文双重思潮的影响下，好货、好色、好珪璋彝尊、好花竹泉石都成为无可非议的人性之自然。

明末张岱《自为墓志铭》坦言自己：“极爱繁华，好精舍，好美婢，好娈童，好鲜衣，好美食，好骏马，好华灯，好烟火，好梨园，好鼓吹，好古董，好

① 〔明〕黄省曾：《吴风录》。

花鸟，兼以茶淫橘虐，书蠹诗魔。”清初的袁枚也直言不讳地宣称：“袁子好味，好色，好葺屋，好游，好友，好花竹泉石，好珪璋彝尊、名人字画，又好书。”

归庄《太仓顾氏宅记》称：“豪家大族，日事于园亭花石之娱，而竭资力为之，不少恤……今日吴风汰侈已甚，数里之城，园圃相望，膏腴之壤，变为丘壑，绣户雕甍，丛花茂树，恣一时游观之乐，不恤其他。”

构园如痴似癖，成为江南文人身份、品位的象征。据王世贞《游金陵诸园记》所载，明末寓居南京的士大夫营建的第宅园林就达三十六处之多。

杭州园林主要以花园、书院、草庵、山房、别墅等形式建于西湖及其周围的青山之麓。著名者如延祥园、乔园、刘园、吴园等几十处园林均集中于今孤山路、南山路、北山路、吴山路一带。

明末也是绍兴园林史上的构园巅峰期。许多文人积极参与园林设计和造园实践，将文学艺术表现手法引入园林，士大夫几乎无人不建园林自娱。祁彪佳《越中园亭记》收录园亭 276 座，“越中，众香国也”，整个越中都成了一座大花园。

常熟之瞿氏东皋草堂、钱氏拂水园、陈继儒畲山的扫石山房、如皋冒辟疆水绘园等都名著江南。它如松江之东园、西园、也是园，富阳之澹园，临安之宜园、涉园，潜县之小桃李园，新城之陈氏园，昌化之东园、西园等，仪征、太仓、常州、湖州、嘉兴等地也都大量营建园林。园林之盛，达到了前所未有的程度。

这时期的构园浪潮，有鲜明的时代特征：

首先，园林是富商巨贾、官僚、富足文人满足“人欲”之场所，此时传统文人的清高已被世风溶解，“隐于园”被“娱于园”所替代。明吴履震《五茸志逸》记载：“士大夫仕归，一味美宫室，广田地，蓄金银，豢妻妾，宠嬖幸，多僮仆，受投靠，负粮税，结官税，穷宴馈而已。”

东园（今留园前身）建于明代万历年间，徐泰时是明万历年间太仆寺卿，太仆寺是管理皇家建筑工程的部门，徐泰时参与营造万历帝的寿宫，即十三陵中的定陵，富有建筑实践经验。徐氏广搜奇石，从湖州其岳父董份家运来宋代花石纲遗物瑞云峰等五峰置于园内。瑞云峰为一太湖奇峰，采自太湖洞庭西山，称“小谢姑”。为北宋徽宗时花石纲遗物，拟北运汴京，因石太沉，未果。明代为南浔董份购得，万历中归其婿太仆寺卿徐泰时，时称大江南北花石纲遗石，以此为祖。清乾隆四十四年（1779），织造使者为迎接乾隆皇帝弘历第五次南巡，迁

瑞云峰至织造署西行宫内，立在水池中央，池州叠湖石假山陪衬。瑞云峰高5.12米，连盘座高6.23米，宽3.25米，厚1.3米，有“妍巧甲于江南”之誉。

明公安派文学家袁宏道激赏周时臣所堆石屏，“高三丈，阔可二十丈，玲珑峭削，如一幅山水横披画，了无断续痕迹，真妙手也”。

今中西部山池仍保存着明代东园的布局形式，山水相依，特别是大型假山连绵逶迤，山上银杏、枫杨、榆、柏、青枫等十余株百年古树，营造出浓郁的山林野趣。西部以山林风光为主，土石假山上枫树成林，至乐亭、舒啸亭隐现于林木之中。山左云墙如游龙起伏。山前“之”字形曲溪宛转，缘溪行，有身临桃花源之感。今北部又一村广植竹、李、桃、杏，建有葡萄、紫藤架，辟有盆最园，犹存田园之趣。

艺圃，位于苏州阊门商业闹区的文衙弄，据姜埰《颐圃记》，明时“其地为姑苏城之西北偏，去阊门不数百武，阛阓之冲折而入杳冥之墟。地广十亩，屋宇绝少，荒烟废沼，疏柳杂木，不大可观”“吴中士大夫往往不乐居此”。因此，清初汪琬才称“隔断城西市语哗，幽栖绝似野人家”。

简朴的大门里先后住过三代以德高才显著称于明末政坛的园主：“其始，则有袁副使绳之以高蹈闻于前；其次，则有文文肃公父子以刚方义烈著于后；今贞毅先生复用先朝名谏官悠游卒岁乎此，而其两子则以读书好士、风流尔雅者绍其绪而光大之。”成为苏州园林中唯一以园主盛名而著称的园林。

万历末年为文徵明曾孙文震孟所得，乃“公未第之时”。明文秉《姑苏名贤续记》称文震孟恬泊无他嗜好，而最深山水缘，家居惟与子弟谈榷艺文，品第法书名画、金石鼎彝，位置香茗几案、亭馆花木，以存门风雅事。他酷爱《楚辞》，颇有自比屈原之意，得园后，对业已废圮的园林略加修葺，易名“药圃”。“药”，楚辞中指香草白芷，清幽高洁，寓避世脱俗之意，文氏隐居于此，写诗作画，修身养志，“书迹遍天下，一时碑版署额，与待诏埒”。

汪琬《文文肃公传》说，第宅犹诸生时所居，未尝拓地一弓，建屋一椽。宅园基本保存了醉颖堂时期写意山水园的特色。《文氏族谱续集》据《雁门家采》载：

> 中有生云墅、世纶堂，堂前广庭，庭前大池五亩许。池南垒石为五老峰，高二丈。池中有六角亭名“浴碧”，堂之右为青瑶屿，庭植五柳，大可

数围，尚有猛省斋、石经堂、凝远斋、岩扉。

青瑶屿是文震孟读书的地方，著有《药圃诗稿》。庭植五棵高大的柳树，追慕陶渊明《五柳先生》的风采，风雅可掬。崇祯《吴县志》称其“林木交映，为西城最胜”。

明崇祯十七年（1644），园归崇祯进士山东莱阳姜埰。姜埰与其弟垓，时称“两姜先生”，皆志节高尚。

三百年前的艺圃，汪琬《艺圃后记》中记载甚详：

甫入门，而径有桐数十本。桐尽，得重屋三楹间，曰“延光阁”。稍进，则曰“东莱草堂”，圃之主人延见宾客之所也。主人世居于莱，虽侨吴中，而犹存其颜，示不忘也。逾堂而右，曰“傅饦斋”。折而左，方池二亩许，莲荷蒲柳之属甚茂。面池为屋五楹间，曰念祖堂，主人岁时伏腊、祭祀、燕享之所也。堂之前为广庭，左穴垣而入，曰“旸谷书堂”，曰“爱莲窝”，主人伯子讲学之所也。堂之后，曰“四时读书乐楼”，曰“香草居”，则仲子之故塾也。由堂庑迤而右，曰“敬亭山房”，主人盖尝以谏官言事，谪戍宣城，虽未行，及其老而追念君恩，故取宣之山以志也。馆曰“红鹅”，轩曰“六松”，又皆仲子读书行我之所也。轩曰“改过”，阁曰“绣佛”，则在山房之北。廊曰“响月”，则又在其西。横三折板于池上，为略彴以行，曰“度香桥”。桥之南，则“南村”“鹤柴”皆聚焉。中间垒土为山，登其巅，稍夷，曰“朝爽台”。山麓水涯，群峰十数，最高与“念祖堂”相向者，曰“垂云峰”。有亭直“爱莲窝”者，曰“乳鱼亭”。山之西南，主人尝植枣数株，翼之以轩，曰“思嗜”，伯子构之，以思其亲者也。今伯子与其弟，又将除“改过轩”之侧，筑重屋以藏弃主人遗集，曰“谏草楼”，方鸠工而未落也。

汪琬在《艺圃记》中对建筑有总体介绍：“为堂、为轩者各三，为楼为阁者各二，为斋、为窝、为居、为廊、为山房、为池馆、村砦、亭台、略彴之属者各居其一。”水池方广弥漫，村寨迤逦深蔚，朝爽台高明敞达，香草居、红鹅馆、六松轩曲折工丽。“至于奇花珍卉，幽泉怪石，相与晻霭乎几席之下；百岁之藤，千章之木，干霄架壑；林栖之鸟，水宿之禽，朝吟夕弄，相与错杂乎室庐之旁”。

王世贞《太仓诸园小记》说："余癖迂，计必先园而后居第，以为居第足以适吾体，而不能适吾耳目，以便私之一身及子孙，而不及人"，"有八园，郭外二之，废者二之，其可有游者仅四园而已"。[①] 据现存文献记载，王世贞在太仓曾经先后居住生活的园林有麋泾园、离赘园、小祇园和弇山园。号为"东南第一名园"的弇山园是与当时造园高手张南阳合作的结晶，声闻东南。

弇山园初称小祇园，佛教有"祇树给孤独园"，简称祇园，是舍卫国的须达长者奉献给佛陀的一座精舍，它是佛陀在世时规模最大的精舍，也是佛教寺院的早期建筑形式。后因《庄子》《山海经》《穆天子传》有"弇州""弇山"，皆为仙境，他自号"弇州山人"，亦改园名为"弇山园"。

王世贞撰写了八篇《弇山园记》，弇州园占地七十余亩，与上海豫园相当。其中"土石得十之四，水三之，室庐二之，竹树一之"，"园之中，为山者三，为岭者一，为佛阁者二，为楼者五，为堂者三，为书室者四，为轩者一，为亭者十，为修廊者一，为桥之石者二、木者六，为石梁者五，为洞者、为滩若濑者各四，为流杯者二，诸岩蹬、涧壑不可以指计，竹木卉草香药之类，不可以勾股计"。弇山园的后门，榜曰"琅琊别墅"。

王世贞概括弇山园有"六宜"之胜："宜花、宜月、宜雪、宜雨、宜风、宜暑。"弇山园也成了文人雅集之所，留下了戚继光、李时珍、徐阶、屠龙、陈继儒、汪道昆、胡应麟、梁辰鱼、潘季驯、王锡爵等诸多历史名人的足迹。弇山园又是王世贞个人的退隐之所和精神家园，王世贞为营建弇山园殚精竭虑，但并不视之为一己私物，在《题弇山园八记后》说："余以山水花木之胜，人人乐之，业已成，则当与人人共之。故尽发前后扃，不复拒游者。"晚年曾语重心长地告诫："吾兹与子孙约，能守则守之，不能守则速以售豪有力者，庶几善护持，不至损夭物性，鞠为茂草耳！"一方小园，是他心灵休憩的自在港湾，乱世中寻求全身远害的途径。

明神宗时位极人臣之首的王锡爵，因感宦途凶险，加上爱子王衡早卒，"私念平生高兴，钟于各园花果，理疾之暇，则以朝夕至各园，徜徉其间"[②]。王衡《春仲园居》："无事此经月，细草衣垣墙。开门不见人，但闻花甑香。眷言对华

① 〔明〕王世贞《弇山园记》，见《弇州续稿》卷五九。

② 〔明〕王锡爵：《王文肃公文集·周年祭文》。

滋，有怀托春阳。无弃管蒯资，生理各有当。”① 在宦途百转千回之后，人生的豁达通透之悟，更显得弥足珍贵。

经过王锡爵、王衡两代人的不断营建，南园景点更为丰富多样。传至第三代的王时敏手中时，更是多次修葺拓建，南园的景点分布状况也最终得以确立。王时敏除了继续拓建祖辈遗留下来的南园之外，还邀请巧夺天工的著名造园大师张南垣，将文肃公芍药圃稍拓，花畦隙地，插棘诛茅，累山植木，名曰乐郊。中间改作者再四。磴道盘纡，广池澹滟，周遭竹树蓊郁，浑若天成，而凉堂邃阁，位置随宜，卉木窗轩，参差掩映，颇极林壑台榭之美。有藻野堂、揖山楼、凉心阁、期仙庐、扫花庵、香绿步、绾春桥、沁雪林、梅花廊、翦鉴亭、镜上舫、峭蒨专壑、烟上霞外、纸窗竹屋、清听阁、远风阁、密圆阁、画就香霞槛、杂花林、真度庵并东岗之陂诸胜。十余年中，费以累万，成为闻名遐迩的江南园林典范。

豫园与顾氏露香园、日涉园，号为“明代上海三大名园”。豫园始建于明嘉靖三十八年（1559），园主潘允端，出身于名门望族，其父潘恩，字子仁，号笠江，嘉靖二年（1523）进士，官至都察院左都御史和刑部尚书，死后赠太子少保，谥“恭定”。潘恩为官廉能正直，惩恶扬善，深得民心。他家世春堂上挂着“履富履贵履盛满，如履春冰；保身保家保令名，如保赤子”的对联，正是他践行的人生法则。潘恩年迈辞官告老还乡，时次子潘允端以举人应礼部会考落第，为了让父亲安享晚年，遂萌动建园之念。

“园日涉以成趣”，潘允端选择了家宅世春堂西的大片菜畦作为园址，宅与园仅一巷之隔。原有七十余亩地，时与太仓王世贞弇山园同为江南名园之冠。潘聘请园艺名家张南阳担任设计和叠山，前后耗时十八年。山势磅礴，重峦叠嶂。山高四丈，迂回曲折，其间有磴道盘旋。乔钟吴在《西园记》中说：大假山“层崖峭壁，森森若万笏状……遥望之若壶中九华，天造地设，几不知其为人力也”，“时奉老亲觞咏其间，而园渐称胜区矣”！潘允端在《豫园记》中解释园林的立意是：“匾曰豫园，取愉悦老亲意也。”“豫”有安泰、平安之意，闪烁着中华民族人伦之美。

今三穗堂原为乐寿堂，南临广袤约2500平方米的荷花池，“湖心有亭，渺然

---

① 〔明〕王衡：《缑山先生集》卷一，明万历四十四年刻本。

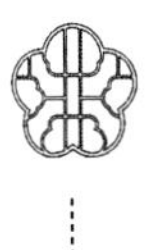

浮水上，东西筑石梁，九曲以达于岸”，乔钟吴写的《西园记》中记载，湖心亭“亭外远近植芙蕖万柄，花时望之灿若云锦。凭栏延赏，则飞香喷鼻，鲜色袭衣，虽夏月甚暑，洒然沁人心脾”，“池心有岛横峙，有亭曰凫佚。岛之阳，峰峦错叠，竹树蔽亏，则南山也”。荷池中时有凫禽戏水，月影飘摇。“南山”盖取“寿比南山”之意。潘家世交、大书画家董其昌写有《乐寿堂为潘泰鸿寿》诗，称园景“森梢嘉树成蹊径，突兀危峰出市廛。白水朱楼相掩映，中池方广成天镜”“水北楼台照碧霄”，“水南岚翠何缥缈”，“磴道周遮洞壑深，游人往往迷幽讨。飞梁百尺亘长虹，别有林扉接水穷。名花异药不知数，经年瑶圃留春风”云云。“陆具岭涧洞壑之胜，水极岛滩梁渡之趣”，潘允端说：“大抵是园，不敢自谓辋川、平泉之比，而卉石之适观，堂室之便体，舟楫之沿泛，亦足以送流景而乐年矣。”

为金陵诸园之冠的南京瞻园成于徐达第七世孙太子太保徐鹏举之手，有石坡、梅花坞、平台、抱石轩、老树斋、北楼、翼然亭、钓台、板桥、梯生亭、竹深处等著名的十八胜景，瞻园以假山为主景。主体建筑静妙堂把园林分为南北二区，南狭北广，各有水沼假山，有友松、倚云、仙人诸峰，磐石、伏虎、三猿诸洞，玲珑峭拔，曲邃盘纡。《金陵古迹考》称“皆名实相符，石之下多邃洞，窅曲盘纡，颇称屈折”。

据史料记载，瞻园十八景之一的梅花坞，明代时曾是植梅胜地，彼时有几百株梅花争艳吐芳，“环植寒梅处，横斜画阁东。一轮明月照，满树白云空。春到孤亭上，香闻大雪中”。可惜今梅花不见。

南假山临池壁立，具溶洞景色。有三叠瀑布，山上树木苍翠，藤蔓披拂，俨然真山野林；北假山坐落在北部空间的西面和北端。雄峙水际，幽谷深涧，山径盘旋。西部山峦冈阜高下蜿蜒，别有一番山林野趣。西为土山，北为石山，东抱曲廊，夹水池于山前，陡壁雄峙，“高高低低都是太湖石堆的玲珑山子”，临水有石壁，下有石径，临石壁有贴近水面的双曲桥，沟通了东西游览路线。山腹中有盘龙、伏虎、三猿诸洞。

据《儒林外史》第五十三回描写，园中最高处有全是白铜铸成的亭子，用炭火取暖，比北京颐和园宝云阁（铜亭）的建成时间要早得多。

赵宧光夫妇苏州的寒山别业，位于苏州郊外支硎山南。赵宧光（1559—1625），字凡夫，一字水臣，号广平，太仓（今江苏太仓）人，国学生，是宋太宗赵炅第八子元俨之后。宋王室南渡，留下一脉在吴郡太仓，便有了晚明时期吴郡充满人文色彩的赵氏一族。作为王室后裔，赵宧光一生不仕，只以高士名冠吴中。宧光夫妇在此，凿石为涧，引泉为池，自辟丘壑，花木秀野，有千尺雪、芙蓉泉、小宛堂、云中庐、弹冠室、惊虹渡、绿云楼、飞鱼峡、琳琅丛、蝴蝶寝、驰烟驿、澄怀堂、清晖楼诸胜，岩壑清幽，泉沼澄碧，尤以千尺雪瀑布为最，泉水从岩壁间流出，悬挂千尺，色白如雪，如洞天仙源。小宛堂内茗碗几榻，超然尘表。女主人陆卿子有组诗《山居即事》描写此园的景色："石室藏丹青，萝房起白云。鸟飞天影外，泉响隔林闻。澹荡波光里，烟霞敛夕曛"，"麋鹿缘岩下，神仙采药逢。桃花开已遍，樵客欲迷踪"，"树色千重碧，溪声万壑流。乌啼花坞暖，枫落石门秋"。建筑则萝房、石室，所见则丹青、白云、鸟飞、天影、波光、烟霞、夕曛，所逢则麋鹿、神仙、樵客，纯为山林风味。园林借真山林的壮美之势，园内园外、天然之景和人工之景浑然一体，确为山居色彩。

王心一的归田园居，"门临委巷，不容旋马。编竹为扉，质任自然"。委巷即东首的百花小巷，"墙外连数亩，资为种秫田"；作秫香馆楼，"楼可四望，每当夏秋之交，家田种秫，皆在望中"，很有点"柴门临水稻花香"的诗意。

明末扬州有盐商郑之彦明利国通商之事，四子元嗣、元勋、元化、侠如以园林相竞。元嗣有五亩之宅，元勋有影园，元化有嘉树园，侠如有休园。

郑侠如的休园占地五十亩，在所居住宅后，间一街，乃为阁道而下行如阪，阪尽而径，径尽而门，门内为休园。先是，住宅后有含英阁、植槐书屋、碧厂耽佳、止心楼诸胜，园中有空翠山亭、蕊栖、挹翠山房、琴啸、金鹅书屋、三峰草堂、语石樵、水墨池、湛华卫书轩、含清别墅、定舫、来鹤台、九英书坞、古香斋、逸圃、得月居、花屿、云径绕花源、玉照亭、不波航、枕流、城市山林、园隐、浮青诸胜，中多文震孟、徐元文、董香光真迹。止心楼下有美人石，楼后有五百年棕榈，墨池中有蟒，来鹤台下多产药草。

声名最著的影园始建于明万历末年天启初年，竣工于崇祯七年（1634），费时十余年。园主郑元勋生而颖异，为崇祯后期进士，善文能画。园址选在扬州城外西南隅荷花池北湖，"湖中长屿上，古渡禅林之右，宝蕊栖之左，前后夹水，隔水蜀岗蜿蜒起伏，尽作山势，柳荷千顷，萑苇生之"。董其昌以园之柳影、水影、山影而名之为"影园"。园处冈峦城郭之间，四季花木簇拥着石隙奇石亭榭，花影簇簇，流水潺潺，举目皆画，美景若梦。

是园构画者计成，题园额者董其昌，为园中黄牡丹诗定音者钱谦益，以东坡笔法题“玉勾草堂”“淡烟疏雨”者郑元嗣，题“孤芦中”者姜开光，题“一字斋”者徐硕斋，题“媚幽阁”者陈眉公，师友胞兄及名流的墨宝，彰显了影园的高品位，镌刻着历史印记，流溢出郑元勋亲情、友情和真情。

如皋之水绘园，始建于明朝万历年间。原是邑人冒一贯的制业，历四世至冒辟疆时始臻完善。水绘园南邻中禅寺，西倚碧霞山，这三处胜景四周环水，呈“品”字形格局。水绘园不设垣墉，环以碧水，园中凭借水流于地面，自然地形成了一幅幽美的画图。清初名士陈维崧在《水绘园记》中写道：“绘者，会也，南北东西皆水绘其中，林峦葩卉块扎掩映，若绘画然”，“（冒襄）家有水绘园，园有逸园、梅塘、湘中阁、洗钵池、玉带桥、寒碧堂、小三吾、小浯溪诸胜”。

南翔猗园原为万历年间闵士籍所建，闵士籍历任光禄寺良酝署署正、河南府通判、代理嵩县知县、汝州知州。猗园由朱稚征（字三松）精心设计布画，园名取《诗经》“绿竹猗猗”的意境。朱稚征是明代的工艺家，兼工叠石造园，是嘉定派竹刻创始人，竹刻技艺臻妙，与其祖鹤、父缨合称“嘉定三朱”，擅长绘画，尤其善于画远山淡石、丛竹枯木。朱三松以十亩之园的规模，遍植绿竹，内筑亭、台、楼、阁、榭、立柱、椽子、长廊，其上无不刻着千姿百态的竹景，生动典雅。猗园于明末归贡生李宜之，其为“嘉定四先生”之一的李流芳的侄子，诗文俱佳。时与李流芳的檀园、李氏三老园并称南翔“三园”。李宜之曾作《猗园成小筑喜赋》：“自可身如客，何妨寓是家。质钱为屋小，伐竹补篱斜。燕任营新垒，池休涨浅沙。最怜千树绿，月色不曾遮。”园中以千树绿为特色，其中“借水成三径，搴云补一林”，多翠竹、桂花、梧桐、莲花等植物，“此时文酒社，家酿许同斟”，主人在此雅集文会，与文友们诗酒酬唱。清康熙举人张揆方作《古猗园赋》，盛赞李宜之高才翩翩，“开蒋诩之三径兮，辟摩诘之西庄”，危亭鉴影，萧斋遐瞩。台高且安，“不啻子瞻之超然”，“又似乎子由之东轩”，“仿屈子之水周堂下兮，疑米颠书画之舫。傲柳州之愚溪兮，胜乐天之池上”。种竹盈坞，艺菊成畦，类与可之筼筜，比渊明之东篱。主人多艺而好事，陈图史于几席，恒褰裳而蜡屐。

嘉定秋霞圃的前身为明工部尚书龚宏建于明正德、嘉靖年间的私园，龚氏取《诗经·魏风·十亩之间》意，诗曰：“十亩之间兮，桑者闲闲兮。行与子还兮。十亩之外兮，桑者泄泄兮。行与子逝兮。”

嘉定人邓钟麟有诗曰：“松风岭上微云度，莺语堤边照隔林。寒香室外花盈坞。返屐高登百五台，岁寒径曲延莓苔。徘徊还憩层云石，宛转仍归数雨斋。坐久更深濠濮兴，频歌水槛波凝镜。桃花潭上浴鸥闲，题青渡头栖鹭静。回看楼阁郁相望，香步遥通洒雪廊。”诗中松风岭、莺语堤、寒香室、百五台、岁寒径、桃花潭、洒雪廊等都为园中胜景。

万历年间，龚宏后裔与“嘉定四先生”唐时升、娄坚、程嘉遂、李流芳等名士会文唱和于其中，“园林之宴无虚日”，盛况空前。那时，园内叠石疏泉，丘壑纡回。有人猜测，园名也许缘于唐王勃《滕王阁序》中“落霞与孤鹜齐飞，秋水共长天一色”的意境，但原句之意境似乎过于邈远壮美，这里却是沉静而柔美，与诗意有显著差异。

万历、天启年间诸生沈弘正在龚氏园之东另建一园，园内有扶疏堂、聊淹亭、闲研斋、觅句廊等建筑。

龚氏园之北的金氏园，为万历十年（1582）举人金兆登之祖父金翊所置。据《嘉定县志》第宅园亭门“金氏园”条云：“东清镜塘北，中有柳云居、止舫、霁霞阁、冬荣馆，金兆登辟。别有福持堂，在塔院西，兆登别业。”

传统文人一向以园林为洗心涤性的重要生活境域，经济并不富裕的文人，也大都期盼着一个属于自己的文雅空间，实在是那个时代文人的共同心愿。

陈继儒在《岩栖幽事》中以为“不能卜居名山，即于岗阜回复及林水幽翳处辟地数亩，筑室数楹，插槿作篱，编茅为亭，以一亩荫竹树，一亩种瓜菜，四壁清旷，空诸所有，畜山童灌园薙草，置二三胡床著林下，挟书砚以伴孤寂，携琴弈以迟良友，凌晨杖策，抵暮言旋。此亦可以娱老矣。”

明代杰出书画家、文学家徐渭，以教书、当幕友和卖诗文书画为生，在获胡宗宪所赠稿酬后，马上用以购置他的青藤书屋，面积不及两亩，充其量为庭园式民居建筑。书屋坐北朝南，三开间，硬山顶，系石柱砖墙硬山造木格花窗平房。前室南向，内悬徐渭画像及其手书，云“一尘不到”，并有陈洪绶题“青藤书屋”之匾。

书屋之东有一小园，园内种植徐渭所喜芭蕉、石榴、葡萄等植物，书屋之南有一小圆洞门，里面有一方盈池（称天池），池西栽青藤，漱藤阿、自在岩等影致均为明代遗存。园门上刻有徐渭手书“天汉分源”四字。青藤书屋原名榴花书屋，因青藤长于顽石之中，又有旺盛不息的倔强性格，徐谓将青藤作为自己的别号，还以青藤命名自己的书屋，并开创泼墨画，因此也被称为青藤画派。徐渭

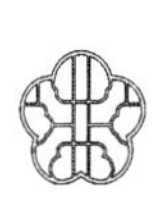

诗曰：“吾年十岁栽青藤，乃今稀年花甲藤。写图写藤寿吾寿，他年吾古不朽藤。”《葡萄》画轴中自题云：“半生落魄已成翁，独立书斋啸晚风。笔底明珠无处卖，闲抛闲掷野藤中。”

诚如宗白华先生所言，只有大自然的全幅生动的山川草木、云烟明晦，才足以像我们胸襟里蓬勃无尽的气韵。

青藤书屋

在这些文人园中，景中全是情，情具象而为景，情和景的交融互渗为“意境”，景中有意境，就成为“景境”。

其次，士大夫文人画家不仅参与园林设计，还亲力亲为，指导匠人造园，成为时代高雅的风尚。

明代政治家、戏曲理论家、藏书家祁彪佳称自己有构园之“痴癖”。崇祯八年（1635）因得罪权贵，他在都御史任上被迫辞官回家，《居林适笔引》中透露：“当居官之日，亟思散发投簪，以为快心娱志，莫过山水园林，是以乞身归来，即有卜筑之兴。”选址去家约三里的寓山。初以为“不过山巅数椽耳”，不意“购置弥广，经营弥密，意匠心师，每至形诸梦寐”，于是，“朝而出，暮而归，偶有家冗，皆于烛下了之。枕上望晨光乍吐，即呼奚奴驾舟，三里之遥，恨不促之于跬步。祁寒盛暑，体粟汗浃，不以为苦。虽遇大风雨，舟未尝一日不出”。

虽然“摸索床头金尽，略有懊丧意。及于抵山盘旋，则购石庀材，犹怪其少。以故两年以来，囊中如洗”，还搞得自己身体“病而愈，愈而复病”。

构园往往旷日持久，明郑元勋营构影园，“盖得地七八年，即庀材七八年，积久而备，又胸有成竹，故八阅月而粗具”。吴伟业的“梅村别墅”费时近十八年，到了晚年，他还向儿子夸耀：“吾生平无长物，唯经营赍园（即梅村别墅），约费万金。”

无论古今，构园是高额消费，仪征的朴园“凡费白金二十余万两，五年始成”。但是文人构园虽致倾家荡产，也不后悔。潘允端筑豫园，前后耗时十八年，“每岁耕获，尽为营治之资”，“第经营数稔，家业为虚”，他在世时，其家已靠卖田地、古董维持，然“嗜好成癖，无所于悔”。

构园的普及化使园林不再是达官巨贾、文人学士的专利品，它已波及社会的更低阶层之中，而趋向于大众化、世俗化。家境不富厚的士大夫乃至市民，也热衷构园。据清钱泳《履园丛话·造园》平芜馆：“嘉定有张丈山者，以贸迁为业，产不逾中人，而雅好园圃。邻家有小园，欲借以宴客，主人不许，张恚甚，乃重价买城南隙地筑为园，费至万余金，署曰平芜馆，知县吴盘斋为作记。”张丈山为争口气，竟不惜万金构园，“遂大开园门，听人来游，日以千计。张谓人曰：‘吾治此园，将与邦人共之，不若邻家某之小量也。’”

甚至出现意念中的“纸上园林”。《履园丛话·造园》：“吴石林癖好园亭，而家奇贫，未能构筑，因撰《无是园记》，有《桃花源记》《小园赋》风格，江片石题其后云：‘万想何难幻作真，区区丘壑岂堪论。那知心亦为形役，怜尔饥躯画饼人。写尽苍茫半壁天，烟云几叠上蛮笺。子孙翻得长相守，卖向人间不值钱。’余见前人有所谓乌有园、心园、意园者，皆石林之流亚也。”

困于现实生计不得尽舒构园襟袍，乃当时读书人的遗憾。清初枉死于文字狱的翰林院编修戴名世堪为典型。年近五旬，酷爱构园的他还“无数亩之田可以托其身”，并居然“为之慨然而泣下”！虽然后来在朋友帮助下终于买了南山冈田五十亩和几间屋子，设想凿池、养鱼、植莲、种柳、植竹，盖小亭数峰亭，最终还是因经费原因搁置了。直至临终，他还念念不忘那座虚无缥缈的意中之园。戴名世《意园记》曰：

意园者，无是园也，意之如此云耳。山数峰，田数顷，水一溪，瀑十

> 丈，树千章，竹万个。主人携书千卷，童子一人，琴一张，酒一瓮，其园无径，主人不知出，人不知入……其童子伐薪，采薇，捕鱼，主人以半日读书，以半日看花，弹琴饮酒，听鸟声、松声、水声，观太空，粲然而笑，怡然而睡，明日亦如之。岁几更欤，代几变欤，不知也。避世者欤，避地者欤，不知也。

华夏士人面对明清之交的残酷现实，经受了夷夏大防的考验，“天命既定，遗臣逸士犹不惜九死一生以图再造，及事不成，虽浮海入山，而回天之志终不少衰。迄于国亡已数十年，呼号奔走，逐坠日以终其身，至老死不变，何其壮欤”①！

祁彪佳写下“含笑入九泉，浩气留天地”绝笔之辞而自沉于寓园梅花阁前水池中；文震亨投河自杀，为家人救起，又绝食六日，呕血而亡……在此社会背景之下，明末清初园林多了些悲壮色彩。

而那些被迫出仕的“两截人”，愧疚终身，忍受着灵与肉激烈搏斗的煎熬，“忍死偷生廿载余，而今罪孽怎消除？受恩欠债应填补，总比鸿毛也不如”（吴伟业《临终诗》），也为园林增添了复杂的感情色彩。

第三节　寺观及公共园林美学

尊崇佛道的风气，明初已经开启、播扬。自永乐以来，历朝所建寺庙宫观不断增加，尤以北京、南京为盛。除寺观园林外的公共园林以南京秦淮河两岸为最。

一、西山叠翠　忘情尘俗

明代，自成祖迁都北京之后，随着政治中心北移，北京逐渐成为北方的佛教和道教中心。“盖今天下二氏之居，莫盛于两都，莫极盛于北都”②。京城内寺观园林以北城和西城最多，其中佛寺尤多。嘉靖年间，北京城内三十六坊，坊坊有寺院，城外三山，山山为佛寺圣地。据统计，当时京城内外有佛寺千余所，仅北

---

① 《清史稿·遗逸列传一》卷二八七。

② 《宛署杂记·僧道》，北京古籍出版社1982年版，第237页。

京宛平一县（棋盘街至西山一带），版图仅方五十里，而二氏之居已五百七十余所。王英郊游时，目睹寺庙塔巍然，寺内“以黄金饰像，五彩绣幡幢，他器物备极工巧，观者目骇”，感叹“近时权贵创寺，环布城邑，度僧至数百千”①。

虽然寺内黄金饰像，但中国寺庙园林化，务求营造“竹径通幽处，禅房花木深。山光悦鸟性，潭影空人心”这般忘情尘俗的意境：环境幽美静谧，潭中天地和自己的身影也湛然空明，心中的尘世杂念顿时涤除，处此景此境，人们精神上极为纯净怡悦。

“天下名山僧占多”，寺园都十分注意选址，多在名山胜景。北京城外寺庙园林以西山为最。明王廷相《西山行》有“西山三百七十寺，正德年中内臣作。华缘海会走都人，碧构珠林照城郭”的诗句。

西山八大处坐落着历经宋元明清历代修建而成的八座寺园，其中灵光、长安、大悲、香界、证果五寺均为皇帝敕建。“三山如华屋，八刹如屋中古董，十二景则如屋外花园”，风景自然天成，四季如画，春天花团锦簇，夏天鸟啼鹃啭，秋天满山流丹，寒冬银装素裹，森林覆盖率达到97.2%，可谓是一处天然氧吧。

长安寺，又名善应寺，在翠微山西南角下，创建于明弘治十七年（1504），旧称翠微寺。其寺以奇花名树著称，迎门高大的汉白玉台阶两侧，种有玉兰、紫薇。寺内有四棵白皮松，均为明代所植，迄今长势极盛。

创建于唐大历年间，明宣德、成化年再度修葺的灵光寺，位于翠微山东麓。院落内古木参天，宝塔巍峨，殿宇堂皇，游廊逶迤，南部院落有峭壁飞瀑、金鱼池、水心亭、归来庵及画像千佛塔基等景，林木葱茏，翠竹婆娑，百花争艳，使游人步移景异，举目入画，美不胜收。

步入位于翠微、平坡、卢师三山之间的三山庵，举目入画，可将水光山色尽收眼底。

建于明仁宗洪熙元年（1425）的龙王堂，有卧游阁、听泉小榭、妙香院、华祖院等景致，当户老松生夕籁，满山红叶入新诗。

位于平坡山上的香界寺，其景致之美如《帝京景物略》所描述：“岗岭三周，丛木万屯，经涂九轨，观阁五云，游人望而趋趋。有丹青开于空隙，钟磬飞而远闻也。”“一竿竹影敲明月，半榻松风卧白云”。

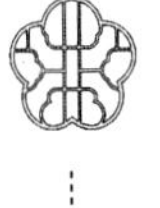

---

① 《天府广记·名迹》，北京古籍出版社1982年版，第566页。

碧云寺从寺后的崖壁石缝中导引山泉入水渠，绕廊出正殿之两庑，再左右折，复汇于殿前的石砌水池，把殿堂院落园林化。

圆静寺，据山面湖，因岩而构，山光湖影半参差。宝珠洞一目千里、证果寺天然幽谷。

北京城内寺园，竹木丰茂，也构筑亭台、池榭、山石。如明万历年间建于西直门外的万寿寺，除了礼佛建筑外，据《帝京景物略》记载，“方丈后，辇石出土为山，所取土处，为三池。山上三大士殿各一。三池共一亭……山后圃百亩，圃蔬弥望，种莳采掇”。《藤阴杂记》又云：“亭榭仿平山堂，春游唯此为胜。”

朝阳门外的月河梵苑，园林“池亭幽雅，甲于都邑”：有桑枢瓮牖的希古草舍、槐室、一粟轩、考槃榭、野芳、蜗居、晚翠楼、梅屋、兰室、春意亭、苍雪亭、聚景亭、松亭、聚星亭、雨花台、击壤处、小石浮图、弹琴处，下棋处、观澜处，峰有云根、苍雪、小金山、璧峰，石池溜泉，碧梧、万年松、海棠……编竹为藩，诘曲相通。

二、钟山占胜　花宫兰若

明初“南京三大寺”灵谷寺、天界寺和大报恩寺，尽占南京名胜。明葛寅亮《金陵梵刹志》说：“金陵佳丽，半属江山，如钟阜、栖霞、清凉、雨花、鸡鸣、凤台、燕矶、牛首而外，何可胪列？是为花宫兰若，标奇占胜。”

灵谷寺位于南京最大的山——钟山，又名紫金山，屹立在南京城东郊，是南京名胜古迹荟萃之地。400多米高的钟山，漫山遍野都是绿色，林木葱郁，风景独佳。明太祖朱元璋选定此处修建自己的陵墓，即后来的明孝陵，因此将灵谷寺移到“左群山右峻岭”之间的一片谷地，山有灵气，谷有合水，亲自赐名为“灵谷禅寺”，占地500余亩，并封其为“天下第一禅林”。康熙南巡时，赐联：“天香飘广殿，山气宿空廊。”

天界寺位于今南京城南雨花西路东侧的闹市区。“僧庐幽邃，松竹深通”，“得城南幽胜”。明时天界寺管辖其他次等寺庙，规格最高，列中国五山十刹之首，统领鸡鸣寺、静海寺、清凉寺、永庆寺、瓦官寺、承恩寺等十二座寺庙、二十六座庵。据《驾幸天界寺和朱太史芾韵》描绘，寺内“古柏老桧，沉寒逼人，殿阁拟于王居。其余兰若三十六所，文楠为柱，白石为墙，明窗洁案，净不容唾。竹色腾绿，佳果骈列”。地阔深邃，除有三十六庵，还有西阁、钟楼等，既有自然山林之清幽，又有壁画的金碧辉煌。高启诗称“果园春乳雀，花殿午鸣鸠”（《寓天界寺》），“红尘禁陌净，绿树层城绕”（《寓天界寺雨中登西阁》）。这里景色绝佳，被列入明代“金陵十八景”之中的“天界招提”，明初，纂修《元史》的巨大工程也是在天界寺完成的。

大报恩寺是明成祖朱棣为纪念明太祖朱元璋和马皇后而建，在蔚然苍翠的雨花台处。这座寺庙完全按照皇宫的标准来营建，金碧辉煌，昼夜通明，规模极其宏大，有殿阁三十多座、僧院一百四十八间、廊房一百一十八间、经房三十八间，是中国历史上规模最大、规格最高的寺院，为百寺之首。寺琉璃宝塔高达78.2米，通体用琉璃烧制，塔内外置长明灯一百四十六盏，自建成至衰毁一直是当时中国最高的建筑，也是世界建筑史上的奇迹，位列中世纪世界七大奇迹之一，被当时西方人视为代表中国的标志性建筑，因此被称为“天下第一塔”。

南京其他寺园也都在风景秀丽的青山绿水间，如栖霞寺在“峰峦入云，青迴翠合”的摄山；鸡鸣寺居鸡鸣山上，“其南则凤台、牛首，其西则石城、长江，其东则大内宫阙，其北则玄湖、钟阜，景未有若此之胜者也，而一览可以尽之”。弘觉寺在人称“金陵多佳山，牛首为最”的牛首山上，“双峰高插云汉，实金陵之巨屏，东夏之福地，林树葱郁，泉石相映”。静海寺在“山岭绵延”的卢龙山麓。清凉寺居清凉山，这里“山不甚高，而都城宫阙、仓廪历历可数，俯视大江，如环映带”。弘济寺建于燕子矶，“俯临大江”，“下瞰江水，如燕怒飞，波涛喷激”。花岩寺在芙蓉峰之半，这里“岩洞甚多，俱奇绝”，可坐观弘觉寺楼殿林壑，“浮图金碧，宛若画。障绝顶，望京城历历错绣，钟山连带，江外数峰青出，最登临胜处”。铜井院“背城面河，城下伏道中引水从铜井口溢出，达于御沟，霖雨后汹涌可观”，游人至此“抚槛临流，颇有濠梁之趣”。崇善寺“溪萦山映，得地幽胜”。永庆寺“其地深僻，林竹苍翠，萧然野旷，出寺左数十武（半步）有谢公墩，极登眺之胜”。还有一些中寺、小寺，也各得幽胜。

“至明之季，故臣庄士往往避于浮屠，以贞厥志”，“僧之中多遗民，自明季始也”。如叶绍袁、方以智皆于明亡后削发为僧，朱耷明亡后削发为道，画白眼鸟，书“哭之笑之”“生不拜君”。故臣庄士的逃遁于佛道，使寺庙园林的文人化亦达到鼎盛；乾隆年间“士大夫靡不奉佛”，融通儒佛归净土，也为园林涂抹了居士文化的色彩。

三、真武道场 瑶台金阙

永乐皇帝对道教极为尊崇，在皇宫内苑建钦安殿，供奉道教中的北方神玄天上帝，又称真武大帝。永乐皇帝自诩为真武大帝飞升五百岁之后的再生之身，在他的推动下，宫中真武大帝的信仰特别盛行。

嘉靖笃信道教，对钦安殿大加修葺，重造庙宇，再塑金身，并于此设斋打醮，贡献青词，奉祀玄天上帝，歌颂皇帝至诚格天。嘉靖一朝，宫中经常发生大火，为防火灾，嘉靖皇帝更是潜心奉玄修道，供奉玄武大帝作为压火的镇物。他还特别在钦安殿垣墙正门上题写“天一之门”。

武当山因“非真武不足以当之”而得名，相传是道教玄武大帝（北方神）修仙得道飞升之圣地。武当山位于湖北省北部，北通秦岭，南接巴山，连绵起伏，纵横400多公里。武当山山势奇特，一峰擎天，众峰拱卫，既有泰山之雄，又有华山之险，悬崖、深涧、幽洞、清泉星罗棋布。其中，南岩传为道教所称真武得道飞升之“圣境”，是武当36岩中风景最美之处。南岩宫，山势飞翥，状如垂天之翼，被称为“亘古无双胜境，天下第一仙山”。

《孝宗实录》卷一三六载：“太宗靖难，以神有显相功，又于京城艮隅并武当山重建庙宇。两京岁时朔望各遣官致祭，而武当山又专官督祀事。”① 武当山被皇帝封为“大岳”“治世玄岳”，尊为至高无上的皇室家庙：“四大名山皆拱揖，五方仙岳共朝宗”，成为“五岳之冠”。

永乐十年（1412），成祖朱棣命隆平侯张信、驸马督尉沐昕、工部右侍郎郭瑾、礼部尚书金纯等率20余万军民、工匠大修武当山，共建造7宫、2观、36庵和72庙等建筑群。此外，还建了39座桥梁、12座台，铺砌了全山的石磴道，使整个武当山成为一座真武道场。

这些建筑，都能充分随地形高低参差错落地安排在峰、峦、坡、岩、涧之间，仿佛天造地设一般。其中，在武当群峰中最雄奇险峻的天柱峰上，坐落铜铸鎏金大殿，熠熠生辉，恰似天上瑶台金阙！

创建于唐开元二十七年（739）的白云观，位于北京西城区西便门外，是明道教全真第一丛林，也是龙门派祖庭。白云观主要殿堂分布在中轴线上，依次为

① 转引自任继愈主编《中国道教史》，上海人民出版社1990年版，第598页。

牌楼、山门、灵官殿（主祀道教护法神王灵官）、玉皇殿、老律堂（七真殿）、邱祖殿、四御殿、戒台、云集山房等，大大小小共有50多座殿堂，占地约2万平方米。它吸取南北宫观园林特点建成，殿宇宏丽，景色幽雅，殿内全用道教图案装饰，其中四御殿为二层建筑，上层名三清阁，内藏明正统年间刊刻的《道藏》一部。邱祖殿为主要殿堂，内有邱处机的泥塑像，塑像下埋葬邱处机的遗骨。

四、秦淮歌舞　虎丘山塘

秦淮河南京城内河段，便是著名的十里秦淮、六朝金粉的地方，东吴以来一直是繁华的商业区，六朝时成为名门望族聚居之地，商贾云集，文人荟萃，儒学鼎盛。隋唐以后，渐趋衰落，“旧时王谢堂前燕，飞入寻常百姓家”。宋代复苏为江南文教中心，明清两代为鼎盛时期。这里金粉楼阁，鳞次栉比，画舫凌波，桨声灯影，如梦如幻。明洪武间，于秦淮河经的聚宝门、石城门、西水关及斗门桥、乾道桥等街市坊巷，建十六楼，即南市、北市、鸣鹤、醉仙、轻烟、澹粉、翠柳、梅妍、讴歌、鼓腹、来宾、重译、集贤、乐民、清江、石城，或减南市、北市二楼，或减清江、石城二楼，因称十四楼，以“聚四方宾旅”，亦以为是礼部教坊司安置官妓之地，“盖时未禁缙绅用妓也”①。

顾启元云：“余犹及闻教坊司中，在万历十年前房屋盛丽，连街接弄，几无隙地。长桥烟水，清池湾环，碧杨红药，参差映带，最为歌舞胜处。时南院尚有十余家，西院亦有三四家，倚门待客。其后不十年，南、西二院，遂鞠为茂草，旧院房屋，半行拆毁。”②

以后秦淮旧院衰而复盛，至于明末，繁华逾于昔时。余怀云：“旧院人称曲中，前门对武定桥，后门在钞库街。妓家鳞次，比屋而居。屋宇精洁，花木萧疏，迥非尘境。”③ 其子宾硕亦云：“两岸楼台分峙，亭榭参差。每夏秋时，士女竞集，画帘锦幕，射馥兰熏，火树银花，光夺桂魄。吴船载酒，鼓吹喧呼。”④ 迤逦于秦淮河侧的青楼妓院，清流蜿蜒，堤柳摇曳，长桥卧波，房室雅洁，庭院

① 《大明一统志·应天府》，三秦出版社1990年版。

② 〔明〕顾启元《客座赘语·女肆》，中华书局1987年版。

③ 《板桥杂记·雅游》，李金堂编校《余怀全集》，上海古籍出版社2011年版。

④ 〔清〕余宾硕：《金陵览古》，《瓜蒂藏明清掌故丛刊》，上海古籍出版社1983年版。

深静，花木扶疏，环境与建筑皆有雅致，不论从建筑群组合看，或者从每一座院落看，都像园林，是中国园林艺术的又一种类型。①

位于秦淮河西侧的莫愁湖是南京历史上又一处公共游豫园林，园内楼、轩、亭、榭错落有致，堤岸垂柳，水中海棠。北宋《太平寰宇记》记载："莫愁湖在三山门外，昔有妓卢莫愁家此，故名。"明初，莫愁湖进行了大规模开发建设，沿湖畔筑楼台十余座，一时热闹非凡，被誉为"金陵第一名胜""第一名湖"。

莫愁湖中胜棋楼、郁金堂、水榭、抱月楼、曲径回廊等掩映在山石松竹、花木绿荫之中。"明时为中山王园亭。澄波清澈，紫气若云，弱柳荫堤，丝杨被浦，山色湖光，荡漾几席，最为佳观也"②。"明初筑楼其侧，相传为明祖与徐中山弈棋之所。中山棋胜，明祖以湖输之，遂为徐氏汤沐邑"③。即胜棋楼所以得名，诏以为汤沐邑，并赐予徐达。"莫愁烟雨"为"金陵四十八景"之首，郑板桥赞叹其景曰："湖柳如烟，湖云似梦，湖浪浓于酒。"袁枚诗赞："欲将西子莫愁比，难向烟波判是非。但觉西湖输一着，江帆云外拍天飞。"

明清之际的虎丘及山塘展现了万民同乐的盛世风情。传统的"三节会"尤为热闹，"三节"指清明节、鬼节（七月半）、烧衣节（十月初一），此外还有中秋节。苏州城隍和30多个土谷神像都要摆开仪仗到虎丘二山门内的郡厉坛，去接受地方官员的祭祀，即举行盛大的祭奠祖先、超度亡灵活动。

那时，"画舫珠帘，人云汗雨，填流塞渠"，虎丘泥人、圆木小摆设、麦秆编扇、玻璃罩内的小盆景等各种手工业品琳琅满目，虎丘成为热闹的商业集市。明末袁宏道《虎丘记》："虎丘去城可七八里，其山无高岩邃壑，独以近城，故箫鼓楼船，无日无之。凡月之夜，花之晨，雪之夕，游人往来，纷错如织，而中秋为尤胜。每至是日，倾城阖户，连臂而至。衣冠士女，下迨蔀屋，莫不靓妆丽服，重茵累席，置酒交衢间。从千人石上至山门，栉比如鳞，檀板丘积，樽罍云泻，远而望之，如雁落平沙，霞铺江上，雷辊电霍，无得而状。"虎丘山东南隅，自明至清，先后有海涌山庄、云阳草堂、塔影园等景致，明徐缙叹美："平生浏览遍天下，游之不厌惟虎丘！"

① 夏咸淳：《中国园林美学思想史·明代卷》，同济大学出版社2015年版，第16页。

② 〔清〕余宾硕：《金陵览古》，《瓜蒂庵藏明清掌故丛刊》，上海古籍出版社1983年版。

③ 《金陵古迹图考·园林及第宅》，中华书局2006年版，第264页。

“杭州有西湖，苏州有山塘”，“天下最美苏州街，雨后着花鞋”，苏州山塘自白居易为苏州刺史时开掘以来，沿河之山塘街至明代异常繁华，张凤翼有诗曰：“七里长堤列画屏，楼台隐约柳条青。山公入座参差见，水调行歌断续听。隔岸飞花游骑拥，到门沽酒客船停。”山塘有众多的园林供文人雅士诗酒流连：东山浜的抱绿渔庄、瑶碧山房、戴园、话雨窗、起月楼，青山桥西的吟啸楼，山塘星桥的校词读画楼，绿水桥西的醉石山房，斟酌桥畔的一榭园以及坐落在虎丘及山塘街上的读书台等，不仅如此，这里书堂、藏书楼琳琅满目：有和靖书院、正心书院、清和书院、道南书院、静宁书院、养正书堂、查公书院、普济社学、艺芸书舍等。

坐落在山塘街青山桥畔魏阉生祠旧址上的葛贤墓和五义士墓，记录着苏州人民反抗明末阉党的悲壮历史，复社领袖、著名文学家张溥撰写《五人墓碑记》，赞颂苏州市民与阉党斗争，强调“匹夫之有重于社稷”，收入了《古文观止》，广为传诵。“要离冢外五人冢，犹占吴门侠气多!”

山塘街声名远播，清乾隆首先将其仿造在圆明园，名之为苏州街，慈禧太后又依照山塘街的形状和风貌在北京颐和园内建造了买卖街（苏州街）。

第四节　园林美学理论升华

中国古代，“能诗能画能文，而又能园者……乐天之草堂、右丞之辋川、云林之清閟，目营心匠，皆不待假手他人者也”①。明代众多文人画家参与布画园林，或亲力亲为，不遗余力，如计成、文震亨、张岱、祁彪佳、朱舜水等文士都积极构筑私园，并皆亦能为他人构画建园，他们皆善于把文人画追求意境的情趣作为构造园林的追求目标。文人们用随意自足、潇洒旷达并充满诗意的文字将这一切记录下来，成为优美的园林小品，有清言录、忆语体、园记文集等，全面涉及园林艺术诸要素，陈从周先生说：“读晚明文学小品，宛如游园。而且有许多文字真不啻造园法也!”②

经先秦至宋元的经验积累，园林的营造技艺到明末清初臻炉火纯青，达到

① 童寯：《江南园林志》，中国建筑工业出版社 1987 年版，第 7 页。

② 陈从周：《中国园林》，广东旅游出版社 1996 年版，第 236 页。

"顾陆所不能画，班扬所不能赋"① 的巅峰，在日益丰富的艺术实践基础上，也绽放出姹紫嫣红的园林艺术理论之花。如明末山人松江陈继儒《小窗幽记》《岩栖幽事》，谢肇淛《五杂俎》、程羽文《清闲供》、费元禄的《晁采馆清课》、沈仕《林下盟》、邹迪光的《愚公谷乘》等。园记文集如：明田汝成的《西湖游览志》、王世贞的《游金陵诸园记》《娄东园林志》、钱泳的《履园丛话》、张岱的《西湖梦寻》《陶庵梦忆》以及沈复的《浮生六记》等作品中的相关部门，这些姹紫嫣红的艺苑理论之花标志着明代中国构园理论及美学思想的高度成熟。其中，计成的《园冶》、文震亨的《长物志》尤为突出。

一、计成与《园冶》

计成（1582—?），号无否，生活在私家园林鼎盛的苏州。计成自幼学画，"少以绘名，性好搜奇，最喜关仝、荆浩笔意，每宗之"。

计成性好探索奇异，后来漫游京城、两湖等地，中年择居镇江，开始模仿真山造假山，自叹："历尽风尘，业游已倦，少有林下风趣，逃名丘壑中，久资林园，似与世故觉远。惟闻时事纷纷，隐心皆然，愧无买山力，甘为桃源溪口人也。自叹生人之时也，不遇时也；武侯三国之师，梁公女王之相，古之贤豪之时也，大不遇时也！"②

计成虽然有自比诸葛亮、狄仁杰之抱负，但生不逢时，只得成为职业构园师。虽然构园是他聊以糊口的职业，但将构园视为艺术的计成，并不认为自己与一般匠人一样，他竭力主张构园成败"主九匠一"，他自己当然属于"能主之人"之列。他最得意之作是常州吴玄的环堵宫东第园（又称"五亩园"）、仪征汪士衡的寤园以及扬州八大园林之一的郑元勋影园。

计成晚年所撰《园冶》，是他构园的经验总结，也是明代构园艺术的集成。全书分总述部分"兴造论"与论述造园步骤的"园说"两部分。

"兴造论"主要阐述两点：一是大凡建筑营造须"三分匠人，七分主人"，而造园活动中，"主"的作用"犹须什九"，而"匠"的作用仅为"什一"。作者一再强调"更入深情"，"意在笔先"，认为即使是顽夯粗拙之石，一旦到了高

① 〔清〕李斗：《〈扬州画舫录〉袁枚序》。

② 〔明〕计成著、陈植注释：《园冶注释》，中国建筑工业出版社 1988 年版，第 248 页。

明造园家手中，也可化腐朽为神奇。这种认识反映了重神轻形、重意轻技的文人特色。二是提出“园林巧于因借，精在体宜”的构园原则。“因”，指“随基势之高下，体形之端正，碍木删桠。泉流石注，互相借资；宜亭斯亭，宜榭斯榭，不妨偏径，顿置婉转，斯谓精而合宜者也”。“借”，指“园虽别内外，得景则无拘远近。晴峦耸秀，绀宇凌空；极目所至，俗则屏之，嘉则收之，不分町疃，尽为烟景，斯所谓巧而得体者也”①。

“园说”为《园冶》总论。其说从园林的选址立基、植草栽花、移景借景、设墙铺径到架桥引水、置几布窗等都有一定的说明，作者进而总结出构园的最高境界：“虽由人作，宛自天开。”这八个字成为构园追求的理论圭臬。全书贯穿着天人合一思想，在此理论核心指导下，“园说”又分相地、立基、屋宇、装折、门窗、墙垣、铺地、掇山、选石、借景等10个部分。

书中还有珍贵的插图235张，如栏杆、门窗、墙垣、铺地都附各种图式，图文并茂，图式纹理匀称、美观。

《园冶》比较全面地阐述了造园理论、艺术与技法。由于中国园林属于诗画艺术载体，阐述这一载体的理论著作《园冶》，凝结着中国美学、文艺学、文学、画学的艺术精华，蕴含哲理，充满激情。

首先，《园冶》昭示着天人合一的境界，体现了追求天、地、人和谐统一的园林文化精神，古典宜居环境理念及因势利导的高妙技艺和实施手法，体现了科学精神与人文精神的联姻，与“以人为本”“保护环境”“可持续发展”等新的时代精神恰相吻合。为当今可持续发展理论提供了技术和精神资源。

其次，《园冶》采用中国古代魏晋以后产生的以“骈四骊六”为其特征的骈体文。由于骈体文讲究对仗和平仄，韵律和谐，修辞上注重藻饰和用典，含蕴着历代翰墨史籍典册、园林文献、古代贤豪隐士典故等内容，如列举庄子、扬雄、潘岳、陆云、陶渊明、谢灵运等人的典故，作品涉及《尚书》《左传》《说文》《释名》等，其文采飞扬，声调铿锵，人文底蕴厚重，文学意境隽永。

《园冶》为世界造园学最古老的造园艺术与实践的专著，是集我国古代造园文化与经验之大成的里程碑式的总结，亦是一部承前启后、影响深远的巨著。

① 〔明〕计成著、陈植注释：《园冶注释》，中国建筑工业出版社1988年版，第47、48页。

二、文震亨与《长物志》

文震亨（1585—1645），字启美，号木鸡生，苏州人，文徵明曾孙。他家学渊源深厚，学识广博，系簪缨世族、冠冕吴趋的贵胄子弟，“长身玉立，善自标置，所至必窗明几净，扫地焚香”，是典型的士林清流。他“少而颖异，生长名门，翰墨风流，奔走天下……天启甲子（1624），试秋闱不利，即弃科举，清言作达，选声伎、调丝竹，日游佳山水间”①。于明天启元年（1621）以诸生卒业于南京国子监，五年举恩贡，崇祯十年选授陇州判，以琴、书之名达禁中而改授武英阁中书舍人。其家富藏书，学养深厚，“风姿韶秀，诗画咸有家风”。文震亨曾声援东林党人而几被累罪，在北京中书舍人任上，因黄道周触怒崇祯下狱事，受牵连被累入狱，后又获释复职。

晚年文氏归隐，于东郊水边林下，重新经营竹篱房舍。顾苓在《文公行状》中说，文氏擅长经营位置，所到之处，必窗明几净，扫地焚香，文震亨“所居香草垞，水木清华，房栊窈窕，阛阓中称名胜地。曾于西郊构碧浪园，南都置水嬉堂，皆位置清洁，人在画图”②。

明弘光元年（1645），清兵攻占苏州城之际，文震亨避地阳澄湖畔，闻剃发令而投湖自尽，虽为家人救起，却终绝食六日呕血而亡，享年六十一岁。

文震亨著述甚丰，其园林艺术修养时流露于诗文记游之作中，集中表现在《长物志》《怡老园记》《香草垞志》三著之中，尤以《长物志》为代表。

《长物志》，取“长物”为名，用《世说新语》王恭的故事，意为“寒不可衣，饥不可食”，源于物而超越于物，源于饰又超然于饰。是书“所论皆闲适游戏之事，识悉毕具，明季山人墨客多传是术，著书问世，累牍盈篇，大抵皆琐细不足录，而震亨家世以书画擅名，耳濡目染，较他家稍为雅驯。其言收藏鉴赏诸法亦颇有条理。盖本于赵希鹄《洞天清录》、董其昌《筠轩清秘录》之类，而略变其体例，其源亦出于宋人，故存之以备集家之一种焉”③。

《长物志》上承宋代赵希鹄《洞天清录》流韵，旁佐屠隆《考槃馀事》、董

① 〔清〕褚亨爽：《姑苏名贤后记》“文氏志传”增附：《武英殿中书舍人致仕文公行状》。

② 〔明〕顾苓：《塔影园集》第一集，见《武英殿中书舍人致仕文公行状》。

③ 《钦定四库全书·子部·长物志·按语》。

其昌《筠轩清秘录》等时人杂书。书以人重，在累牍盈篇的著作中能脱颖而出，与文震亨显赫的家世、书画艺术的名望，尤其是捐生殉国的行迹颇有关系。

《长物志》所论“范围极广，自园林兴建，旁及花草树木、鸟兽虫鱼、金石书画、服饰器皿，识别名物，通彻雅俗。以其家有名园，日涉成趣，微言托意，无不出自性灵，非耳食者所能知”①。

明沈春泽《长物志序》言：“挹古今清华美妙之气于耳目之前，供我呼吸，罗天地琐杂碎细之物于几席之上，听我指挥，挟日用寒不可衣、饥不可食之器，尊逾拱璧，享轻千金，以寄我之慷慨不平，非有真韵、真才与真情以胜之，其调弗同也。”

《长物志》分为室庐、花木、水石、禽鱼、书画、几榻、器具、衣饰、舟车、位置、蔬果及香茗十二卷。全书除卷五“书画”、卷七“器具”、卷八“衣饰”、卷九“舟车”、卷一一“蔬果”、卷一二“香茗”与园林艺术并无直接关涉之外，其余各卷对种种园林之事记述颇详。

卷一“室庐”篇认为，居室以居山水间者为上，村居次之，郊居又次之。倘不得已而暂居于嚣市，须设静庐以隔市嚣，必门庭雅洁、室庐清靓。亭台具旷士之怀，斋阁有幽人之致。又当种佳木怪竹、陈金石图书。令居之者忘老，寓之者忘归，游之者忘倦。这集中表现出作者关于园居的审美理想。

卷二“花木”篇阐述园林花木种植之艺，提出“草木不可繁杂，随处植之，取其四时不断，皆入图画”的种花植树之则，并记述了许多花木的生态习性及在园景之中所具的审美品格与作用，写出作者对这些奇花佳木的人格比拟思想。

卷三“水石”篇记叙园林水石艺术、叠山理水之趣，认为“石令人古，水令人远。园林水石，最不可无。要须回环峭拔，安插得宜。一峰则太华千寻，一勺则江湖万里”，表现出作者对园林水石审美的真知灼见。

卷四“禽鱼”篇指出凡佳园不可无禽鱼之乐，“语鸟拂阁以低飞，游鱼排荇而径度，幽人会心，辄令竟日忘倦”，意在“得其性情”。

卷六“几榻”篇志述园林建筑的家具陈设，要求几榻之制，表达了他“必古雅可爱，又坐卧依凭，无不便适”的审美见解。

卷十，“位置”篇强调“位置之法，繁简不同，寒暑各异，高堂广榭，曲房

① 陈从周：《长物志校注》，江苏科学技术出版社1984年版。

奥室，各有所宜”原则。

《长物志》体现出清流文士典型的园林审美情趣与审美理想。文震亨向往高雅、清寂、绝俗的生活环境，在“云林清閟，高梧古石”的环境中做“长日清淡、寒宵兀坐”的幽人名士，感受“神骨俱冷”，这“是文士阶层积淀千年之久的文化品质和艺术的精神诉求在日常生活中的反映”①。

《长物志》全书以“古”“雅”“真”“宜”为审美标准，并以此作为自己格心与成物之道，纵谈士大夫生活的各种心物，崇尚清雅，遵法自然，显然借品鉴长物而标举人格，显示了作者高蹈的人生况味，成为晚明士大夫清居生活的总结和一部让生活充满雅致格调的“百科全书”。其格心与成物之道，雅人之致，旷士之怀，均施以巧思，至今令人神往，是“明代士大夫书斋生活百科全书”。

《长物志》中有很多“不宜”“忌”“俗”等字眼，这些忌讳，与文震亨“贵介风流，雅人深致”很有关系，他写《长物志》目的是重申其曾祖文徵明的“醇古风流”，“惧吴人心手日变，如子所云，小小闲事长物，将来有滥觞而不可知者，聊以是编提防之”②。

英国牛津大学艺术系克雷格·克鲁纳斯（Craig Clunas）教授1991年出版的《〈长物志〉研究：近代早期中国的物质文化与社会地位》（*Superfluous Things: Material Culture and Social Status in Early Modern China*）一书指出：文震亨的时代，“原先象征身份地位的土地财富转变成奢侈品的收藏”，而“古物经商品化后成了优雅的装饰，只要有钱即可购买得到，也造成一种求过于供的社会竞赛。当购买古董成了流行风吹到富人阶层时，他们也纷纷抢购以附庸风雅。原来是士人独有的特殊消费活动，都被商人甚至平民所模仿，于是他们面临了社会竞争的极大压力，焦虑感油然而生”③。

暴发户和平民也去追逐原本属于士绅阶层的东西时，精英阶层固守自己的文化场域，以决绝的方式来排斥日常世俗化，绝不妥协于流俗，所以，文震亨书写

① 李砚祖：《长物之镜——文震亨〈长物志〉设计思想解读》，载《南京艺术学院学报》（美术于设计版）2009年第5期。

② 李砚祖：《长物之镜——文震亨〈长物志〉设计思想解读》，载《南京艺术学院学报》（美术于设计版）2009年第5期。

③ 转引自巫仁恕《品味奢华：晚明的消费社会与士大夫》，中华书局2008年版，第6页。

长物纯粹是为子孙后代保存其作者的社会地位和道德素质，对抗大众习性的结果。① 分析颇有道理。

《长物志》是明末传统南方清流文人从画家的视角欣赏园林，并沉浸其间享受艺术的园居生活的记录。

三、美学理论要义

归纳明人《园冶》《长物志》及形形色色的笔记小品的审美理论，可以发现，彼此间有相因处、互补处、大相径庭处，也颇有一致处，其实相近之处还是很多的：宛自天开的艺术追求、古雅质朴的审美习尚、尚用戒奢的构园原则。

1. 宛自天开

计成提出“虽由人作，宛自天开”② 的园林创作原则，成为中国园林创作的圭臬。

首先，承认园林是靠人工而筑，经过“意在笔先”的构画布局，再经过能工巧匠的施工，但最终的要求是自然天成，不见斧凿之痕，即“匠气”，使其天巧自呈。计成《园冶·自序》云：

> 环润（润州，今镇江）皆佳山水，润之好事者，取石巧者置竹木间为假山，予偶观之，为发一笑。或问曰：“何笑?”予曰：“世所闻有真斯有假，胡不假真山形，而假迎勾芒者之拳磊乎?”或曰：“君能之乎?”遂偶为成壁。睹观者俱称俨然佳山也，遂播名于远近。

“有真为假，做假成真”，得天然之趣，从而达到艺术的最佳境界。

其次，构园要遵循随形高低、顺应自然的原则。计成《园冶》曰：“园地惟山林最胜，有高有凹，有曲有深，有峻而悬，有平而坦，自成天然之趣，不烦人事之工。”（《园冶·山林地》）“园基不拘方向，地势自有高低，涉门成趣，得景随形，或傍山林，欲通河沼。”（《园冶·相地》）“如方如圆，似偏似曲，如长弯而环璧，似偏阔以铺云，高方欲就亭台，低凹可开池沼。”（《园冶·相地》）“立

① 参见张之沧等著《马克思主义伦理思想研究（第2辑）》，南京师范大学出版社2009年版，第122页。

② 〔明〕计成著，陈植注释：《园冶注释》，中国建筑工业出版社1988年版，第51页。

基亦需蹑山腰，落水面，任高低曲折，自然断续蜿蜒，园林中不可少斯一断境界。”（《园冶·廊房基》）“未山先麓，自然地势之嶙嶒；构土成冈，不在石型之巧拙。”（《园冶·掇山》）

明末王心一的归田园居也是“地可池则池之；取土于池，积而成高，可山则山之；池之上、山之间，可屋则屋之”①。

陈继儒《小窗幽记》卷四曰：“自古及今，山之胜多妙于天成，每坏于人造。”所以，建筑与山水融为一体，使建筑自然化。

拙政园中部“居多隙地，有积水亘其中，稍加浚治，环以林木。……凡诸亭槛台榭，皆因水为面势”②，因地制宜而成。水面约占三分之一，理水用小岛、曲桥、建筑巧妙分割，高低错落，疏密得宜，主次分明。

计成以为，“池上理山，园中第一胜也，若大若小，更有妙境。……莫言世上无仙，斯住世之瀛壶也”（《园冶·掇山》）；主张围墙隐约于萝间，架屋蜿蜒于木末，山楼凭远，窗户虚邻，栽梅绕屋，结茅竹里。（《园冶·园说》）

祁彪佳《寓山注小序》载，“曲池穿牖，飞沼拂几，绿映朱栏，丹流翠壑，乃可以称园矣”，“居与庵类，而纡广不一其形。室与山房类，而高下分标其胜。与夫为桥、为榭、为径、为峰，参差点缀，委折波澜。大抵虚者实之，实者虚之，聚者散之，散者聚之，险者夷之，夷者险之。如良医之治病，攻补互投；如良将之治兵，奇正并用；如名手作画，不使一笔不灵；如名流作文，不使一语不韵。此开园之营构也”。

建筑与花木相融合，陈继儒《小窗幽记》记载：

> 乔松十数株，修竹千余竿。青萝为墙垣，白石为鸟道。流水周于舍下，飞泉落于檐间。绿柳白莲，罗生池砌。时居其中，无不快心。
>
> 书屋前，列曲槛栽花，凿方池浸月，引活水养鱼；小窗下，焚清香读书，设净几鼓琴，卷疏帘看鹤，登高楼饮酒。
>
> 竹篱茅舍，石屋花轩；松柏群吟，藤萝翳景；流水绕户，飞泉挂檐；烟霞欲栖，林壑将暝。中处野叟山翁四五，予以闲身作此中主人，坐沉红烛，看遍青山，消我情肠，任他冷眼。

① 〔明〕王心一：《归田园记》，出《吴县志》卷三九中。

② 〔明〕文徵明：《王氏拙政园记》，见《文徵明集》补辑卷二十。

凡静室，须前栽碧梧，后种翠竹，前檐放步，北用暗窗，春冬闭之，以避风雨，夏秋可开，以通凉爽。然碧梧之趣，春冬落叶，以舒负暄融和之乐；夏秋交荫，以蔽炎铄蒸烈之气。四时得宜，莫此为胜。

编茅为屋，叠石为阶，何处风尘可到；据梧而吟，烹茶而话，此中幽兴偏长。

因葺旧庐，疏渠引泉，周以花木，日哦其间，故人过逢，瀹茗弈棋，杯酒淋浪，其乐殆非尘中有也。

霜天闻鹤唳，雪夜听鸡鸣，得乾坤清绝之气；晴空看鸟飞，活水观鱼戏，识宇宙活泼之机。山月江烟，铁笛数声，便成清赏；天风海涛，扁舟一叶，大是奇观。

云水中载酒，松篁里煎茶，岂必銮坡侍宴；山林下著书，花鸟间得句，何须凤沼挥毫。

园中不能辨奇花异石，惟一片树阴，半庭藓迹，差可会心忘形。友来或促膝剧论，或鼓掌欢笑，或彼谈我听，或彼默我喧，而宾主两忘。

鸿中叠石，未论高下，但有木阴水气，便自超绝。

卧石不嫌于斜，立石不嫌于细，倚石不嫌于薄，盆石不嫌于巧，山石不嫌于拙。

山房置古琴一张，质虽非紫琼绿玉，响不在焦尾、号钟，置之石床，快作数弄。深山无人，流水花开，清绝、冷绝。

明张鼐《题尔遐园居序》也说："数椽不饰，虚庭寥旷；绿树成林，绮蔬盈圃；红蓼植于前除，黄花栽于篱下；亭延西爽，山气日佳；户对层城，云物不变；钩帘缓步，开卷放歌；花影近人，琴声相悦；灌畦汲井，锄地栽兰；场圃之间，别有余适。"

再者，园内植物栽培也要自然有野趣，计成《园冶》说：

新筑易乎开基，只可栽杨移竹；旧园妙于翻造，自然古木繁花；

自然幽雅，深得山林之趣；

山林意味深求，花木情缘易逗。

文震亨《长物志》说：

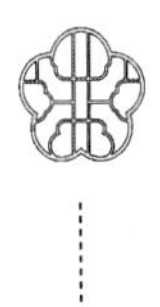

或以碎瓦片斜砌者，雨久生苔，自然古色；

（种竹）余谓此宜以石子铺一小庭，遍种其上，雨过青翠，自然生香；

当觅茂林高树，听其自然弄声，尤觉可爱；

祁彪佳《寓山注小序》认为：

园以外山川之丽，古称万壑千岩；园以内花木之繁，不止七松五柳。四时之景，都堪泛月迎风；三径之中，自可呼云醉雪。

陈继儒《小窗幽记》卷六载：

春雨初霁，园林如洗，开扉闲望，见绿畴麦浪层层，与湖头烟水相映带，一派苍翠之色，或从树杪流来，或自溪边吐出，支筇散步，觉数十年尘土肺肠，俱为洗净。

还需有岩阿之致，如厅堂台阶，《长物志》卷一曰：

（阶）自三级以至十级，愈高愈古，须以文石剥成。种绣墩或草花数茎于内，枝叶纷披，映阶傍砌。以太湖石叠成者，曰涩浪，其制更奇，然不易就。复室须内高于外，取顽石具苔斑者嵌之，方有岩阿之致。

涩浪（留园）

最后，陈设的家具色彩及花纹崇尚自然。

《长物志·水石》："（家具纹饰）紫花者稍胜，然多是刀刮成，非自然者，以手摸之，凹凸者可验，大者以制屏亦雅。"

《长物志·位置》："（亭榭）须得旧漆、方面、粗足、古朴自然者置之。"

《闲情偶寄·居室部·窗栏》也强调贵自然："宜简不宜繁，宜自然不宜雕斫""但取其简者、坚者、自然者变之，事事以雕镂为戒。"

2. 古雅质朴

文人雅士向来钟情于"法天贵真，不拘于俗"的老庄哲学美学思想，尚"古"复"古"。明宋濂《师古斋箴序》道："所谓古者何？古之书也，古之道也，古之心也。道存诸心，心之言形诸书，日诵之，日履之，与之俱化，无间古今也。"弘治、正德年间和嘉靖、万历年间，文学上出现了"前后七子"文学复古运动，成化间苏州"作者专尚古文，书必篆隶，骎骎两汉之域，下逮唐、宋，未必或先"①，终明一代，文艺思潮以复古为主流。

在园林审美上，崇尚古雅成为时代潮流，万历五年进士王士性说："姑苏人聪慧好古，亦善仿古法为之……又如斋头清玩，几案床榻，近皆以紫檀、花梨为尚，尚古朴不尚雕镂，即物有雕镂，亦皆商周秦汉之式"②。

士大夫清流的杰出代表文震亨是复古运动的中坚，他在《长物志》中更是主张"随方制象，各有所宜，宁古无时，宁朴无巧，宁俭无俗，至于萧疏雅洁，又本性生，非强作解事者所得轻议矣"③，对园内每一构建元素都务必追求"雅"，如环境萧疏雅洁，植物、石头位置之雅，家具款式、花样之雅。

文震亨对环境的要求是："居山水间者为上，村居次之，郊居又次之。吾侪纵不能栖岩止谷，追绮园之踪，而混迹廛市，要须门庭雅洁，室庐清靓。亭台具旷士之怀，斋阁有幽人之致。又当种佳木怪箨，陈金石图书，令居之者忘老，寓之者忘归，游之者忘倦。蕴隆则飒然而寒，凛冽则煦然而燠，若徒侈土木，尚丹垩，真同桎梏樊槛而已。"（《长物志·室庐》）

《长物志》笔涉古雅者众："（水仙造景）取极佳者移盆盎，置几案间。次者杂植松竹之下，或古梅奇石间，更雅。"（《长物志·花木·水仙》）"（种竹）城

① 〔明〕王锜：《寓圃杂记》卷五，中华书局1984年版，第42页。

② 〔明〕王士性：《广志绎·两都》卷二。

③ 〔明〕文震亨：《长物志·室庐》卷一，江苏科技出版社1984年版。

中则护基笋最佳，余不甚雅。”（《长物志·花木》）“（太湖石）赝作弹窝，若历年岁久，斧痕已尽，亦为雅观。”（《长物志·水石》）“（锦川、将乐、羊肚石）斧劈以大而顽者为雅。若直立一片，亦最可厌。”（《长物志·水石》）“古人制几榻，虽长短广狭不齐，置之斋室，必古雅可爱。”（《长物志·几榻》）“藏书橱须可容万卷，愈阔愈古。”（《长物志·几榻·橱》）。“（琴室）古人有于平屋中埋一缸，缸悬铜钟，以发琴声者。然不如层楼之下，盖上有板，则声不散；下空旷，则声透彻。或于乔松修竹、岩洞、石室之下，地清境绝，更为雅称耳。”（《长物志·室庐》）“（英石叠山）小斋之前，叠一小山，最为清贵，然道远不易致。”（《长物志·水石》）“（钟磬）古灵壁石磬声清韵远者，悬之斋室，击以清耳。”（《长物志·器具》）

计成也同样有雅人深致，《园冶》多有论及：“时遵雅朴，古摘端方。”（《园冶·屋宇》）“（窗格）内有花纹各异，亦遵雅致，故不脱柳条式。”（《园冶·装折》）“冰裂惟风窗之最宜者，其文致减雅，信画如意，可以上疏下密之妙。”（《园冶·装折·图式》）“栏杆信画而成，减便为雅。”（《园冶·栏杆》）“门窗磨空，制式时裁，不惟屋宇翻新，斯谓林园遵雅。”（《园冶·门窗》）“今之方门，将磨砖用木栓拴住，合角过门于上，在加之过门枋，雅致可观。”（《园冶·门窗·图式》）“从雅遵时，令人欣赏，园林之佳境也。”（《园冶·墙垣》）“园林砌路，堆小乱石砌如榴子者，坚固而雅致。”（《园冶·铺地》）

文震亨、计成对古雅的这种追求代表了那个时代文人雅士的共同追求，清伍绍堂在《长物志·跋》中言：“有明中叶，天下承平，士大夫以儒雅相尚，若评书品画，瀹茗焚香，弹琴选石等事，无一不精，而当时骚人墨客，亦皆工鉴别，善品题，玉敦珠盘，辉映坛坫。”

如陈继儒所说高人韵士的追求就是：“结庐松竹之间，闲云封户；徙倚青林之下，花瓣沾衣。芳草盈阶，茶烟几缕；春光满眼，黄鸟一声。此时可以诗，可以画，而正恐诗不尽言，画不尽意。而高人韵士，能以片言数语尽之者，则谓之诗可，谓之画可，谓高人韵士之诗画亦无不可。”①

“入门曲迳，首揭城市山林；临池水槛，必曰天光云影；濠濮想多见鱼塘；

① 〔明〕陈继儒：《小窗幽记》卷六。

水竹居必施筠坞；日涉、市隐，屡见园名；环翠、来云，皆为楼额。”①

他们都用画家眼光审视，有画意者称“雅”，如：“灯样以四方如屏，中穿花鸟，清雅如画者为佳。”（《长物志·器具》）“蟠根嵌石，宛若画意……篆壑飞廊，想出意外。”（《园冶·自序》）“境仿瀛壶，天然图画，意尽林泉之癖，乐余园圃之间。”（《园冶·屋宇》）“（峭壁山）理者相石皴纹，仿古人笔意……宛然镜游也。”（《园冶·掇山》）“深意画图，余情丘壑。”（《园冶·掇山》）

园主也都以有“画意”相尚，如明末王心一在《归园田居记》中论园中所掇山：“东南诸山采用者湖石，玲珑细润，白质藓苔，其法宜用巧，是赵松雪之宗派也。西北诸山采用者尧峰，黄而带青，质而近古，其法宜用拙，是黄子久之风轨也。余以二家之意，位置其远近浅深，而属之善手陈似云，三年而工始竟。”②

古雅之物，质朴无文，诚如《韩非子·解老》所言：“和氏之璧不饰以五彩，隋侯之珠不饰以银黄，其质至美，物不足以饰之，夫物之待饰而后行者，其质不美也。”

文震亨称，“镜，秦陀、黑漆古、光背质厚无文者为上”（《长物志·器具》），与此相反，雕缋满目则俗：卧室“精洁雅素，一涉绚丽便如闺阁中，非幽人眠云梦月所宜矣”（《长物志·位置·卧室》）。

榻者，“有古断纹者，有元螺钿者，其制自然古雅……近有大理石镶者，有退光朱黑漆，中刻竹树，以粉填者，有新螺钿者，大非雅器。他如花楠、紫檀、乌木、花梨，照旧式制成，俱可用，一改长大诸式，虽曰美观，俱落俗套”。“今人制作，徒取雕绘文饰，以悦俗眼，而古制荡然，令人慨叹实深。”天然几只可“略雕云头、如意之类，不可雕龙凤、花草诸俗式。近时所制狭而长者最可厌。”“（照壁）得文木如豆瓣楠之类为之，华而复雅，不则竟用素染，或金漆亦可。青紫及洒金描画，俱所最忌。亦不可用六，堂中可用一带，斋中则止中楹用之。有以夹纱窗或细格代之者，俱称俗品。”“（交床）金漆折叠者，俗不堪用。”（《长物志·几榻》）

“近更有以大块辰砂、石青、石绿为研山、盆石，最俗。”（《长物志·水

---

① 〔明〕谢肇淛：《五杂俎·地部一》，中华书局1959年版，第83页。

② 《吴县志》卷三九中。

石》）

“（书桌）中心取阔大，四周镶边阔仅半寸许，足稍矮而细，则其制自古，凡狭长混角诸俗式，俱不可用，漆者尤俗。”（《长物志·书桌》）

因此，文震亨《长物志》以为：

漆用金漆，或朱黑二色；雕花、彩漆，俱不可用。

（门）用木为格，以湘妃竹横斜钉之，或四或二，不可用六。两旁用板为春帖，必随意取唐联佳者刻于上。若用石梱，必须板扉。

石用方厚浑朴，庶不涉俗。

门环得古青绿蝴蝶兽面，或天鸡饕餮之属钉于上为佳，不则用紫铜或精铁如旧式铸成亦可，黄白铜俱不可用也。漆惟朱紫黑三色，余不可用。

（窗）用木为粗格，中设细条三眼，眼方二寸，不可过大。

（桥）广池巨浸，须用文石为桥，雕镂云物，极其精工，不可入俗。

尧峰石，近时始出，苔藓丛生，古朴可爱。以未经采凿，山中甚多，但不玲珑耳！然正以不玲珑，故佳。

《长物志》这种厚质无文的审美观，也是作者独立的人格建树和精神追求的表现。沈春泽在《长物志》初版序言中说：“夫标榜林壑，品题酒茗，收藏位置，图史杯铛之属，于世为闲事，于身为长物，而品人者，于此观韵焉，才与情焉。”①

文震亨《长物志》主张陈设“精而便，简而裁”，鲜花着锦、叠床架屋者俗。他在《长物志·位置》中指出，斋中仅可置四椅一榻，屏风仅可置一面，不宜太杂，斋中悬画宜高，斋中仅可置一轴于上。置瓶插花亦不宜繁杂，若插一支，须择枝柯奇古，二枝须高下合插，止可一二种，过多便如酒肆云云。

陈继儒《小窗幽记》也体现出同一趣味：“净几明窗，一轴画，一囊琴，一只鹤，一瓯茶，一炉香，一部法帖；小园幽径，几丛花，几群鸟，几区亭，几拳石，几池水，几片闲云。”“文房供具，借以快目适玩，铺叠如市，颇损雅趣。其点缀之注，罗罗清疏，方能得致。”（《小窗幽记·集韵》）

屠隆也主张陈设简素，他在《考槃余事·瓶花》中说：“堂供须高瓶大枝，

---

① 沈春泽：《〈长物志〉序》，见《长物志校注》卷首，江苏科技出版社 1984 年版。

方快人意。若山斋充玩，瓶宜短小，花宜瘦巧。最忌繁杂如缚，又忌花瘦于瓶……瓶忌妆彩雕花。即使物有雕镂，亦皆商周秦汉之式。”

清朝中叶，一般扬州富裕人家的陈设代表了盐商的审美趣味，自然难以免俗，清李斗《扬州画舫录》卷十七曰：

> 民间厅事，置长几，上列二物，如铜瓷器及玻璃镜、大理石插牌，两旁亦多置长几，谓之靠山摆。今各园长几，多置三物，如京式。屏间悬古人画。小室中用天香小几，画案书架。小几有方、圆、三角、六角、八角、曲尺、如意、海棠花诸式。画案长者不过三尺。书架下椟上空，多置隔间。几上多古砚、玉尺、玉如意、古人字画、卷子、聚头扇、古骨朵、剔红蔗葭、蒸饼；河西三撞两撞漆盒、瓷水盂，极尽窑色，体质丰厚。灵壁、太湖诸砚山、珊瑚笔格、宋蜡笺、书籍皆宋元精椠、旧抄秘种及毛抄钱抄。隔间多杂以铜、瓷、汉玉古器。……他如雉尾扇、自鸣钟、螺钿器、银累绦、铜龟鹤、日圭、嘉量、屏风鞈匜、天然木几座、大小方圆古镜、异石奇峰、湖湘文竹、天然木柱杖、宣铜炉。大者为官奁，皆炭色红、胡桃纹、鹧鸪色，光彩陆离。上品香顶撞、玉如意，凡此皆陈设也。

其实，商家炫富很俗，而清代富贵旗人家中格调也不高。

文震亨和计成都厌“卍”字纹俗，如：“‘卍’字者,宜闺阁中，不甚古雅”（《长物志・室庐》），“板桥须三折，一木为栏，忌平板作朱‘卍’字栏”（《长物志・室庐》），“回文、万字，一概屏去”（《园冶・栏杆》），“雕镂花、鸟、仙、兽不可用，入画意者少”（《园冶・墙垣》），“近制八仙等式，仅可供宴集，非雅器也”（《长物志・几塌》），“竹橱及小木直楞，一则市肆中物，一则药室中物，俱不可用”（《长物志・几塌》）等。

区别雅俗，重要的标准是有无“山林气”和“古意”。陈继儒《小窗幽记》卷四说：“园亭若无一段山林景况，只以壮丽相炫，便觉俗气扑人。”文震亨《长物志》卷六云，“禅椅以天台藤为之，或得古树根，如虬龙诘曲臃肿，槎枒四出”，“竹机及缗环诸俗式不可用”，等等。

以上审美趣味，特别是文震亨的《长物志》代表了士族雅文化，有明显的尚古倾向。

3. 尚用戒奢

尚用戒奢是明至清前期构园理论的重要内容。如前所述，造园的消费惊人，甚至令人倾家荡产，而且那时“暴富儿自夸其富，非所宜设而设之，置槭窬于大门，设尊罍于卧寝”① 者有之，“明窗净几，焚香其中餐云饮露，一扫人间诟病”者亦有之。所以，文震亨、计成都注重实用，提倡节能，前述古朴雅素的审美思想也都与节能相关。

宋代郭熙、郭思父子在《林泉高致·序》论山水画时说：“山水有可行者，有可望者，有可游者，有可居者。”园林本来就堪比可行、可望、可游、可居的立体山水画，明清园林又大多为宅园，宅边隙地所建宅园，不同于大型游赏性园林，是海德格尔所说的“诗意栖居”的载体，“诗意创造首先使居住成为居住。诗意创造真正使我们居住”②，“诗意是居住本源性的承诺”③。“因阜垒山，因洼疏地，集宾有堂，眺望有楼有阁，读书有斋，燕寝有馆有房。循行往还，登降上下，有廊榭、亭台、碕沜、村柴之属”④。园中建筑，各具起居、观赏、宴饮、吟诗、作画、抚琴、垂钓等实用功能。

制具更在于实用。如家具，乃是一种物质文化，其价值首先体现为一种物质性——实用性，是衡量其存在价值的根本标准。

《长物志·几榻》讲到明代家具数例：

几榻，“坐卧依凭，无不便适，燕衎之暇，以之展经史，阅书画，陈鼎彝……何施不可”。方桌“须取极方大古朴，列坐可十数人者，以供展玩书画”，椅子“宜矮不宜高，宜阔不宜狭，其折叠单靠、吴江竹椅、专诸禅椅诸俗式，断不可用”，“天然几，以文木如花梨、铁梨、香楠等木为之；第以阔大为贵，长不可过八尺，厚不可过五寸，飞角处不可太尖，须平圆，乃古式。照倭几下有拖尾者，更奇；不可用皿足如书桌式，或以古树根承之。不则用木，如台面阔厚者，空其中，略雕云头、如意之类”。

家具尺寸和座椅类都使用方便且曲线弯曲度与人体相符合舒适者。如“榻座

① 〔清〕袁枚《随园诗话》卷六。

② 〔德〕海德格尔：《诗·语言·思》，彭富春译，文化艺术出版社 1991 年版，第 187 页。

③ 〔德〕海德格尔：《诗·语言·思》，彭富春译，文化艺术出版社 1991 年版，第 198 页。

④ 〔清〕沈德潜《复园记》，见王稼句编著《苏州园林历代文钞》，生活·读书·新知三联书店 2008 年版，第 43 页。

高一尺二寸，屏高一尺三寸，长七尺有奇，横三尺五寸，周设木格，中贯湘竹，下座不虚，三面靠背，后背与两傍等，此榻之定式也”（《长物志·几榻》）。明代的榻主要用于餐聚会友，品茗清谈。榻座一尺二寸，与人的脚掌至髌骨的长度相适，上身重量着重于骨盆与股骨，从而减轻脚部压力，但适宜的长度又不使脚有悬垂不稳定之感，易于踩、踏稳定。屏高一尺三寸，又与人坐时背部受力点相适宜。

“尚用”的追求还体现在不仅要宜人还要宜地，所谓“因地制宜”就是要考虑到物质条件、环境，“随方制象，各有所宜”（《长物志·室庐》），“（叠山）要须回环峭拔，安插得宜”（《长物志·水石》），“繁简不同，寒暑各异，高堂广榭，曲房奥室，各有所宜”（《长物志·位置》），如《长物志·敞室》：

> 长夏宜敞室，尽去窗槛，前梧后竹，不见日色，列木几极长大者于正中，两傍置长榻无屏者各一……北窗设湘竹榻，置簟于上，可以高卧。几上大砚一，青绿水盆一，尊彝之属，俱取大者。置建兰一二盆于几案之侧，奇峰古树，清泉白石，不妨多列。湘帘四垂，望之如入清凉界中。

“合宜”方能实用，“构合时宜，式徵清赏”（《园冶·装折》），也符合审美要求。“宜亭斯亭，宜榭斯榭，不妨偏径，顿置婉转，斯谓精而合宜者也。”（《园冶·兴造论》）“窗牖无拘，随宜合用……大观不足，小筑允宜。”（《园冶·园说》）“格式随宜，栽培得致。”（《园冶·立基》）“园林屋宇，虽无方向，惟门楼基，要依厅堂方向，合宜则立。”（《园冶·立基》）“（亭）造式无定……随意合宜则制，惟地图可略式也。”（《园冶·屋宇》）

陈继儒根据士人生活审美理想详细开列过“合宜”菜单，《小窗幽记》卷六载：

> 门内有径，径欲曲；径转有屏，屏欲小；屏进有阶，阶欲平；阶畔有花，花欲鲜；花外有墙，墙欲低；墙内有松，松欲古；松底有石，石欲怪；石面有亭，亭欲朴；亭后有竹，竹欲疏；竹尽有室，室欲幽；室旁有路，路欲分；路合有桥，桥欲危；桥边有树，树欲高；树阴有草，草欲青；草上有渠，渠欲细；渠引有泉，泉欲瀑；泉去有山，山欲深；山下有屋，屋欲方；屋角有圃，圃欲宽；圃中有鹤，鹤欲舞；鹤报有客，客不俗；客至有酒，酒欲不却；酒行有醉，醉欲不归。

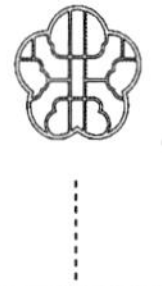

计成《园冶·兴造论》中说造园“须求得人，当要节用”，“节用”，就是要节约，反对铺张浪费，不过在当用钱时要不惜费，在该投入资金的地方，不能吝啬，要给予足够的资金保障。

《园冶·铺地》载：“废瓦片也有行时，当湖石削铺，波纹汹涌；破方砖可留大用，绕梅花磨斗，冰裂纷纭。”“（冰裂地）意随人活，砌法似无拘格，破方砖磨铺犹佳”。报废的瓦片和破损的砖石，可以砌出美丽的花纹，真是化腐朽为神奇。

计成谓“斯谓雕栋飞楹构易，槐荫挺玉成难”（《园冶·相地》），保留地基上原有的古木树。《园冶》提到的植物大多是江南本土植物，如柳、竹子、芭蕉、桃树等。可谓就地取材，节能节用。

4. “芥子而纳须弥”

明园林的艺术追求逐渐由“隐于园”向“娱于园”发展，享乐功能增加，“山居”固然可以逍遥于城市而外，但生活有诸多不便，最受青睐的还是“仿佛乎山水之间”的“城市山林”。

士人多利用宅边隙地构园，园林面积受限制，但麻雀虽小，五脏俱全，“芥子而纳须弥”意即小草芥的籽要容纳大千世界。禅宗认为空间越小，可供人们想象的余地越大，也就是文震亨说的“一峰则太华千寻，一勺则江湖万里”。早在唐代，有山水癖好的白居易，所到之处，即使一日二日，也要“覆篑土为台，聚拳石为山，环斗水为池”①，以满足心理需要。

陈从周《梓翁说园》云：“园之佳者如诗之绝句，词之小令，皆以少胜多，有不尽之意，寥寥几句，弦外之音，犹绕梁音。”② 陈继儒认为：“园亭池榭，仅可容身，便是半生受用。”③

张岱《陶庵梦忆·筠芝亭》载：

> 筠芝亭，浑朴一亭耳。然而亭之事尽，筠芝亭一山之事亦尽。吾家后此亭而亭者，不及筠芝亭；后此亭而楼者、阁者、斋者，亦不及。总之，多一

---

① 〔唐〕白居易：《草堂记》，见朱金城笺校《白居易集笺校》，上海古籍出版社 1988 年版，第 2736 页。

② 陈从周：《说园（一）》，见《梓翁说园》北京出版社 2004 年版，第 6 页。

③ 〔明〕陈继儒：《小窗幽记》卷一二。

楼，亭中多一楼之碍；多一墙，亭中多一墙之碍。太仆公造此亭成，亭之外更不增一椽一瓦，亭之内亦不设一槛一扉，此其意有在也。亭前后，太仆公手植树皆合抱，清樾轻岚，滃滃翳翳，如在秋水。亭前石台，躐取亭中之景物而先得之，升高眺远，眼界光明。敬亭诸山，箕踞麓下；溪壑潆回，水出松叶之上。台下右旋，曲磴三折，老松偻背而立，顶垂一干，倒下如小幢，小枝盘郁，曲出辅之，旋盖如曲柄葆羽。癸丑以前，不垣不台，松意尤畅。

但要做到以小见大，务必要对园林山水、花木及亭台楼阁等基本元素进行概括和凝练，灌注其思想、诗文意境，唤起人们的无穷联想，方能成为艺术品。

《长物志·水石》谓："石令人古，水令人远，园林水石最不可无，要须回环峭拔，安插得宜……又须修竹老木，怪藤丑树，交覆角立，苍崖碧涧，奔泉汛流，如入深岩绝壑之中，乃为名区胜地。"

首先巧妙地"借景"，"窗含西岭千秋雪，门泊东吴万里船"，从有限到无限，白居易在简陋的庐山草堂，"仰观山，俯听泉，旁睨竹树云石，自辰及酉，应接不暇"①，就是借助了"借景"。计成《园冶》将借景提高到"林园之最要者"，系统论述和总结了借景原理与处理技法："如远借、邻借、仰借、俯借、应时而借。"（《园冶·借景》）

互相借资是园林创作规划的重要原则。张家骥《园冶全释》说：任何一处景境的创作，都应是构成园林完美而和谐的整体部分，不论是由外望内，由内望外；自上瞰下，自下仰上；由远瞻近，由近眺远，无不具诗情而有画意。必须从人和人的视觉活动的审美要求，通过时空融合的整体环境，体现出自然山水的精神和意境，这就是"互相借资"的意义。

借景可以"纳千顷之汪洋，收四时之烂漫"，不仅把园外一切美景尽收眼底，而且还把风声、雨声、鸟语、花香等无形之景尽容于园中。

计成还描绘了令人神往的借景的艺术效果："刹宇隐环窗，仿佛片图小李；岩峦堆劈石，参差半壁大痴"，"远峰偏宜借景，秀色堪餐"。

祁彪佳《寓山注·烂柯山房》：

主人读书其中，倦则倚槛四望。凡客至，辄于数里外见之，遣童子出

① 〔明〕陈继儒：《小窗幽记》卷一二。

探，良久，一舟犹在中流也。时或高卧，就枕上看日出云生，吞吐万状，昔人所谓卧游。

咫尺书房，却能衔山吞水，形象地诠释了借景原理，反映了园林与自然大环境之间和谐交融的思想。

其次是利用廊、亭、轩、榭等小型建筑，对园林空间进行分割、转折、封闭、围合，达到“庭院深深深几许”的艺术效果，获得曲折幽深、藏而不露、含蓄蕴藉的神韵。隔则深，园林空间越分割，感觉就越大，畅则浅。帘幕无重数，方能显出庭院深深，隔帘看月，隔水看花，距离产生美感。

陈继儒《小窗幽记》卷六载：

山曲小房，入园窈窕幽径，绿玉万竿，中汇涧水为曲池，环池竹树云石，其后平冈逶迤，古松鳞鬣，松下皆灌丛杂木，茑萝骈织，亭榭翼然。夜半鹤唳清远，恍如宿花坞，间闻哀猿啼啸，嘹呖惊霜，初不辨其为城市为山林也。①

计成叠山，讲究“从进而出，计步仅四百”，曲折迂回，小中见大。

张岱通过对植物的四时安排实现视觉上的流动性，小小一室，四季接替，流动无极：

不二斋……夏日，建兰、茉莉芗泽浸人，沁入衣裾。重阳前后，移菊北窗下……颜色空明，天光晶映，如沉秋水。冬则梧叶落，蜡梅开……以昆山石种水仙列阶趾。春时，四壁下皆山兰，槛前芍药半亩。②

另有：一间屋，六尺地，虽没庄严，却也精致；蒲作团，衣作被，日里可坐，夜间可睡；灯一盏，香一炷，石磬数声，木鱼几击；龛常关，门常闭，好人放来，恶人回避；发不除，荤不忌，道人心肠，儒者服制；不贪名，不图利，了清静缘，作解脱计；无挂碍，无拘系，闲便入来，忙便出去；省闲非，省闲气，也不游方，也不避世，在家出家，在世出世；佛何人？佛何处？此即上乘，此即

① 〔明〕陈继儒：《小窗幽记》卷六。

② 〔明〕张岱：《陶庵梦忆》卷二。

三昧；日复日，岁复岁，毕我这生，任他后裔。①

曲折幽深，境界自出："意贵乎远，不静不远也；境贵乎深，不曲不深也。一勺水亦有曲处，一片石亦有深处。"②

陈继儒称："有屋数间，有田数亩；用盆为池，以瓮为牖；墙高于肩，室大于斗。布被暖余，藜羹饱后。气吐胸中，充塞宇宙；笔落人间，辉映琼玖。人能知止，以退为茂；我自不出，何退之有？心无妄想，足无妄走；人无妄交，物无妄受。炎炎论之，甘处其陋；绰绰言之，无出其右。"③

5. 构园无格

园林作为一门综合艺术，其生命力在于创造性。诚如史铁生《病隙碎笔》中所说："艺术，原是要在按部就班的实际中开出虚幻，开辟异在，开通自由，技法虽属重要，但根本的期待是心魄的可能性。便是写实，也非照相。便是摄影，也并不看中外在的真。一旦艺术，都是要开放遐想与神游，且不宜搭乘已有的专线。"

朱光潜在《慢慢走，欣赏啊》一文中也说："文章忌俗滥，生活也忌俗滥。俗滥就是自己没有本色而蹈袭别人的成规旧矩。西施患心病，常捧心颦眉，这是自然流露，所以愈增其美。东施没有心病，强学捧心颦眉的姿态，只能引人嫌恶。在西施是创作，在东施便是滥调。滥调起于生命的干枯，也就是虚伪的表现。"④

计成明确提出"构园无格"（《园冶·借景》），"格"是固定的式样、程式，构园有成法，"法"指总的艺术规律及原则。诸如"巧于因借""精在体宜""顺应自然""山贵有脉，水贵有源，脉理贯通，全园生动"等均是。"式"是指呆板机械的规则图式，构园无固定式样，全在于营构者的因地制宜，给历代匠师无限的创造空间，因此构园之艺术不仅薪火相传，而且能与时俱进，青出于蓝而胜于蓝。

计成曰："（亭）造式无定，自三角、四角、五角、梅花、六角、横圭、八角至十字，随意合宜则制，惟地图可略式也。"（《园冶·屋宇》）"窗牖无拘，随宜合用；栏杆信画，因境而成。制式新番，裁除旧套。"（《园冶·园说》）"格式随宜，

① 〔明〕陈继儒：《小窗幽记》卷二。

② 〔清〕恽格：《瓯香馆集》卷十一，《丛书集成初编》，商务印书馆1935年版，第177页。

③ 〔明〕陈继儒：《小窗幽记》卷六。

④ 朱光潜：《谈美文艺心理学》（新编增订本），中华书局2012年版，第93页。

栽培得致。”（《园冶·立基》）“门扇岂异寻常，窗棂遵时各式。”（《园冶·装折》）总之，有法无式，避免蹈袭雷同是园林营构法则。

明万历年间，以袁宏道、袁宗道、袁中道为代表的文学流派“公安派”，主张“世道既变，文亦因之”和“性灵说”，即文章独抒性灵，不拘格套。他们反对前后七子的拟古主义，加上王学左派的思想影响，追求个性、不拘于俗的思想在艺术创作上有很大影响，如石涛强调“我之为我，自有我在。古之须眉，不能生在我之面目；古之肺腑，不能安入我之腹肠。我自发我之肺腑，揭我之须眉”。追求个性、崇尚独创的精神，同样表现在园林创作上。

苏州园林建筑平面开间、面阔的比例、屋顶形式等都不拘囿于程式，而是根据生活实际需要而灵活变化，如因南方冬天寒冷但一般不生火取暖，而且夏天气温较高，因此厅堂内的天花板普遍采用轩形，有茶壶挡轩、弓形轩、一支香轩、船篷轩、菱角轩、鹤胫轩等，不仅使室内空间显得主次分明、形式丰富，还有着隔热防寒、隔尘的作用。苏州园林中都是山不重样，池不同形，一园之中，花窗绝不雷同，体现了李渔的审美理想。

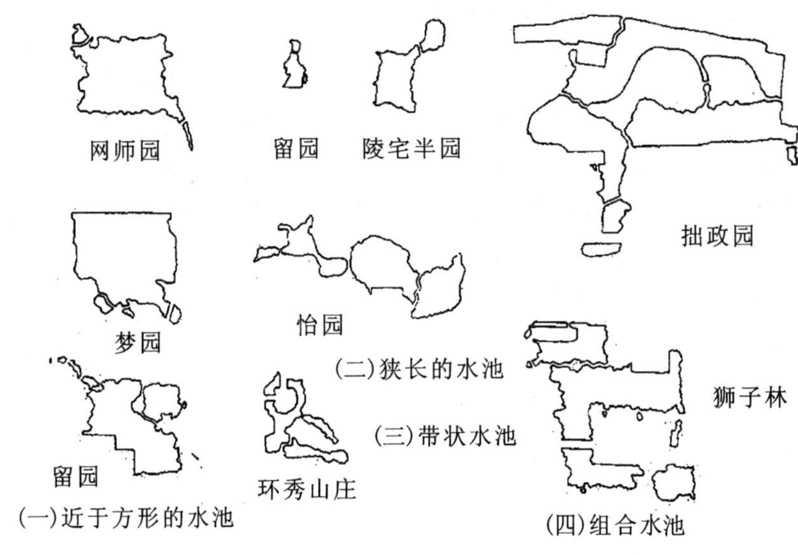

苏州园林形态各异的水池①

堆叠假山的风格也是多姿多彩：同样以画叠山，明张南阳钟情于全景式山水

① 转引自刘敦桢《苏州园林》，中国建筑工业出版社2005年版，第103页。

画，气势磅礴，石包土，以堆积为工；张南垣则创“截溪断谷”“土中戴石”的叠石方法，呈平冈小坂之态。两种方法形成不同叠山风格，王世贞的弇山园和其子王士骐的泌园亦各有所好，钱谦益和王士骐论及此事时说：

> 冏伯（王士骐）论诗文，多与弇州异同，尝语余曰：“先人构弇山园，叠石架峰，以堆积为工，吾为泌园，土山竹树，与池水映带，取空旷自然而已。”余笑曰：“兄殆以为园喻家学乎？”冏伯笑而不答。①

假山类型及叠石方法也多样，如周秉忠为东园（留园）所叠假山“玲珑峭削，如一幅山水横披画，了无断续痕迹，真妙手也”②。惠荫园所叠地下水假山，则“洞故仿包山林屋，石床神钲，玉柱金庭，无不毕具。历二百年，苔藓若封，烟云自吐，碧梧银杏，紫荆翠柏，春夏之交，浓荫蔽月，时雨初霁，岩乳若滴。有水一泓，清可鉴物，嵌空架楼，吟眺自适，游其中者，几莫辨为匠心之运，石林万古不知暑，岂虚语哉！”③

惠荫园地下水假山

同样是贴壁山，扬州何园、小莲庄、网师园峭壁山各有其特点：扬州何园贴壁山将山贴墙而立，使山与墙融为一体，是登楼贴壁山，它运用挑、飘手法，使山形充满了张力，其间配以植物，绿意盎然。小莲庄内园假山，以玲珑剔透的太湖石围立在墙前。网师园琴室的峭壁山，紧贴南墙，山下竹丛摇曳，俨如竹石图。

① 〔清〕钱谦益：《列朝诗集小传》，上海古籍出版社1959年版，第437、438页。

② 〔明〕袁宏道：《园亭纪略》，见钱伯城《袁宏道集笺校》卷四，上海古籍出版社1981年版。

③ 〔清〕韩是升：《小林屋记》，见《吴县志》卷三九。

第八章
中国园林美学的集成及嬗变期——清代

明清鼎革，但文化创意的“繁盛的生命力可以跨越改朝换代的戕害与创伤，一直延续到乾嘉时期”①。

入主中原的清朝统治者，继承沿袭了明代的律令制度，“京城皇城宫城，并依原址”“综观清代大内沿革，一切巨规宏模，无一不沿自明朝”“诸宫殿皆经重修或重建，然无一非前明之旧规也”②。

自康熙至乾隆，祖孙三代一百三十多年，为清代历史上的全盛时期。康熙继位后，三藩被灭、台湾回归、西藏内附、缅甸入贡，国力日雄，又在塞外设置了木兰围场，营建了避暑山庄行宫御苑。康熙六巡江南，安抚江南的同时，领略了江南园林的绮丽风采。此后，在北京西郊建造了香山行宫及澄心园（后名静明园），又在明代李伟的清华园基址上兴建畅春园，但仅为“质明而往，信宿而归”的离宫。

雍正继位后改建了赐园圆明园。乾隆以其祖为榜样，六巡江南，在玉泉山前的瓮山和西湖间兴建清漪园，圆明园东建长春园和绮春园，扩建改建避暑山庄。又于圆明园向西延伸直到西山建三山五园。城内大规模改建明御苑，紫禁城中新增福宫西御花园、慈宁宫御花园、宁寿宫西路花园等，在西苑中又增设了静心斋、濠濮间等园中园。

乾隆年间，西藏的既仿照汉族离宫模式又具有藏族风格的罗布林卡，反映了盛清园林的多元色彩。

---

① 郑培凯：《晚明文化与昆曲盛世》，《光明日报》2014年1月20日。

② 梁思成：《中国建筑史》，百花文艺出版社1998年版，第245页。

嘉道年间，国势渐衰，内忧外患不断。1840 年 6 月，英帝国主义为了向中国走私鸦片，用坚船利炮轰开了“闭关锁国”的清帝国门户，中国的自然经济开始解体，通商口岸被迫开放。此后，觊觎中国的帝国主义列强挑起了一次次战争，中国内部也战乱频仍，大王旗城头变幻，皇家园林一蹶而难再兴，独领风骚数千年的江南私家园林，亦十不存一。虽有所谓同光中兴，但清廷除了挪用筹备兴建海军的经费修建颐和园，再无实力构园。

清咸丰前私家园林继晚明余韵，继续发展。官僚富豪、文人士夫，或葺旧园，或筑新构，争妍竞巧。以北京为代表的私家园林、苏州园林、扬州园林、岭南园林，各具鲜明的地方特征。

文人的审美眼光开始投射到世俗化的日常生活上，清郑板桥在《寄弟家书》中说：“坐小阁上，烹龙凤茶，烧夹剪香，令友人吹笛，作《落梅花》一弄，真是人间仙境也。”清初王士祯将唐司空图“不著一字，尽得风流”及宋严羽的“入神”说发展为“神韵”诗说，也为园林意境创造增添了内蕴。

艺术“到了道光年间，已经没有了文化创意”①，且清廷自 1905 年废止了科举制度却又无精妙制度顶替，社会崇文风尚日衰，精英阶层失去了学而优则仕的优势，丧失了构园的资本和热情，大多淡出了园林界，簪缨世家衰败而军阀、资本家、富商等新贵踵起，园主成分雅俗不齐。

同时，西方殖民文化如同雨点般击打在中国社会结构之上。随着上海开埠，以运河为交通骨干的内陆市场转化为以海洋为主动脉的超内陆市场，大运河日渐萧条，江南园林重镇，苏、杭、扬州等失去了传统优势，如苏州经济发展停滞，经济重心随之转移，大多数的工人、商人移居上海；扬州不仅丧失了全国交通枢纽的地位，反而成了交通闭塞之地。

同治、光绪年间，江南地区再次出现畸形的构园高潮，但由于“园主”身份的变化，审美情趣各不相同，兴造活动大部分流于对名园的模仿和技术的追求，当然也有佳构。尽管如此，这些园林的出现只是强弩之末，难以遏制传统园林的式微之势。

① 郑培凯：《晚明文化与昆曲盛世》，《光明日报》2014 年 1 月 20 日。

第一节　皇家园林美学

清皇家园林的高潮，奠定于康熙，完成于乾隆，是中华大帝国最后一个繁荣时期。清代乾隆以后，皇家园林以三山五园、三海御苑以及长城外的猎苑和避暑山庄为代表，具有包举宇内的鲜明美学特色。

一、财散民聚　大兴园林

康乾号为盛世，经济繁荣，人丁兴旺，财政富足。① 乾隆认为："泉货本流通之物，财散民聚，圣训甚明，与其聚之于上，毋宁散之于下。"② 乾隆五次全免天下一年钱粮，同时大兴皇家园林。

1. 三山五园，山水添彩

"三山五园"是北京西郊一带皇家行宫苑囿的总称，有圆明园、畅春园、静宜园、静明园、清漪园等五个大型的人工山水园林，其中静宜园在香山，静明园在玉泉山，清漪园在万寿山。

康熙二十三年（1684），在明代皇亲李伟的别墅"清华园"的废址上修建了畅春园，由江南画家叶洮参与规划，江南造园名匠张南垣之子张然主持施工，占地约0.6平方千米。全园以岛堤岗阜划分为两大水域。园林区大致划分三路，中路以西湖为骨干，布置主要观赏建筑，如瑞景轩、林香山翠、延爽楼等。湖东长堤遍植丁香，湖西长堤遍植桃花、芝兰，湖中养荷，形成丰富的观赏植物环境，园景呈现出江南山水园的特色。

圆明园是雍正皇帝为皇子时的赐园，即位后扩建为离宫，增加殿、宇、亭、榭，引水蓄池，培植林木，成二十八景，定名为圆明园。雍正解释为"圆而入神，君子之时中也；明而普照，达人之睿智也"，恪守圆通中庸、聪明睿智之意。乾隆二年（1737）再次扩建，增景十二个，又附建长春园和绮春园，合称圆明三园。此后，又历经嘉庆、道光、咸丰长达151年的修建，总面积3.5平方千米，

---

① 据美国保罗·肯尼迪《大国的兴衰》记载：当时，全世界五十万以上人口的城市只有十个，中国就占了六个，乾隆二十五年（1760），全世界的工业生产，中国占32%，整个欧洲只占27%。

② 《清高宗实录》卷一一四一。

周长为10千米。水面占半，山脉延续30千米以上，有各类建筑145组。圆明园成为宏伟壮丽的“万园之园”①、世界上最豪华的瑰丽宫苑。

圆明园有三大景区，即中部的前湖景区、后湖景区和福海景区，前后共有四十八景。

前湖、后湖景区包括正大光明殿所在的宫廷区以及前湖、后湖沿岸的九岛。环绕后湖的东、西、北三面，布置了小园林集群，形成一圈外围景区，如众星捧月般地簇拥着中央景区。福海景区即以福海的大水面为中心，湖中有三个岛屿鼎列，以象征传说中的东海三仙山。湖岸布置了与水有关的二十处景点。此外，在圆明园的北宫墙外，尚有后来增建的一条狭长的景区，主要表现水村野居的风光。布局上婉转曲折，人工造的山、水、岛屿，更增加了自然的美感，园林题材以水围山岛结合的仙境、中国山水画中深山幽谷、江南风景画面并汲取历代宫苑特点构画而成。

位于圆明园东侧的长春园是圆明园的附园，分南、北两个景区：南区以淳化轩一组为主体建筑，周围湖岛布置了茹园、鉴园、狮子林、海岳开襟、玉玲珑馆等10个景点，因水成景；北区为一横长地区，区内布置了谐奇趣、蓄水楼、养雀笼、方外观、海晏堂、远瀛观等欧洲18世纪的宫殿式建筑。

绮春园早期曾是怡亲王允祥的御赐花园，乾隆三十四年（1769）归入圆明园，正式定名为“绮春园”。同治年间择要重修时，改称万春园，是一个小型的水景园集锦。著名的建筑和风景区有“迎晖殿”“中和堂”“敷春堂”“蔚藻堂”“涵秋馆”“天地一家春”“展诗应律”“庄严法界”“四宜书屋”“延寿寺”“消夏堂”“绿满轩”“点景房”等30景。

圆明园总体布局不拘章法，富于自然情调。景与景之间疏密相间，水系错综复杂，形成小巧玲珑的格局。法国大文学家雨果浩叹：

> 一个近乎超人的民族所能幻想到的一切都汇集于圆明园。圆明园是规模巨大的幻想的原型，如果幻想也可能有原型的话。只要想象出一种无法描绘的建筑物，一种如同月宫似的仙境，那就是圆明园。假如有一座集人类想象

① 法国传教士王致诚在1747年写回欧洲的长信中称圆明园为“万园之园”。

力之大成的灿烂宝库，以宫殿庙宇的形象出现，那就是圆明园。①

乾隆十八年（1753），位于北京西山之东小山丘上的行宫，扩建成了一座离宫静明园，山形奇丽，林木葱郁，多奇岩幽洞，涌泉溪泊，河湖环绕。全园大致分为南山、东山及西山三个区。南山区是精华所在，有宫廷区、玉泉湖及一系列小景点。西北两面以山为屏，山峰上点缀华藏塔及玉峰塔，使得这一区襟山带湖，开合得宜，高低错落，四面成景。东山区包括玉泉山的东坡及山麓的许多小湖泊，以小型水景园见长。

静宜园位于北京西北郊香山，包括内垣、外垣、别垣三部分，占地约 1.53 平方千米。园内的大小建筑群共 50 余处，经乾隆皇帝命名题署的有“二十八景”。内垣接近山麓，为园内主要建筑荟萃之地，有宫殿、梵刹、厅堂、轩榭、园林庭院等，都依山就势；外垣占地最广，是静宜园的高山区，建筑物很少，以山林风景为主调。“西山晴雪”为著名的燕京八景之一，这里地势开阔而高峻，可对园内外的景色一览无遗；别垣内有园中之园“见心斋”，始建于明代嘉靖年间，以曲廊环抱半圆形水池。斋后山石嶙峋，厅堂依山而建，松柏交翠，环境幽雅。静宜园具有浓郁的山林野趣。

清漪园建成于乾隆二十九年（1764），位于北京城西北，全园面积约 2.9 平方千米。北山南水：北部瓮山（后改称万寿山）约占全园三分之一，万寿山山形呈一峰独耸之势，在山上建造了大量的点景建筑；山南为昆明湖，形成开阔的山前观赏景区。咸丰十年（1860），清漪园被英法联军全部破坏。

光绪中叶，慈禧太后挪用海军建设费二千万两白银修复此园，更名为颐和园，基本上保持了原清漪园的格局。

全园宫苑庙宇结合。朝会及居住的宫廷区布局谨严，具有静穆的气概。主要的观赏建筑皆云集万寿山前山，面对昆明湖，视野开阔，山下有长达 728 米的长廊环围湖边，联络东西。后山和后湖山形陡峻，河湖狭窄，配置小型园中园，风景以幽邃静雅为基调。

昆明湖中南湖岛、藻鉴堂、冶镜阁和知春亭、凤凰墩和小西泠，是海中蓬壶的象征。昆明池岸西有一组建筑群象征农桑，代表“织女”，隔岸的“铜牛”代

① 王德胜：《半槛泉声过四海，一亭诗境飘域外》，参见宗白华等著：《中国园林艺术概观》，江苏人民出版社 1987 年版，第 461 页。

表的是“牛郎”，而昆明湖代表阻隔牛郎织女的银河。当然，作为帝王宫苑，景点中同时还有诸多隐喻象征含义，如南湖岛涵虚堂的前身是“望蟾阁”和“月波楼”，月亮称为“蟾宫”，为“月宫仙境”的象征，南湖岛的龙王庙与南面水中的“凤凰墩”分别象征帝后的龙凤，万寿山西麓的关帝庙和昆明湖东岸的文昌阁成为左文右武的配置等。①

2. 避暑山庄，鉴奢尚朴

承德避暑山庄位于承德武烈河西岸，始建于康熙四十二年（1703），有巩固北疆、怀柔蒙古王公以及定期举行“木兰秋狝”大型狩猎活动以锻炼军士等政治、军事意图。

武烈河一带泉水甘美，山林茂密，环境幽静，雾霏露结，据纳兰揆叙、蒋廷锡等在《御制避暑山庄诗恭跋》中言，山庄“群峰回合，清流萦绕，至热河而形势融结，蔚然深秀。古称西北山川多雄奇，东南多幽曲，兹地实兼美焉，盖造化灵淑特钟于此。前代威德不能远孚，人迹罕至。皇上时巡过此，见而异之。念此地旧无居人，辟为离宫”。所以被康熙慧眼识宝地。

园内划分为特色鲜明的四大景区，即宫廷区、湖沼区、平原区、山峦区。

宫廷区根据封建帝王前朝后寝制度，依中轴对称布局原则，布置了午门、正宫门、澹泊敬诚殿、四知书屋、万岁照房、门殿、烟波致爽殿、云山胜地楼、岫云门等一系列殿寝建筑。松鹤斋一组建筑为奉养太后的居地。万壑松风在松鹤斋之北，后濒下湖，为宫廷区与湖沼区的过渡性建筑。东宫是清帝举行庆典宴会之所，殿、堂、室、楼都采用朴素简洁的北方民居建筑形式，不用琉璃瓦及彩画进行装饰。

湖区安排在东南，水光潋滟，洲岛错落，花木扶疏，俨然一派江南景色。湖沼区有七个湖泊萦绕，以长堤、桥梁串联如意洲、青莲岛、金山岛、月色江声岛等几个较大的岛屿，是“一池三山”法规的别出心裁的运用：“从一茎分三枝，如灵芽自然衍生出来一般，生长点出自正宫之北。三岛的大小体量主次分明，相当于蓬莱的最大的岛屿如意洲和小岛环碧簇生在一起，而中型岛屿‘月色江声’又与这两个岛偏侧均衡而安，形成不对称三角形构图。其东隔岸留出月牙形水池环抱月色江声岛，寓声色于形……至于烟雨楼和小金山两个小孤岛坐落的位置亦

① 参见曹林娣《静读园林》，北京大学出版社 2017 年版，第 51 页。

与三岛相呼应。传说中也有五座仙岛之说。”①

具有蒙古草原风情的平原区守北，包括万树园、永佑寺诸景，以及西部山脚下的宁静斋、千尺雪、玉琴轩、文津阁诸建筑。其中以万树园最具特色，在数百亩草地间，苍松翠柏，郁郁葱葱，独具北国草莽风光。

巍巍山峦区雄踞于西北部，占据山庄绝大部分，用地 4.3 平方千米，其中包括松云峡、梨树峪、松林峪、榛子峪、西峪等数条峪谷。最大程度地保持山林的自然形态，穿插布置一些山居型小建筑，不施彩绘，不加雕镂，清雅古朴，体量低小，并呈散点布置，远远望去完全淹没在林渊树海之中。其中最引人入胜的是松云峡，数里长峡遍植松柏，一路之上松涛鸟语，满目青翠，层峦叠嶂，云雾迷蒙，使人完全进入一个幽静清绝的境界之中。

环绕山庄长达 10 千米的虎皮石宫墙，蜿蜒起伏在群山上，正是万里长城的象征，恰似中华版图的地形地貌，符合皇帝独尊、端威庄严之势。

避暑山庄平面图

康熙时建成三十六景，景名皆四字，并作序、赋诗、绘画成《御制避暑山庄记》。乾隆在其祖父基础上加以发展，增赋了三十六景，景名皆三字，并写了《御制避暑山庄后序》，“总弗出皇祖旧定之范围”，表现了孙辈不敢超越祖制。

山庄鉴奢尚朴、宁拙舍巧，以人为之美入天然，以清幽之趣药浓丽，格调澹泊、素雅、朴茂、野奇，突出了山庄风景的特色。②

① 孟兆祯：《避暑山庄园林艺术》，紫禁城出版社 1985 年版，第 34 页。

② 孟兆祯：《避暑山庄园林艺术》，紫禁城出版社 1985 年版，第 12 页。

3. 太液秋风，花园多姿

在皇城内、宫城西的皇家园林西苑，增加了寺庙园林和文人园林部分。以琼华、瀛洲、犀山三个岛屿象征海上仙山。

顺治八年（1651）在北海琼华岛广寒殿旧址上建立了白色的喇嘛塔，因此又名白塔山，成为三海的空间构图中心，并以此为轴心组织前山的永安寺建筑群和后山北部沿湖的倚澜堂、道宁斋及沿湖楼廊。湖周岸边添置了濠濮间、画舫斋、镜清斋、西天梵境、快雪堂、阐福寺、小西天等景点。

中海东北岸在明代崇智殿旧址上建蕉园，松桧苍翠，果树分罗。有春藕斋、植秀轩、听鸿楼。植秀轩西为石池，度池穿石洞出为虚白室、竹洲亭、爱翠楼等。

南海中有瀛台岛，三面临水，奇石花树，层岩幽壑，蓼渚芦湾，增建了勤政殿、昭和殿、丰泽园、知稼轩、秋雪亭、澄渊亭等大片建筑群，并聘请江南叠山名家张然主持叠山工程。南有村舍水田，于此观稼。

紫禁城内重修或新建的有御花园、慈宁宫花园、建福宫花园和位于宁寿宫区西北角的乾隆花园。

不足 10 亩的乾隆花园别出心裁，基地狭长，采用了江南私家园林院落式布置手法。五进院落安排古华轩、遂初堂、萃赏楼、符望阁等二十几座类型丰富的建筑物。每进院落，各具特色，灵动多姿。

禊赏亭（乾隆花园）

建筑具有鲜明的文人写意色彩。如禊赏亭坐落于须弥座平台上，抱厦内地面凿石为渠，渠长 27 米，曲回盘折，号称是“九曲十八弯”，取王羲之兰亭雅集

"曲水流觞"之意，称为"流杯渠"。渠水来自亭南侧假山后掩蔽的水井，汲水入缸，经假山内暗渠流入渠内。亭的内外装修均饰竹纹，以象征修禊时"茂林修竹"的环境，恰切地烘托了建筑的主题。亭前垒砌具有亭园情趣的山石踏步，亭檐下以刻有竹纹的汉白玉栏板围护，渲染了幽雅闲适的意境。

坐北面南的三开间小轩三友轩，为黄琉璃瓦卷棚顶，东为硬山式，西为歇山式，三面出廊，这是一种巧借地形的屋顶构造形式，为宫中仅有。轩内以松、竹、梅"岁寒三友"为装修题材。紫檀透雕圆光罩，罩上竹叶以玉片镶嵌，构思巧妙。次间后檐皆为支摘窗，窗外为假山。西次间西墙辟窗，以紫檀透雕松、竹、梅纹为窗棂，疏密相间，雕刻精细。透过西窗，可观赏窗外玲珑的假山与翠竹青松。装修题材与轩外的各种植物相统一，内外呼应，渲染突出了建筑主题。

碧螺亭形制似梅花，构件亦以梅花纹装饰，又称碧螺梅花亭。亭平面呈梅花形，梅花形须弥座，五柱五脊，重檐攒尖顶，上层覆翡翠绿琉璃瓦，下层覆孔雀蓝琉璃瓦，上下层均以紫晶色琉璃瓦剪边，上安束腰蓝底白色冰梅宝顶。每层五条垂脊，分为五个坡面，亦仿梅之意。亭柱间围成弧形的白石栏板上雕刻各种梅花纹图案，柱檐下安装透雕折枝梅花纹的倒挂楣子，亭内顶棚为贴雕精细的梅花图案天花。上下檐额枋彩画为点金加彩折枝梅花纹苏式彩画。亭前檐下悬乾隆御笔"碧螺"匾，亭南架一石桥，通萃赏楼二层，东西有石阶，可通山下。

全园山石叠置技巧精湛，多人文花木，建筑做工精美，既朴实淡雅，又不失皇家气度，将私家园林精雅与皇宫华贵富丽的氛围相协调。

4. 皇家猎苑，四时蒐狩

满族本是女真族后裔，娴于骑射，流淌着"金都四时皆猎"的血脉。据《清太宗实录》，清太宗皇太极曾明确指出："我国家以骑射为业。"可见，满族始终把行围狩猎作为演武强兵的主要手段。

清帝王四季狩猎分别称为"春蒐、夏苗、秋狝、冬狩"。

京城旁设围场南海子（南苑），因南海子围猎活动多在春季举行，因此称"春蒐"。《钦定日下旧闻考》记载："仰惟开国以来，若南苑则自世祖修葺，用备蒐狩。"于此，又设"海户""一千六百，人各给地二十四亩""每猎则海户合围，纵骑士驰射于中，所以训武也"。南海子水源丰富，野生动物极多，"中有水泉三处，獐鹿雉兔不可以数计”①。

康熙二十二年（1683）在河北省东北部与内蒙古草原接壤处设木兰围场，这里“万里山河通远徼，九边形胜抱神京”，总面积一千平方千米的狩猎场，称为秋狝大猎。这里是水草丰美、禽兽繁衍的草原和千里松林。春夏绿草如茵，山花烂漫；秋季层林尽染，野果飘香；冬季银装素裹，玉树琼花。是世界上第一个，也是迄今为止规模最大的皇家猎苑。

承德木兰围场（胡时芳摄）

二、皇家园林美学特色

1. 湖光山色共一楼

清代皇家园林选址都青睐山清水秀之地。

“三山五园”都在北京西北郊。泉水充沛，西山参差逶迤，层峦叠嶂，形成许多原始堤塘湖泊。乾隆时为增加玉河水量以满足京城用水需要，同时为了防洪及发展西郊水稻生产，而大规模整治西山水系，包括建立涵闸，疏通玉河及长河，开通玉泉山诸泉眼，建立养水湖及高水湖，扩大西湖（后改称昆明湖），连通圆明园水系等一系列水利工程。河湖水系的改善为进一步开拓西郊风景园林建设打下基础。

静宜园所在的北京西北郊香山，为北京西山山系的一部分，自金代开始就是

① 〔清〕于敏中：《日下旧闻考》，北京古籍出版社 1983 年版，第 1231、1267 页。

一处风景名胜区。那里丘壑起伏，林木繁茂。主峰香炉峰，俗称“鬼见愁”，海拔 557 米，南、北侧岭的山势自西向东延伸递减成环抱之势，境界开阔，可以俯瞰东面的广大平原。

静明园所在的玉泉山，位于北京西山山麓，是凸显于西山之东的一座小山丘，山形奇丽，林木葱郁，多奇岩幽洞，玉泉山的东坡及山麓有许多小湖泊，涌泉溪泊，倚山面水，小溪潺潺，山因泉得名。泉水自山间石隙喷涌，水卷银花，宛如玉虹，明代以前便有“玉泉垂虹”之说，列为燕京八景之一。明清两代，宫廷用水，皆从玉泉山运来，并成为民间用水泉源之一。最北部以北峰的妙高塔为结束。

清漪园地区，原是一片湿地，湿地北面有座山叫瓮山，山前的小湖叫瓮山泊，后改名为西湖。1749 年修清漪园，将西湖进行了清淤、疏浚、扩大，整治后的西湖命名为昆明湖，成为清代皇家诸园中最大的湖泊。

三山五园之间运用借景原理：西面以香山静宜园为中心形成小西山东麓的风景区，东面为万泉河水系内的圆明、畅春等人工山水园林，之间系玉泉山静明园和万寿山清漪园。静宜园的宫廷区、飞泉山主峰、清漪园的宫廷区三者构成一条东西向的中轴线，再往东延伸交汇于圆明园与畅春园之间的南北轴线的中心点。这个轴线系统把三山五园之间的 20 平方千米的园林环境，串联成为整体的园林集群。在这个集群中，西山层峦叠嶂成为园林的背景，相互借景、彼此成景，将园外广阔的自然空间环境纳入园内，其旷达的景深打破了园林的界域，达到从有限到无限、又从无限到有限的回归，获得虽非我有而为我备的艺术境界。

湖光山色共一楼，建筑美与自然美的彼此糅合、烘托而相得益彰，使雍容华贵的皇家建筑亦不失朴实淡雅的文化气质。

由于园林所处地形各异，故各园形态各异，有人工山水园、天然山水园，也有天然山地园，基本汇集了传统山水画意式园林的各种创作类型。

平地构园的圆明园，周围泉眼丛聚，草丰树茂，为了避免起伏较小的人工假山与园林广袤面积之间的不协调，采用了园中园的“集锦式”组景手法，独立小园自成一个个山水空间、建筑空间、花木空间，由曲折岗坡把园林空间分隔得扑朔迷离，山重水复，并将其连缀为一个有机的整体，收到“远近胜概，历历奔赴”① 之势的艺术效果。

---

① 乾隆：《圆明园图咏》。

承德山庄居住朝会部分位于山庄之东，正门内为楠木殿，素雅不施彩绘，因所在地势较高，故近处湖光，远处岚影，可卷帘入户，借景绝佳，显示了人对组织竖向空间这类特殊形式美法则的进一步开掘。乾隆在《题食蔗居》中阐述："石溪几转遥，岩径百盘里。十步不见屋，见屋到尺咫。"

在山岳区经营建筑，保持山野趣，按照自然地貌尺度，仅在山脊和山峰的四个制高点上建体量较小的亭子，略加点染。磬锤峰是山庄借景的主题，又在山庄外围仿蒙藏地区著名庙宇形式兴建了外八庙，如同众星捧月，再拓展到周围崇山峻岭作为一个统一整体来考虑，园内群峰与壮丽的磬锤峰、罗汉山、僧帽山建立了有机的联系，整个山庄与武烈河东岸起伏的山峦遥相呼应，构成约 20 平方千米的山水园林与庙宇寺观交织的壮丽风景，园内外之景浑然一体，雄浑磅礴、自然天成，层次清晰、野趣横生。

山区建筑基址的选择也考虑到外借的因素，做到有景可借。山庄四处山巅各冠一亭："四面云山""锤峰落照""南山积雪""北枕双峰"。每座亭都与园外特定的胜景相关联，他们把周围千岩万壑的奇妙风景借于园内。登亭可俯瞰湖区全貌，极目远眺可见绵延挺拔峻峭的群峦奇峰、雄伟壮丽的寺庙群及蜿蜒流淌的武烈河。

西郊宫苑基本连成一片，中间以长河及玉河相互连通，并将沿途的农田、村舍纳入园林观赏范围之内。帝王乘御舟游弋在河湖行宫之中，除领略园林的人工美景，同时也将农家生活纳入画框之中，园内外浑然一体。

2. 移天缩地在君怀

"天上人间诸景备，移天缩地在君怀"，确切地体现概括了清代皇家园林的构园思想。

皇家园林大体通过师天下绝景、仿仙佛境界、取名园神髓等艺术手段，将皇家宏阔的气派与袖珍精雅的江南小园、金碧重彩与清秀雅淡、唯我独尊与出世倾向、礼式建筑的中轴线与杂式建筑的因山就势等矛盾水乳交融地结合在园林中，巧若天成。运用北方刚健之笔抒写江南丝竹之情，形成了迥异于私家园林的艺术风格。仅以圆明园四十景为例。

师天下绝景，圆明园"西峰秀色""小庐山"假山模仿江西庐山，廓然大公北部的假山模仿无锡寄畅园假山，紫碧山房中假山仿建苏州寒山别墅的千尺雪假山，别有洞天一景中有模仿西湖龙井一片云堆叠的假山；"上下天光"仿洞庭湖之胜概；苏堤春晓、曲院风荷、平湖秋月、断桥残雪、柳浪闻莺、花港观鱼、雷峰夕照、双峰插云、南屏晚钟、三潭印月等仿杭州西湖十景；还有仿宁波天一阁的文源阁，仿浙江绍兴兰亭的坐石临流等。

模仿仙境的“别有洞天”“蓬莱瑶池”“方壶胜境”；仿佛教圣地的有仿印度释迦牟尼释法的“舍卫城”，仿杭州花神庙的汇万总春之庙，仿江苏淮安府运河边的惠济祠与河神庙，正觉寺文殊亭中的文殊像疑与山西五台山的文殊像同源，长春园宝相寺的观音像是按照杭州天竺寺的木雕观音像精制而成，仿浙江天台山的慈云普护，仿浙江杭州府清莲寺“玉泉鱼跃”的坦坦荡荡等。

取天下名园神髓：康熙、乾隆都钟情于园林，乾隆更是“山水之乐、不能忘于怀”，曾先后六次到江南巡行，足迹遍及扬州、无锡、苏州、杭州、海宁等私家园林精华荟萃胜地，“眺览山川之佳秀”，随行画师摹绘成粉本“携园而归”。兼收并蓄天下名园，但并非照搬，而是如乾隆在《惠山园八景诗序》中所说的：“略师其意，就其自然之势，不舍己之所长。”如仿苏州狮子林的长春园狮子林，仿南京徐达瞻园的如园，仿扬州趣园的鉴园，仿海宁陈氏隅园的安澜园，仿杭州汪氏园的小有天园等，都体现了“略师其意”。

避暑山庄分山区、平原区和湖区三部分，将北国山岳、塞外草原、江南水乡的风景名胜，集萃于一体，按照恰当的比例（山岭占五分之四，平原、水面占五分之一），构成巨幅山水画中堂。山庄湖区主景金山亭、西苑琼岛北岸的漪澜堂，均是再现镇江“寺包山”格局的金山与北固山的“江天一览”胜概。

湖区主景金山亭（胡时芳摄）

清漪园的总体布局仿杭州西湖，西堤仿苏堤，景明楼仿岳阳楼，凤凰墩仿无锡黄埠墩，惠山园（谐趣园）仿无锡寄畅园，涵虚堂仿自武昌黄鹤楼……长岛“小西泠”一带，则是模拟扬州瘦西湖“四桥烟雨”的构思。

颐和园后山则以松林幽径和小桥曲水取胜。山路盘旋至山腰，两旁古松槎枒，如入画境。山脚是一条曲折的苏州河，仿苏州虎丘山塘，有江南风景的感觉。

乾隆修缮北海时，将渊源于昆仑和蓬莱神话系统的蓬岛瑶池艺术地再现在北海之中，体现了三千年的历史传统。将修复新建的道观和佛教建筑规范在中轴对称的严整的几何形体之内，体现了儒家君权至上，而且，庞大的寺观建筑群都掩映在四周逶迤起伏的丘陵之中，却依然有城市山林之感。濠濮间、画舫斋和镜清斋等园中园，则引进了江南文人园林的精华。

濠濮间位于自南而北伸展的土岗之后，一泓清池，沿岸为玲珑叠石，一道弯曲石梁横跨水面，桥北头饰以石坊，桥南建临水轩室，旧额称为“壶中云石”，幽静有致，别有一番境界。画舫斋隐蔽于土山林木之间，是面临方形水池的殿阁，坐北朝南，红色廊柱，灰瓦歇山顶，向水中推出平台，犹如一艘江南彩画船，雕梁画栋的倒影，在微澜中荡漾，令人有舫游之想。四周围以廊屋，与春雨林塘殿、观妙室、镜香室、古柯庭、得性轩等建筑物，组成一个完整的院落。

濠濮间，取《庄子·秋水篇》濠梁观鱼和濮水钓鱼的意境。画舫斋取意陶渊明《归去来兮辞》中的“眄庭柯以怡颜，倚南窗以寄傲”；得性轩取意陶渊明《归园田居》诗中的“少无适俗韵，性本爱丘山”。这些都是效法传统文人“寄傲山水”的“风雅”，来点缀皇家园林。

濠濮间想

镜清斋内部的园林布局以水池、石桥、假山和亭、阁、堂、室所组成。自假山之上俯览池中曲桥、回廊、亭、榭建筑与池水相映照，园内叠翠楼、墙外碧鲜亭采撷大自然的翠绿，枕峦亭享受山色，沁泉廊看“青溪泻玉，石磴穿云”，“韵琴斋”聆听这山水清音，山光水色尽收眼底，浸润在大自然美景之中。隔而不隔的一个个景区，都自成一幅幅山水画面，“罨画轩”鉴赏自然名画，“画峰室”描绘山峦美景。整个镜清斋就是一幅可望可游可居的山水画妙品。

以上景区都具有江南园林的情调，意境内涵也是文人园林所追慕的寄情山水、相忘尘俗的“风雅”。

诚如孟兆祯先生概括的承德避暑山庄仿景：推敲以形肖神的山水形胜；捕捉风景名胜布局的特征；模拟特征性的建筑；整体提炼、重点夸大；创造似与不似之间的景趣。①

3. 宇内建筑及珍宝博物馆

皇家园林集“夷夏”建筑风格之大成。

承德山庄组合各民族建筑形式于一区。如正宫、月色江声等处，运用了北方民居四合院的组合方式；万壑松风、烟雨楼等运用了江南园林的灵活布局。宗教建筑造型兼收道释各派：如安远庙仿新疆伊犁固尔扎庙、普宁寺仿西藏山南扎囊县的桑鸢寺、须弥福寿之庙仿西藏日喀则扎什伦布寺、普陀宗乘之庙仿西藏拉萨布达拉宫、殊像寺仿山西五台山的殊像寺、罗汉堂仿浙江海宁安国寺的罗汉堂等。其他各寺如溥善寺、溥仁寺、普乐寺、普佑寺、广安寺、狮子园等寺庙与别园，分别模仿新疆、西藏等少数民族建筑造型，以及山海关内各地建筑风格，宏伟瑰丽，与山庄建筑呼应争辉。道教的有广元宫、斗姥阁等。

圆明园是以建筑造型的技巧取胜，单体建筑设计打破了传统官方形式的束缚，广征博采地方民居形式及刻意求新的体型，小巧素雅，与自然环境相协调，显示了对一般形式美法则的熟练掌握。园内 15 万平方米的建筑中，个体建筑的形式就有五六十种之多；而一百余组的建筑群的平面布置也无一雷同，可以说是囊括了中国古代建筑可能出现的一切平面布局和造型式样，但却万变不离其宗，都是以传统的院落作为基本单元。

乾隆不仅要集聚中国国内园林精华于一园，而且要囊括天下奇观，这就是圆明园西洋楼建筑群。西洋建筑风情和金碧辉煌的“外朝”“天地一家春”等美景别宫，昭示着圆明园的鼎盛时代。

圆明园建筑的内部装修同样堪称集传统装修之大成，装修多采用扬州“周制”，以紫檀、花梨等贵重木料制作，上镶螺钿、翠玉、金银、象牙等，使外部造型绚丽精巧与内部装修华丽精致有机组合，卓绝的技能融于形式美的法则之中，可谓技艺融合。

① 孟兆祯：《避暑山庄园林艺术》，紫禁城出版社 1985 年版，第 50—57 页。

家具追求富丽华贵、繁缛雕琢，精雕细刻，造型厚重，镶嵌大理石、宝石、珐琅和螺钿等，反映出清代追求奢侈华贵的审美倾向。

圆明园几乎每座殿堂里都有珍贵的文物和精美的器具，其中许多都是稀世之宝，价值连城。这里收藏了唐宋元明清历代名家书画及孤本图书、金佛像等藏品。

四十景之一的舍卫城是供奉佛像的地方，藏有金、铜、玉、石佛像数十万尊。这里的殿堂，乃是艺术的宝库，所藏珍品数不胜数。据英国《泰晤士报》记载，当年八国联军的强盗们被圆明园众多宝物震惊，“这些士兵到了圆明园不知道该拿什么”“为了金子把银子丢了”“为了镶有钻石的手表，又把金子丢了”“被士兵点燃的是价值连城的国画”“国宝级的瓷瓶因为太大而被打碎”，真是暴殄天物，令人发指！

第二节　私家园林美学

清代的园林继承了宋明以来的构园传统，对构园的热情在清初又进一步高涨。大批文人全身心地参与构园。当时官僚富豪、文人士大夫，或葺旧园，或筑新构。北京西北郊一带，在三山五园之间穿插着二十余座贵族大臣赐园，更充实了这片规模巨大的风景园林区。

除了贵族私园，园林集中在南京、扬州、苏州、杭州等江南城市以及岭南地区。

一、北方私家园林

北方私家园林以北京最为集中，约有一百五十余处，有王府园林和士大夫园林，美学风格有天壤之别。

1. 富丽雄伟水木清华的王府园林

王府花园是王府的附园，如恭亲王府、醇亲王府、康亲王府、孚王府、洵贝勒府等府邸花园，是北京贵族私家园林的一种特殊类型，按照不同品级，建制亦不相同。建筑富丽堂皇，园林部分大抵都水木清华。

恭亲王奕䜣府邸恭王府，为京师王府花园之冠，园名“萃锦”，意谓联翩美景如五彩的丝织品聚集。

从三组宫殿式府邸进入园林，园门是“榆关”拱券城墙，城墙上还有完整的城垛口。“萃锦”实为“萃福”园。全园分中、东、西三路成多个院落。

中路花园的正门是一座具有西洋建筑风格的汉白玉石拱门，处于花园中轴线的最南端。进门后以“独乐峰”为屏兼石敢当。水池做成一只向前飞舞的蝴蝶平面，取“蝴”的谐音“福”，初名为福河，“蝶”与“耋”谐音，“耋，老也；八十曰耋。”借指高寿。后因池似蝙蝠，一称“蝠池”，又因状似元宝亦称元宝池。池周植榆树，“榆”者“余”也，叶似铜钱，每到榆荚飘落，“榆树儿”落池，寓意“福寿宝贵满一池”。最后一进院落是翠竹棚顶与两边的耳房曲折相连形成蝙蝠双翅的建筑形状的“蝠厅”。桥名“海渡鹤桥”，鹤为长寿之禽，五福居首。堂名“安善”。到全园的主山“滴翠岩”，山下“秘云洞”内，就有康熙“福”字碑，此福字蕴含“多田多子多才多寿多福”五福。会客厅名“多福轩”。最后一组建筑是“倚松屏”和“蝠厅”。园门、飞来峰、蝠池、安善堂、方池、假山、邀月台、绿天小隐、蝠厅都处在一条中轴上。

东路的主要建筑是“大戏楼”，大戏楼南为“怡神所”，还有“曲径通幽”“吟香醉月”“踪蔬圃”“流怀亭”“垂青樾”“樵香径”等景点。西路“湖心亭”，以水面为主，有“凌倒影”“浣云居”“花月玲珑”及“海棠轩”等。

中路建筑和山水基本对称，东、西两路山体对称。三条轴线和恭王府府邸中、东、西三组院落对应，这些都与恪守严谨的中轴线和对称均衡格局的宫廷禁苑同构。

北京西北郊海淀一带，坐落着一些王公贵族和官僚的园林，如自怡园、澄怀园、淑春园、鸣鹤园、蔚秀园、承泽园、熙春园等。

自怡园地处海淀水磨村以北，万泉河以西一带。园主为清康熙朝武英殿大学士明珠。著名画家兼造园艺术家叶洮为之布画营造。据查慎行《敬书堂诗集·自怡园二十一咏》，可知自怡园有筼筜坞、双竹廊、桐华书屋、苍雪斋、巢山亭、荷塘、北湖、隙光亭、因旷洲、邀月榭、芦港、柳浒、芡汊、含漪堂、钓鱼台、双遂堂、南桥、红药栏、静镜居、朱藤迳、野航二十一景。园传明珠、揆叙父子两代。雍正二年（1724）因追发揆叙罪状籍没，乾隆年间其址并入长春园东部。

澄怀园是雍正年间大学士张廷玉的赐园，位于海淀区，毗邻圆明园，在蔚秀园北。张廷玉去世后，大学士刘统勋常居此园。乾隆年间澄怀园为上书房内值诸臣寓斋，因此，又称翰林花园。澄怀园有乐泉、叶亭、竹径、借春阴馆、影荷

桥、砚斋、墨亭、临河轩、乐泉西舫、食笋斋等二十余处景点，五处建筑组群。园中水湖岸边环植垂柳，绮丽多姿。

其他著名的赐园有坐落在今北京大学校园内的淑春园、鸣鹤园、蔚秀园、承泽园等；熙春园和近春园在今清华大学校园内。

淑春园为清乾隆朝宰相和珅赐园，又称十笏园，坐落于今北京大学未名湖风景区。该园园域广阔，建筑规模宏伟，模仿皇家园林建筑，园中有楼台六十四座，房屋一千零三间，游廊、楼亭三百五十七处。园内有山有湖，湖即今北京大学未名湖，湖中有小岛、石舫，号为“蓬岛瑶台”，筑临风待月楼等。“曾移奇石等黄金”“壮丽楼台拟上林”，后被列为逾制大罪。嘉庆以和珅二十条罪状，将其赐死，其中第十三款即为“所盖楠木房屋，僭侈逾制，其多宝阁，及隔断式样，皆仿照宁寿宫制度，其园寓点缀，与圆明园蓬岛瑶台无异，不知是何肺肠”。

小岛石舫（今北京大学未名湖）

鸣鹤园俗称“老五爷园”，为道光五弟惠亲王绵愉宅园。鸣鹤园东部为起居、待客建筑，西部为游宴之地，池中岛屿，环以流水，掩以修竹，临池湖石参差。园林建筑群以一个方形金鱼池为中心，由厅、堂、回廊、城关和小山组成一个封闭的庭院。庭院东边是一座小山，有叠廊可拾级而上，山上有亭名“翼然亭”。园池甚广，庭院中还另辟方池。

蔚秀园原名含芳园，是载铨的赐园。咸丰八年（1858）含芳园又转赐给醇亲王奕譞，并改名为蔚秀园。

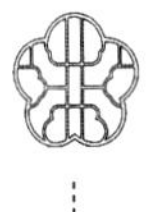

承泽园为果亲王允礼的赐园。道光年间曾赐予皇八女寿恩公主，光绪时又赐给庆亲王。园中山石池沼及各类建筑物至今犹存。

熙春园园林建筑分成西南和东北两组。东北部仍然称熙春园，是道光皇帝第五子的府邸；西南部命名为近春园。

东半部熙春园咸丰年间更名为“清华园”，诚如礼部侍郎殷兆镛所书对联描写的：“槛外山光历春夏秋冬，万千变幻都非凡境；窗中云影任东西南北，去来澹荡洵是仙居。”

近春园以水景取胜，主要建筑物分布在两个大岛上。如今虽然仅存荷塘荒岛，但“曲曲折折的荷塘上面，弥望的是田田的叶子”，“层层的叶子中间，零星地点缀着些白花，有袅娜地开着的，有羞涩地打着朵儿的”，“微风吹拂，送来缕缕清香……月光如流水一般，静静地泻在这一片片叶子和花上。薄薄的青雾浮起在荷塘里”。正如朱自清笔下《荷塘月色》中描写的那样，依旧美丽着。

2. 士人私园各臻其妙

京城内外文人学者和官僚缙绅建造的私人宅园，结构精雅，书香浓郁，各有特色。

芥子园和半亩园以叠石闻名于时。芥子园是著名文学家、构园理论家李渔在京所居，名与他金陵园同，位于北京南城和平门外韩家潭胡同，门额题“贱者居”，楹联曰：“十载藤花树，三春芥子园。”清麟庆（字见亭）的《鸿雪因缘图记》写：“当国初鼎盛时，王侯邸第连云，竞侈缔造，争延翁为座上客，以叠石名于时。”位于东城黄米胡同的半亩园，据传园中山石亦由李渔所叠，假山被誉为京城之冠。

园内云荫堂、海棠吟社乃文友聚会处，其他有专收古琴的“退思斋”，晒画的“曝画廊”，贮端砚、印章的拜石轩，琅嬛妙境藏书屋，专存鼎彝的“永保尊鼎”。还有玲珑池馆、潇湘小影、云容石态、罨秀山房等建筑和景点。铺陈古雅“富丽而有书卷气”。山石结构曲折、典雅、古朴，奥如旷如；虽小而局全，历经显宦名士多主，皆不改其雅。

康熙年间，文华殿大学士冯溥的万柳堂，聚土为山，捎沟以为池，短垣缭之，骑者可望，境转而益深，朱彝尊《万柳堂记》称“园无杂树，迤逦下上皆柳，故其堂曰万柳之堂”。朱彝尊的宅园有两株古藤，取名“古藤书屋”；书屋对面是专为晒书用的有柱无壁的“曝书亭”。

光绪年间大学士文煜的可园，面积仅两千多平方米，据碑文所记：“凫渚鹤洲以小为贵，云巢花坞惟曲斯幽。若杜佑之樊川别墅，宏景之华阳山居，非敢所望。但可供游钓、备栖迟足矣。命名曰‘可’。”

位于北京东城礼士胡同的刘墉宅园，建筑以三组四合院组成“品”字形排列，装修精巧别致，尤以砖雕漏窗等别具风格。

那桐府花园中心挖池叠石，植树莳竹，并运用曲廊、叠落廊组织空间，“台榭富丽，尚有水石之趣”。

寄园位于西城区教子胡同。清康熙年间，户科给事中赵吉士在此构建别墅，“浚池累石，分布亭馆，种花木”“海内名士入都恒留连不忍去”。

清初天津也出现了一批私家园林。规模最大、影响最大的是问津园，位于天津城东，依金钟河而建。主人为津门大户遂闲堂张氏。园中树石蓊蒨，亭榭疏旷，垂杨细柳，流水泛舟。

清初书画家、诗人与学者张霔的帆斋，建筑皆本于天然，瓜花豆叶，竹林石影，居如村舍，风格质朴，与三叉河口天然风光、农家渔舍连成一体。

长芦盐商查日乾与其子辈经营的水西庄，位于城西南运河畔，“面向卫水，背枕郊”，巧于因借。乾隆曾四次留驻，并赐名“芥园”。据传，乾隆年间，宋宗元任天津道期间，曾主持芥园减水坝工程，后辞官回老家苏州，在旖旎的葑溪水畔，筑网师园，“负郭临流，树木丛蔚，颇有半村半郭之趣。……居虽近廛，而有云水相忘之乐”①。

被誉为“天津的徐霞客”的金玉冈，在其祖父金平杞园基础上，增筑苍莨亭、黄竹山房，闲暇时栽花叠石，蓄养仙鹤，煮茶弹琴，怡然自得。

还有艳雪楼、寓游园、荣园等园林也名著一时。这些私家园林昔日都是延揽四方名士、文酒雅集之处。

二、江南私家园林

江南私家园林至盛清时代，其艺术达到了自然美、建筑美、绘画美和文学艺术的有机统一，成为张潮所称的“地上文章”。同光年间，虽然园林美学风格发

① 〔清〕钱大昕：《网师园记》，见《苏州园林历代文钞》，上海三联书店 2008 年版，第 76、77 页。

生了嬗变，但依然有许多堪称美的私家园林。江南园林以苏州、扬州最为著称，也最具代表性。

1. 苏州园林小巧精雅

苏州园林自宋明以来持续发展，入清以后，苏州成为“最是红尘中一二等富贵风流之地”。康熙进士沈朝初《忆江南》有“苏州好，城里半园亭”，乾隆时的画家徐扬绘《姑苏繁华图》中到处可见城中小园、茂林修竹、假山亭台。繁华的商业将园林掩映，遂有李斗《扬州画舫录》“苏州以市肆胜”之说。周维权先生也承此说，认为“同治以后，江南地区的私家造园活动的中心逐渐转移到太湖附近的苏州”。据魏嘉瓒《苏州历代园林录》统计，乾隆年间苏州实际存在的园林仍超过扬州，苏州城区园林约 190 多处，新建的 140 余处，呈持续发展态势。

清初苏州园林主人多文人雅士，蕴含丰富雅致的文化信息。

“亦园”主人尤侗，康熙称其为“老名士”，于康熙十八年（1679）举博学鸿儒，授翰林院检讨，著述颇丰，书斋名为“西堂”，故自号“西堂老人”。亦园约 10 亩，池占其半。尤侗自定十景名为：南园春晓、草阁凉风、葑溪秋月、寒村积雪、绮陌黄花、水亭菡萏、平畴禾黍、西山夕照、层城烟火、沧浪古道。

“五柳园主”为乾隆朝状元石韫玉，园名取自陶渊明《五柳先生传》“宅边有五柳树，因以为号焉”，“五柳先生”是陶渊明的自画像，他“闲静少言，不慕荣利”“不戚戚于贫贱，不汲汲于富贵”“衔觞赋诗，以乐其志，无怀氏之民欤？葛天氏之民欤？”得名于自比“五柳先生”的陶渊明，立意甚雅。

往往一姓多园、一人多园。如顺治进士、吏部员外郎顾予咸及其家属就有十多座私园：顾予咸“雅园”、顾嗣协“依园”、顾嗣立“秀野园”、顾月樵“自耕园”、顾汧“凤池园”“潭山丙舍”和“青芝山房”、顾笔堆“学圃草堂”、顾其蕴“宝树园”等。

顺治进士、翰林院编修、文学家汪琬先后筑有“丘南小隐”“苕华书屋”和“尧峰山庄”三园。

乾隆朝状元毕沅也有“适园”“小灵岩山馆”和“灵岩山馆”三园；精于医术的薛雪有“扫叶庄”和“一榭园”；吴嘉洤有“退园”“秋绿园”等。

城郊和太湖东西山的园林，巧借周边山水，风景优美。如清华园在阊门外冶芳浜内，清沈德潜《清华园记》：“登清华阁，左右眺望，吴山在目，北为阳山，南为穹窿，浮屠隐见知为灵岩夫差之故宫也；虎阜峙后，参差殿阁，阖闾穿葬所也；其他天平、上方、五坞、尧峰诸属，俱可收之襟带。”

苏州光福逸园，据《履园丛话》二十载：“逸园在吴县西脊山之麓……右临太湖，左有茶山、石壁诸胜。每当梅花盛开，探幽寻诗者必到逸园……其所居曰生香阁，阁下为在山小隐，琴尊横几，图籍满床，前有钓雪槎，其西曰九峰草庐、白沙翠竹山房、腾啸台，下临具区，波涛万顷，可望、缥缈、莫厘诸峰，虽员峤、方壶，不是过也。”又蒋恭《逸园记》也载，逸园占地约50亩，临湖，周围有数万株梅树。穿过广庭，拾级登上九峰草庐，有寒香堂、养真居……园中以梅为特征，有诗云：“不知何处香，但见四山白。”草庐之西有景，称为“梅花深处”。园中最高处有石台，可以东观丹崖翠木、云窗雾阁，西眺风帆沙鸟、烟云出没，是为逸园最胜处。传闻乾隆皇帝南巡，曾居住于此。

狮子林，清初衡州知府黄兴祖就原狮子林旧址重建，取陶渊明“园日涉以成趣”名为“涉园”。乾隆三十六年（1771），其子黄熙高中状元，遂精修府第，重整庭院，园内有合抱松树五株，取名“五松园”，并以乾隆御笔“真趣”匾额新增“真趣亭”一景。据乾隆《南巡盛典图》，其依然保持前寺后园格局，以墙分隔，园范围约相当于今日园中部山池一带，池西紧靠界墙。沈德潜《恭和御制狮子林元韵》：“洞穴地底通，游者迷彼此。”其诗又云：“乍高忽下下复高，已伏潜升升又伏……如蚁穿珠通九曲。”曹凯诗“冈峦互经亘，中有八洞天。嵌空势参差，洞洞相回旋”。可见其时园中假山山洞已经初步形成。

真趣亭

乾隆皇帝曾六游狮子林，赐匾“镜智圆照”“画禅寺”和“真趣”三块、留十首“御制诗”，临摹倪云林《狮子林全景图》三幅。乾隆为了“梦寐游”，在皇家园林仿建了狮子林。1771年，乾隆在圆明园长春园东北角仿建狮子林，由苏州织造署奉旨将狮子林按实景五分一尺烫样制图送就御览，建成后景点匾额均由苏州织造署制作，送京悬挂，乾隆认为“峰姿池影都无二”。后又觉得不能尽同迂翁之《狮子林图》，于1774年再次仿建于承德避暑山庄：东部是以假山为主的狮子林，西部是以水池为主的文园，合称“文园狮子林”。乾隆对此园非常喜欢，称之“欲傲金阊未有此”。

曾为“吴下名园之冠”的留园，始建于明，清代乾嘉时期园归刘恕，园景“竹色清寒，波光澄碧”① 且多植白皮松，有苍凛之感，“前哲”韩文懿亦“尝以寒碧名其轩”，因名“寒碧山庄”，又因地处花步里，又称“花步小筑”。刘恕爱石成癖，搜罗集聚奇石十二峰于园内，名奎宿、玉女、箬帽、青芝、累黍、一云、印月、猕猴、鸡冠、拂袖、仙掌、干霄，自号为“一十二峰啸客”。又有晚翠、独秀、段锦、竞爽、迎辉等湖石立峰和拂云、苍鳞松皮石笋。

冠云峰

清末同治十二年（1873），盛康购得此园，因“夫大乱之后，兵燹之余，高台倾而曲池平，不知凡几，而此园乃幸而无恙”遂名留园，寓“长留天地间”之意。盛家新辟东园，即今林泉耆硕之馆、东山丝竹、冠云峰、冠云楼、待云庵周围一带。又从他处觅得冠云、岫云、瑞云（系盛康另选峰石沿用旧名）等石峰，尤以冠云峰为最。

全园四区布局：

中区一池居中，严格以五行四季相配，东木春，清风池馆、曲溪楼、紫藤花

① 〔清〕钱大昕：《寒碧庄宴集序》，《苏州园林历代文钞》，上海三联书店2008年版，第53页。

廊、小蓬莱；南火夏，明瑟楼、涵碧山房，夏日荷花别样红；西金秋，闻木犀香轩高踞于西壁假山之上，桂花香动万山秋；北水冬，半野草堂、可亭、白皮松。

北区柳暗花明又一村，小桃坞、菜畦、花坞、葡萄架蜿蜒曲折。

西区别有天地，有桃花墩，一派山林风光。

东区则宴乐藏书，有五峰仙馆、汲古得修绠、揖峰轩、林泉耆硕之馆、戏楼，富丽精工，如七宝楼台。

700 米长廊将四区连成一体，曲径通幽，处处柳暗花明，令人目不暇接。廊壁共存历代书家名帖 379 方，被誉为“留园法帖”，堪称一绝。

留园集住宅、祠堂、家庵、庭院于一体，“因阜垒山，因洼疏地。集宾有堂，眺望有楼，有阁读书，有斋燕寝，有馆有房，循行往还，登降上下，有廊榭树亭台、碕洴村柴之属”①。居住、读书、作画、抚琴、弈棋、品茶、宴饮、游憩、修禅、祭祀，无所不备，体现了中国园林自足和内向的文化性格，图解了白居易“内适外和”即生理需求和精神享受兼备的生存智慧。

清乾隆时宋宗元于南宋史正志万卷堂址筑园，承原“渔隐”之意名网师园，网师，就是渔父、钓叟，是以渔钓精神立意的水园。所谓渔钓精神，就是借滉漾夺目的山光水色，寄寓林泉烟霞之志，不下堂筵，坐穷泉壑，以悦耳目，快意人生。

网师园是苏州现存园林中最为完整的住宅与园林合而为一的典范。“园以有‘境界’为上，网师园差堪似之”②。网师园的“境界”和深厚的文化积淀，是经过了数百年时间的磨洗和几代人的努力完成的。

全园建筑布局以规则和自然两式，分别对应正式和杂式两类建筑，形象地反映了士大夫儒、道互补的人生哲学。

住宅为苏州典型的清代官僚宅第。格局规则严整：分大门、门厅、轿厅、大厅、女厅、后庭院、梯云室，呈中轴线。自轿厅西首入低矮的水景园门，有额曰“网师小筑”，背面门宕刻“可以栖迟”四个篆字，以示安贫乐道，这是古代知识分子的传统文化心理。小门含蓄，不事张扬，俨如园主清心寡欲的心理独白。

山水园北宽南窄，设计师充分运用隐、显、虚、实等艺术手段，将有限的空

① 〔清〕沈德潜：《复园记》，《苏州园林历代文钞》，上海三联书店 2008 年版，第 43 页。

② 陈从周：《苏州网师园》，南京博物馆《文博通讯》1976 年 1 月第 23 期。

间处理得抑、扬、收、放，具有鲜明的层次感和节奏感。

四面厅“小山丛桂轩”，环以廊檐，与蹈和馆、琴室为一区宴聚用的小庭院。轩处南北叠石间，山居之意裕如也。

漫步爬山廊间，东望小山丛桂，庭中老树浓荫，东南黄石云岗，有“山居忽闻樵唱”之感。

琴室为一飞角歇山式半亭，居中置琴砖一方，传为汉物，厚重中空，奏琴于上，音韵悠然。东侧院墙门宕上刻有“铁琴”二字额，意即铁骨琴心。院南堆砌二峰湖石峭壁山，古琴、汉古琴砖、琴几、挂屏，以南面两座大小壁山为对景，于此抚琴一曲，颇有令众山皆响的意境。

小山丛桂轩、蹈和馆和琴室，建筑体量都比较小，空间狭窄封闭，走廊蟠回婉转，环境幽深曲折，是为藏景。

循樵风径北上，经一段低小晦暗的曲廊而达中部，池水荡漾，豁然开朗，以暗衬明，欲歌先敛。

彩霞池居中，水仅半亩，水面聚而不分，池中不植莲蕖，使天光山色、廊屋树影倒映池中。曲桥贴水，驳岸有级，石矶亘列于中，出水留矶，增人“浮水”之感，而亭、台、廊、榭，无不面水，使全园处处有水“可依”。尺度比例之精妙，对空间抑扬、收放的自如处理，对园林建筑遮掩、敞显的潜心安排，使水面显得辽阔旷远，弥漫无尽，有水乡漫漶之感。

环池区的建筑和植物配置互异，可静赏朝夕晨昏的变化，流连春夏秋冬四季景物：

池东春色，射鸭廊，迎春花低枝拂水，紫藤爬满了狮形假山，木香垂直满粉墙，春色一片烂漫。

池南夏凉，濯缨水阁基部石梁架空，水周堂下，轻巧若浮，幽静凉爽，临槛垂钓，依栏观鱼，悠然而乐，确有沧浪水清，俗尘尽涤之感。

池西秋月，月到风来亭临池西向，架于碧水之上，明波若镜，渔矶高下，画桥迤逦，显得浩渺宽阔，涟漪荡漾，“晚色将秋至，长风送月来”。

池北冬雪，主植白皮松、柏树，看松读画轩隐于后。

轩东修廊一曲与竹外一枝轩接连，“江头千树春欲暗，竹外一枝斜更好”，独赏那梅花的幽独娴静之态和欹曲之美。小轩低临水面，小巧空灵，从池南望去，宛似船舫。恰似冬到春的一个过渡。真是“亭台到处皆临水，屋宇虽多不碍山”。

彩霞池（网师园）

彩霞池西为园中园“潭西渔隐”，是一个雅洁幽静的书斋小庭院、美国大都会博物馆“明轩”的蓝本。建筑仅有殿春簃、冷泉亭、涵碧泉三处。殿春簃东一区有看松读画轩、集虚斋、五峰书屋……

网师园“地只数亩，而有纡回不尽之致……柳子厚所谓‘奥如旷如’者，殆兼得之矣”①“池容澹而古，树意苍然僻”。宜坐宜留，有槛前细数游鱼，有亭中待月迎风，而轩外花影移墙，峰峦当窗，宛然如画，静中生趣。

环秀山庄以嘉庆十二年（1807）叠山名家戈裕良在半亩之地所叠有尺幅千里之势的湖石假山而驰名中外。依山傍水点缀着二亭一榭，真是咫尺天地，再造乾坤，既凝聚了中国传统山水诗、山水画的美学意境，又能融五岳奇峰、括天下形胜概于胸中，自成天然画本。尤其是假山，使人恍若登泰岱、履华岳，入山洞疑置身粤桂，引古今才人交口称誉。刘敦桢说：“苏州湖石假山当推此为第一。”陈从周以中国诗歌史上的双子星李白和杜甫的诗相比方：“环秀山庄假山，允称上选，叠山之法具备。造园者不见此山，正如学诗者未见李杜。”戈裕良叠山不拘泥一格，而是视园庭地势环境，变换手法，达到婉转多姿的艺术效果，山石的开合、收放、虚实、明暗相宜，变化层出不穷。既有“张（涟）氏之山”浑然

① 〔清〕钱大昕：《网师国记》，《苏州园林历代文钞》，上海三联书店2008年版，第77页。

一体的气势，又有嘉道年间精雕细琢的心裁，尤其是环秀山庄的假山，可以说是我国现存湖石假山当中难能可贵的“神品”。

环秀山庄假山

戈裕良的故去，标志着我国古典园林叠山艺术的最后终结。①

坐落于千年古镇同里的退思园，建于光绪十一年（1885）至光绪十三年（1887），园主为任兰生，因被劾“盘踞利津、营私肥己”和“信用私人，通同作弊”而落职返回乡里，“题取退思期补过，平泉草木漫同看”。请著名画家袁龙（字东篱）巧构此园。宅园结构变传统的南北布局为东西横向布局：西宅东园。

“水贴亭林泊醉乡”，山水园中四季物华常新，花香氤氲，坐春望月、秋桂飘香、夏荷闹红、冬岁寒居品梅，一年无日不看花。集中了江南园林的亭、台、楼、阁、轩、曲桥、回廊、假山、水池建筑，全围池而筑，如浮水面，似乎随波荡漾，而且春、夏、秋、冬、琴、棋、诗、画，各景俱全。主体建筑“退思草堂”坐北面南，风格清淡素雅，体现了园名主题。更具妙思的是园中水际建筑用姜夔《念奴娇·闹红一舸》上阕词境构景：

> 闹红一舸，记来时，尝与鸳鸯为侣。三十六陂人未到，水佩风裳无数。翠叶吹凉，玉容销酒，更洒菰蒲雨。嫣然摇动，冷香飞上诗句。

---

① 参见曹汛《戈裕良传考论》，《建筑师》2004 年第 4 期。

分别命名“闹红一舸”“水香榭”“菰雨生凉轩”，既描写了朦胧迷人的水乡美景，姜词也可作为疗伤的一味良药，巧妙地用出淤泥而不染的“荷花”具象，洗刷自己的冤情。水园西九曲回廊仿佛作为园主坎坷人生的象征。

“耦园住佳耦，城曲筑诗城”，化爱情为浪漫的妙构、用山水建筑谱写成高山流水知音的不朽颂歌的，唯有列入世界文化遗产名录的苏州耦园。耦园是一首写在地上的爱情诗。沈秉成夫妇均为书画家，沈秉成精于道学，熟谙园事，又请画家顾沄一起，精心设计，将伉俪偕隐之深情融进园中，易“涉园”为“耦园”，耦园者，佳耦偕隐耦耕也。

耦园在建筑布局、山水安排，乃至植物配置上都根据阴阳八卦，处处阴阳互生：园的布局，住宅居中，原涉园居东，住宅之西增筑西园，双园傍宅，整体格局寓“偶”；震卦位于东方，象征春天、长男；兑卦位于西方，象征秋天、少女。阳大阴小、左阳右阴，东园为主，面积大，位左；西园为辅，面积小，位右。

顾文彬于光绪年间创建怡园，顾文彬给其子顾承的信中说：“园名，我已取定‘怡园’二字，在我则可自怡，在汝则为怡亲。”集锦式是其鲜明标志。构园之初，顾文彬希望儿子：“苏城内外各园汝皆熟游之地，何不复游一遍，细细领略一番，如有可以取法者，或仿照一二……集思广益。”自己也曾“宿于耕荫义庄（环秀山庄）者数旬，心追手摹”。童寯《江南园林志》中提到，可自怡斋一带，假山荷池，稍似留园，而全局则较疏旷。湖石叠山，仿环秀山庄的假山。徐澄《卓观斋脞录》赞其“堪与狮子林、寒碧庄争胜”；复廊效法沧浪亭，旱船模仿拙政园的香洲，水池则效法网师园的彩霞池。

顾氏父子和任阜长等花鸟画家精心构思，方成此园：“兹园东南多水，西北多山。为池者有四，皆曲折可通；山多奇峰，丑凹深凸，极湖岳之胜。方伯手治此园，园成，遂甲吴下，精思伟略，即此徵之。”①

书斋花园曲园和拥翠山庄台地园也各具特色。

苏州曲园，是晚清著名文学家和音韵、训诂学家俞樾的书斋花园，简朴素雅，不事雕琢。俞樾说，“其形曲，故名曲园”，仅“一曲而已，强被园名，聊以自娱者也”，亦含《老子》“曲则全”之意，即局部里头包含整体。俞樾自号

---

① 〔清〕俞樾：《怡园记》，《吴县志》卷三九。

“曲园居士”，并以“一曲之士”自称。主厅乐知堂、以文会友和讲学之处春在堂、读书之处小竹里馆，园中处处流露出知足自乐之意。

从曲园老人到俞陛云、俞平伯父子，曲园石库门中接连走出了三位名人，斯文一脉，清芬奕叶，浓郁的书香在曲园荡漾。

清代的苏州名士们还留下了一座面积仅一亩余的微型园林——拥翠山庄，它位于虎丘二山门内上山磴道左侧的憨憨泉西侧，上与真娘香冢隔道相邻，不独选址得天独厚，而且立意造型在苏州园林众芳中独树一帜，是座因地制宜、就山势而筑的台地园。

园以东侧的“憨憨泉”立意，正如清石韫玉《憨憨泉》所谓“师憨泉亦憨，以憨全其真”，洪钧、彭南屏、文小波等名士为扬名此泉，集资若千万，“于泉旁笼隙地亘短垣，逐地势高倔，错屋十余楹，面泉曰‘抱瓮轩’，磴而上曰‘问泉亭’，最上曰‘灵澜精舍’，又东曰‘送青簃’，而总其目于垣之楣，曰‘拥翠山庄’。杂植梅柳蕉竹数百本，风来摇飏，戛响空寂，日色正午，入景皆绿。凭垣而眺，四山滃蔚，大河激驶，遥青近白，列贮垣下，相与酾酒称快”①。园中滴水全无，却处处有水意。

清前期苏州山塘街上还坐落着众多的文人私家园林，骚人墨客在那里吟诗读画，消遣岁月。如东山浜的抱绿渔庄、瑶碧山房、戴园、话雨窗、起月楼，青山桥西吟啸楼、引善桥侧的萍香榭、山塘星桥南戈载的“校词读画楼”、绿水桥西的醉石山房等，都具林亭之胜。

还有大量酒楼园林杂厕其间，最著名的饭馆酒楼有三山馆、山景园、李家园三家，楼馆内不仅有四时佳肴，而且均辟有花园，疏泉叠石，配以书画，环境十分清雅。

著名的纪念性园林也出现在虎丘周围。

2. 扬州园林雄柔相兼

扬州园林虽属江南园林体系，但和苏州园林有明显不同，乾隆二十八年（1763）六月十一日上谕高恒：扬州习气往往因以时亟需，即不计重赏制造，而苏州自有一定章程，断不可轻易更改，亦不得将工匠好手带赴扬州，致将来在苏工程转滋掣肘。

---

① 〔清〕杨岘：《拥翠山庄记》，见山庄书条石刻。

扬州园主大多为盐商。扬州位于京杭大运河边，居南北的交通枢纽之地、“天下四方之冲”，集散盐曾达10亿千克，富商巨贾云集。在唐代“园林都是宅”，到清初达到辉煌的顶点，时值海内承平，物力丰富，两淮盐业又适逢极盛之时，“金钱滥用比泥沙”。争造园林的原因是迎合帝王宸游。康熙、乾隆帝曾六次南巡到扬州，特别是乾隆时，各大商掷巨资争造园林，以备翠华临幸。

两淮八大盐商之一的汪石公之妻，在石公既殁之后，主持内外各事，人称汪太太。“当高宗幸扬时，与淮之盐商，先数月在北城外择荒地数百亩，仿杭之西湖风景，建亭台园榭，以供御览。惟中少一池，太太独出数万金，夜集工匠，赶造三仙池一方，池夜成而翌日驾至，高宗大赞赏，赐珍物，由是而太太之名益著。”①

王振世《扬州览胜录》载：“当高宗（乾隆）南巡江浙，临幸扬州，驻跸湖山，于北郊建行宫，于行宫前筑御码头，泛舟虹桥，登蜀冈，纵览平山堂、观音山诸胜，品题湖山，流连风景，赋诗吊欧公（欧阳修）之遁踪，并幸临沿湖各盐商园林，宸翰留题，不可殚记。如江氏之净香园、黄氏之趣园、洪氏之倚虹园、汪氏之九峰园等，皆高宗亲书园名赐之，或并赐联额诗章，各盐商均以石刻供奉园中，以为荣宠，至诸名园之楼台亭榭，洞房曲室以及一花一木一竹一石之胜，无不各出新意，争奇斗丽，以奉宸游，可谓极帝王时代游观之盛矣。”

于是，为得到皇帝题词，瘦西湖至平山堂一带，“宫观楼阁，池亭台榭之名，盛称于郡籍者，莫可数计”，萤苑、迷楼、竹西歌吹、平山堂、影园、休园、榆庄、小玲珑馆等大小园林百余处。其中，王洗马园、卞园、陨园、东园、怡春园、南园、筱园等号八大园林。清乾隆年间江苏仪征人李斗《扬州画舫录》遂有“杭州以湖山胜，苏州以市肆胜，扬州以园亭胜，三者鼎峙，不分轩轾”之说。

至道光中叶，朝廷改革纲盐制度，贩运食盐已无大利可谋，盐商歇业贫散，无力构园，原有园林已是“楼台荒废难留客，花木飘零不禁樵”，一蹶不振了。唯南河下存道光二十四年（1844）盐务官员丹徒人包松溪在清初“小方壶”（后又有“驻春园”“小盘洲”之名）旧址拓新栋宇，改建的“棣园”，园内建戏台，备戏班，演出昆曲，经常有作曲家借班借台排演新剧，极一时之盛。但也只“二

① 《清稗类钞》卷二四。

分明月山一角"。因此，扬州园林有着自身鲜明的美学特色：

一是扬州园林往往连片成群，气势俱贯，色彩绚丽。如在城内东关街，有小玲珑山馆、寿芝园、百尺梧桐阁、逸圃等；新城花园巷一带，如寄啸山庄、片石山房、小盘谷、棣园、秋声馆等。又或在瘦西湖两岸。"林园多在北门西，一带高城压水低，望里常如看画卷，春来抑或有诗题。"城北瘦西湖两岸直通至"一起一伏，皆成冈陵"蜀冈平山堂，其间楼台逶迤，屋宇高筑，鳞次栉比，"两堤花柳全依水，一路楼台直到山"，城南有砚池染翰、虹桥修禊、柳湖春泛、西园曲水、卷石洞天、荷浦熏风、平山堂、莲花桥（五亭桥）等景。

莲花桥（五亭桥）

清钱泳在《履园丛话》中说："余于乾隆五十二年秋始到，其时九峰园、倚虹园、筱园、西园曲水、小金山、尺五楼诸处。自天宁门外起，直到淮南第一观，楼台掩影，朱碧鲜新，宛入赵千里仙山楼阁中。""平山堂离城约三四里，行其途有八九里，虽全是人工，而奇思幻想，点缀天然，即阆苑瑶池，琼楼玉宇，谅不过此。其妙处在十余家之园亭合而为一，联络至山，气势俱贯。"煊煊煌煌，招摇张目，色彩之绚丽、视野之开阔，与僻处小巷深处、杂厕于民居之间的苏州园林大异其趣。

二是厅堂高敞宏阔。如个园的"壶天自春"为抱山楼，是沿着园北墙的一幢七开间的楼廊，西依夏山，东连秋山，体量庞大，气势恢宏，是园主进行商业活动的主要场所。"江园"的"怡性堂"敞厅五楹，栋宇轩豁，且色彩富丽，金铺玉锁，前厂后荫。"'石壁流淙'，水廊西斜，蓼浦兰皋，接径而出，中有高屋数十间，题曰'花潭竹屿'。""屋后危楼百尺，栏槛涂金碧。楹柱列锦绣，望之如天霞落地"。

三是以叠石胜。以叠石胜是扬州园林的另一重要特色。自明代开始，由于漕运和两淮盐业的兴起，盐商船只从全国各地到扬州，因空船航行时都备有"压舱石"，以免翻船，全国各地不同的压舱石在装货时就要卸掉。这些石料，正好用来作为园林叠山。

始建于清乾隆嘉庆年间的小盘谷，为造园家戈裕良的手笔。园内假山占地很小，因地制宜，随形造景，峰危路险，苍岩探水，溪谷幽深，石径盘旋，形成深山大泽的气势，咫尺天涯。

个园“四季假山”驰名中外。主人黄至筠独爱竹，不仅自己名号用竹，而且以竹立意名园为“个”，“个”者，字状如竹叶，“月映竹成千个字，霜高梅孕一身花”。竹寓君子高节，王子猷“不可一日无此君”、苏东坡“宁可食无肉，不可居无竹。无肉令人瘦，无竹令人俗”，竹已经成为士大夫人格写照，而“个”为独竹，独立不依，挺直不弯，既寓君子高节又含孤芳自赏之意。最令人称绝的是园内的“四季假山”。分别用石笋、湖石、黄石、宣石等不同的石材表现春夏秋冬四季意境，更是将扬派叠石推向了新的高峰。

春山在桂花厅南的近入口处，圆洞门旁侧丛植千竿修竹，点缀以十二生肖像形山石，竹丛中的石笋，地质学名叫“瘤状结核灰岩”，颜色有浅紫、灰绿、灰黄等，沿花墙布置，衬以粉墙，翠竹披拂，恰似春笋破土，画面生动多姿，不惟“寸石生情”，更能催发春天常驻、生气勃勃的境外之思。

春山（个园）

夏山（个园）

夏山坐西北朝东南，由太湖石叠置，假山临池，假山的正面向阳，皴皱繁密，呈灰白色的太湖石表层在日光照射下所起的阴影变化多，有如夏天的行云，又仿佛人们常见的夏天的山岳多姿景象，这便是“夏山”的缩影。洞谷幽邃，石乳倒挂，沿山十二洞，洞洞见景如画。山顶有柏如盖，山腰蟠根垂萝，秀木繁荫，造成浓荫幽深的清凉世界，清幽无比。山下水声淙淙，正合郭熙所谓的“夏山苍翠而如滴”的特色。

秋山是座以黄石叠成的大假山，主峰居中，两侧山峰拱列成朝揖之势。通体有峰、岭、峦、悬岩、岫、涧、峪、洞府等的形象，宾主分明。其掩映烘托的构图经营完全按照画理的章法，据说是仿石涛画黄山的技法为之。山的正面朝西，黄石纹理刚健，色泽微黄。峻峰面迎夕照，配以红枫，一派象征成熟和丰收的秋色。黄石假山设置三条可以盘旋而上的崎岖磴道，全长约15米，步异景变，山口、山峪、削壁、山涧、深潭，都气势逼真，引人入胜。

秋山（个园）

秋山多峰，峰峰有洞，峰别洞异，蔚为奇观。山腹有洞穴盘曲，与磴道构成立体交叉，这是北派的石法。山洞是分峰处理，中峰最高，分三洞，下洞如深山石林，众峰环绕，还设有飞梁石室，置石门、石窗、石桌、石床之属。石室之外为洞天一方，四周皆山，通风良好；中洞称仙人洞，四面凌空，设有龛台。谷地中央又有小石兀立，其旁植桃树一株，赋予幽奥洞天以一派生机。盘旋至山顶，上有二层平台，为全园最高景点。体现了清唐岱《绘事发微》所说的“岭有平夷之势，峰有峻峭之势，峦有圆浑之势……遥岭远岫有层叠之势”的画理，郑奇、方惠《叠石造山法》赞为“中国园林叠石中雄壮之美的极品”。山顶建一四方小亭名“拂云”，依亭凭栏，修竹涌浪，幽篁叠翠，近可俯观脚下群峰，往北远眺则瘦西湖、平山堂、绿杨城郭均作为借景而收摄入园。中峰南壁通过叠石的垂直空透，在阳光下产生条状阴影，蓄意形成山瀑飞泻的感觉，并在前面设有凌空飞梁及天桥供观赏瀑布之用。两者形成“之”字形，前后错落，人步其上，上有瀑布，下有深潭，观赏效果“险”而可见。这是造园艺术上的“旱园水意”。

冬山在东南小庭院中，倚墙叠置宣石，又名雪石，产于宁国县一带。石色洁白，多于红土积渍，需经刷洗才见其质，愈旧愈白，俨如雪山也。犹如白雪皑皑未消，部分山头借助阳光照射，光泽耀眼。“雪山”又在南墙上开四行圆孔，每排六个，称为音洞，因外面是狭巷高墙，利用狭巷高墙的气流变化所产生的北风呼啸的效果，营造冬天大风雪的气氛，真有“北风呼啸雪光寒”之感。加上用白矾石冰裂纹铺地，植以蜡梅、南天竹烘托、陪衬，尽得岁寒冷趣。在小庭院的西墙上又开圆洞空窗，可以看到春山景处的翠竹、茶花，又如严冬已过，美好的春天已经来临。这种构思设想，点睛一笔，精神境界陡升。

冬山（个园）

吴肇钊分析个园四季假山，是以春山为开篇，夏山铺展，秋山达到高潮，最后以冬山作结，具一气贯注之势。

扬派叠石讲究“中空外奇”，或挑法造险，或飘法求动。洞内或置石床、石凳、石桌，或引水、布桥，造景别有洞天，可游、可观、可居，空透处深不可测，突兀处险象万千。

旱园水作多用在水源缺的北方，即挖一水塘，点缀些山石，沾点水气。但多水的扬州，却也喜旱园水作，造出山溪、瀑布、河流、海涛等形状，船舢、桥梁、水榭、池岸等临水景物，盖激发遐思，以增若干浪漫写意趣味。其水景更具象征性和艺术性。

如寄啸山庄即是如此。构园者在进园处贴壁山下凿一汪曲水，驳岸参差，蜿蜒至读书楼，使人行其下，疑入山林。船厅设计亦为佳例，船厅建于平地，但厅前地面用瓦片和鹅卵石铺设成鳞片状波纹图案，又用“月作主人梅作客，花为四壁船为家”对联强化和深化水船意境。

也有滴水全无，却见水意，一如日本枯山水，超感觉的大写意。陈从周解释曰：“园中无水，而利用假山之起伏，平地之低降，两者对比，无水而有池意，故云水做。”

四为猎奇西洋。商人履迹欧亚，喜欢猎奇炫富，也为赢得同样喜欢猎奇西方的乾隆帝的青睐。《扬州画舫录》卷十二记载：

> 堂左构子舍，仿泰西营造法……
>
> 左靠山仿效西洋人制法，前设栏楯，构深屋，望之如数什百千层，一旋一折，目炫足惧，惟闻钟声，令人依声而转。

江园模仿西方巴洛克建筑“连列厅”、模仿意大利山地别墅园的逐层平台及大台阶的做法，“连列厅”是文艺复兴晚期使室内外空间流转贯通的手法，即腹地的主要大厅排成一列，门开在一条直线上，造成多层次的、深远的透视效果。《扬州画舫录》卷十二载：“外画山河海屿，海洋道路。对面设影灯，用玻璃镜取屋内所画影，上开天窗盈尺，令天光云影相摩荡，兼以日月之光射之，晶耀绝伦。”这是模仿当时盛行于欧洲的巴洛克式建筑的所谓“连列厅”以及用大镜子以扩大室内空间的“镜厅”做法。

扬州的黄园，为黄氏别墅，与江园相接。其中，《扬州画舫录》卷十二载：“第三层五间，为澄碧堂。盖西洋人好碧，广州十三行有碧堂，其制皆以连房广厦，蔽日透月为工，是堂效其制，故名‘澄碧’。”模仿广州欧式建筑十三行的建筑立面，大量使用西洋建筑中的玻璃装饰，玲珑剔透。

扬州“石壁流淙”，《扬州画舫录》卷十四载：“静照轩东隅，有门狭束而入……一窗翠雨，着须而凝，中置圆几，半嵌壁中。移几而入，虚室渐小，设竹榻，榻旁一架古书，缥缃零乱，近视之，乃西洋画也。由画中入，步步幽邃，扉开月入，纸响风来，中置小座，游人可憩，旁有小书厨，开之则门也。门中石径逶迤，小水清浅，短墙横绝，溪声遥闻，似墙外当有佳境，而莫自入也。向导者指画其际，有门自开，粗险之石，穿池而出。长廊架其上，额曰‘水竹居’。”由于其在室内墙上绘西洋壁画，绘画运用焦点透视法因而显得景物逼真，人仿佛可以走进去。

在园林小品方面，扬州园林受到西洋水法的影响，徐履安于乾隆二十二年（1757）为园作水法，“以锡为筒一百四十有二，伏地下，下置木桶高三尺，以罗罩之，水由锡筒中行至口。口七孔，孔中细丝盘转千余层。其户轴、织具、桔槔、辘轳、关捩、弩牙诸法，由械而生，使水出高与檐齐，如趵突泉，即今之水竹居也。”使用龙尾车操纵水源的方法制作西洋式喷泉。

江园“盖室之中设自鸣钟，屋一折则钟一鸣，关捩与折相应”。自鸣钟是一种能按时自击，以报告时刻的钟。明谢肇淛《五杂俎·天部二》：“西僧利玛窦有自鸣钟，中设机关，每遇一时辄鸣。”清赵翼《檐曝杂记·钟表》：“自鸣钟、时辰表，皆来自西洋。钟能按时自鸣，表则有针随晷刻指十二时，皆绝技也。”据说西方的自鸣钟传到中国是在明朝的万历八年（1580），当时中国无论皇帝还是臣民，都对此表现出按捺不住的好奇，作为最时尚之物，殊不知，中国人在900多年前的北宋时期就发明了钟表。

扬州园林从盛极一时到衰败仅仅三十年，清钱泳《履园丛话二十·园林》：

> 扬州之平山堂，余于乾隆五十二年秋始到，其时九峰园、倚虹园、筱园、西园曲水、小金山、尺五楼诸处，自天宁门外起直到淮南第一观，楼台掩映，朱碧鲜新，宛入赵千里仙山楼阁中。今隔三十余年，几成瓦砾场，非复旧时光景矣。有人题壁云：“楼台也似佳人老，剩粉残脂倍可怜。”余亦有句云：“《画舫录》中人半死，倚虹园外柳如烟。”抚今追昔，恍如一梦。

所以，张家骥认为：瘦西湖的盛极一时，根本不是社会发展的经济现象，而是所谓“翠华六巡，恩泽稠叠”，为迎接皇帝的政治现象。随南巡的终止，瘦西湖即衰败。

3. 江南其他名园

杭州附近海宁的“安澜园”也久负盛名，甚至有“海内论名园，安澜实称最。倾慕积平生，今辰偿游债”之诗歌咏之。

安澜园和南京瞻园、苏州狮子林、杭州小有天园齐名，园址在今浙江海宁盐官镇西北隅，本为南宋安化郡王王亢的故园。明神宗万历年间至为右堂寺少卿陈与郊（号隅阳）重建，取名隅园。清康熙二十四年（1685）后，传与本族曾孙清朝文渊阁大学士陈元龙，更号遂初园。陈元龙殁后，为其子翰林院编修陈邦直所得。其间扩建其园广至百亩，“制崇简古”，园内有三十余景。1762年乾隆南巡，驻跸于此，赐名安澜园。

清初文人沈复《浮生六记》写道：

> 游陈氏安澜园，地占百亩，重楼复阁，夹道回廊；池甚广，桥作六曲形；石满藤萝，凿痕全掩；古木千章，皆有参天之势；鸟啼花落，如入深

山。此人工而归于天然者。余所历平地之假石园亭，此为第一。曾于桂花楼中张宴，诸味尽为花气所夺……

纵观安澜园全貌，其皇家气势令人惊叹。从园门入内经乾隆御碑亭到军机处，北路有太子宫、天架楼、佛阁等，最终通向园林的主建筑“寝宫”、西路由十二楼、漾月轩、映水亭、群芳阁组成，其后与寝宫相连。中路还有御书房、古藤水轩、飞楼、环碧堂等。寝宫原名赐闲堂，楼中恭悬“林泉耆硕”赐匾。全园有景点四十余处，如“和风皎月”“沧波浴景”“石湖赏月”“烟波风月”“竹深荷静”“引胜奇赏”“曲水流觞”等。

小有天园在南屏山麓山腰之上。北宋时为兴教寺所在，元末寺圮，明洪武间重建，后改为壑庵，清初为汪之萼别墅，乾隆十六年（1751），乾隆皇帝南巡杭州，赐名“小有天园”，并作诗咏之。但乾隆皇帝对此美景仍是念念不忘。乾隆二十二年（1757），他再次南巡，又来到此地，更是欣赏备至，“为之流连，为之倚吟”。清明节，乾隆《再游小有天园》咏曰：“不入最深处，安知小有天。船从圣湖泊，迳自秘林穿。万卉轩春节，千峰低齐烟。明发旋翠毕，偷暇重留连。”乾隆回到北京后，于第二年将此景仍以“小有天”之名仿建于圆明园长春园内“思永齐”之东别院。

三、岭南园林

岭南指我国大庾岭、骑田岭、都庞岭、萌诸岭和越城岭等以南地区，也包括台湾在内。地处欧亚大陆的东南边缘，北有五岭为屏障，南濒南海。北回归线横贯境内，受惠于季风的调节，植物繁茂，四季繁花似锦，风物旖旎，“蔷薇馥郁红逾火，芒果茏葱碧入天”；英石、腊石、钟乳石又是堆山叠石的良材和观赏美石。越秀山层峦叠翠，白云山白云缭绕；东面巨浪西面镜的汕尾遮浪岛，外伶仃岛石奇水清，享有“东方夏威夷”的青澳湾、“南方北戴河”的海陵岛，成为园林的天然蓝本。

岭南都于宅内设庭，体量小巧，面积多则三五亩，少的仅数十平方米，“余地三弓红雨足，荫天一角绿云深”，可静赏移时。

岭南地处与海外文化交流的前哨，园林海纳百川，猎奇斗异，巧用他山之石攻玉。诸如个别园林规整式布局、整形式水池、套色玻璃、雕花玻璃、洋式石栏

杆、铸铁花架、罗马式门窗、巴洛克柱头等，着有西方建筑文化之色，但终不失中华文人园底色。

顺德清晖园、佛山梁园、东莞可园和番禺的余荫山房，号为岭南四大名园；宝岛台湾由于历史原因，园林中涂抹了浓重的思家恋土色彩，具有代表性的是台北板桥的林本源园林。

据传清晖园园主筑园初衷，乃为奉母，那“清晖”犹“春晖”，以喻父母之恩如日光和煦照耀。园内水木湛清华，幽径回廊，碧溪澄漪，花木葱茏，红蕖书屋、沐英涧、留芬阁等，真如人间小蓬瀛，是养生延寿之所。建筑布局，前疏后密，前低后高，向阳通风；深池四壁，高树浓荫，周以廊房，荷塘恰如降温池，延来一派清凉。这些，都适合南方炎热的气候，切合中国古典园林因地制宜的营造原则。清晖园又颇善吸纳西洋建筑文化因子，罗马式的拱形门窗、巴洛克的柱头、规整式的水池、套色玻璃门窗，乃至厅堂外设铸铁花架等，无不反映出中西兼容的岭南文化特点。

梁园可称萃锦园，由当地诗书名家梁蔼如、梁九章及梁九图叔侄四人，于清嘉庆、道光年间历时四十余年陆续建成。总体布局以住宅、祠堂、园林三者浑然一体。有“十二石斋”“群星草堂”“汾江草芦”“寒香馆”等不同地点的多个群体组成。其中四组园林群体风格各异，组景手段变化迭出，有“平庭”“山庭”“水庭”“石庭”“水石庭”等。四季景色俱全，有“草庐春意”“枕湖消夏”“群星秋色”“寒香傲雪”等。梁园凸显了诗书名家的特有风采，如“石斋寄情”“砚磨言志”“幽居香兰”“庄宅遗风”等品题，将雅集酬唱、读书著述、家塾掌教、幽居赋闲等园居文化生活内容表现得淋漓尽致。

可园因筑于可湖之旁得名，园内有可堂、可轩、可亭、可湖等，实乃“可堪游赏”、可如人意之园也。建筑占地面积 2204 平方米，不规则的多边形园林平面，不拘一格的建筑组合，一楼、五厅、六阁、十五房、十九厅等住宅、客厅、别墅、庭院、花圃、书斋，各抱地势，立面高低错落，自由活泼。主景“狮子上楼台”，以当地珊瑚石砌筑，风趣别致。沿墙环碧游廊逶迤，“邀山阁”高踞可轩之上，使远近诸山、沙鸟江帆，莫不奔赴、环立于烟树出没之中，去来于笔砚几席之上。另有双清室、擘红小榭、曲池、滋树台、假山涵月、湛明桥、问花小院、雏月池馆、博溪渔隐、观鱼簃等建筑景点。咫尺之中，再造乾坤，真乃“可羡人间福地，园夸天上仙宫”。

余荫山房，又名余荫园，不忘先祖惠及子孙的福荫。山房故主邬彬与其两个儿子都是举人，有“一门三举人，父子同登科”之说。园林吸收苏杭庭园建筑艺术之精华，结合闽粤庭园建筑艺术之风格，在三亩方寸之地，巧妙地在几何图形中将画馆楼台、轩榭亭桥、假山碧池布置得曲折藏露，幽旷裕如。园内东西两庭并列，各以一池碧水为中心，东为方塘，所有建筑和组景都同方塘平行，呈方形构图；西为八角形，八角形的“玲珑水榭”高踞池心石台基之上，窗开八面，荷风来八面，园主在此，澄观卧游：“每思所过名山坐看奇石皴云依然在目；漫说曾经沧海静对明漪印月亦足莹神。”① 庭内桥、廊、小路，都采取同八角形周边成平行或垂直的方向。两庭以廊桥“浣红跨绿”连接，桥中段耸起一座四角飞檐的亭盖，桥洞恰如飞虹拱月，每到春末夏初，绿荫落红，倒影池中，碧水涟漪，好似浣洗落红。园内铁花架、彩色玻璃，烙上西洋色彩，但彩色玻璃上的龟锦文和八角中间的折枝石榴花，却体现着祈求长寿多子的中华传统文化心理。

岭南园林还有如取名自陶渊明“结庐在人境，而无车马喧”、诗人黄遵宪的“人境庐”；新加坡华侨富商黄氏家族的别墅花园“小画舫斋”；施琅于福建泉州构春夏秋冬四座花园，分别取“春游芳草地”“夏赏绿荷池”“秋饮黄花酒”和“冬吟白雪诗”的意境，诗意盎然，别具一格。

台湾之有园林，始于荷兰统治时代，入清后，任职台南的官员亦喜在宫署建造园林。道光年间中北部亦出现了几座名园：台中吴鸾旗的吴园、板桥市林家花园、进士郑用锡新竹市北郭园、新竹林占梅的潜园、台中市雾峰林家的莱园和台北陈维英太古巢等园。

台湾园林普遍有寻本溯源的情结，美学风格不脱家乡山水。如吴园中以仿漳州城外飞来峰之形胜造景为最有名，内有假山、廊道、池台、楼阁等。

以林本源园林为其中之最，号称台湾第一名园。坐落在新北市板桥区西门街，为昔日全台首富漳州籍林氏家族的私家园林。花园由林维源创建于光绪十四年至十九年（1888—1893）。“林本源”之名，既有宗族色彩，又有纪念福建漳州府龙溪县祖居地的情愫。平侯有子五，按照“饮水本思源”的古训，依次分别取名，由于庭园为“本记”和“源记”两家所建，故称为“林本源宅”。有“台湾大观园”之称。园林设计者是福建漳州“诏安画派”领袖谢颖苏和篆隶名

① 园主邬燕天自撰联。

家吕世宜。

园林中亭台池榭皆雅近画意，建筑风格又注意体现八闽情调。所用的木材都采自大陆和台湾名贵的樟楠，园内半圆形榕荫大池“云锦淙”及假山，池岸上屹立着仿照林家祖籍漳州龙溪群山模样的假山。假山或起或伏，或聚或散，沿墙布列，其间穿插隧道、山洞，中植花树，颇有气势。配以佳木异卉，俨然置身于家乡山林幽谷、百花深处。绕池之凉亭台榭，有方形、圆形、菱形、三角形、六方形，形态变化无一雷同。

林家庭园设计风格模仿当时晚清大臣盛宣怀在苏州的园林“留园”，并重金礼聘大陆名师巧匠参与设计建造，痕迹很明显：如园林入口由白花厅经过修长的游廊再折而东，方能进入园内的汲古书屋小庭院，含蓄不张扬，与苏州留园的入口异曲同工。书房“汲古书屋”与留园“汲古得绠处”相同，收藏图书数千卷，其中不乏宋元善本。园内都建有“花好月圆人寿轩”；留园的“远翠阁”，曾名“含青楼”，林本源园林的“来青阁”取自“青山绿野入眸来”之意，亦模仿此意。

汲古书屋（林本源园林）

林氏书斋名方鉴斋，斋前深池中设有戏台，右侧依壁，假山重叠，取高山流水之意境。盛氏留园当年造有苏州第一戏厅，室内双层戏台，两翼为包厢，中央大厅可容十张大圆桌，并以谢安之风流自许。

留园水池中筑“揖月亭”，林氏园林亦于海棠形水池中筑方胜形“月波水榭”；林氏园林当街园门额曰“板桥小筑”，与留园入园处的“华步小筑”亦有异曲同工之妙。其他如“一池三岛”的写意造型、彩画装饰的题材、厅堂的命名、吉祥图案的内涵无不取材于中华诗文和传统文化，流溢着浓浓的中华文化内涵。

清代私家园林无论皇家赐园还是文人士大夫私园，都呈现出“集萃”的美学风格。择址在山水之间或城边僻巷，因阜掇山，因洼疏地；宅园结合，便于“园日涉以成趣”，园林建筑功能多样化，建筑密度增高，“集宾有堂，眺望有楼有阁，读书有斋，燕寝有馆有房，循行往还，登降上下，有廊榭、亭台、埼沜、村柴之属”，自然野趣弱化。

士大夫私园，规模更趋小型化，大多在咫尺之内再造乾坤；为追求“少少许胜多多许”的艺术效果，构园技艺要求日高，风格素雅精巧，拙间取华。园林具有浓郁的书卷气，生境、诗境、画境齐备，外适内和，成为诗意栖居的文明实体。

第三节　寺观及公共园林美学

清代统治者宗教政策比较开放，所以宗教园林呈现多元色彩，宗教园林的美学风格也多姿多彩。

佛教出现藏传、汉传和南传三大流派，其中，由于藏传佛教在中国的蒙藏地区（包括青海和新疆）势力强大，教徒信仰极其虔诚，佛经教义是蒙藏人民的精神支柱。喇嘛教上层人物在政治上有效地控制地方政权，经济上汇聚着大量的财富，文化上掌握着经堂与教院。乾隆指出：“兴黄教，即所以安众蒙古，所系非小，故不可不保护之。”黄教（俗称喇嘛教）得以迅速发展，影响全国；清代北方全真道已步入衰颓的时期，道观呈南盛北衰之势，规模日趋小型化，且多向城镇发展，甚至趋向道佛合流，呈现更世俗化色彩。

一、布达拉宫罗布林卡

清初藏传佛教，艺术风格虽有藏式、汉藏混合式、汉式等类型，在西藏既有佛殿、佛塔，还有学院（藏语为“扎仓”）和行政管理机构活佛公署，是政教合一的场所。

藏式寺庙多流行于西藏、青海、四川的藏族居住地区，它的特点是因山而建，依山就势，呈错落参差的布局，不强调轴线，而以空间构图的自由均衡为原则，往往形成突出的轮廓外观。

最著名的是拉萨布达拉宫，始建于唐代，清顺治二年（1645）五世达赖喇嘛开始重建，历时五十余年建成今日规模。布达拉宫坐落在拉萨市西北的玛布日山上，包括因山就势的宫堡群、山脚下的方城和山后的花园。

方城内布置了地方政府机构、印经院及官员住宅。

宫堡群由总高九层的红宫与总高七层的白宫两大部分组成。红宫位于建筑主体的中央，是达赖从事宗教活动的地方，有二十余座佛殿和安放历代达赖遗体的灵塔殿。白宫为达赖理政和居住的地方。

玛布日山后，是以龙王潭为中心的布达拉宫后花园。五世达赖重建布达拉宫时在此取土，形成深潭。后来六世达赖在湖心建造了三层八角形的琉璃亭，内供龙王像，故此称为龙王潭。

罗布林卡是历代达赖喇嘛的夏宫，是座树木茂盛、繁花似锦的大型宫殿式园林，被列入世界文化遗产名录。“罗布”为“宝贝”之意，“林卡”为“园林”之意。所以，罗布林卡即“宝贝园林”。

该地原有蜿蜒曲折的拉萨河古道，平缓的水流潺潺流淌，夏日有垂柳拂水，风景秀丽，山花野鸟、麋鹿走兽，藏人称为“拉瓦采”，即“灌木丛林”。七世达赖喇嘛格桑嘉措执政时期，每年夏天到此沐浴疗疾。驻藏大臣代表清朝中央政府出资搭设了一些帐篷，以供达赖休息和诵经之用，这就是“乌尧颇章”（乌尧，藏语意为帐篷，颇章意为宫殿），即帐篷宫或凉亭宫，是为罗布林卡的前身。1751 年，七世达赖又在“乌尧颇章”的东侧，修建了一座以自己名字命名的三层宫殿“格桑颇章”（贤杰宫），并取名“罗布林卡”，是为建园之始。从此，罗布林卡逐渐由休闲疗养之地演变为处理政教事务的夏宫。

经过二百多年的扩建，先后建成了格桑颇章、金色颇章、措吉颇章（湖心宫）、达旦明久颇章（永恒不变宫）等建筑，逐步形成了现在占地 0. 36 平方千米的大型宫廷式园林，因而又被称为“夏宫”（布达拉宫为“冬宫”）和“拉萨的颐和园”。

园林东半部称罗布林卡，分为格桑颇章景区：南宫殿，北林园，园中有水池，绿化以竹为主。宫前景区：观戏楼、露天戏台、榆树林。达旦明久颇章（藏语意为“永恒不变宫”，俗称新宫）景区：宫殿傲居其中，开有大玻璃窗，宫前有西式喷泉，有中轴线，四周花木相簇。绿化以松柏为主。措吉颇章（湖心宫）景区，以长方形水池为中心，池中有三岛，大致排成中轴线位于达旦明久颇章宫区西南为极具汉式皇家园林风格的“一池三山”布局景区，是全园的核心。池中三岛南岛植柏树，中岛建措吉颇章，有桥搭于东岸，北岛设西龙王宫，中岛和北岛之间也有桥相接。池西建有持舟殿，殿南为内观马宫，池中水鸟成群。

罗布林卡西半部叫金色林卡，由三个景区组成：宫区，金色颇章、格桑德吉颇章（贤劫福旋宫）、其美曲溪三组宫殿成环状布置，金色颇章居东，自成院落，格桑德吉颇章居中，其美曲溪靠西。建筑环状排列，形成大院落空间。格桑德吉颇章左侧，一前一后各有两个圆形水池。前面的水池用铁丝网罩着，水中央一尊精美佛像手捧金钵，金钵中间是喷泉口，泉水从金钵中涓涓流出；后面的水池上建有凉亭，传说是达赖洗头的地方，名为“乌斯康”（玻璃亭）。方形凉亭的立柱间镶嵌玻璃，屋面是八角攒尖顶。因建在一个圆形的水池之中，又有人称为湖心亭。

这里还有 0.1 平方千米的林区，以高大的藏青杨林为主，茂密深邃，马鹿徘徊，野趣盎然。散布在林区边缘的草地，牛羊成群。整个金色林卡四周松柏环抱、小桥流水、假山水池、凉亭水榭，好一派江南园林的迷人风光，但又不失藏式建筑的文化特色。

罗布林卡到处都有壁画，历史最早的可追溯到 18 世纪中期，最晚期的也在 20 世纪 50 年代绘成。以藏区近代影响最大的绘画流派勉唐画派为主，法度严谨、色彩鲜艳、线条流畅，壁画内容多以宗教、传记、历史、风俗画题材为主，其精美程度不亚于敦煌壁画。

建筑内外檐装修除了富有藏族宗教特色外，还融合了内地的一些手法。如格桑德吉颇章的隔扇、窗棂的形式和纹饰、雕梁等木雕装饰采用内地装修手法，运用许多汉族典型的传统图案，里外套间里供有马头明王拥妃像、大威德怖畏金刚像、能仁金刚佛、大悲观音菩萨等密宗神祇，壁画上绘有噶丹圣地、普陀圣地、内地五台山、甘丹弥勒净土等珍贵历史壁画。

罗布林卡的一池三山及其装修题材风格显然受到汉文化影响，达旦明久颇章前的西式喷泉则受西方园林的影响。

罗布林卡多古树参天的林地、草原与广场、方整的水池等园林环境，带有某些伊斯兰游牧风格，反映了藏民族自由豪放、与天地为伴、与牛羊为伍的纯朴而开放的美学特色。

藏传佛教在佛像雕刻塑造方面，多神态恐怖的番像。同时殿堂内部应用了柱衣、幡幔、壁画、唐卡、酥油花等作为装饰，因此内部更为神秘，不可捉摸。

二、普陀宗乘之庙

清政府为了体现“深仁厚泽”来“柔远能迩”，以达到清王朝“合内外之心，成巩固之业”的政治目的，于皇家园林承德避暑山庄东北部，建 12 座色彩绚丽、金碧辉煌的大型喇嘛寺庙，呈众星拱月之势。其中有 8 座寺庙由清政府理藩院管理，并在北京设有常驻喇嘛办事处，又都在古北口外，故统称外八庙（即口外八庙之意）。“外八庙”便成为这 12 座寺庙的代称。“外八庙”以山庄为中心，建筑形式、风格各异：如普宁寺仿西藏扎囊桑鸢寺、安远庙仿新疆伊犁固尔扎庙、普陀宗乘之庙仿拉萨布达拉宫、须弥福寿之庙仿日喀则扎什伦布寺等。可以瞻仰西藏布达拉宫的气势，游览日喀则扎什伦布寺的雄奇，领略山西五台山殊像寺的风采，亲睹新疆伊犁固尔扎庙的身影，还可以看到世界最大的木制佛像千手千眼观世音菩萨。

“外八庙”象征着“康乾盛世”的强大和民族大团结，也象征中国各少数民族对清中央政府的向心力，是汉和蒙藏文化交融的典范。

“外八庙”以彩色琉璃瓦、铜鎏金鱼鳞瓦覆顶，远远望去巍峨壮观、金碧辉煌，与避暑山庄内青砖灰瓦的亭、轩、榭、阁的古朴典雅风格形成鲜明对比。它吸取了西藏、新疆以及蒙古族居住地许多著名建筑的特点，集中了当时建筑上的成功经验。

“外八庙”的总体布局为依山势构建。建筑群落大部分采用汉族传统的对称方式，主体建筑大都建在寺中最高处，引人入胜。其中普陀宗乘之庙和须弥福寿之庙的前面部分采取对称处理，其他部分随地形而变化。

普陀宗乘之庙是“外八庙”中最大的一座，位于承德市狮子沟北侧，普陀宗乘是藏语布达拉宫之意，是乾隆为了庆祝他本人 60 寿辰和他母亲皇太后 80 寿辰而建的。主体建筑大红台位于山巅，通高 43 米，台中央万法归一殿是主殿，殿顶部高出群楼，殿顶都用铜鎏金鱼鳞瓦覆盖，金光闪闪，富丽堂皇。60 余座

平顶碉房式白台和梵塔白台随山势呈纵深式自由布局，星罗棋布，依山面水，无明显轴线。全庙布局、气势仿拉萨布达拉宫。它是在汉族传统建筑的基础上融合藏族建筑特点建造的，是汉藏建筑相互交融的典范。

三、寺观园合一

寺观往往都与园林融会为一，如“三山五园”中也有许多寺庙道观穿插其中。如颐和园佛香阁是一座宏伟的塔式宗教建筑，建在 60 多米高山坡上的 20 米高的石台上，高约 40 米，和下面金碧交辉的排云殿建筑群共同构成万寿山的主轴线。它将东边的圆明园、畅春园，西边的静明园、静宜园以及万寿山周转十几里以内的优美风景揽于周围，把当时的“三山五园”巧妙地合成一体，使之成为一个大型皇家园林风景区。阁仗山雄，山因阁秀，万寿山在远处西山群峰的屏障和近处玉泉山的陪衬下，小中见大，气势非凡，苍松翠柏，秀色葱茏。佛香阁面对的昆明湖又恰到好处地把这个画面全部倒映出来，山之葱茏，水之澄碧，天光接引，令人荡气抒怀。静明园西山区为一片开阔平坦的地段，在此布置了园内最大的一组寺庙东岳庙，此外尚有圣缘寺、清凉禅窟等，形成西区以宗教建筑为主的特色。静宜园别垣内也有昭庙的建筑群。

名胜风景区的寺观更与秀峰碧水相融。如四川都江堰青城山古常道观、四川峨眉山伏虎寺、甘肃天水玉泉观、云南昆明太和宫等。

北京西郊翠微山、卢师山和平坡山之间，三峰环抱古刹八座，林木葱茂，奇石嶙峋，洞泉潺潺，野趣盎然，人称“西山八大处”，依次为长安寺、灵光寺、三山庵、大悲寺、龙泉庵、香界寺、宝珠洞、证果寺。最早的证果寺始建于隋，其余的相继建成于唐朝和明清时期，现存的庙宇和园林多为清朝重建。

四大名山是历史上逐渐形成的佛教寺庙集中地，其中以五台山历史最久，遍布于五台山之内的寺庙有一百余处。其建筑多为北方官式建筑风格，规整平肃，色调艳丽，雕饰繁多，具有豪华气派。明代以后，这里相当多的寺庙改为藏传佛寺，因此清代以来的五台山建筑又杂有藏式装饰风格。

峨眉山主峰海拔 3099 米，山麓至峰顶 50 余千米，磴道曲折盘回，寺庙皆依附地势，高下自由，与山形水态、植被环境密切结合自然成景，不拘一格。报国寺的分台设殿逐级升高，使建筑物气势轩昂；伏虎寺门前的桥亭导引，掩映于楠木浓荫之中；雷音寺建筑则采用部分吊脚楼形式，居高临危；清音阁做成依山高

筑不对称的横长形建筑，并且将黑龙江、白龙江夹持的带形地段组织到寺前的布局中，形成极有变化的风景线。

九华山寺庙大量采用当地民居形式，乱石墙、小青瓦、少量的粉壁，建筑装修极为简单，不施彩绘，造型不拘定式。甚至有的寺庙跨路而建，朝山者可穿行建筑物中。开创了一种清新、简朴、自由、轻快的寺庙建筑格调，与藏传佛寺的神秘、汉传佛寺的严肃皆不相同。

普陀山是浙东舟山群岛中的一个小岛，岛上建有普济、法雨、慧济三座大型寺庙及其他庵堂，巧妙地糅合了海景奇岩与人文风景。

清北京西山诸寺之冠碧云寺的水泉院，原是金代章宗所建北京八大水院之一。寺坐西朝东，依山势逐进而高，雄伟庄严，参天松柏簇拥。北路水泉院内的清泉从山石中流出，淙淙有声。池上有桥，池畔有亭，山石叠嶂，松柏苍郁，环境幽美。

位于北京市区东北角的雍和宫，是康熙帝赐予四子雍亲王的府邸，雍正三年（1725）改为行宫，称雍和宫。雍正驾崩后曾于此停放灵柩，因此，雍和宫主要殿堂将原绿色琉璃瓦改为黄色琉璃瓦。又因乾隆皇帝诞生于此，雍和宫出了两位皇帝，成了“龙潜福地”，所以殿宇为黄瓦红墙。乾隆九年（1744）改为喇嘛庙。由王府变为庙宇，故格局宛若一座简缩了的王宫。宫内亭台楼阁，高低错落，参差有致。南侧松柏浓郁，甬道深远；北部殿阁错落，密集幽深。

寺观园林与庭院结合，如北京白云观后院的云集山房庭院、北京卧佛寺的西院、北京潭柘寺戒台院等。

北京卧佛寺又叫十方普觉寺，位于京郊香山附近，寺依山而建，三面环山，翠屏拱卫，肃穆幽静。寺内有三世佛殿、卧佛殿，莲池、石桥，还有东西两院。东院为僧人住所，前后有五层，即大斋堂、大禅堂、法堂、方丈、祖堂。西院为皇室行宫，后面是大行宫、二行宫、介寿堂。庭院叠假山，挖水池，植苍松翠柏，清幽静谧。

早期宫观多选址在山林清静之地，结茅清修。如三十六洞天、七十二福地，多是著名的山林风景胜地。清代道教宫观一般都比较小，大多数为独院式，有些是利用佛教庙宇改建而成。

道教进一步世俗化，宫观所供神祇，如文昌、八仙、吕祖、关帝、天齐王等，其事迹都有与平民生活休戚相关的慈善行为，堪为人间楷模，具有更大的宗

教吸引力。东岳大帝即为泰山之神，原为自然神，自宋以来，道家创说东岳大帝是天上主管人间生死之神，也是统帅百鬼之神，所以各地普建东岳庙，而不限于泰山一地。每逢节日，庙内举行庙会，搭建戏台（有的庙里建有戏台），唱戏酬神，热闹非凡。所以东岳庙又是平民祈福求寿、游乐购物的场所，带有很大的群众性。

清代道教为了获得民众的支持，宫观开始向城镇内发展。如成都青羊宫、都江堰伏龙观、昆明三清阁、宝鸡金台观、天水玉泉观、中卫高庙等，都是清代建立或重修的位于城镇内的大型宫观建筑。

即使历史上已形成的道教圣地都江堰青城山宫观，在清代时亦从后山区下皇观一带移前几十千米，在古常道观一带建立新的宫观区，以便群众朝山礼拜。由此可见，道教面向城镇是为了发展的需要。

道教宫观中的佛道混合趋向更为突出。有的以佛为主，兼有道教内容，如佳县白云山庙；有的佛道兼半，各成系统，如中卫高庙；有的是儒、释、道三教合流，信仰内容混合布局，如浑源悬空寺。

宫观园林布局没有固定格式。有对称工整的总体布局，如太原纯阳宫、成都青羊宫；也有依山就势的布局，如天水玉泉观。

清代西南地区有一些著名的公共游豫园林。如康熙年间，平西王吴三桂统治云南时，在昆明城区西南芦苇沼泽近华浦一带，巡抚王继文等人见当地景色优美，视野开阔，“远浦遥岑，风帆烟树，擅湖山之胜”。于是挖池筑堤，种花植柳，建大观楼等亭台楼阁，使近华浦成为当地游览胜地。

近华浦三面临水，柳荫丛下，轻舟荡漾。盛夏荷塘中，荷花清香，其园林与山水风光融为一体。留下了乾隆年间名士孙髯翁所撰 180 字“海内第一长联”。光绪年间由云贵总督岑毓英请书法家赵藩楷书刊刻，蓝底金字，光彩夺目。其云：

> 五百里滇池，奔来眼底。披襟岸帻，喜茫茫空阔无边。看东骧神骏，西翥灵仪，北走蜿蜒，南翔缟素。高人韵士，何妨选胜登临。趁蟹屿螺洲，梳裹就风鬟雾鬓。更蘋天苇地，点缀些翠羽丹霞。莫孤负，四围香稻，万顷晴沙，九夏芙蓉，三春杨柳。
>
> 数千年往事，注到心头。把酒凌虚，叹滚滚英雄谁在？想汉习楼船，唐

标铁柱，宋挥玉斧，元跨革囊。伟烈丰功，费尽移山心力。尽珠帘画栋，卷不及暮雨朝云。便断碣残碑，都付与苍烟落照。只赢得，几杵疏钟，半江渔火，两行秋雁，一枕清霜。

翠湖，又名九龙池，山色空蒙，水光潋滟，位于昆明市区五华山西麓。清康熙三十一年（1692），云南巡抚王继文在湖心岛上建碧漪亭。同时在湖北岸建来爽楼。嘉道年间，先后建莲华禅院、观鱼楼、阮（元）堤，于是，“十亩荷花鱼世界，半城杨柳佛楼台”，翠湖成为昆明城内风景名胜区。

第四节　中国园林传统美学的嬗变和功能的异化

中国园林荟萃凝聚了辉煌灿烂的五千年文明，从大汉帝国的张骞出使西域，到马戛尔尼出使中国，中国园林曾大踏步地走向世界。没有任何一种艺术品能够像园林那样，具体反映出一个民族的生活、宗教、历史和思维方式。

清初“圆明园虽以欧式建筑为点缀，各地教会虽建立教堂，然洋式建筑之风至清中叶犹未盛”，乾隆出于猎奇心理有此尝试；南京“随园”、扬州“江园”等园林主人同样出于猎奇和赶时髦的心理，在园林局部构件和细部装饰上掺杂一些西洋的艺术元素，但园林美学风貌整体上保持着以“中”为主体，远未形成中国园林美学体系的复合与变异。

梁思成、童寯两位先生在谈清末及民国以后的建筑时说：

> 自清末季，外侮凌夷，民气沮丧，国人鄙视国粹，万事以洋式为尚，其影响遂立即反映于建筑。凡公私营造，莫不趋向洋式。①
>
> 自水泥推广，而铺地叠山，石多假造。自玻璃普遍，而菱花柳叶，不入装折。自公园风行，而宅隙空庭，但植草地。②

一、异域园林风格

西方殖民主义者在海外扩张的同时，建筑式样也强行入驻中国海岸城市，中

① 梁思成：《中国建筑史》，百花文艺出版社 1998 年版，第 353 页。

② 童寯：《江南园林志·序》，中国建筑工业出版社 1988 年版。

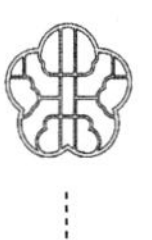

国大地上出现了被称为“花园洋房”的园林样式。它们大体都增设汽车间、佛堂、健身房、小放映室等。宅院内增设运动场、网球场、游泳池等体育场地，院内挖池造山，种植名贵花木。

上海的“沙逊别墅”，是英籍犹太人沙逊于1904—1910年建成，建筑面积800平方米，属于英国乡村风格的尖顶花园洋房。主屋坐北朝南，砖木结构，东部为二层，中部和西部为一层。用裸露的棕墨油烟色木头构架屋架，屋顶为斜陡的坡顶，上盖红色瓦片，墙面为粉淡黄色，色彩鲜明、高雅。主屋两侧种植了芭蕉、罗汉松、盘槐等树木，南面为大草坪，草坪西北角种有两株并列的悬铃木，下置秋千荡椅，别墅四周有高大围墙。入口处有一大平台，进门为走廊，设有200平方米长方形大厅，大厅东首为餐厅，往后是书房，二楼为卧室、起居室。内部装饰全部采用橡木和柚木，门窗特地选用带有疖疤的木料，并保留粗糙的斧角痕迹，小五金构件全部用手工制作，细微之处亦透出古朴的乡土气息。

1882年，无锡人张鸿禄的别墅，名味莼园，位于静安寺路，俗称张园，后为洋人格农别墅。园中不仅建筑是西洋的，花木也多是西洋品种。园中心处是一座大洋房安垲第。里面有聚会大厅、剧场、弹子房、照相馆、网球场、书场，还有游戏、铁路等游乐设施，可容上千人。洋房前面有草坪，三面有密林掩映。南面有池塘，池中有假山石，池畔有小红楼，还有松竹摇曳。

诚如梁思成所言：

> 当时外人之执营造业者率多匠商之流，对于其自身文化鲜有认识，曾经建筑艺术训练者更乏其人。故清末洋式之输入实先见其渣滓。然数十年间正式之建筑师亦渐创造于上海租界，洎乎后代，略有佳作。①

洋房的出现，虽然是列强殖民侵略、中国被迫开放的结果，但欧风促进了中西文化在技术与艺术、观念与建筑手法等方面的冲撞与变革，对推动园林界创新思维有一定作用。

二、中西混搭

开埠后的上海，也出现一批中西混搭的私人花园。如上海愚园，假山、亭

---

① 梁思成：《中国建筑史》，百花文艺出版社1998年版，第353页。

台、楼厅建筑以中式为主，只是增加了是西洋特色的舞厅和书场。亭台楼阁的题名还是颇有传统文化韵味的，如杏花村、云起楼、倚翠轩等。书条石上刻的是辜鸿铭用英文、德文写的诗歌，显出欧化信息。

位于上海华山路上的丁香花园，是晚清北洋大臣李鸿章的私园，占地 70 亩，园内主副两幢楼为 19 世纪后期美国式的别墅建筑。外观及内部结构皆相同，中间凸出，上层为敞廊式的阳台，采用红白相间的色调。下为门前过道，但一号楼呈凹形，三号楼为半圆形，局部山墙面的半露垂直木构架带有英国建筑风格，带拱券的门廊，木柱雕花和底层遮阳板上的图案则是中国传统的金钱图案。南面花园中有巨大的草坪和高大的香樟，呈现欧式园林风格，但又有中国园林的曲径通幽、小桥、石洞。园内还有长达百余米的蜿蜒起伏的龙墙，墙上雕有百余条姿态各异的游龙，琉璃瓦压顶。园内“未名湖”上设九曲桥，湖中心有湖心亭，为一素色琉璃瓦的八角攒尖顶，顶上有一凤凰雕塑，故称凤亭。与龙头遥遥相望，完全为中国传统“龙凤呈祥”的吉祥寓意。环湖还有太湖石堆成各种动物造型，湖边上有旱船、假山，皆为传统园林做法。室内陈设亦为中西结合，墙上既有祖宗画像，也有西洋画。

出于中国园主之手的花园洋房，受到中华民族固有血脉影响和本土匠师的技术适应的制约，尽管外观是洋式的，但细部装饰上还是中华传统符号。

龙凤嬉水之景（丁香花园）

扬州园林早在乾隆年间就出现异国园林元素，但仅限于某些装饰部件。

始建于清同治元年（1862）何芷舠所造的扬州何园，号称晚清第一园。园林中国特色鲜明，如园名取陶渊明《归去来兮辞》中“倚南窗以寄傲……登东皋以舒啸”名“寄啸山庄”；怡悦老母的“怡萱楼”，用传统母亲草“萱”称母，闪烁着东方敬亲的人伦美。其他如依墙兀立的贴壁山、院墙和回廊的各式花窗带，船厅前以鹅卵石、瓦片铺成水波纹等无不给人以传统园林美的熏陶。

园主何芷舠曾游历法国，园中面积达160平方米的大厅，高大庄重，建筑构架上配以四围通透开放、装饰华丽的玻璃墙面。特别是园主人阖家居住的玉绣楼，前后两座砖木结构的二层楼，采用中国传统式的串楼理念，四周以上下两层回廊及内外廊复道围出院落；又融入西方的建筑手法，楼内的房型设计、楼外立面的装饰、印着“益寿延年”四个字的法国进口铸铁栏杆、法式的百叶门窗、法式的壁炉、铁艺的床等，处处洋溢着法式风情。中西兼容，体现了时代特色。

苏州遂园是道员董国华道光年间就慕家花园西部而建。宣统年间，董氏旧宅归安徽刘姓官员，改名遂园，以水池为中心，有曲桥、小亭，池东北有假山，一如传统苏州园林，但池西北主楼却为罗马式建筑风格，琉璃瓦屋顶又有北方皇家贵族园林的色彩。

该园外形是中国式风格，内部用西洋装饰元素，如苏州补园（今拙政园西部），为清光绪三年（1877）苏州商会会长张履谦所筑，取补残全缺之意。占地12.7亩，园主延请吴门名画家顾若波、陆廉夫及书法家、昆曲家俞粟庐等参与谋划而成。今拜文揖沈之斋内有俞粟庐书《补园记》镌石。园主自述：

> 宅北有地一隅，池沼澄泓，林木蓊翳，间存亭台一二处，皆攲侧欲颓。因少葺之，芟夷芜秽，略见端倪，名曰补园。园之东即故明王槐雨先生拙政园也，一垣中阻，而映带联络之迹，历历在目。观其形势，盖创造之初，当出一手，后人剖而二之耳。

主体建筑是园主宴请宾客和听曲的场所。馆平面为方形，厅内中间用隔扇与挂落分为大小相同的南北两部分，南为十八曼陀罗花馆、北为三十六鸳鸯馆，好像两座厅合并而成，形同鸳鸯厅。其上的草架空间较大，对厅内隔热防寒有较好的作用，嵌菱形蓝白玻璃，卷棚屋顶，梁架采用四连轩而称满轩，“四连轩”即在四隅各建耳室一间，原作演唱侍候等用，四轩又称暖阁，既可解决进出时的风击问题，也可作为仆从听候差遣之处。四轩用“鹤颈弯椽”与“船蓬轩弯”，组成穹形轩顶，成卷棚状，既寓鸳鸯命意，又使音响绕梁萦回，有极好的音响效果。

轩地下留空，与国外教堂地底下埋设空缸，以追求唱诗音响效果一样，亦可助曲笛之声更美。鸳鸯厅地面方砖下设有地龙（仿北京故宫），冬天在厅外生火，将暖气送至地下，使全厅温暖如春，以迎宾客。

北厅临池，从菱花蓝白玻璃窗中北望，与假山上浮翠阁相对，天开图画无限景，仿佛一座水上舞台，通过水面反射檀板笛声，曲声悠扬，余音袅袅；阳光映照地面，又为一幅幅画面。池中有彩色鸳鸯十余对，翠鬣红毛，巧丽艳美，拍浮为乐。取意于《真率笔记》，云："霍光园中凿大池，植五色睡莲，养鸳鸯卅六对，望之灿若披锦。"李时珍《本草纲目》云："终日并游，有宛在水中央之意也。或曰：雄鸣曰鸳，雌鸣曰鸯。"

满轩（补园）

"留听阁"紧临鸳鸯厅，厅内"念白清唱可渡水越空，时如山涧鸣禽，时似幽谷流泉，缥纱空灵，含蓄不尽"。

位于长江三角洲的金三角沪苏杭嘉湖中心的湖州市南浔镇，素有"丝绸之府、鱼米之乡、文化之邦"之称。但作为中国早期资本主义萌芽地之一，始于明朝万历年间，刘大均《南浔镇志》里描述过当年丝市盛况："小满后，新丝市最盛，列肆遍阛，衢肇有塞。"《陶朱公致富奇书》曰："缫丝莫精于南浔人，盖由来久矣。"

中西混搭是南浔建筑风格的最大特点。南浔巨富张氏家族以经营辑里湖丝和盐业发家，现存张石铭旧宅建于光绪二十五年至三十一年（1899—1905），占地面积 6500 平方米，建筑面积 7000 平方米，有五落四进和中西式各式楼房 150 间。整个大宅由典型的江南传统建筑格局和法国文艺复兴时期的西欧建筑群组成。相互联通，巧妙结合，反映了主人在 19 世纪末与西方在经济、文化、艺术中的联系与沟通。

前进院为二合院，二、三进院为三合院，前进院二合院有轿厅，面阔四间，和轿厅相连的是一座砖砌如意门楼，门额刻有吴昌硕所书“四德作求”四字。门楼四周雕有“群仙祝寿”等图案，雕刻采用镂刻手法，层次分明，富立体感。与门楼相对的是正厅懿德堂，匾额系南通张謇所书。二进一厅二厢，称“小姐楼”，亦称“女厅”。雕砖门楼，有吴淦书匾额“竹苞松茂”四字，纯为传统园林风格。楼厅扇窗装有法国进口的彩色花玻璃，以蓝色为主。玻璃上的图案包括花卉、农作物、瓜果等。三进厢房粉墙上嵌有硬木漏明窗，雕有芭蕉叶图案，故称芭蕉厅。芭蕉厅是典型的中西合璧建筑，外形为中式结构，厅顶上天花为棋盘格，门窗格式及玻璃、走廊上铺设着法国地砖，廊庑和漏窗上都刻着栩栩如生的芭蕉图案。第四进大厅为设有更衣间、化妆间的豪华舞厅，地砖及油画均从法国进口，墙面屋顶由红色砖瓦砌筑。从壁炉、玻璃刻花到克林斯铁柱等，均体现出欧洲 18 世纪建筑风格。楼前有一天井，栽有两棵 20 世纪初进口的广玉兰。第五进为后花园和碑廊。

总之，欧式折中主义的巴洛克也好，中式园林某些细部做法吸收西洋元素也好，都象征着中国传统园林的嬗变。

三、租界公园

属于公共游览性质的园林早已有之，如寺庙道观园林本来就属于公共游览性质，但以“公园”名之还是在近代。

鸦片战争后，帝国主义国家利用不平等条约在中国建立租界，并用掠夺中国人民的财富在租界建造公园供其享受，长期不准中国人入内。

租界公园的风格，以当时风行世界的英国式为主，多为英国自然风景式。以开阔的草地、自然式种植的树丛、蜿蜒的小径为特色。不列颠群岛潮湿多云的气候条件，以及资本主义生产方式造成庞大的城市，促使人们追求开朗、明快的自然风景。英国本土丘陵起伏的地形和大面积的牧场风光为园林形式提供了直接的范例，社会财富的增加为园林建设提供了物质基础，这些条件促成了独具一格的英国式园林的出现。这种园林与园外环境结合为一体，又便于利用原始地形和乡土植物，所以被各国广泛地用于城市公园，也影响了现代城市规划理论的发展。

如上海的虹口公园，原为公共租界工部局所属四川路（今四川北路）界外靶子场，后来划出一部分建成公园，初称“新靶子场公园”，1922 年改称为虹口公园。又如兆丰公园中设计了西式几何规整的大草坪，面积为 3.69 万平方米。

小公园以英国维多利亚式较多，如占地约 2 万平方米的上海外滩公园。其他还有法国勒诺特尔式风格的凡尔登公园（现国际俱乐部）和局部风景区是荷兰式的汇山公园（现杨浦区沪东工人文化宫）等。

第五节　清园林美学理论

清代理学与心学影响此消彼长，园林美学得到长足进步，显示出旺盛的活力。

康乾之世皇家园林的美学风格与康熙、乾隆的园林美学思想有密切的关系。如康熙建承德避暑山庄，除了表达他“俯察庶类”的“紫宸志”外，还强调了“自然天成地就势，不待人力假虚设”和“随山依水揉辐齐”“宁拙舍巧洽群黎”的美学思想。他在《避暑山庄三十六景图咏》题《烟波致爽》额时写道：

> 热河地既高敞，气亦清朗，无蒙雾霾氛，柳宗元记所谓“旷如也”。四围秀岭，十里澄湖，致有爽气。“云山胜地”之南，有屋七楹，遂以“烟波致爽”颜其额焉。

乾隆皇帝喜诗词、善书法，在构园美学思想方面颇多真知灼见。如提出园苑“因山以构室者，其趣恒佳”①；“而峰头岭腹凡可以占山川之秀，供揽结之奇者，为亭、为轩、为庐、为广、为舫室、为蜗寮，自四柱以至数楹，添置若干区……非创也，盖因也”②，这些精辟之论，不仅具有造园学理论上的价值，而且有其实践意义。

① 〔清〕乾隆：《塔山西面记》。

② 〔清〕乾隆：《静宜园记》。

皇家园林中的宫区部分，都体现儒家中和典雅的美学风格，“允执其中”，认为“中也者，天下之大本也；和也者，天下之达道也。致中和，天地位焉，万物育焉”①，突出了中轴线所体现的皇家权威。

清代大批文人参与构园，园林美学思想不仅体现在理论专著中，在小说、散文、园记、诗歌中也大量涌现。

李渔的《闲情偶寄·一家言》(《居室》《器玩》两部)、陈淏子的《花镜》、李斗的《扬州画舫录》、高士奇的《北墅抱瓮录》、钱泳的《履园丛话·园林》等，皆为一代名著。冒襄《影梅庵忆语》、张潮《幽梦影》、沈复《浮生六记》、张缙彦《依水园记》、汪懋麟《平山堂记》、王时敏《乐郊园分业记》，以及小说《红楼梦》和袁枚、叶燮、汪琬、朱彝尊、石涛、王翚等著名文学家、画家都在诗文中阐述过他们的园林美学思想。

一、李渔《闲情偶寄·一家言》

《闲情偶寄·一家言》突出的是李渔的独创精神。李渔，字笠鸿，又字谪凡，号笠翁。原籍浙江兰溪，生于江苏如皋，晚年移居杭州西湖。出身于药商家庭，“予襁褓识字，总角成篇，于诗书六艺之文，虽未精穷其义，然皆浅涉一过”。但却屡试场屋都以失败告终，无奈，奔走官府名门，打打抽丰，自食其力，以翰墨沽售。实际上，李渔才华横溢，他自述，“生平有两绝技”，“一则辨审音乐，一则置造园亭”。“两绝技”成就其为清代著名的文学家、戏剧理论家、美学家、造园理论家和造园艺术家。他曾亲手为自己营构过三座园林：伊园、芥子园、层园，均为朴素无华的文人草堂。其中，最著名的是金陵芥子园。

芥子园面积不足2000平方米，其命名的缘由，李渔解释得很清楚，“此余金陵别业也，地止一丘，故名‘芥子’，状其微也。往来诸公，见其稍具丘壑，谓取‘芥子纳须弥’之意”。芥子纳须弥，佛家语，指微小的芥子中能容纳巨大的须弥山。芥子园虽小，却将构园要素演绎得淋漓尽致。

该园选址在山林地，位于古城金陵南郊一座虎头形的小丘上，但距秦淮河仅一箭之地，依山傍水，房在山中，石在房下，一泓秋水环山而过。同时人文环境也十分优越，在文化遗址晋周处读书台、孙楚酒楼附近。

① 《礼记·中庸》第一章。

园内石笋林立，房前屋后、山边石旁种满了各种花草，一年四季，万紫千红，香气怡人。令人领略到林中禽鸟啼鸣，秦淮河上歌声袅袅的无穷韵味。逢下雨天，洪水奔腾而下，琼飞玉舞，诗意更浓。

园内筑有浮白轩、栖云谷、来山阁、月榭、歌台等建筑，既具天然之美，又有人工之巧。设计上巧妙地利用借景原理，仅窗户就有湖船式、花卉式、虫鸟式、山水图式、尺幅式等。室内陈设从墙壁、门窗、几案到匾额对联，无不自出机杼，风格独具。芥子园成为幽泉灵石，月榭歌台，一应俱全的园林式住宅。

李渔既是一位有着丰富实践经验的文化大师、造园匠师，又是具有慧心独到的园林美学家，他的构园实践经验和美学论点，集中体现在他所著《闲情偶寄》的《居室部》（包括房舍、窗栏、墙壁、联匾、山石）、《器玩部》（包括制度、位置）和《种植部》（包括木本、藤本、草本、众卉、竹木）中。他自谓：

> 庙堂智虑，百无一能；泉石经纶，则绰有余裕。惜乎不得自展，而人又不能用之。他年赍志以没，俾造化虚生此人，亦古今一大恨事！故不得已而著为《闲情偶寄》一书，托之空言，稍舒蓄积。

李渔藉著书所“舒蓄积”，乃“一期点缀太平，一期崇尚俭朴，一期规正风俗，一期警惕人心”（《凡例》七则），《闲情偶寄》“可以说是以自己独有的方式实践着传统文人士子的最终使命”，所以友人余怀在《闲情偶寄》序中愤愤道：“今李子《偶寄》一书，事在耳目之内，思出风云之表，前人所欲发而未竟发者，李子尽发之；今人所欲言而不能言者，李子尽言之。其言近，其旨远，其取情多而用物闳……犹谓李子不为经国之大业，而为破道之小言者……古今来能建大勋业、作真文章者，必有超世绝俗之情、磊落嵚崎之韵，如文靖诸公是也。今李子以雅淡之才，巧妙之思，经营惨淡，缔造周详，即经国之大业，何遽不在是？而岂破道之小言也哉！”

第一，李渔视构园为“一种学问”和“一番智巧”，“不得以小技目之”：

> 幽斋磊石，原非得已。不能致身岩下，与木石居，故以一卷代山，一勺代水，所谓无聊之极思也。然能变城市为山林，招飞来峰使居平地，自是神仙妙术，假乎于人以示奇者也，不得以小技目之。
>
> 且磊石成山，另是一种学问，别是一番智巧。尽有丘壑填胸、烟云绕笔

之韵士，命之画水题山，顷刻千岩万壑，及倩磊斋头片石，其技立穷，似向盲人问道者。故从来叠山名手，俱非能诗善绘之人。见其随举一石，颠倒置之，无不苍古成文，纡回入画，此正造物之巧于示奇也。

仅仅胸有丘壑还不够，还必须有“倩磊斋头片石”的能力，将案头山水画变成立体山水，还得有赖于叠山名手，所以，童寯先生说：“造园一事……且除李笠翁为真通其技之人，率皆嗜好使然，发为议论，非本自身之经验。”

第二，生活在明末清初的李渔，颇受阳明哲学的影响，在哲学观点和文学思想上继承了反传统的思想，反对模仿、力主创新，强调的是“一家言”，他把自己的全集取名为“一家言”，可见其独立的风格。他在“一家言释义”即自序中解道：“凡余所为诗文杂著，未经绳墨，不中体裁，上不取法于古，中不求肖于今，下不觊传于后，不过自为一家，云所欲云而止。”故其所著《一家言》皆能“匠心独造，无常师，善持论，不屑依附古人成说”；李渔在《闲情偶寄》中自言：“生平耻拾唾余，何必更蹈其辙”① “性又不喜雷同，好为矫异”②，他在《凡例》中明言其著述有三戒：一是“剽窃陈言”，二是“网罗旧集”，三是“支离补凑”。并自信地宣称“所言八事，无一事不新，所著万言，无一言稍故”“如觅得一语为他书所现载，人口所既言者，则作者非他，即武库之穿窬，词场之大盗也”。因此，他提出“创造园亭，因地制宜，不拘成见，一榱一桷，必令出自己裁”③，主张构园、造亭要自出手眼，不落窠臼。

其中“尺幅窗”“无心画”的创构以及对联匾制作以及品石、叠山、借景、框景等造园艺术，提出种种妙构，皆匠心独运、见解独到。尤其把《园冶》中的“借景”从理论和实践上加以深化和发展；《器玩部》利用门窗的灵活装拆，提出统一规格经常互换，提出室内环境的“贵活变”思想，可谓发前人所未发的妙想。

第三，有实践指导意义，如尤侗序文所言：“乃笠翁不徒托诸空言，遂已演为本事。家居长干，山楼水阁，药栏花砌，辄引人著胜地。”如他设计的“此君联”，用竹片制成的楹联，既指出了出于子猷爱竹的典雅意义，还有具体制作

---

① 〔清〕李渔：《闲情偶寄·器玩部·位置》。

② 〔清〕李渔：《闲情偶寄·居室部·房舍》。

③ 同上。

方法：

> 截竹一筒，剖而为二，外去其青，内铲其节，磨之极光，务使如镜，然后书以联句，令名手镌之，掺以石青或石绿，即墨字亦可。以云乎雅，则未有雅于此者；以云乎俭，亦未有俭于此者。不宁惟是，从来柱上加联，非板不可，柱圆板方，柱窄板阔，彼此抵牾，势难贴服，何如以圆合圆，纤毫不谬，有天机凑泊之妙乎？此联不用铜钩挂柱，用则多此一物，是为赘瘤。止用铜钉上下二枚，穿眼实钉，勿使动移。其穿眼处，反择有字处穿之，钉钉后，仍用掺字之色补于钉上，混然一色，不见钉形尤妙。钉蕉叶联亦然。

设计的“蕉叶联”，含有书法家怀素“蕉书”之韵事及“雪里芭蕉”的深意：“蕉叶题诗，韵事也；状蕉叶为联，其事更韵。”制作方法也极具可操作性：

> 但可置于平坦贴服之处，壁间门上皆可用之，以之悬柱则不宜，阔大难掩故也。其法先画蕉叶一张于纸上，授木工以板为之，一样二扇，一正一反，即不雷同。后付漆工，令其满灰密布，以防碎裂。漆成后，始书联句，并画筋纹。蕉色宜绿，筋色宜黑，字则宜填石黄，始觉陆离可爱，他色皆不称也。用石黄乳金更妙，全用金字则太俗矣。

《闲情偶寄》被誉为古代生活艺术大全，名列“中国名士八大奇著”之首。林语堂将其誉为“中国人生活艺术的指南”。林语堂说，他写的《生活的艺术》是和“一群和蔼可亲的天才”合作的产物，这些“天才”中有明清的“许多独出心裁的人物——浪漫潇洒、富于口才的屠赤水；嬉笑诙谐、独具心得的袁中郎；多口好奇、独特伟大的李卓吾；感觉敏锐、通晓世故的张潮；耽于逸乐的李笠翁；乐观风趣的老快乐主义者袁子才；谈笑风生、热情充溢的金圣叹——这些都是脱略形骸不拘小节的人”。

李渔的园林美学理论，也开了现代生活美文之先河，对我们今天营造艺术的人生氛围仍有极大的借鉴价值。

二、陈淏子《花镜》

清初陈淏子，字扶摇，自号西湖花隐翁，明亡后隐居田园，“素性嗜花，家园数亩，除书屋、讲堂、月榭、茶寮之外，遍地皆花、竹、药苗”，所撰《花镜》是我国最早的一部园艺专业文献。

该书原分六卷：花历新裁、课花十八法、花木类考、藤蔓类考、花草类考和45种禽、兽、鱼、龟、蟾蜍、蛙、虫的饲养法。

《课花十八法·种植位置法》中，他首先指出花木在园林中的美学价值：“有名园而无佳卉，犹金屋之鲜丽人；有佳卉而无位置，犹玉堂之列牧竖。”再从种植设计角度，指出要结合植物的生物学特性和植物学特性、色相的配合，方能收到最美的效果：

> 如牡丹、芍药之姿艳，宜玉砌雕台，佐以嶙峋怪石，修篁远映。梅花、蜡瓣（此指蜡梅）之标清，宜疏篱竹坞，曲栏暖阁，红白间植，古干横施。水仙、瓯兰之品逸，宜磁斗绮石，置之卧室幽窗，可以朝夕领其芳馥。桃花夭冶，宜别墅山隈，小桥溪畔，横参翠柳，斜映明霞。杏花繁灼，宜屋角墙头，疏林广榭。梨之韵，李之洁，宜闲庭旷圃，朝晖夕蔼；或泛醇醪，供清茗以延佳客……

基本概括了古典园林的景境意匠在植物配置上的传统美学思想和实践经验。

陈淏子在《花镜》中论述花木栽培和养护都很讲究科学性，如他提出《种植位置法》，根据花木的生态习性，种植位置得宜：

> 故草木之宜寒宜暖，宜高、宜下者，天地虽然生之，不能使之各得其所，赖种植时位置之有方耳。如园中地广，多植果木松篁，地隘只能花草药苗。设若左有茂林，右必留旷野以疏之；前有芳塘，后须筑台榭以实之；外有曲径，内当垒奇石以邃之。花之喜阳者，引东旭而纳西晖；花之喜阴者，置北园而领南薰。其中色相配合之巧，又不可不论也……使四时有不谢之花，方不愧名园二字，大为主人生色。

所述都很实用，如《课花十八法》之十七《整顿删科法》：

> 诸般花木，若听其发干抽条，未免有逆生趣。宜修者修之，宜去者去之，庶得条达畅茂有致。凡树有沥水条，是枝向下垂者，当剪去之。有刺身条，是枝向里生者，当断去之。有骈枝条，两相交互者，当留一去一。有枯

> 朽条，最能引蛀，当速去之。有冗杂条，最能碍花，当择细弱者去之。

《课花十八法》之十八《花香耐久法》载，“昔人云：‘种花一载，看花不过十日。’香艳不久，殊为恨事！今特载一、二耐久之法，以补惜花之主人之不逮尔。”

《花镜》还有《花园款设八则》介绍了《堂室坐几》《书斋椅榻》《敞室置具》《卧室备物》《亭榭点缀》《回廊曲槛》《密室飞阁》《层楼器具》《悬设字画》《香炉花瓶》《仙坛佛室》等11种家具款设布置原则。如敞室置具：

> 敞室宜近水，长夏所居，尽去窗槛，前梧后竹，荷池绕于外，水阁启其旁，不漏日影，惟透香风。列木几极长丈者于正中，两旁置长榻无屏者各一。不必挂佳画，夏日易于燥裂，且后壁洞开，亦无处可悬挂也。北窗设竹床蕲簟于其中，以便长日高卧。几上设大砚一，青绿水盆一，尊彝之属，俱取阳大者。置建兰、珍珠兰、茉莉数盆于几案上风之所，兼之奇峰古树，水阁莲亭；不妨多列湘帘，四垂窗牖，人望之如入清凉福地。

还有《花间日课》四则，分别论述春、夏、秋、冬四季日常享用各类鲜花及园乐事，十分惬意，如《春》：

> 晨起点梅花汤，课奚奴洒扫曲房花径。阅花历，护阶苔，寓中取蔷薇露浣手，薰玉蕤香，读赤文绿字。晌午采笋蕨，供胡麻，汲泉试新茗。午后乘款段马。执剪水鞭，携斗酒双柑，往听黄鹂。日晡坐柳风前，裂五色笺任意吟咏。薄暮绕径，指园丁理花，饲鹤、种鱼。

故《花镜》问世后即受推重，并传至日本。

三、姚承祖《营造法原》

清末民初，传统建筑的营造正经历着前所未有的挑战，新材料的渐渐引入，人们对西洋事物的憧憬，包括对洋楼等建筑形式的接纳，整个传统建筑营造的滑坡，这一切使得掌握着传统营造工艺的匠人面临尴尬的境地。正是这样一个多元文化碰撞的年代促成了匠人的开放性心态。随着体制的变更，民间匠师的地位有了较大的变化。

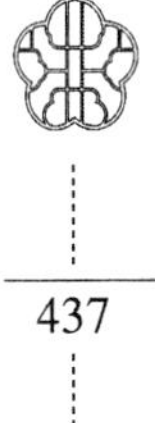

堪与明代蒯祥比肩的非“江南耆匠”姚承祖莫属。姚承祖，字汉亭，号补云，出身于香山的木匠世家，11 岁就随叔父姚开盛学木作，16 岁辍学从梓之后，便在苏州城乡各地营建房舍殿宇，经他本人擘画修建的厅堂馆所、亭台楼阁、寺院庙宇不下百幢。代表作有木渎羡园、苏州怡园可自怡斋（藕香榭）、光福梅花亭、木渎灵岩寺大雄宝殿等。

清光绪年间建造的苏州怡园可自怡斋，建筑造型呈四面厅形式，四周设有围廊，卷棚歇山灰瓦屋顶，内部却分隔为南北二厅，分别为三界和五界回顶圆作，呈鸳鸯厅形式，内外装修极为精美。

苏州光福香雪海梅花丛中的梅花亭，形如梅花，亭内所有装饰也尽是梅花，铺地为梅花纹、藻井为层层梅花，石柱、石栏，屋瓦也全作梅花瓣形。亭高两丈有余，上下错采，如翚斯飞，玲珑典雅，亭顶是无数朵小梅花烘托着一朵大梅花，更妙的是在梅花亭顶置一铜鹤，使人联想到宋代以“梅妻鹤子”闻名于世的高人林和靖的风采，意境尽出，鹤下置轴承，风吹鹤转，生气盎然，真假莫辨。

姚承祖重文化，在建筑界享有“秀才”的盛誉，他认为“没有文化的工匠是个不完全的工匠”，他把工匠及工匠子弟的文化素养看成是头等大事，在苏州城区玄妙观旁开办梓义小学，在家乡墅里村创办墅峰小学，免费招收建筑工匠的子弟入学。1912 年，苏州成立鲁班协会，他被推选为会长。正是这些义举和名望，在苏州工业专科学校成立之时，校长邓邦逖特聘姚承祖到校任教，成为一名讲师，传道授业，将吴地“苏派建筑”营造技艺的用料、做法、工限、样式等一一归纳编写讲义，成为《营造法原》的前身。

苏州工业专科学校是一所被称为“创建了我国高等现代建筑教育的先河”的学校，集结了当时建筑界的佼佼者，被称为建筑界“三士”的柳士英、刘士能、朱士圭都参与了苏州工业专科学校建筑系的创建工作。

姚承祖的祖父姚灿庭著有《梓业遗书》，姚承祖继承祖业，在苏州工业专科学校建筑工程系任教期间，写成《营造法原》一书。该书主要根据家藏秘籍和图册中的建筑做法，是江南历代工匠营造智慧和经验的总结；当然，也是他本人一生实践经验的结晶。全书既符合中国古典建筑的实际，又有作者独到的见解，标志着民间匠帮之间的传承模式跳出了“口传心授”的师徒相传的方式。

全书约三万二千余言，共十六章：包括“地面总论”、平房楼房大木总例、提栈总论、牌科、厅堂总论、厅堂升楼木架配料之例、殿庭总论、装折、石作、墙垣、屋面瓦作及筑脊、砖瓦灰砂纸筋应用之例、做细清水砖作、工限、园林建筑总论、杂俎等。

特别是第十五章的“园林建筑总论”，对江南古典园林建筑中的亭、阁、楼台、水榭与旱船、廊、花墙洞、花街铺地、假山、地穴门景、池与桥进行了详细而精当的分析。如谈花街铺地：“以砖瓦石片铺砌地面，构成各式图案，称为花街铺地。堂前空庭，须砖砌，取其平坦；园林曲径，不妨乱石，取其雅致；用材凡砖、瓦、黄石片、青石片、黄卵石、白卵石以及银炉所余红紫、青莲碎粒、断片废料，皆可应用。”将铺地作用、用材等阐述得十分明晰。“附录”有量木制度、检字及辞解和鲁班尺与公尺换算表三部分内容。

对于枯燥的工程用量，他还编成歌诀的形式，使之朗朗上口，便于记忆。以平房中的“三开间深六界”为例：

三间二正二边贴　四只正步四只廊
二脊四步四边廊　二条大梁山界梁
六只矮柱四正川　四条双步八条川
边矮四只机十八　六条步枋廊坊同
边双步川加夹底　二十一桁十二连
六椽三百零六根　眠檐勒望四路总
飞椽底加里口木　花边滴水瓦口板
出檐开胫加椽稳　也有开胫用闸椽
头停后梢加按椽　提栈租四民房五
堂六厅七殿庭八　只以界深界浅算

各种口诀是匠人们技艺传承的生动依据，也是他们长期经验的总结。采用便于记忆的口诀雕刻、堆塑各类图式也成为香山帮的一大特色，如景物诀：“春景花茂、秋景月皎，冬景桥少，夏景亭多”“冬树不点叶，夏树不露梢，春树叶点点，秋树叶稀稀”“远要疏平近要密，无叶枝硬有叶柔，松皮如鳞柏如麻，花木参差如鹿角”；人物诀：“贵妇样：目正神怡，气静眉舒，行止徐缓，坐如山立”“丫鬟样：眉高眼媚，笑容可掬，咬指弄巾，掠鬓整衣”“娃娃样：短臂短腿，大脑壳，小鼻大眼没有脖，鼻子眉眼一块凑，千万别把骨头露”“美人样：鼻如

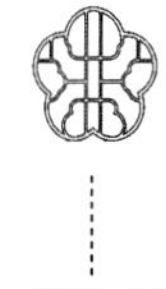

胆，瓜子脸，樱桃小口，蚂蚱眼，慢步走，勿乍手，要笑千万莫张口”；鸟兽诀：“抬头羊、低头猪、怯人鼠、威风虎”“十斤狮子九斤头，一条尾巴掉后头”“十鹿九回头”等。

另外，《营造法原》中对于天井的比例尺度有极其科学的算法，“天井依照屋进深，后则减半界墙止”，与现在的算法不同，当代的日照间距是以天井的进深与檐高的比例算出来的。

该书立足于水乡苏州的传统建筑，分析其建筑形制的特色，提供了南方建筑各种详尽的形制数字，同时也对园林艺术的各类构建方法进行了提纲挈领的论述，是“唯一记述江南地区代表性传统建筑做法的专著”。朱启钤评论此书“上承北宋、下逮明清”“足传南方民间建筑之真象”；著名建筑学家刘敦桢誉之为“南方中国建筑之唯一宝典”，具有科学和艺术的双重价值。

该书不仅被视为香山匠人的“至尊宝典”，而且，“今北平匠工习用之名辞，辗转讹误，不得其解者，每于此书中得其正鹄。然则穷究明清两代建筑嬗蜕之故，仰助此书正多，非仅传苏杭民间建筑而已”（朱启钤有此评价）。

书中还附有照片一百七十二帧，版图五十一幅。该书对设计研究传统形式建筑及维修古建筑有很大的参考价值。

四、清代其他文人的园林美学思想

袁枚《随园记》、《随园后记》、三记至六记①中，提出了许多发人深省的园林美学思想。

如《随园记》“随其丰杀繁瘠，就势取景”“随其高，为置江楼；随其下，为置溪亭；随其夹涧，为之桥；随其湍流，为之舟；随其地之隆中而欹侧也，为缀峰岫；随其蓊郁而旷也，为设宧窔。或扶而起之，或挤而止之，皆随其丰杀繁瘠，就势取景，而莫之夭阏者，故仍名曰随园，同其音，易其义”。

《随园后记》主张景中有我，与精神相属，“夫物虽佳，不手致者不爱也；味虽美不亲尝者不甘也……惟夫文士之一水一石，一亭一台，皆得之于好学深思之余，有得则谋，不善则改。其莳如养民，其刈如除恶；吞其创建似开府，其浚渠篑山如区土宇版章。默而识之，神而明之。惜费，故无妄作；独断，故有定

① 〔清〕袁枚：《小仓山房诗文集》卷十二。

谋。及其成功也，不特便于己，快于意，而吾度材之功苦，构思之巧拙，皆于是征焉”。

钱泳在《履园丛话》中，主张整齐参错、曲折得宜、前后呼应之空间布局，欣赏营造之工和亭台之胜、潭水潆洄之景以及塔影钟声的环境。

李斗《扬州画舫录》中也不乏著者的美学理想，如泉石之美、辗转幽静之美、空旷疏朗之美、花草竹柳之美和烟雨变幻之美等。

清初张惟赤，顺治时进士，累官礼科、刑科给事中。三藩之乱，廷议加赋，他不赞成，于是去官而归，筑涉园。主张“美本乎天”“必待人之神明才慧而见”“孤芳独美不如集众芳以为美”等观点。

石涛，原姓朱，名若极，广西桂林人，别号有很多，如清湘老人、苦瓜和尚、瞎尊者，法号有元济、原济等。明靖江王朱亨嘉之子。与弘仁、髡残、朱耷合称“清初四僧”。明亡后削发为僧，居扬州。他既是绘画实践的探索者、革新者，又是艺术理论家，著有《苦瓜和尚画语录》，著名的美学理论有“一画论”“搜尽奇峰打草稿”“笔墨当随时代”等。如《苦瓜和尚画语录》立一画之法，盖以无法生有法，以有法贯众法也。解除一切来自传统、概念、物欲、笔墨技法等束缚，进入一片创作的自由境界中去，其核心是发挥人的创造力。石涛工叠石，筑有余氏万石园。相传今何园内的片石山房假山便出自石涛和尚之手，被称为石涛叠石的“人间孤本”。石壁、石磴、山洞三者最是奇绝，独峰耸翠，秀映清池，是他理论的实践之作。

沈复《浮生六记》卷二《闲情记趣》、卷四《浪游记快》、卷六《养生记道》等都谈到“虚实相间”“小中见大”理论，如：

> 若夫园亭楼阁，套室回廊，叠石成山，栽花取势，又在大中见小，小中见大，虚中有实，实中有虚，或藏或露，或浅或深。不仅在“周回曲折”四字。

苏州汪琬认为园林应该“有自然之理，得自然之气”，如果“非其地而强为地，非其山而强为山，虽百般精而终不相宜”。

叶燮的美学思想集中反映在他的《滋园记》：“美本乎天者也，本乎天自有之美也。”叶燮进一步指出，事物的审美价值，并不在于其外在形式，而取决于对象自身的内在本质。

朱彝尊欣赏“水木之明瑟”“径畛之盘纡”，提出“舞歌既阕，荆棘生焉。惟学人才士著作之地，往往长留天壤间”，并认为“爵位之崇高，林泉之逸豫，人生恒不能兼致”，意思就是说，园林之美，在朝为官者是无法领略的。朱彝尊还强调，“古大臣秉国政，往往治园圃于都下。盖身任天下之重，则虑无不周，虑周则劳，劳则宜有以佚之，缓其心，葆其力，以应事机之无穷，非仅资游览燕嬉之适而已”。

纵观清代园林美学，既集中华园林美之大成，又是中华园林美学嬗变之始。中国园林以“虽由人作，宛自天开”为主要审美准则。千姿百态的大自然，是激发艺术创作灵感的取之不尽的源泉。到近代，随着社会转型与西式园林的传入，在沿海沿江与通商口岸，传统美学风格嬗变，引以为傲的中国古典园林从此走向低迷。

但是，中国园林植根于古老而博大的中华文化土壤之中，有着强大的生命力，虽然随着时代的前进不断吸纳异质文化因子，但传统园林蕴含的天人合一的生态科学、低碳节能的营构原则和艺术养生等理念，依然是当今可持续发展的宝贵理论资源和可资借鉴的实物范式。

第九章

园林美学的多元发展期——现当代

中国园林发展到民国初年，传统影响大降而西方影响日盛，古典园林时闻颓败，罕见新修。顾颉刚先生在民国十年（1921）曾忧心忡忡地说："今日造园者，主人倾心于西式之平广整齐，宾客亦无承昔人之学者，势固有不能不废者矣！"①

中国园林集中的江南地区，据中国建筑学家童寯先生于1937年写成的《江南园林志》记载，当时的状况是："创自宋者，今欲寻其所在，十无一二。独明构经清代迄今，易主重修之余，存者尚多，苏州拙政园，其最著者也。杭州私园别业，自清以来，数至七十。然现存者多咸、同以后所构。近且杂以西式，又半为商贾所栖，多未能免俗，而无一巨制。"苏杭并以风景名世，唯独杭州之园林，固远逊于苏州。而昔日以园林胜的扬州，如今则已"邃馆露台，莽苍灭没，长衢十里，湮废荒凉"。不禁令童寯先生兴"犹有白头园叟在，斜阳影里话当年"之叹。

1937年随着日寇大举侵华，许多名园再次遭受毁灭性重创，秋坟鬼唱，满目凄凉，深院幽庭，一片瓦砾，云墙粉壁，可怜焦土！

中华人民共和国成立伊始，一批名园得以修复，自此枯木逢春、凤凰涅槃。此后又因政治经济等原因，许多中小园林或自然倾圮，或废为民居，或被机关、学校、医院、工厂占用，遭到建设性的破坏。

20世纪后期以来，西方景观理论席卷中华大地，欧陆风、北美风乃至日式风接连登场，然而美丽且冬暖夏凉的大屋顶却已难见踪影，触目皆是向天空袒露着胸膛的平顶楼房，或是奇形怪状的吸引眼球的建筑物，让人忍不住悲叹数典忘

① 顾颉刚：《苏州史志笔记》，江苏古籍出版社1987年版，第79页。

祖，千城一面！或基于拜金主义、实用主义的恶俗仿生、东施效颦，最丑建筑层出不穷①，这都是不谙博大精深的中华文化②，妄自菲薄、盲目崇洋带来的文化自卑。

进入21世纪以来，随着中国经济的腾飞，中华文化复兴的步伐越来越坚定有力，很多有中华文化情怀的房地产开发公司开始进军中式园林居住小区的开发，私家园林也以多种形式呈复苏之势。

第一节　园林美学的多元化

清末民初，西方建筑强行入驻中国口岸城市，如青岛、大连、天津、上海等，以洋为时尚，以洋为美。花园洋房为租界殖民者和政界、商界富贵阶层所专属，采用西方的建筑形式、新的工程技术和新型建筑材料的产品。洋式花园别墅色彩缤纷，从英、法、德、西班牙、俄罗斯、日等式样，到古希腊柱式、古罗马柱式、拜占庭式、哥特式、文艺复兴式、巴洛克式、古典主义式和新古典主义式，可谓包罗万象。

如上海的花园洋房，建筑形式有法国新古典主义式、英国哥特式、英国帕拉第奥式、英国乡村式、西班牙风格、希腊风格、北欧风情、文艺复兴式、中西杂糅风格等。天津有英式、意式、法式、德式、西班牙式、文艺复兴式、古典主义式、折中主义式、巴洛克式、庭院式以及中西杂糅风格等，就如世界建筑博览园。不过，其庭园布置手法，吸收中国传统造园手法的也很多。而在受传统园林美学熏染特别深入的江南地区，依然出现保持中华传统园林美学风格的宅园。

可见，民国以来中华园林美学呈多元发展态势。

① 基于中华大地丑陋建筑的泛滥，中国畅言网自2010年开始联合文化界、建筑界的学者、专家、艺术家、建筑师每年评选出“中国十大丑陋建筑”活动，旨在抨击那些对建筑业发展造成不利影响的丑陋建筑。

② 如有人说：“曾经使中国园林充满诗意的晦涩的典故和经文，已逐渐变得陈腐……那种‘举杯邀明月，对影成三人’的园林风月，那种‘留得残荷听雨声’的庭院雅致，在当代恐怕是只能用孤独落寞和衰败凄凉来形容，旧的诗意，在新人面前则是地道的空洞和无病呻吟。”

一、洋式花园风格

天津是近代开辟的通商口岸，列强在天津设立了租界，成为政治上的避风港，多位官僚政客以及清朝遗老都曾进入租界避难。天津五大道地区（即常德道、重庆道、大理道、睦南道和马场道五条路），1860 年被定为英租界，许多外国人在这里盖起了洋房。后来，又有许多清朝的官员从北京来此安家落户，五大道便兴盛起来，现在拥有 20 世纪二三十年代建成的具有不同国家建筑风格的花园洋房 2000 多所。

纯洋式别墅往往出自“洋人”。如上海“马勒住宅”，是在上海经营跑马和跑狗赌博业的英籍犹太商人马勒建于 1936 年的。主建筑为三层斯堪的纳维亚式挪威风格建筑，主楼连接附楼，高高低低，屋顶陡峭，外形凹凸变化奇致。门窗呈拱形，框架突出墙面。楼面陡峭，两座主塔高大、挺拔，像剑鞘一般，上开多层小窗。建筑物边梢楼角，都建有小的尖塔，以求与高大的主塔呼应，造型绮丽。这些高尖陡直的屋顶体现了北欧高纬度地区的建筑特色，原本目的是为了抵御寒风和减少屋面积雪，而马勒住宅的采用则是立意于形式美感。主建筑的南立面有 3 个双坡屋顶和 4 个尖顶凸窗，连同东西及北面 3 个四坡顶尖塔交织在一起，其形状宛如一座华丽的小宫殿。双坡顶的木构件清晰外露，构件间抹白灰，比较典型地表现出北欧乡村建筑风格。主建筑内的各层平面分割复杂，共有大小各种房间 106 间。室内装修大量采用有雕刻的木平顶和护墙板。楼梯、地板、壁板多为柚木，均呈红褐色，雕刻装饰带西方风味。整座楼面呈赭红色，一律用耐火砖建造，中嵌彩色瓷砖，望去像进入童话世界。庭院内的花房、葡萄房都以瓷砖铺地，上盖黄玻璃顶，并镶以各色图案。园中还置有青铜马像和大理石墓碑的狗坟和马冢。围墙高大厚重，采用进口耐火砖砌筑，呈赭红多彩色调，并以黄绿色琉璃瓦压顶，富丽堂皇。

二、中华传统风格

以中式为主调的宅园大多出自中华文化人之手。

1934 年，民国上海市市长吴铁城在华山路上建造“望庐”，虽然平面采用西方住宅的通用方式，但外观却似中国南方祠堂的模样，粉墙青瓦，飞檐垂脊，构图对称持重。但由于追求复古，屋顶很大，屋檐凸出，造成室内光线较暗，通风也差。

上海画家姚伯鸿建造的一处营业性园林，因园内水域面积占总面积的一半，所以取杜甫《戏题王宰画山水图歌》诗中的名句“剪取吴淞半江水”，命名“半淞园”。园中有听潮楼、留月台、鉴影亭、迎帆阁、江上草堂、群芳圃、又一村、水风亭等，长廊曲折环水，顶部有紫藤，四壁遍嵌玻璃板所印之《快雪堂书帖》，相当于传统园林的“书条石”。

位于苏州市郊石湖西北渔家村的觉庵，又名渔庄、石湖别墅，所在地传为南宋范成大石湖别墅农圃堂（一说天镜阁）故址。书法家余觉建于1932年至1934年，为一砖木混合结构庭院建筑，占地约1500平方米。现有厅堂两进，面阔均为五间，明间与次间为厅，梢间为书房、居室。前厅名“福寿堂”，后为内室。前后厅之间两侧以廊贯通，廊腰各构方形半亭，左右相对，中间为一四合院式庭院。庄前滨湖另筑方亭，名“渔亭”，遥对上方山楞伽寺塔和磨盘山范成大祠堂，风景殊胜。庄前花木扶疏，苔藓侵阶，极幽深之致。出门厅则近水远山，送青献玉。余觉欣赏此地风景是“卷帘唯白水，隐几亦青山”“山静鸟谈天，水清鱼读月”。他在扇面上写道：“石湖别墅中种葵九百株，高皆二丈，占地半亩，大叶遮天，本本如盖，人行其中，轻快无比，一榻一瓯，手书一卷，坐卧其下，从叶缝中望山色湖光，风帆沙鸟，悉在眼前，清风拂拂，非复人间世矣。”

1932年上海蛋商汪氏在苏州建的宅园朴园，占地1万平方米，为采用传统布局的仿古园林。全园以山水为主景，石包土假山，峰峦起伏，池架曲桥，聚分兼得。四周围以花岗石墙。玻璃瓦仿古四面厅、花厅、亭、廊等建筑。水池架以曲桥，路略点以石笋。园中花木茂盛，树种丰富，有白皮松、罗汉松、广玉兰、樱花、杜鹃等。最为珍贵的是两株地栽五针松，高约2米，生长健旺。布置疏朗，建筑物比较小巧，绿化面积大，环境十分幽静。

1931年，著名鸳鸯蝴蝶派作家周瘦鹃以卖文收入所筑的紫兰小筑，是典型的传统文人园，宅园位于苏州凤凰街王长河头3号，原为清朝著名书法家何绍基后裔的宅园，占地约2600平方米。

周瘦鹃是著名作家和中国盆景大师。周先生酷爱花木，尤其钟情于紫罗兰。在希腊神话中，司爱司美的女神维纳斯与远行的爱人分别时，眼泪滴入泥土，到了春天发芽开花，就是紫罗兰。花园命名“紫兰小筑”，书斋命为“紫罗兰庵”，为的是纪念一个美丽的爱情之梦。年轻时的周先生有一恋人名周吟萍，英文名

Violet，即紫罗兰，清淑娴雅，风姿不凡，但周家嫌弃周瘦鹃是一个穷书生，周吟萍被迫嫁给富家子弟。周先生是性情中人，他移爱于紫罗兰花，家中有紫罗兰神像一座，刻“紫罗兰庵”朱文印，可谓“一生低首紫罗兰”：

> 我之与紫罗兰，不用讳言，自有一段影事，刻骨倾心，达四十余年之久，还是忘不了。只为她的西名是紫罗兰，我就把紫罗兰作为她的象征，于是我往年所编的杂志，就定名为《紫罗兰》《紫兰花片》，我的小品集定名为《紫兰芽》《紫兰小谱》，我的苏州园居定名“紫兰小筑”，我的书室定名为“紫罗兰庵”，更在园子的一角叠石为台，定名为“紫兰台”，每当春秋佳日紫罗兰盛开时，我往往痴坐花前，细细领略它的色香。而四十年来牢嵌在心头眼底的那个亭亭倩影，仿佛从花丛中冉冉地涌现出来，给我以无穷的安慰。

周先生曾说：“我往年所有的作品中，不论是散文、小说或诗词，几乎有一半儿都嵌着紫罗兰的影子。故徐又铮当年曾赋诗见赠云：‘持鬘天后落人寰，历劫情肠不可寒。多少文章供涕泪，一齐吹上紫罗兰。’”园中建有爱莲堂，堂内瓶花架石，朱鱼绿龟，书画古玩，莺莺燕燕，一时间芳菲满目。

园子最东边有一六角型的水泥荷花池，池前搭“荷轩”，夏天池塘里荷花盛开，瀑布汩汩而下，柏枝拂水，舒爽惬意。

园以爱莲堂为中界，分东西二区。

东区植素心蜡梅、天竺、白丁香、垂丝海棠、玉桂树、白皮松，古老的柿树、塔柏和玉桂树鼎足而三。太湖石垒起的六角小花坛里面种着紫罗兰，中央立着捷克雕塑家高奇塑造的女花神像，双手高高捧着玫瑰花。梅丘周围植有各种梅花，还有苏州“五人墓”移来的义士梅、白居易手植的槐树枯桩……草坪石案上四盆老柏，象征光福汉柏“清奇古怪”。

西区有紫藤棚，棚旁小屋名“鱼乐国”，陈列各种金鱼。屋前是露天盆景展览馆，几百盆大大小小疏密有序地陈列在这里。盆景馆后面有五个湖石竖峰，称为“五岳起方寸”。五峰之后，竹林茂密。

周瘦鹃酷爱梅花，园中土山上遍植梅树，还在两区间的假山池木之中建造梅屋，为“寒香阁”“且住”二室。屋内存放着明清两代几幅梅花书画和点缀着梅花的瓷、铜、陶石、竹、木等十多件珍品。另还有画着金龙的乾隆玉磬、水浒一

百零八将五彩雕瓷小插屏，壁上挂着乾隆漆画“岁朝图”，明代露香园刺绣和雕瓷梅、莲、牡丹等挂屏，明代万历朝成对的细瓷壁瓶，“道光御玩”用玉石螺钿嵌成的花寒庵竹石大挂屏，以及墨松、五针松、代代橘等若干盆景等物。

“蕉石神传唐伯虎，竹枝貌肖夏仲昭。生香活色盆中画，不用丹青着意描。”周瘦鹃善于仿古人的名画制作盆景，并撰写了我国最早介绍盆景历史和制作方法的盆景专著《盆栽趣味》，重视师法自然，讲究诗情画意，是苏派盆景艺术的奠基人之一。紫兰小筑也曾天天花香鸟语，周先生“真正生活于画中”，他甚至想象自己的最后归宿也和鲜花一样美丽：安排一精致小室，触目琳琅，彪炳生色，又复列盆花数十，散馥吐芳，人坐其间，那浓烈的香气，使人熏醉，从此不醒，飘然离世而去……

三、中西杂糅风格

实际上，即使是租界内的洋人花园，特别纯粹的也不多，外来的各种风格常常互相混杂或者同传统的中国风格相混杂，从美学角度来说，不能说“合璧”而只能用“杂糅”了。

如上海在民国时期最大的私家花园爱俪园（俗称“哈同花园”），园主为犹太富商哈同及夫人罗迦陵。整个花园的设计手法中西杂糅，不拘一格。园内各景都有当时的达官和名士留题或撰写的楹联，如天演界、飞流界、文海界（藏书楼）、海棠艇、驾鹤亭、引泉桥、侯秋吟馆、听风亭、涵虚楼等。景名中不乏取典于中华传统诗文的，如“西爽轩”，源自魏晋风雅，典出刘义庆《世说新语·简傲》：“王子猷（徽之）作桓车骑参军。桓谓王曰：‘卿在府久，比当相料理。’初不答，直高视，以手版拄颊云：西山朝来，致有爽气。”东晋名士王徽之，对长官有关公务的问话，答以他对西山清朗气象的喜悦。后用来咏清朗的自然景象并借以表现超脱的情怀。唐代王维《送李太守赴上洛》：“若见西山爽，应知黄绮心。”形容这里的山水清静幽雅、水木清华，有隐隐之爽气。“引泉桥”外形是中国式，而栏杆是用西式铸铁花洛可可式；“侯秋吟馆”是日本式建筑，但在居室四周却绕有阳台，为殖民地式；“听风亭”屋顶是中国宫廷式，但其柱头却是古希腊科林斯式；“涵虚楼”仿江南园林中的楼阁形式，边上长廊有漏窗、美人蕉栏杆；“天演界”戏台则仿中国传统厅堂形式。

上海黄金荣的郊居别墅黄家花园，始建于1931年，造园意图是：“为戚友酬酢处，为及门欢叙处，为己身憩息处，故薄具亭台花木山石之胜，以备来宾觞咏娱情。”赏景中心取《论语·述而》“子以四教，文行忠信”名“四教厅”。建筑多处使用钢筋混凝土结构。黄家花园的风格犹如花园中湖心的“颐亭”，屋顶为中式亭形状，屋顶以下和建筑内部却为西洋风格，似亭非亭、不中不西，就像一位头戴瓜皮帽，身穿西服，赤脚站在脚盆里的怪人。

颐亭（黄家花园）

坐落在苏州东山镇的雕花大楼，建于 1922 年，以木雕、砖雕、石雕等雕工著称，反映苏州香山木工炉火纯青的精湛技艺。建筑坐西朝东，从五行来看是中国建筑风水中阳气很充足的吉方，故取向阳门第春常在之意名“春在楼”，作四合院形式。宅园单体建筑以中轴线分布，自东向西依次为照墙、门楼、前楼、后楼及附房，北侧是庭院，整个格调和建筑布局是中国传统式样。

春在楼采用了若干西洋的建筑构件，如楼梯扶手做成欧洲十字形栏杆，十字是古罗马的刑具、基督教的标志。前楼二楼栏板采用了西式铸铁造，中间镶嵌的文字图案是中国传统的“延年益寿”“万福流云”等篆字缀图的铸铁栏板装饰，栏檐部位的花环式装饰带，又是巴洛克装饰手法，这是洛可可的铁栅栏装饰与中国建筑“以文为图”的结合。春在楼后楼建造了西式水泥晒台和水泥阳台。窗子上广泛采用西洋的彩色玻璃：白色象征纯洁雅致，红色象征热情奔放，蓝色象征明净安详，黄色象征庄严神圣，绿色象征温柔恬静，橙色象征丰满成熟等，以这些手法美化室内环境，增加欢乐和喜庆的气氛，房间装弹子锁洋式门。这些代

表了20世纪20年代新兴的建筑装饰风格，反映了当时的审美趣味和社会生活。春在楼园林部分都是传统的式样，铺地、水井、壁塑等都是传统图案。

狮子林在1918年（戊午岁）归上海颜料巨商贝润生（一名仁元）所有，贝氏又用了将近七年的时间整修，植花木、浚水池，贝仁元《重修狮子林记》："仁元世居茂苑，侨寓淞滨，非无鲈鲙之思，林壑怡情，敢效菟裘之筑，吾将老焉。"其典故出自《左传·隐公十一年》："羽父请杀桓公，将以求大宰。公曰：'为其少故也，吾将授之矣。'使营菟裘，吾将老焉。"后因以称告老退隐的居处为"菟裘"。今之格局：东部为宗祠，前祠堂，后住宅，西部为花园。住宅、族校部分为西洋风格。

园林部分增建燕誉堂、小方厅、九狮峰、牛吃蟹，建湖心亭、九曲桥、石舫、荷花厅、见山楼等，西部叠假山、人工瀑布。园周环以长廊，廊墙嵌置"听雨楼藏帖""乾隆御碑""文天祥诗碑"等碑刻71块。

园林的空间布局为传统文人园，由于保存了禅意假山、禅宗公案等景点，形成儒禅兼容的园林风格。建材和装饰构件较多采用了水泥、铸铁、彩色玻璃等西洋材料，使部分建筑装饰华丽雕琢，如旱船、真趣亭上的金碧辉煌装饰也为该时期所有，与明初倪云林画风大相径庭。

小莲庄为南浔首富刘镛所筑的私家花园，始建于清光绪十一年（1885），后经刘家祖孙三代40年的经营，由刘镛的长孙刘承干于1924年落成。占地27亩，因慕元末湖州籍大书画家赵孟頫湖州莲花庄之名，故称小莲庄。

园林分内外两园。内园是一座园中园，处于外园的东南角，以山为主体。仿唐代诗人杜牧《山行》之意，凿池栽芰，叠石成山。山道弯弯，半山苍松，半山红枫，枫林松径，山路回转，小巧而又曲折，宛然一座大盆景。此园与外园以粉墙相隔，又以漏窗相通，似隔非隔，内外园山色湖光，相映成趣。

外园以荷池为中心，池广约10亩，沿池点缀亭台楼阁：

南岸临池而建的主体建筑"退修小榭"，设计精巧，是江南水榭建筑的精品，此榭临溪曲廊连"养新德斋"，是主人的书房，因院内多植芭蕉，故又名"芭蕉厅"。荷池北岸外侧为鹧鸪溪，沿溪叠有假山并植矮竹护堤，堤上建有六角亭。堤东端建有西式牌坊一座，门额上署"小莲庄"三字额。荷池东岸，原建有"七十二鸳鸯楼"，其南侧有百年紫藤，似卧龙参天盘卷，枝叶茂密，伸达五曲桥顶，每到花季，即如紫色的彩带悬绕于桥顶，美不胜收。

荷池西岸较高的建筑“东升阁”，是座西洋式的楼房，俗称“小姐楼”。室内用雕花圆柱装饰，壁炉取暖，窗的外层用百叶窗遮光，为法式建筑风格，具有浓郁的异国情调。

东升阁外观（小莲庄）

西岸另建“净香诗窟”，是主人与文人墨客吟诗酬唱之处，构思别出心裁：厅内以“升斗”为藻井，别具一格，称升斗厅，意在用谢灵运所称誉的曹植“才高八斗”衡量人之才华。宋无名氏《释常谈·八斗之才》：“文章多，谓之‘八斗之才’。谢灵运尝曰：‘天下才有一石，曹子建独占八斗，我得一斗，天下共分一斗。’”与此相应的是，净香诗窟厅屋顶垂脊上都有八仙堆塑，意味“八仙过海，各显神通”。不仅在建筑学上是“海内孤本”，而且正如陈从周先生所称，是“有性格的建筑，有品味的艺术”。

荷池西岸长廊的壁间嵌有《紫藤花馆藏帖》和《梅花仙馆藏真》刻石四十五方，故名“碑刻长廊”。刻石书法真、草、隶、篆各体皆备，刻工精妙，字体遒劲，文采飞扬，与宁海《渤海藏珍》帖石并称于世。为不使长廊有长而呆板之感，北以桥亭为端，中隔半圆亭，南以扇亭为终，并引接与园林长廊一墙之隔的刘氏家庙建筑群。

民国时期，在“三民主义”治国纲领和“自由、民主、博爱”的旗帜下，城镇公园应运而生。苏州就有城内的苏州公园、常熟虞山公园、昆山亭林公园、吴江震泽公园等。苏州公园，今名大公园，建在春秋吴王子城基址上，元末为张士诚皇宫废基，公园建于1925年，其前半为法国规则式布局，有喷泉绿地，至今的绿地还是保持着西方“绣花地毯”的样式；后半则为苏州园林的荷沼曲桥、假山孤亭、曲水绕山。

第二节　复园与改园

1949年中华人民共和国成立之初，百废待兴，名园的修复也在此列。历史

上，传统园林也是不断兴废，许多园林都在旧园原址上重修。有多才的园主人“因其规模、别为结构叠石种树，布置得宜，增建亭宇，剔旧为新”，最终皆由自己“目营手画而名之者也”①。但整修前人名园，要遵循“修旧如旧”原则，就增加了难度。清代学者钱泳认为，“修改旧屋，如改学生课艺，要将自己之心思而贯入彼之词句，俾得完善成篇，略无痕迹，较造新屋者似易而实难”②，这也就是汪氏在《重葺文园》中提到的“改园更比改诗难”。陈从周《说园（三）》：

> 整修前人园林，每多不明立意。余谓对旧园有“复园”与“改园”二议。设若名园，必细征文献图集，使之复原，否则以己意为之，等于改园。正如装裱古画，其缺笔处，必以原画之笔法与设色续之，以成全璧。如用戈裕良之叠山法弥明人之假山，与以四王之笔法接石涛之山水，顿异旧观，真愧对古人，有损文物矣。若一般园林，颓败已极，残山剩水，犹可资用，以今人之意修改，亦无不可，姑名之曰“改园”。③

传统园林的修复首先要明白该园“立意”，使之复原；但对毁得面目全非又无任何资料可以稽考的园林，只能依据传统园林的营构方式改建或重建，这样，虽曰“改园”，亦能略存旧园风貌。

细征文献图集，寻找旧园旧影，如园记、园画，特别是园林图绘，作为修复依据。“今不能证古，洋不能证中，古今中外自成体系，决不容借尸还魂，不明当时建筑之功能与设计者之主导思想，以今人之见强与古人相合，谬矣”④。

如留园在抗战时期，被侵华日军糟蹋劫掠，唯有搬不走的太湖石、古树、池沼湮没于瓦砾和垃圾堆中。此后又遭国民党军马的蹂躏，楠木梁柱啃成了葫芦形，破壁颓垣，马屎堆积，一片狼藉。

1954年，成立了以构园艺术家、书画家刘敦桢、陈从周、谢孝思为首的专家组，将民间颓圮老屋的材料，化腐朽为神奇，留园奇迹般地基本恢复了旧貌。

---

① 〔清〕钱大昕：《网师园记》，《苏州园林历代文钞》，上海三联书店2008年版，第76页。

② 〔清〕钱泳：《履园丛话》十二。

③ 陈从周：《说园（三）》，见《中国园林》，广东旅游出版社1996年版，第20页。

④ 陈从周：《说园（三）》，见《中国园林》，广东旅游出版社1996年版，第19页。

对五峰仙馆、揖峰轩等残破建筑，扶直加固，接补移换，保存原结构，细心修复；对冠云台等坍塌而尚存基础者，按原风格重建；对全部坍塌毁坏而基地不详，特别是北部的少风波处、花好月圆人寿轩、心旷神怡之楼（走马楼）、亦有庐、半野草堂等残余建筑，或拆除为廊，或植竹园。亦吾庐楼厅改建为佳晴喜雨快雪之亭。又一村处仅余荒地，则改置葡萄架及小桃坞，以其田园风味与附近环境相协调。门窗装修则收购自旧货市场或私家旧宅。盛家祠堂中100多扇门窗挂落亦拆下移入园中。①

苏州北半园，初系清乾隆年间沈奕所建，清咸丰年间道台、安徽人陆解眉进行改建，以“知足而不求齐全，甘守其半”为建园宗旨，取名“半园”。园林在住宅东部，水池居中，环以船厅、水榭、曲廊、凉亭、桥等建筑多以“半”为特色，如半廊、半桥、倚墙半亭、园东北部的重檐楼阁二层半，处处流露出中国古代士大夫追求“事不求全，心常知足”的精神境界。

园林曾先后归木器盆桶社、织带厂、东吴丝织厂、第三纺织机械厂等企业使用，建筑、环境破败严重，渐渐沦为邻近居民闲聚，做小生意之地。修复时严格遵循修旧如旧原则：如二层半重檐楼阁已经严重倾斜，就重做地基并进行校正，先用18个建筑用葫芦将墙体整体提离地面15厘米，再按照原状恢复。施工中，每一块砖、每一根柱子、每一个石墩等，都做了编号，保证复原时不发生错位。

向水池的大厅紫竹轩，原与后面重檐楼阁旁一座一楼半附楼相连，四面沟通，因附楼被改成了厕所只通三面，为恢复原状，古建专家们先拆墙体，再按大木结构恢复原状，在东侧巧妙设计了一段半廊，与附楼相连，使紫竹轩完全恢复原貌。

园内有大小两个水池，风格为传说中的“金山银山”，即下面黄石，上面太湖石。修复前，由于池边垒石已多处坍塌，为了使池边垒石纹理清晰，上下和谐，并与园中风格和谐，派专人带着“标准”四处找石，经过4个月苦苦寻觅、对上千块石头的甄选，才将所需补石购全再在岸上遍植黄杨、广玉兰、丁香等，如今树木茂盛，环境幽静，古意盎然，古朴雅致。

① 参见苏州市园林和绿化管理局编：《留园志》，文汇出版社2012年版，第219页。

半廊（北半园）

上海豫园至新中国成立前夕，亭台破旧，假山倾坍，池水干涸，树木枯萎，旧有园景日见湮灭。

1956年起，市文化局直接组织专门班子，聘请上海民用设计院和同济大学建筑专家以及能工巧匠，对豫园进行了全面修复。历时五年，于1961年9月对外开放。1986年，又聘请园林专家陈从周教授及其博士生蔡达峰，参照清乾隆时期的豫园布局和江南古典园林特点，再次整修，终使“名园木石又逢春，浓点纤波错落陈”。

广袤约70余亩的豫园，到同治七年（1868）清丈时，已经不足37亩。今恢复仅30余亩，明代只余张南阳的一座黄石假山。“其布局至简，磴道、平台、主峰、洞壑，数事而已，千变万化，其妙在于开阖。”① 所见楼阁参差、山石峥嵘、石径弯曲、曲桥卧波、山重水绕、树木苍翠，以清幽秀丽、玲珑剔透见长，具有小中见大的特点，大有“五步一楼，十步一阁，廊腰缦回，檐牙高啄”之势，人工与自然浑然一体。动观流水静观山，须人们驻足静品细读，体现出盛清时期江南园林建筑的艺术风格。

南京瞻园于清同治三年（1864）毁于兵燹，“故国崇勋，废为离黍”。“但园址数经官、民侵削，范围日狭，花木凋零，峰石徙散，虽有几次小葺，均不能止

① 陈从周：《续说园》，见《中国园林》，广东旅游出版社1996年版，第14页。

其圮落，两朝名园，遂又沦为败庑荒草”①。

唯坐落在北部空间的西面和北端的北假山，东抱曲廊，夹水池于山前。陡壁雄峙，“高高低低都是太湖石堆的玲珑山子”，现虽部分已毁，尚保留有若干明代“一卷代山，一勺代水”的叠山技法，临水有石壁，下有石径，临石壁有贴近水面的双曲桥，沟通了东西游览路线。山腹中有盘龙、伏虎、三猿诸洞。

1960年，我国著名古建筑专家刘敦桢教授主瞻园的恢复整建工作，叶菊华、詹永伟参与设计，并堆叠了南部太湖石假山。假山叠成绝壁、主峰、危崖、洞龛、钟乳石、山谷、配峰、次峰、步石、石径，山势左右环抱，山顶奇峰兀立，假山上伸下缩，形成蟹爪形的大山岫，舒缓地伸向水面，一条瀑布从山巅飞泻，如蛟龙出洞，似白练飞舞。飞瀑流泉，闪珠溅玉，声震幽谷；山上石洞中，有石钟乳倒悬，形成微型的溶洞奇观。使南假山呈现嶙峋多姿、群峰跌宕、层次分明、自然幽深的壮丽景观，加上人工瀑布与水洞，遍植的藤萝、红枫、樱花、牡丹与铺地黑松，使南假山生机盎然，郁郁葱葱，展现出一幅青松伴崖石的美妙画卷。

南部假山（瞻园）

1987年，东部新建亭廊、草坪和水院。375平方米的大草坪周围散置湖石，配置四季花卉，已是渊源于英国的造园法，与传统中国园林异趣。为了弥补北山尚显低矮之缺陷，整修时在主峰上新砌三叠石屏，既遮挡了影响画面构图的北部西式高楼，又平添了北山的崇山峻岭之意境，还参照苏州环秀山庄的风格，在东北角依墙顺势新叠一临池峭壁。

瞻园相继建成“方亭锦鳞”“老藤化虬”“雪浪寻踪”“石矶戏水”等新十八景，遂使一代名园恢复了明清山水风格，突出了以山石取胜的特色，体现了江

① 参见刘叙杰《南京瞻园考》，引自中国建筑学会、建筑历史学术委员会主编：《建筑历史与理论》第一辑，江苏人民出版社1981年版，第66—73页。

南园林古朴隽美之特色，名园重现魅力。

上海嘉定的秋霞圃，历史上先后分别为各具个性特色的龚氏园、沈氏园和金氏园，其间多次遭破坏，历尽沧桑，从名园沦为庙市，山石颓毁、亭台倾塌，唯余危岩巉石、满池青草。1980 年修复时，园林部分基本上由龚氏园（桃花潭区）、沈氏园（凝霞阁区）和金氏园（清镜塘区）组成，使其重展风采。

苏州启园，初建于 1933 年，东山商人席启荪将太湖边种稻养鱼的 10 余亩洼地扩展到 40 余亩，俗称席家花园。20 世纪 40 年代后期，启园易主杨湾人徐子星，徐氏又名介启，故名启园。建园之初，园主邀请著名画家蔡铣、范少云、朱竹云等参照王鏊所建的“招隐园·静观楼”的意境进行设计，“临三万六千顷波涛，历七十二峰之苍翠”，依山而筑，傍水而立，尽得湖山之胜。

启园在 1937 年后被侵华日军占为军营，抗战胜利后又屡作他用，仅剩改作他用的镜湖楼、住宅、一段复廊和残丘废池。修复时因无其他文字资料可以参考，为了能“小有亭台亦耐看”，重建首先改造地形，沟通水系，由大小五个湖河组成，和东面号称五湖（太湖古称五湖，即菱湖、胥湖、游湖、莫湖、贡湖）的波涛相连，即“波联五湖三万六千顷”。园林布局以水为中心，建筑随势高低，面池而筑。在其东南堆土筑起三座土山，土山上因势建轩亭。

启园鸟瞰图（沈炳春绘）

左侧宸幸堂坐北朝南三面环水，环以抚廊，宸幸堂西的廊有曲廊与翠薇榭相连，翠薇榭坐西朝东，长长的复廊横贯园中，复廊尽端及两侧缀以亭台，愈臻古朴雅逸。依次建清式木构融春堂，修复四面厅“镜湖厅”，凿环“镜湖厅”的水池“转湖”，“转湖”外侧是一条濒临太湖的小河，河上跨有石桥。环翠桥屈身卧波，流光溢彩。清康熙帝御码头则伸入水际，气势壮阔。

修复尽量遵循节俭原则，旧料利用，就地取材。如七曲桥坐落在已废弃的原席家坞大码头，平板桥的跨度不同，剩下的短料还用来砌成了宸幸堂前平台驳岸，反而显得古朴自然。

园北松柏成林，橘林成片，假山湖池，小桥飞虹，庑廊蜿蜒，楼厅错落，虚实相济，并与湖中与波升沉的岛屿相衬托，风光无限。①

第三节　仿古新园林

改革开放后，叶落归根的海外华人、艺术家、民营企业家、有志文化传承的开发商等，再次掀起仿古园林的热潮，更多的是将园林美的元素用于城市文化的发展建设，昭示了新时代传统园林美学的新动向。

一、当代私园

当代私园，集中在具有园林文化精神的江南，有宅园、山麓园、湖滨园，大至百亩，小至几十平方米。园林区依然粉墙黛瓦、飞檐戗角、亭台楼阁、假山景石、飞瀑池塘，甚至有书条石、摩崖刻石，一如传统的江南文人园，但运用了钢筋水泥等新型的建筑材料，住宅内部装修大多为现代风格。曾经是“城里半园亭”的苏州和“园林多是宅”的扬州，寻常百姓也多园林梦。

2018 年 8 月 7 日，第四批《苏州园林名录》正式公布，随着端本园、全晋会馆、墨客园等 18 座园林入选，苏州园林总数达到 108 座，苏州由“园林之城”正式成为“百园之城”。截至 2018 年 8 月，苏州市已累计开放园林 82 处，为延续城市文脉、实现园林群体性保护创造了良好的环境和氛围。据 2012 年 1 月 6 日《扬子晚报》报道，扬州也出现了 40 多座微型园林。

位于太湖山庄内的悦湖园，“处渔洋之麓，东襟香山，西衔太湖”，占地 3 亩，是旅美华人郑德明先生叶落归根之所，郑先生旅美前为上海新闻工作者，其堂姐堂哥都是抗日英雄，他全权委托吴中区苏式园林传承人高级建筑师沈炳春规

① 参见沈炳春、沈苏杰《姑苏园林构园图说》，中国建筑工业出版社 2014 年版，第 11—31 页。

划设计，耗时8年完成。该园遵循四象镇宅的传统建筑理念精心设计。郑德明先生自著《悦湖园雅集记》，言其筑园始末及园居之乐：

> 甲戌初秋游姑苏太湖，一览湖光山色，心诚悦焉，偶兴筑园之念。是年，觅得渔洋山麓胥湖之滨良地数亩。遂邀造园专家沈炳春先生精心设计规划著园。连年兴建，完成一苏州传统庭园曰“悦湖园”。楼堂斋阁、亭台轩榭，错落有致。廊桥飞虹、曲桥衔矶、拱桥连洲、弯桥踏波。潭泉溪涧岩石相侵贯联自然。仰望崖岭六角小亭，玲珑成趣。俯视沿岸，池鱼嬉戏，怡然自得。缓步坡下，拳石相依、中空筑洞、别有洞天。其间有石桌石凳、上有棋线，可作长久手谈。吾人居此不觉浑然忘尘。于是辟书斋、画室、琴堂、棋舍，邀良朋好友、骚人墨客、丹青雅士，畅游共聚，合称“悦湖园雅集”，以伴渔洋岁月……
>
> 李白谓：人生逆旅，光阴过客，唯达者知之。上天厚我，有幸得居吴中。所观山川毓秀风零千秋。所遇渔洋樵耕读良朋忘年。所语掌故人物无非沧海桑麻。余与内子余生寓此，不亦悦乎！

园林坐北朝南，大门是普通的石库门，进门，迎面一幅悦湖园漆雕全景图，两旁抱柱对联，上悬“吟松”匾额。面北一面为建筑师沈炳春撰书的《悦湖园小记》，洞窗外一峰独峙，“石敢当”也。

园中充满乡情、亲情、友情、爱情，情意绵绵。园分中东西三区，西园湖石假山之巅的六角亭比例适度，玲珑成趣。园主用兰溪家乡而命名“兰亭”，大厅取祖屋堂名“明德”。精美的小石拱桥镌以老父“华宝”之名；廊亭“慈晖”，念母爱；另用姑妈“琴恩”命名亭，用妻子“群趣”命名宽廊。东园有扇亭“信望爱”，主人自撰联：“圣灵依旧何须问，人子犹怜你我知。”郑子伉俪笃信基督，心心相印，亭又名“不问亭”。

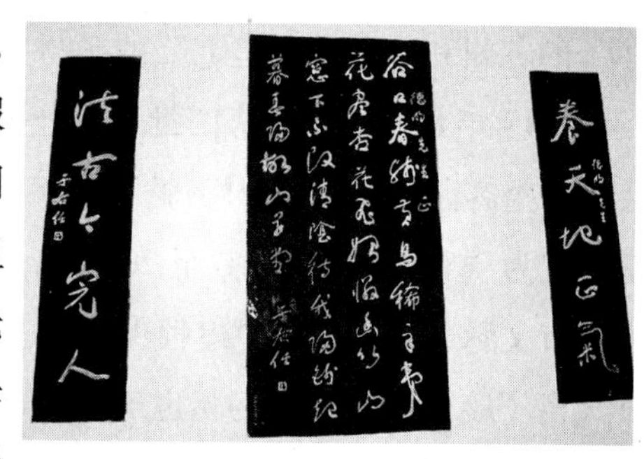

于右任墨宝（悦湖园）

园中皆以友人文墨书壁。西轩“于庐”，镶嵌的全为于右任墨迹：悬于右任“中庭桂树”匾，轩内藏于右任为郑氏所书墨宝石刻十余方。有于右任“养天地正气，法古今完人”真迹。

园主还经常在园内盛情相邀朋辈，群贤聚会，说古道今，互相唱和，觅得佳句。

大厅“明德堂”前植榉树、后栽朴树，“前榉后朴”亦为传统口彩。

过“太初有道”月洞门、“宁静致远”书壁，进入东园，嘉果满园，有阁名“嘉果”，有扇亭。

园主悦湖山，在此听风、听雨、听香、听鸟鸣，纯任自然，满载真趣；园主更曰人间真情，乃亲情、友情、爱情。悦湖园有着浓浓的文人气质和书卷气。

艺术家构园是江南园林史的传统，当今也不乏其人。享有“当代文人造园师”的苏州国画院副院长、国家一级美术师蔡廷辉，自幼从擅长金石篆刻的父亲那里学得一手金石篆刻绝活。酷爱园林近乎痴迷，倾其所有，几十年来，购得翠园、醉石山庄、醉石居三座风格各不相同的园林，但都是纯粹意义上的摩崖石刻和碑刻花园，从选址、设计到园中景物打理，无一不是亲力亲为，辛苦备尝，将刻刀下的艺术融入园林。

翠园是仅有200平方米的精致小园，长廊回绕，假山嶙峋，陈列着园主自己历年篆刻的山水画和书法碑刻，其中有吴门画派大师文徵明、唐寅、沈周和仇英的精粹山水画作和书法碑刻，有《竹林七贤图》《兰亭雅集图》《达摩渡江图》等碑刻，飘溢着翰墨书香。园主有个宏愿，要将小园建成“吴门画派”的展览馆，为苏州古典园林填补空白。

位于苏州太湖东山的“醉石山庄”，占地10亩，原是块长年荒置的背山临水的坡地，那些嶙峋的山石和陡峭的石壁，正是蔡廷辉创作摩崖石刻的天然材料，他亲手操刀，将历史上文人咏东山、太湖等吴中风情的诗歌，精选出二百首，镌刻在摩崖上。

位于苏州古胥门城墙的醉石居，是一座将住宅寓于园中的立体式园林，一层是水面，二层是黄石堆出的洞穴，三层是亭台楼阁和花草树木。采用智能化的操作，一按按钮，假山上的瀑布便自动淌水、花草树木便被自动浇灌。古典园林的意境，现代生活的享受，古雅的传统与现代元素得到完美融合。

香山木工徐建国在太湖西山堂宅第之西隅，建山地园“纳霞小筑”，采当今先进工艺，师古人，法自然。小园随地形高下曲折，环池组景，水榭坐北朝南，东西南三面外廊临水，榭中部为扁作梁架小斋，面南葵式长窗落地，裙板雕花，东西墙留什锦花窗，外廊上架一枝香鹤颈轩，临水美人靠精致秀雅，水榭西侧曲廊与宅第前院由月洞相连，月洞上架垂花半亭，轻盈灵秀，右侧有古井，泉水甘洌。

纳霞小筑

园林还走进寻常百姓家，市民们纷纷在自家的片山斗室中小筑卧游，挖一口3平方米大小的池塘，种一缸荷花，养数尾锦鲤，错落布置两座太湖石峰，倚墙栽若干树木花卉，铺上鹅卵石，曲径通幽，花木扶疏，同样绰约多姿。

扬州也出现一些微型园林，一般园子面积在100平方米左右，小至40平方米，假山、水池、亭台楼阁及植物，构园四大元素兼备，它们都“养在深闺人未识”，深藏在“老扬州”的“家”里，好像为唐代诗人姚合“园林多是宅”作注。这些“袖珍园林”都有不俗的名字，诸如“祥庐”“木香园”“听雨书屋”“梦溪小筑”“逸苑”“箕山草堂”等，成为扬州特有的文化传承现象。

“袖珍园林”主人中也有名门之后，如“木香园”主人徐鹏志，为清朝爱国将领张桂联第四代侄外孙；“紫园”主人焦谛，系清代大学者焦循第六代孙，其本人为扬州知名美术设计师；“箕山草堂”主人许旭东，父亲许世源是扬州著名的老中医；“逍遥苑”主人王烨，祖父王振声是清朝秀才，曾任盐商总管，等等。

地处扬州老城区东关街167号的“祥庐”，是建于清代康熙年间的祖传老屋，总面积120多平方米，却有一座40平方米的祖传“园林”，由园主杜祥开惨淡经营20年、花费几十万建成。穿过藤萝交织的小廊，眼前的景象一扫古城逼仄小巷的局促：亭台桥榭，太湖石假山盆景，楹联石刻，池塘锦鲤，扬州园林的元素尽收眼底。青砖小路、红栏小桥，锦鲤翔碧水，墙壁上攀爬的牵牛、蔷薇、凌

霄、枸杞、爬山虎等藤蔓植物，生气盎然。柱子上的楹联“鹃开花弄影，琴弹鱼跃波”是一副嵌字联，嵌入园主女儿姓名中的“鹃”字、妻子的“琴”字和自己的“开”字，显示出融和的家庭气氛。院墙上镶嵌着园主自撰的诗句：“小巷深处门扉开，祥云缭绕亭楼台。湖石花木呈雅境，喷泉尽涤俗尘埃。”真实地描写了庭院景色。

二、经营性私园

吴江静思园，园广逾百亩，号江南第一园。园林具江南私家园林的元素，园主多年来精心收集江南古建构件，有移自苏州末代状元陆润庠家的砖雕门楼、移自太湖西山后布村的“天香书屋”四面厅、楠木梁架、木质柱础、青石台基和阶石；移自上海的弘雅堂，梁架为红木结构，飘逸的斗拱支撑歇山式屋顶，宏敞气派，稳健凝重。

600余平方米的“奇石馆”内陈列着两千多块灵璧奇石，另有湖石、柳州石、昆石等。东路北端院中最大的一块灵璧巨石——庆云峰，高达9.1米，重达136吨，形如一帆。石身千洞百孔，注水时洞洞出水，点烟时洞洞轻烟袅袅，誉为镇园之宝。园内建有鹤亭桥、小垂虹、静远堂、天香书屋、庞山草堂、盆景园、历代科学家碑廊、咏石诗廊等，保留着某些江南传统园林古朴典雅的风格。

园主构园初衷是提供一个洽谈业务时的休闲场所，大型的园门、三孔重檐亭桥、悟石山房楼下的千峰奇石、汉白玉石桥等则带有北方贵族气息。今园林属于经营性质，故与上海徐园相类，而与苏州传统私家园林异趣。

三、中式园林别墅群

21世纪初，独具只眼的房地产开发商有意打造“继承园林一脉，凝聚古典园林艺术和现代居住理念精髓”的园林群，这就是出现在姑苏城外的江枫园。

江枫园以古运河为界，与寒山寺隔水相望，“萧寺可以卜邻，梵音到耳”①。可聆听寒山寺的钟鸣、运河的桨声。江枫园犹如《红楼梦》中的大观园，曲径通幽处又有一座座粉墙黛瓦、飞檐翘角的私家园林群，每座占地一至五亩不等。宅第的主题园内，逶迤的云墙，图案各异的花窗，假山峰石，飞虹曲桥，流水潺

① 〔明〕计成：《园冶·园说》，中国建筑工业出版社1988年版，第51页。

潺，游鱼穿梭，花木掩映，春有琼影廊，夏有净香榭，秋有听枫轩，冬有岁寒亭。身在其中，可以品味古典的神韵，享受现代的生活。

大园景区内，建有“淇泉春晓”“莲池鸥盟”“霜天钟籁”“寒山积雪”等体现四时季相的序列；众多的艺术门类和载体形式参与其间，充满文学情趣、哲理意蕴，构成了饶有文化内涵的园林景境系列。

苏州独墅湖和金鸡湖畔是以陶渊明笔下的桃花源意境为蓝本的“桃花源”苏式园林别墅区，这里古韵今风，是人们实现美丽中国、诗意栖居的又一当代版的文明实体，也是中国人的一处精神家园。

东皋园公共小园（苏州桃花源）

四、园林艺术美元素的运用

当今时代，沉淀着数千年人们对于精致生活的理想，向往着远离喧闹与浮躁、盼望着绿水青山融入城市、走进日常生活。苏州这座园林城市，堪为典范。如今，苏州古典园林艺术美的元素被放大延伸，成为“真山真水园中城”，使苏州“人家”诗意地栖居在青山绿水的画境里、涵养在文化宝山中。

今天，苏州古典园林的艺术元素，已成为苏州城市文化的重要组成部分和标志性形态之一。古城外围长达数十千米范围内，建成娄门景区、相门景区、葑门景区、南门景区、盘门景区、胥门景区、干将景区、阊门景区、太子码头景区、平门景区、齐门景区、北园景区等十四个绿色大景区；在环古城的风貌带上，修筑了桥边亲水栈道、曲折鹅卵石小径、假山、花木、亭榭、曲廊等，园林元素缤纷散布其间，成为人们休憩锻炼的绿色空间，无不令人陶醉。

在市区及主要居住区按照 300 至 500 米绿化服务半径的要求，处处“留白”，建成面积不少于 500 平方米的“小游园”，至今已经建成一百多座。小游园中有小亭、假山、小池、修廊等苏州园林小品，新竹遍插，香樟树、广玉兰在微风中摇曳，处处体现出苏州园林精、细、秀、美的风格，装点着美丽的苏州。外城河绿化带、黯碧如染的水道与苏州四角山水相映成趣，成为苏州城的天然水肺和绿肺……

结　语

中华园林美学，与中华文明一脉相承，也是中华士人的心路历程，成为历史发展的一面镜子。

中华园林美的艺术元素萌芽在上古时代，园林审美由娱神向娱人发展；随着时代审美意识的变化，由欣赏大自然的粗犷，逐渐发展到精心规划设计的“壶中天地”“芥子纳须弥”；随着宋后城市坊市制度的瓦解①，选址逐渐自山林地向郊外乃至城市宅边隙地转移，宅园成为中国园林的大宗。②

中华园林是文人和工匠合作的艺术结晶，大批文人参与园林设计，园林成为“地上的文章”，与山水诗、山水画水乳交融。这也催生出大批专事构园的艺术家，明清时期构园理论著作五彩纷呈，使中华园林美学在世界上独树一帜。

中华园林“天人合一”的自然观以及生活艺术化、艺术生活化的生存智慧，影响远波海外，明末清初，大批来华的欧洲商人和传教士，为中国园林的魅力所倾倒。“康熙时阿迭生（Addison）在《旁观报》著文叹息曰：‘吾欧洲之园囿，整齐划一，当为中国人所窃笑，以为种树成行，距离相等，作正圆方形，乃人人所能为，有何艺术可言？必如中国人之匠心独运，巧为计画，不求整齐呆板，方能称之为艺术。’”③

英国糅入中国的造园思想，建成了独具特色的“英—华庭园”（Anglo—Chinese Garden），随后掀起了欧洲仿效中国园林的热潮，德国、荷兰、瑞士、波

① 坊市制，中国古代官府对城区规划和市场管理的制度。从西周到唐代，城市建置的格局一直是市（商业区）与坊（汉代称里，即住宅区）分设，市内不住家，坊内不设店肆。市的四周以垣墙围圈，称“阛”，四面设门，称“阓”。市门朝开夕闭，交易聚散有时。市的设立、废撤和迁徙，都由官府以命令行之。市内店铺按商品种类区分，排列在规定地点，称为“肆”或“次”。

② 明代时，基于享乐思想，人们热衷将园林建在近郊或市区，面积有限，小中见大，更讲究技艺。消费的高精尖，促进了技艺的进步。至清末，大多在住宅隙地构园，面积越来越小型化，如今之沧浪亭，仅仅为原来的一隅之地，艺圃的水池从5亩减到不足1亩，如退思园只能东西向建筑，一般为前宅后园，而它是西宅东园，怡园主人择地时只好隔巷构园。

③ 方豪：《中西交通史》第十四章，岳麓书社1987年版。

兰、意大利等国相继建起了一些深具中国趣味的花园。

明末江南学者朱舜水赴日讲学，把中国江南文人造园之风带入日本。日本在中国禅宗及民间茶道的基础上，创造了环游式园林、“枯山水”草庵等园林形式。

中国古典园林的历史已经终结，然历史使人明智，中国三千年构园史，积累了丰富的经验，传统构园手法在遵循“中和”、追求意境的大法则前提下，从山水诗词、山水绘画及其理论中获取启迪，充分发挥传统的“有法无式”的设计理念，以达到感性与理性、写意与写实、自由与规整和谐统一的效果。

当今，园林裹挟着时代文化精神延续着，自清中叶特别是废除科举以后，传统文人逐渐退出了构园领域。面对来自有着更强经济实力的西方文明及近百年来“景观”理论的席卷，传统园林美学受到强烈冲击，出现了丢弃自家宝贝的“审美危险”。这类“审美危险”大多来自对中华民族传统文化的无知！张岱年先生强调：“一个民族立足于世界，必须具有民族的自尊心与自信心，才能具有独立的意识。而民族的自尊心与自信心的基础是对于本民族文化的优秀传统有一定的了解。”①

对异质文化的生搬硬套，必然会出现“水土不服”和各种文化怪胎。任何东西，离开了产生它的具体环境，都只能是一只断藤之瓜。环境造就人，也造就物。反过来说，有时候具有魅力的事物，一半是环境的力量。所以，异质文化之间不能简单地进行“不伦之比”。

19 世纪前期，法国积极浪漫主义文学家雨果说，艺术有两个原则：理念与梦幻，理念产生了西方艺术，梦幻产生了东方艺术。中国园林是东方艺术的典范。童寯先生在《江南园林志》中精辟地指出：

> 然数千年来东西因文化之不同，哲学观点之悬殊，加以生活习惯之差异，吾国旧式园林与诗文书画，有密切之关系，而自成一系统，固不可与另一系统，作不伦之比拟也。

东西方艺术分别属于两个系统，中国园林美学是专属于中华民族的传统美学，我们应该对她保持敬畏之心。

梁思成先生在批评欧美设计者对于我国建筑缺乏了解，“仅以洋房而冠以中

① 张岱年：《晚思集：张岱年自选集》，新世界出版社 2002 年版，第 147 页。

式屋顶而已”的同时，称道“欧美建筑师之在华者已渐着意我国固有建筑之美德，而开始以中国建筑之部分应用于近代建筑”，特别提到设计了燕京大学的美国建筑师亨利·墨菲（Henry Killam Murphy），“颇能表现我国建筑之特征”。①

留学欧美，归国从事建筑业的贝寿同实为之先驱，其设计的中国建筑能“保留东方建筑之美者”②。梁先生又举了建于南京紫金山的孙中山陵墓，“中选人吕彦直，于山坡以石级前导，以达墓堂。墓堂前为祭堂，其后为墓室。祭堂四角挟以石墩，而屋顶及门部则为中国式。祭堂之后，墓室上作圆顶，为纯粹西式作风。故中山陵墓虽西式成分较重，然实为近代国人设计以古代式样应用于新建筑之嚆矢，适足以象征我民族复兴之始也”。③

“开埠初期来到中国的外国商人，将印度与东南亚一带的殖民式建筑搬到了上海，但是这种产生于热带地区的建筑宜夏不宜冬，并不适应上海的气候条件，所以在以后的时间里逐渐产生变异，直之消失。”④ 陈从周先生也曾指出：

> 如今有不少“摩登”园林家，以“洋为中用”来美化祖国河山，用心极苦。即以雪松而论，几如药中之有青霉素，可治百病，全国园林几将遍植。“白门（南京）杨柳可藏鸦”“绿杨城郭是扬州”，今皆柳老不飞絮，户户有雪松了。泰山原以泰山松独步天下，今在岱庙中也种上雪松，古建筑居然西装革履，无以名之，名之曰“不伦不类”。⑤

美学家宗白华先生这样说：

> 我以为中国将来的文化绝不是把欧美文化搬来了就成功。中国旧文化中实有伟大优美的，万不可消灭……我实在极尊崇西洋的学术艺术，不过不复敢藐视中国的文化罢了。并且主张中国以后的文化发展，还是极力发挥中国民族文化的“个性”……⑥

---

① 梁思成：《中国建筑史》，百花文艺出版社 1998 年版，第 353、354 页。

② 梁思成：《中国建筑史》，百花文艺出版社 1998 年版，第 353 页。

③ 梁思成：《中国建筑史》，百花文艺出版社 1998 年版，第 354 页。

④ 杨秉德、蔡萌：《中国近代建筑史话》，机械工业出版社 2003 年版，第 82 页。

⑤ 陈从周：《续说园》，见《中国园林》，广东旅游出版社 1996 年版，第 12 页。

⑥ 宗白华：《自德见寄书》，《宗白华全集·第一卷》，安徽教育出版社 1996 年版，第 321 页。

与世界交流，必须是以中华园林美学精神为主色调，绝不能抛弃自己的传统而“西方化”。没有自己传统美学的主体意识就没有自信和自尊，要自信和自尊就要深入了解中国自己的文化美学精神，并结合时代发展予以创新，汇集成中华民族生生不息的生命之流。

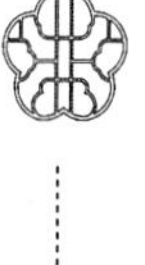

参考文献

〔唐〕白居易著，朱金城笺校：《白居易集笺校》，上海古籍出版社 1988 年版。

〔唐〕韩愈：《韩昌黎全集》，中国书店 1991 年版。

〔唐〕许嵩：《建康实录》，《四库全书》文渊阁本。

〔宋〕张敦颐：《六朝事迹编类》，上海古籍出版社 1995 年版。

〔宋〕四水潜夫辑：《武林旧事》，西湖书社 1981 年版。

〔宋〕周密：《癸辛杂识》，中华书局 1988 年版。

〔宋〕田汝成辑撰：《西湖游览志》，上海古籍出版社 1980 年版。

〔宋〕范成大：《吴郡志》，江苏古籍出版社 1986 年版。

〔宋〕朱长文：《吴郡图经续记》，江苏古籍出版社 1986 年版。

〔宋〕沈括：《元刊梦溪笔谈》，文物出版社 1975 年版。

〔明〕计成：《园冶注释》，中国建筑工业出版社 1988 年版。

〔明〕文震亨：《长物志校注》，江苏科技出版社 1984 年版。

〔明〕张岱：《西湖梦寻》，中华书局 2011 年版。

〔清〕李渔：《闲情偶寄》，作家出版社 1996 年版。

〔清〕彭定求等：《全唐诗》，上海古籍出版社影印康熙扬州诗局本 1986 年版。

〔清〕于敏中编：《日下旧闻考》，北京古籍出版社 1983 年版。

〔清〕李有棠：《金史纪事本末》，中华书局 1980 年版。

〔清〕吴长元辑：《宸垣识略》，北京古籍出版社 1982 年版。

周维权：《中国古典园林史》，清华大学出版社 1999 年版。

童寯：《江南园林志》，中国建筑工业出版社 1987 年版。

刘敦桢：《苏州古典园林》，中国建筑工业出版社 2005 年版。

孟兆祯《避暑山庄园林艺术》，紫禁城出版社 1985 年版。

夏咸淳、曹林娣主编：《中国园林美学思想史》，同济大学出版社 2015 年版。

曹林娣：《中国园林文化》，中国建筑工业出版社 2005 年版。

牛枝慧编：《东方艺术美学》，国际文化出版公司 1990 年版。

林语堂英文原著，越裔汉译：《林语堂名著全集》，东北师范大学出版社 1994 年版。

牟宗三：《中西哲学之会通十四讲》，上海古籍出版社 1997 年版。

王惕：《中华美术民俗》，中国人民大学出版社 1996 年版。

朱光潜：《谈美书简二种》，上海文艺出版社 1999 年版。

梁思成：《中国雕塑史》，百花文艺出版社 1998 年版。

许顺湛：《黄河文明的曙光》，中州古籍出版社 1993 年版。

梁一儒、户晓辉、宫承波：《中国人审美心理研究》，山东人民出版社 2002 年版。

李泽厚：《美的历程》，文物出版社 1982 年版。

宋兆麟等：《中国原始社会史》，文物出版社 1983 年版。

钱锺书：《管锥编》，中华书局 1979 年版。

刘叙杰主编：《中国古代建筑史》，中国建筑工业出版社 2009 年版。

楼庆西：《中国传统建筑装饰》，中国建筑工业出版社 1999 年版。

侯幼彬：《中国建筑美学》，黑龙江科学技术出版社 1997 年版。

刘敦桢主编：《中国古代建筑史》，中国建筑工业出版社 1984 年版。

龙庆忠：《中国建筑与中华民族》，华南理工大学出版社 1989 年版。

王其钧编著：《华夏营造》，中国建筑工业出版社 2010 年版。

张岱年、方克立主编：《中国文化概论》，北京师范大学出版社 1994 年版。

李济：《安阳》，商务印书馆 2017 年版。

张光直：《中国青铜时代》，生活·读书·新知三联书店 2013 年版。

汤用彤：《汤用彤学术论文集》，中华书局 1983 年版。

郭沫若主编：《中国史稿》，人民出版社 1976 年版。

李泽厚、刘纲纪主编：《中国美学史》，中国社会科学出版社 1987 年版。

朱光潜：《朱光潜美学文学论文选集》，湖南人民出版社 1980 年版。

刘永济：《词论》，上海古籍出版社 1981 年版。

徐复观：《中国艺术精神》，春风文艺出版社 1987 年版。

李泽厚：《中国古代思想史论》，生活·读书·新知三联书店 2008 年版。

梁思成：《中国建筑史》，百花文艺出版社 1998 年版。

余英时：《士与中国文化》，上海人民出版社 2003 年版。

罗宗强：《玄学与魏晋士人心态》，天津教育出版社 2005 年版。

袁行霈主编：《中国文学史》，高等教育出版社 1999 年版。

葛兆光：《禅宗与中国文化》，上海人民出版社 1986 年版。

任继愈主编：《中国道教史》，上海人民出版社 1990 年版。

［德］黑格尔：《美学》，商务印书馆 1979 年版。

［英］弗·培根著，何新译：《人生论》，华龄出版社 1996 年版。

［俄］列·斯托洛维奇著，凌继尧译：《审美价值的本质》，中国社会科学出版社 1984 年版。

［德］格罗塞：《艺术的起源》，商务印书馆 1998 年版。

［美］摩尔根著，杨东莼、马雍、马巨译：《古代社会》，商务印书馆 1977 年版。

［美］莱斯利·A. 怀特著，曹锦清等译：《文化科学》，浙江人民出版社 1988 年版。

［美］海斯、穆恩、韦兰著，中央民族学院研究室译：《世界史》，生活·读书·新知三联书店 1975 年版。

［俄］普列汉诺夫：《普列汉诺夫哲学著作选集》，生活·读书·新知三联书店 1961 年版。

［俄］普列汉诺夫：《论艺术》，生活·读书·新知三联书店 1973 年版。

［俄］乌格里诺维奇著，王先睿等译：《艺术与宗教》，生活·读书·新知三联书店 1987 年版。

［德］格罗塞：《艺术的起源》，商务印书馆 1984 年版。

［英］李约瑟：《中国科学技术史》，科学出版社 1976 年版。